建筑安装工程施工图集

JIANZHU ANZHUANG GONGCHENG SHIGONG TUJI

（第三版）

4 给水 排水 卫生 煤气 工程

张辉 邢同春 吴俊奇 主编

中国建筑工业出版社

图书在版编目（CIP）数据

建筑安装工程施工图集.4 给水 排水 卫生 煤气工程/张辉等主编. —3版. —北京：中国建筑工业出版社，2007

ISBN 978-7-112-09138-6

Ⅰ.建… Ⅱ.张… Ⅲ.建筑安装工程—工程施工—图集 Ⅳ.TU758-64

中国版本图书馆CIP数据核字（2007）第025303号

本图集是《建筑安装工程施工图集》之4，内容包括：给水工程、排水工程、卫生工程、煤气工程。本图集以现行施工规范、验收标准为依据，结合多年施工经验，以图文形式编写而成，具有很强的实用性和可操作性。

本图集可供从事建筑设备安装、设计、维护和质量、预算、材料等专业人员使用，也是非本专业人员了解和学习本专业知识的参考资料。

* * *

责任编辑：胡明安
责任设计：董建平
责任校对：王雪竹 兰曼利

建筑安装工程施工图集

（第三版）

4 给水 排水 卫生 煤气工程

张辉 邢同春 吴俊奇 主编

*

中国建筑工业出版社出版、发行（北京西郊百万庄）
各地新华书店、建筑书店经销
北京永峥印刷有限责任公司制版
北京建筑工业印刷厂印刷

*

开本：787×1092毫米 横1/16 印张：24 字数：581千字
2007年5月第三版 2012年11月第二十一次印刷
印数：62,501—64,000册 定价：**50.00**元
ISBN 978-7-112-09138-6
(15802)

本社网址：http://www.cabp.com.cn
网上书店：http://www.china-building.com.cn

第三版修订说明

《建筑安装工程施工图集》（1~8集）自第一版出版发行以来，一直深受广大读者的喜爱。由于近几年安装工程发展很快，各种新材料、新设备、新方法、新工艺不断出现，为了保持该套书的先进性和实用性，提高本套图集的整体质量，更好地为读者服务，中国建筑工业出版社决定修订本套图集。

本套图集以现行建筑安装工程施工及验收规范、规程和工程质量验收标准为依据，结合多年的施工经验和传统做法，以图文形式介绍建筑物中建筑设备、管道安装、电气工程、弱电工程、仪表工程等的安装方法。图集中涉及的安装方法既有传统的方法，又有目前正在推广使用的新技术。内容全面新颖、通俗易懂，具有很强的实用性和可操作性，是广大安装施工人员必备的工具书。

《建筑安装工程施工图集》（1~8集），每集如下：

1　消防　电梯　保温　水泵　风机工程（第三版）

2　冷库　通风　空调工程（第三版）

3　电气工程（第三版）

4　给水　排水　卫生　煤气工程（第三版）

5　采暖　锅炉　水处理　输运工程（第二版）

6　弱电工程（第三版）

7　常用仪表工程（第二版）

8　管道工程（第二版）

本套图集（1~8集），每部分的编号由汉语拼音第一个字母组成，编号如下：

XF—消防；	KT—空调；	GL—锅炉；
DT—电梯；	DQ—电气；	SCL—水处理；

BW—保温；	JS—给水；	SY—输运；
SB —水泵；	PS—排水；	RD—弱电；
FJ —风机；	WS—卫生；	JK—仪表；
LK —冷库；	MQ—煤气；	GD—管道。
TF —通风；	CN—采暖。	

本图集服务于建筑安装企业的主任工程师、技术队长、工长、施工员、预算员、班组长、质量检查员及操作工人。是企业各级工程技术人员和管理人员编制施工预算、进行施工准备、技术交底、质量控制和组织技术培训的重要资料来源。也是指导安装工程施工的主要参照依据。

中国建筑工业出版社

第 三 版 前 言

本图集是在给水、排水、卫生、煤气工程空前繁荣和蓬勃发展中，为满足广大工程管理、设计施工、安装和科研教学工作者的需求，结合给水、排水、卫生、煤气实际工程的设计、安装、调试经验与已颁布的国家标准及工程验收规范编写而成。

鉴于我国对现行国家标准及其工程设计、施工、安装、调试和验收的各种规范进行全面修订、补充和调整，许多条款均作了局部或根本性的修改。为了更好的执行国家标准。有必要对 2002 年第 2 版《建筑安装工程施工图集 4 给水　排水　卫生　煤气工程》进行修订。

随着我国国民经济的持续发展和人们生活质量的不断提高，必将对与工农业生产和人们生活紧密相关的“给水、排水、卫生、煤气”的发展提出新的要求，许多新设备、新材料、新方法不断涌现，这些新设备的不断开发必将逐步占领市场，随时将质量稳定的设备及其安装方法介绍给广大读者，很有必要。本书在修订过程中，力图使内容更加新颖、实用。

本图集由张辉、邢同春、吴俊奇主编，曾雪华、任俊和主审。每部分分工如下：给水、排水部分由吴俊奇、刘京伟、吴菁、韩芳等编写，卫生部分由张辉、张秦梅编写，煤气部分由邢同春编写。

由于作者水平及图集篇幅有限，不可能将所有国家标准及规范列入到图集中，读者在具体施工时，应以有关工程设计及国家标准规范为准。

第二版前言

本图集第一版出版发行以来，一直深受广大读者的喜爱。由于安装工程发展很快，各种新材料、新设备、新方法、新工艺不断出现。施工规范、验收标准有些也已经修改，为了保持该书的先进性，使它具有更好的指导性，更好地为读者服务，决定修订本书。

本次修订，将最近两年出现的新材料、新设备、新方法进行了补充，删掉了一些已经陈旧的工艺和方法。对近几年修订的国家和行业标准、规范部分，也进行了修订。

本图集由张辉、邢同春、吴俊奇主编。曾雪华、任俊和主审。每部分分工如下：给水、排水工程由吴俊奇、刘京伟、强兵等编写，卫生工程由张辉、张秦梅编写，煤气工程由邢同春编写。

由于编者水平有限，书中不尽人意之处难免，欢迎广大读者批评指正。

第一版前言

随着我国社会主义建设的飞速发展，给水、排水、卫生、煤气等工程越来越受到人们的重视，而且应用也越来越广泛。本图集就是为满足广大给水工程、排水工程、卫生工程、煤气工程等施工人员的要求编写。依据现行国家、地方标准图集、施工规范、规程、验收标准、产品样本及施工单位的传统做法，经分类、汇编而成。

本图集具有很强的实用性和可操作性。可供从事给水、排水、卫生、煤气安装、设计、维护和质量、预算、材料等专业人员使用。也是非本专业人员了解和学习本专业知识的参考资料。

本图集由张辉、邢同春、吴俊奇主编。曾雪华、任俊和主审。每部分分工如下：给水、排水工程由吴俊奇、汪慧贞、王宇、吴晞、强兵等编写，卫生工程由张辉、张秦梅编写，煤气工程由邢同春编写。

由于编者水平有限，加上新的标准、规范不断补充、完善，难免有疏漏错误之处，敬请广大读者批评指正。

目　录

1 给 水 工 程

安 装 说 明

2 排 水 工 程

安 装 说 明

3 卫 生 工 程

安 装 说 明

4 煤 气 工 程

安 装 说 明

1 给 水 工 程

安 装 说 明

适用于一般工业及民用建筑常用给水设备的施工安装。如果用于地震烈度九度及以上地区、湿陷性黄土地区、膨胀土地区、多年冻土地区及其他特殊地区时，应按有关规范和规程的规定另作处理。也适用于采暖室外计算温度高于－20℃的地区。

1. 说明

（1）管材：管材的使用及连接方式见表 JS1-1。

管材的使用及连接方式　　　　表 JS1-1

<table>
<tr><th>序号</th><th>系统类别</th><th colspan="3">管　　材</th><th>连接方式</th></tr>
<tr><td rowspan="5">1</td><td rowspan="5">生活给水</td><td>明设</td><td>DN≥150</td><td rowspan="2">宜采用给水铸铁管</td><td rowspan="2">1. 石棉水泥接口
2. 水泥接口
3. 胶圈接口
4. 青铅接口</td></tr>
<tr><td>暗设或埋地</td><td>DN≥75</td></tr>
<tr><td>明设</td><td>DN≤125</td><td rowspan="2">宜采用镀锌钢管</td><td rowspan="2">螺纹连接</td></tr>
<tr><td>暗设或埋地</td><td>DN≤65</td></tr>
<tr><td>明设</td><td>DN≥150</td><td>宜采用镀锌无缝钢管</td><td>法兰连接</td></tr>
<tr><td rowspan="2">2</td><td rowspan="2">生活热水</td><td rowspan="2">明设或暗设</td><td>DN≥150</td><td rowspan="2">镀锌钢管</td><td>法兰连接</td></tr>
<tr><td>DN≤125</td><td>螺纹连接</td></tr>
<tr><td>3</td><td>蒸　　汽</td><td colspan="2">工作压力≤1.0MPa
温度≤200℃</td><td>宜采用焊接钢管或无缝钢管</td><td>DN≤32 螺纹连接
DN≥40 焊接</td></tr>
<tr><td>4</td><td>生产给水</td><td colspan="4">按工艺要求确定</td></tr>
</table>

注：1. 凡与生活给水合用的系统，按生活给水系统选材；
2. 镀锌钢管 *DN*≥100 螺纹连接有困难时，在质检主管部门允许条件下可采用焊接法兰盘连接，焊接部位内外应作防腐处理；
3. *DN*≥150 的镀锌钢管或镀锌无缝钢管焊接法兰连接时，焊接部位内外应作防腐处理。

（2）防腐：埋设和暗设管道一般应涂刷沥青漆两道（给水铸铁管已作防腐的可不再涂刷）；埋设在焦渣层内的管道，宜将管道铺设在小沟内与焦渣层隔离，沟内管道涂刷沥青漆两道；明设镀锌钢管、镀锌无缝钢管涂刷面漆一道（镀锌层被破坏部分涂刷防锈漆一道，面漆两道）；明设给水铸铁管和焊接钢管等涂刷防锈漆两道，银粉面漆（或设计指定面漆）两道；有防潮层和隔热层的管道应先作防腐，后作保温。镀锌钢管刷防锈漆一道，非镀锌钢管、给水铸铁管刷防锈漆两道。

（3）保温：生活热水明设横、立干管，暗设管、换热设备、蒸汽管和有防冻要求的生活给水管需作保温。防止表面结露的管道需作隔热作用，隔热层作法应满足热工、隔气、消防和美观等要求。

（4）安装：管道穿建筑物基础、墙、楼板等应预留洞；管道穿地下防水墙体、顶板应作防水套管；钢管穿楼板应做钢套管，套管直径比管道直径大两号，套管顶部高出地面 20mm，底部与楼板底面平，套管与管道间填密封膏；给水管道与其他管道同沟或共架铺设时，宜铺设在排水管、冷冻管之上，热水管、蒸汽管之下，给水管道不宜与输送易燃、可燃或有害液体或气体的管道同沟铺设。

（5）冲洗：交付使用前须用水冲洗，冲洗水流速大于或等于 1.5m/s。

（6）试压：管道安装完毕后应做水压试验，在试验压力下，10min 内压力降不大于 0.05MPa，在工作压力下做外观检查，应不渗不漏。

2. 水箱

适用于一般工业与民用贮存冷、热水，水箱只受液体静压，计算水箱有效容积时按其高度减去150mm计算，水箱制作完毕后应做盛水试验。

3. 构筑物

砖砌体：一般采用MU7.5砖，M7.5水泥砂浆砌筑，无地下水时可用MU7.5砖，M5混合砂浆砌筑。

钢筋混凝土构件：用C20混凝土，钢筋为16锰及Q235号钢，构件可预制或现浇。

底板和基础：无地下水时，井墙下做砖方脚基础，基础下素土夯实，阀井底铺100mm厚卵石；有地下水时，用C20混凝土底板，下铺100mm厚卵石或碎石。

井壁抹面：内壁原浆勾缝；外壁，无地下水时原浆勾缝；有地下水时用1:2水泥砂浆抹面厚20mm，抹至最高地下水位以上250mm。

4. 气压给水

适用于城镇、工矿、公共建筑、居住小区等给水系统和建筑工地或旅游场所等临时供水系统，尤其适用于地震区给水系统。

气压给水设备分隔膜式和补气式两大类，气压罐有立式和卧式之分，本图集中只绘制了立式罐的选用图。

气压罐的制造应符合压力容器的有关规定，罐内防腐应为无毒涂料。

气压给水设备宜装在泵房或设备间内，避免冰冻、日晒、风雨侵蚀及人类活动干扰，环境温度宜在0～40℃，空气相对湿度≤85%。

设备和管道安装完毕后应进行水压试验。

5. 热交换器

适用于一般工业及民用建筑的热水供应系统，热媒为蒸汽或高温水。

容积式热交换器应满足压力容器的有关要求，表面做保温，且必须设置安全装置。应定期检查，外部检查每年至少一次，内部检查每3年至少一次，每6年至少进行一次全面检查。

卧式容积式热交换器，其支座为鞍式钢支座形式。

6. 变频调速给水设备

应设置在环境温度不高于40℃，湿度小于90%，且应有良好通风采光，避免冰冻、酸碱腐蚀及人类活动干扰的场所。

电控柜后净距大于800mm，柜顶上方净距大于1000mm，柜底高出地面300mm。

7. 防水套管

翼环及钢套加工完成后，在其外壁均刷底漆一遍（樟丹或冷底子油），外层防腐由设计决定。钢套管及翼环用Q235材料制作，E4303焊条焊接。

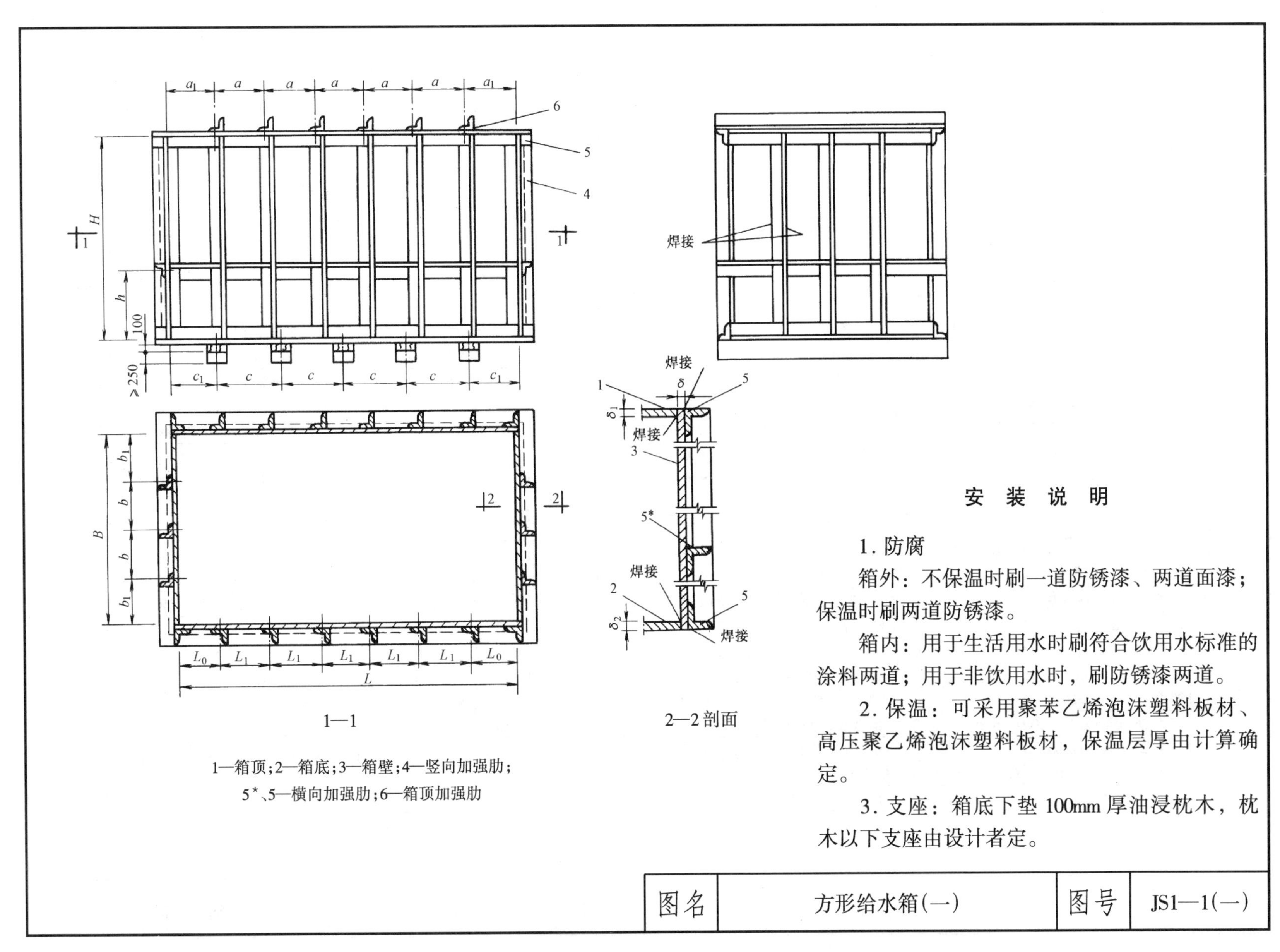

a1 a a a a a a1
6
5
4
H
h
100
≥250
1
1
c1 c c c c c1
B
b1 b b b1
2
2
L0 L1 L1 L1 L1 L1 L0
L
1—1
焊接
焊接
δ
1
5
δ1
焊接
3
5*
焊接
2
5
δ2
焊接
2—2 剖面
1—箱顶;2—箱底;3—箱壁;4—竖向加强肋;
5*、5—横向加强肋;6—箱顶加强肋
安 装 说 明
1. 防腐
箱外：不保温时刷一道防锈漆、两道面漆；保温时刷两道防锈漆。
箱内：用于生活用水时刷符合饮用水标准的涂料两道；用于非饮用水时，刷防锈漆两道。
2. 保温：可采用聚苯乙烯泡沫塑料板材、高压聚乙烯泡沫塑料板材，保温层厚由计算确定。
3. 支座：箱底下垫 100mm 厚油浸枕木，枕木以下支座由设计者定。
图名
方形给水箱(一)
图号
JS1—1(一)

水箱型号	公称容积(m^3)	有效容积(m^3)	主要尺寸(mm)			水箱壁厚(mm)	水箱顶厚(mm)	水箱底厚(mm)	竖向加强肋角钢							横向加强肋角钢				水箱顶角钢				底部支座			重量(kg)
			长	宽	高				角钢间距(mm)		至箱边距离(mm)		角钢数量		角钢规格	角钢间距(mm)	至箱底距离(mm)	角钢数量	角钢规格	角钢间距(mm)	至箱底距离(mm)	角钢数量	角钢规格	支座间距(mm)	至箱边距离(mm)	支座数量	
			L	B	H	δ	δ_1	δ_2	L_1	b	L_0	b_1	n_L	n_b	边长×边长×边厚		h	n_h	边长×边长×边厚	a	a_1	n_a	边长×边长×边厚	c	c_1	n_c	
1	0.5	0.61	900	900	900	4	4	4	—	—	—	—	—	—	—	—	350	1	∟30×30×4	—	—	—	—	500	200	2	156.3
2	0.5	0.63	1200	700	900	4	4	4	—	—	—	—	—	—	—	—	350	1	∟30×30×4	—	—	—	—	700	250	2	164.3
3	1.0	1.15	1100	1100	1100	4	4	5	—	—	—	—	—	—	—	—	450	1	∟30×30×4	—	—	—	—	600	250	2	242.3
4	1.0	1.20	1400	900	1100	4	4	5	—	—	—	—	—	—	—	—	450	1	∟30×30×4	—	700	1	∟30×30×4	900	250	2	255.1
5	2.0	2.27	1800	1200	1200	5	4	5	600	—	600	600	8	2	∟50×50×5	—	—	2	∟50×50×5	600	600	2	∟50×50×4	1000	400	2	539.3
6	2.0	2.06	1400	1400	1200	5	4	5	—	—	700	700	6	2	∟50×50×5	—	—	2	∟50×50×5	—	700	1	∟50×50×5	800	300	2	490.0
7	3.0	3.50	2000	1400	1400	5	4	5	666	466	667	467	8	4	∟50×50×5	—	—	2	∟50×50×5	666	667	2	∟50×50×5	700	300	3	702.2
8	3.0	3.20	1600	1600	1400	5	4	5	400	534	600	533	8	4	∟50×50×5	—	—	2	∟50×50×5	400	600	2	∟50×50×5	600	200	3	661.6
9	4.0	4.32	2000	1600	1500	5	4	5	666	534	667	533	8	4	∟50×50×5	—	622	2	∟50×50×5	666	667	2	∟50×50×5	700	300	3	790.5
10	4.0	4.37	1800	1800	1500	5	4	5	600	600	600	600	8	4	∟50×50×5	—	622	2	∟50×50×5	600	600	2	∟50×50×5	600	300	3	794.8
11	5.0	5.18	2400	1600	1500	5	4	5	600	534	600	533	10	4	∟50×50×5	—	650	2	∟50×50×5	600	600	3	∟50×50×5	900	300	3	907.4
12	5.0	5.35	2200	1800	1500	5	4	5	500	600	600	600	10	4	∟50×50×5	—	650	2	∟50×50×5	500	600	3	∟50×50×5	900	500	3	918.2
13	8.0	8.32	2800	1800	1800	6	4	6	700	600	700	600	10	4	∟70×70×7	—	750	2	∟50×50×5	700	700	3	∟56×56×5	900	400	3	1462.4
14	8.0	8.58	2600	2000	1800	6	4	6	650	668	650	667	10	4	∟70×70×7	—	750	2	∟50×50×5	600	650	3	∟56×56×5	700	250	3	1480.4
15	10.0	11.10	3000	2000	2000	6	4	6	600	500	600	500	12	6	∟80×80×6	—	840	2	∟50×50×5	600	600	3	∟56×56×5	800	300	4	1798.2
16	10.0	11.40	2800	2200	2000	6	4	6	560	550	560	550	12	6	∟80×80×6	—	840	2	∟50×50×5	560	560	3	∟56×56×5	700	350	4	1814.1
17	15.0	15.98	3600	2400	2000	6	5	6	600	600	600	600	14	6	∟90×90×7	—	840	2	∟50×50×5	600	600	5	∟63×63×5	900	450	4	2426.0
18	15.0	15.84	3200	2200	2400	6	5	6	640	550	640	550	12	6	∟100×100×10	740	640	2	∟50×50×5	640	640	4	∟56×56×5	800	400	4	2615.1
19	20.0	20.72	4000	2800	2000	6	5	6	666	700	668	700	14	6	∟90×90×7	—	840	2	∟50×50×5	666	668	5	∟63×63×6	1000	500	4	2833.2
20	20.0	21.06	3600	2600	2400	6	5	6	600	650	600	650	14	6	∟100×100×10	740	640	2	∟50×50×5	600	600	5	∟63×63×5	900	450	4	3107.8
21	25.0	26.05	4400	3200	2000	6	5	8	628	640	630	640	16	8	∟90×90×7	—	840	2	∟50×50×5	628	630	6	∟63×63×6	900	400	5	3575.7
22	25.0	25.20	4800	2800	2400	6	5	8	666	700	668	700	14	6	∟100×100×10	740	640	2	∟63×63×6	666	668	5	∟63×63×6	800	400	5	3662.8
23	30.0	30.19	4800	3400	2000	6	5	8	600	566	600	568	18	10	∟90×90×7	—	840	2	∟50×50×5	600	600	7	∟63×63×6	1000	400	5	4031.4
24	30.0	31.68	4400	3200	2400	6	5	8	628	640	630	640	16	8	∟100×100×10	740	640	2	∟63×63×6	628	630	6	∟63×63×6	900	400	4	4332.5

图名	方形给水箱(二)	图号	JS1—1(二)

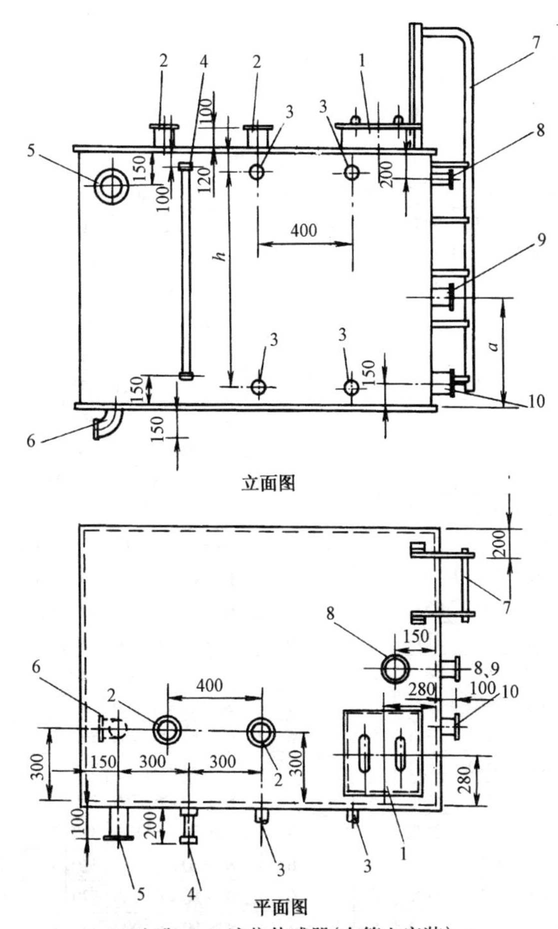

1—人孔；2—液位传感器(在箱上安装)；
3—液位传感器(在箱外安装)；4—玻璃管水位计；
5—溢流管；6—排水管；7—外人梯；8—进水管；
9—生活出水管；10—消防出水管

管径尺寸表（mm）

件号	名　称	水箱型号		
		1～14号	15～20号	21～24号
5	溢流管 *DN*	80	100	150
6	排水管 *DN*	40	50	50
8	进水管 *DN*	65	80	100
9	生活出水管 *DN*	65	80	100
10	消防出水管 *DN*	65	80	100

安装说明

1. 尺寸 a、h 由设计者定。
2. 每个水箱安两套液位传感器，一套备用。
3. 配管位置、管径及附件亦可由设计者定。

图名	方形给水箱附件布置示意图	图号	JS1—2

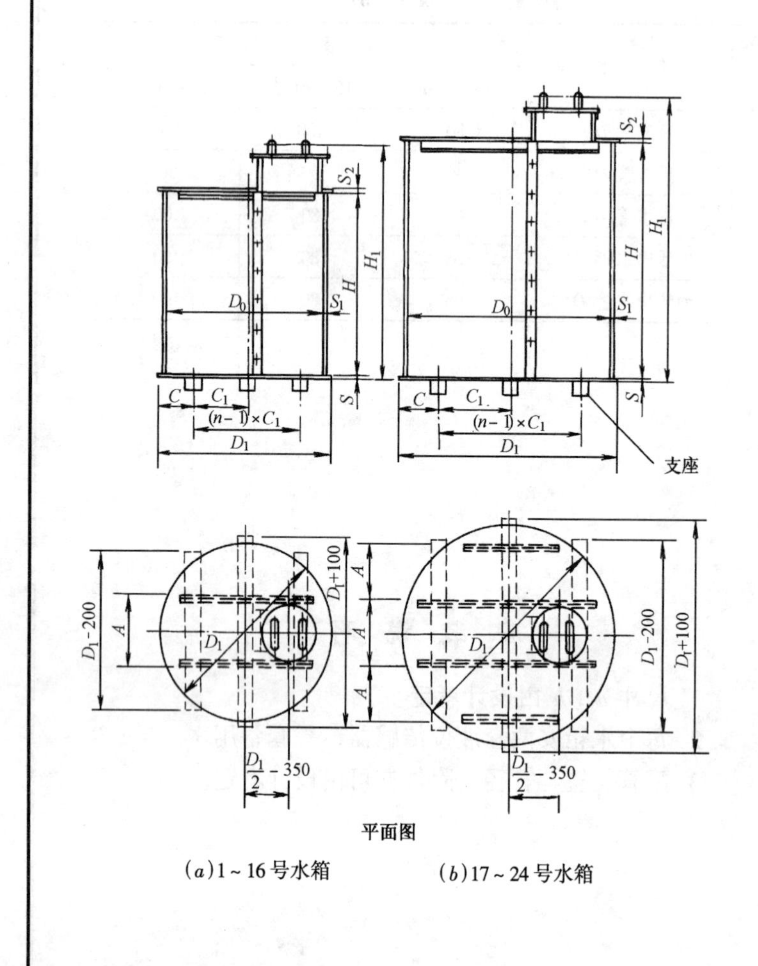

平面图

(a)1～16号水箱　　(b)17～24号水箱

型号	公称容积 (m³)	有效容积 (m³)	筒体		顶底板	水箱总	钢板厚度			加强肋		底部支座			水箱重量 (kg)
			内径 D_0 (mm)	高度 H (mm)	直径 D_1 (mm)	高度 H_1 (mm)	箱顶 S_2 (mm)	箱底 S (mm)	箱壁 S_1 (mm)	角钢 边长×边长×边厚	间距 A (mm)	边距 C (mm)	间距 C_1 (mm)	数量 n	
1	0.5	0.5	900	1000	930	1171	4	4	4	∟40×40×4	600	200	500	2	153.6
2	0.5	0.6	1000	900	1030	1071	4	4	4	∟40×40×4	600	250	500	2	163.4
3	1.0	1.1	1100	1300	1130	1471	4	5	4	∟40×40×4	600	265	600	2	238.4
4	1.0	1.2	1200	1200	1230	1371	4	5	4	∟40×40×4	600	315	600	2	253.1
5	2.0	2.1	1400	1500	1430	1671	4	5	4	∟40×40×4	600	415	600	2	366.3
6	2.0	2.0	1500	1300	1530	1471	4	5	4	∟40×40×4	600	415	700	2	341.9
7	3.0	3.3	1600	1800	1630	1971	4	5	4	∟50×50×5	700	465	700	2	485.7
8	3.0	3.4	1800	1500	1830	1671	4	5	4	∟50×50×5	700	565	700	2	503.9
9	4.0	4.2	1800	1800	1830	1971	4	5	4	∟63×63×6	700	565	700	2	567.3
10	4.0	4.6	2000	1600	2030	1771	4	5	4	∟63×63×6	700	415	600	3	606.5
11	5.0	5.2	1800	2200	1830	2371	4	5	4	∟63×63×6	700	315	600	3	644.9
12	5.0	5.2	2000	1800	2030	1971	4	5	4	∟63×63×6	700	365	650	3	650.2
13	8.0	8.5	2200	2400	2240	2571	5	5	5	∟63×63×6	730	470	650	3	1034.9
14	8.0	8.4	2400	2000	2440	2171	5	5	5	∟63×63×6	800	520	700	3	1031.2
15	10.0	10.2	2400	2400	2440	2571	5	5	5	∟80×80×6	800	520	700	3	1161.5
16	10.0	10.9	2600	2200	2640	2371	5	5	5	∟80×80×6	860	420	600	4	1219.4
17	15.0	15.1	2800	2600	2840	2771	5	5	5	∟63×63×6	700	520	600	4	1500.0
18	15.0	15.9	3000	2400	3040	2571	5	5	5	∟63×63×6	750	320	600	5	1564.4
19	20.0	20.2	3000	3000	3040	3172	5	6	5	∟80×80×6	750	320	600	5	2108.8
20	20.0	20.4	3400	2400	3440	2572	5	6	5	∟80×80×6	850	320	700	5	2168.5
21	25.0	25.9	3400	3000	3440	3172	6	6	6	∟80×80×6	850	320	700	5	2524.4
22	25.0	24.9	3600	2600	3640	2772	6	6	6	∟80×80×6	900	520	650	5	2506.5
23	30.0	31.0	3600	3200	3640	3372	6	6	6	∟80×80×8	900	320	600	6	2860.5
24	30.0	30.1	3800	2800	3840	2972	6	6	6	∟80×80×8	950	420	600	6	2844.4

图名	圆形给水箱图及选用表	图号	JS1—3

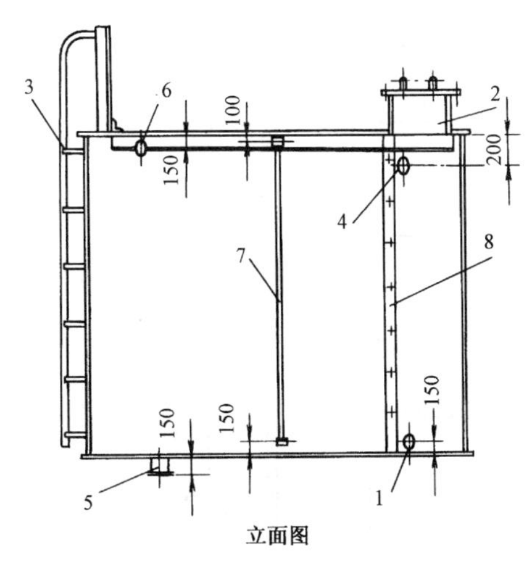

立面图

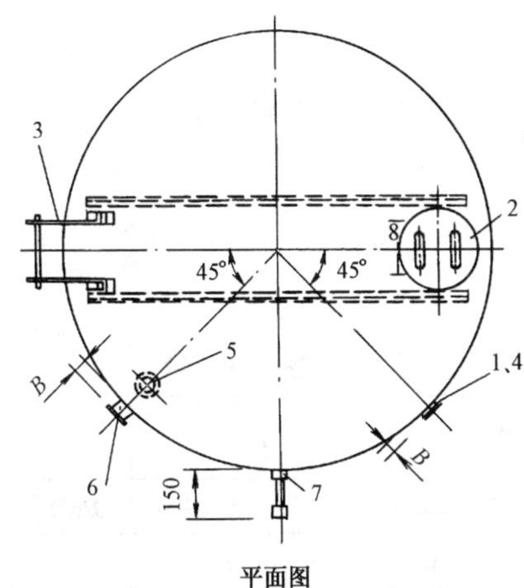

平面图

1—出水管；2—人孔；3—外人梯；4—进水管；
5—排水管；6—溢流管；7—玻璃管水位计；8—内人梯

管径尺寸表（mm）

编　号	名　　称	水箱型号		
		1～14号	15～20号	21～24号
1	出水管 *DN*	70	80	100
4	进水管 *DN*	70	80	100
5	排水管 *DN*	50	70	80
6	溢流管 *DN*	80	100	150

B 值

当 *DN*20～*DN*50时，*B* 取 150mm；
*DN*65～*DN*100时，*B* 取 200mm；
*DN*125～*DN*250时，*B* 取 250mm。

图名	圆形水箱附件布置示意图	图号	JS1—4

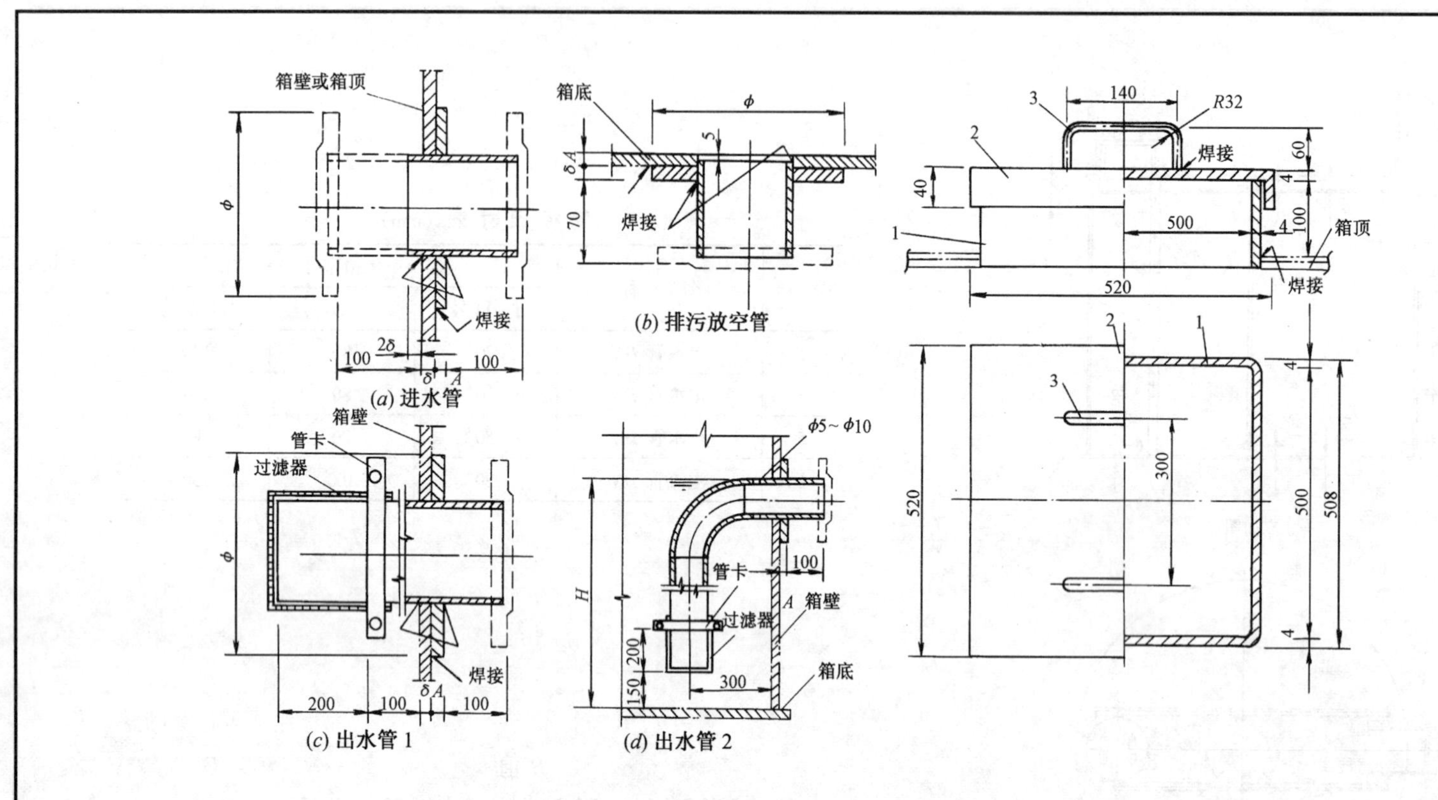

尺寸表（mm）

DN	20	25	32	40	50	65	80	100	150
φ	40	50	64	80	100	140	140	160	240
A	5	5	5	5	5	5	10	10	10

安装说明

1. 过滤器做法：用 18 目铜或不锈钢丝网包扎出水花管，花管底采用 3mm 钢板焊接封堵，花管底及侧壁均打孔，孔径 φ10，孔距 20mm。
2. 消防水位 H 由设计者定。

零件表

件号	名称	规　格(mm)	材料	数量	重量(kg)
1	筒体	500×500　$\delta=4$　$H=100$	Q235F	1	6.24
2	盖	520×520　$\delta=4$　$H=40$	Q235F	1	11.10
3	把手	φ16　$l=230$	Q235F	2	0.74

图名	钢板水箱管接头及人孔图	图号	JS1—5

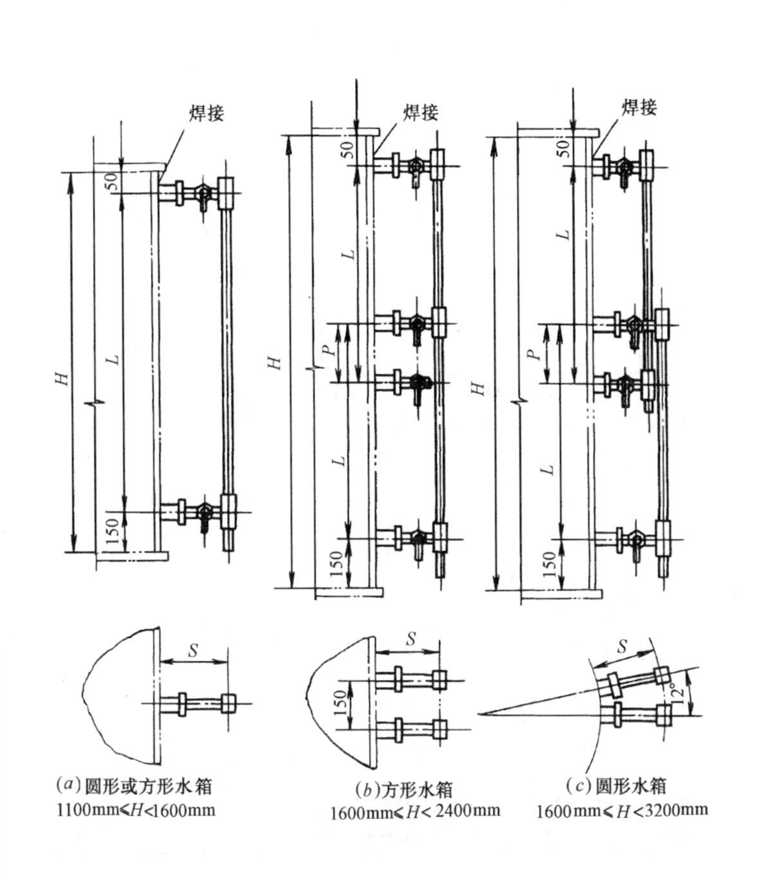

(a)圆形或方形水箱
1100mm≤H<1600mm

(b)方形水箱
1600mm≤H< 2400mm

(c)圆形水箱
1600mm≤H<3200mm

尺 寸 表

水箱高度 H(mm)	水位计长度 L(mm)	旋塞阀错开距离 P(mm)	水位计数量 n
1100	900		1
1200	1000		1
1300	1100		1
1400	1200		1
1500	1300		1
1600	800	200	2
1800	900	200	2
2000	1000	200	2
2200	1100	200	2
2400	1200	200	2
2600	1300	200	2
2800	1400	200	2
3000	1500	200	2
3200	1600	200	2

安 装 说 明

1. 水箱不保温时 $S=150$mm，保温时视具体情况而定。

2. 水位计旋塞与水箱壁之间有无缝钢管短管($\phi30\times3$)相连，该短管一端与水箱壁焊接，另一端与旋塞($DN20$)螺纹连接。

3. 水位计装配时应保证上下阀门对中，玻璃管中心线允许偏差值为1mm。

图名	钢板水箱玻璃管水位计安装图	图号	JS1—6

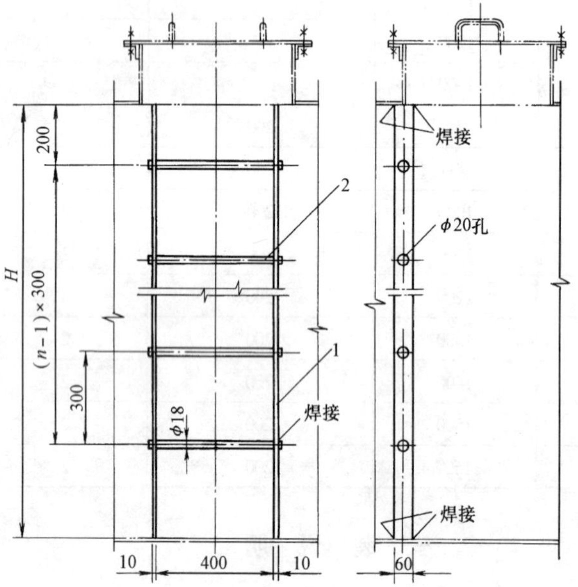

内人梯图

材料表

件号	名称	规格(mm)	材料	数量	重量(kg)		备注
					单重	共重	
$H=1500(1600)$					总重:17.58kg(18.05)		
1	梯腿	扁钢 -60×10, $l=1498$	Q235F	2	7.07	14.14	
2	梯步	圆钢 $\phi18$, $l=430$	Q235F	4	0.86	3.44	$n=4$
$H=1800$					总重:21.26kg		
1	梯腿	扁钢 -60×10, $l=1798$	Q235F	2	8.48	16.96	
2	梯步	圆钢 $\phi18$, $l=430$	Q235F	5	0.86	4.30	$n=5$
$H=2200$					总重:24.0kg		
1	梯腿	扁钢 -60×10, $l=1998$	Q235F	2	9.42	18.48	
2	梯步	圆钢 $\phi18$, $l=430$	Q235F	6	0.86	5.16	$n=6$
$H=2200$					总重:25.82kg		
1	梯腿	扁钢 -60×10, $l=2198$	Q235F	2	10.33	20.66	
2	梯步	圆钢 $\phi18$, $l=430$	Q235F	6	0.86	5.16	$n=6$
$H=2400$					总重:28.56kg		
1	梯腿	扁钢 -60×10, $l=2398$	Q235F	2	11.27	22.54	
2	梯步	圆钢 $\phi18$, $l=430$	Q235F	7	0.86	6.02	$n=7$
$H=2600$					总重:31.30kg		
1	梯腿	扁钢 -60×10, $l=2598$	Q235F	2	12.21	24.42	
2	梯步	圆钢 $\phi18$, $l=430$	Q235F	8	0.86	6.88	$n=8$
$H=2800$					总重:34.04kg		
1	梯腿	扁钢 -60×10, $l=2798$	Q235F	2	13.16	26.3	
2	梯步	圆钢 $\phi18$, $l=430$	Q235F	9	0.86	7.74	$n=9$
$H=3200(3000)$					总重:38.66kg(36.78)		
1	梯腿	扁钢 -60×10, $l=3198$	Q235F	2	15.03	30.06	
2	梯步	圆钢 $\phi18$, $l=430$	Q235F	10	0.86	8.60	$n=10$

图名	钢板水箱内人梯图及材料表	图号	JS1—7

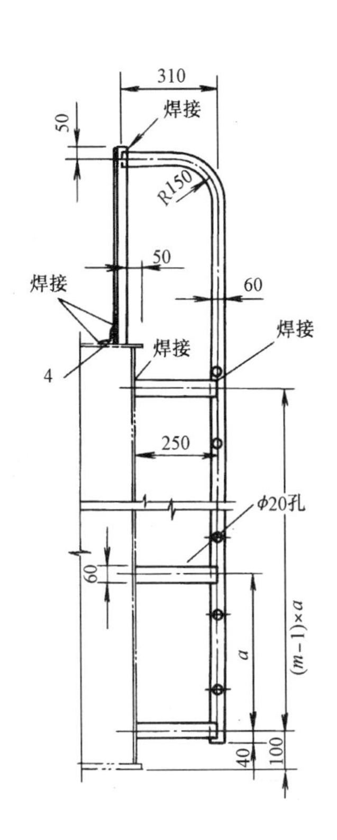

外人梯图

材 料 表

件号	名称	规　　格(mm)	材料	数量	重量(kg)		备　注
					单重	共重	
		$H=1500$					
1	拉　条	扁钢 −60×10, $l=250$	Q235F	4	1.18	4.72	$m=2, a=1000$
2	梯　腿	扁钢 −60×10, $l=2440$	Q235F	2	11.5	23.0	
3	梯　步	圆钢 ϕ18, $l=430$	Q235F	5	0.86	4.30	$n=5$
4	加强撑	角钢∟ 50×50×5, $l=60$	Q235F	2	0.226	0.552	
5	支　撑	角钢∟ 50×50×5, $l=800$	Q235F	2	3.02	6.04	
							总重:38.61kg
		$H=1600$					
1	拉　条	扁钢 −60×10, $l=250$	Q235F	4	1.18	4.72	$m=2, a=1000$
2	梯　腿	扁钢 −60×10, $l=2540$	Q235F	2	11.97	23.94	
3	梯　步	圆钢 ϕ18, $l=430$	Q235F	5	0.86	4.30	$n=5$
4	加强撑	角钢∟ 50×50×5, $l=60$	Q235F	2	0.226	0.552	
5	支　撑	角钢∟ 50×50×5, $l=800$	Q235F	2	3.02	6.04	
							总重:39.55kg
		$H=1800$					
1	拉　条	扁钢 −60×10, $l=250$	Q235F	6	1.18	7.08	$m=3, a=800$
2	梯　腿	扁钢 −60×10, $l=2740$	Q235F	2	12.9	25.8	
3	梯　步	圆钢 ϕ18, $l=430$	Q235F	6	0.86	5.16	$n=6$
4	加强撑	角钢∟ 50×50×5, $l=60$	Q235F	2	0.226	0.552	
5	支　撑	角钢∟ 50×50×5, $l=800$	Q235F	2	3.02	6.04	
							总重:44.63kg
							总重:46.43kg
5	支　撑	角钢∟ 50×50×5, $l=800$	Q235F	2	3.02	6.04	
4	加强撑	角钢∟ 50×50×5, $l=60$	Q235F	2	0.226	0.552	
3	梯　步	圆钢 ϕ18, $l=430$	Q235F	6	0.86	5.16	$n=6$
2	梯　腿	扁钢 −60×10, $l=40$	Q235F	2	13.8	27.6	
1	拉　条	扁钢 −60×10, $l=250$	Q235F	6	1.18	7.08	$m=3, a=900$
		$H=2000$					
							总重:53.87kg
5	支　撑	角钢∟ 50×50×5, $l=800$	Q235F	2	3.02	6.04	
4	加强撑	角钢∟ 50×50×5, $l=60$	Q235F	2	0.226	0.552	
3	梯　步	圆钢 ϕ18, $l=430$	Q235F	8	0.86	6.88	$n=8$
2	梯　腿	扁钢 −60×10, $l=3340$	Q235F	2	15.48	30.96	
1	拉　条	扁钢 −60×10, $l=250$	Q235F	8	1.18	9.44	$m=4, a=700$
		$H=2400$					

图名	钢板水箱外人梯图及材料表	图号	JS1—8

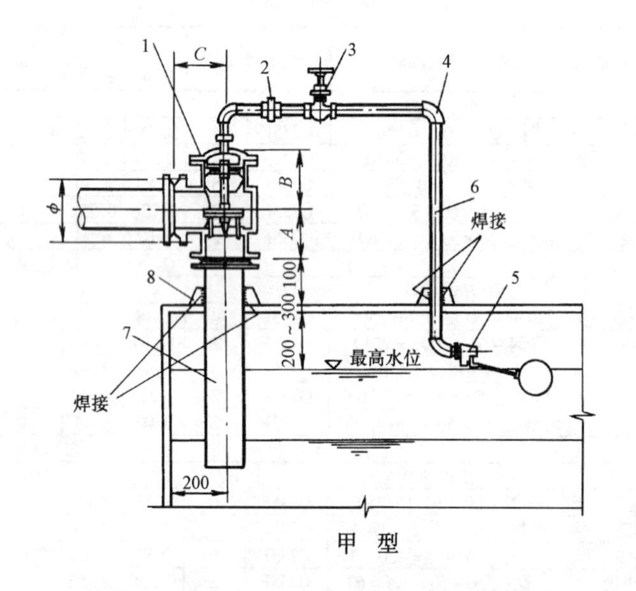

甲 型

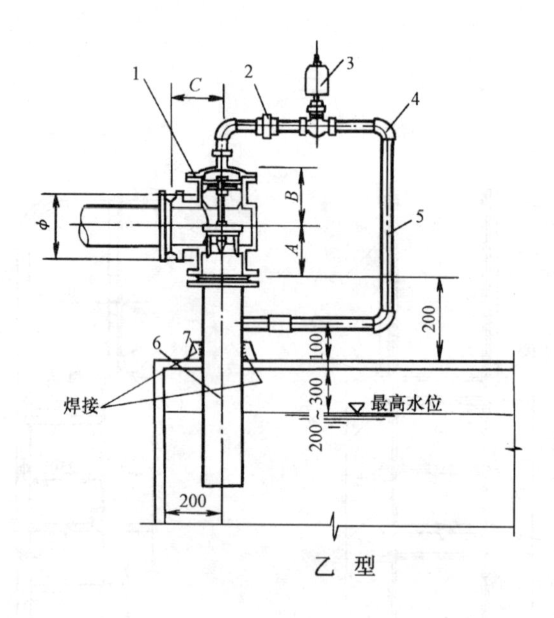

乙 型

甲型部件表

件号	名称	规 格
1	控制阀	H142-4 系列
2	活接头	*DN*15 或 *DN*20
3	截止阀	*DN*15 或 *DN*20
4	90°弯头	*DN*15 或 *DN*20
5	浮球阀	H724×4T
6	控制管	*DN*15 或 *DN*20
7	钢 管	*DN*100～*DN*250
8	支 座	

乙型部件表

件号	名称	规 格
1	控制阀	H142X-4 系列
2	活接头	*DN*15 或 *DN*20
3	电磁阀	ZCLE-6 型
4	90°弯头	*DN*15 或 *DN*20
5	控制管	*DN*15 或 *DN*20
6	钢 管	*DN*100～*DN*250
7	支 座	

甲、乙型尺寸表（mm）

公称直径 *DN*	传动管直 径	ϕ	*A*	*B*	*C*
100	15	170	132	162	150
150	20	225	140	230	200
200	20	280	190	265	210
250	20	335	220	305	240

图名	钢板水箱液压水位控制阀 安装图(一)	图号	JS1—9(一)

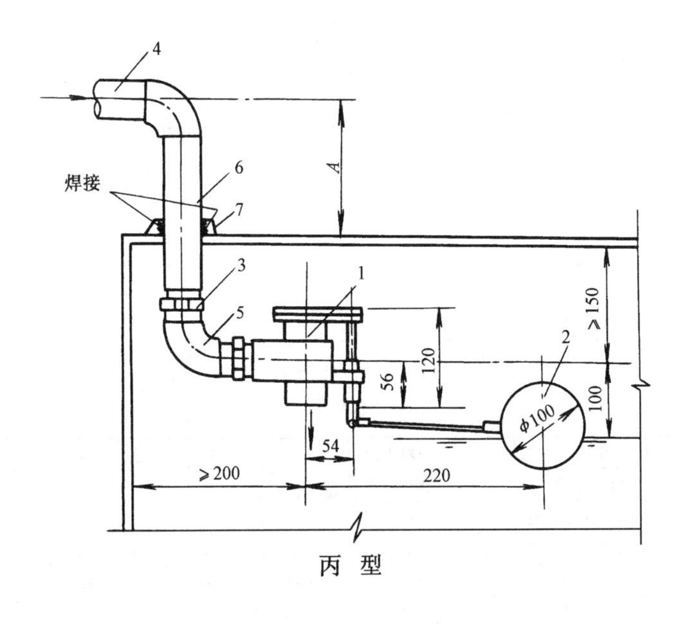

丙 型

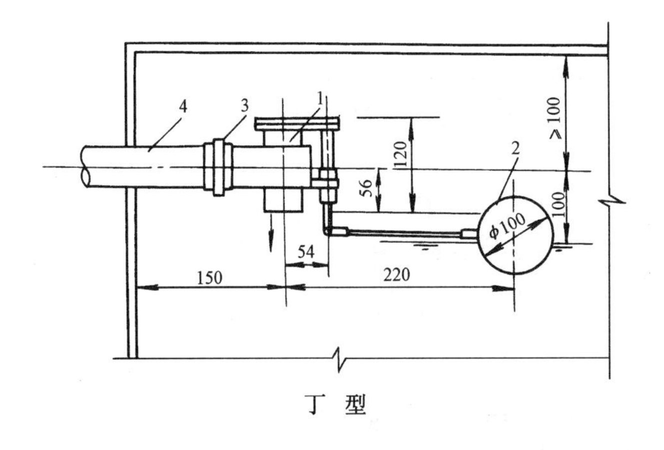

丁 型

丙、丁型部件表

编号	名称	型号或规格	备注
1	液位阀	SKF50－3	
2	浮 球	φ100	
3	活接头	*DN*50	
4	进水管	*DN*50	
5	弯 头	*DN*50	
6	短 管	*DN*50	
7	支 架		

安 装 说 明

1. 适用于水温不大于 60℃的清水，公称压力 0.6MPa。

2. 本图仅绘制出 *DN*50 阀的规格及安装尺寸，*DN*80、*DN*100、*DN*150 型阀为法兰连接。

3. 安装液位阀前须先将整个给水管道中的杂物清洗干净。

4. 图中尺寸 *A* 由设计者定。

图名	钢板水箱液压水位控制阀 安装图(二)	图号	JS1—9(二)

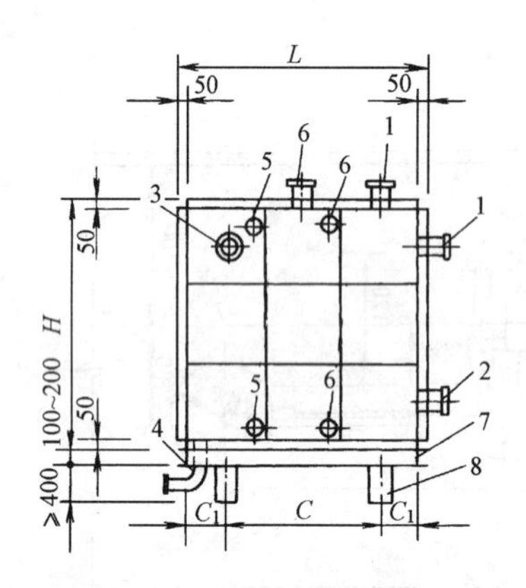

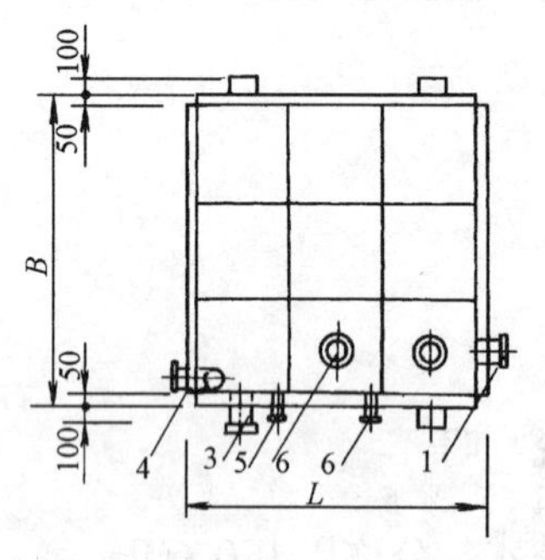

1—进水管；2—出水管；3—溢流管；
4—泄空管；5—玻璃管水位计；
6—液位传感器；7—槽钢支架；8—支座

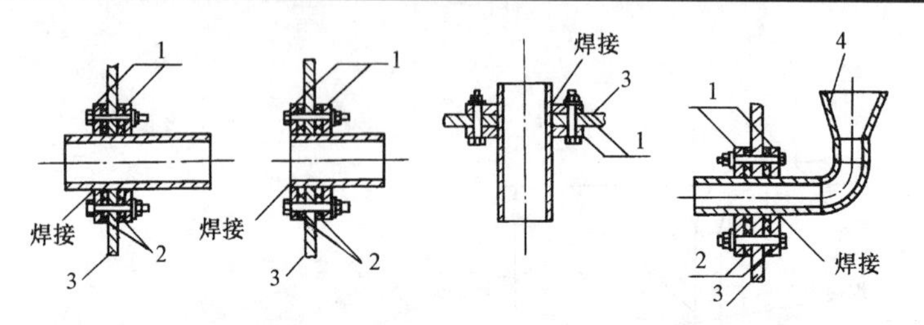

1—法兰；2—密封垫；3—箱板；4—喇叭口

(*a*) Ⅰ(适于箱壁)　(*b*) Ⅱ(适于箱底)　(*c*) Ⅲ(适于箱顶)　(*d*) Ⅳ(适于溢流管)

水箱型号	公称容积 (m^3)	有效容积 (m^3)	主要尺寸(mm)			底部支座				进水管 DN	出水管 DN	溢流管 DN	泄空管 DN
			长 L	宽 B	高 H	推荐布置方式			其他布置方式				
						C_1 (mm)	C (mm)	数量					
1	3.0	3.7	1610	1610	1610	—	1600	2	支座可遵循下列规定布置：C_1：200~500 C：最大不超过1600	65	65	80	50
2	5.0	5.6	2410	1610	1610	—	1200	3		65	65	80	50
3	8.0	8.4	2410	2410	1610	—	1200	3		65	65	80	50
4	12.0	12.3	2410	2410	2410	—	1200	3		80	80	100	50
5	17.0	17.3	3210	2410	2410	—	1600	3		80	80	100	50
6	23.0	23.0	3210	3210	2410	—	1600	3		100	100	100	50
7	28.0	28.8	4010	3210	2410	—	1333	4		100	100	100	50
8	36.0	36.0	4010	4010	2410	—	1333	4		100	100	100	50

安装说明

1.SMC水箱的箱壁、箱顶、箱底均由SMC定型模压板块拼装而成，用槽钢托架支撑箱底，用镀锌圆钢在箱内将箱壁拉牢，板块之间由螺栓紧固，橡胶条密封。

2．定型板块尺寸为800mm×800mm，水箱的长、宽、高尺寸均为板块尺寸的倍数。

3．水箱外接管穿孔部位在板块中心为宜，若偏离该部位需与厂方洽商，管道穿越箱板的做法见Ⅰ~Ⅳ。

4．水箱水温不大于70℃，水箱保温及支座做法与钢板水箱同。

图名	SMC组装式水箱图	图号	JS1—10

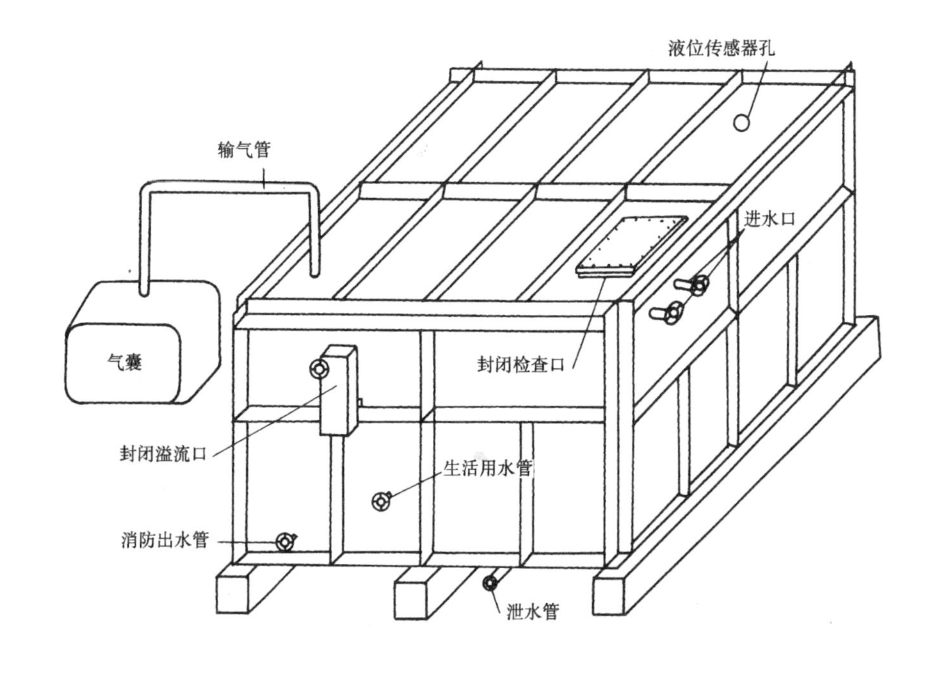

全封闭搪瓷钢板拼装水箱的全封闭装置，可与箱外空气隔绝防止污染，还可起到防止余氯损耗的作用。

安 装 说 明

1. 型号说明

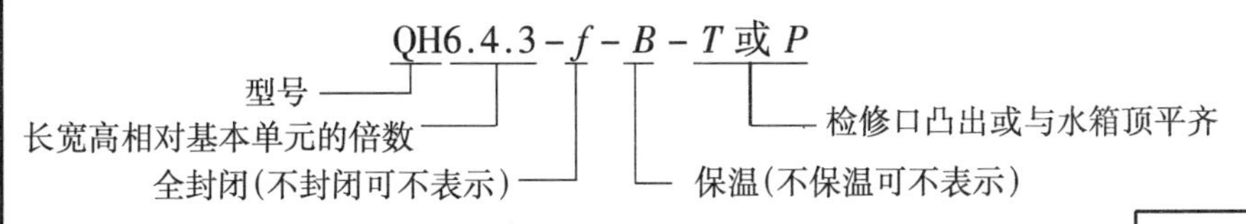

2. 水箱四周距墙壁不小于500mm，顶部需有800mm以上的安装检修空间。

3. 箱底标准板块间的连接缝应坐落在基础梁上，水箱底部基础可采用钢梁或混凝土梁(由结构专业设计)，混凝土梁与水箱底接触部位应设置绝缘板，采用石棉橡胶板厚50mm。

4. 水箱基本单元板尺寸634mm×634mm。

5. 水箱内拉筋为不锈钢拉杆，接管法兰为镀锌法兰。

6. 水箱上开孔接管位置、管径及封闭检查口应由设计人预先确定后再加工水箱。

7. 水箱溢水管管径应大于进水管管径两号。

8. 气囊大小一般根据水箱调节容积决定(由水箱厂配置)，气囊可根据所在房间的形状任意放置(可串联安装)。

9. 水箱组装宜由专业人员安装，水箱安装完毕后应作密闭检漏试验。

图名	全封闭搪瓷钢板拼装水箱(一)	图号	JS1—11(一)

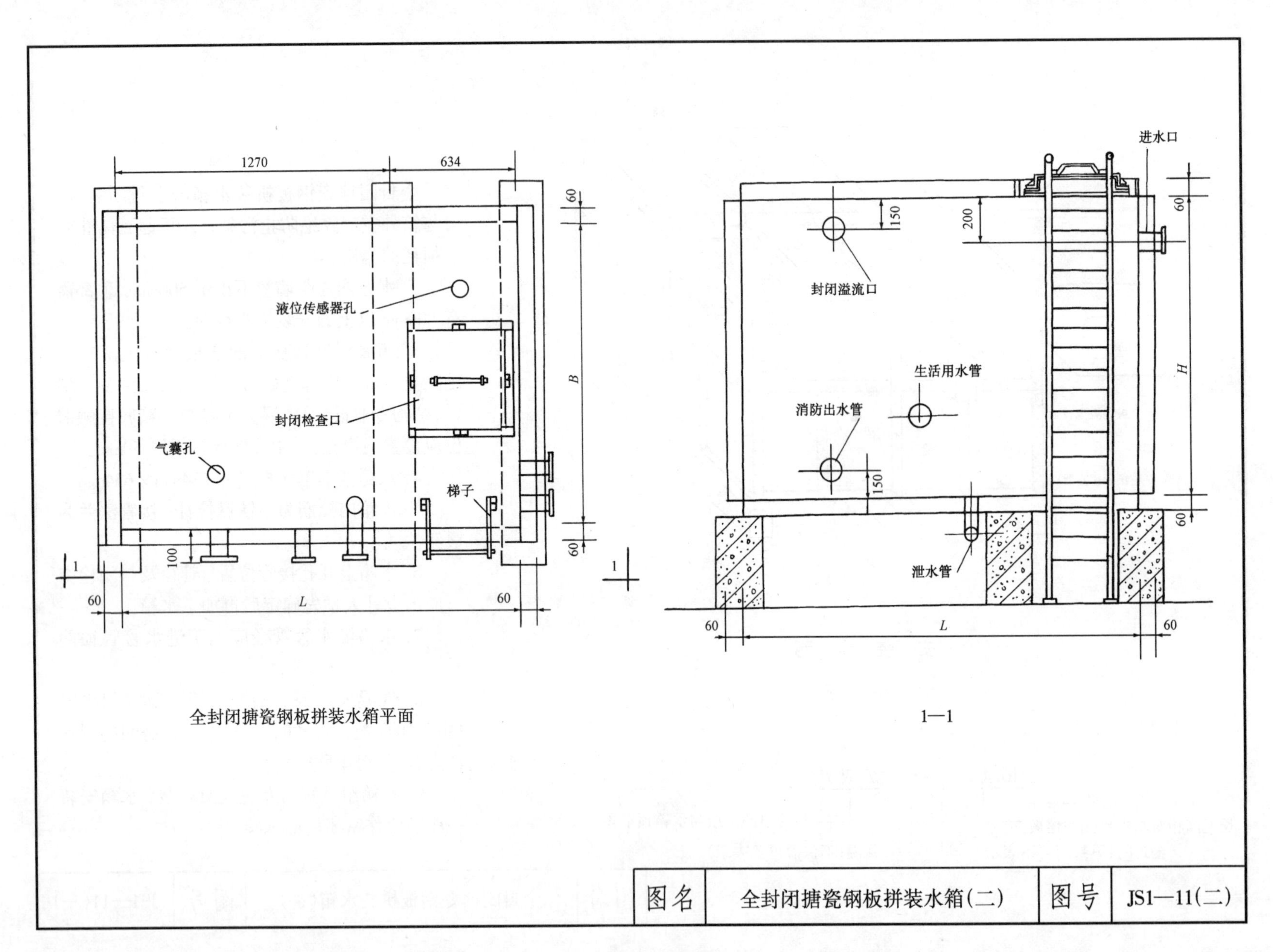

1270
634
60
B
60
液位传感器孔
封闭检查口
气囊孔
梯子
100
1
60
L
60
全封闭搪瓷钢板拼装水箱平面
进水口
150
200
60
封闭溢流口
H
生活用水管
消防出水管
150
60
泄水管
1
60
L
60
1—1
图名
全封闭搪瓷钢板拼装水箱(二)
图号
JS1—11(二)

全封闭搪瓷钢板拼装水箱型号规格选用表

序号	型号	容积 (m³)	有效容积 (m³)	外形尺寸(mm)			水箱尺寸(mm)			自重 (t)
				长	宽	高	长	宽	高	
1	QH2.1.2	1.0	0.87	1390	754	1390	1270	634	1270	0.36
2	QH2.2.2	2.0	1.75	1390	1390	1390	1270	1270	1290	0.54
3	QH3.2.2	3.1	2.62	2026	1390	1390	1906	1270	1270	0.63
4	QH4.2.2	4.1	3.50	2662	1390	1390	2542	1270	1270	0.90
5	QH5.2.2	5.1	4.37	3298	1390	1390	3178	1270	1270	1.08
6	QH4.3.2	6.2	5.25	2662	2026	1390	2542	1905	1270	1.17
7	QH4.2.2	8.2	7.00	2662	2662	1390	2542	2542	1270	1.44
8	QH4.3.3	9.3	8.34	2662	2026	2026	2542	1906	1906	1.49
9	QH5.4.2	10.3	8.75	3298	2662	1390	3178	2542	1270	1.71
10	QH4.4.3	12.3	11.11	2662	2662	2026	2542	2542	1906	1.80
11	QH6.3.3	13.9	12.50	3934	2026	2026	3814	1906	1906	2.03
12	QH5.4.3	15.4	13.90	3298	2662	2026	3178	2542	1906	2.12
13	QH4.4.4	16.5	15.31	2662	2662	2662	2542	2542	2542	2.16
14	QH6.4.3	18.5	16.67	3934	2662	2026	3814	2542	1906	2.43
15	QH5.4.4	20.6	19.14	3298	2662	2662	3178	2542	2542	2.52
16	QH7.4.3	21.6	19.45	4570	2662	2026	4450	2542	1906	2.75
17	QH6.4.4	24.7	22.97	3934	2662	2662	3814	2542	2542	2.88
18	QH5.5.4	25.7	23.93	3298	3298	2662	3178	3178	2542	2.93

序号	型号	容积 (m³)	有效容积 (m³)	外形尺寸(mm)			水箱尺寸(mm)			自重 (t)
				长	宽	高	*L*	*B*	*H*	
19	QH6.6.3	27.8	25.00	3934	3934	2026	3814	3814	2026	3.24
20	QH6.5.4	30.9	28.71	3934	3298	2662	3814	3178	2542	3.33
21	QH8.4.4	32.9	30.62	5206	2662	2662	5086	2542	2542	3.60
22	QH9.5.3	34.7	31.26	5842	3298	2026	5722	3178	1906	3.92
23	QH7.4.5	36.0	33.50	4570	2662	3298	4450	2542	3178	3.74
24	QH6.6.4	36.8	34.45	3934	3934	2662	3814	3814	2542	3.78
25	QH6.5.5	38.6	35.89	3934	3298	3298	3814	3178	3178	3.83
26	QH8.5.4	41.2	38.28	5206	3298	2662	5086	3178	2542	4.14
27	QH7.6.4	43.2	40.19	4570	3934	2662	4450	3814	2542	4.23
28	QH7.5.5	45.0	41.87	4570	3298	3298	4450	3178	3178	4.28
29	QH8.6.4	49.4	45.94	5206	3934	2662	5086	3814	2542	4.68
30	QH6.6.6	55.6	52.79	3934	3934	3934	3814	3814	3814	4.86
31	QH10.6.4	61.7	57.42	6478	3934	2662	6358	3814	2542	5.58
32	QH8.8.4	65.5	61.00	5206	5206	2662	5086	5086	2542	5.81
33	QH10.6.5	77.2	71.78	6478	3934	3298	6358	3814	3178	6.30
34	QH8.8.5	82.3	75.56	5206	5206	3934	5086	5086	3814	6.48
35	QH9.6.6	83.4	79.18	5842	3934	3934	5722	3814	3814	6.48

水箱基础梁尺寸选用表

型号	基础梁尺寸(mm)			梁数量	梁间距(mm)
	长	宽	高		
QH2.1.2	1034	400	500	2	1270
QH2.2.2	1670	400	500	2	
QH3.2.2	2306	400	500	2	
QH4.2.2	2942	400	500	2	
QH5.2.2	3578	400	500	2	
QH4.3.2	2306	400	500	3	1270 1270
QH4.2.2	2942	400	500	3	
QH4.3.3	2306	400	500	3	
QH5.4.2	3578	400	500	3	
QH4.4.3	2942	400	500	3	
QH5.4.3	3578	400	500	3	
QH4.4.4	2942	400	500	3	

型号	基础梁尺寸(mm)			梁数量	梁间距(mm)
	长	宽	高		
QH6.4.3	4214	400	500	3	1270 1270
QH5.4.4	3578	400	500	3	
QH7.4.3	4850	400	500	3	
QH6.4.4	4212	400	500	3	
QH8.4.4	5486	400	500	3	
QH7.4.5	4850	400	500	3	
QH5.5.4	3578	400	500	4	1270 1270 635
QH9.5.3	6115	400	500	4	
QH7.5.5	4850	400	500	4	
QH6.3.3	2306	400	500	4	
QH6.6.3	4212	400	500	4	
QH6.5.4	3578	400	500	4	

型号	基础梁尺寸(mm)			梁数量	梁间距(mm)
	长	宽	高		
QH6.6.4	4212	400	500	4	1270 1270 1270
QH6.5.5	3578	400	500	4	
QH7.6.4	4850	400	500	4	
QH8.6.4	5486	400	500	4	
QH6.6.6	4212	400	500	4	
QH10.6.4	6750	400	500	4	
QH10.6.5	6750	400	500	4	
QH9.6.6	6115	400	500	4	
QH8.5.4	3578	400	500	5	1270 1270 1270 1270
QH8.8.4	5486	400	500	5	
QH8.8.5	5486	400	500	5	

图名	全封闭搪瓷钢板拼装水箱(三)	图号	JS1—11(三)

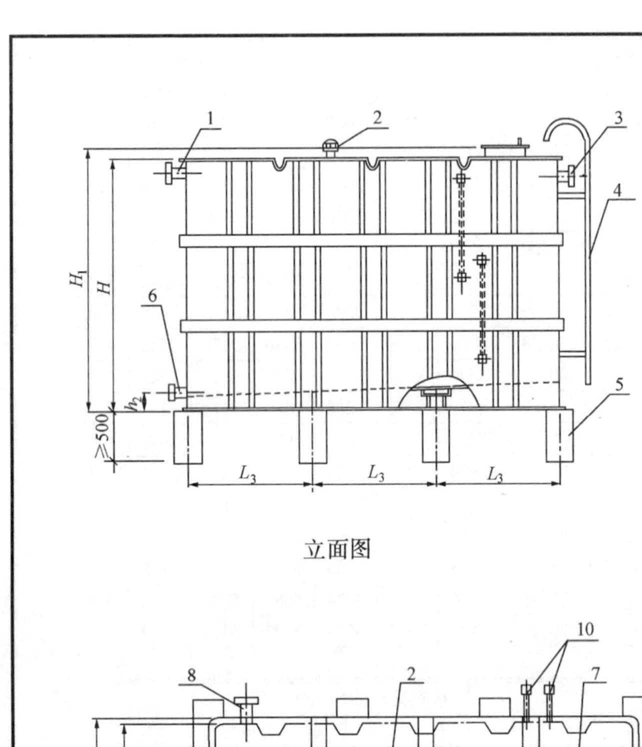

立面图

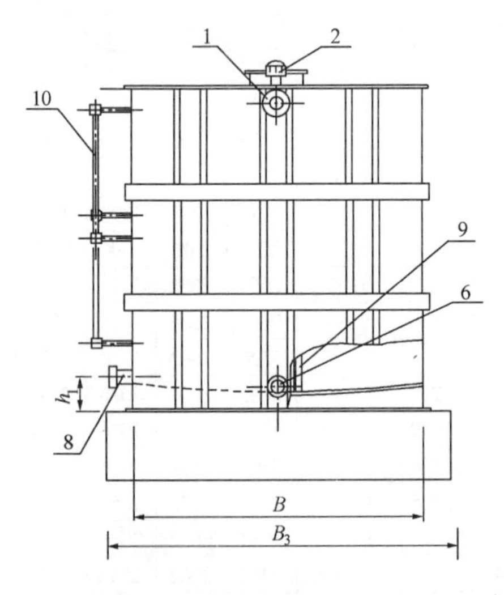

侧立面图

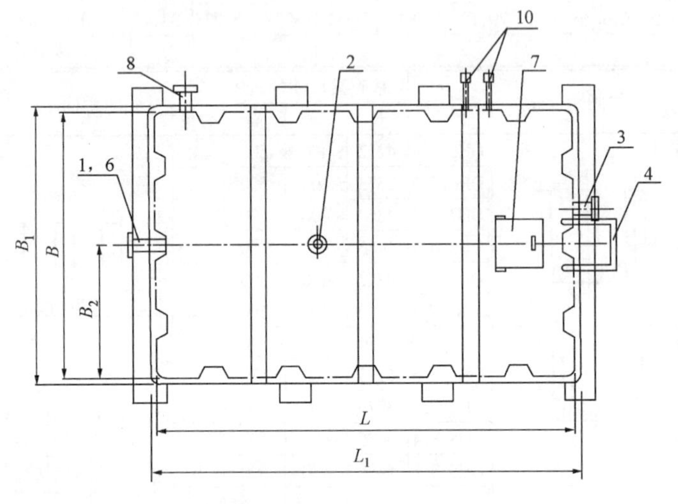

平面图

编号	名　　称	编号	名　　称
1	溢流管	6	泄水管
2	透气管	7	人孔
3	进水管	8	出水管
4	外人梯	9	内人梯
5	基础	10	水位计

图名	组合式不锈钢肋板给水箱安装（一）	图号	JS1—12(一)

组合式不锈钢肋板给水箱规格技术参数表

序号	公称容积(m^3)	箱体尺寸			外形尺寸			钢板厚度			接管直径 DN				部位参数			基础参数			水箱重量(kg)
		L	B	H	L_1	B_1	H_1	箱顶	箱底	箱壁	进水管	出水管	溢流管	泄水管	h_1	h_2	B_2	B_3	L_3	n	
1	1.2	1000	1000	1220	1200	1200	1320	2	2	1.5	40	40	50	32	220	100	500	1200	500	3	160
2	1.8	1200	1200	1220	1400	1400	1320	2	2	1.5	40	40	50	32	220	100	600	1400	600	3	204
3	2.1	1500	1200	1220	1700	1400	1320	2	2	1.5	40	40	50	32	220	100	600	1400	750	3	240
4	2.6	1800	1200	1220	2000	1400	1320	2	2	1.5	50	50	65	40	220	100	600	1400	900	3	332
5	4.0	1800	1400	1600	2000	1600	1700	2	2	1.5	50	50	65	40	220	100	700	1600	900	3	495
6	5.1	1600	1600	2000	1800	1800	2100	2	2	1.5	50	50	65	40	220	100	800	1800	800	3	540
7	6.4	2000	1600	2000	2200	1800	2100	2	2	1.5	65	65	80	50	255	108	800	1800	1000	3	587
8	7.7	2400	1600	2000	2600	1800	2100	3	3	2	65	65	80	50	255	108	800	1800	800	4	630
9	9.6	2400	2000	2000	2600	2200	2100	3	3	2	65	65	80	50	255	108	1000	2200	800	4	728
10	11.6	2410	2410	2000	2610	2610	2100	3	3	2	65	65	80	50	255	108	1205	2610	800	4	994
11	13.5	2800	2410	2000	3000	2610	2100	3	3	2	65	65	80	50	255	108	1205	2610	935	4	1080
12	17.6	3000	2400	2440	3200	2600	2540	3	3	2	80	80	100	65	260	118	1200	2600	1000	4	1463
13	20.1	3300	2500	2440	3500	2700	2540	3	3	2	80	80	100	65	260	118	1250	2700	825	5	1682
14	22.8	3900	2400	2440	4100	2600	2540	3	3	2	80	80	100	65	260	118	1200	2600	975	5	1892
15	27.6	3900	2900	2440	4100	3100	2540	3	3	2	100	100	150	65	260	118	1450	3100	975	5	2270
16	33.3	4700	2900	2440	4900	3100	2540	3	3	2	100	100	150	80	280	124	1450	3100	940	6	2637
17	36.5	5000	3000	2440	5200	3200	2540	3	3	2	100	100	150	80	280	124	1500	3200	1000	6	2790
18	44.0	6000	3000	2440	6200	3200	2540	3	3	2	100	100	150	80	300	124	1500	3200	1000	7	2948
19	50.0	6400	3200	2440	6600	3400	2540	3	3	3	150	150	200	80	300	124	1600	3400	1067	7	3150
20	55.0	7000	3200	2440	7200	3400	2540	3	3	3	150	150	200	80	300	124	1600	3400	1000	8	3461

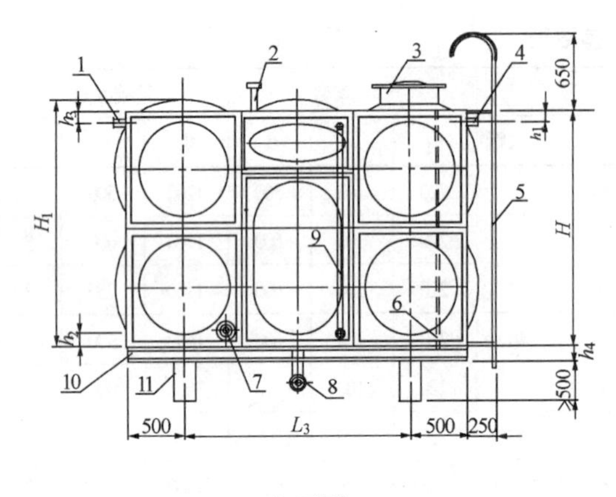

立面图

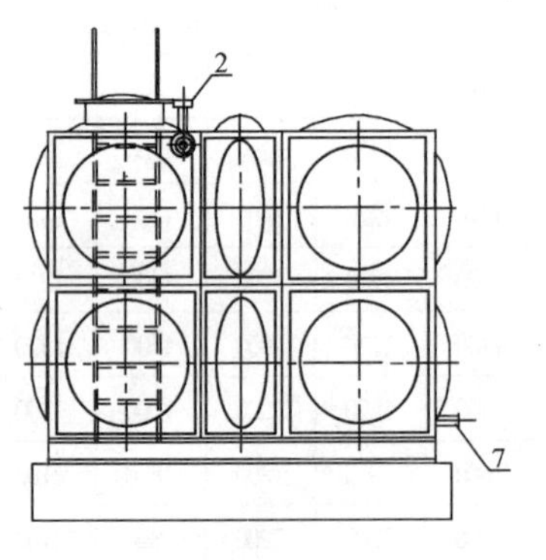

侧立面图

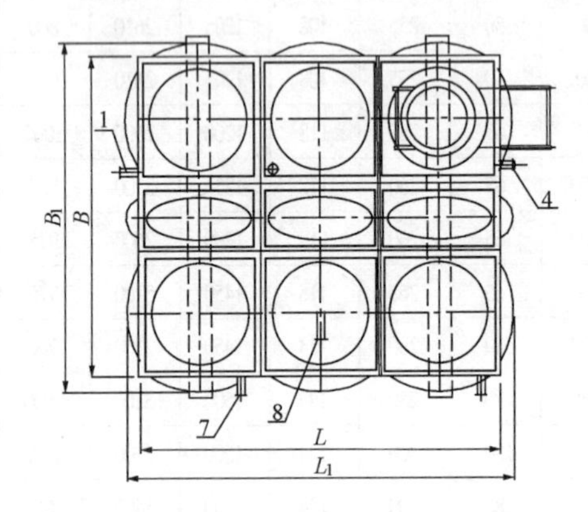

平面图

编号	名　　称	编号	名　　称
1	溢流管	7	出水管
2	透气管	8	泄水管
3	人孔	9	水位计
4	进水管	10	型钢底架
5	外人梯	11	基础
6	内人梯		

图名	组合式不锈钢板给水箱安装（一）	图号	JS1—13(一)

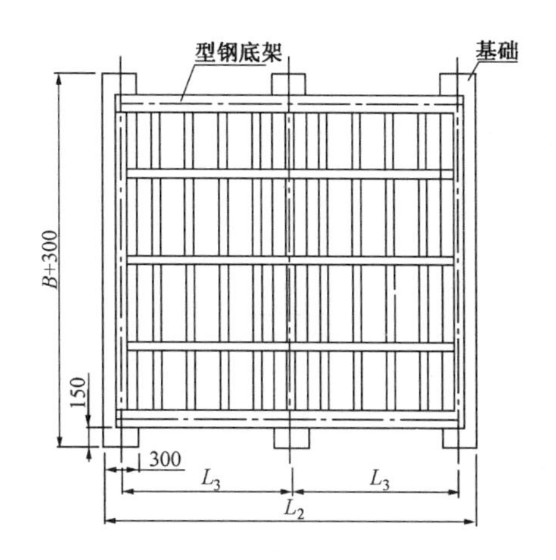

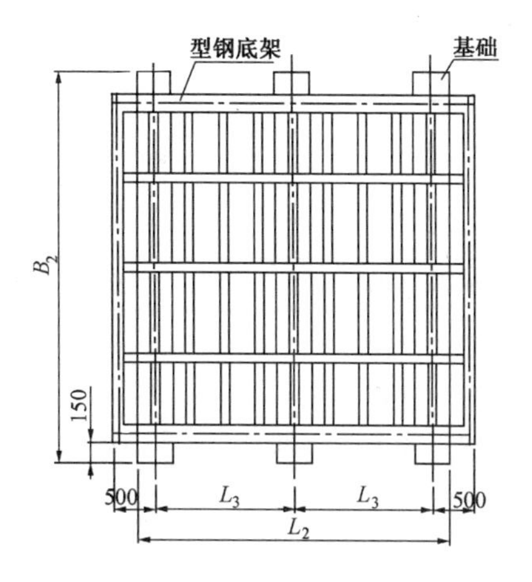

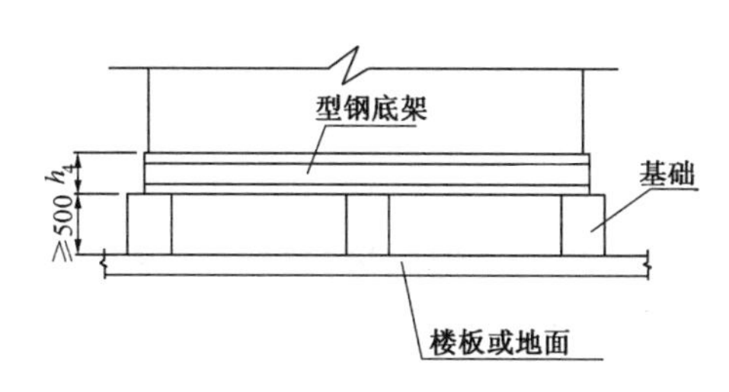

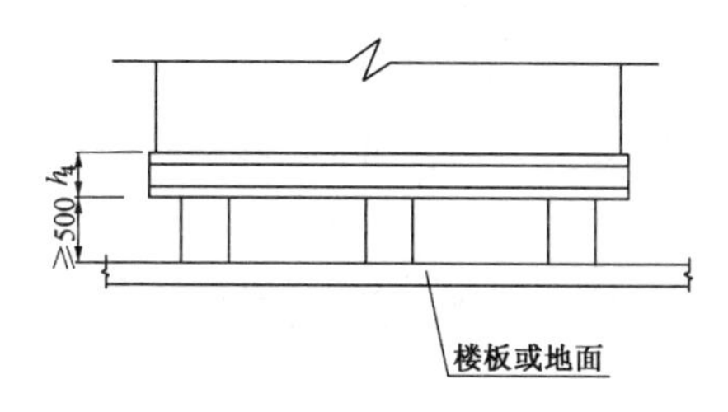

L 为偶数时基础平面图

L 为奇数时基础平面图

H	1000	1500	2500	3000	3500	4000
h_4	100	120	140	160	160	180

图名	组合式不锈钢板给水箱安装（二）	图号	JS1—13(二)

组合式不锈钢水箱规格技术参数表

序号	公称容积(m^3)	箱体尺寸			外形尺寸			箱板厚度					接管直径 DN				部位参数			基础参数			水箱重量(kg)
		L	B	H	L_1	B_1	H_1	箱顶	箱底	箱壁			进水管	出水管	溢流管	泄水管	h_1	h_2	h_3	L_3	L_2	n	
										1段	2段	3段											
1	1	1000	1000	1000	1170	1170	1085	1.5	2.0	1.5			40	40	50	50	100~160	120~150	150	1000	1300	2	143
2	2	2000	1000	1000	2170	1170	1085	1.5	2.0	1.5			50	50	70	50	100~160	120~150	150	2000	2300	2	237
3	4	2000	2000	1000	2170	2170	1085	1.5	2.0	1.5			70	70	80	50	100~160	120~150	150	2000	2300	2	390
4	8	2000	2000	2000	2170	2170	2085	1.5	2.5	1.5	2.0		80	80	100	50	120~150	120~150	150	2000	2300	2	667
5	12	3000	2000	2000	3170	2170	2085	1.5	2.5	1.5	2.0		100	100	150	70	120~150	120~150	150	2000	3300	2	912
6	16	4000	2000	2000	4170	2170	2085	1.5	2.5	1.5	2.0		125	125	150	70	120~150	120~150	150	2000	4300	3	1155
7	18	3000	3000	2000	3170	3170	2085	1.5	2.5	1.5	2.0		125	125	150	70	120~150	120~150	150	2000	2300	2	1219
8	24	4000	3000	2000	4170	3170	2085	1.5	2.5	1.5	2.0		150	150	200	70	120~150	120~150	150	2000	4300	3	1525
9	30	5000	3000	2000	5170	3170	2085	1.5	2.5	1.5	2.0		150	150	200	70	120~150	120~150	150	2000	5300	3	1832
10	32	4000	4000	2000	4170	4170	2085	1.5	2.5	1.5	2.0		150	150	200	80	140	120~150	150	2000	4300	3	1914
11	40	5000	4000	2000	5170	4170	2085	1.5	2.5	1.5	2.0		150	150	200	80	140	120~150	150	2000	5300	3	2302
12	48	6000	4000	2000	6170	4170	2085	1.5	2.5	1.5	2.0		150	150	200	80	140	120~150	150	2000	6300	4	2672
13	75	5000	5000	3000	5170	5170	3085	1.5	3.0	1.5	2.0	2.5	150	150	200	80	140	120~150	150	2000	4300	3	3689
14	90	6000	5000	3000	6170	5170	3085	1.5	3.0	1.5	2.0	2.5	150	150	200	80	140	120~150	150	2000	6300	4	4267

注:1. 水箱重量含型钢底架重量。

2. n—基础根数。

图名	组合式不锈钢板给水箱安装（三）	图号	JS1—13(三)

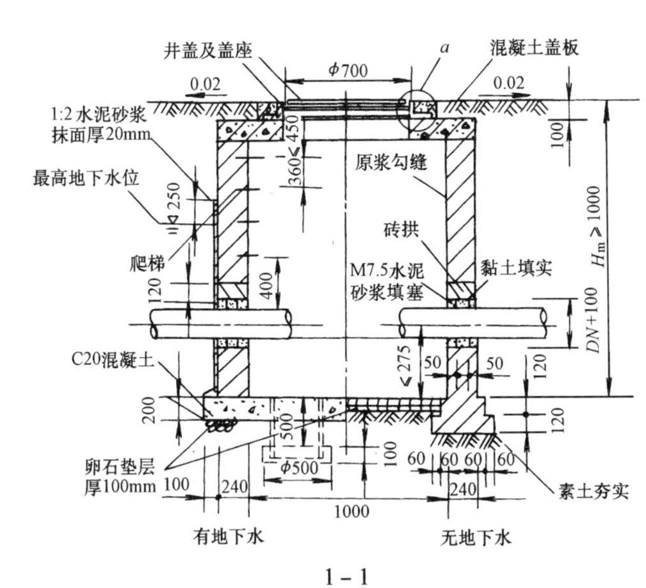

1－1

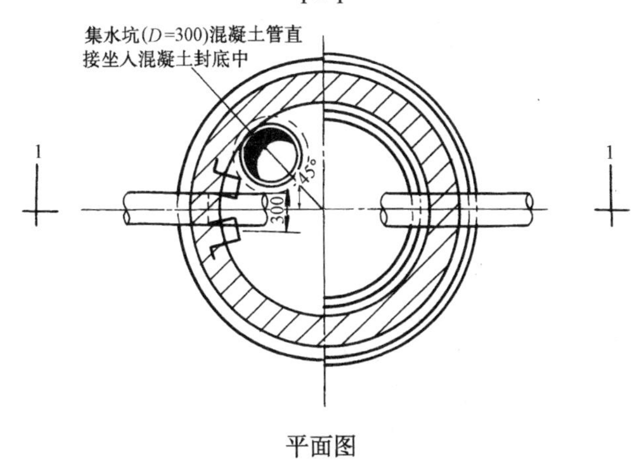

平面图

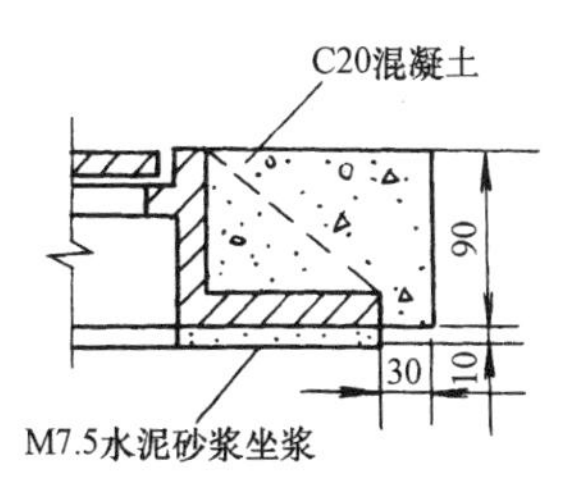

a 放大

工 程 量 表

阀井内径 φ(mm)	最小井深 H_m(mm)	最小井深工程量(m^3)				1m直井筒工程量	
		无地下水		有地下水			
		砖砌体	混凝土	砖砌体	混凝土	砖砌体(m^3)	抹面(m^2)
1000	1000	1.12	0.16	0.73	0.60	0.94	4.65

安 装 说 明

1. 本图适用于阀门公称直径 $DN\leqslant50$mm。
2. 需做保温井口时，具体做法详见有关图集。
3. 阀门井位于铺装地面下，井口与地面平；在非铺装地面下，井口高出地面 50mm。

图名	地面操作立式阀门井图(一)	图号	JS2—1(一)

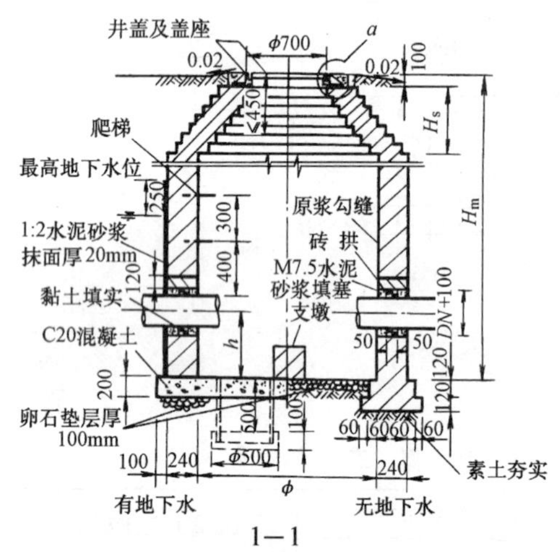

1—1

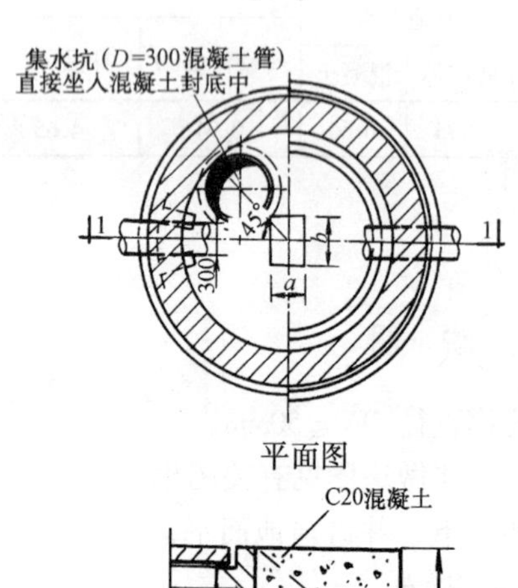

平面图

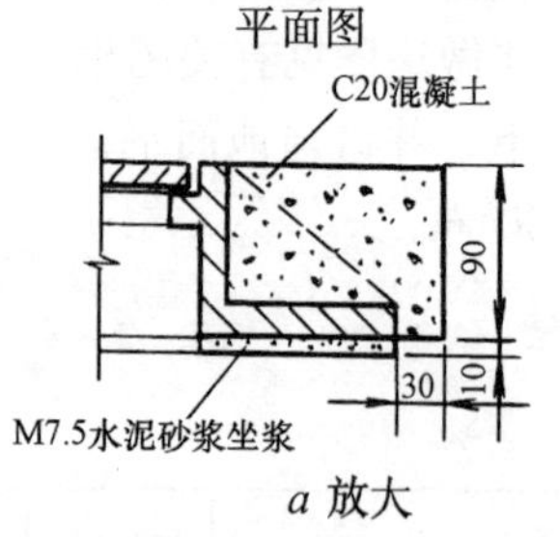

a 放大

主要尺寸及工程量表

阀门直径 DN	阀井内径 ϕ(mm)	最小井深 H_m(mm)		收口高度 H_s(mm)	收口层数	管中到井底高 h(mm)	支墩		最小井深工程量(m^3)			1m直井筒工程量	
		方头阀门	手轮阀门				a(mm)	b(mm)	无地下水	有地下水		砖砌体(m^3)	抹面(m^2)
									砖砌体	砖砌体	混凝土		
75(80)	1000	1310	1380	190	3	438	120	240	1.58	1.19	0.44	0.94	4.65
100	1000	1380	1440	190	3	450	120	240	1.64	1.25	0.44	0.94	4.65
150	1200	1560	1630	310	5	475	120	240	2.08	1.62	0.56	1.09	5.28
200	1400	1690	1800	440	7	500	120	240	2.52	2.00	0.68	1.24	5.91
250	1400	1800	1940	440	7	525	240	240	2.70	2.18	0.68	1.24	5.91
300	1600	1940	2130	560	9	550	240	370	3.24	2.66	0.82	1.39	6.53
350	1800	2160	2350	690	11	675	240	370	3.86	3.21	0.97	1.54	7.16
400	1800	2350	2540	690	11	700	240	370	4.15	3.50	0.97	1.54	7.16
450	2000	2480	2850	810	13	725	240	490	5.01	4.30	1.13	1.69	7.79
500	2000	2660	2980	810	13	750	240	490	5.23	4.52	1.13	1.69	7.79
600	2200	3100	3480	940	15	800	370	620	6.57	5.80	1.30	1.84	8.42
700	2400	—	3660	1060	17	850	370	740	7.36	6.53	149	1.99	9.05
800	2400	—	4230	1060	17	900	370	860	8.52	7.69	149	1.99	9.05
900	2800	—	4230	1310	21	950	370	860	9.53	8.57	1.90	2.29	10.30
1000	2800	—	4850	1310	21	1000	490	1000	11.04	10.08	1.90	2.29	10.30

安 装 说 明

1. 本图适用于阀门公称直径 DN75～DN1000。
2. 支墩必须托住阀底，四周用 M7.5 水泥砂浆抹八字填实。
3. 需做保温井口时，具体做法详见有关图集。
4. 阀门井位于铺装地面下，井口与地面平；在非铺装地面下，井口应高出地面 50mm。
5. 最小井深工程量系按手轮阀门最小井深计算。

图名	地面操作立式阀门井图(二)	图号	JS2—1(二)

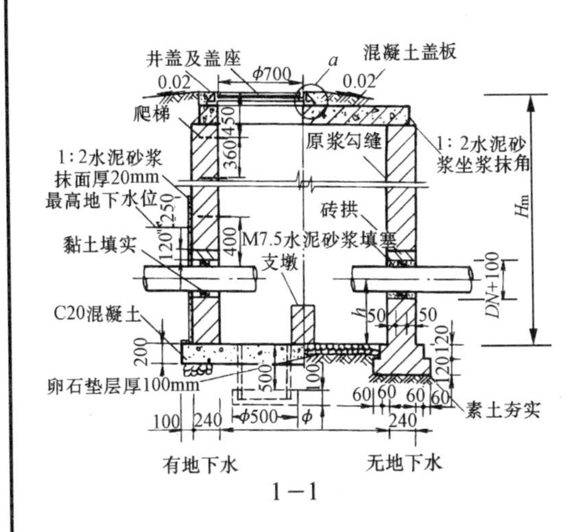

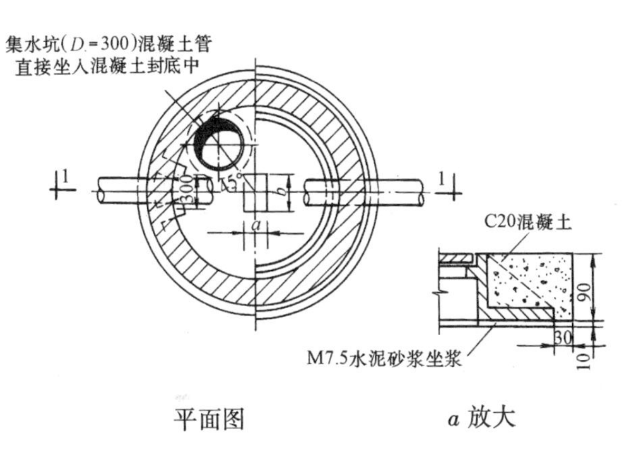

主要尺寸及工程量表

阀门直径 DN	阀井内径 ϕ(mm)	最小井深 H_m(mm)	管中到井底高 h(mm)	支墩		最小井深工程量(m^3)				1m直井筒工程量	
				a(mm)	b(mm)	无地下水		有地下水		砖砌体(m^3)	抹面(m^2)
						砖砌体	混凝土	砖砌体	混凝土		
75(80)	1200	1440	440	120	240	1.76	0.25	1.31	0.81	1.09	5.28
100	1200	1500	450	120	240	1.83	0.25	1.37	0.81	1.09	5.28
150	1200	1630	475	120	240	1.97	0.25	1.52	0.81	1.09	5.28
200	1400	1750	500	120	240	2.39	0.33	1.87	1.01	1.24	5.91
250	1400	1880	525	240	240	2.56	0.33	2.04	1.01	1.24	5.91
300	1600	2050	550	240	370	3.05	0.56	2.47	1.38	1.39	6.53
350	1800	2300	675	240	370	3.77	0.69	3.12	1.66	1.54	7.16
400	1800	2430	700	240	370	3.97	0.69	3.33	1.66	1.54	7.16
450	2000	2680	725	240	490	4.79	0.83	4.08	1.96	1.69	7.79
500	2000	2740	750	240	490	4.89	0.83	4.18	1.96	1.69	7.79
600	2200	3180	800	370	620	6.18	0.99	5.41	2.29	1.84	8.42
700	2400	3430	850	370	740	7.20	1.16	6.37	2.65	1.99	9.05
800	2400	3990	900	370	860	8.33	1.16	7.50	2.65	1.99	9.05
900	2800	4120	950	370	860	9.86	1.54	8.91	3.44	2.29	10.30
1000	2800	4620	1000	490	1000	11.10	1.54	10.14	3.44	2.29	10.30

安 装 说 明

1. 本图集适用于阀门公称直径 *DN*75 ~ *DN*1000。
2. 支墩必须托住阀底，四周用 M7.5 水泥砂浆抹八字填实。
3. 需做保温井口时详见有关图集。
4. 阀门井位于铺装地面下，井口与地面平；在非铺装地面下，井口应高出地面 50mm。

图名	井下操作立式阀门井安装图	图号	JS2—2

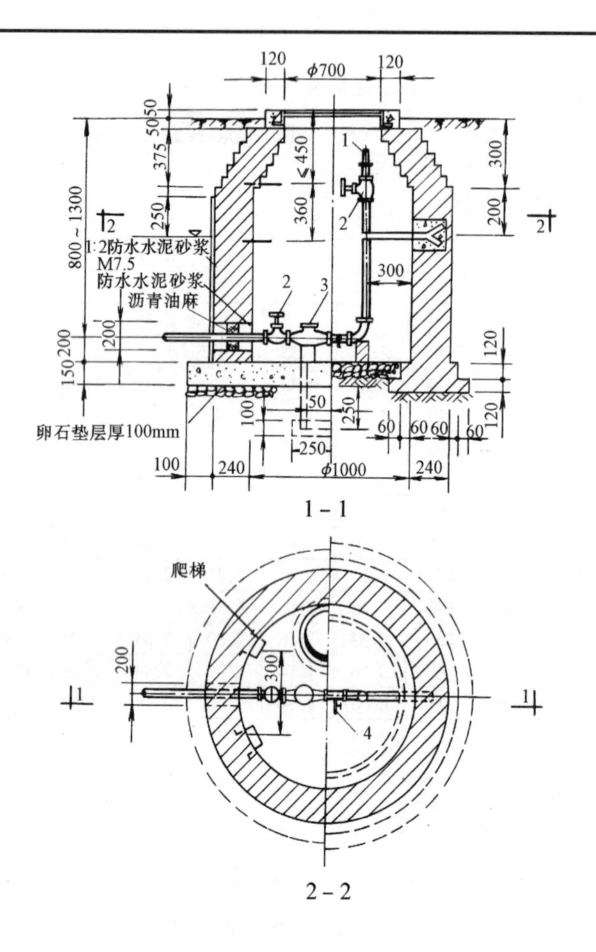

1－1

2－2

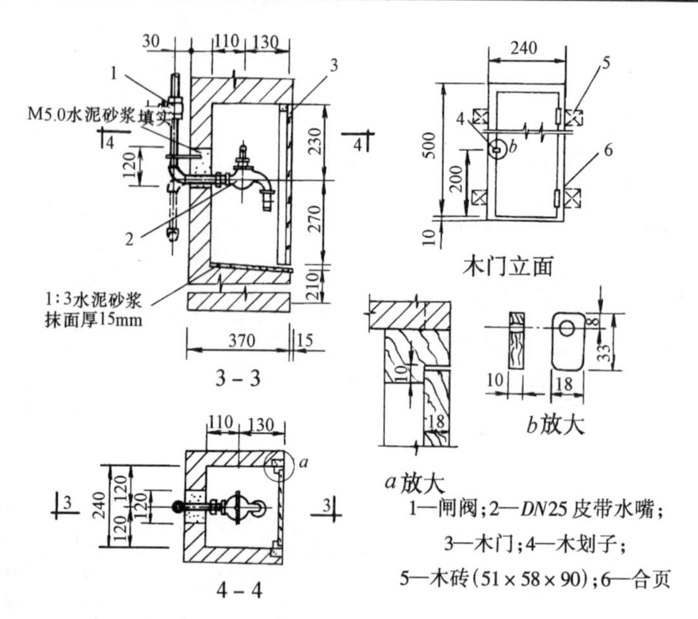

3－3

4－4

室内壁龛式洒水栓安装图

安 装 说 明

1. 本图适用于采暖室外计算温度－2～10℃地区。
2. 集水坑($D=300$)混凝土管直接坐入C20混凝土封底中。
3. 支墩尺寸：120mm×240mm。

主 要 材 料 表

编号	名　称	规　格	单位	数量	附　注
1	固定水带接口	DN25内扣式	个	1	KG25-16型
2	铜　阀	DN25内螺纹	个	2	铜
3	水　表	DN25	个	1	
4	泄水龙头	DN15	个	1	铜

图名	室外、室内洒水栓安装图	图号	JS3—1

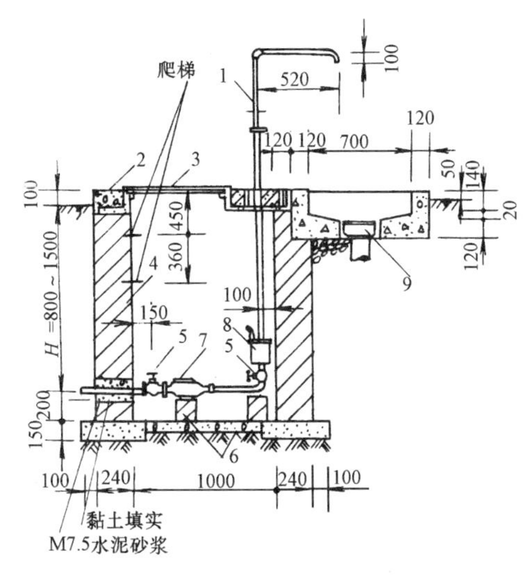

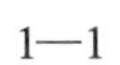
1—1

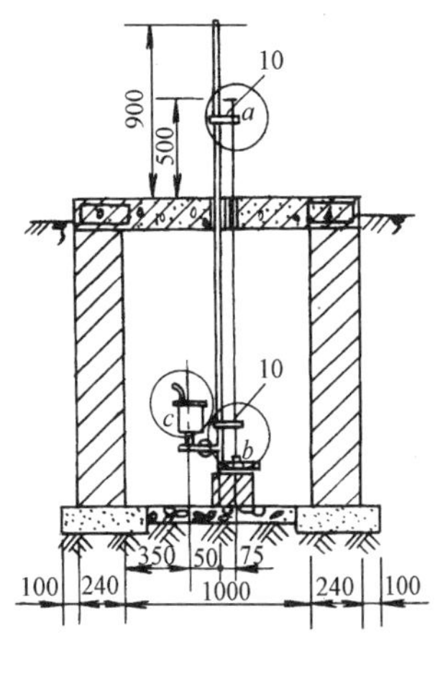

2—2

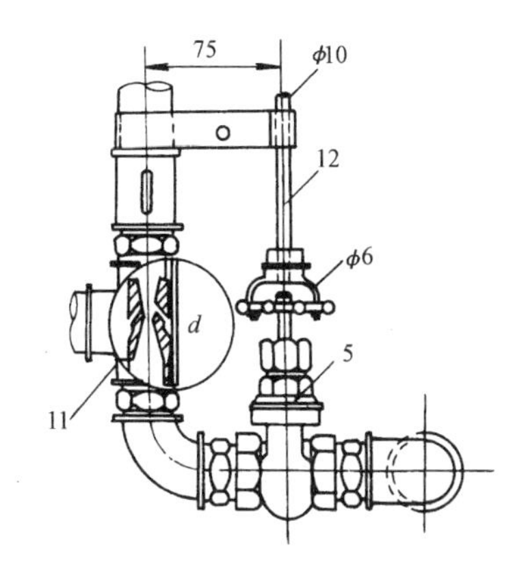

b 放大

1—镀锌钢管；2—井盖板；3—铸铁井盖（$\phi 600$）；4—阀门井壁；5—铜阀；6—支墩（120mm × 240mm）；7—水表；8—存水罐；9—地漏（$\phi 100$）；10—卡架；11—喷嘴；12—开关把

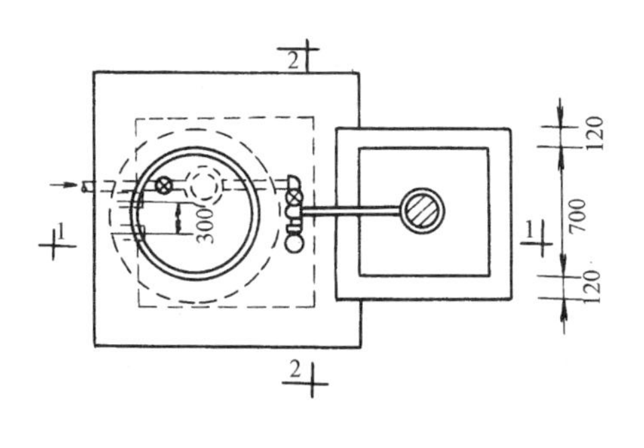

平面图

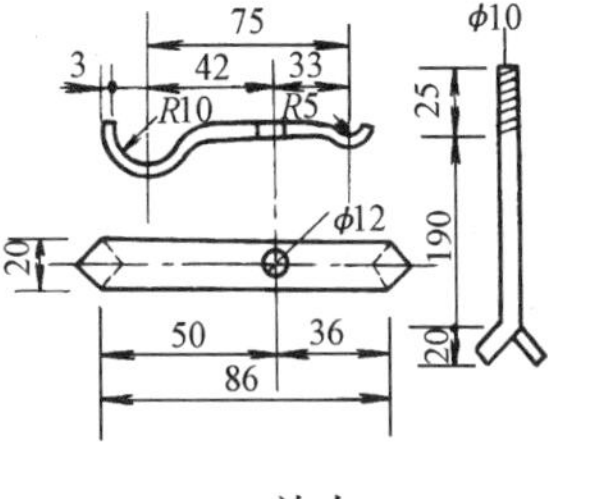

a 放大

安 装 说 明

1. 冬期使用时，应先打开连接存水罐的阀门，冬期过后，将该阀门关闭，罐内水泄空。

2. 给水栓井采用 MU7.5 砖，M5.0 混合砂浆砌筑，井内壁原浆勾缝。

3. 水表是否安装由设计者定。

图名	防冻给水栓安装图（一）	图号	JS4—1（一）

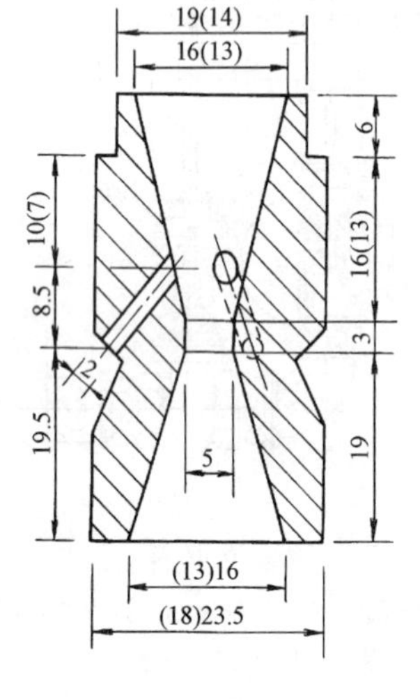

1—1

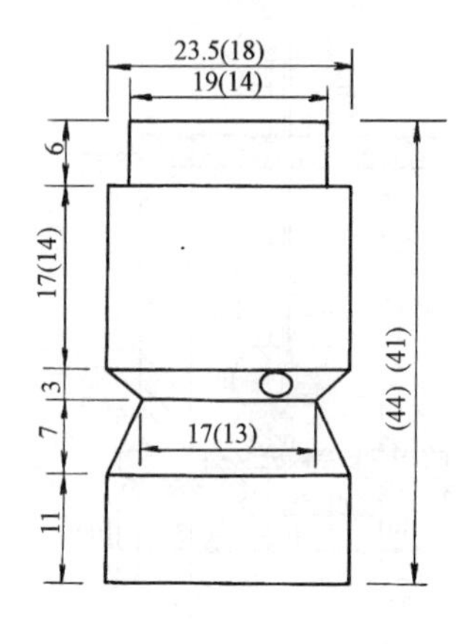

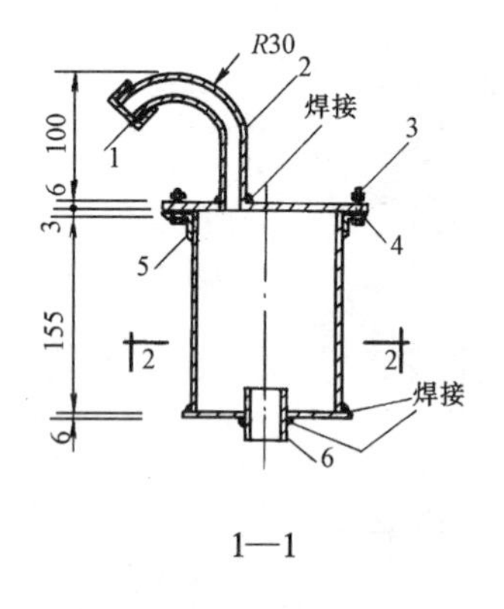

1—1

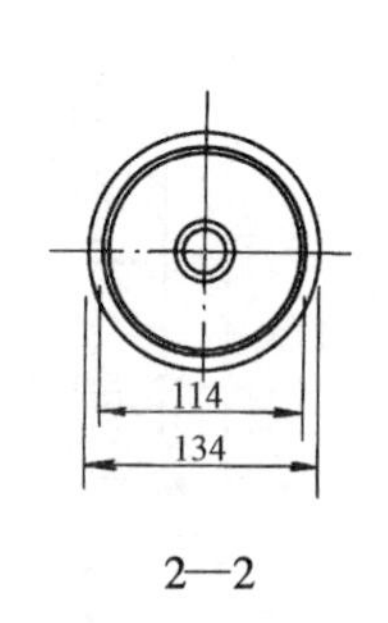

2—2

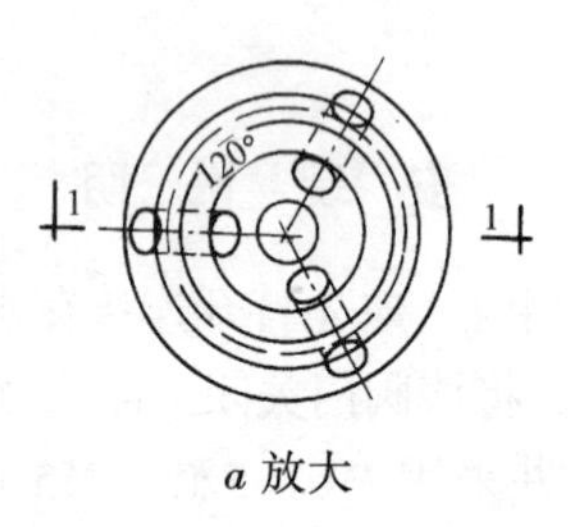

a 放大

安 装 说 明

1. 喷嘴用黄铜制作，内外表面必须光滑，三个 $\phi2$ 孔打眼位置要求准确。喷嘴与外丝连接处有橡胶圈垫安装时压紧。

2. 存水罐内、外壁浸热沥青防腐。

3. 给水管径为 *DN*15 时，喷嘴按括号内所注尺寸加工。

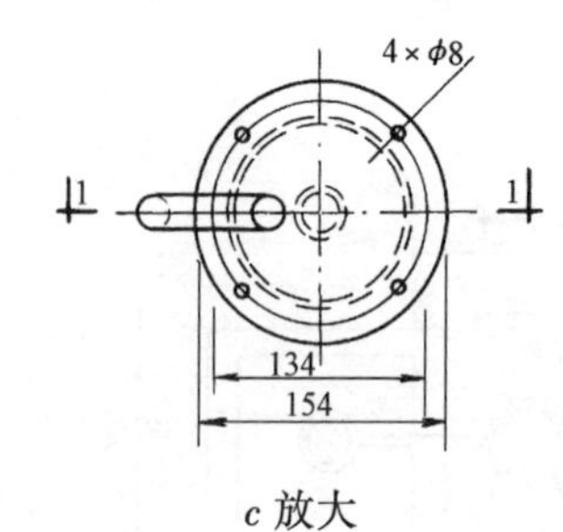

c 放大

1—包 60 目尼龙网；2—*DN*15 溢气管；
3—M6 螺栓；4—3mm 厚橡胶垫；
5—∟20×20×5 角钢；6—*DN*15 管箍

图名	防冻给水栓安装图(二)	图号	JS4—1(二)

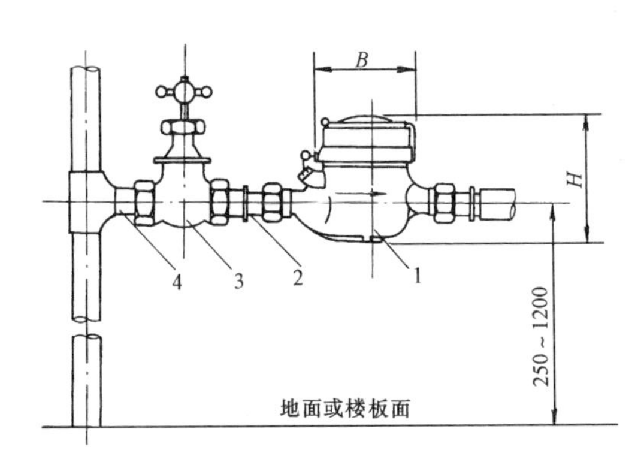

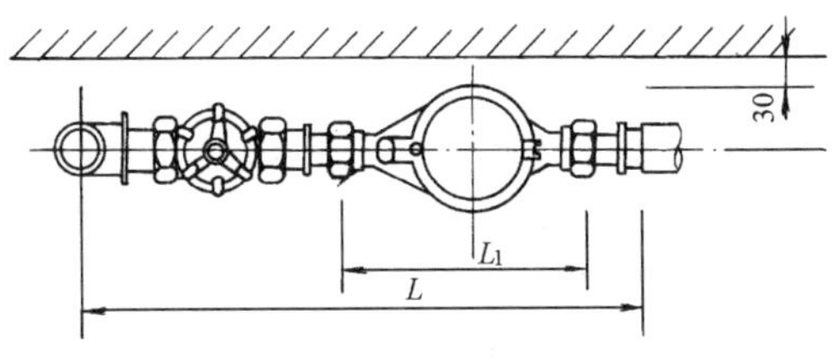

1—水表；2—补心；3—铜阀；4—短管

安 装 说 明

1. 水表直径与阀门直径相同时可取消补心。

2. 装表前必须排净管内杂物，以防堵塞。

3. 水表必须水平安装，箭头方向与水流方向一致，并应安装在管理方便、不致冻结、不受污染、不易损坏的地方。

4. 冷水表介质温度小于 40℃，热水表介质温度小于 100℃，工作压力均为 1.0MPa。

5. 本图适用于公称直径 *DN*15～*DN*40 的水表。

旋翼湿式冷、热水表技术参数表

公称直径 *DN*(mm)		计量等级	最小流量	公称流量	最大流量	最小示值	最大示值
			m^3/h			m^3	
LXS 旋翼湿式冷水表	15	A 级	0.045	1.5	3	0.001	9999
		B 级	0.030			0.0001	
	20	A 级	0.075	2.5	5	0.001	9999
		B 级	0.050			0.0001	
	25	A 级	0.105	3.5	7	0.001	9999
		B 级	0.070			0.0001	
	40	A 级	0.300	10	20	0.01	99999
		B 级	0.200			0.001	
LXSR 热水表	15		0.045	1.5	3	0.0002	10000
	20		0.075	2.5	5	0.0002	10000
	25		0.090	3.5	7	0.0002	10000
	40		0.220	10	20	0.002	10000

旋翼湿式冷、热水表安装尺寸表(mm)

公称直径 *DN*	冷水表				热水表			
	B	L_1	*L*	*H*	*B*	L_1	*L*	*H*
15	95.5	165	≥470	105.5	95	165	≥470	107
20	95.5	195	≥542	107.5	95	195	≥542	108.5
25	100	225	≥566	116.5	100	225	≥566	115.5
40	120	245	≥653	151	120	245	≥653	150.5

图名	室内冷、热水表安装图	图号	JS5—1

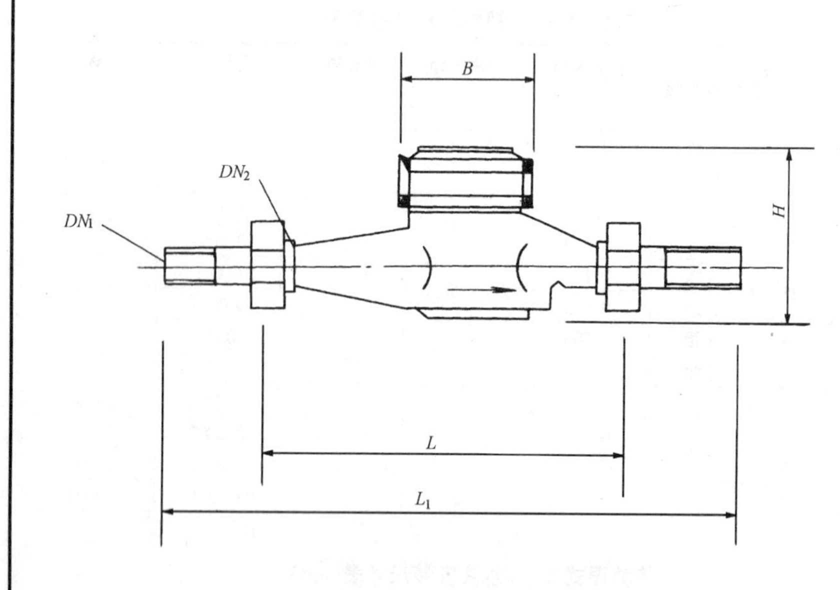

旋翼湿式冷热水表外形尺寸

水表型号	公称直径 DN (mm)	总长 L_1 (mm)	表长 L (mm)	宽度 B (mm)	高度 H (mm)	表壳螺纹 DN_2 (mm)	接管螺纹 DN_1	净重 (kg)
LXS-15E/LXSR-15	15	260	165	95.5	105.5	G3/4″B	R1/2″	1.46
LXS-20E/LXSR-20	20	300	195	95.5	107.5	G1″B	R3/4″	1.75
LXS-25E/LXSR-25	25	345	225	100	116.5	G11/4″B	R1″	2.51
LXS-40E/LXSR-40	40	373	245	120	151	G2″B	R11/2″	4.61
LXS-50E/LXSR-50	50	—	280	126	175	法兰 GB2555—81		11.8

LXS-15E～50E/LXSR-15～50 旋翼湿式冷水/热水表技术参数

公称直径 DN(mm)		计量等级	最小流量	分界流量	公称流量	最大流量	最小示值	最大示值
			m^3/h				m^3	
LXS-15E～50E 旋翼湿式冷水表	15	A	0.060	0.150	1.5	3.0	0.0001	9999
		B	0.030	0.120				
	20	A	0.100	0.250	2.5	5.0	0.0001	9999
		B	0.050	0.200				
	25	A	0.140	0.350	3.5	7.0	0.001	9999
		B	0.070	0.280				
	40	A	0.400	1.000	10.0	20.0	0.001	99999
		B	0.200	0.800				
	50	A	1.200	4.500	15.0	30.0	0.01	99999
		B	0.450	3.000				
LXSR-15～50 旋翼湿式热水表	15	A	0.060	0.150	1.5	3.0	0.0002	9999
		B	0.030	0.120				
	20	A	0.100	0.250	2.5	5.0	0.0002	9999
		B	0.050	0.200				
	25	A	0.140	0.350	3.5	7.0	0.0002	9999
		B	0.070	0.280				
	40	A	0.400	1.000	10.0	20.0	0.002	99999
		B	0.200	0.800				
	50	A	1.200	4.500	15.0	30.0	0.01	99999
		B	0.450	3.000				

安 装 说 明

1. 过载流量时水表的压力损失不超过 0.1MPa。
2. 水表最大允许工作压力不超过 1MPa。
3. 被测水温：冷水表不超过 30℃。热水表适用水温 30～100℃。

图名	DN15～DN50 冷水、热水表安装图(一)	图号	JS5—2(一)

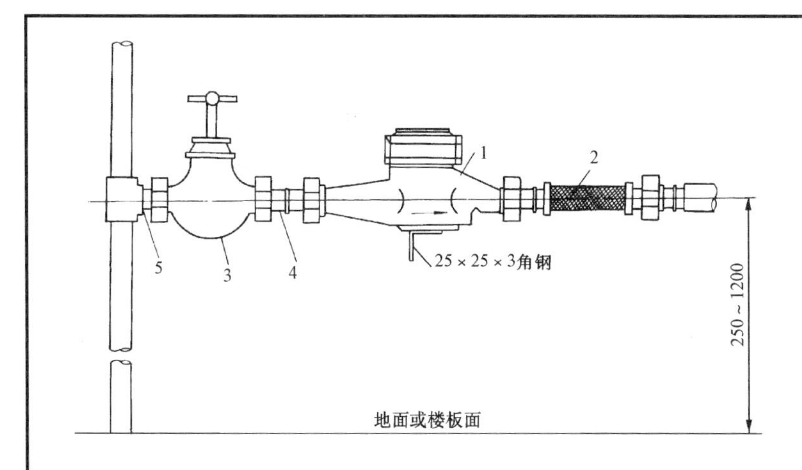

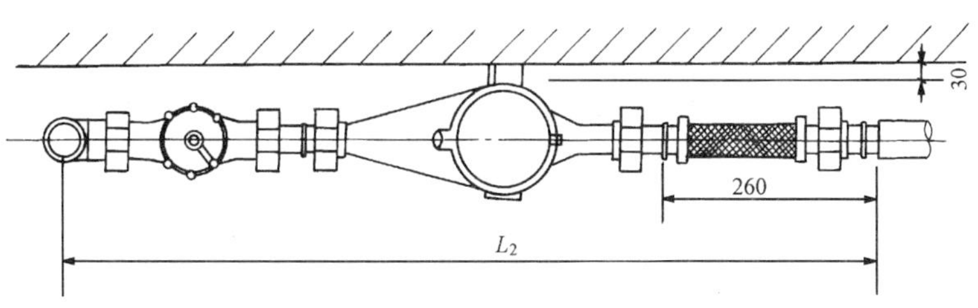

旋翼湿式冷水、热水表甲型安装

1—水表；2—金属软管；3—铜阀；4—补芯；5—短管

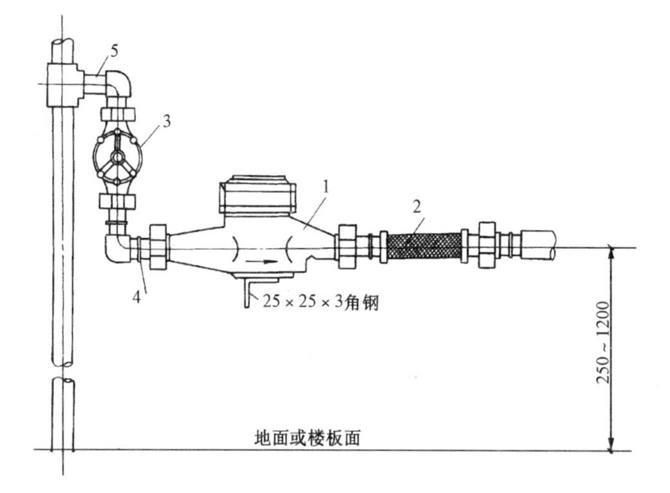

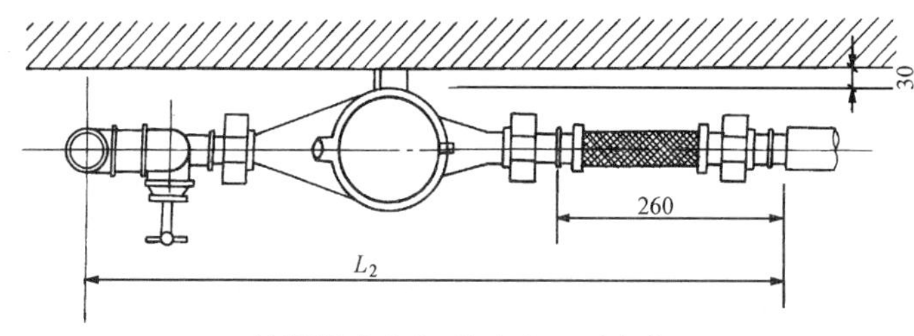

旋翼湿式冷水、热水表乙型安装

1—水表；2—金属软管；3—铜阀；4—补芯；5—短管

尺寸表

水表型号	公称直径	甲 L_2	乙 L_2
LXS-15E/LXSR-15	15mm	≥730	≥569
LXS-20E/LXSR-20	20mm	≥802	≥609
LXS-25E/LXSR-25	25mm	≥826	≥656
LXS-40E/LXSR-40	40mm	≥913	≥709
LXS-50E/LXSR-50	50mm	≥978	≥769

安装说明

1. 水表口径与阀门口径相同时可取消补芯。
2. 装表前须排净管内杂物，以防堵塞。
3. 水表须水平安装，箭头方向与水流方向一致。
4. 水表应安装在管理方便、不致冻结、不受污染、不易损害的地方。

图名	*DN*15～*DN*50冷水、热水表安装图(二)	图号	JS5—2(二)

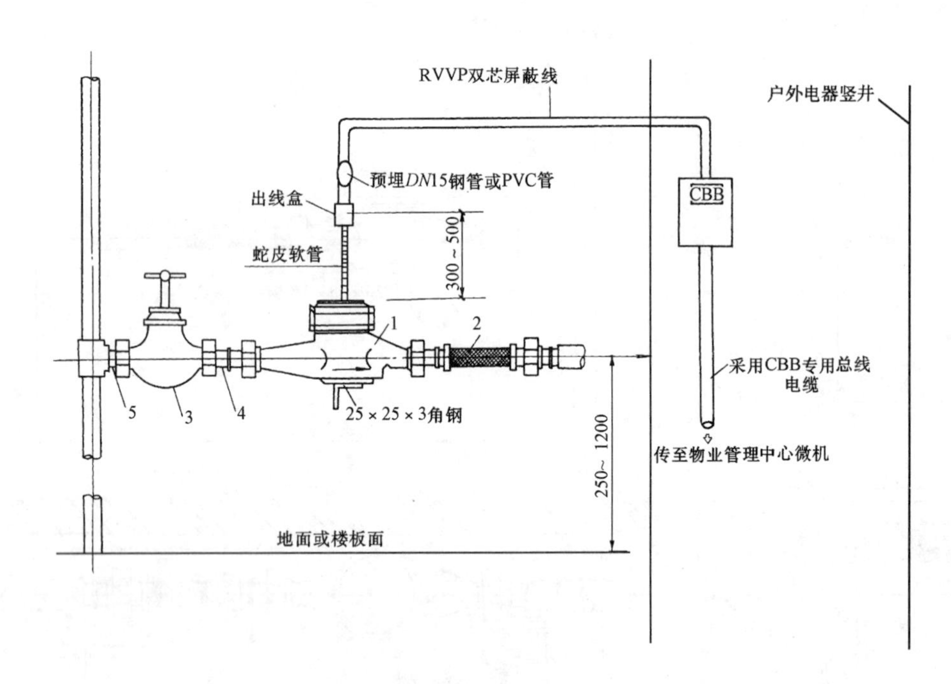

远传水表安装图

1—远传水表;2—金属软管;3—铜阀;4—补心;5—短管

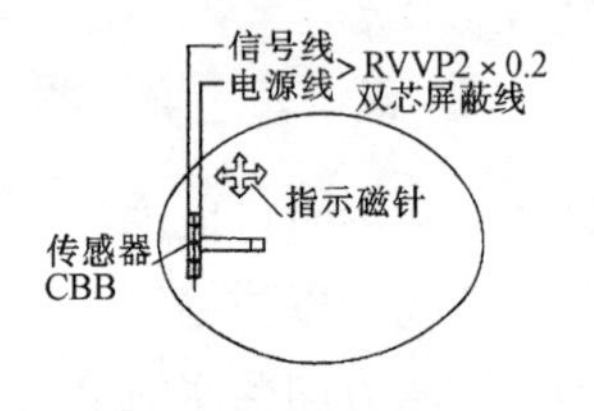

水表平面示意图

安装说明

1. 远传水表是在 LXS - 15E ~ 50ELXSR - 15 ~ 50 旋翼湿式水表上，增装传感器引出电源线信号线，其水表技术参数、外形尺寸、安装要求均未改动。

2. 水表口径与阀门口径相同时可取消补芯。

3. 冷水表介质温度≤30℃，热水表介质温度范围 30 ~ 100℃，环境湿度≤70%。

4. 远传水表不得在强磁场条件下使用，即外磁场不得超过地磁场 5 倍。

5. 远传水表电源 220V，整机功耗约 0.03W，停电时应有备用电池。

6. 远传水表信号传输距离小于 1km。

7. 金属软管是否安装由设计人决定。

8. CBB 户外计量箱，电源 220V，引入变电压为 8V。

图名	*DN*15 ~ *DN*50 远传冷水、热水表安装图	图号	JS5—3

安 装 说 明

1. 该水表用来测量冷水水量,它仅适用于单向流动的清洁冷水,不能用于热水和有腐蚀性液体流量测量。

2. 被测水温不能超过 40℃, 最大允许工作压力为 1MPa。

3. 在过载流量时,水表的压力损失不超过 0.1MPa。水表直径的选择原则是以经常使用的流量接近公称流量为宜。

4. 新安装的管道,装表前需排净管内杂物以防堵塞。

5. 水表必须垂直安装,箭头方向与水流方向一致。水表两侧管道必须同轴, 水表空位安装尺寸应参照水表总长预留,该尺寸不得过大,否则将使水表承受一定扭力及拉力,造成水表部件的损坏。

6. 为保证水表计量准确, 直接与水表连接的直管段长度(不含阀门等管件)表前应不少于 10 倍水表口径,表后不少于 5 倍水表口径。

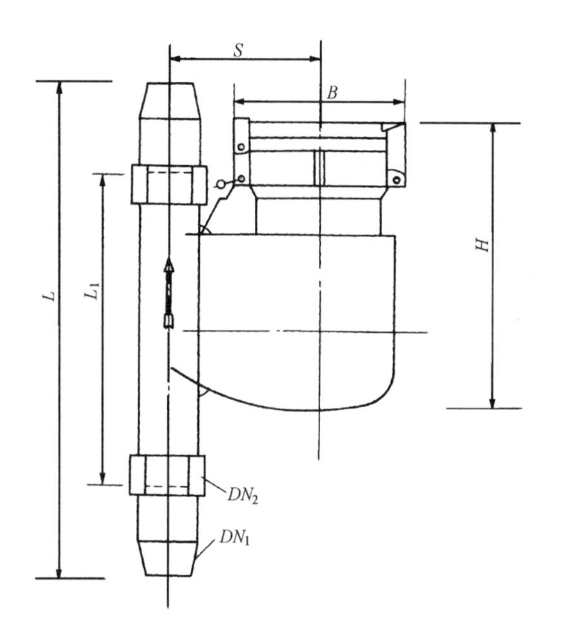

水表型号	水表代号	公称直径 (mm)	计量等级	最小流量 (m^3/h)	分界流量 (m^3/h)	公称流量 (m^3/h)	最大流量 (m^3/h)	最小示值 (m^3)	最大示值 (m^3)
LXSL-15C	N1.5	15	A级	0.060	0.150	1.5	3	0.0001	9999
			B级	0.030	0.120				
LXSL-20C	N2.5	20	A级	0.100	0.250	2.5	5	0.0001	9999
			B级	0.050	0.200				

水表型号	公称直径	总长 L	表长 L_1	表高 H	宽度 B	中心距 S	表壳螺纹 DN_2	接管螺纹 DN_1	净重
	mm	mm	mm	mm	mm	mm	in	in	kg/只
LXSL-15C	15	190	95	104	96	79	G3/4B	R	1.5
LXSL-20C	20	205	100	104	96	89	G1B	R	2.0

图名	*DN*15 ~ *DN*20 立式冷水表安装图(一)	图号	JS5—4(一)

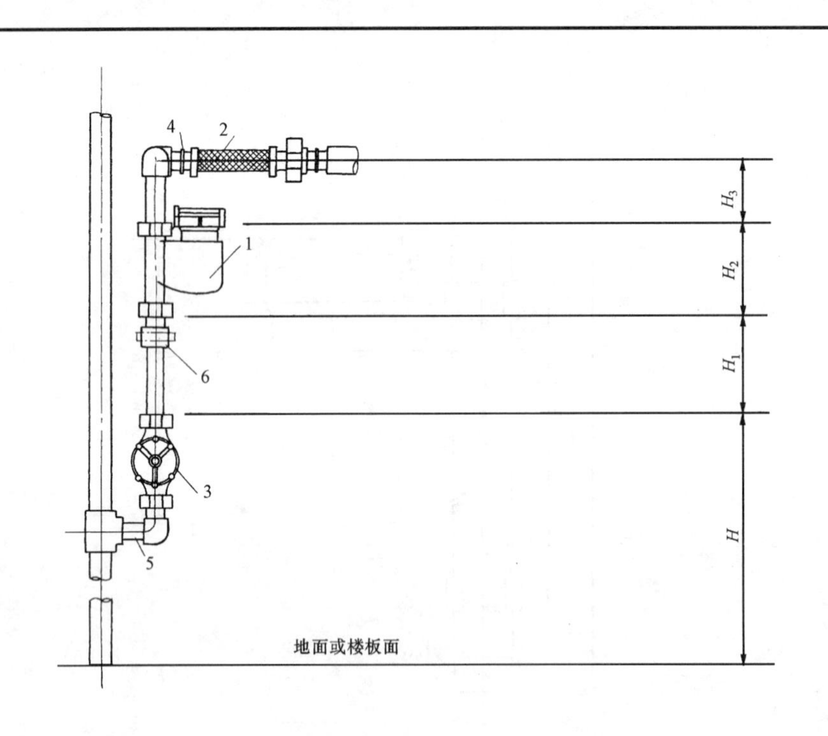

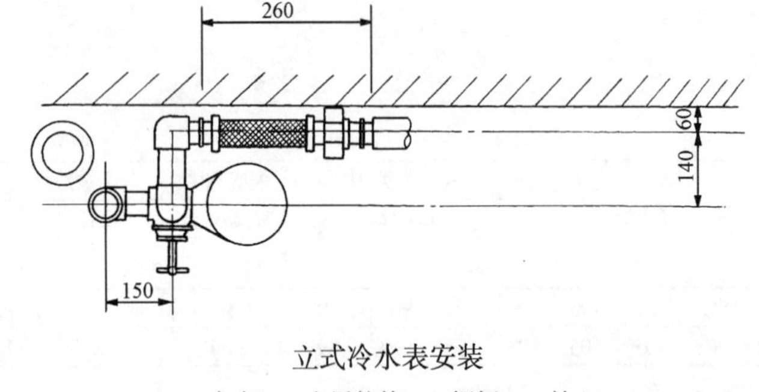

立式冷水表安装

1—水表；2—金属软管；3—铜阀；4—补心；
5—短管；6—活接头

尺 寸 表

水表型号	H	H_1	H_2	H_3
LXSL-15C	设计者定	≥150	95	≥75
LXSL-20C	设计者定	≥200	100	≥100

安 装 说 明

1．金属软管是否安装由设计者定。

2．水表安装地点应能防暴晒、防冰冻、防污染、防水淹。

3．水表安装时，螺纹部分加盘根以便拆卸，防止漏水。

图名	*DN*15～*DN*20 立式冷水表安装图（二）	图号	JS5—4（二）

IC 卡水表安装

IC 卡水表是由远传水表、控制器和电磁阀组成的。根据控制器和电磁阀组合方式不同，IC 卡水表有两种安装方式。一种是将控制器和电磁阀统一密封在一个控制箱内直接与水表一同安装在管道上，如图（*a*）所示；另一种是将控制器和电磁阀分开布置，电磁阀安装于水表后的管道上。而控制器则根据使用方便或室内装修布置的要求安装于合适的位置。依靠电缆连接水表和电磁阀达到控制的目的，如图（*b*）所示。

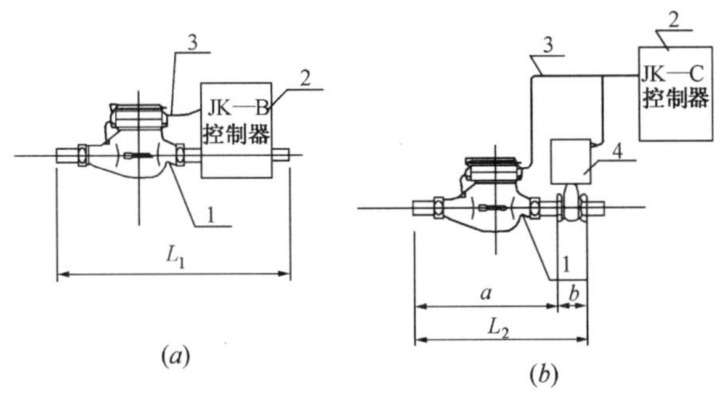

(*a*) (*b*)

安装要求及尺寸(mm)

管径 \ 名称尺寸 \ 编号	1 水表及内外丝短管 *a*	2 控制器 长×宽×高	3 接线电缆	4 电磁阀 *b*	总长 L_1	总长 L_2
*DN*15	260	145×110×88(JK－B 型) DC3V±10% 电池供电，功耗：0.12mW 400×530×220(JK－C 型) AC220V±10%后备电源供电 48h(蓄电池 12V60AH)功耗：10W JK 系列控制器的尺寸是根据天津仪表集团有限公司提供的资料统计的，不同厂家的产品尺寸不尽相同，设计人员应根据实际情况选用	PVVP2×0.3 两芯护套线	94	354	—
*DN*20	300				394	—
*DN*25	345				439	—
*DN*40	373				467	—
*DN*50	430				—	524

代码预收费水表安装

由水表和电磁阀组成，用户通过密封的键盘输入 8 位代码，系统根据加密原则自动恢复用户所购买的“预购水量”。处理器根据预购水量控制电磁阀启闭。

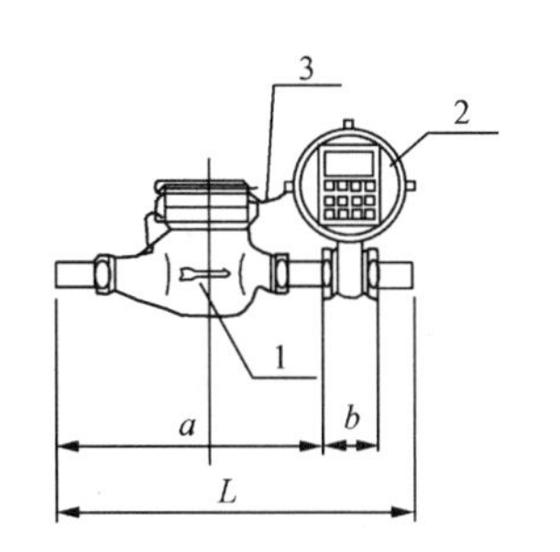

安装要求及尺寸(mm)

管径 \ 名称尺寸 \ 编号	1 水表及内外螺丝 *a*	2 处理器及先导阀 *b*	3 接线电缆	总长 *L*
*DN*15	260	94	PVVP2×0.3 两芯护套线	390.5
*DN*20	300			433.5
*DN*25	345			484
*DN*40	373			513
*DN*50	430			599

图名	IC 卡水表和代码预收费水表安装	图号	JS5—5

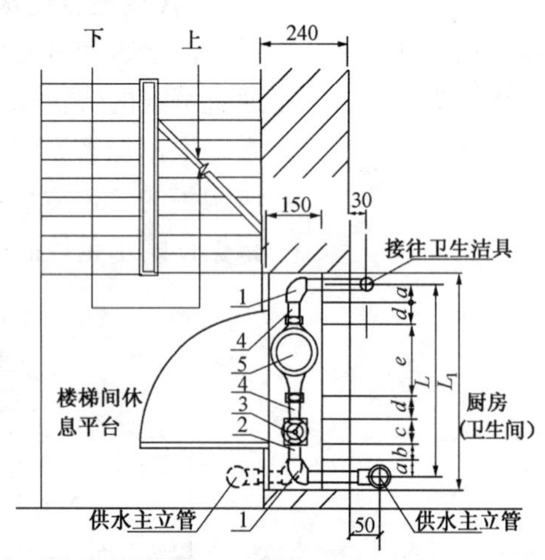

暗装水表平面安装图

饮用水计量仪安装图

暗装水表安装尺寸(mm)

编号	1	2	3	4	5	总长 L	洞口长度 L_1
名称	弯头	短管	铜截止阀	内外丝短管	水表		
管径 \ 尺寸	a	b	c	d	e		
DN15	27	20	58　70　90	36.5	165	370～402	430～460
DN20	32	24	70　85　100	39.5	195	432～462	460～520
DN25	38	28	80　105　120	45	225	499～539	560～600

饮用水计量仪安装尺寸(mm)

编号	1	2	3	4	5	总长 L	L_1
名称	三通	短管	铜截止阀	活接头	水表		
管径 \ 尺寸	a	b	c	d	e		
DN10	18	10	70	66	100 110	284 294	80

安　装　说　明

1. 本图安装尺寸立管管径均以15mm计。

2. 暗装水表水平管的高度一般距休息平台400～1000mm，具体尺寸由设计定。

3. 在寒冷地区暗装水表应考虑保温措施。

4. 在非采暖地区或楼梯间设有采暖系统时，给水立管也可敷设于楼梯间内，如图中虚线所示。

图名	暗装水表及饮用水计量仪安装	图号	JS5—6

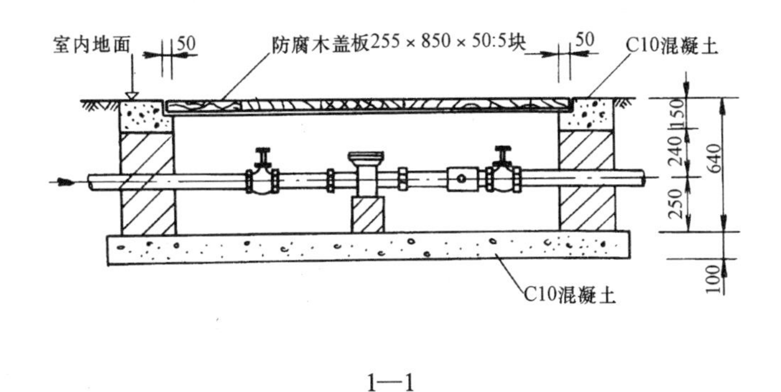

1—1

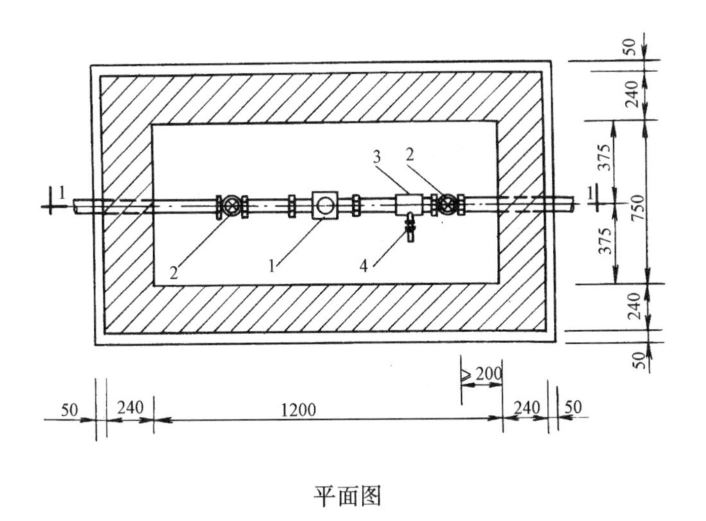

平面图

主要材料表

管道公称直径 *DN*		15		20		25		32		40	
编号	材料名称	规格	数量	规格	数量	规格	数量	规格	数量	规格	数量
1	水表(个)	15	1	20	1	25	1	32	1	40	1
2	闸阀(个)	15	2	20	2	25	2	32	2	40	2
3	三通(个)	15×15	1	20×15	1	25×15	1	32×15	1	40×15	1
4	水龙头(个)	15	1	15	1	15	1	15	1	15	1

安装说明

1. 适用于一路进水的给水系统。
2. 本图所示进水管走向,可根据室外管道位置选定。
3. 工程量:砖砌体 0.57m^3,混凝土 0.42m^3,木材 0.055m^3。
4. 材料表中未列的材料由设计者根据需要自行决定。
5. 本图适用于水表公称直径 *DN*15 ~ *DN*40。

图名	室内水表井安装图	图号	JS5—7

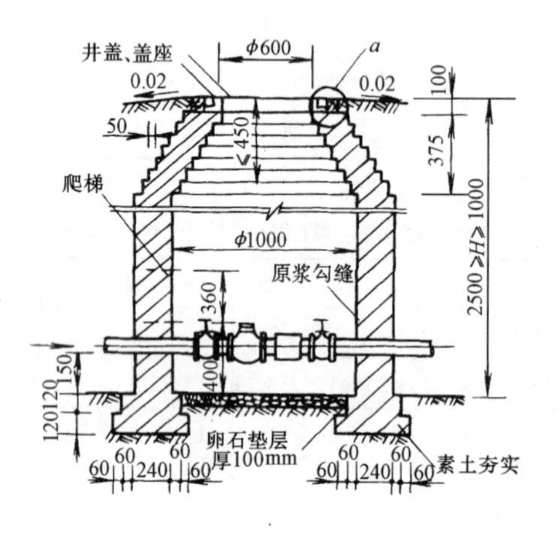

1—1

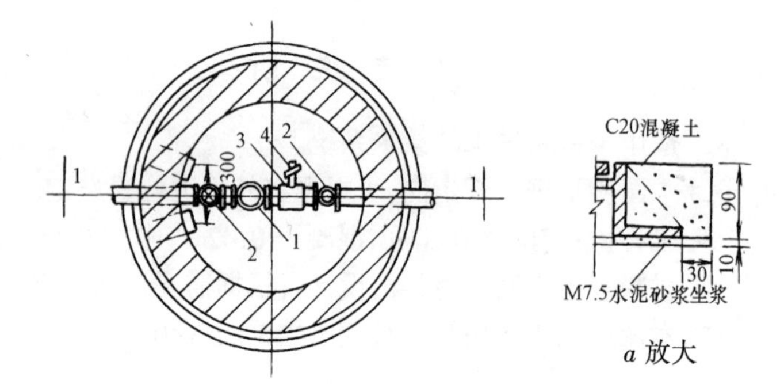

a 放大

平面图

1—水表；2—闸阀；3—三通；4—水龙头

主要材料表

管道公称直径 DN		15		20		25		32		40	
编号	材料名称	规格	数量	规格	数量	规格	数量	规格	数量	规格	数量
1	水表(个)	15	1	20	1	25	1	32	1	40	1
2	闸阀(个)	15	2	20	2	25	2	32	2	40	2
3	三通(个)	15×15	1	20×15	1	25×15	1	32×15	1	40×15	1
4	水龙头(个)	15	1	15	1	15	1	15	1	15	1

安 装 说 明

1. 本图适用于无地下水一般人行道下，无车辆通行地区。

2. 工程量：最小井深砖砌体 1.31m^3，每增 1m，砖砌体增加 0.94m^3。

3. 水表井位于铺装地面下，井口与地面平，在非铺装地面下，井口高出地面 50mm。

4. DN50 水表安装时，井内径 φ = 1200mm。

5. 本图适用于公称直径 DN15 ~ DN50 的水表。

图名	室外水表井安装图(一)	图号	JS5—8(一)

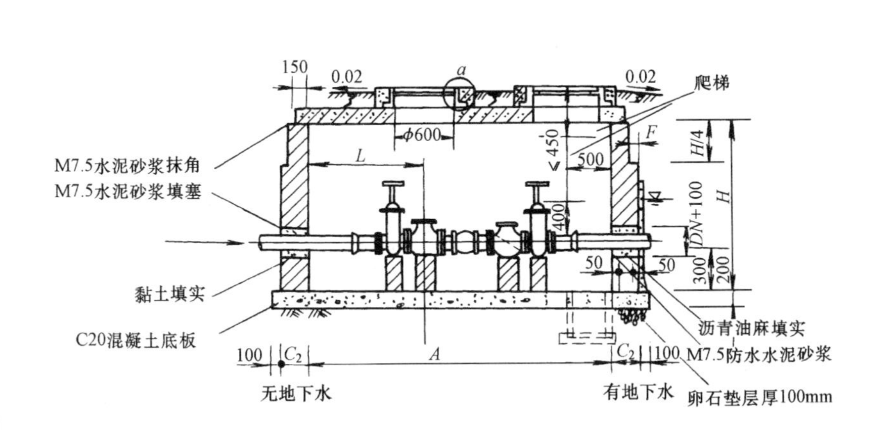

1—1

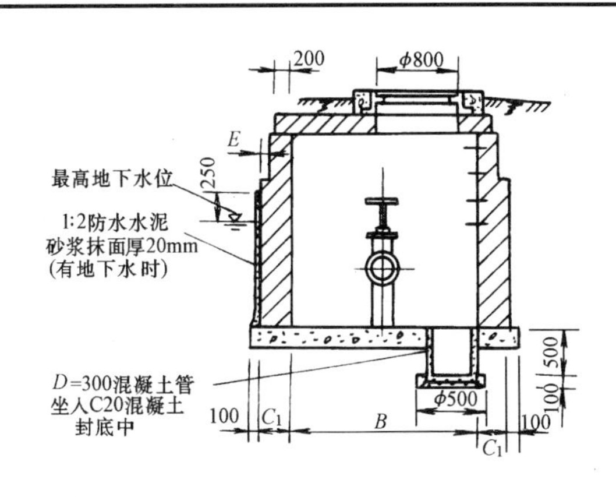

2—2

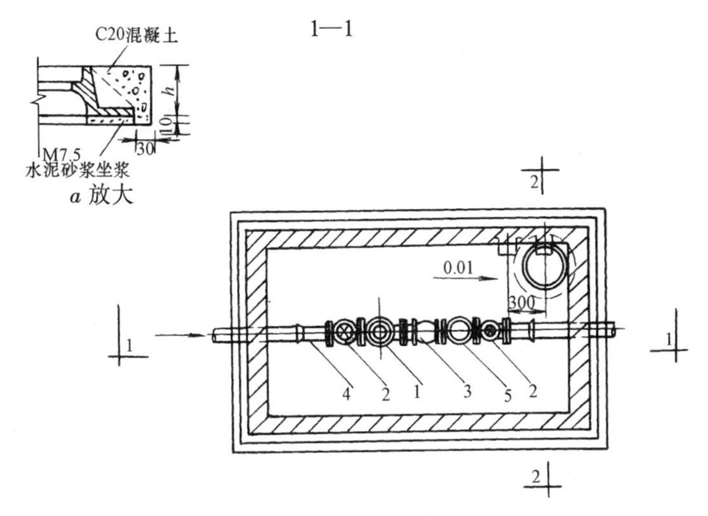

平面图

1—水表；2—阀门；3—伸缩节；4—承盘短管；5—止回阀

尺 寸 表(mm)

水表直径 DN	A	B	L	H	C_1	C_2	E	F	备注
75～100	2750	1000	1175	1200～1800	370	240	120	0	有止回阀
				1900～2600	490	240	120	0	
150～200	3500	1250	1425	1200～1800	490	240	120	0	
				1900～2600	620	370	120	120	
75～100	2500	1000	925	1200～1800	370	240	120	0	无止回阀
				1900～2600	490	240	120	0	
150～200	3000	1250	1425	1200～1800	370	240	120	0	
				1900～2600	620	370	120	120	

安 装 说 明

本图适用于无旁通管水表井安装。

图名	室外水表井安装图(二)	图号	JS5—8(二)

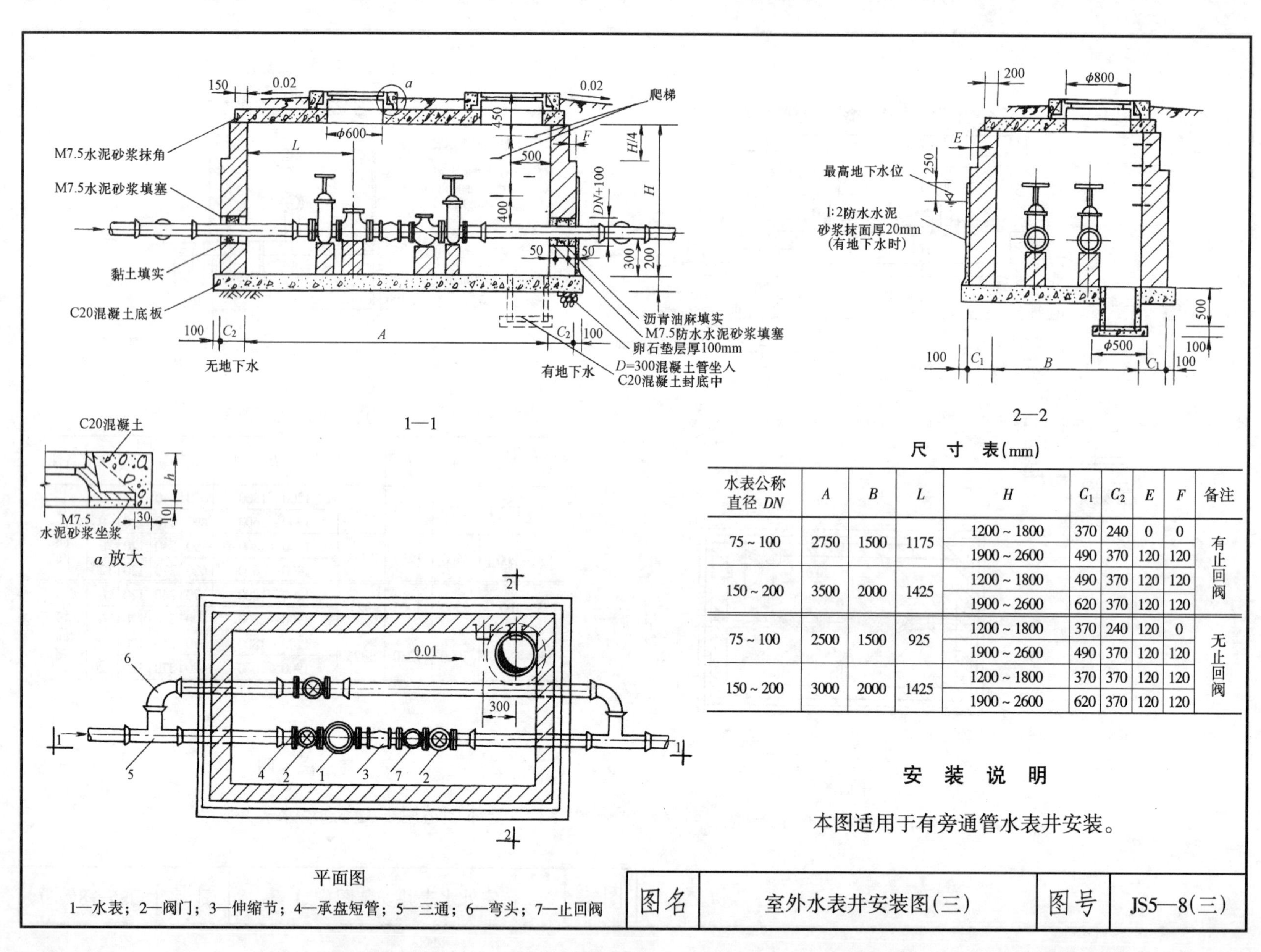

尺 寸 表(mm)

水表公称直径 DN	A	B	L	H	C_1	C_2	E	F	备注
75~100	2750	1500	1175	1200~1800	370	240	0	0	有止回阀
				1900~2600	490	370	120	120	
150~200	3500	2000	1425	1200~1800	490	370	120	120	
				1900~2600	620	370	120	120	
75~100	2500	1500	925	1200~1800	370	240	120	0	无止回阀
				1900~2600	490	370	120	120	
150~200	3000	2000	1425	1200~1800	370	370	120	120	
				1900~2600	620	370	120	120	

安 装 说 明

本图适用于有旁通管水表井安装。

图名	室外水表井安装图(三)	图号	JS5—8(三)

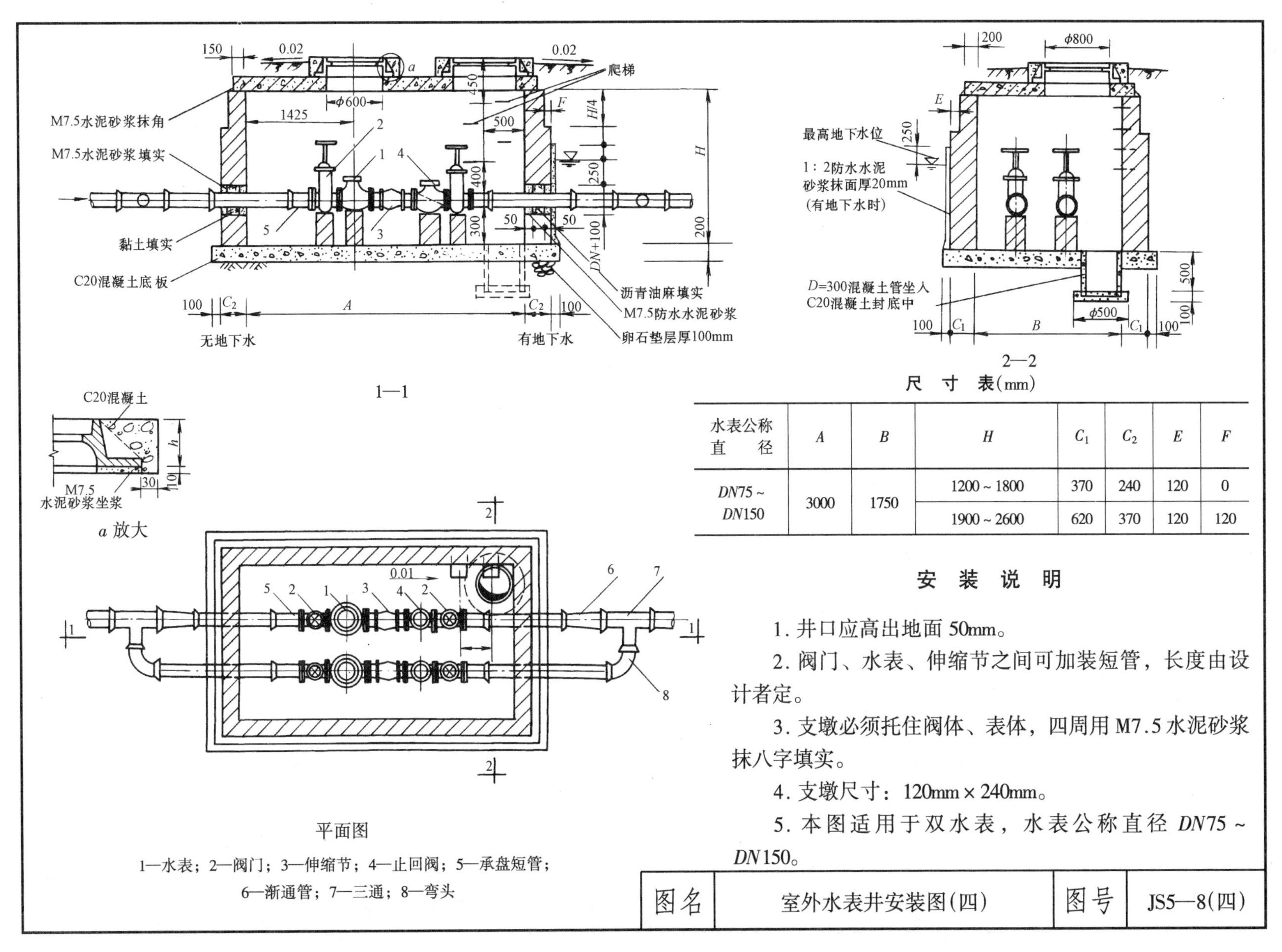

1—水表；2—阀门；3—伸缩节；4—止回阀；5—承盘短管；6—渐通管；7—三通；8—弯头

尺 寸 表(mm)

水表公称直径	A	B	H	C_1	C_2	E	F
$DN75$ ~ $DN150$	3000	1750	1200 ~ 1800	370	240	120	0
			1900 ~ 2600	620	370	120	120

安 装 说 明

1. 井口应高出地面 50mm。
2. 阀门、水表、伸缩节之间可加装短管，长度由设计者定。
3. 支墩必须托住阀体、表体，四周用 M7.5 水泥砂浆抹八字填实。
4. 支墩尺寸：120mm × 240mm。
5. 本图适用于双水表，水表公称直径 $DN75$ ~ $DN150$。

图名	室外水表井安装图(四)	图号	JS5—8(四)

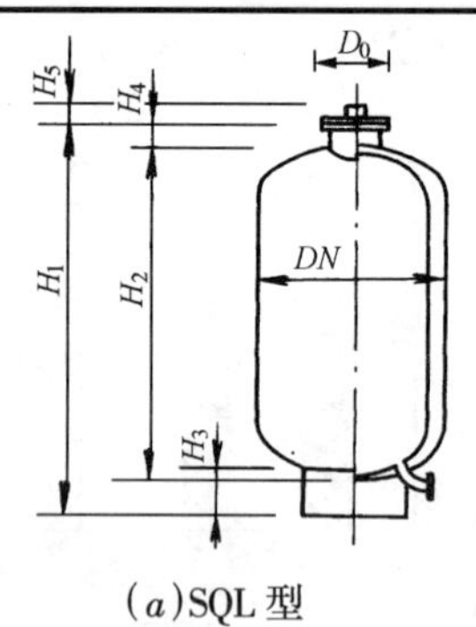

(*a*)SQL 型

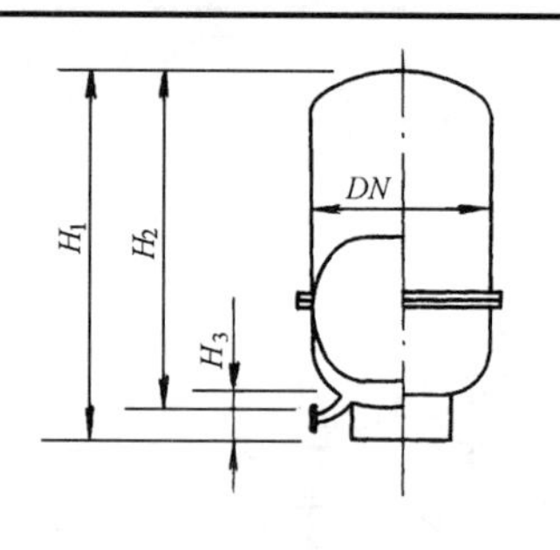

(*b*)SBL 型

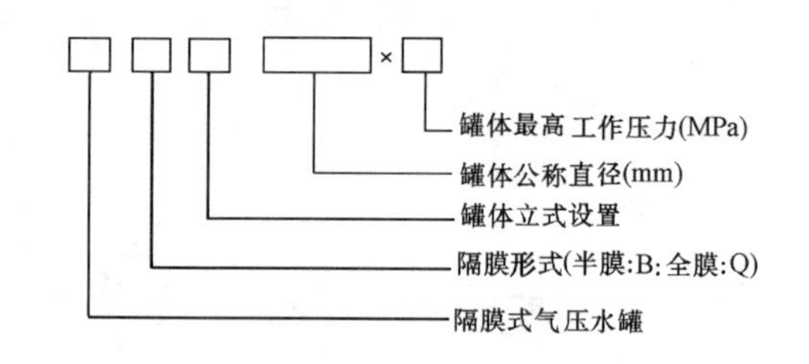

型号意义

型号规格	罐体最高工作压力(MPa)	罐体公称直径 DN (mm)	H_1 (mm)	H_2 (mm)	H_3 (mm)	H_4 (mm)	H_5 (mm)	罐体总容积 V_0	罐体内水容积 V_s(m³))					入孔直径 D_0 (mm)	进出水管公称直径 (mm)	重量 (kg)
									$u_b=0.85$	$u_b=0.80$	$u_b=0.75$	$u_b=0.70$	$u_b=0.65$			
S^{B}_{Q} L400×0.6 1.0 1.5	0.6 1.0 1.5	400	1490 1490 1490	1012 1012 1012	400	100	70	0.118	0.018	0.024	0.029	0.035	0.041	150	50	94 94 107
S^{B}_{Q} L600×0.6 1.0 1.5	0.6 1.0 1.5	600	1960 1962 1964	1412 1412 1416	460	100	70	0.368	0.055	0.074	0.092	0.110	0.129	250	65	179 228 261
S^{B}_{Q} L800×0.6 1.0 1.5	0.6 1.0 1.5	800	2366 2370 2374	1812 1816 1820	480	110	72	0.838	0.126	0.168	0.210	0.251	0.293	250	65	327 372 473
S^{B}_{Q} L1000×0.6 1.0 1.5	0.6 1.0 1.5	1000	2694 2698 2706	2012 2016 2024	610	110	78	1.440	0.216	0.288	0.360	0.432	0.504	400	100	556 667 786
S^{B}_{Q} L1200×0.6 1.0 1.5	0.6 1.0 1.5	1200	3102 3106 3110	2416 2120 2424	640	110	78	2.488	0.373	0.498	0.622	0.746	0.871	400	100	795 1063 1151
S^{B}_{Q} L1400×0.6 1.0 1.5	0.6 1.0 1.5	1400	3374 3380 3386	2616 2624 2628	690	120	78	3.643	0.546	0.729	0.911	1.093	1.275	400	125	1126 1402 1514
S^{B}_{Q} L1600×0.6 1.0 1.5	0.6 1.0 1.5	1600	3756 3762 3768	3016 3024 3032	690	120	80	5.497	0.825	1.099	1.374	1.649	1.924	400	125	1289 1741 2321

图名	立式气压水罐(隔膜式)	图号	JS6—1

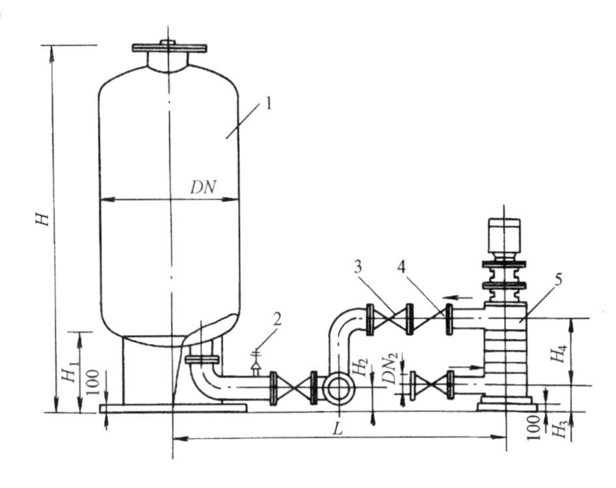

立面图

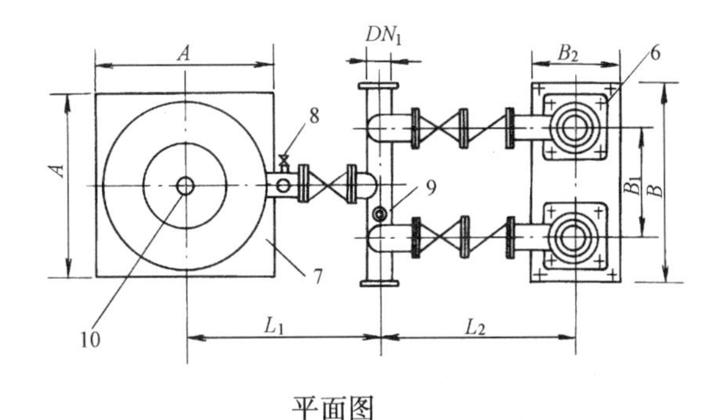

平面图

1—气压罐；2—安全阀；3—阀门；4—止回阀；
5—水泵；6—水泵底座；7—气压罐底座；
8—泄水阀($DN20$)；9—缓冲罐接管；10—充气嘴

罐体直径 DN(mm)	H (mm)	H_1 (mm)	H_2 (mm)	A (mm)	L (mm)	L_1 (mm)	L_2 (mm)
400	1590	500	200	500	1100	700	400
600	2064	560	230	700	1385	780	605
800	2474	580	230	900	1435	830	605
1000	2806	710	255	1100	1710	965	745
1200	3210	740	255	1300	1845	1015	830
1400	3480	790	285	1500	2025	1180	845
1600	3868	790	310	1700	2130	1215	915

水泵型号	B (mm)	B_1 (mm)	B_2 (mm)	H_3 (mm)	H_4 (mm)	DN_1 (mm)	DN_2 (mm)
WY-25LD	1000	600	400	161	$27.5N+33$	40	25
QDL4-8	1000	600	400	150		50	32
40DL	1320	660	660	212	$60N+50$	50	40
50DL	1320	660	660	204	$68N+53$	65	50
65DL	1460	730	730	267	$80N+38.5$	100	65
80DL	1500	750	750	220	$89N+99$	150	80
100DL	1710	855	855	230	$104N+94$	200	100

注：N 是水泵级数。

安 装 说 明

1. 罐体尺寸 H 按工作压力 1.5MPa 而定，L_2 按一台罐可能选择的最大泵的最小尺寸确定。

2. 水泵与罐体结合，除本图外，还有其他布置形式，具体尺寸由设计者定。

图名	一立罐二立泵安装图(隔膜式)	图号	JS6—2

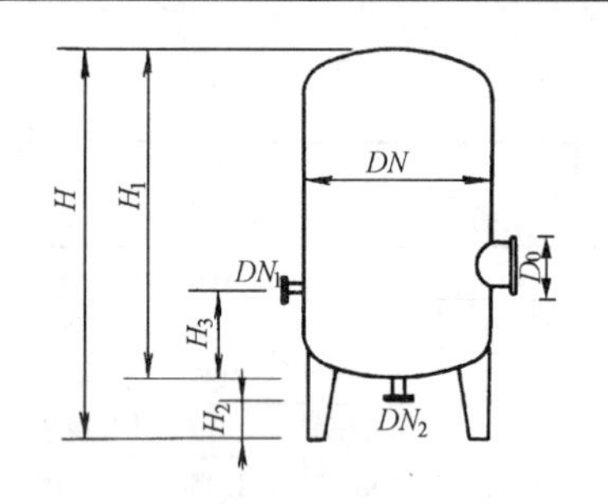

(a)BLY 型气压罐

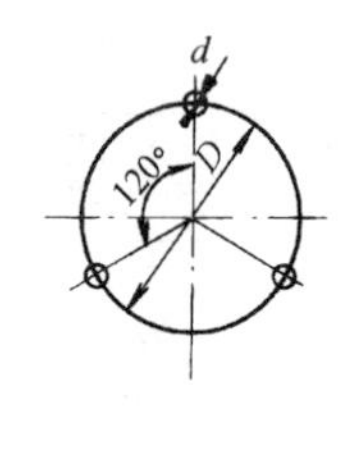

(b)罐体地脚螺栓布置

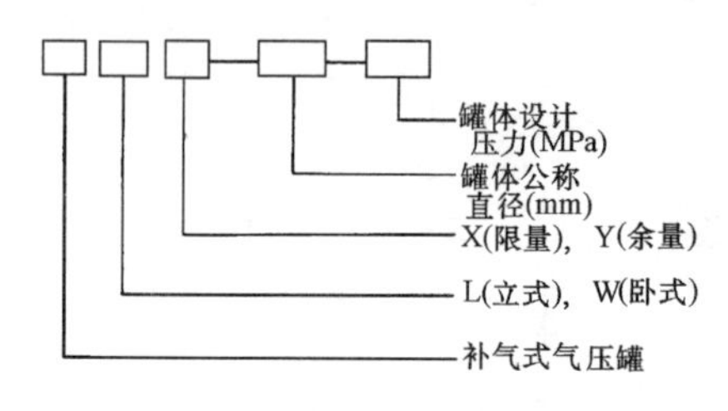

型号意义

型号规格	罐体设计压力(MPa)	罐体公称直径 DN (mm)	H (mm)	H_1 (mm)	H_2 (mm)	H_3 (mm)	D (mm)	d (mm)	罐体总容积 V_0 (m^3)	罐体内水容积 V_s (m^3)					入孔直径 D_0 (mm)	进水管公称直径 DN_1 (mm)	出水管公称直径 DN_2 (mm)	重量 (kg)
										$u_b=0.65$	$u_b=0.70$	$u_b=0.75$	$u_b=0.80$	$u_b=0.85$				
BLY800-0.6 1.0	0.60 1.00	800	2400	2000	300	903	560	25	0.93	0.296	0.254	0.211	0.169	0.127	426	50	50	470 572
BLY1000-0.6 1.0	0.60 1.00	1000	2700	2300	300	783	700	25	1.66	0.528	0.453	0.377	0.302	0.226	426	50	50	698 853
BLY1200-0.6 1.0	0.60 1.00	1200	2700	2300	300	912	840	30	2.37	0.754	0.646	0.539	0.431	0.323	426	50	50	816 1004
BLY1400-0.6 1.0	0.60 1.00	1400	2700	2300	300	950	1050	30	3.18	1.012	0.867	0.723	0.578	0.434	426	65	50	940 1229
BLY1600-0.6 1.0	0.60 1.00	1600	2800	2300	400	983	1200	30	4.05	1.289	1.105	0.920	0.736	0.552	426	80	65	1214
BLY1800-0.6 1.0	0.60 1.00	1800	3200	2800	400	1000	1350	30	6.58	2.094	1.794	1.495	1.196	0.897	426	100	80	1690
BLY2000-0.6 1.0	0.60 1.00	2000	3300	2800	400	1100	1500	36	7.69	2.447	2.097	1.748	1.398	1.049	426	100	100	2035

图名	立式气压水罐(补气式)	图号	JS6—3

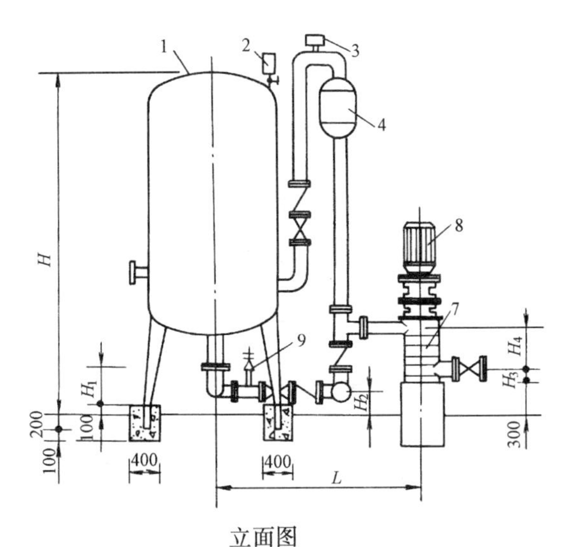

立面图

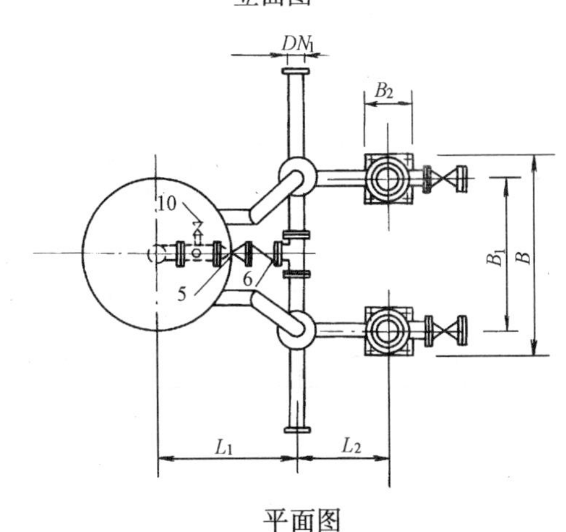

平面图

1—气压罐；2—压力控制器；3—呼吸系统；
4—缓冲罐；5—阀门；6—止回阀；7—水泵；8—电机；
9—安全阀；10—泄水阀

基本尺寸(mm)

罐体直径	H	H_1	H_2	L	L_1	L_2
800	2500	300	200	1200	750	450
1000	2800	300	220	1200	750	450
1200	2800	300	225	1350	850	500
1400	2800	300	270	1450	950	500
1600	2900	400	270	1700	1200	500
1800	3300	400	285	1950	1300	650
2000	3400	400	285	2250	1500	750

基本尺寸(mm)

水泵型号	B	B_1	B_2	H_3	H_4	DN_1
40DL	1650	1100	550	112	$60N+50$	40
50DL	1800	1200	600	104	$68N+53$	50
65DL	1850	1200	650	167	$80N+38.5$	65
80DL	2200	1500	700	120	$89N+99$	80
100DL	2200	1500	700	130	$104N+94$	100

注：N 为水泵级数。

安 装 说 明

1. 本图 L_2 按一台罐可能选择最大水泵时的尺寸而定，如水泵进水口与出水口同侧布置，L_2 尺寸由设计者确定。

2. 罐体支角支墩中心夹角为 120°，具体位置视现场情况而定。支墩规格为 400mm × 400mm，中心预留 100mm × 100mm × 300mm 螺栓孔。

图名	一立罐二立泵安装图(补气式)	图号	JS6—4

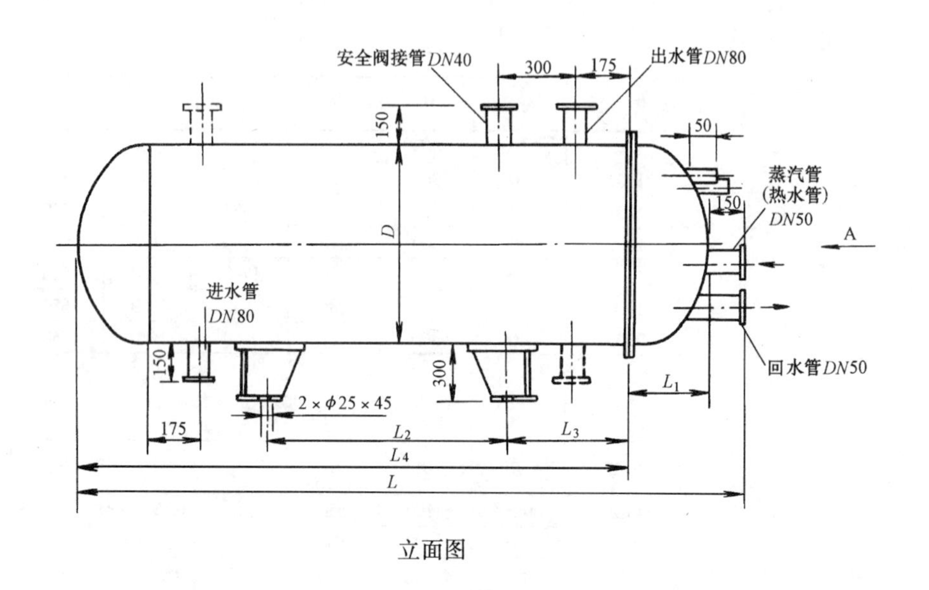

立面图

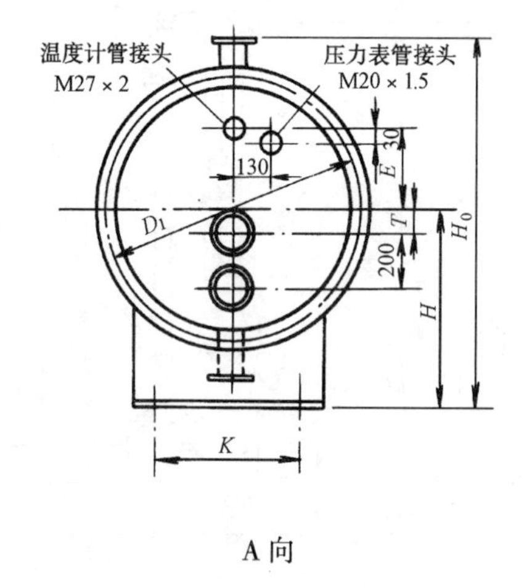

A 向

热交换器型号	热交换器直径 D(mm)	L_1 (mm)	L_2 (mm)	L_3 (mm)	L_4 (mm)	L (mm)	K (mm)	T (mm)	E (mm)	D_1 (mm)	H (mm)	H_0 (mm)	重量(kg)	
													钢管	铜管
1号	600	203	814	375	1747	2109	420	0	200	705	606	1062	439	449
2号	700	228	814	375	1772	2159	500	0	240	810	656	1162	440	542
3号	800	257	950	406	2012	2428	590	20	280	920	706	1261	660	675

注:1. 表中重量为各型号加热器所能容纳U形管最多根数的重量值。
2. 表中所注容积已扣除U形管体积(按所能容纳的最多根数计算)的外壳容积。

图名	卧式容积式热交换器安装图(一)	图号	JS7—1(一)

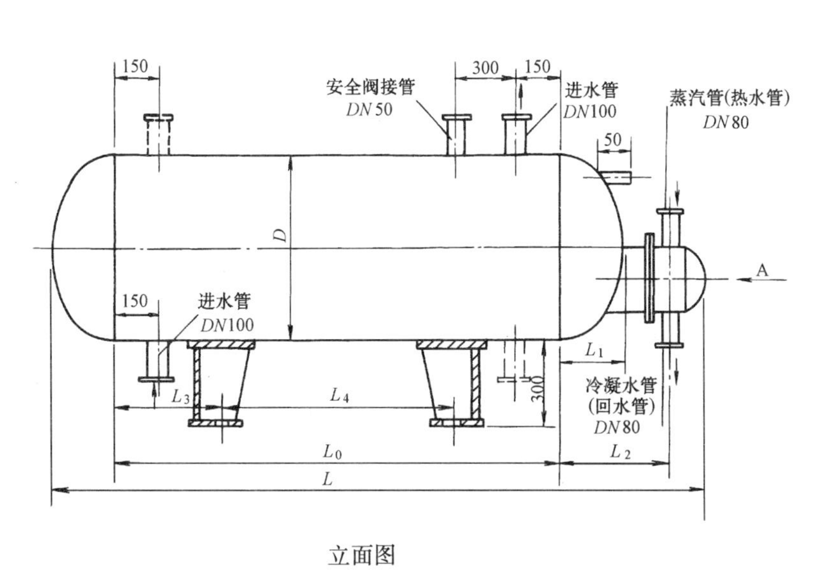

立面图

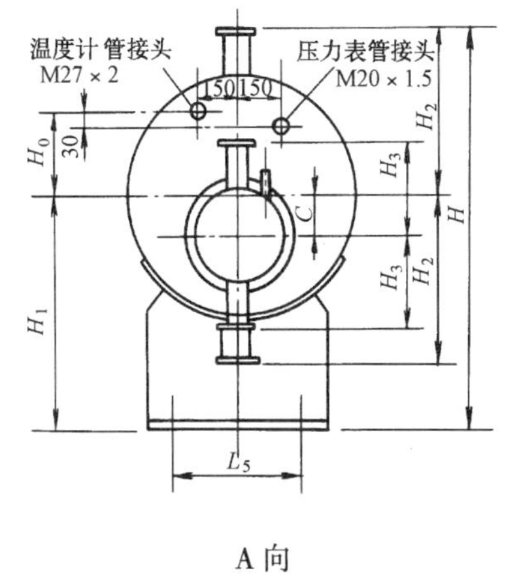

A 向

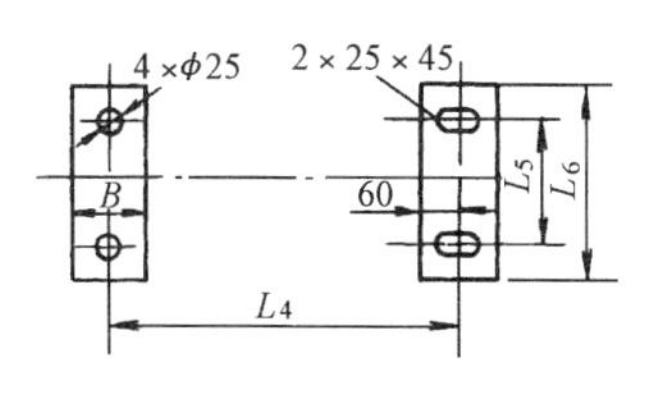

用于 DN900 ~ DN1200

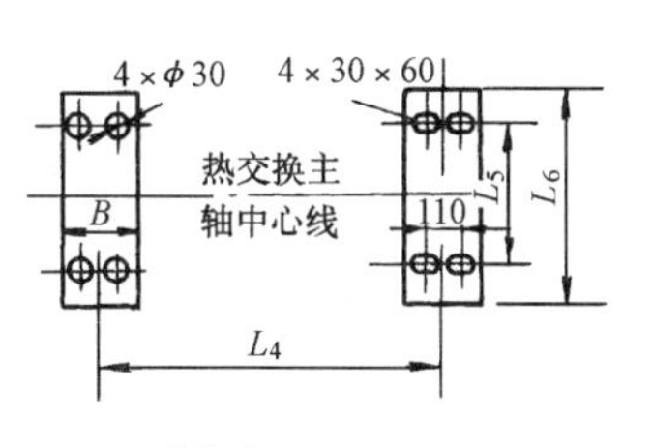

用于 DN1400

支座底板尺寸

热交换器型号	热交换器直径 D(mm)	L (mm)	L_0 (mm)	L_1 (mm)	L_2 (mm)	L_3 (mm)	L_4 (mm)	L_5 (mm)	L_6 (mm)	H (mm)	H_0 (mm)	H_1 (mm)	H_2 (mm)	H_3 (mm)	B (mm)	C (mm)	重量(kg)	
																	钢管	铜管
4号	900	3116	1985	258	597	450	1085	660	810	1362	330	756	606	358	160	120	867	878
5号	1000	3353	2185	283	609	500	1185	740	900	1462	380	806	656	358	160	200	971	984
6号	1200	3615	2335	333	657	500	1335	900	1100	1666	460	908	758	383	160	240	1447	1466
7号	1400	4140	2735	400	719	545	1645	1050	1280	1866	520	1008	858	408	200	300	1962	1989

注:表中重量为各型号热交换器所能容纳 U 形管最多根数的重量值。

图名	卧式容积式热交换器安装图(二)	图号	JS7—1(二)

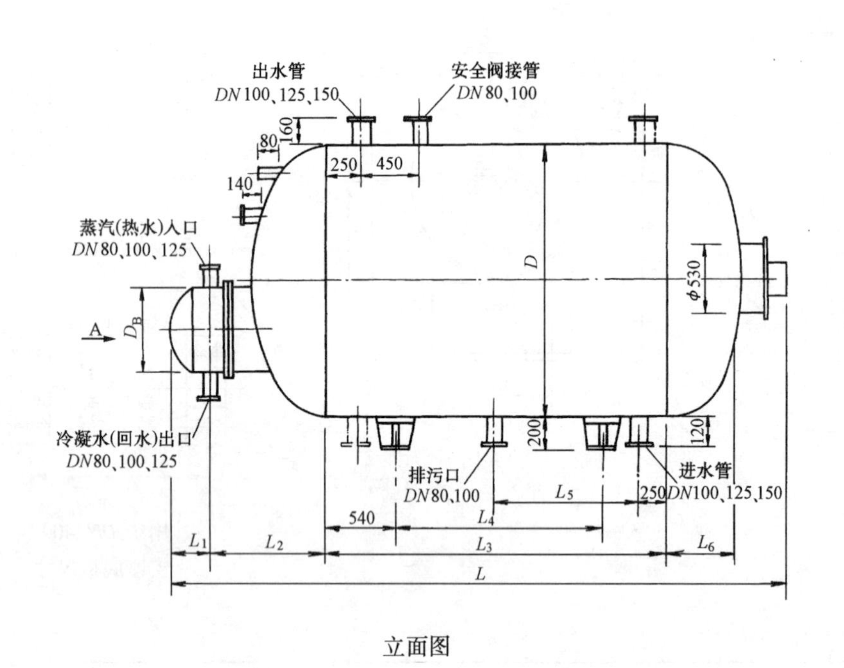

立面图

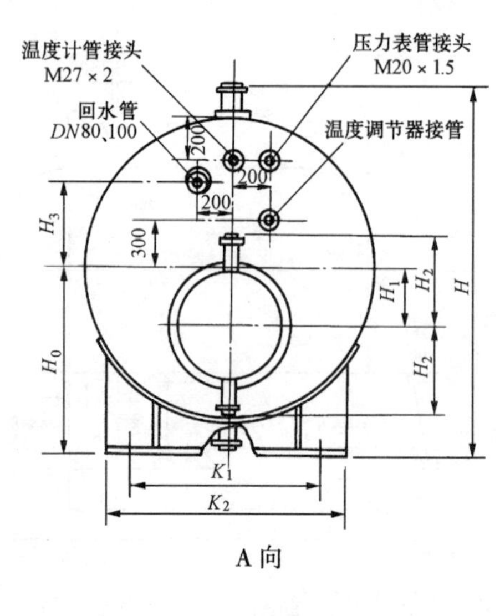

A向

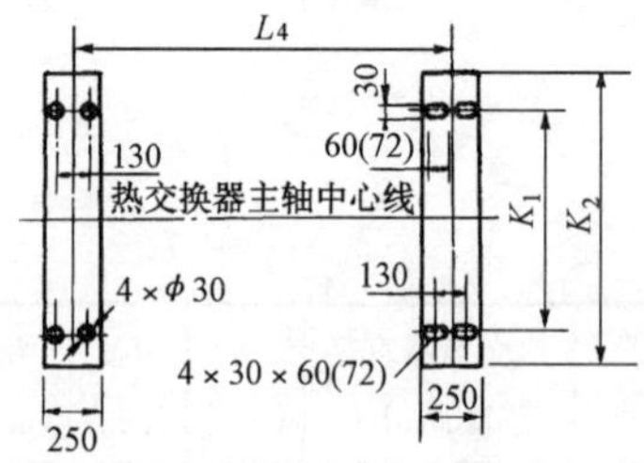

支座底板尺寸

热交换器型号	热交换器直径 D(mm)	D_B (mm)	L (mm)	L_1 (mm)	L_2 (mm)	L_3 (mm)	L_4 (mm)	L_5 (mm)	L_6 (mm)	H (mm)	H_0 (mm)	H_1 (mm)	H_2 (mm)	H_3 (mm)	K_1 (mm)	K_2 (mm)	重量(kg) 钢管	重量(kg) 铜管
8号	1800	600	4745	332	946	2700	1620	1100	500	2180	1110	400	436	450	1330	1600	2973	3027
9号	2000	700	5000	367	1110	2700	1620	1100	550	2380	1210	430	486	500	1490	1780	3654	3731
10号	2200	800	5870	419	1186	3400	2320	1450	602	2584	1312	460	536	500	1680	1950	5418	5543

注:表中重量为各型号热交换器所能容纳U形管最多根数的重量值。

图名	卧式容积式热交换器安装图(三)	图号	JS7—1(三)

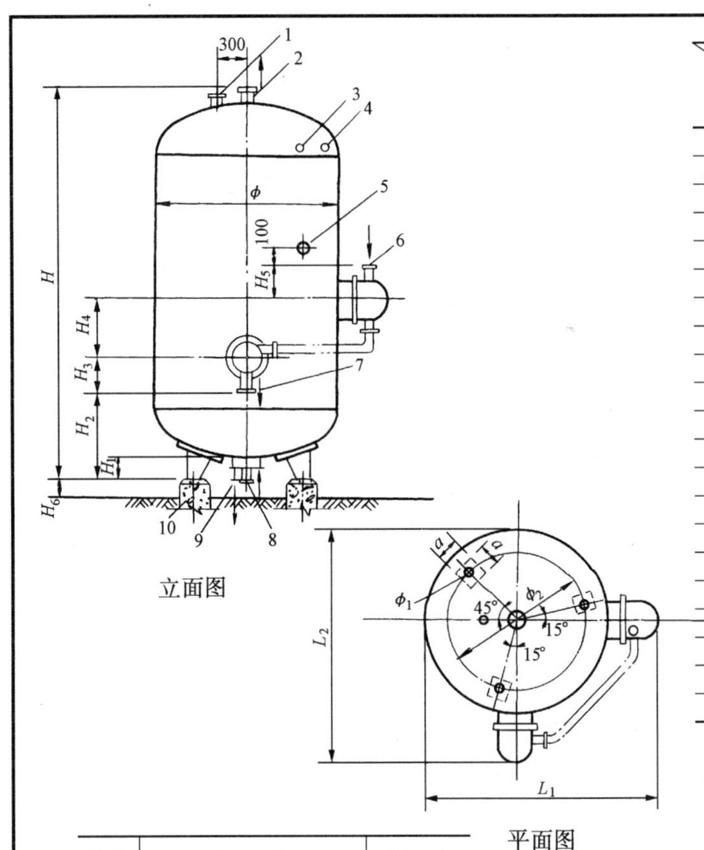

立面图

平面图

参数 \ 型号	RV-02-3A $\frac{6}{10}$	RV-02-3B $\frac{6}{10}$	RV-02-5A $\frac{6}{10}$	RV-02-5B $\frac{6}{10}$	RV-02-8A $\frac{6}{10}$	RV-02-8B $\frac{6}{10}$
热　　媒	热　　水	蒸　　汽	热　　水	蒸　　汽	热　　水	蒸　　汽
容积 $V(m^3)$	3	3	5	5	8	8
ϕ	1200	1200	1600	1600	1800	1800
H	3038	3038	3253	3253	3785	3785
H_1	236	236	249	249	277	277
H_2	602	587	722	707	808	779
H_3	346	311	339	304	383	312
H_4	600	550	600	550	700	600
H_5	340	340	340	340	376	376
H_6	≥150	≥150	≥150	≥150	200	200
DN_1	40	40	50	50	65	65
DN_2	50	50	65	65	80	80
DN_3	65	65	65	65	80	80
DN_4	65	32	65	40	80	40
DN_5	50	50	65	65	80	80
L_1	1834	1806	2251	2223	2535	2489
L_2	1834	1788	2251	2199	2535	2424
a	350	350	400	400	400	400
ϕ_1	40	40	40	40	46	46
ϕ_2	800	800	1100	1100	1250	1250
重量(kg)	3569/3900	3338/3666	2771/3287	2469/2985	3254/4156	2771/3668

注：表中长度尺寸单位为 mm。

编号	名　　称	规　格
1	安全阀接管	DN_1
2	出水管接头	DN_2
3	温度计管接头	$DN20$
4	压力表管接头	$DN15$
5	温包管接头	M36×1.5
6	热媒进口	DN_3
7	热媒进口	DN_4
8	进口管接头	DN_5
9	排　污　管	$DN25$
10	混凝土支座	$a \times a$

安　装　说　明

1. 热水温度不得高于 70℃。

2. 表中所列重量为同一型号所对应的两种不同设计压力 0.6MPa 和 1.0MPa 下的重量(左侧为公称设计压力 0.6MPa 的热交换器重量，包括罐体本身、附件、保温层)。

3. 支座与热交换器之间采用地脚螺栓固定，容积为 $3m^3$、$5m^3$ 的热交换器采用 M24×400 地脚螺栓，容积为 $8m^3$ 则用 M30×500 地脚螺栓，在浇筑基座时准确预埋。

图名	RV－02 系列立式容积式热交换器安装图	图号	JS7—2

卧式热交换器规格参数表(一)

热交换器型号		直径 DN	容积 (m^3)	换热管管径×长度 $D\times L$	换热管根数 / 换热面积(m^2)					
单孔	1	600	0.5	42×1.620	2	3	4	5	6	
					0.86	1.29	1.72	2.15	2.58	
	2	700	0.7	42×1.620	2	3	4	5	6	7
					0.86	1.29	1.72	2.15	2.58	3.0
	3	800	1.0	42×1.620	2	3	4	5	6	7
					0.86	1.29	1.72	2.15	2.58	3.0
				42×1.870	5	6	7	8		
					2.50	3.00	3.50	4.00		

RV-02 立式容积式热交换器规格参数表

热交换器型号	直径 DN	容积 (m^3)	U形管束型号	换热管管径×长度 $D\times L$	换热管长度 (mm)	换热管根数	换热面积 (m^2)
RV-02-3A 6/10	1200	3	甲	19×2.0	1300	90	12.16
			乙			113	15.31
			丙			136	18.46
RV-02-5A 6/10	1600	5	甲	19×2.0	1700	90	16.50
			乙			114	20.89
			丙			138	25.28
RV-02-8A 6/10	1800	8	甲	19×2.0	1900	116	23.9
			乙			114	29.1
			丙			166	34.2
RV-02-3B 6/10	1200	3	甲	25×2.5	1300	36	5.74
			乙			45	7.34
			丙			63	10.16
RV-02-5B 6/10	1600	5	甲	25×2.5	1700	36	7.3
			乙			45	9.04
			丙			63	13.32
RV-02-8B 6/10	1800	8	甲	25×2.5	1900	49	12.31
			乙			55	13.90
			丙			78	19.61

卧式热交换器规格参数表(二)

热交换器型号		直径 DN	容积 (m^3)	U形管束型号	换热管管径×长度 $D\times L$	换热管长度 (mm)	换热管根数	换热面积 (m^2)
单孔	4	900	1.5	甲	38×3.0	2360	11	6.5
				乙			6	3.5
	5	1000	2	甲	38×3.0	2560	11	7.0
				乙			6	3.8
	6	1200	3	甲	38×3.0	2730	16	11.0
				乙			13	8.9
				丙			7	4.8
	7	1400	5	甲	38×3.0	3190	19	15.2
				乙			15	11.9
				丙			8	6.3
	8	1800	8.6	甲	38×3.0	3346	22	18.62
				乙			17	14.28
				丙			9	7.48
	9	2000	10.8	甲	45×3.5	3379	22	22.33
				乙			17	17.10
				丙			9	8.94
	10	2200	16.0	甲	45×3.5	4079	30	36.77
				乙			27	32.92
				丙			19	22.90
				丁			10	11.91

注：表中 $D\times L$ 单位为 mm×m。

图名	卧式、RV－02 立式容积式热交换器规格参数表	图号	JS7—3

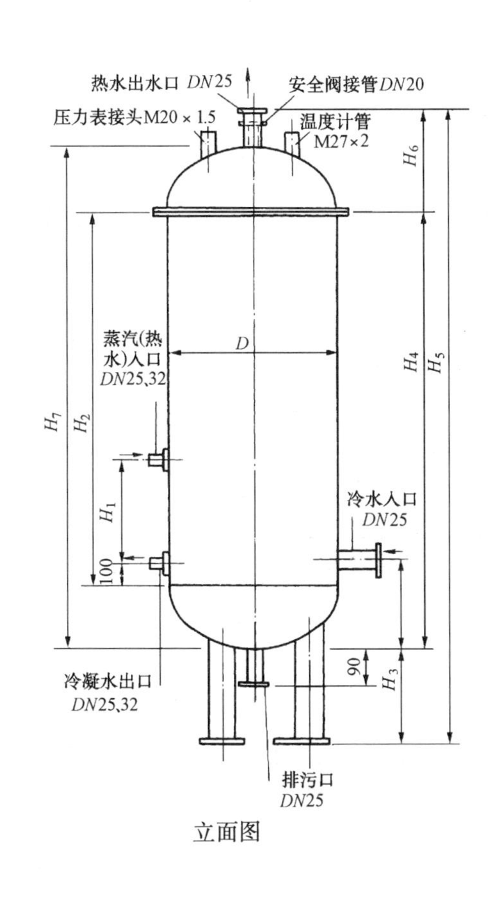

立面图

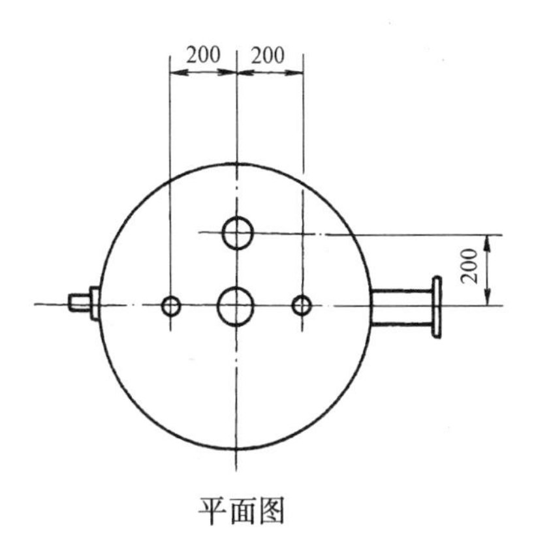

平面图

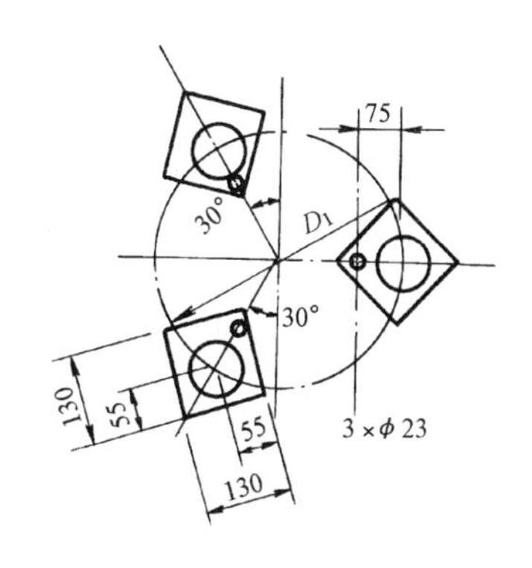

热交换器直径 D(mm)	D_1 (mm)	H_1 (mm)	H_2 (mm)	H_3 (mm)	H_4 (mm)	H_5 (mm)	H_6 (mm)	H_7 (mm)	重量(kg)	
									钢管	铜管
700	460	400	1207	606	1413	2029	313	1629	338	339
800	520	600	1509	631	1738	2381	340	1981	518	445

热交换器直径(mm)	容积(m^3)	换热管直径(mm)	传热面积(m^2)
1200	2.69	φ38×3	3.9
1400	4.28	φ38×3	6.49
700	0.53	φ33.5×3.25	1.42
800	0.89	φ42.3×3.25	2.65

图名	立式容积式热交换器安装图(一)	图号	JS7—4(一)

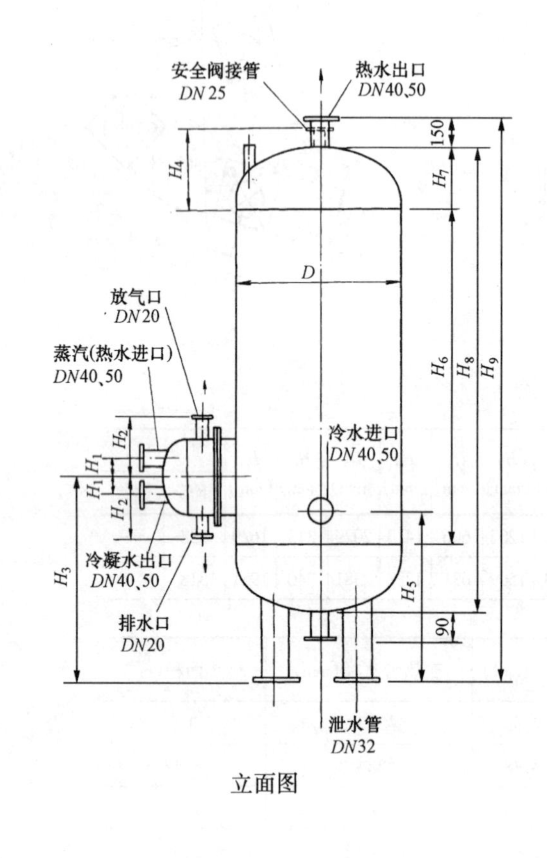

立面图

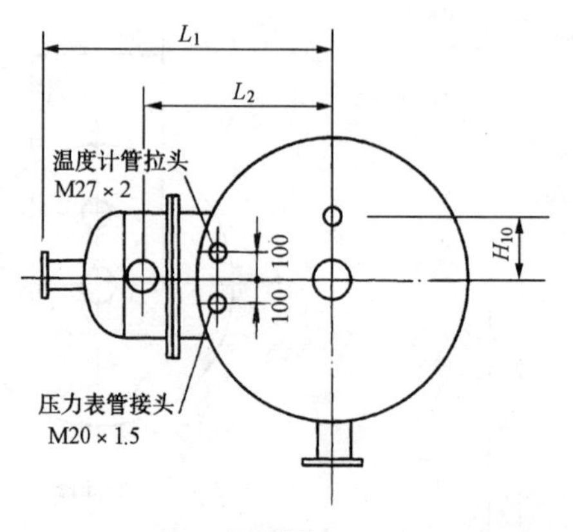

平面图

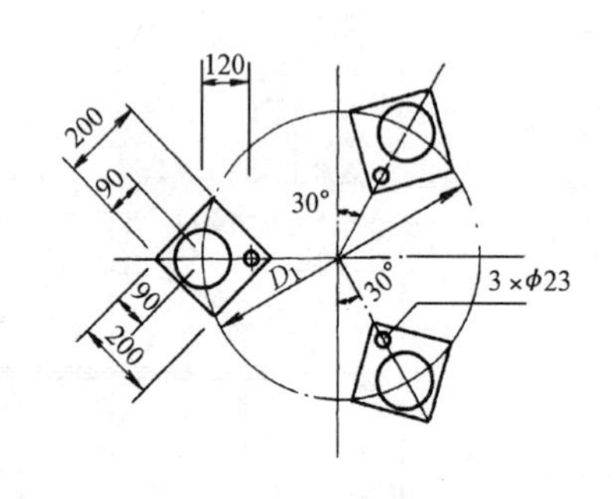

热交换器直径 D(mm)	D_1 (mm)	H_1 (mm)	H_2 (mm)	H_3 (mm)	H_4 (mm)	H_5 (mm)	H_6 (mm)	H_7 (mm)
1200	780	150	358	1023	456	783	1700	333
1400	910	200	408	1143	499	843	2000	383

热交换器直径 D(mm)	H_8 (mm)	H_9 (mm)	H_{10} (mm)	L_1 (mm)	L_2 (mm)	重量(kg)	
						钢管	铜管
1200	2366	2816	250	1244	861	968	982
1400	2766	3216	300	1391	978	1359	1381

图名	立式容积式热交换器安装图(二)	图号	JS7—4(二)

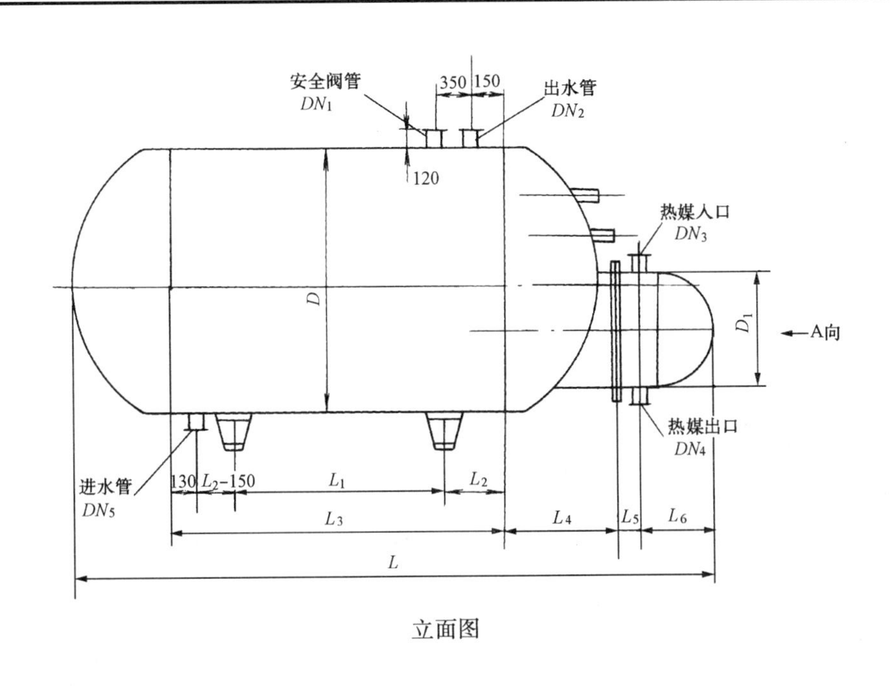

立面图

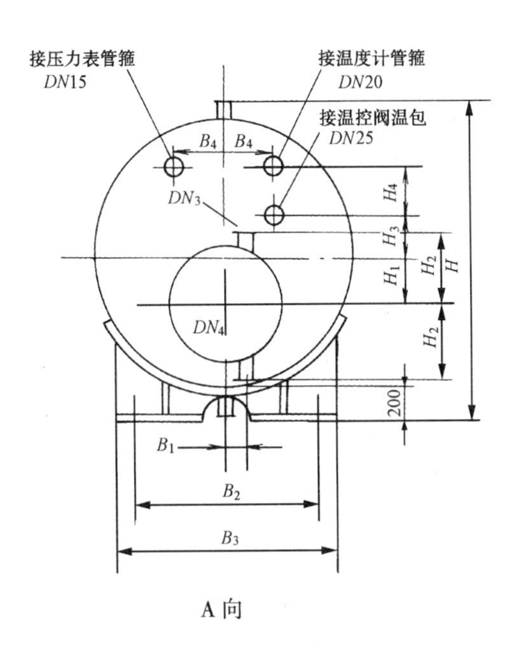

A 向

支座底板尺寸

安 装 要 求

1. 尺寸单位：毫米。

2. 安装热交换器时做一高出地面约 300mm 的混凝土基础，基础上预留地脚螺栓孔位置。

3. 壳体为碳素钢 Q235 - A，外壁刷调和漆防腐，内壁可按要求做一般性或特殊防腐处理。

4. U 形管材有碳钢无缝管 20 号和黄铜管 H62 两种规格。

图名	RV－03 系列卧式容积式热交换器安装图	图号	JS7—5

RV-03 系列外形及安装图尺寸

参数 \ 型号	-1.5S	-3S	-5S	-8S
L_1	1140	1200	1700	1500
L_2	380	400	500	500
L_3	1900	2000	2700	2500
L_4	398 (404)	477 (508)	527 (558)	654 (676)
L_5	116	126 (130)	126 (130)	138 (146)
L_6	213	248	248	283
L	2895 (2901)	3184 (3236)	3984 (4036)	4058 (4107)
B_1	100	123	123	150
B_2	660	900	1050	1330
B_3	810	1080	1260	1600
B_4	150	250	250	250
B_5	150	150	200	250
B_6	60	60		
B_7			110	130
H_1	150	210	290	400
H_2	305	340	340	376
H_3	230	200	200	250
H_4	150	150	200	250
H	1240	1544	1744	2148
D	900	1200	1400	1800
D_1	400	500	500	600
DN_1	32	40	50	70
DN_2	50	65	65	80
DN_3	50	65	65	80
DN_4	50	65	65	80
DN_5	50	65	65	80
重量 G(kg)	769 (893)	1324 (1564)	1919 (2499)	2960 (3773)

注：括号内数值为壳程设计压力 $P_s=0.98$MPa 时的对应值，其余数值同壳程设计压力 $P_s=0.59$MPa 的值。

RV-03 系列技术规格

参数 \ 热媒 \ 型号			-1.5S	-3S	-5S	-8S
			饱和蒸汽			
总容积(m^3)			1.5	3	5	8
产热水量 Q(m^3/h)			1.5~3.5	3~6	5~10	8~14
设计压力 P(MPa)	壳程 P_s		0.59(0.98)			
	管程 P_t		0.39			
U 形换热管	外径×壁厚(mm)		$\phi25\times2.5$($\phi25\times2$)			
	根数	A	16	20	27	39
		B	12	12	20	29
		C			12	20
	最大长度(mm)		2200	2530	3300	3300
分子为管束换热面积(m^2) 分母为管束热媒过水断面积(m^2)	A		$\frac{5.23}{0.0028}$	$\frac{7.5}{0.0035}$	$\frac{13.26}{0.0047}$	$\frac{19.2}{0.0069}$
	B		$\frac{3.86}{0.0021}$	$\frac{4.5}{0.0021}$	$\frac{9.83}{0.0035}$	$\frac{14.3}{0.0052}$
	C				$\frac{5.9}{0.0021}$	$\frac{10.8}{0.0035}$

注：热盘管为钢制，如改用铜盘管相应产水量可提高约 15%。

图名	RV-03 系列卧式容积式热交换器安装尺寸表	图号	JS7—6

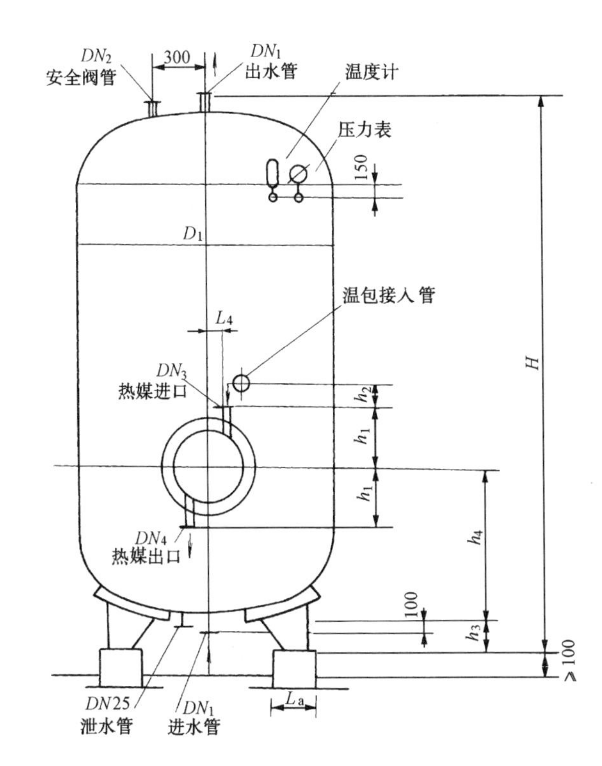

立面图

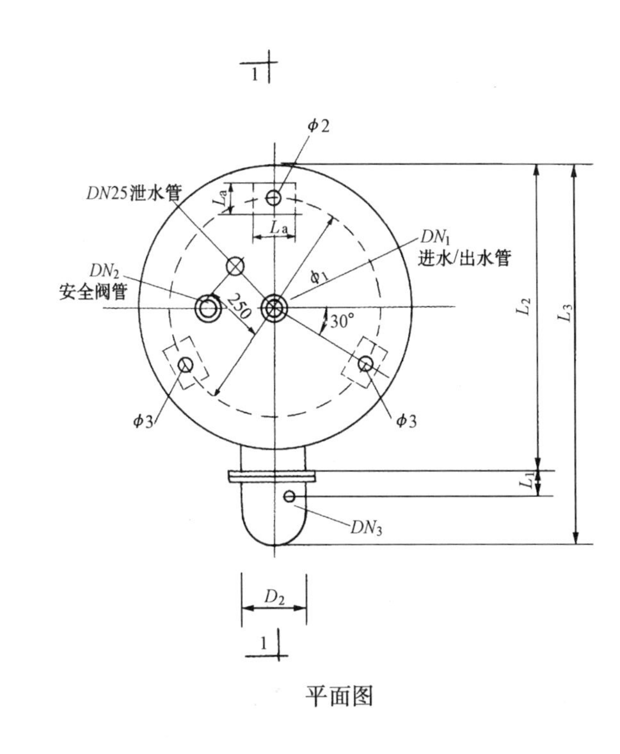

平面图

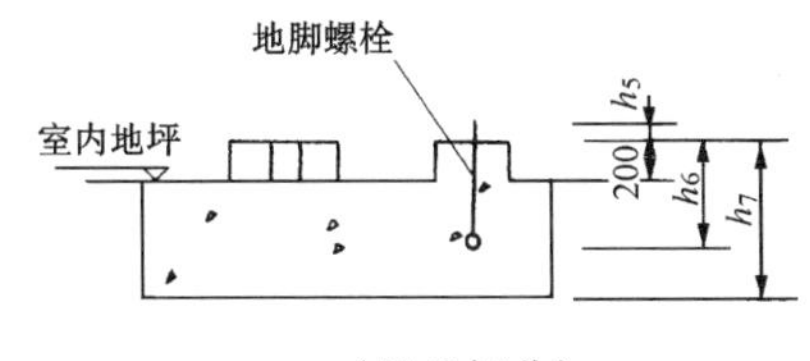

1—1(基础部分)

安 装 说 明

1. 热媒为蒸汽。
2. 安全阀宜用微启式。
3. 管程设计压力 $P_t = 0.4\text{MPa}$。

尺 寸 表(mm)

尺寸 \ 型号	RV-04-1.5～3	RV-04-3.5～5	RV-04-5.5～8	RV-04-8.5～10
h_5	60	69	69	71
h_6	440	561	561	559
h_7	650	800	800	800
地脚螺栓	M20×500	M24×630	M24×630	M24×630

图名	RV－04系列单管束立式容积式热交换器安装图(一)	图号	JS7—7(一)

技　术　规　格

型号	总容积 V (m³)	设计压力 壳程 P_s (MPa)	设计压力 管程 P_t (MPa)	筒体直径 D_1 (mm)	总高 H (mm)	重量 G (kg)	换热管束 最大管长 L (mm)	换热管束 换热面积 F (m²)	产热水量 Q (m³/h)
RV-04-1.5	1.5	0.59	0.4	1200	1848	854	1320	A 10.7	7.4～10.28
		0.98			1856	1068.3			
RV-04-2	2	0.59			2248	949		B 8.9	6.16～8.56
		0.98			2256	1187.3			
RV-04-2.5	2.5	0.59			2698	1056		C 7.2	4.98～6.92
		0.98			2706	1321.3			
RV-04-3	3	0.59			3148	1163		D 5.9	4.08～5.87
		0.98			3156	1456.3			
RV-04-3.5	3.5	0.59	0.4	1600	2365	1432	1720	A 13.1	10.3～14.4
		0.98			2403	1783			
RV-04-4	4	0.59			2615	1534		B 10.9	8.6～12
		0.98			2653	1902			
RV-04-4.5	4.5	0.59			2815	1633		C 8.8	6.9～9.68
		0.98			2853	1997			
RV-04-5	5	0.59			3215	1772		D 7.3	5.76～8.03
		0.98			3253	2188			
RV-04-5.5	5.5	0.59			2893	2037			
		0.98			2931	2650			

型号	总容积 V (m³)	设计压力 壳程 P_s (MPa)	设计压力 管程 P_t (MPa)	筒体直径 D_1 (mm)	总高 H (mm)	重量 G (kg)	换热管束 最大管长 L (mm)	换热管束 换热面积 F (m²)	产热水量 Q (m³/h)
RV-04-6	6	0.59	0.4	1800	3093	2127	1920	A 19.7	15.52～21.1
		0.98			3131	2775			
RV-04-6.5	6.5	0.59			3293	2214		B 16	12.6～17.6
		0.98			3331	2901			
RV-04-7	7	0.59			3443	2283		C 11.8	9.3～12.9
		0.98			3481	2995			
RV-04-7.5	7.5	0.59			3643	2371		D 9.2	7.3～10.1
		0.98			3691	3120			
RV-04-8	8	0.59			3843	2461			
		0.98			3881	3245			
RV-04-8.5	8.5	0.59	0.4	2000	3254	2591.5	2120	A 21.4	16.9～22.9
		0.98			3263	3480			
RV-04-9	9	0.59			3454	2690.6		B 17.4	13.7～19.1
		0.98			3462	3637			
RV-04-9.5	9.5	0.59			3654	2789.7		C 12.8	10.1～14
		0.98			3662	3793			
RV-04-10	10	0.59			3854	2888.9		D 9.93	7.9～10.9
		0.98			3862	3950			

图名	RV－04系列单管束立式容积式热交换器安装图(二)	图号	JS7—7(二)

安 装 尺 寸 表（mm）

参数 \ 型号	-1.5~3	-3.5~5	5.5~8	8.5~10	-1.5~3	-3.5~5	-5.5~8	-8.5~10
	壳程压力 $P_s=0.59$MPa				壳程压力 $P_s=0.98$MPa			
D_1	1200	1600	1800	2000	1200	1600	1800	2000
D_2	500	500	600	600	500	500	600	600
h_1	349	349	394	394	349	349	394	394
h_2	151	151	151	151	151	151	151	151
h_3	236	249	277	154	236	249	277	154
h_4	681	783	883	950	683	800	902	954
L_1	154	154	172	172	166	166	190	190
L_2	1309	1726	1915	2115	1315	1732	1929	2133
L_3	1711	2128	2368	2568	1727	2144	2400	2602
L_4	123	123	150	150	123	123	150	150
DN_1	50	65	80	80	50	65	80	80
DN_2	40	50	65	65	40	50	65	65
DN_3	65	65	80	80	65	65	80	80
ϕ_1	800	1100	1250	1350	800	1100	1250	1350
ϕ_2	30	30	36	36	30	30	36	36
ϕ_3	40	40	46	46	40	40	46	46
L_a	350	350	400	400	350	350	400	400

安 装 说 明

1. 热媒为饱和蒸汽，热媒出口管管径 DN_4 可比 DN_3 小 2 号。
2. 管程设计压力 $P_t=0.4$MPa。
3. 换热管如改用铜管束，相应产热水量可提高约 15%。
4. 选用型号时应标注换热管束类型(A、B、C 和 D)的一种。

图名	RV-04 系列单管束立式容积式热交换器安装图(三)	图号	JS7—7(三)

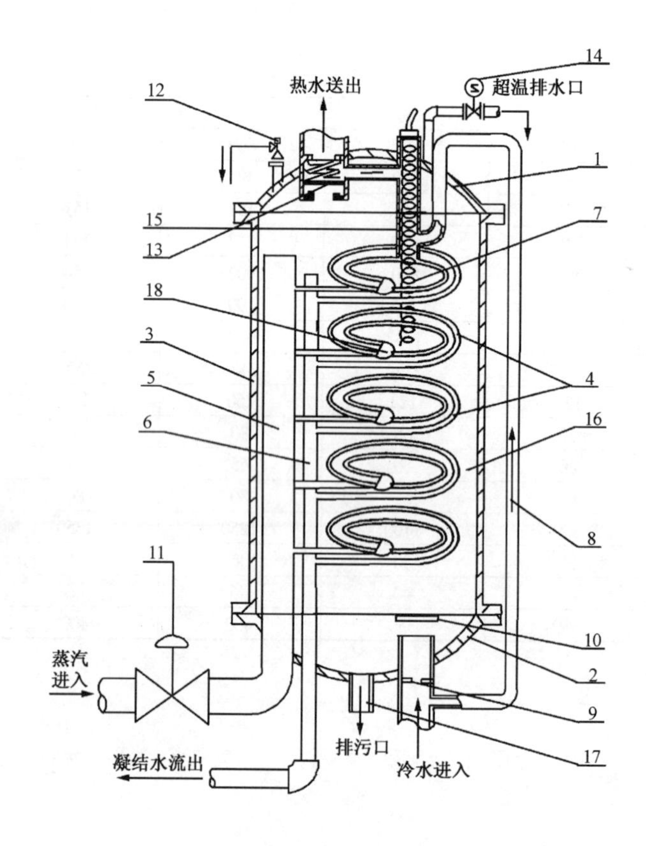

汽-水半即热式水加热器工作原理图

（SW1B、SW2B）

1—顶端盖；2—底端盖；3—筒体；4—换热盘管；5—蒸汽立管；
6—凝结水立管；7—感温元件 8—分流管；9—孔板；
10—转向器（挡板）；11—温度调节阀；12—安全阀；
13—热水出口弹簧止回阀；14—电磁阀；15—感温管；
16—间隙；17—排污口；18—惰性块

图名	SW1B、SW2B 型汽－水半即热式水加热器安装(一)	图号	JS7—8(一)

SW1B 型、SW2B 型汽-水半即热式水加热器选用表

被加热水温度	设计小时耗热量(kW)	被加热水流量(m^3/h)	蒸汽压力(MPa) 0.2	0.3	0.4	0.5	0.6	0.7	最大蒸汽耗量(t/h)
5~50℃	180	3.5	03	03	03	03	03	03	0.26
	260	5	05	05	05	03	03	03	0.37
	415	8	07	07	07	05	05	05	0.60
	520	10	07	07	07	07	07	05	0.76
	780	15	09	09	09	07	07	07	1.13
	1040	20	11	09	09	09	09	07	1.51
	1300	25	11	11	09	09	09	09	1.89
	1570	30	13	13	11	11	11	09	2.28
	1830	35	15	15	13	13	11	11	2.67
5~55℃	200	3.5	05	05	05	03	03	03	0.29
	290	5	07	05	05	05	05	05	0.42
	460	8	07	07	07	07	07	07	0.67
	580	10	09	07	07	07	07	07	0.84
	870	15	09	09	09	09	07	07	1.27
	1160	20	11	11	09	09	09	09	1.69
	1450	25	13	11	11	11	11	09	2.11
	1750	30	15	13	13	11	11	11	2.55
5~60℃	190	3	05	05	05	03	03	03	0.28
	220	3.5	05	05	05	05	03	03	0.32
	310	5	07	07	05	05	05	05	0.45
	510	8	09	07	07	07	07	07	0.74
	630	10	09	09	07	07	07	07	0.92
	950	15	11	09	09	09	09	09	1.38
	1270	20	13	11	11	11	09	09	1.85
	1590	25	15	13	13	11	11	11	2.31
5~65℃	200	3	05	05	05	05	03	03	0.29
	250	3.5	07	05	05	05	05	05	0.36
	350	5	07	07	07	07	07	05	0.51
	550	8	09	09	07	07	07	07	0.80
	700	10	09	09	09	09	09	07	1.02
	1050	15	13	11	11	11	09	09	1.53
	1400	20	15	13	13	13	11	11	2.04
	1750	25	15	15	13	13	13	11	2.55

被加热水温度	设计小时耗热量(kW)	被加热水流量(m^3/h)	蒸汽压力(MPa) 0.2	0.3	0.4	0.5	0.6	0.7	最大蒸汽耗量(t/h)
10~50℃	160	3.5	03	03	03	03	03	03	0.24
	230	5	05	05	05	03	03	03	0.34
	370	8	05	05	05	05	05	05	0.54
	460	10	07	07	07	05	05	05	0.67
	690	15	07	07	07	07	07	07	1.00
	930	20	09	09	09	07	07	07	1.35
	1160	25	11	09	09	09	09	07	1.69
	1390	30	11	11	11	09	09	09	2.02
	1620	35	13	13	11	11	09	09	2.36
10~55℃	180	3.5	03	03	03	03	03	03	0.26
	260	5	05	05	05	05	03	03	0.39
	420	8	07	07	07	07	05	05	0.61
	520	10	07	07	07	07	07	07	0.76
	785	15	09	09	09	07	07	07	1.14
	1050	20	11	11	09	09	09	09	1.53
	1310	25	11	11	11	09	09	09	1.91
	1570	30	13	13	11	11	11	11	2.28
10~60℃	170	3	03	03	03	03	03	03	0.25
	200	3.5	05	05	03	03	03	03	0.29
	290	5	07	07	05	05	05	05	0.42
	460	8	07	07	07	07	07	07	0.67
	580	10	09	09	07	07	07	07	0.85
	870	15	11	09	09	09	09	07	1.27
	1160	20	11	11	11	09	09	09	1.69
	1450	25	13	13	13	11	11	11	2.11
	1740	30	15	15	13	13	11	11	2.53
10~65℃	190	3	05	05	03	03	03	03	0.28
	220	3.5	05	05	05	05	05	05	0.32
	320	5	07	07	07	05	05	05	0.47
	510	8	09	09	09	07	07	07	0.74
	640	10	09	09	09	07	07	07	0.93
	960	15	11	11	09	09	09	09	1.4
	1280	20	13	13	11	11	11	11	1.86
	1600	25	15	13	13	13	11	11	2.33

被加热水温度	设计小时耗热量(kW)	被加热水流量(m^3/h)	蒸汽压力(MPa) 0.2	0.3	0.4	0.5	0.6	0.7	最大蒸汽耗量(t/h)
15~50℃	140	3.5	03	03	03	03	03	03	0.2
	200	5	03	03	03	03	03	03	0.29
	325	8	05	05	05	05	05	03	0.47
	410	10	07	07	05	05	05	05	0.6
	610	15	07	07	07	07	07	07	0.88
	815	20	09	09	07	07	07	07	1.19
	1020	25	09	09	09	09	07	07	1.48
	1220	30	11	09	09	09	09	09	1.77
	1420	35	11	11	11	09	09	09	2.07
15~55℃	160	3.5	03	03	03	03	03	03	0.23
	230	5	05	05	05	03	03	03	0.34
	370	8	07	07	05	05	05	05	0.54
	460	10	07	07	07	07	05	05	0.67
	700	15	09	09	07	07	07	07	1.02
	930	20	09	09	09	09	07	07	1.35
	1160	25	11	11	09	09	09	09	1.69
	1400	30	13	11	11	11	09	09	2.04
15~60℃	180	3.5	05	05	03	03	03	03	0.26
	260	5	07	05	05	05	05	05	0.38
	420	8	07	07	07	07	07	05	0.61
	520	10	09	09	07	07	07	07	0.76
	785	15	09	09	09	09	07	07	1.14
	1050	20	11	11	09	09	09	09	1.53
	1310	25	13	13	11	11	09	09	1.91
	1570	30	13	13	13	11	11	11	2.28
15~65℃	200	3.5	05	05	05	03	03	03	0.29
	290	5	07	07	07	05	05	05	0.42
	460	8	09	07	07	07	07	07	0.67
	580	10	09	09	07	07	07	07	0.84
	870	15	11	11	09	09	09	09	1.27
	1160	20	13	11	11	11	09	09	1.69
	1450	25	15	13	13	11	11	11	2.11
	1740	30	15	15	13	13	13	11	2.53

注:1. 表中 OX 代表盘管组数,换热面积见安装尺寸表。

2. 表中最大蒸汽耗量按饱和蒸汽压力为 0.2MPa 时求得的数据。热媒出水温度为 60℃,蒸汽耗量、换热面积计算中系数均按 0.1 计算。

3. 表中所列数据仅供初步选择换热设备用,最终确定产品时应参照计算例题按工程实际参数验算。

图名	SW1B、SW2B 型汽－水半即热式水加热器安装(二)	图号	JS7—8(二)

立面图　　　　侧面图

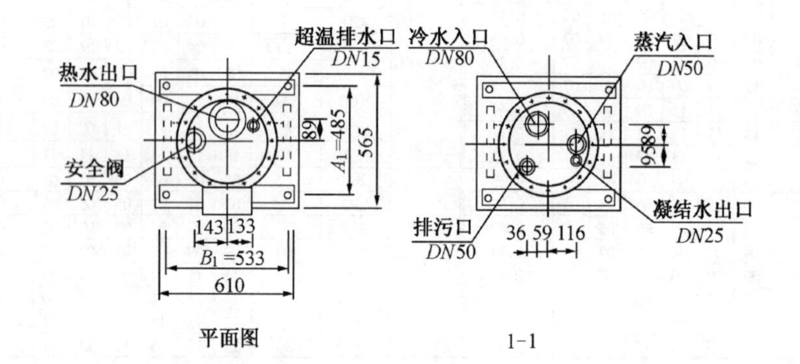

平面图　　　　1-1

安装说明

1. 当冷水流量超过 28m³/h 时，冷水入口和热水出口均为侧向开孔（图中虚线位置），公称直径 *DN*100，表中 *H*、*h* 尺寸加大 250mm。

2. 本图只是按 SW1B 型确定的尺寸和重量，因 SW2B 上、下端盖与 SW1B 型材质不同，故 SW2B 型尺寸及重量仅供参考。

3. 安全阀、超温排水口应引至距地面不大于 400mm 的安全位置。

安装尺寸表

型号	换热面积 (m^2)	尺寸(mm)		重量(kg)	
		H	*h*	自重	湿重
SW1B+03 SW2B+03	1.39	1371	508	209	272
SW1B+05 SW2B+05	2.32	1600	737	250	322
SW1B+07 SW2B+07	3.25	1828	965	277	372
SW1B+09 SW2B+09	4.18	2057	1194	309	418
SW1B+11 SW2B+11	5.11	2285	1422	336	463
SW1B+13 SW2B+13	6.04	2514	1651	368	508
SW1B+15 SW2B+15	6.97	2742	1880	395	554

图名	SW1B、SW2B 型汽－水半即热式水加热器安装（三）	图号	JS7—8(三)

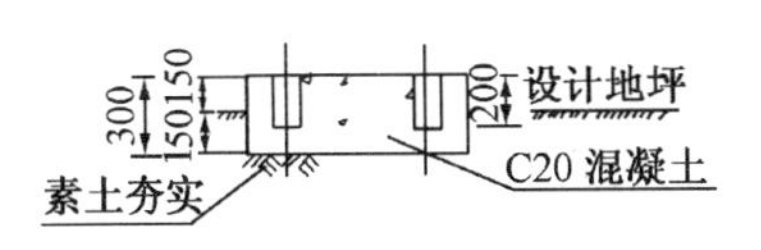

1-1

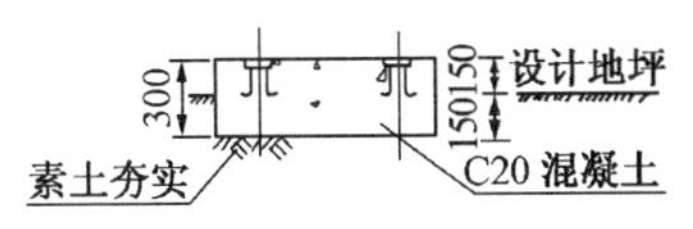

2-2

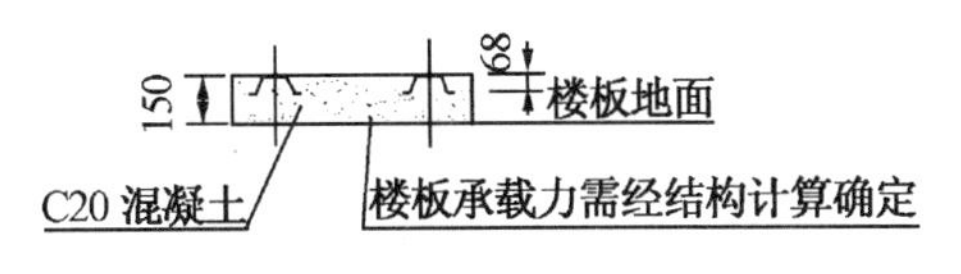

3-3

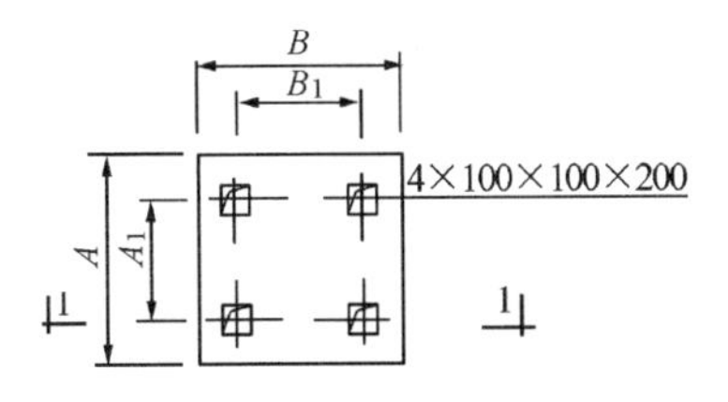

A 型基础平面图
（地面安装，预留孔洞型）

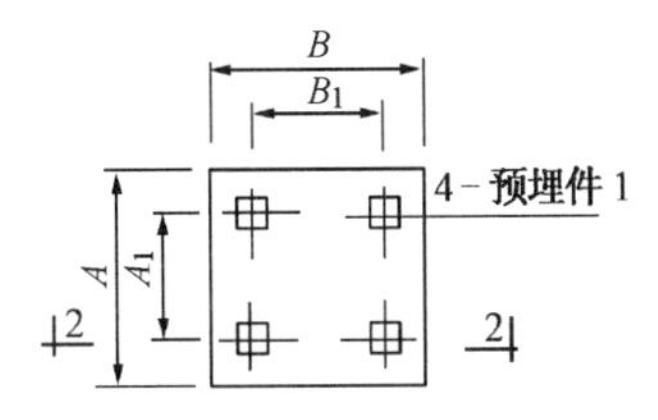

B 型基础平面图
（地面安装，预埋件型）

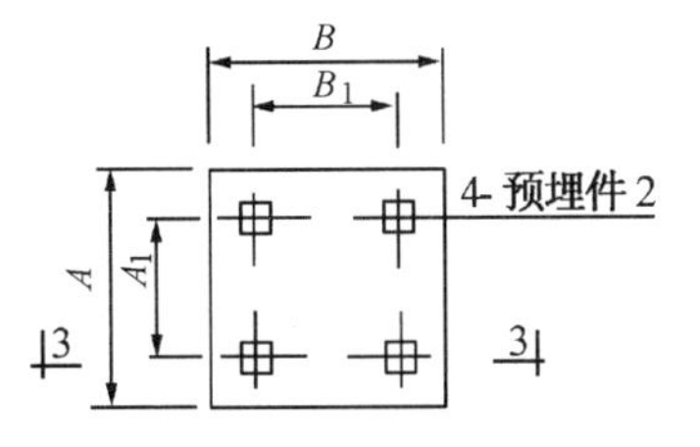

C 型基础平面图
（楼面安装，预埋件型）

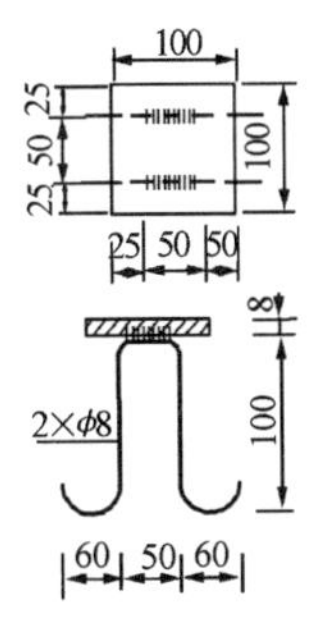

预埋件 1 大样

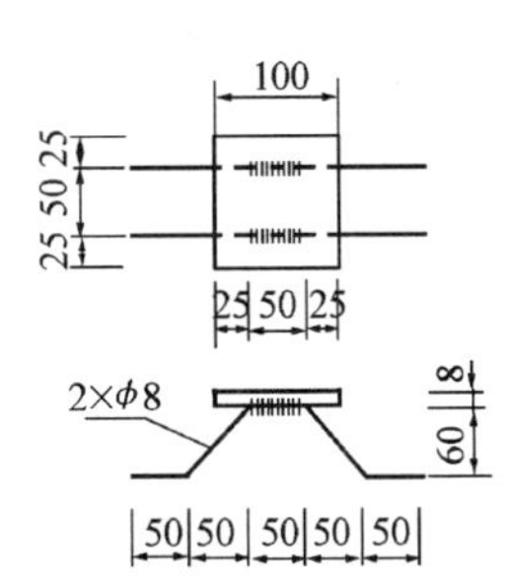

预埋件 2 大样

基础尺寸表(mm)

型号		SW1B、SW2B
A_1		485
B_1		533
A	C 型基础	790
	A、B 型基础	690
B	C 型基础	830
	A、B 型基础	730

图名	SW1B、SW2B 型汽－水半即热式水加热器安装（四）	图号	JS7—8(四)

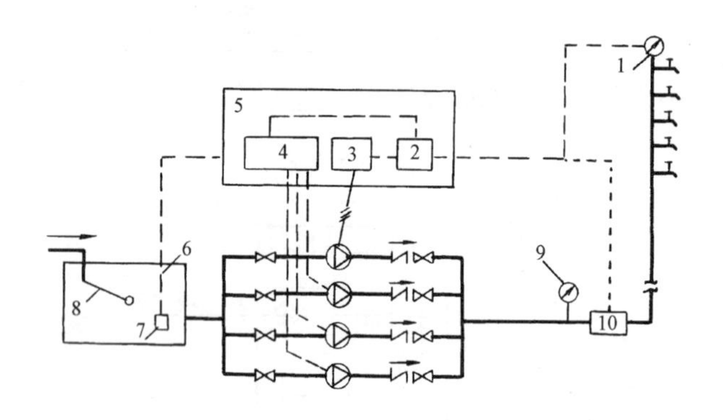

（*a*）变压变量供水设备原理图

1—压力传感器；2—数字式 PID 调节器；
3—变频调速器；4—恒速泵控制器；5—电控柜；
6—水池；7—水位传感器；8—液位自动控制阀；
9—压力表；10—流量传感器

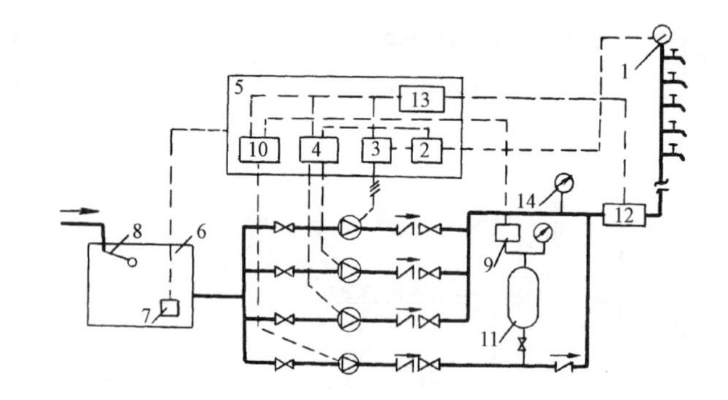

（*b*）变压变量供水设备（带小气压罐）原理图

1—压力传感器；2—数字式 PID 调节器；
3—变频调速器；4—恒速泵控制器；5—电控柜；
6—水池；7—水位传感器；8—液位自动控制阀；
9—压力开关；10—水泵控制器；11—小气压罐；
12—流量传感器；13—流量控制器；14—压力表

安 装 说 明

本设备在管网末端设有远传式压力传感器或在水泵出水管附近设有流量传感器。其中一台水泵为变频调速泵，其余泵为恒速泵。如水池中水位过低，水位传感器发出指令停泵。运行时，首先调速泵工作，当调速泵不能满足用水量要求时，自动启动恒速泵。供水压力随着供水量的变化沿管网特性曲线而改变。

安 装 说 明

本设备在管网末端设有远传式压力传感器或在水泵出水管附近设有流量传感器。其中一台水泵为变频调速泵，其余泵为恒速泵。如水池中水位过低，水位传感器发出指令停泵。当用水量较小时，由小气压罐系统供水。当小气罐系统供水不能满足用水量时，变频调速泵工作，当调整泵还不能满足用水量要求时，自动启动恒速泵。供水压力随着供水量的变化沿管网特性曲线而改变。

图名	变频调速给水装置原理示意图 （变压变量）	图号	JS8—1

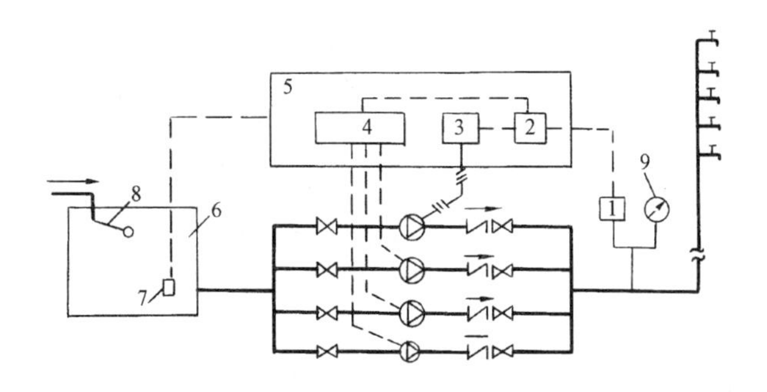

(a)恒压变量供水设备(带一台小泵)原理图

1—压力传感器；2—数字式PID调节器；
3—变频调速器；4—恒速泵控制器；
5—电控柜；6—水池；7—水位传感器；
8—液位自动控制阀；9—压力表

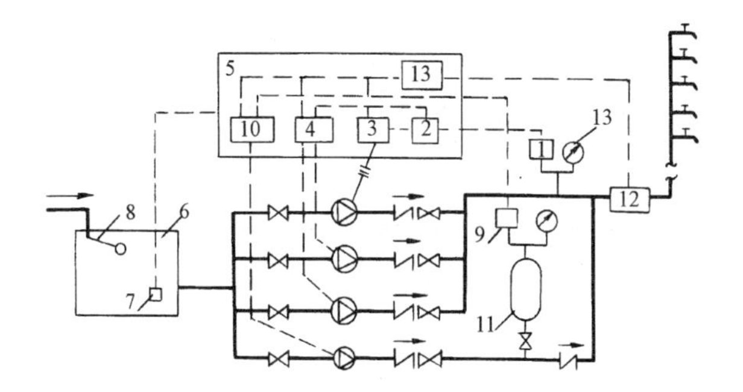

(b)恒压变量供水设备(带小气压罐)原理图

1—压力传感器；2—数字式PID调节器；
3—变频调速器；4—恒速泵控制器；5—电控柜；
6—水池；7—水位传感器；8—液位自动控制阀；
9—压力开关；10—水泵控制器；11—小气压罐；
12—流量传感器；13—压力表

安装说明

本设备在水泵出水管附近安装压力传感器控制水泵按设计给定的压力工作，其中一台水泵为变频调速泵，其余泵为恒速泵。如水池中水位过低，水位传感器发出指令停泵。当用水量较小时，由小泵供水。当小泵供水量不能满足用水量时，变频调速泵投入运行，小泵停止工作。当调整泵还不能满足用水量要求时，自动启动恒速泵。

安装说明

本设备在水泵出水管附近安装压力传感器控制水泵按设计给定的压力工作，其中一台水泵为变频调速泵，其余泵为恒速泵。如水池中水位过低，水位传感器发出指令停泵。当用水量较小时，由小气压罐系统供水。当水气压罐系统供水量不能满足用水量时，变频调速泵投入运行，小气压罐系统停止工作。当调整泵还不能满足用水量要求时，自动启动恒速泵。

图名	变频调速给水装置原理示意图 (恒压变量)	图号	JS8—2

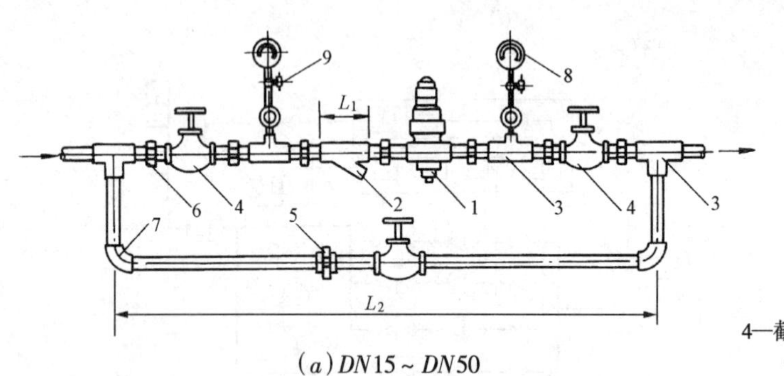

(a) $DN15 \sim DN50$

减压阀安装示意图

1—减压阀；2—除污器；3—三通；
4—截止阀(闸阀)；5—活接头；6—外接头；
7—弯头；8—压力表；9—旋塞阀；
10—短管；11—蝶阀

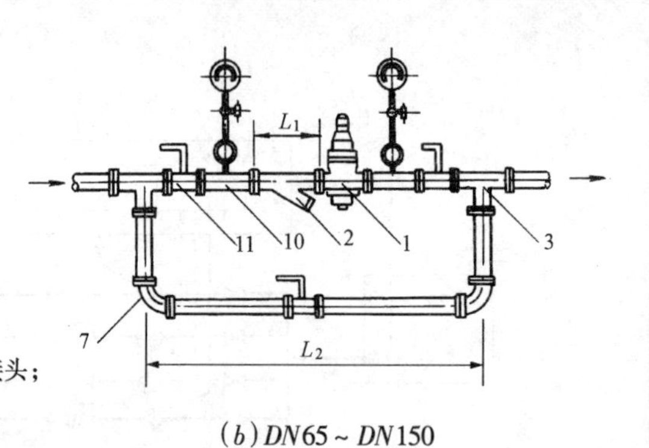

(b) $DN65 \sim DN150$

(a)Y110、Y210 型

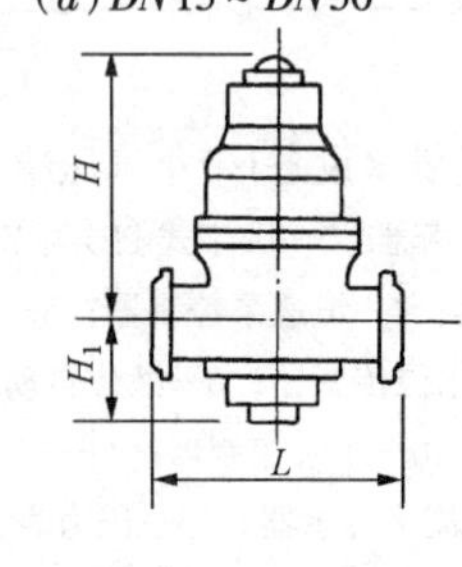

(b)Y410、Y416 型

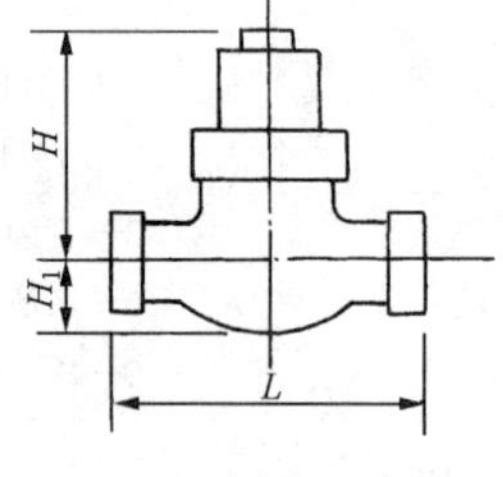

(c)Y13W 型

Y110、Y210、Y410 和 Y416 型减压阀参数

公称直径 *DN*		15	20	25	32	40	50	65	80	100	125	150
型　号		Y110、Y210						Y410、Y416				
尺寸(mm)	H	123	123	144	172	172	241	320	415	520	780	780
	H_1	52	52	55	56	56	56	90	95	110	210	210
	L	100	100	122	150	150	180	250	310	350	520	520
	L_1	86	86	95	125	125	150	240	275	420	450	510
	L_2	≥800	≥874	≥981	≥1109	≥1210	≥1362	≥1700	≥1801	≥2070	≥2374	≥2534
工作压力(MPa)		1.0						1.0,1.6				
阀后压力调节范围		0.1～0.5MPa						0.2～0.8MPa				
连接形式		内　螺　纹						法　兰				

Y13W 型减压阀参数

公称直径 *DN*	型　号	尺　寸(mm)				连接方式
		H	H_1	L	L_2	
20	Y13W-8T	103	23	90	≥874	内螺纹
25	Y13W-8T	115	27	100	≥981	内螺纹
50	Y13W-8T	245	53	210	≥1392	内螺纹

安　装　说　明

1. 减压阀可水平或垂直安装。

2. 安装时是否设置旁通管及除污器由设计者定。

图名	减压阀安装图	图号	JS9—1

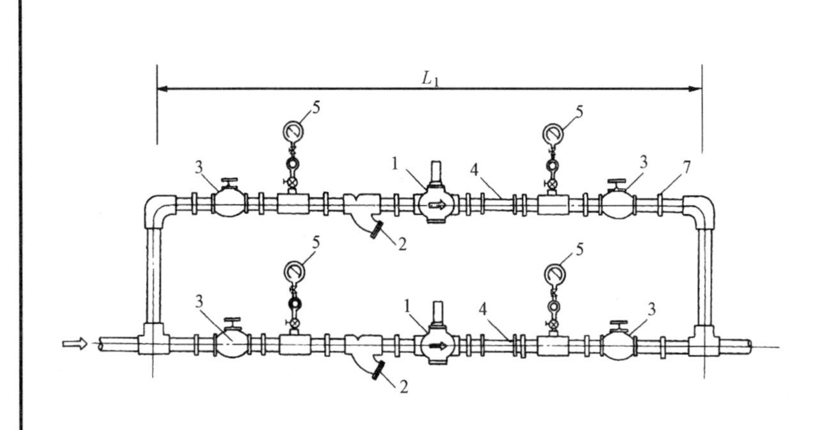

DN15～DN50 减压阀安装示意图

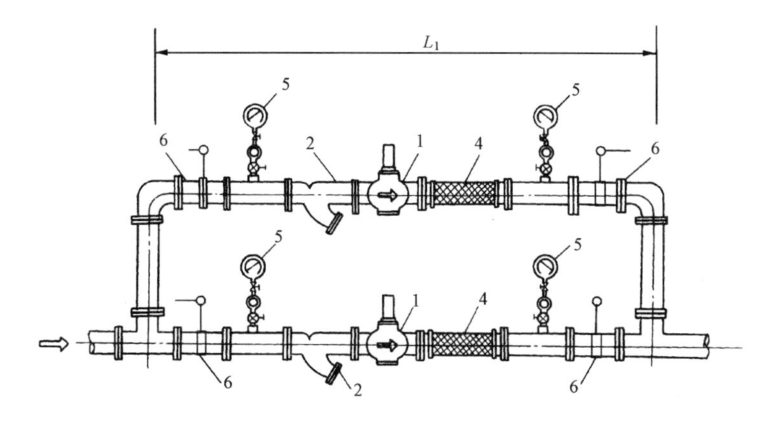

DN65～DN150 减压阀安装示意图

1—Y110/Y416 减压稳压阀；2—Y 型过滤器；3—截止阀(对夹式蝶阀)；4—金属软管；5—压力表；6—蝶阀；7—外接头

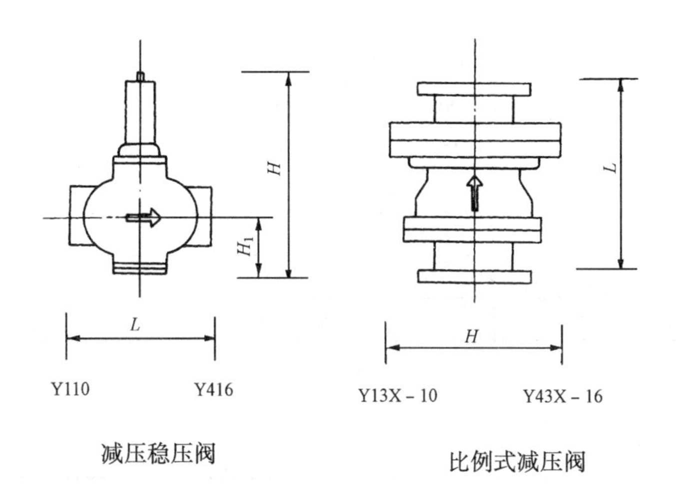

减压稳压阀

比例式减压阀

安 装 说 明

1. 减压阀可水平或垂直安装，水流方向应与减压阀体箭头方向一致。
2. 安装时是否设置 Y 型过滤器，金属软管由设计者定。
3. 如不设 Y 型过滤器，金属软管表中 L_1 应重新计算。
4. 双组减压阀应一备一用。
5. 消防给水系统的减压阀后(沿水流方向)应设泄水阀。

图名	给水双组减压阀安装图	图号	JS9—2

减压阀结构尺寸及技术参数

公称直径 *DN*			15	20	25	32	40	50	65	80	100	125	150
比例式减压阀	型　号		Y13X-10							Y43X-16			
	尺寸(mm)　$P_1:P_2=2:1$	L	155	155	155	165	176	202	317	341	381	472	514.5
		H	141	141	141	146	163	180	210	250	270	335	361
	尺寸(mm)　$P_1:P_2=3:1$	L	155	155	155	165	176	202	318	341	381	472	514.5
		H	148	148	148	177	182	214	240	270	310	375	416
	组装后尺寸(mm)	L_1	994	998	1016	1051	1077	1154	1381	1462	1529	1693	1821
	工作压力(MPa)		1.0							1.6			
	最小开启压力(MPa)	2:1	0.2							0.2			
		3:1	0.3							0.3			
	压力误差		≤±10%										
	连接形式		内　螺　纹							法　　兰			
减压稳压阀	几何尺寸(mm)	L	100	100	120	150	150	180	280	310	350	520	520
		H	215	215	228	230	230	320	450	523	546	823	823
		H_1	52	52	55	56	56	56	140	150	170	235	235
	组装后尺寸(mm)	L_1	937	943	981	1036	1051	1132	1344	1431	1498	1741	1826
	工作压力(MPa)		1.0						1.6				
	阀后压力调节范围(MPa)		0.1～0.5						0.2～0.8				
	动静压差(MPa)		0.1						0.1				
	连接形式		内　螺　纹						法　　兰				

图名	减压阀结构尺寸及技术参数表	图号	JS9—3

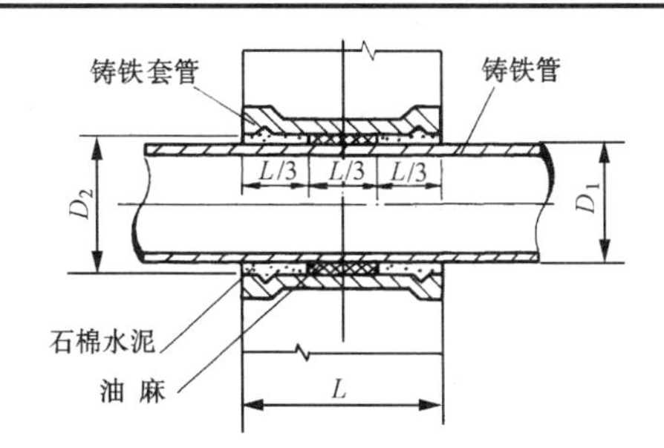

（*a*）Ⅰ型刚性防水套管

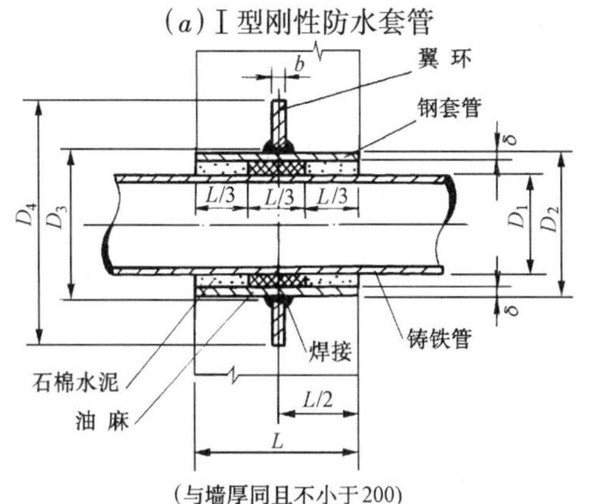

（*b*）Ⅱ型刚性防水套管

Ⅰ型套管尺寸表（mm）

公称直径 *DN*	75	100	125	150	200	250	300	350	400	450	500	600	700	800	900	1000
穿墙管最大外径 D_1	93	118	143	169	220	271.6	322.8	374	425.6	476.8	528	630.8	733	836	939	1041
铸铁套管内径 D_2	113	138	163	189	240	294	345	396	448	499	552	655	757	860	963	1067
铸铁套管长度 *L*	300	300	300	300	300	300	350	350	350	350	350	400	400	400	400	450
铸铁套管重量（kg）	15.9	19.1	22.1	25.4	34.3	43.0	59.1	71.8	85.6	100	110	156	189	236	288	382

Ⅱ型套管尺寸表（mm）

DN	50	75	100	125	150	200	250	300	350	400	450	500	600	700	800	900	1000
D_1	60	93	118	143	169	220	271.6	322.8	374	425.6	476.8	528	630.8	733	836	939	1041
D_2	114	140	168	194	219	273	325	377	426	480	530	579	681	783	886	991	1093
D_3	115	141	169	195	220	274	326	378	427	481	531	580	682	784	887	992	1094
D_4	225	251	289	315	340	394	446	498	567	621	671	720	822	924	1027	1132	1234
δ	4	4.5	5	5	6	7	8	9	9	9	9	9	9	9	9	9	9
b	10	10	10	10	10	10	10	15	15	15	15	15	15	15	15	15	15
h	4	4	5	5	6	7	8	9	9	9	9	9	9	9	9	9	9
重量（kg）	4.48	5.67	7.41	8.43	10.44	14.13	18.22	26.06	31.38	35.17	38.68	42.14	49.31	56.47	63.71	71.10	78.21

安 装 说 明

1. Ⅰ型及Ⅱ型防水套管，适用于铸铁管，也适用于非金属管，但应根据采用管材的管壁厚度修正有关尺寸。

2. Ⅰ型及Ⅱ型套管穿墙处的墙壁，如遇非混凝土墙壁时应改用混凝土墙壁，其浇筑混凝土范围，Ⅰ型套管应比铸铁套管外径大300mm，Ⅱ型套管应比翼环直径（D_4）大200mm，而且必须将套管一次浇固于墙内。套管内的填料应紧密捣实。

3. Ⅰ型和Ⅱ型防水套管处的混凝土墙厚，应不小于200mm，否则应在墙壁一边或两边加厚，加厚部分的直径，Ⅰ型应比铸铁套管外径大300mm，Ⅱ型应比翼环直径（D_4）大200mm。

4. Ⅰ型防水套管仅在墙厚等于或使墙壁一边或两边加厚为所需铸铁套管长度时采用。

5. Ⅱ型套管尺寸表内所列的材料重量为钢套管（套管长度 *L* 按200mm计算）及翼环重量之和。钢套管及翼环用Q235材料制作，E4303焊条焊接。

6. 焊缝高度 *h* 为最小焊件厚度。

图名	刚性防水套管安装图（一）	图号	JS10—1（一）

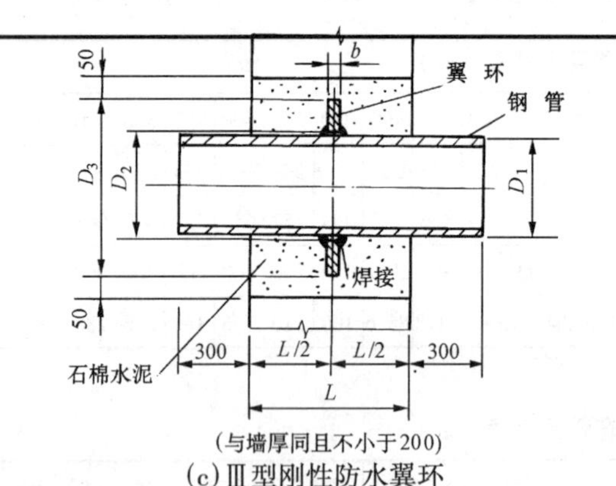

(与墙厚同且不小于200)

(c) Ⅲ型刚性防水翼环

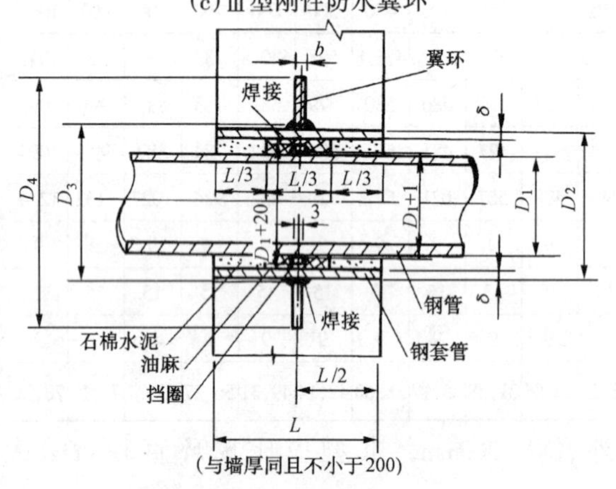

(与墙厚同且不小于200)

(d) Ⅳ型刚性防水套管

Ⅲ型翼环尺寸表(mm)

DN	25	32	40	50	70	80	100	125	150	200	250	300	350	400	450	500	600	700	800	900	1000
D_1	33.5	38	50	60	73	89	108	133	159	219	273	325	377	426	480	530	630	720	820	920	1020
D_2	35	39	51	61	74	90	109	134	160	220	274	326	378	427	481	531	631	721	821	921	1021
D_3	95	99	111	121	134	150	209	234	260	320	374	476	528	577	631	681	831	921	1021	1121	1221
b	5	5	5	5	5	5	5	5	5	8	8	8	8	8	8	8	9	9	9	10	10
重量(kg)	0.24	0.26	0.30	0.34	0.38	0.44	0.98	1.13	1.29	2.66	3.20	5.93	6.71	7.42	8.22	8.97	16.21	18.27	20.43	25.19	27.65

Ⅳ型套管尺寸表(mm)

DN	50	80	100	125	150	200	250	300	350	400	450	500	600	700	800	900	1000
D_1	60	89	108	133	159	219	273	325	377	426	480	530	630	720	820	920	1020
D_2	114	140	159	180	203	273	325	377	426	480	530	579	681	770	870	972	1072
D_3	115	141	160	181	204	274	326	378	427	481	531	580	682	771	871	973	1073
D_4	225	251	280	301	324	394	446	498	567	621	671	720	822	911	1011	1113	1213
δ	4	4.5	4.5	5	6	7	8	9	9	9	9	9	9	9	9	9	9
b	10	10	10	10	10	10	10	15	15	15	15	15	15	15	15	15	15
h	4	4	4	5	6	7	8	9	9	9	9	9	9	9	9	9	9
重量(kg)	4.98	6.37	7.52	8.90	10.93	15.73	20.22	28.42	34.11	38.24	42.13	45.88	53.81	60.76	68.43	76.30	83.96

安 装 说 明

1. Ⅲ型翼环尺寸表的材料重量为翼环重量。Ⅳ型套管尺寸表内材料重量为钢套管(套管长度 L 按 200mm 计算)、翼环及挡圈重量。

2. Ⅳ型套管穿墙处的墙壁，如遇非混凝土墙壁时应改用混凝土墙壁，其浇筑混凝土范围应比翼环直径(D_4)大 200mm，而且必须将套管一次浇固于墙内。套管内的填料应紧密捣实。

3. Ⅲ型及Ⅳ型穿管处的混凝土墙厚，应不小于 200mm，否则应在墙壁一边或两边加厚。Ⅳ型套管加厚部分的直径，应比翼环直径(D_4)至少大 200mm。

4. h 为焊缝高度。

图名	刚性防水套管安装图(二)	图号	JS10—1(二)

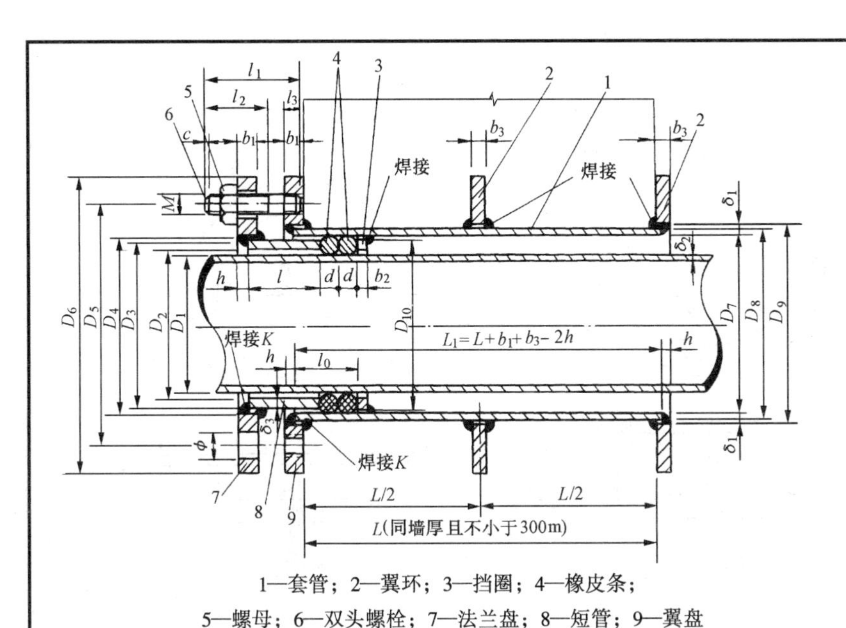

1—套管；2—翼环；3—挡圈；4—橡皮条；
5—螺母；6—双头螺栓；7—法兰盘；8—短管；9—翼盘

安装说明

1. 柔性防水套管一般适用于管道穿墙处受振动或有严密防水要求的构筑物。

2. 套管穿墙处，如为非混凝土墙壁时应改用混凝土墙壁，其浇筑混凝土范围应比翼环直径(D_6)大200mm，而且必须将套管一次浇固于墙内。

3. 穿管处的混凝土墙厚应不小于300mm，否则应使墙壁一边加厚或两边加厚。加厚部分的直径，最小应比翼环直径(D_6)大200mm。

4. 套管材料的重量是按墙厚 L 为300mm计算的，如墙厚大于300mm时应另行计算。

5. K 焊接高度为最小焊件厚度。

套管尺寸表 (mm)

DN	D_1	D_2	D_3	D_4	D_5	D_6	D_7	D_8	D_9	D_{10}	l_0	l	l_1	l_2	l_3	c	δ_1	δ_2	δ_3	b_1	b_2	b_3	d	h	K	ϕ	M	螺孔 n
50	60	70	90	91	137	177	100	108	109	99	60	60	70	50	12	1.8	4	4	10	14	10	10	20	5	4	14	12	4
70	73	83	103	104	150	190	113	121	122	112	60	60	70	50	12	1.8	4	4	10	14	10	10	20	5	4	14	12	4
80	89	99	121	122	177	217	131	140	141	130	60	60	75	55	14	2	4.5	4	11	16	10	10	20	5	4	18	16	4
100	108	118	140	141	196	236	150	159	160	149	60	60	75	55	14	2	4.5	4	11	16	10	10	20	5	4	18	16	4
125	133	141	161	162	217	257	169	180	181	168	50	60	75	50	16	2	5.5	4	10	18	10	10	16	6	5	18	16	8
150	159	165	185	186	240	280	191	203	204	190	50	60	75	50	16	2	6	4.5	10	18	10	10	16	6	5	18	16	8
200	219	229	249	250	310	350	259	273	274	258	60	60	75	50	16	2	7	6	10	20	10	15	20	8	7	18	16	8
250	273	281	301	302	362	402	309	325	326	308	50	60	75	50	16	2	8	7	10	20	10	15	16	8	7	18	16	12
300	325	332	352	353	422	462	359	377	378	358	50	60	80	55	16	25	9	8	10	20	10	15	16	8	7	23	20	12

图名	柔性防水套管安装图(一)	图号	JS10—2(一)

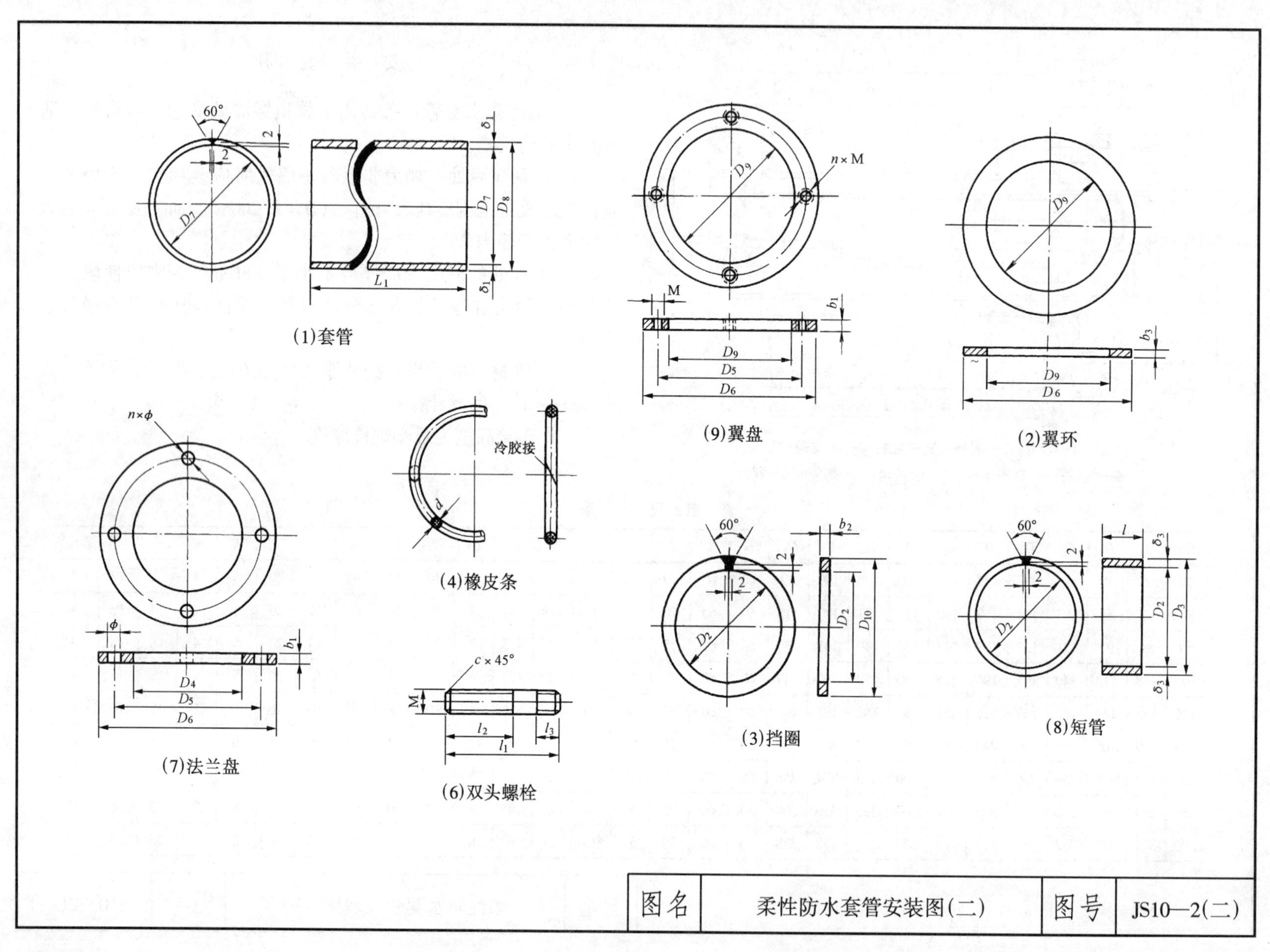

60°
2
2
D_7
δ_1
D_8
L_1
(1)套管
D_9
$n\times$M
M
b_1
D_5
D_6
(9)翼盘
b_3
(2)翼环
$n\times\phi$
ϕ
D_4
(7)法兰盘
冷胶接
d
(4)橡皮条
$c\times45°$
l_2
l_1
l_3
(6)双头螺栓
b_2
D_2
D_{10}
(3)挡圈
l
δ_3
D_3
(8)短管
图名
柔性防水套管安装图(二)
图号
JS10—2(二)

$DN50 \sim DN80$ 尺寸

编号	名称	规格	单位	数量	重量(kg)	
					单重	总重
		$DN50$				11.34
1	套管	$D_8=108, L_1=314$	个	1	3.22	3.22
2	翼环	$D_6=177, b_3=10$	个	2	1.20	2.40
3	挡圈	$D_{10}=99, b_2=10$	个	1	0.30	0.30
4	橡皮条	$d=20, L=349$	个	2	0.09	0.18
5	螺母	M12	个	4	0.02	0.08
6	双头螺栓	$M12, l_1=70$	个	4	0.07	0.28
7	法兰盘	$D_6=177, b_1=14$	个	1	2.00	2.00
8	短管	$D_3=90, l=60$	个	1	1.18	1.18
9	翼盘	$D_6=177, b_1=14$	个	1	1.70	1.70
		$DN70$				12.54
1	套管	$D_8=121, L_1=314$	个	1	3.62	3.62
2	翼环	$D_6=190, b_3=10$	个	2	1.31	2.62
3	挡圈	$D_{10}=112, b_2=10$	个	1	0.35	0.35
4	橡皮条	$d=20, L=390$	个	2	0.10	0.20
5	螺母	M12	个	4	0.02	0.08
6	双头螺栓	$M12, l_1=70$	个	4	0.07	0.28
7	法兰盘	$D_6=190, b_1=14$	个	1	2.18	2.18
8	短管	$D_3=103, l=60$	个	1	1.38	1.38
9	翼盘	$D_6=190, b_1=14$	个	1	1.83	1.83
		$DN80$				17.08
1	套管	$D_8=140, L_1=316$	个	1	4.75	4.75
2	翼环	$D_6=217, b_3=10$	个	2	1.68	3.36
3	挡圈	$D_{10}=130, b_2=10$	个	1	0.44	0.44
4	橡皮条	$d=20, L=440$	个	2	0.12	0.24
5	螺母	M16	个	4	0.03	0.12
6	双头螺栓	$M16, l_1=75$	个	4	0.13	0.52
7	法兰盘	$D_6=217, b_1=16$	个	1	3.18	3.18
8	短管	$D_3=121, l=60$	个	1	1.79	1.79
9	翼盘	$D_6=217, b_1=16$	个	1	2.68	2.68

$DN100 \sim DN150$ 尺寸

编号	名称	规格	单位	数量	重量(kg)	
					单重	总重
		$DN100$				19.14
1	套管	$D_8=159, L_1=316$	个	1	5.42	5.42
2	翼环	$D_6=236, b_3=10$	个	2	1.86	3.72
3	挡圈	$D_{10}=149, b_2=10$	个	1	0.51	0.51
4	橡皮条	$d=20, L=500$	个	2	0.13	0.26
5	螺母	M16	个	4	0.03	0.12
6	双头螺栓	$M16, l_1=75$	个	4	0.13	0.52
7	法兰盘	$D_6=236, b_1=16$	个	1	3.53	3.53
8	短管	$D_3=140, l=60$	个	1	2.10	2.10
9	翼盘	$D_6=236, b_1=16$	个	1	2.96	2.96
		$DN125$				24.02
1	套管	$D_8=180, L_1=316$	个	1	7.49	7.49
2	翼环	$D_6=257, b_3=10$	个	2	2.07	4.14
3	挡圈	$D_{10}=168, b_2=10$	个	1	0.51	0.51
4	橡皮条	$d=16, L=548$	个	2	0.10	0.20
5	螺母	M16	个	8	0.03	0.24
6	双头螺栓	$M16, l_1=75$	个	8	0.13	1.04
7	法兰盘	$D_6=257, b_1=18$	个	1	4.42	4.42
8	短管	$D_3=161, l=60$	个	1	2.23	2.23
9	翼盘	$D_6=257, b_1=18$	个	1	3.75	3.75
		$DN150$				27.35
1	套管	$D_8=203, L_1=316$	个	1	9.21	9.21
2	翼环	$D_6=280, b_3=10$	个	2	2.27	4.54
3	挡圈	$D_{10}=190, b_2=10$	个	1	0.55	0.55
4	橡皮条	$d=16, L=630$	个	2	0.12	0.24
5	螺母	M16	个	8	0.03	0.24
6	双头螺栓	$M16, l_1=75$	个	8	0.13	1.04
7	法兰盘	$D_6=280, b_1=18$	个	1	4.86	4.86
8	短管	$D_3=185, l=60$	个	1	2.59	2.59
9	翼盘	$D_6=280, b_1=18$	个	1	4.08	4.08

$DN200 \sim DN300$ 尺寸

编号	名称	规格	单位	数量	重量(kg)	
					单重	总重
		$DN200$				42.85
1	套管	$D_8=273, L_1=319$	个	1	14.65	14.65
2	翼环	$D_6=350, b_3=15$	个	2	4.39	8.78
3	挡圈	$D_{10}=258, b_2=10$	个	1	0.87	0.87
4	橡皮条	$d=20, L=849$	个	2	0.22	0.44
5	螺母	M16	个	8	0.03	0.24
6	双头螺栓	$M16, l_1=75$	个	8	0.13	1.04
7	法兰盘	$D_6=350, b_1=20$	个	1	7.42	7.42
8	短管	$D_3=249, l=60$	个	1	3.54	3.54
9	翼盘	$D_6=350, b_1=20$	个	1	5.87	5.87
		$DN250$				53.24
1	套管	$D_8=325, L_1=319$	个	1	19.95	19.95
2	翼环	$D_6=402, b_3=15$	个	2	5.11	10.22
3	挡圈	$D_{10}=308, b_2=10$	个	1	0.98	0.98
4	橡皮条	$D=16, L=988$	个	2	0.18	0.36
5	螺母	M16	个	12	0.03	0.36
6	双头螺栓	$M16, l_1=75$	个	12	0.13	1.56
7	法兰盘	$D_6=402, b_1=20$	个	1	8.68	8.68
8	短管	$D_3=301, l=60$	个	1	4.31	4.31
9	翼盘	$D_6=402, b_1=20$	个	1	6.82	6.82
		$DN300$				68.82
1	套管	$D_8=377, L_1=319$	个	1	26.06	26.06
2	翼环	$D_6=462, b_3=15$	个	2	6.52	13.04
3	挡圈	$D_{10}=358, b_2=10$	个	1	1.11	1.11
4	橡皮条	$d=16, L=1152$	个	2	0.21	0.42
5	螺母	M20	个	12	0.06	0.72
6	双头螺栓	$M20, l_1=80$	个	12	0.23	2.76
7	法兰盘	$D_6=462, b_1=20$	个	1	10.95	10.95
8	短管	$D_3=352, l=60$	个	1	5.06	5.06
9	翼盘	$D_6=462, b_1=20$	个	1	8.70	8.70

注:表内规格一栏尺寸单位为毫米。

图名	柔性防水套管安装图(三)	图号	JS10—2(三)

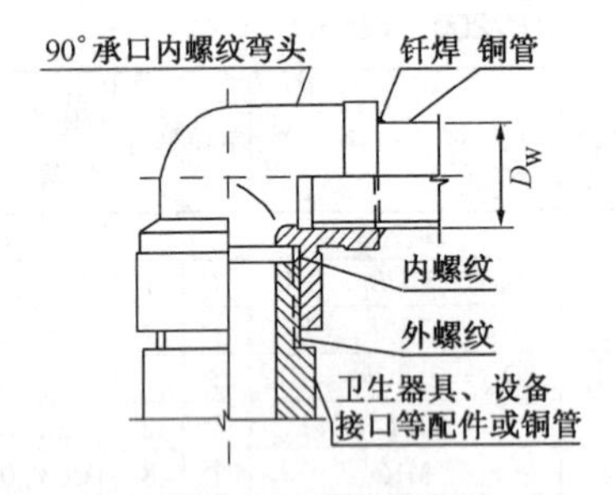

用90°弯头接卫生器具

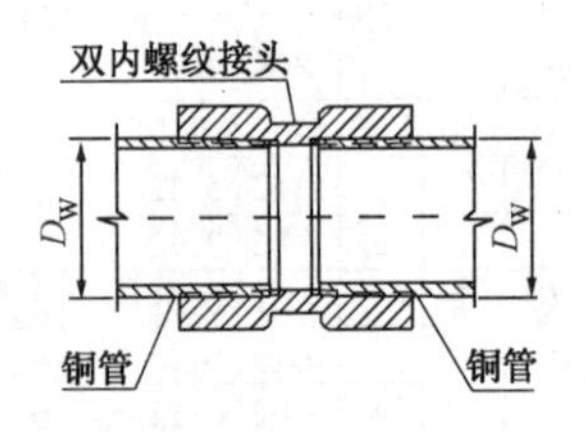

铜管与铜管连接

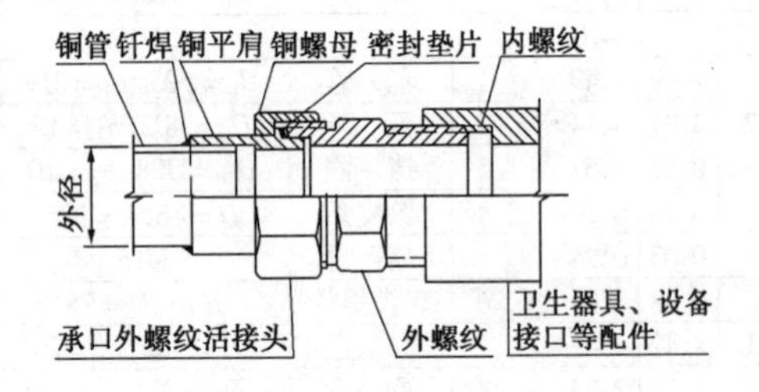

用活接头接设备配件

螺纹连接管道安装

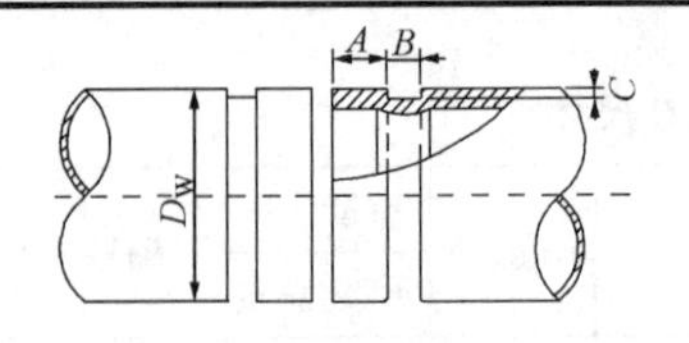

铜管滚槽

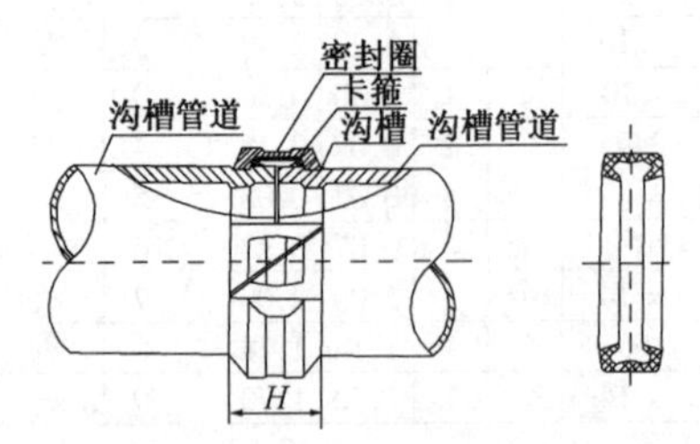

铜管沟槽接头安装　　密封圈

铜管及滚槽规格(mm)

公称直径 DN	铜管外径 D_W	管口至槽口长度 $A\ {}^{+0}_{-0.5}$	槽宽 $B\ {}^{+0.5}_{-0}$	槽深 $C\ {}^{+0.5}_{-0}$	最小管壁
50	54或60	14.5	9.5	2.2	2.0
65	67或76				2.0
80	85或89				2.5
100	108	16			3.5
125	133				3.5
150	159				4.0
200	219	19	13	2.5	6.0

沟槽式管道安装

图名	铜管螺纹式/沟槽式管道安装图	图号	JS10—3

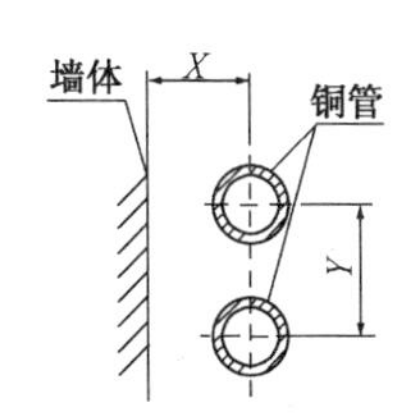

墙面处安装

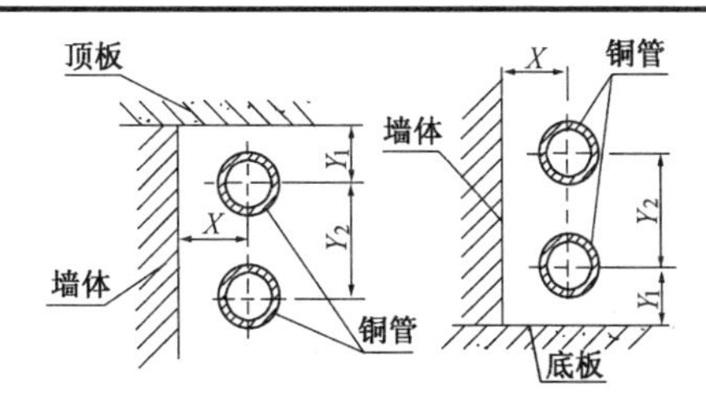

墙角安装

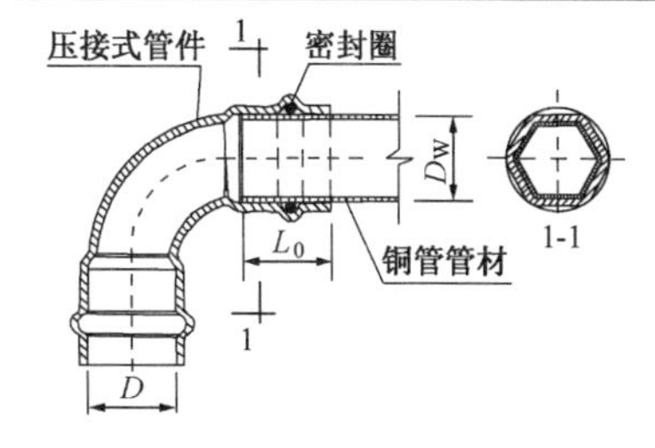

压接式管件安装

尺寸表(mm)

公称直径	铜管外径	最小安装间距	
DN	D_W	*X*	*Y*
15	15	26	53
20	22	26	56
25	28	33	69
32	35	33	73
40	42	75	115
50	54	85	120

尺寸表(mm)

公称直径	铜管外径	最小安装间距		
DN	D_W	*X*	Y_1	Y_2
15	15	31	45	73
20	22	31	45	76
25	28	38	55	80
32	35	38	55	85
40	42	75	75	115
50	54	85	85	120

压接式管道基本尺寸(mm)

公称直径	铜管外径	承口内径 *D*		承口深度 L_0
DN	D_W	最大	最小	最小
15	15	15.150	15.069	22
20	22	22.180	22.080	23
25	28	28.180	28.080	24
32	35	35.230	35.096	26
40	42	42.230	42.096	36
50	54	54.230	54.097	40

压接式管道安装

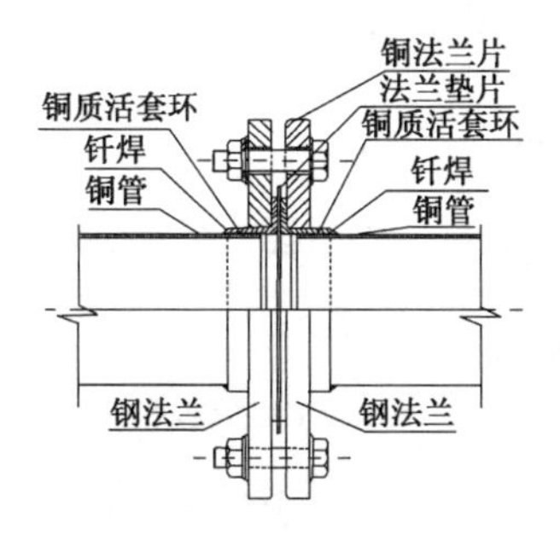

活套法兰连接安装图
(铜管与铜管)

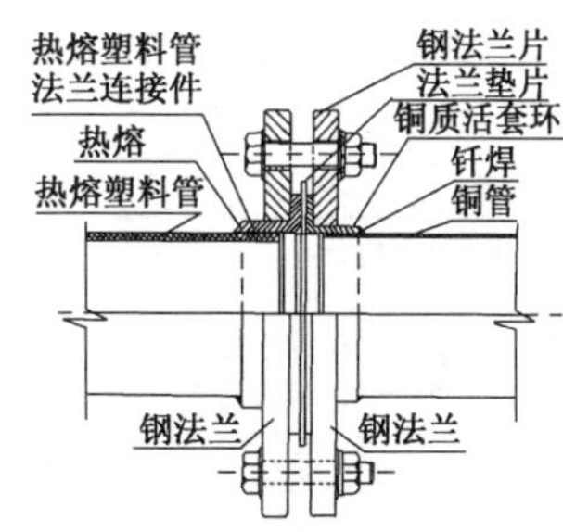

活套法兰连接安装图
(热熔塑料管与铜管)

活套法兰式管道安装

图名	铜管压接式/活套法兰式管道安装图	图号	JS10—4

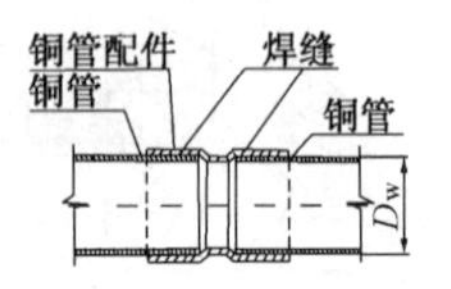

管材与管材连接

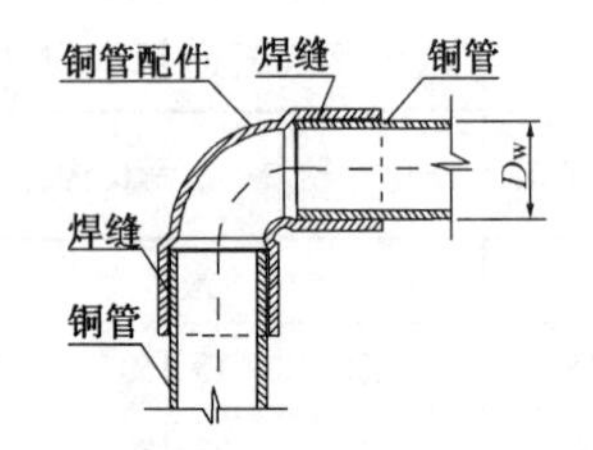

管材与管配件连接

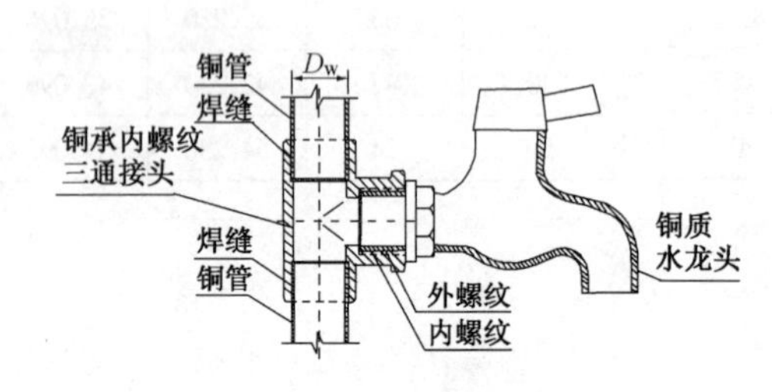

管配件与卫生器具附件连接

承插式钎焊管道安装

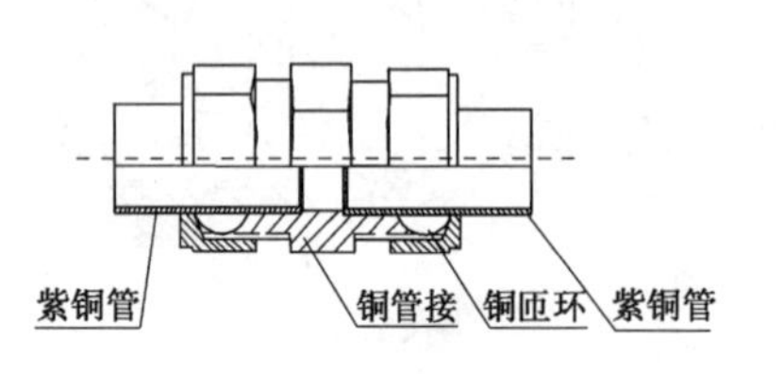

卡套式管道安装
(铜管－铜管)

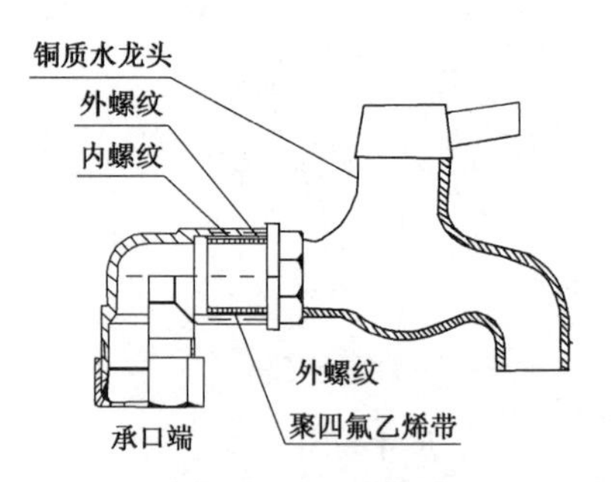

卡套式管道安装
(铜管－卫生器具)

尺寸表(mm)

公称直径 DN	铜管外径 D_W	配件承口内径 D		铜管壁厚 K	插入深度
		最大 Max	最小 Min		
15	15	15.30	15.10	0.7	13
20	22	22.30	22.10	0.9	15
25	28	28.30	28.10	0.9	16
32	35	35.35	35.10	1.0	18
40	42	42.35	42.10	1.1	20
50	54	54.35	54.10	1.2	24

卡套式管道安装

图名	铜管承插式钎焊/卡套式管道安装图	图号	JS10—5

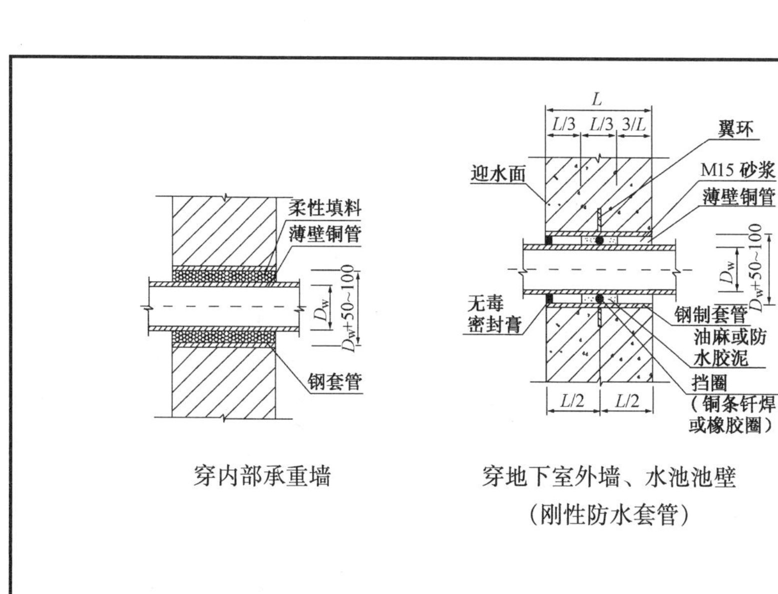

穿内部承重墙

穿地下室外墙、水池池壁
（刚性防水套管）

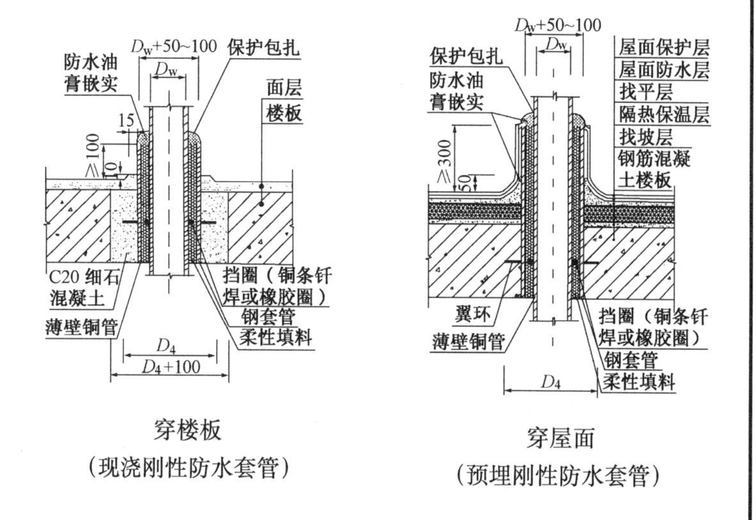

穿楼板
（现浇刚性防水套管）

穿屋面
（预埋刚性防水套管）

管道穿楼板、屋面安装

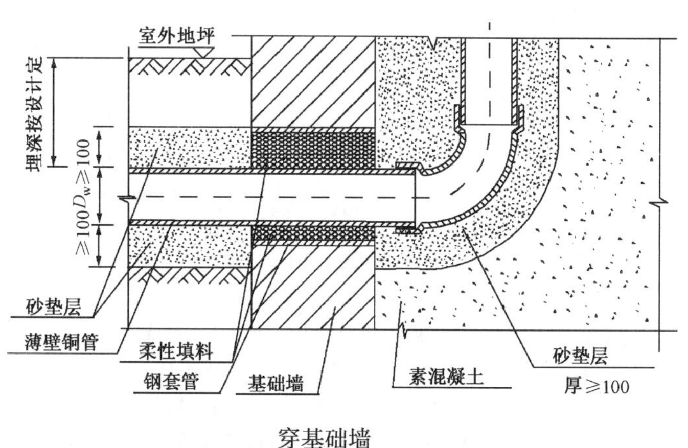

穿基础墙

管道穿墙体、池壁安装

图名	铜管穿墙体、池壁/楼板、屋面安装图	图号	JS10—6

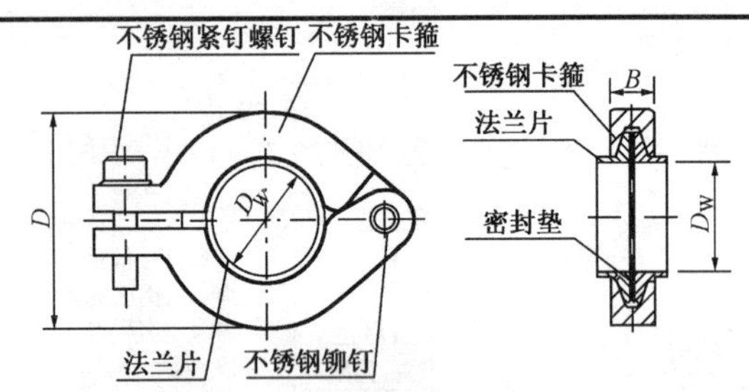

不锈钢卡箍法兰(一)
($DN15 \sim DN50$)

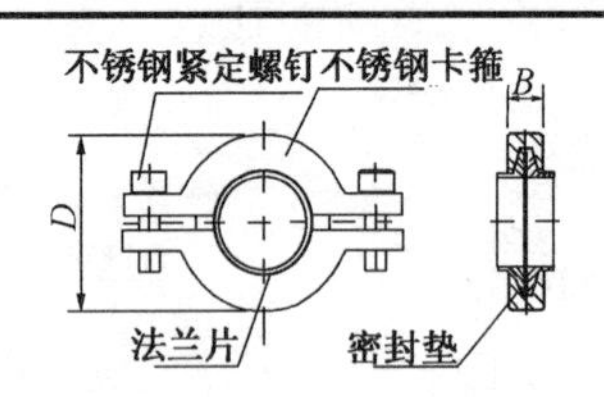

不锈钢卡箍法兰(二)
($DN65 \sim DN100$)

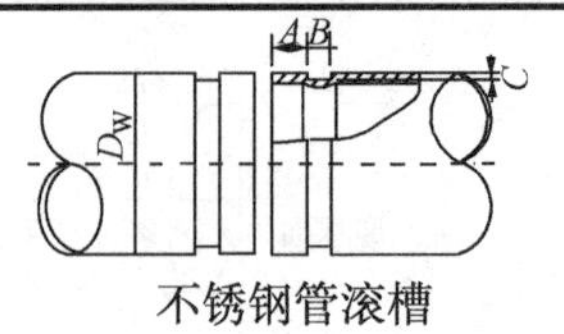

不锈钢管滚槽

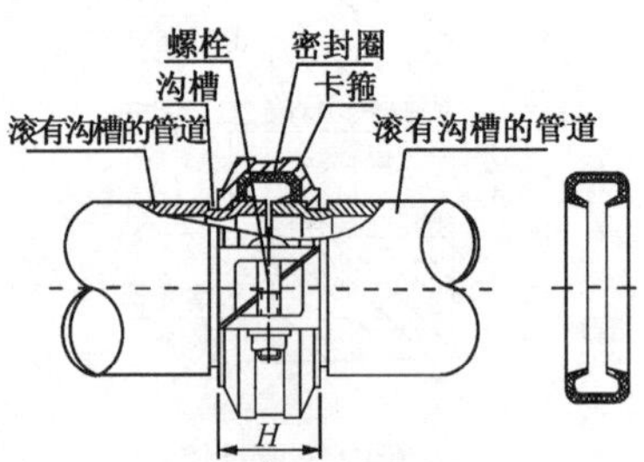

沟槽式不锈钢管接头安装　密封圈

沟槽式管道安装

不锈钢紧钉螺钉　不锈钢卡箍　密封垫　TIG　法兰片　法兰片　不锈钢管　不锈钢管　TIG　TIG

卡箍法兰式管道连接

卡箍法兰式管道安装

卡箍法兰尺寸表(mm)

公称直径 \ 尺寸	B	D
DN15	12.2	32.6
DN20	13.4	40.2
DN25	14.5	48.4
DN32	16.4	60.4
DN40	17.5	66.4
DN50	19	77.8
DN65	20.5	93
DN80	21.5	102
DN100	24.5	132

不锈钢管及滚槽规格(mm)

公称直径 DN	管道外径 D_W	管口至槽口长度 A $^{0}_{-0.5}$	槽宽 B $^{+0.5}_{0}$	槽深 C $^{+0.5}_{0}$	最小壁厚
100	102	16	9	2.3	1.5
125	133			2.7	2
150	159				2.2
200	219	19	13	3	2.5

安　装　说　明

1. 适用于管径 $DN15 \sim DN100$ 不锈钢管道的连接,用于安装过程中最后有困难的接口位置、或需拆卸较多(如与阀门连接配合作转换接头用)的部位,常与承插式、压缩式管道安装穿插配合用。

2. 安装应按相应厂家技术规程进行。

安　装　说　明

1. 管材应符合(GB/T12771)《流体输送用不锈钢焊接钢管》。

2. 工作压力:$DN100 \sim DN200$ 为:2.5MPa,
$DN250 \sim DN300$ 为:1.6MPa。

3. 薄壁不锈钢管道连接时,先将被连接的管材端部用专业厂提供的滚槽机加工出沟槽。对接时,将两片卡箍件(内壁包裹密封圈)卡入沟槽内,用力矩扳手对称拧紧卡箍上的螺栓,起密封和紧固作用。

4. 接头分刚性和挠性两类,按实际需要选择。

图名	不锈钢卡箍法兰式/沟槽式管道安装图	图号	JS10—7

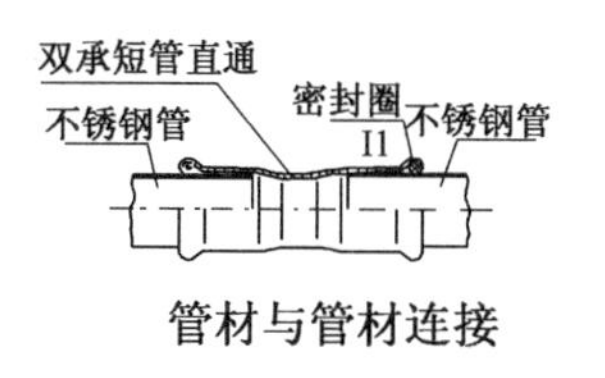

管材与管材连接

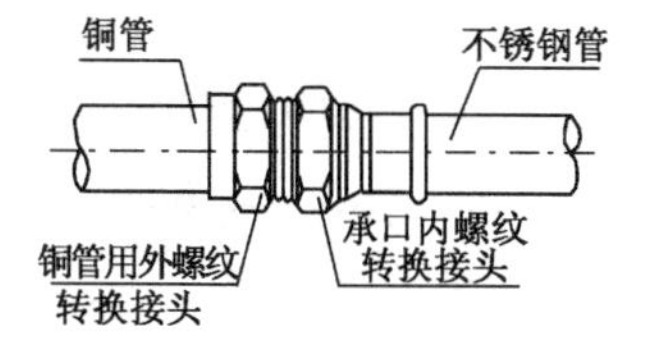

与铜管的螺纹连接

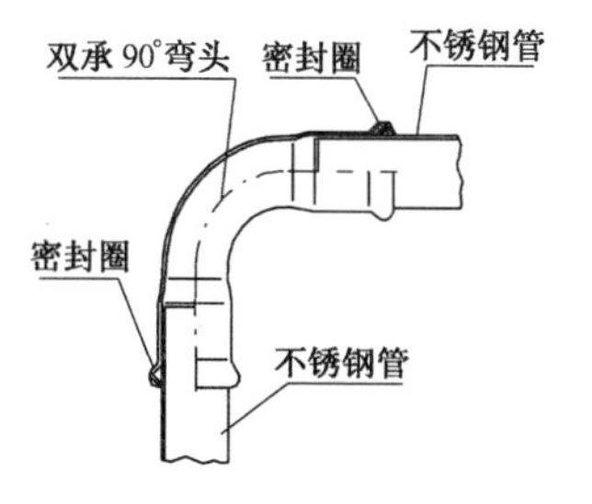

管材与管件连接

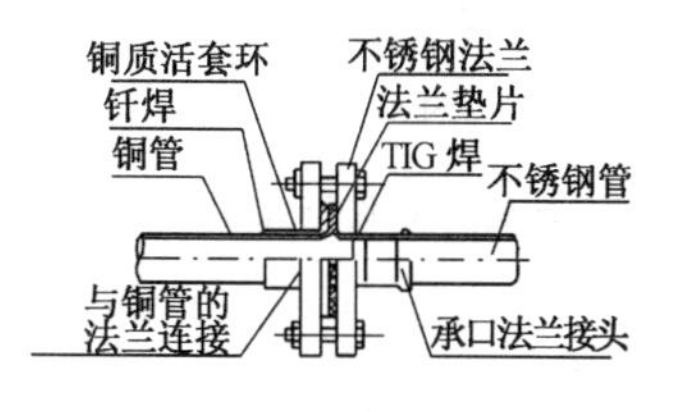

与铜管的法兰连接

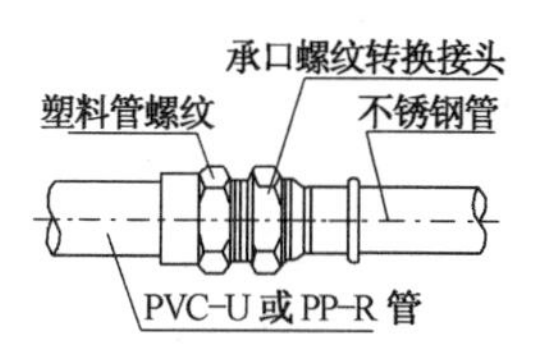

与塑料管的螺纹连接

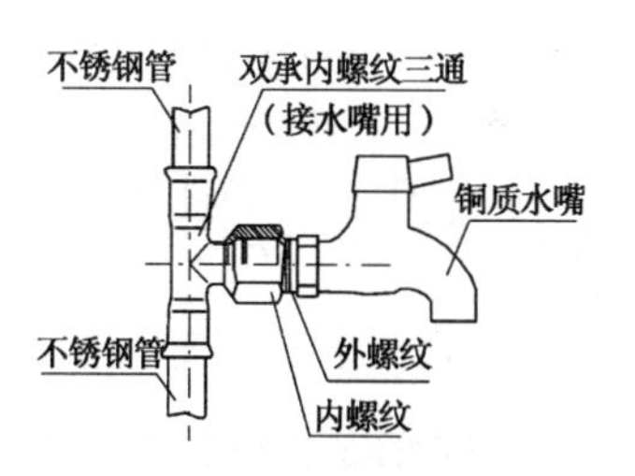

管件与附件连接

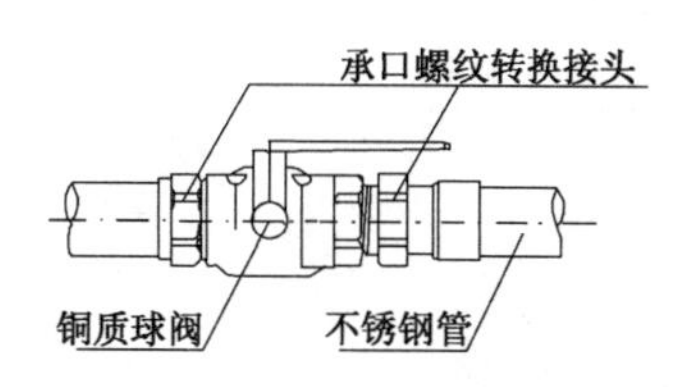

与球阀的螺纹连接（或活接球阀）

不锈钢卡压式管道安装

安 装 说 明

1. 适用于公称直径 *DN*15 ~ *DN*100 不锈钢管道的连接。

2. 安装应按相应厂家技术要求进行。

图名	不锈钢卡压式管道安装	图号	JS10—8

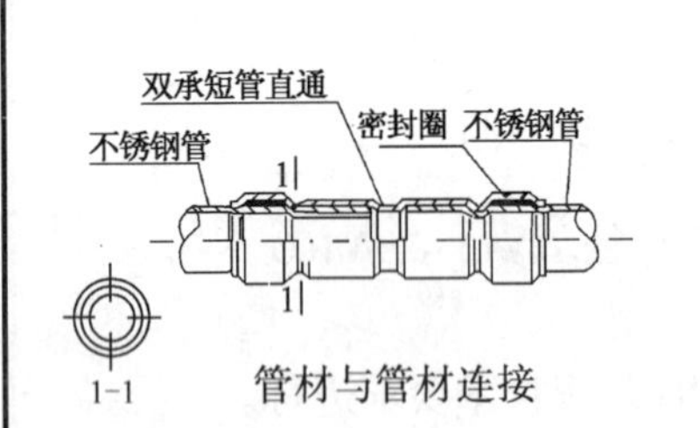

管材与管材连接

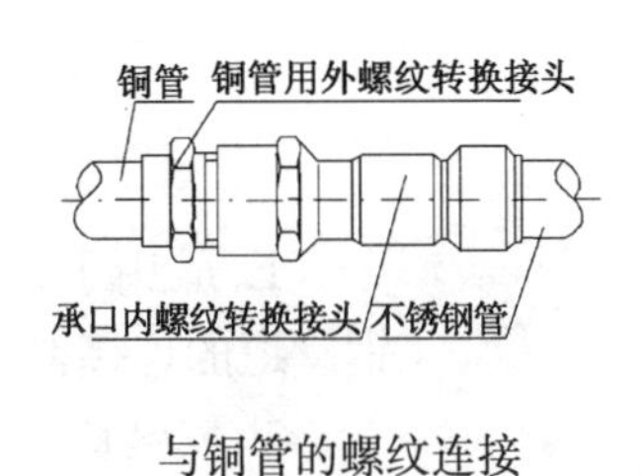

与铜管的螺纹连接

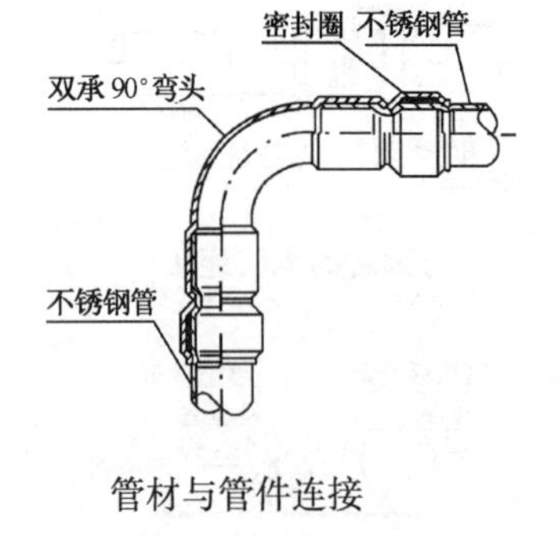

管材与管件连接

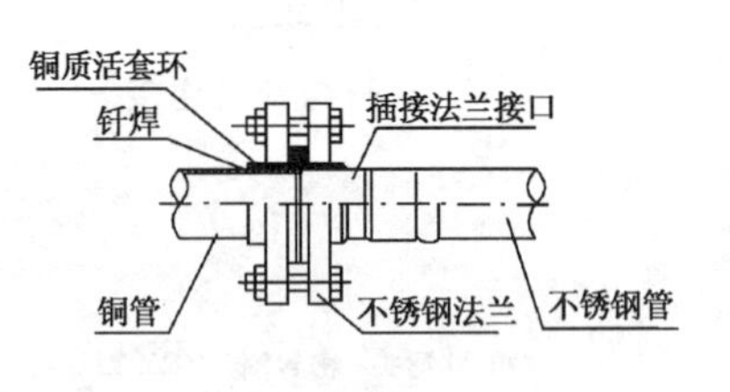

与铜管的法兰连接

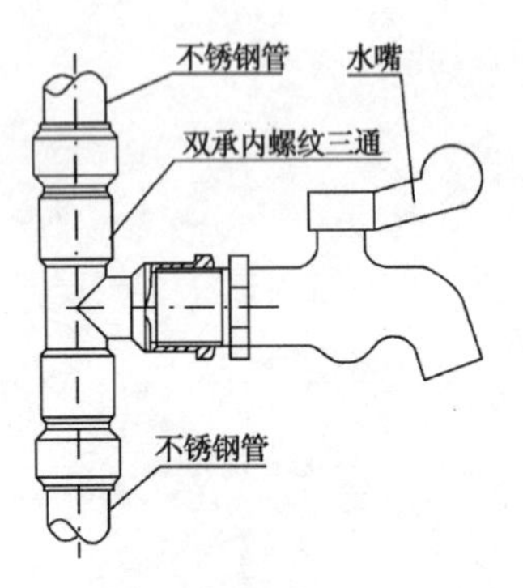

管件与附件连接

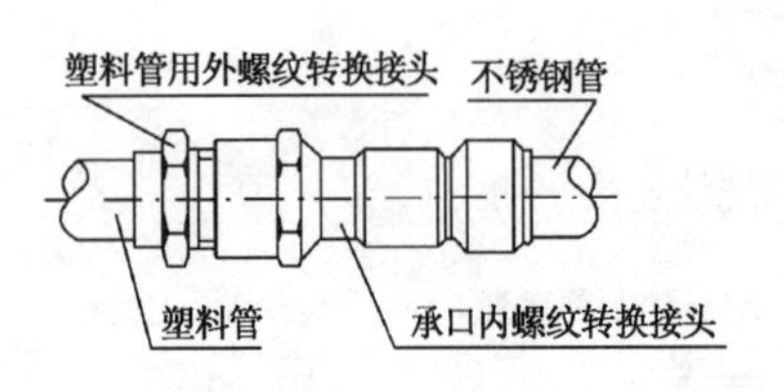

与塑料管的螺纹连接

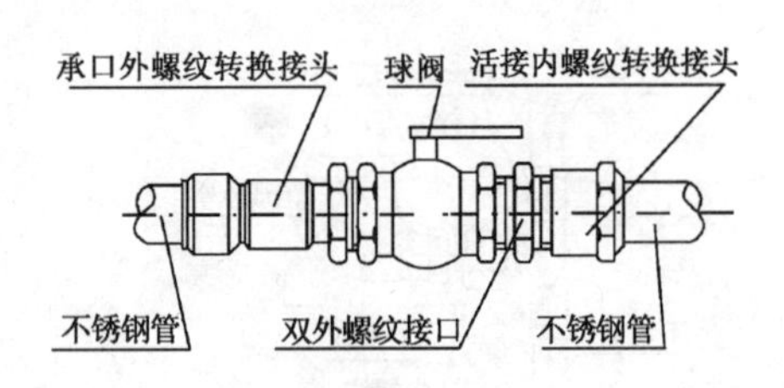

与球阀的螺纹连接

不锈钢环压式管道安装

图名	不锈钢环压式管道安装	图号	JS10—9

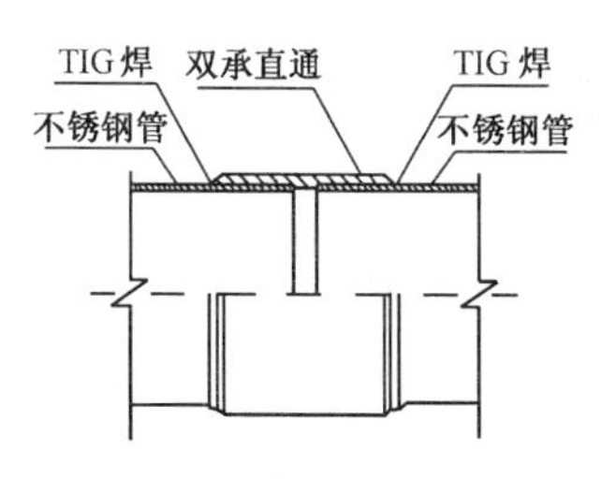

管材与管材连接

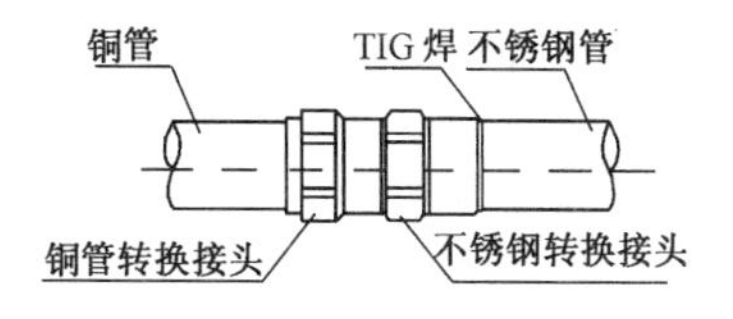

与铜管的螺纹连接

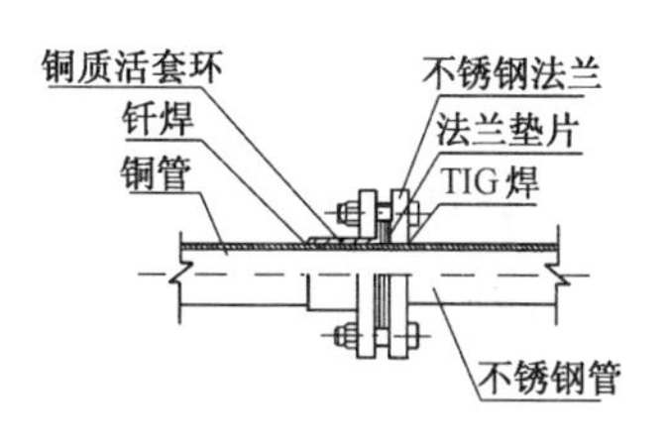

与铜管的法兰连接

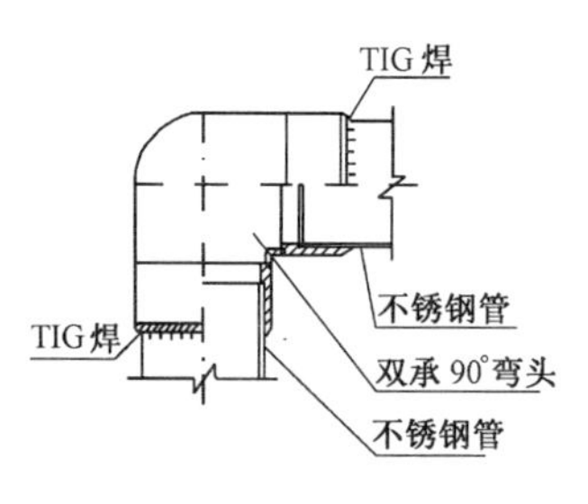

管材与管件连接

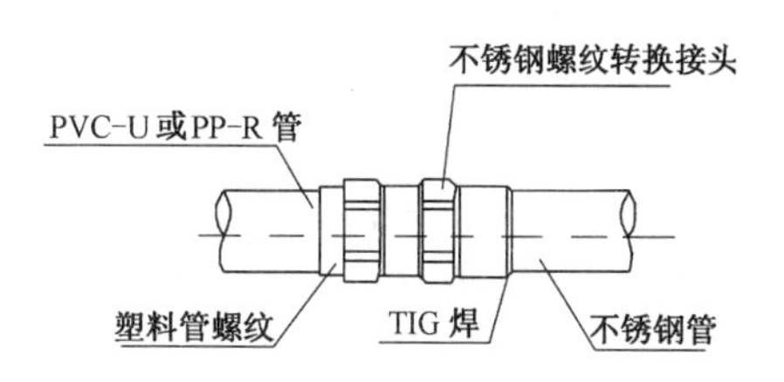

与塑料管的螺纹连接

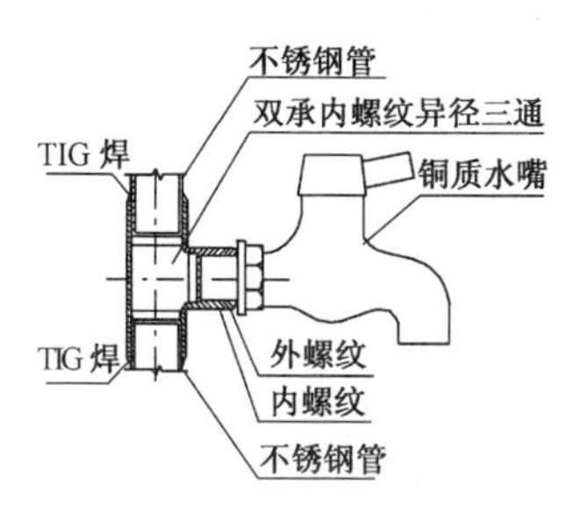

管件与附件连接

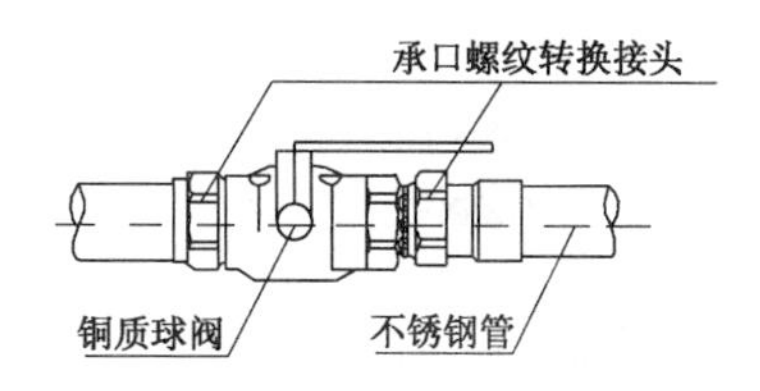

与球阀的螺纹连接(或活接球阀)

安 装 说 明

1. 适用于公称直径 $DN15 \sim DN100$ 不锈钢管道连接。

2. 安装应按相应厂家技术要求进行。

不锈钢承插氩弧焊式管道安装

图名	不锈钢承插氩弧焊式管道安装	图号	JS10—10

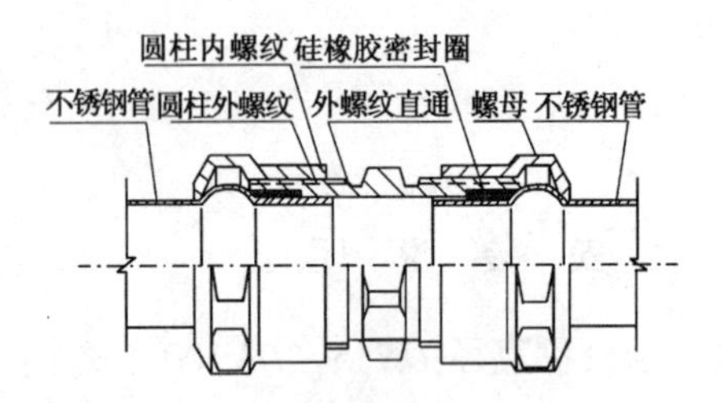

管材与管材连接

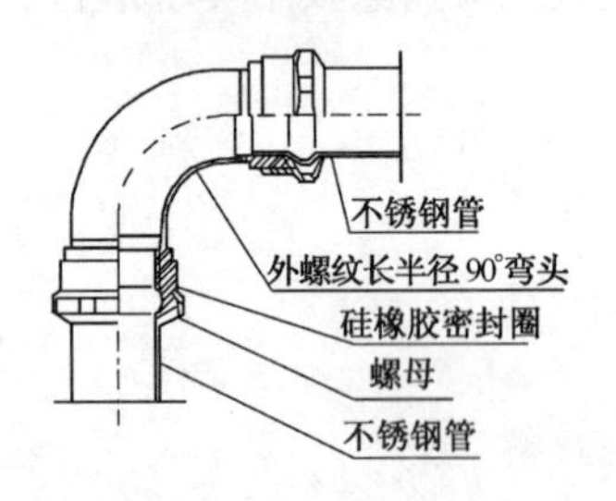

管材与管件连接

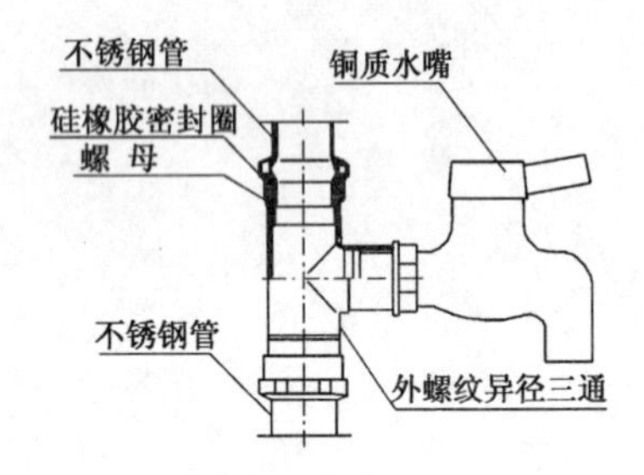

管件与附件连接

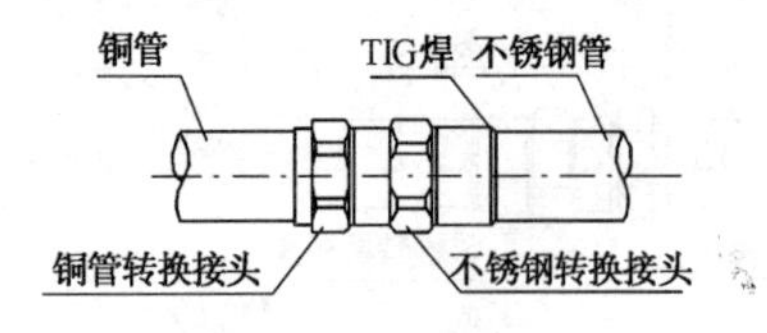

与铜管的螺纹连接

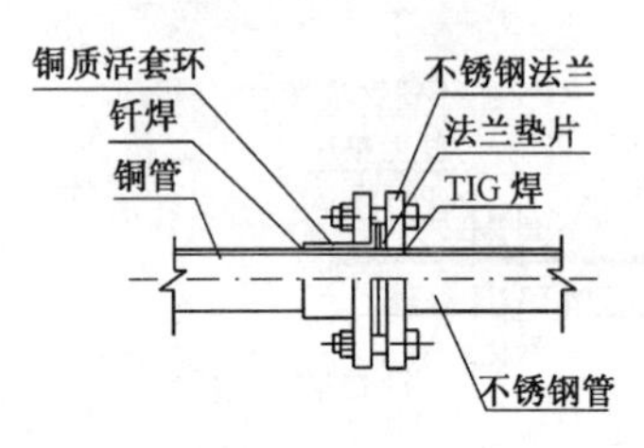

与铜管的法兰连接

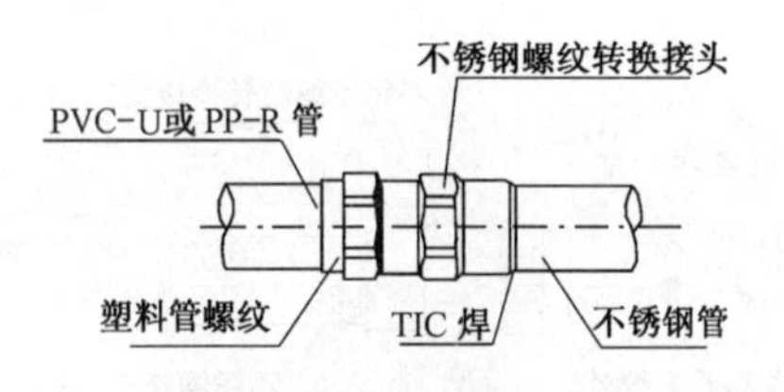

与塑料管的螺纹连接

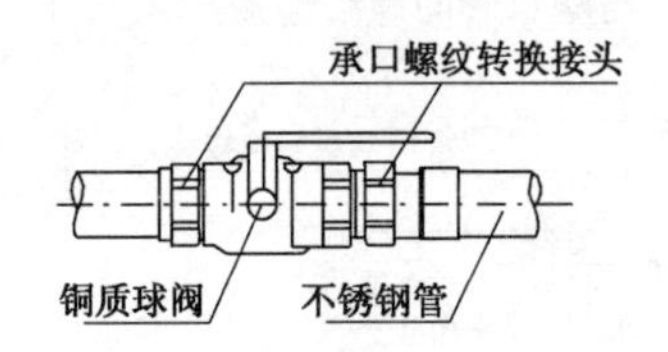

与球阀的螺纹连接(或活接球阀)

压缩式管道安装

安 装 说 明

1. 适用于公称直径 *DN*15 ~ *DN*50 不锈钢管道的连接。

2. 安装应按相应厂家技术要求进行。

图名	压缩式管道安装	图号	JS10—11

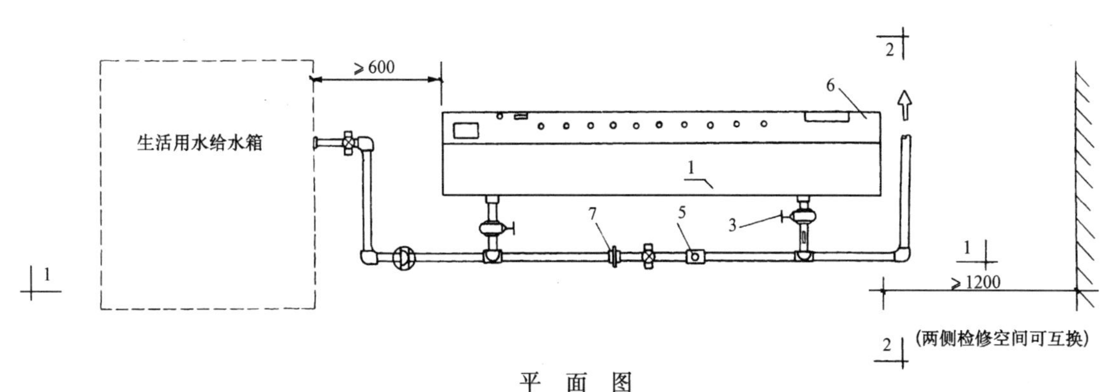

平 面 图

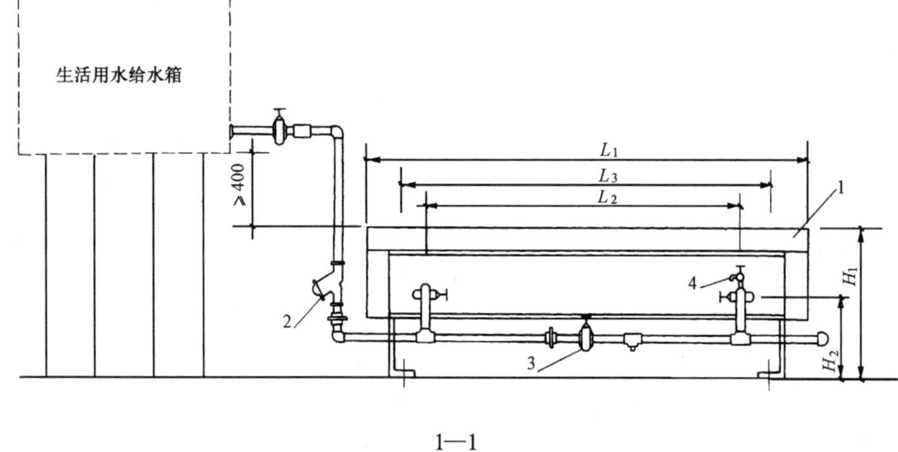

1—1

1—饮用水紫外线消毒器；
2—Y 型过滤器；
3—全铜闸阀；
4—取水样水嘴；
5—泄水堵；
6—电控箱；
7—活接头

安 装 说 明

1. 电脑自动控制装置另可加装流量传感器。

2. 有计时装置，在工作 2000h 后应检测紫外线强度。

3. 筒体采用不锈钢制成。

4. 电压 220V，工作水压力≤0.60MPa。

5. 从消毒器两端向外延伸 1.2m、0.6m 的最小操作空间(可互换)。

图名	饮用水紫外线消毒器安装图(一)	图号	JS11—1(一)

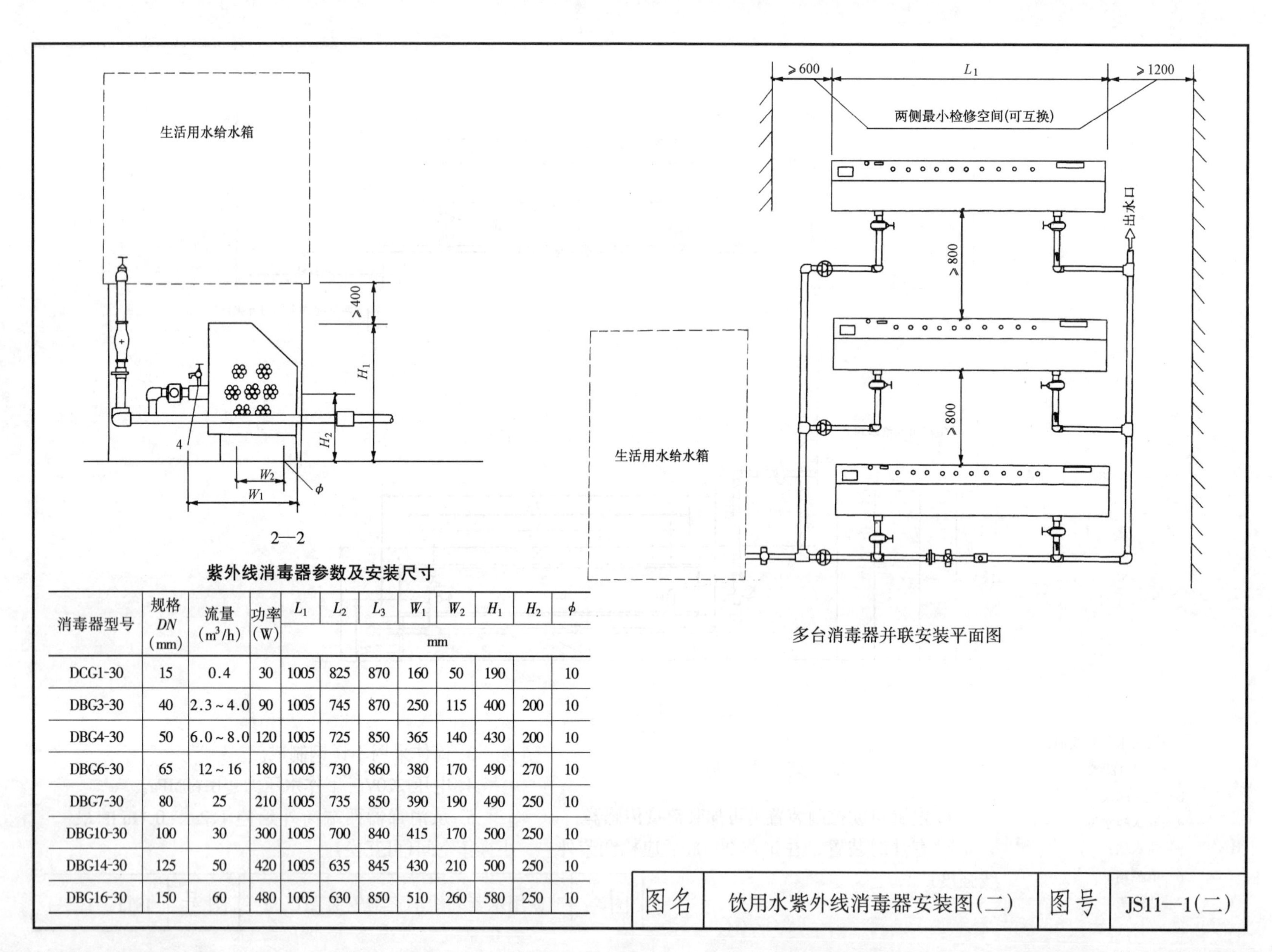

2—2

多台消毒器并联安装平面图

紫外线消毒器参数及安装尺寸

消毒器型号	规格 DN (mm)	流量 (m^3/h)	功率 (W)	L_1	L_2	L_3	W_1	W_2	H_1	H_2	ϕ
				mm							
DCG1-30	15	0.4	30	1005	825	870	160	50	190		10
DBG3-30	40	2.3～4.0	90	1005	745	870	250	115	400	200	10
DBG4-30	50	6.0～8.0	120	1005	725	850	365	140	430	200	10
DBG6-30	65	12～16	180	1005	730	860	380	170	490	270	10
DBG7-30	80	25	210	1005	735	850	390	190	490	250	10
DBG10-30	100	30	300	1005	700	840	415	170	500	250	10
DBG14-30	125	50	420	1005	635	845	430	210	500	250	10
DBG16-30	150	60	480	1005	630	850	510	260	580	250	10

图名	饮用水紫外线消毒器安装图(二)	图号	JS11—1(二)

2 排 水 工 程

安 装 说 明

1. 管道接口及排水检查井

适用条件：适用于建筑小区生活污水及工业企业与民用建筑生活污水的排除，也适用于雨水及无腐蚀性工业废水的排除。管道埋深≤4.00m。

（1）管道接口

刚性接口：水泥砂浆接口、钢丝网水泥砂浆抹带接口等，适用于管道敷设在未被扰动的原状土地基上；

半刚性接口：预制钢筋混凝土套环石棉水泥接口等，适用于管道敷设在产生小量不均匀沉陷的地基上；

柔性接口：沥青麻（布）接口等，适用于地基土被扰动经处理或新老回填土层经处理和沿管道纵向土质不均匀的地基上。

（2）雨水口

适用于排除地面雨水的排水管道上。

若用于与设计条件不符或其他特殊地区应根据有关规范或规程另作处理。

（3）地基处理

无地下水时，基础下素土夯实，压实系数大于0.95；有地下水时，基础下先铺卵石或碎石层，厚度不小于100mm，遇淤泥、杂填土等软弱地基，应按管道处理要求进行处理；遇湿陷性黄土，基础下做300mm厚3:7灰土垫层，并超出基础四周150mm，压实系数大于或等于0.95。

（4）检查井壁面处理

内壁面：用1:2.5水泥砂浆加5%防水粉抹面厚20mm；外壁面：无地下水时：1:2.5水泥砂浆勾缝，有地下水时：1:2.5水泥砂浆加5%防水粉抹面厚20mm，并高出地下水位500mm，如地下有硫酸盐侵蚀时抹面水泥必须是火山灰硅酸盐水泥或矿渣硅酸盐水泥。

（5）管道闭水试验

闭水试验应在回填土前进行，并符合有关规定。

2. 小型排水局部处理构筑物

适用于一般工业企业和民用建筑的小型局部处理构筑物，按室外采暖计算温度高于－20℃和冰冻深度小于1.5m的地区编制，均为砖砌结构。如用于湿陷性黄土地区、永久性冻土地区、膨胀土和抗震设防烈度大于八度的地震区或其他特殊地区时，应按有关规范或规程处理。

（1）用于室外的水封井和毛发聚集井，在室外采暖计算温度－10～－15℃时，加设保温井口，在－16～－20℃时，应在井口处添加保温材料。构筑物设于铺砌地面下时，井口与地面平，在非铺砌地面下时，井口高出地面50mm。

（2）管道支架、井盖、井座、保温井口和爬梯详见全国通用给水排水标准图集S161和S147。通气管采用镀锌钢管，设置在不影响交通和环境的地方，高出地面0.5～2.0m，并设置通气帽详见92S220。

（3）砖砌隔油池

清掏周期7d，存油部分容积按该池有效容积25%计算。砖砌隔油池选用见表PS1-1。

砖砌隔油池选用表　　表 PS1-1

每餐就餐人数	型号	有效容积（m^3）	长（mm）	宽（mm）	H_1（mm）	H（mm）
1500	Ⅰ	2.30	2000	1000	1200	1850～2600
1000	Ⅱ	1.60	2000	1000	850	1500～2250
500	Ⅲ	0.68	1500	1000	500	1100～1900
200	Ⅳ	0.53	1500	1000	400	1000～1800

（4）汽车洗车砖砌污水沉淀池

污泥清除周期 15d，污泥部分容积按每车冲洗水量 3%计算，汽车洗车污水沉淀池选用见表 PS1-2。

汽车洗车污水沉淀池选用表　　表 PS1-2

存车数 n	型号	有效容积（m^3）	长（mm）	宽（mm）	H_1（mm）	H（mm）
$n \leqslant 25$	Ⅰ	4.86	3000	1200	1400	2100～2800
$25 < n \leqslant 50$	Ⅱ	7.02	3500	1200	2000	2800～3400

管道穿池壁处可用砌筑砂浆将管道直接砌入池壁，如管道或管件后安装时，可用 C20 细石混凝土填实且不得切断圈梁钢筋。

3. 排水管道附件及安装

适用于民用及一般工业建筑排水设备附件的构造和安装。

（1）使用的排水铸铁管道及管配件，如实际尺寸与图中不符时，应对有关尺寸进行调整。

（2）铸件内外表面应光洁、无毛刺，涂沥青或其他防腐材料。

（3）排水管道附件穿越楼板、屋面时，均应按规定预留安装洞或预埋铁件，安装完毕后按要求进行补洞及防水处理。

4. 排水 PVC-U 管

适用于民用及工业建筑，排水温度不大于 40℃，瞬时排水温度不大于 80℃。管件连接用胶粘剂应有出厂合格证和使用说明书。

（1）伸缩节的设置

立管及非埋地管应设伸缩节，当层高 $H \leqslant 4m$ 时，每层设一个伸缩节，层高 $H > 4m$ 时，按计算确定；悬吊横干管应结合支撑情况确定伸缩节，横支管上伸缩节之间最大间距不宜超过 4m，超过 4m 时，应由管道设计伸缩量和伸缩节最大允许伸缩量计算确定，管道设计伸缩量见表 PS1-3。

伸缩节最大允许伸缩量　　表 PS1-3

DN（mm）	50	75	90	110	125	160
最大允许伸缩量（mm）	12	15	20	20	20	25

伸缩节应尽量设在靠近水流汇合管件处，两个伸缩节之间设一个固定支撑。

（2）管道支撑

管道支撑分滑动支撑和固定支撑。悬吊在楼板下的横支管，若连接有穿越楼板的卫生器具排水竖向支管时，可视为一个滑动支撑；立管穿越楼板处有严格的防漏水措施，采用细石混凝土补洞，分层填实后可形成固定支撑；管井中的立管，若穿越楼板处未能形成固定支撑时，应每层设立管固定支撑一个。

管道最大支撑间距见表 PS1-4。

管道最大支撑间距（mm） 表 PS1-4

DN（mm）	立管	悬吊横管	
		干管	支管
40	1500	—	800
50	1500	—	1000
75	2000	—	1500
90	2000	—	1800
110	2000	1100	2000
125	2000	1250	2200
160	2000	1600	2500

（3）立管滑动支撑与固定支撑的设置

固定支撑每层设置一个。当层高 $H \leqslant 4m$（$DN \leqslant 50$，$H \leqslant 3m$）时，层间设滑动支撑一个，若层高 $H > 4m$（$DN \leqslant 50$，$H > 3m$）时，层间设滑动支撑两个。滑动支撑件与管身之间应留有微隙，固定支撑件与管身外壁之间应有一层橡胶软垫。立管底部宜设支墩或采取牢固的固定措施。

（4）管道穿楼板或穿墙时，须预留洞，其直径一般比管道外径大 50mm。立管穿越楼板处应加装 PVC-U 或其他材料的防漏环。

（5）管道安装

一般应自下而上分层进行，先装立管，后装横管，连续施工。

立管安装：先将管段吊正，再安装伸缩节。管端插口应平直插入伸缩节承口橡胶圈中，用力均衡，不得摇挤，安装完毕应立即将立管固定。

横管安装：将预制好的管段用铁钩吊挂，无误后再粘接。粘接后迅速摆正位置，校正坡度，临时加以固定。待粘接固化后，再紧固支撑件。

埋地管敷设：分两阶段施工。第一阶段先做 ±0.000 以下的室内部分，至伸出外墙为止；第二阶段（土建施工结束后）从外墙边接入检查井。埋地管的管沟应底面平整，一般可作 100～150mm 砂垫层，垫层宽度不小于管径的 2.5 倍。管道安装好并经灌水试验合格后，方可在管周填砂，填砂至管顶以上至少 100mm。

灌水试验的灌水高度不得低于底层地面高度。

5. 化粪池

适用于建筑小区生活污水、工业与民用建筑生活污水的局部处理。

（1）化粪池容积计算

$$W = 4.2 \times 10^{-5} N_r \cdot Q_d \cdot t + 4.8 \times 10^{-4} \cdot a \cdot N_r \cdot T_n (m^3)$$

式中 N_r——化粪池实际使用人数。为设计计算人数乘以相应的折减系数 n；

n 值

1）医院、疗养院、幼儿园（有住宿）为 100%；

2）住宅、集体宿舍、旅馆为 70%；

3）办公楼、教学楼、工业企业生活间为 40%；

4）食堂、影剧院、体育馆（场）、其他公共场所为 10%。

Q_d——每人每天排水量［L/（人·d）］，同生活给水量，如分流排放取 20～30L/（人·d）；

t——污水停留时间（h），可取 12～24h；

T_n——化粪池清掏周期（d），应大于 90d；

a——每人每天污泥量［L/（人·d）］。分流时取 0.4L/（人·d），合流时取 0.7L/（人·d）。

（2）地基处理

无地下水时：底板垫层下素土夯实，压实系数≥0.95；

有地下水时：底板垫层下铺卵石或碎石层厚100mm；

湿陷性黄土：C10混凝土垫层下铺300mm厚3:7灰土，并超出基础四周150mm，压实系数≥0.95。

（3）壁面处理

内壁面

用1:2.5水泥砂浆加5%防水粉抹面厚20mm。

外壁面

1）无地下水时，用1:2.5水泥砂浆勾缝；

2）有地下水时，同内壁面处理，并高出地下水位250mm；

3）地下水有硫酸盐侵蚀时，水泥应是火山灰硅酸盐水泥或矿渣硅酸盐水泥，抹面后涂热沥青两遍作防腐处理。

（4）灌水试验

在回填土前进行灌水试验。24h水位降≤10mm，且无渗漏现象。

6. 潜污泵及室外集水井

适用于市政工程排除生活污水、粪便污水、雨水及无腐蚀性工业废水；建筑给水排水工程中的医院、宾馆、饭店、民用建筑的生活污水、粪便污水、雨水及无腐蚀性的其他污水。

井壁砌砖采用MU10砖，M10水泥砂浆砌筑，也可用C20混凝土预制和现浇钢筋混凝土构件。素混凝土底板采用C15混凝土。重型铸铁井盖座，井座用C15混凝土稳固。

地基处理见化粪池有关内容；壁面处理见检查井有关内容。

停泵水位 h 是按潜污泵间歇运行设计的，如为连续运行应保证电动机被水淹没1/2高度。

单台潜污泵重量大于80kg的污水池、集水坑检修孔上方楼板或梁上宜预埋吊钩。室外污水池安装非密闭井盖，不设通气管；室内污水池、集水坑宜安装密闭井盖，设置通气管。

抽升厨房隔油废水及含有粪便的生活污水时，宜采用两台固定自耦式安装，污水池应安装密闭井盖，设置通气管，并将污水池布置在单独的污水泵房内，泵房应有良好的通风设施。

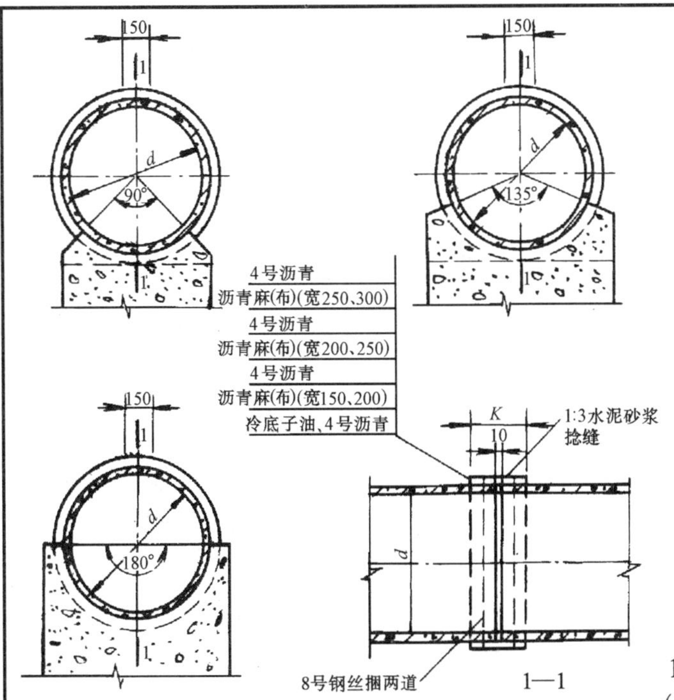

(a)排水管沥青麻(布)接口

安 装 说 明

1. 沥青麻(布)接口为柔性接口，适用于无地下水、地基不均匀沉陷不严重的无压管道。

2. 沥青麻(布)三层四油，沥青用4号，沥青麻(布)搭接长度均为150mm。

3.冷底子油配合比(重量比)为：4号沥青：汽油 = 3 ：7。

4. 施工时先做接口再做基础，接口处基础应断开。

沥青麻(布)带尺寸表(mm)

管径 d	宽度 K	沥青麻(布)		
		第一层	第二层	第三层
150	280	150	200	250
200	280	150	200	250
250	280	150	200	250
300	280	150	200	250
350	280	150	200	250
400	280	150	200	250
450	280	150	200	250
500	280	150	200	250
600	280	150	200	250
700	280	150	200	250
800	280	150	200	250
900	280	150	200	250
1000	330	200	250	300

安 装 说 明

1. 沥青油膏接口。

(1)沥青油膏接口为柔性接口，适用于污水管道。

(2) 施工时，在插口处壁及承口内壁均应刷净，涂冷底子油一道，再填沥青油膏。

(3)冷底子油配合比(重量比)：4号沥青：汽油 = 3 ：7

(4)沥青油膏参考配合比(重量比)：6号石油沥青100，重松节油11.1，废机油44.5，石棉灰77.5，滑石粉119。

2. 水泥砂浆接口

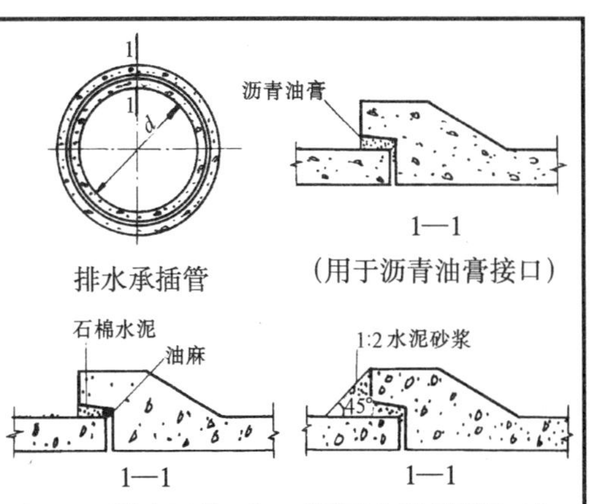

(用于石棉水泥接口)　(用于水泥砂浆接口)

(b)排水承插管石棉水泥、水泥砂浆、沥青油膏接口

(1)水泥砂浆接口为刚性接口，一般适用于雨水管道。

(2)材料为1 ：2水泥砂浆。

(3)施工时，插口外壁及承口内壁均应刷净。

3. 石棉水泥接口

(1)石棉水泥接口为半刚性接口，适用于污水管道。

(2)施工时，在接口处充塞油麻，再填打石棉水泥。

(3)石棉水泥配合比(重量比)：水：石棉：水泥 = 1 ：3 ：7。

(4)油麻做法：在95%的汽油与5%的石油沥青溶液内浸透、晾干、扭成麻辫。

图名	沥青麻布接口；承插管石棉水泥、水泥砂浆、沥青油膏接口	图号	PS1—1

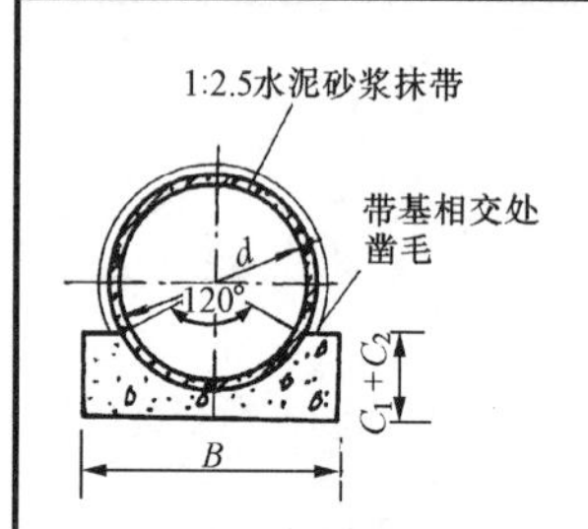

接口横断面(120° 基础)

1:2.5水泥砂浆抹带

带基相交处凿毛

接口横断面(180°基础)

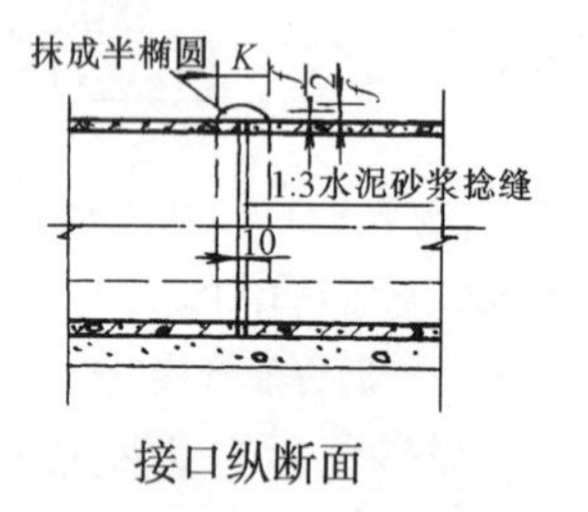

接口纵断面

(*a*)水泥砂浆抹带接口

20号10mm×10mm钢丝网宽*P*

搭接长≥100mm插入管基深

100(*D*≤600)

150(*D*≥700)

1:2.5水泥砂浆厚15mm宽*W*

1:2.5水泥砂浆厚10mm,宽*W*

带基相接处凿毛

接口横断面

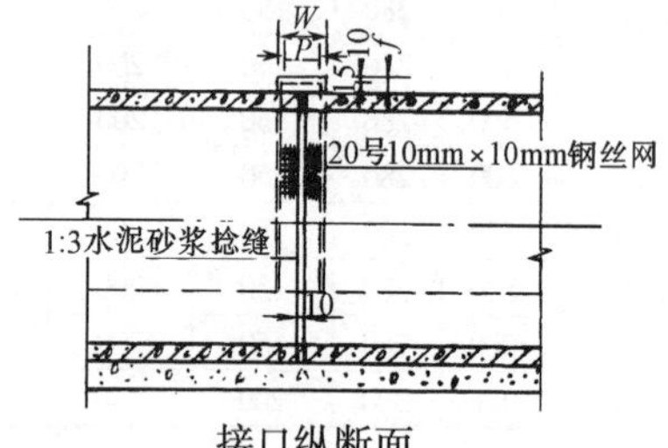

接口纵断面

(*b*)钢丝网水泥砂浆抹带接口

管内径 *d*	抹带宽 *W*	抹带厚 *f*	钢丝网宽 *P*	钢丝网(m^2)	抹带水泥砂浆(m^3/每个口)	捻缝水泥砂浆(m^3/每个口)
300	200	25	180	0.183	0.0040	0.0002
400				0.225	0.0052	0.0003
500				0.268	0.0064	0.0005
600				0.311	0.0076	0.0007
700				0.371	0.0087	0.0009
800				0.416	0.0100	0.0012
900				0.457	0.0112	0.0014
1000				0.499	0.0123	0.0017
1100				0.544	0.0136	0.0021
1200				0.586	0.0147	0.0024
1350				0.654	0.0166	0.0032
1500				0.718	0.0184	0.0039

注:*W*、*f*、*P* 单位为 mm。

管内径 *d*	抹带宽 *K*	抹带厚 *f*	抹带水泥砂浆(m^3/每个口)		捻缝水泥砂浆(m^3/每个口)	
			120°管基	180°管基	120°管基	180°管基
300	120	30	0.0029	0.0022	0.00024	0.00016
400	120	30	0.0038	0.0028	0.00032	0.00024
500	120	30	0.0046	0.0035	0.00048	0.00036
600	120	30	0.0055	0.0041	0.00068	0.00051
700	120	30	0.0063	0.0048	0.00083	0.00065
800	120	30	0.0072	0.0054	0.00118	0.00088
900	120	30	0.0081	0.0061	0.00142	0.00110
1000	120	30	0.0089	0.0067	0.00169	0.00127

注:*K*、*f* 尺寸单位为毫米。

安装说明

1. 图(*a*)适用于无地下水的雨水管道,*d* = 300 ~ 1000mm。

2. 抹带接口在抹带宽度内管壁凿毛刷净润湿。

(mm)

管径 *d*	120°基础		180°基础	
	B	C_1+C_2	*B*	C_1+C_2
300	520	190	520	280
400	630	218	630	335
500	744	246	744	392
600	900	275	900	450
700	1010	303	1030	515
800	1130	333	1190	595
900	1250	365	1320	660
1000	1376	401	1450	725
1100	1526	446	1610	805
1200	1650	480	1740	870
1350	1876	548	1980	990
1500	2076	606	2190	1095

安装说明

1. 图(*b*)适用于雨水管道、合流管道及污水管道,*d* = 300 ~ 1500mm,120°混凝土基础。

2. 在抹带宽度内管壁需凿毛刷净润湿。

图名	水泥砂浆抹带接口、钢丝网水泥砂浆抹带接口	图号	PS1—2

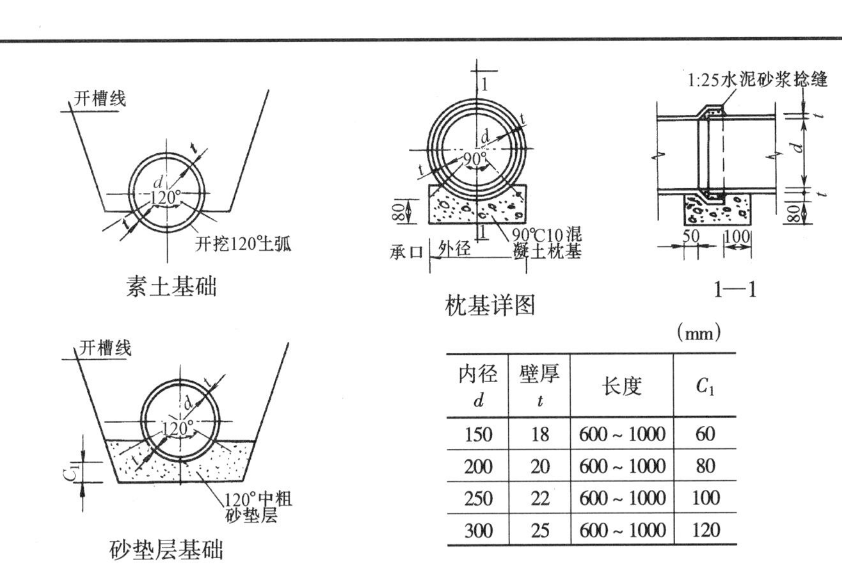

(mm)

内径 d	壁厚 t	长度	C_1
150	18	600 ~ 1000	60
200	20	600 ~ 1000	80
250	22	600 ~ 1000	100
300	25	600 ~ 1000	120

(a)缸瓦管基础及接口

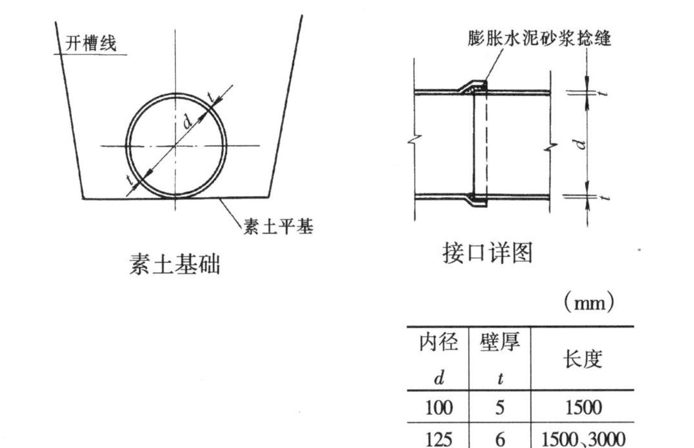

(mm)

内径 d	壁厚 t	长度
100	5	1500
125	6	1500、3000
150	6	1500、3000
200	7	1500、3000

(b)铸铁管基础及接口

安 装 说 明

1. 图(a)适用于小区内部的排水管道，d = 150 ~ 300mm，管顶覆土 0.7m ≤ H ≤ 2.0m。
2. 本图不得用于车行道下。
3. 两种基础形式根据地质及施工条件选用。
4. 承插接口处必须做枕基。
5. 回填土料中不得含有直径大于或等于 50mm 石子。

安 装 说 明

1. 图(b)适用于污水及雨水管道，管材为排水铸铁管，d = 100 ~ 200mm，管顶覆土 0.7m ≤ H ≤ 4.0m。
2. 管道应落在有足够承载力的原状土层上，否则应进行地基处理。

图名	缸瓦管基础及接口、铸铁管基础及接口	图号	PS1—3

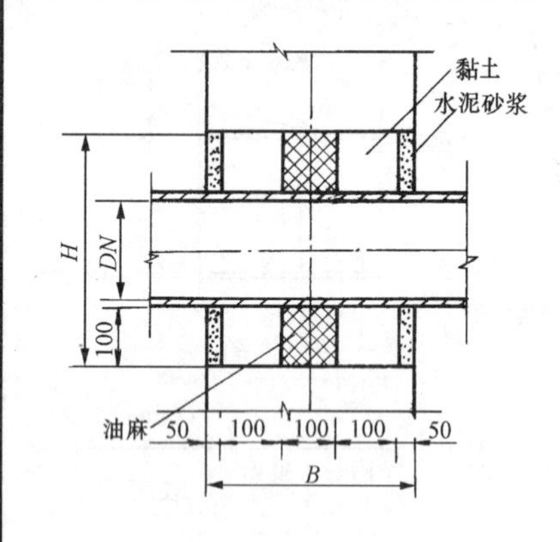

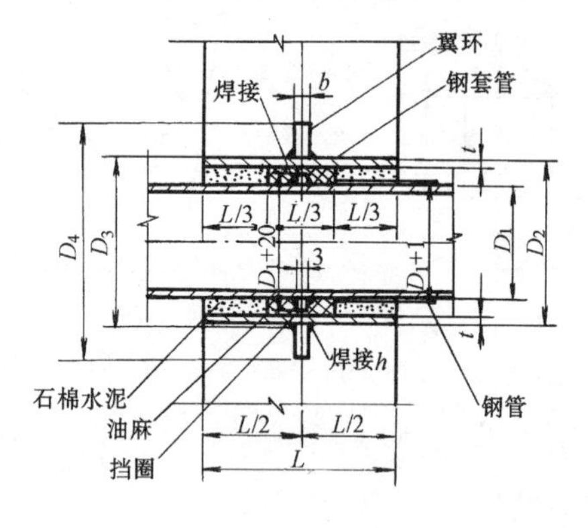

Ⅰ型防水套管

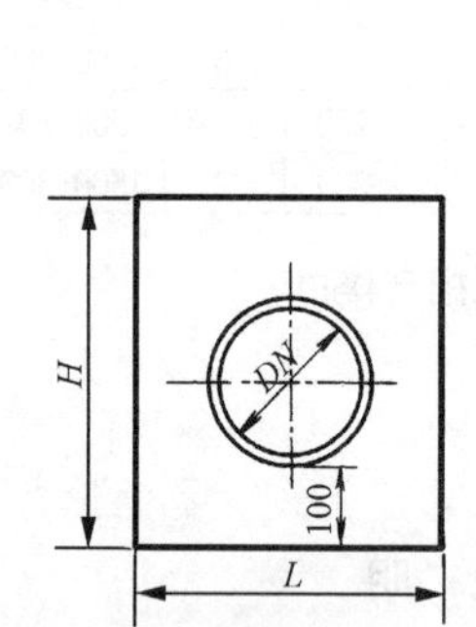

墙体留洞平面

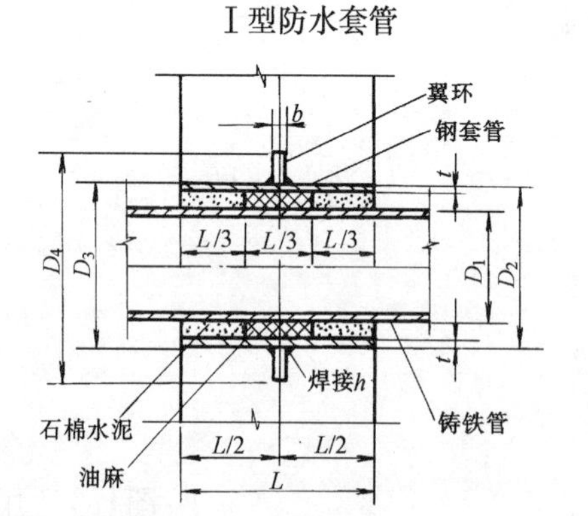

Ⅱ型防水套管

Ⅰ型防水套管尺寸表(mm)

DN	50	80	100	125	150	200	250	300
D_1	60	89	108	133	159	219	273	325
D_2	114	140	159	180	203	273	325	377
D_3	115	141	160	181	204	274	326	378
D_4	225	251	280	301	324	394	446	498
t	4	4.5	4.5	5	6	7	8	9
b	10	10	10	10	10	10	10	15
h	4	4	4	5	6	7	8	9

Ⅱ型防水套管尺寸表(mm)

DN	50	75	100	125	150	200	250	300
D_1	60	93	118	143	169	220	271.6	322.8
D_2	114	140	168	194	219	273	325	377
D_3	115	141	169	195	220	274	326	378
D_4	225	251	289	315	340	394	446	498
t	4	4.5	5	5	6	7	8	9
b	10	10	10	10	10	10	10	15
h	4	4	5	5	6	7	8	9

预留洞口尺寸表(mm)

DN	$L \times H$
50~80	300×400
100~125	350×400
150~200	400×500

安 装 说 明

1. Ⅰ型防水套管适用于钢管，Ⅱ型防水套管适用于铸铁管及非金属管。

2. 翼环及钢套管加工完成后，在其外壁均刷底漆一遍(底漆包括樟丹或冷底子油)。

3. 套管必须一次浇固于墙内。

4. 套管处的墙厚 $L \geqslant 200$mm，当墙厚 < 200mm 时，应局部加厚至 200mm。

5. h 为焊接高度。

图名	防水穿墙套管及基础留洞	图号	PS1—4

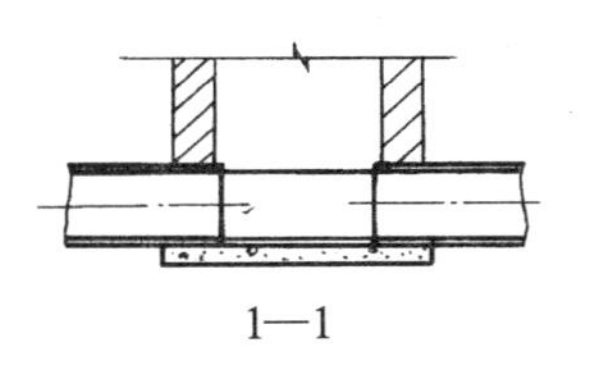

1—1

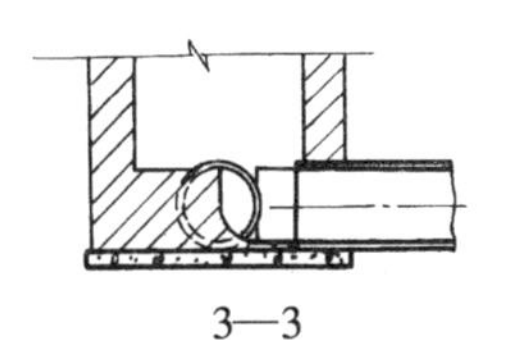

3—3

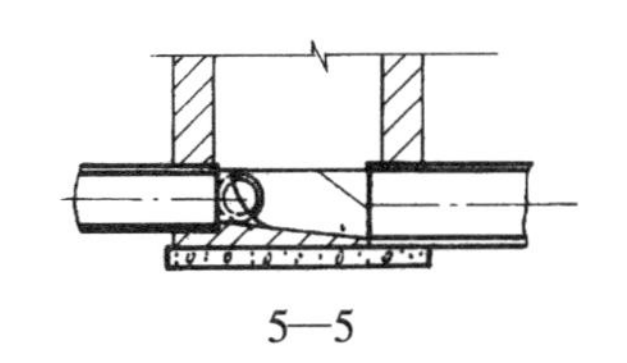

5—5

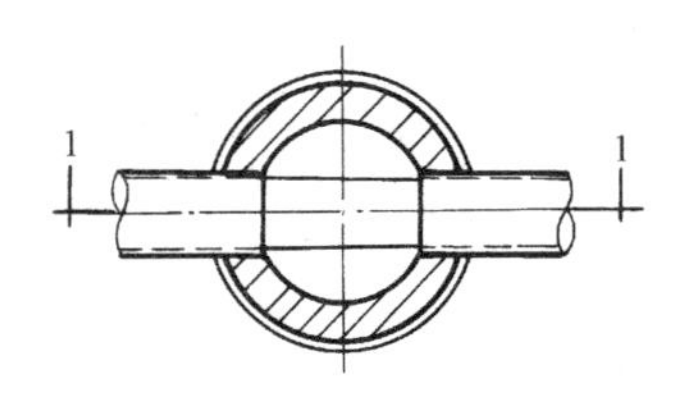

(*a*)直线井平面图

(*c*)一侧支管通入干管交汇井平面图

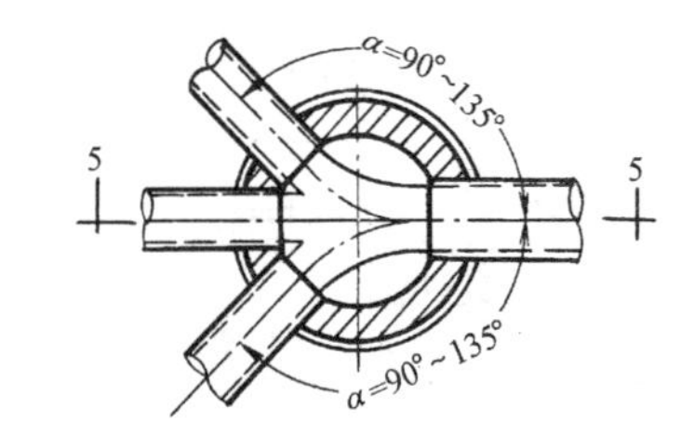

(*e*)二侧支管通入干管交汇井平面图

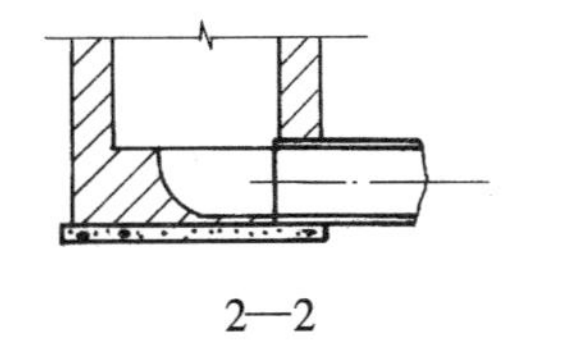

2—2

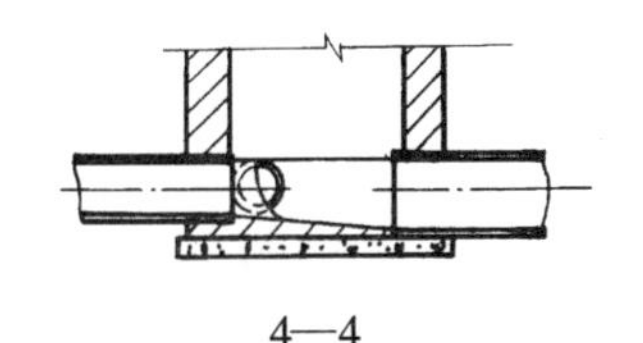

4—4

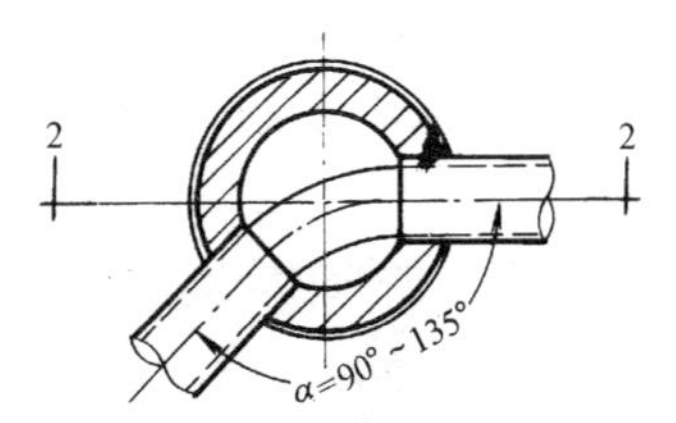

(*b*)转弯井平面图

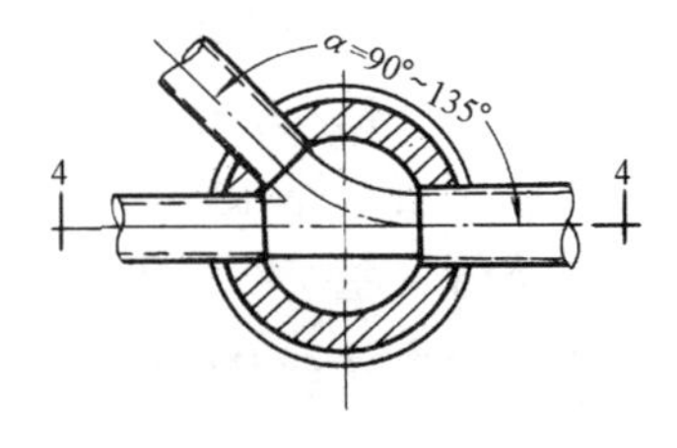

(*d*)一侧支管通入干管交汇井平面图

安　装　说　明

1. 管道连接一般采用管顶平接。

2. 流槽高度：

雨水检查井：相同直径的管道连接时，流槽顶与管中心平；

不同直径的管道连接时，流槽顶一般与小管中心平。

污水检查井：流槽顶一般与管内顶平。

3. 流槽材料：采用与井墙一次砌筑的砖砌流槽，如改用 C10 混凝土时，浇筑前应先将检查井的井基、井壁洗刷干净。

图名	圆形排水检查井流槽形式	图号	PS1—5

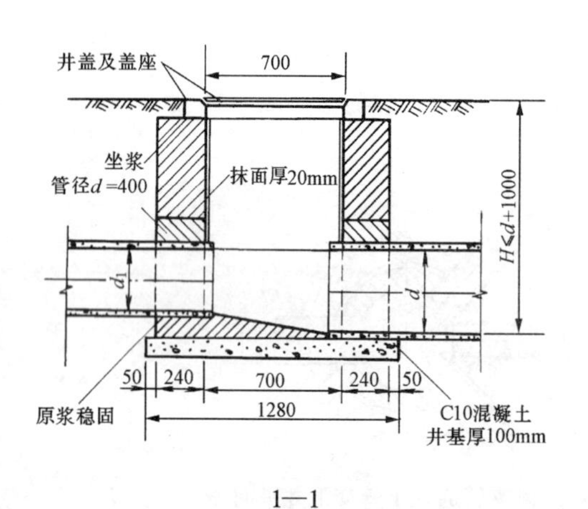

1—1

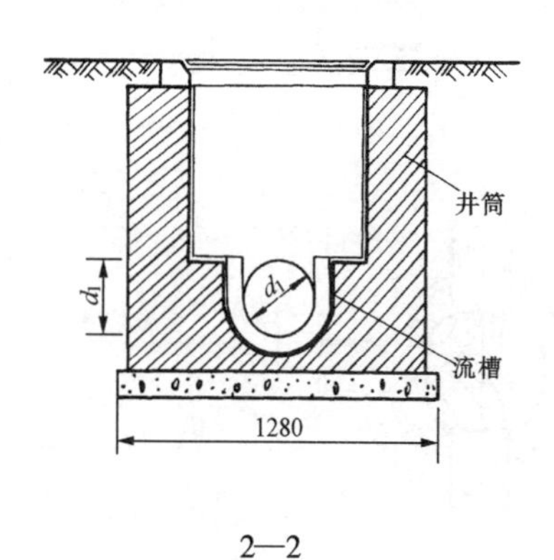

2—2

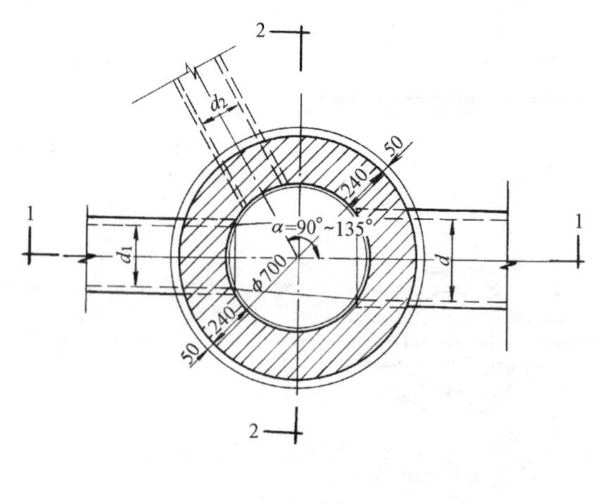

平面图

工程数量表

管径 d	砖砌体(m³)		C10混凝土(m³)	砂浆抹面(m²)
	流槽	井筒(m)		
200	0.05	0.71	0.13	3.16
300	0.08	0.71	0.13	3.16
400	0.10	0.71	0.13	3.16

安装说明

1. 抹面、勾缝、坐浆均用1∶2水泥砂浆。
2. 遇地下水时，井外壁抹面至地下水位以上500mm，厚20mm，井底铺碎石，厚100mm。
3. 接入支管，超挖部分用级配砂石、混凝土或砌砖填实。
4. 本图适用于$d\leqslant$400mm的排水管。

图名	ϕ700mm砖砌圆形排水检查井	图号	PS1—6

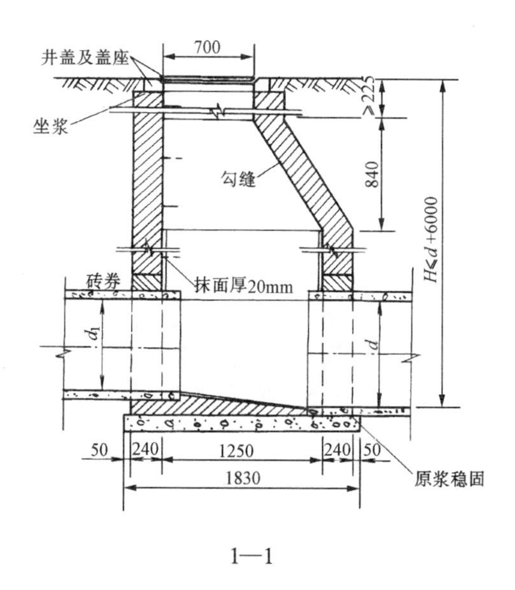

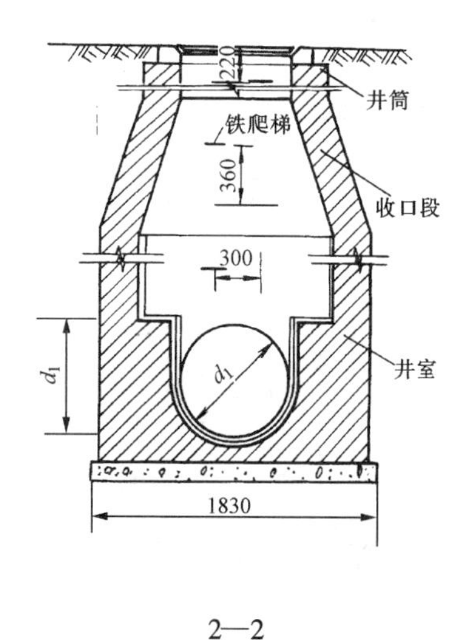

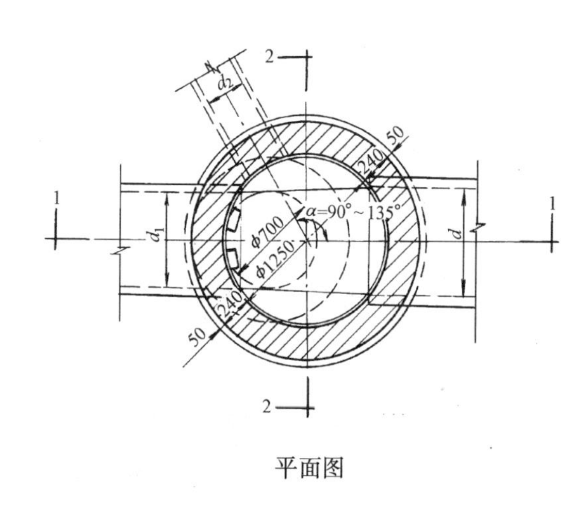

安 装 说 明

1. 抹面、勾缝、坐浆均用 1∶2 水泥砂浆。

2. 遇地下水时，井外壁抹面至地下水位以上 500mm，厚 20mm，井底铺碎石，厚 100mm。

3. 接入支管超挖部分用级配砂石，混凝土或砌砖填实。

4. 井室高度：自井底至收口段一般为 $d+1800$，当埋深不允许时可酌情减小。

5. 井基材料采用 C10 混凝土，厚度等于干管管基厚。

6. 本图适用于 $d=600\sim800$mm 的排水管。

工程数量表

管径 d	砖砌体(m^3)			C10 混凝土(m^3)	砂浆抹面(m^2)
	收口段	井室	井筒(m)		
600	0.77	3.05	0.71	0.32	10.14
700	0.77	3.18	0.71	0.37	10.14
800	0.77	3.31	0.71	0.42	10.14

图名	φ1250mm 砖砌圆形检查井	图号	PS1—7

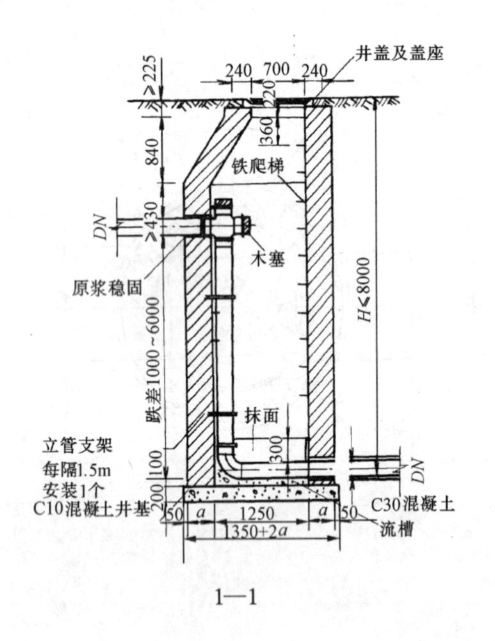

1—1

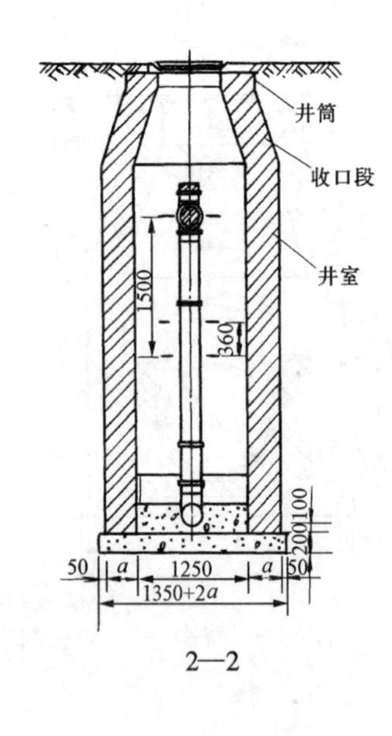

2—2

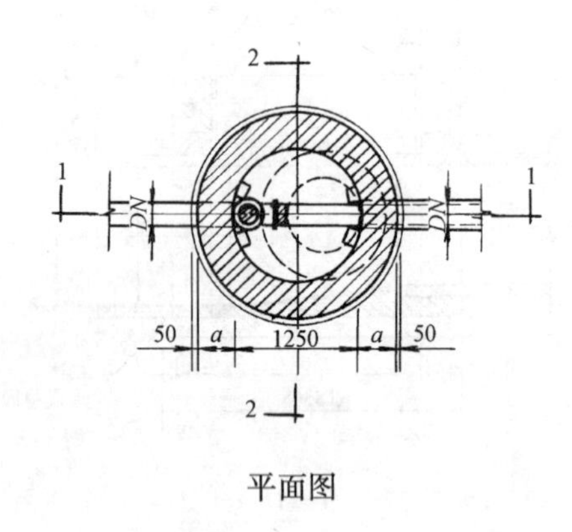

平面图

工程数量表(按 DN = 200mm,无地下水计)

跌差（mm）	井室墙高（mm）	砖砌体(m³)			C10混凝土（m³）	C30混凝土（m³）	砂浆抹面（m²）
		井室	井筒(m)	收口段			
1000	1750	1.97	0.71	0.77	0.53	0.33	1.2
2000	2750	3.09	0.71	0.77	0.53	0.33	1.2
3000	3750	4.21	0.71	0.77	0.53	0.33	1.2
4000	4750	5.34	0.71	0.77	0.53	0.33	1.2
5000	5750	7.23	0.71	0.77	0.69	0.33	1.2
6000	6750	9.12	0.71	0.77	0.69	0.33	1.2

安装说明

1. 适用于管径 $DN \leqslant 200$mm 的排水铸铁管，跌差为 1000~6000mm。

2. 遇地下水时，井外壁抹面至地下水位以上 500mm，厚 20mm，基础下铺碎石厚 100mm。

3. 抹面、勾缝均用 1 : 2 水泥砂浆。

4. 木塞需用热沥青浸煮，铸铁管涂沥青防腐。

5. 跌差 $H \leqslant 6000$mm 时，井墙厚 $a = 240$mm，$H > 6000$mm 时其超深部分的井墙厚 $a = 370$mm。

图名	竖管式跌水井(直线内跌)	图号	PS1—8

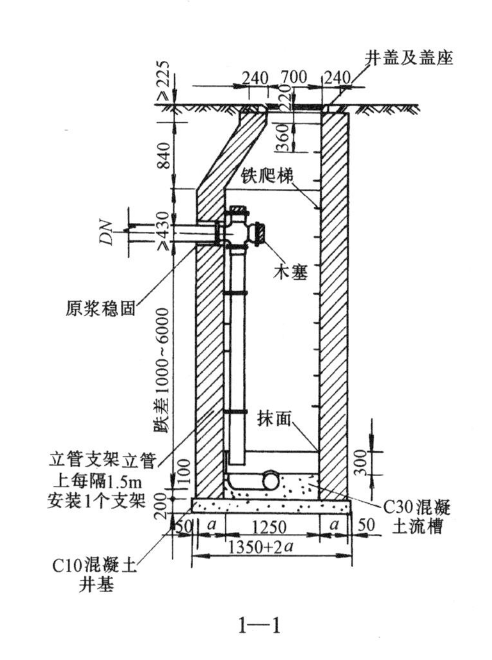

1—1

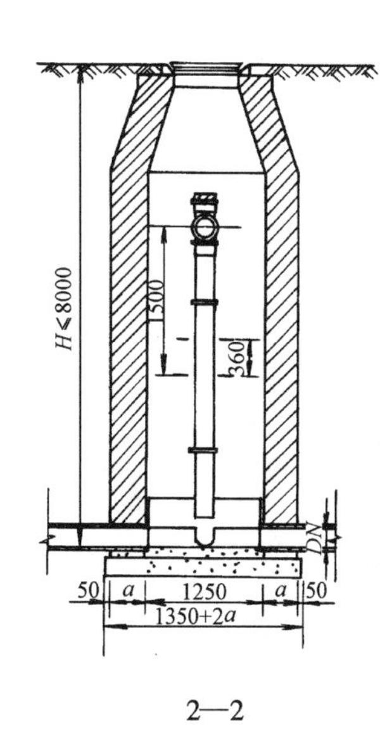

2—2

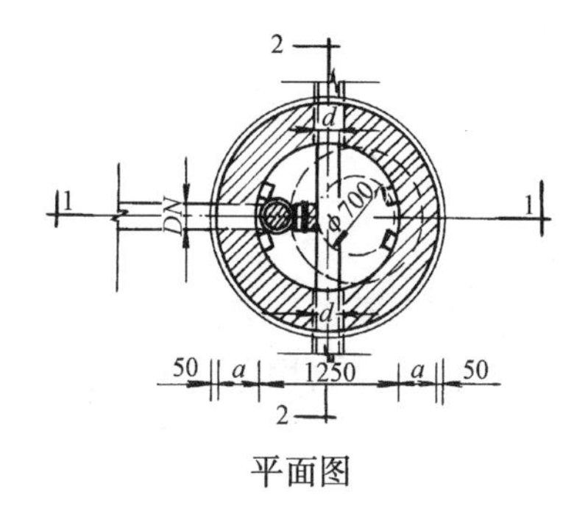

平面图

工程数量表(按 DN = 200mm,无地下水计)

跌差 (mm)	井室墙高 (mm)	砖砌体(m³)			C10混凝土 (m³)	C30混凝土 (m³)	砂浆抹面 (m²)
		井室	井筒(m)	收口段			
1000	1750	1.97	0.71	0.77	0.53	0.33	1.2
2000	2750	3.09	0.71	0.77	0.53	0.33	1.2
3000	3750	4.21	0.71	0.77	0.53	0.33	1.2
4000	4750	5.34	0.71	0.77	0.53	0.33	1.2
5000	5750	7.23	0.71	0.77	0.69	0.33	1.2
6000	6750	9.12	0.71	0.77	0.69	0.33	1.2

安 装 说 明

1. 适用于管径 $DN \leqslant$ 200mm 的排水铸铁管，跌差为 1000 ~ 6000mm。
2. 遇地下水时，井外壁抹面至地下水位以上 500mm，厚 20mm，井基下铺碎石厚 100mm。
3. 抹面、勾缝均用 1 : 2 水泥砂浆。
4. 木塞需用热沥青浸煮，铸铁管涂沥青防腐。
5. 跌差 $H \leqslant$ 6000mm 时，井墙厚 a = 240mm，$H >$ 6000mm 时其超深部分的井墙厚 a = 370mm。

图名	竖管式跌水井(支线内跌)	图号	PS1—9

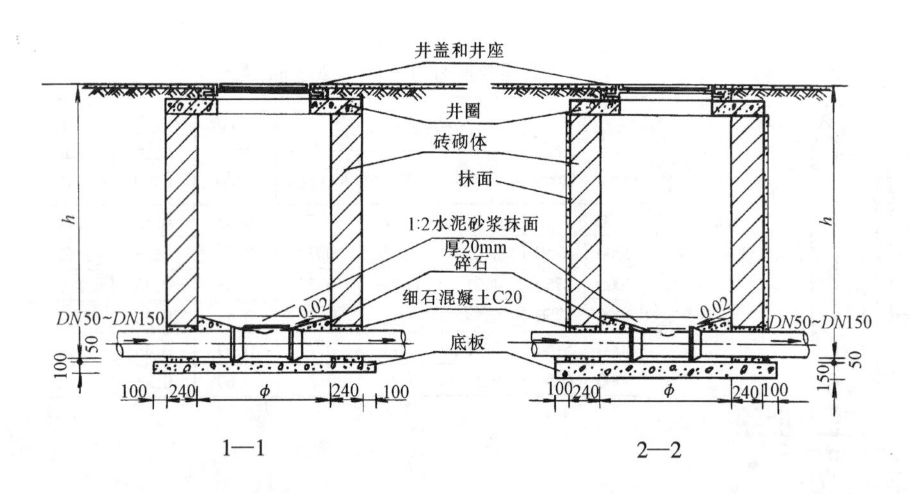

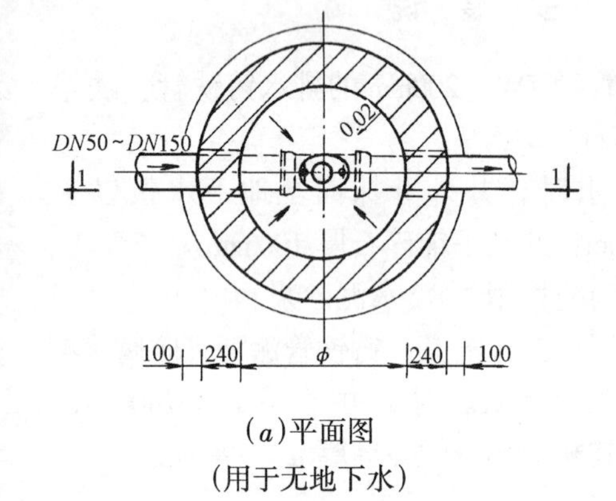

(a)平面图
(用于无地下水)

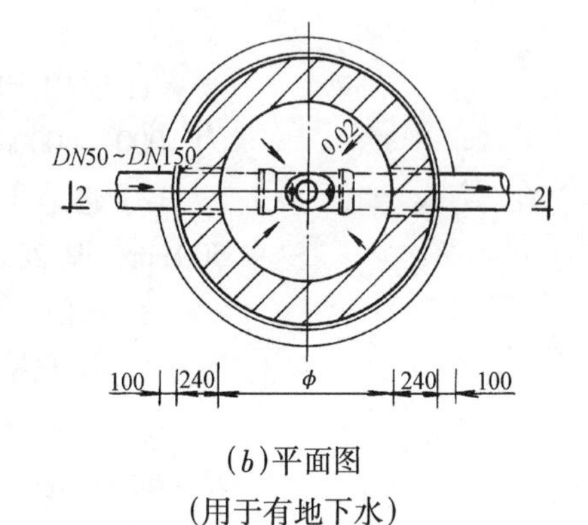

(b)平面图
(用于有地下水)

主要材料表

名称 \ 型号 / 地下水		Ⅰ 无	Ⅰ 有	Ⅱ 无	Ⅱ 有
排水铸铁管(m)		1.30	1.30	1.00	1.00
铸铁检查口(套)		1	1	1	1
井盖和井座(套)		1	1	1	1
井圈 C20 混凝土(m^3)		0.16	0.16	0.09	0.09
底板(m^3)		C10 混凝土 0.22	C15 混凝土 0.33	C10 混凝土 0.15	C15 混凝土 0.23
砖砌体	M5 混合砂浆 MU7.5 砖(m^3)	1.65	—	0.55	—
砖砌体	M7.5 水泥砂浆 MU7.5 砖(m^3)	—	1.65	—	0.55
防水层	20mm 厚防水砂浆抹面(m^2)	—	8.27	—	2.89
防水层	涂热沥青(m^2)	—	8.27	—	2.89

规格尺寸表

型号	管径	ϕ	h
Ⅰ	DN50 ~ DN150	1000	≤2000
Ⅱ	DN50 ~ DN150	700	≤1000

安装说明

1. 井口管道刷热沥青两道。
2. 表中材料用量按 h 最大值计算。
3. 本图适用于 DN50 ~ DN150 的排水管道。

图名	室内排水检查口井	图号	PS1—10

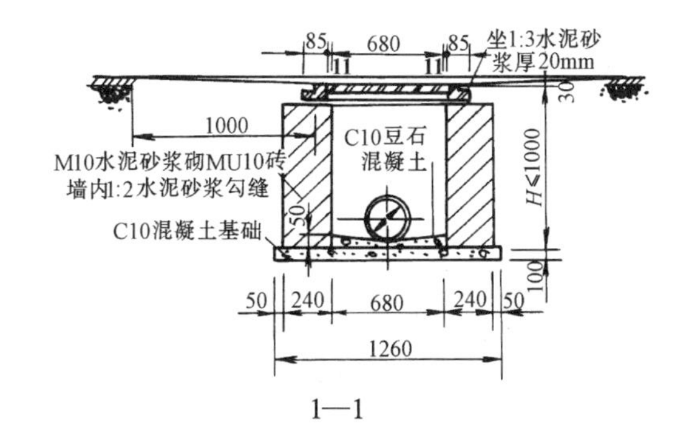

1—1

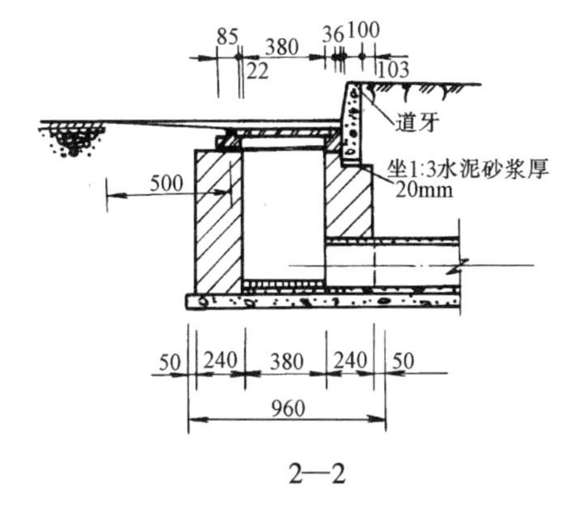

2—2

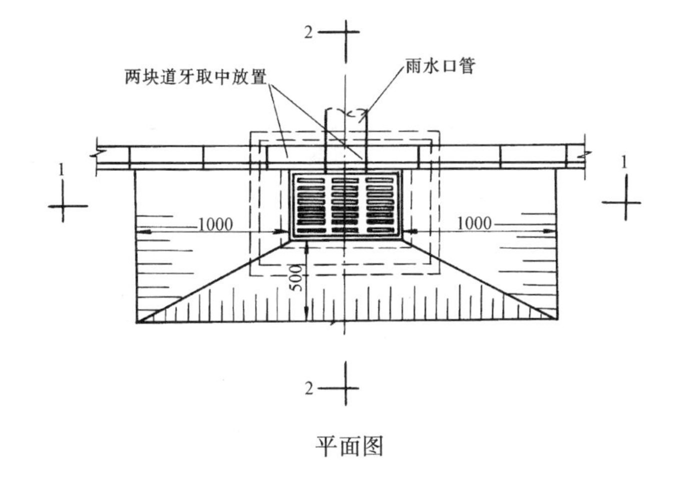

平面图

H	工程数量(m³)			铸铁箅子(个)
	C10混凝土	C10豆石混凝土	砖砌体	
700	0.12	0.013	0.45	1
1000	0.12	0.013	0.67	1

图名	偏沟式单箅雨水口(铸铁井圈)	图号	PS1—11

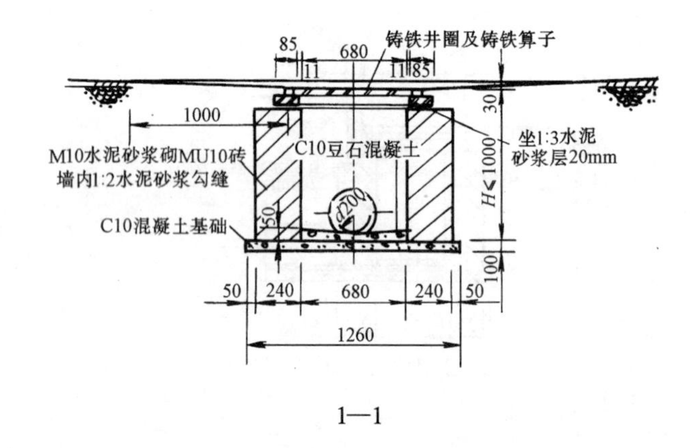

1—1

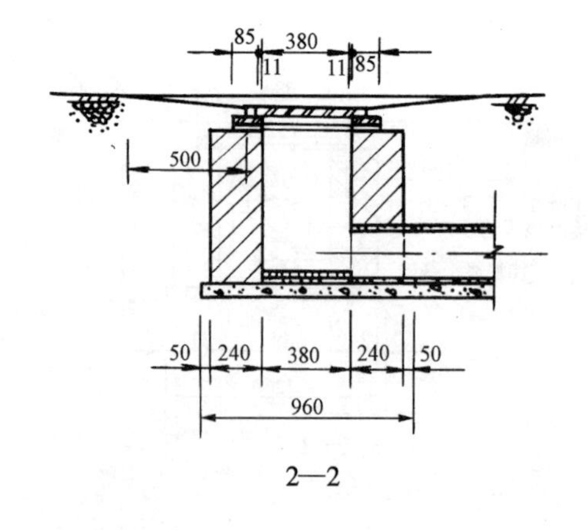

2—2

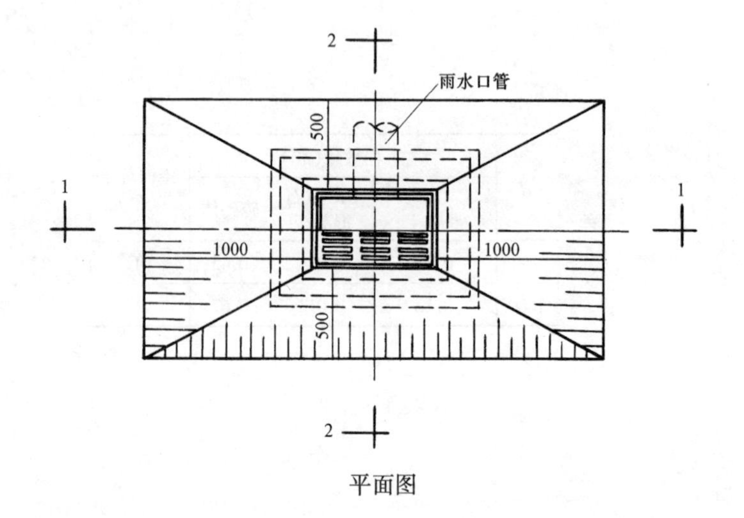

平面图

H (mm)	工程数量(m^3)			铸铁箅子（个）
	C10混凝土	C10豆石混凝土	砖砌体	
700	0.12	0.013	0.45	1
1000	0.12	0.013	0.67	1

图名	平箅式单箅雨水口(铸铁井圈)	图号	PS1—12

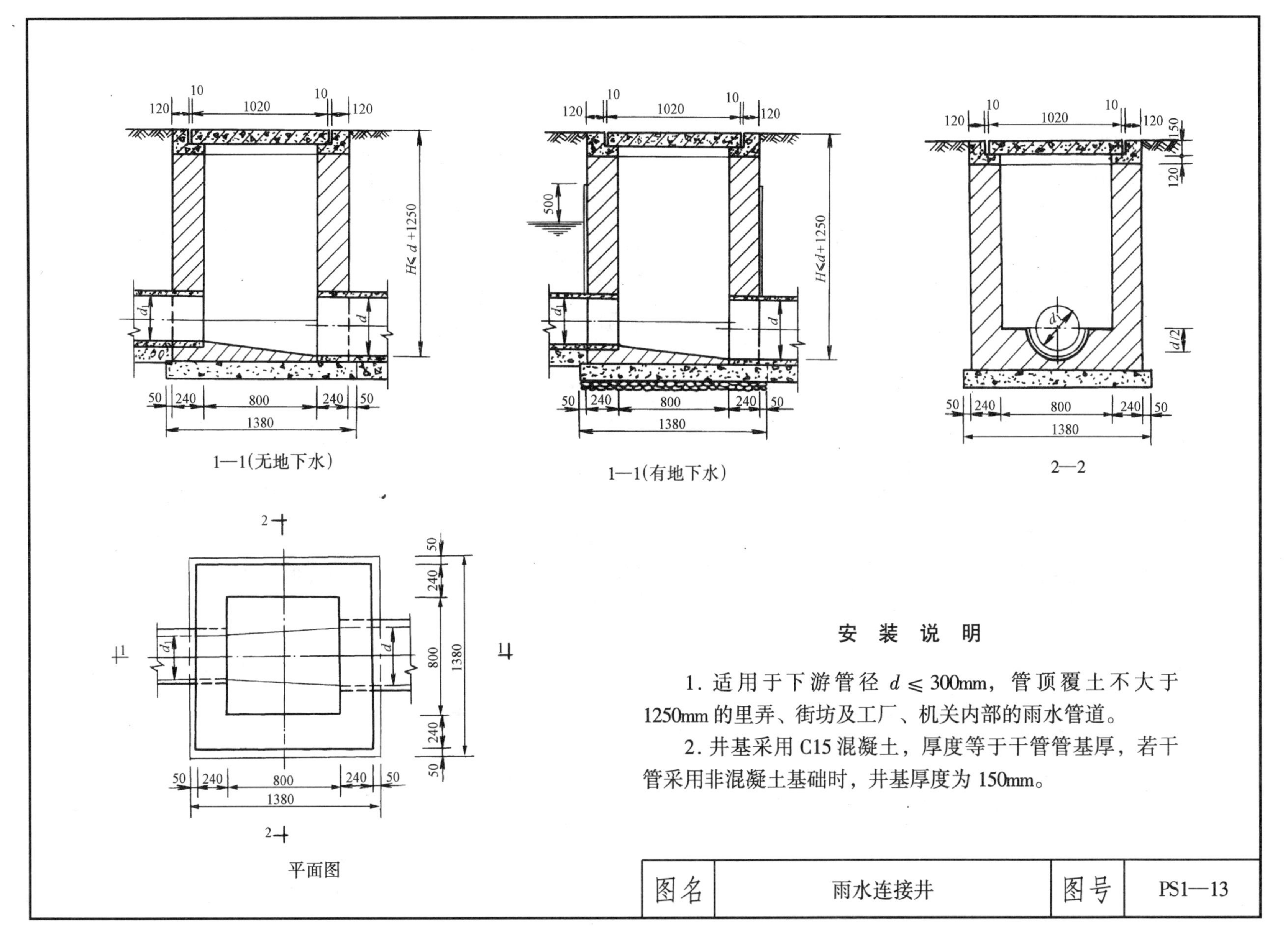

安 装 说 明

1. 适用于下游管径 $d \leqslant 300$mm，管顶覆土不大于1250mm的里弄、街坊及工厂、机关内部的雨水管道。

2. 井基采用C15混凝土，厚度等于干管管基厚，若干管采用非混凝土基础时，井基厚度为150mm。

图名	雨水连接井	图号	PS1—13

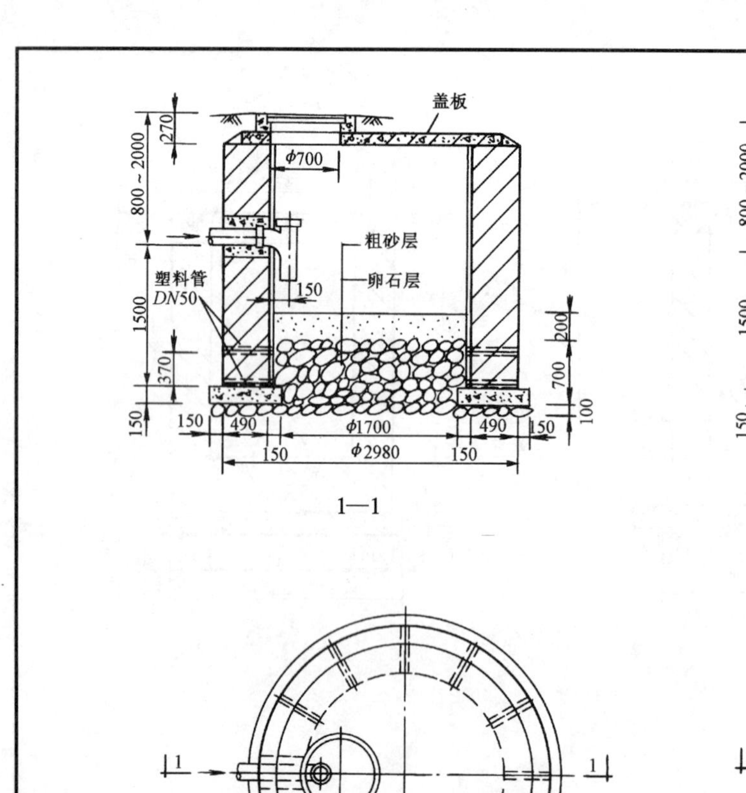

1—1

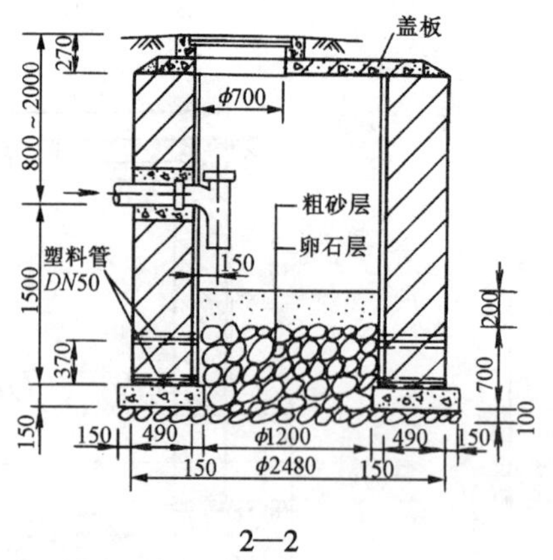

2—2

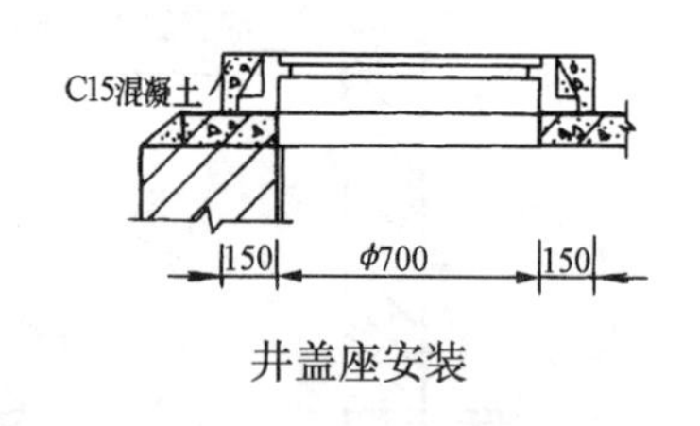

井盖座安装

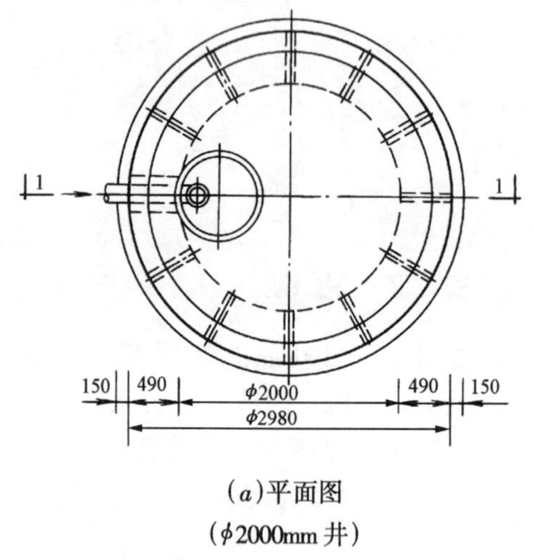

(*a*)平面图
(φ2000mm 井)

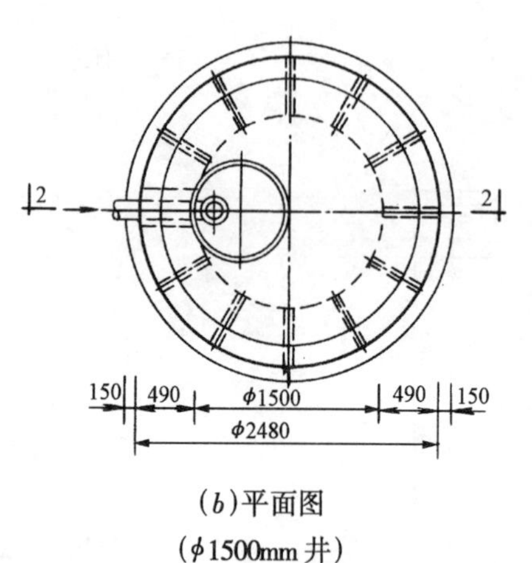

(*b*)平面图
(φ1500mm 井)

安 装 说 明

1. 井基应落在砂土层上，且在地下水位以上。

2. 砌体采用 MU10 砖、M10 水泥砂浆砌筑。

3. 管径由设计者确定。

图名	φ1500mm、φ2000mm 砖砌渗水井	图号	PS2—1

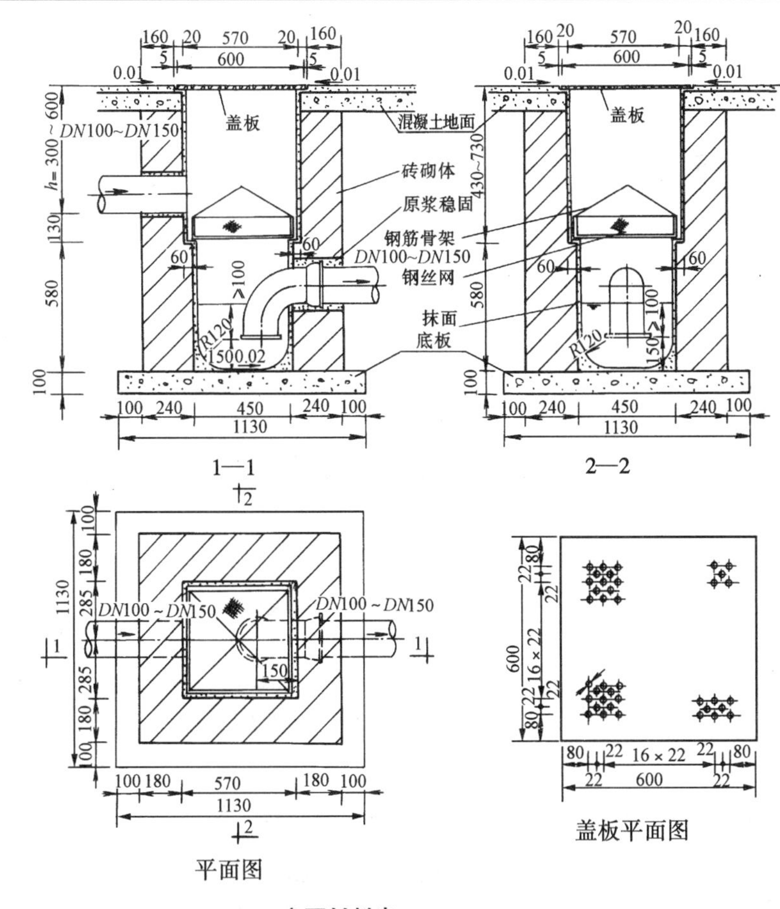

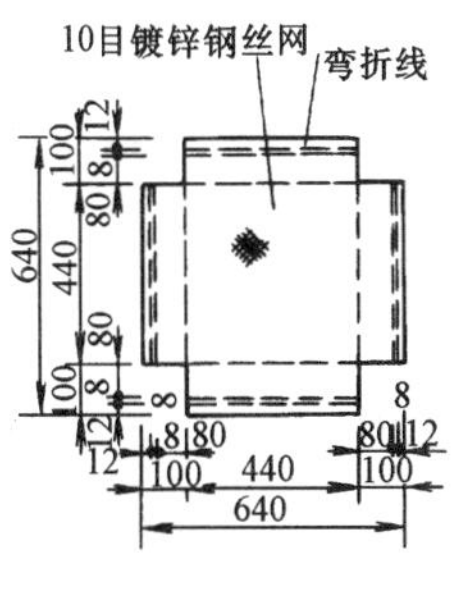

钢丝网展开图

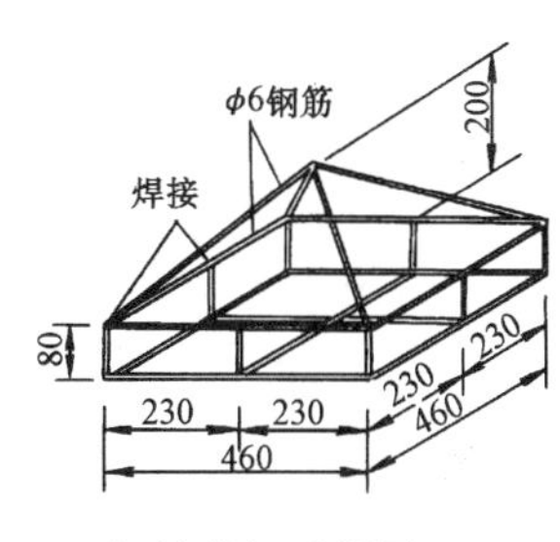

钢筋骨架透视图

安装说明

1. 本图适用于理发室、公共浴室和游泳池等室内排水管道上，DN100～DN150。
2. 仅由盖板孔进水时，可取消进水管。
3. 盖板与地面持平，盖板采用灰口铸铁，厚8mm，也可用其他材质代替。
4. 钢筋骨架应除锈后，分别刷两道底漆和面漆。网框也可用其他材料代替，如塑料或玻璃钢制造。
5. 有地下水时，井外壁应做防水层。
6. 焊条为E4303。
7. 表中材料用量按无地下水，h为最大值计算。

主要材料表

名称	用量	名称	用量
铸铁盖板(个)	1	底板 C15 混凝土(m^3)	0.13
90°铸铁弯头(个)	1	砖砌体 M7.5 水泥砂浆、M7.5 砖(m^3)	0.77
排水铸铁管(m)	1.00		
φ6 钢筋(m)	7.10	防水层 20mm 厚防水砂浆抹面(m^2)	3.02
10 目镀锌钢丝网(m^2)	0.41		

图名	砖砌毛发聚集井	图号	PS2—2

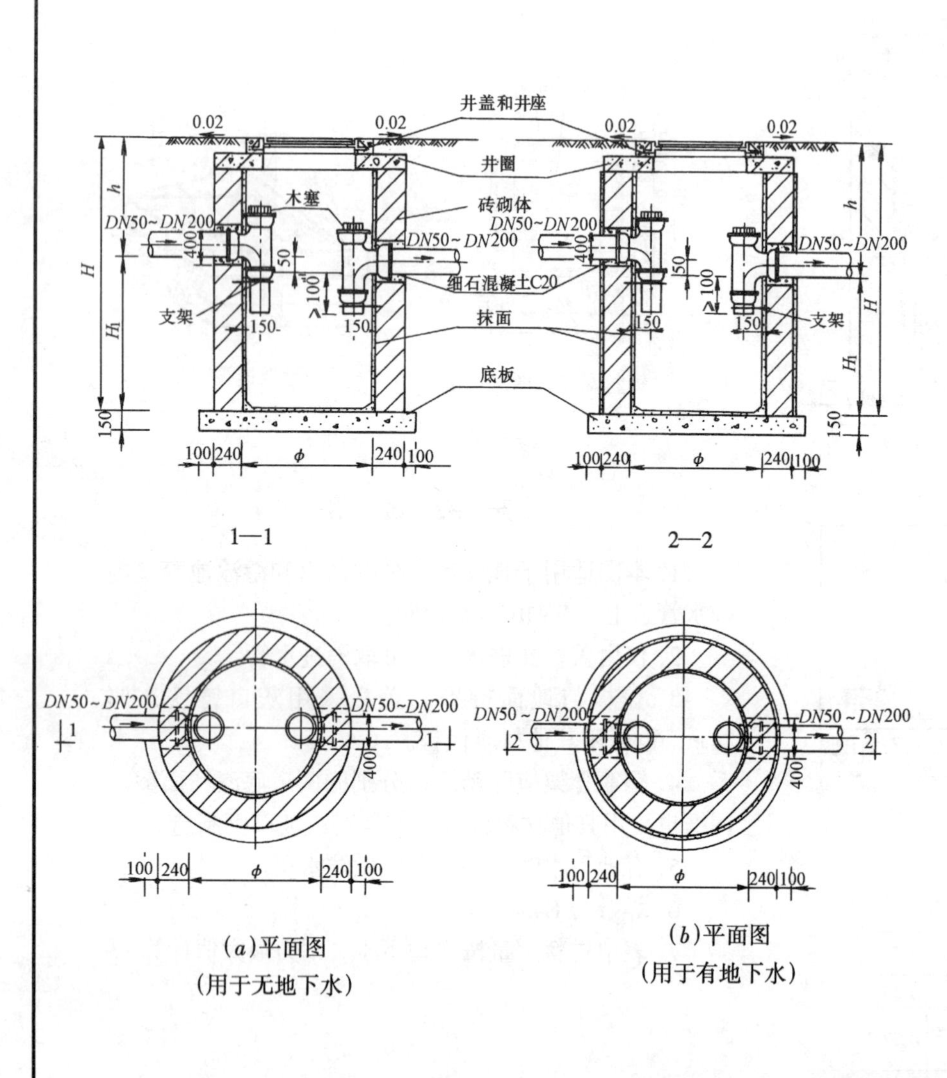

(a)平面图
(用于无地下水)
(b)平面图
(用于有地下水)

主要材料表

名称 \ 型号 / 地下水		Ⅰ 无	Ⅰ 有	Ⅱ 无	Ⅱ 有
排水铸铁管(m)		1.00	1.00	1.00	1.00
排水铸铁三通(个)		2	2	2	2
井盖和井座(套)		1	1	1	1
井圈 C20 混凝土(m^3)		0.16	0.16	0.09	0.09
底板(m^3)		C10 混凝土 0.22	C15 混凝土 0.33	C10 混凝土 0.15	C15 混凝土 0.23
砖砌体	M7.5 水泥砂浆 MU7.5 砖(m^3)	2.30	2.30	0.77	0.77
防水层	20mm 厚防水砂浆抹面(m^2)	8.58	20.11	2.75	6.75
	涂热沥青(m^2)	—	20.11	—	6.57

规格尺寸表(mm)

型号	管径 DN	ϕ	h	H_1	H
Ⅰ	DN50 ~ DN200	1000	≤1900	800	≤2700
Ⅱ	DN50 ~ DN200	700	≤800	500	≤1300

安 装 说 明

1. 堵头可用木塞(浸热沥青)或其他材料。
2. 水封高度≥100mm，进、出水管水封是否同时设置按工程需要决定。
3. 表中材料用量按 H 最大值计算。
4. 本图适用于 DN50 ~ DN200 的排水管。

图名	水封井	图号	PS2—3

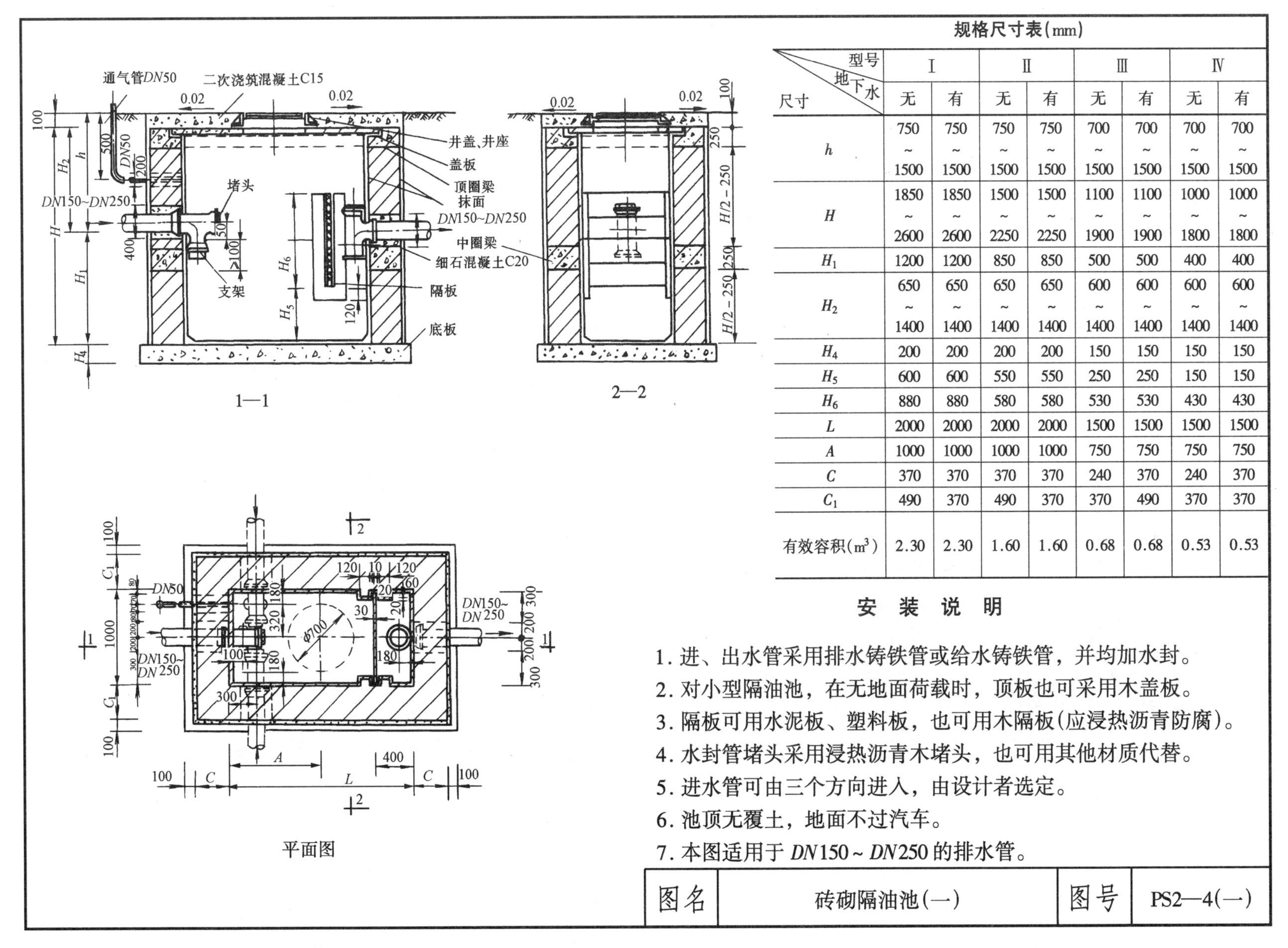

规格尺寸表(mm)

尺寸 \ 型号 / 地下水	Ⅰ 无	Ⅰ 有	Ⅱ 无	Ⅱ 有	Ⅲ 无	Ⅲ 有	Ⅳ 无	Ⅳ 有
h	750~1500	750~1500	750~1500	750~1500	700~1500	700~1500	700~1500	700~1500
H	1850~2600	1850~2600	1500~2250	1500~2250	1100~1900	1100~1900	1000~1800	1000~1800
H_1	1200	1200	850	850	500	500	400	400
H_2	650~1400	650~1400	650~1400	650~1400	600~1400	600~1400	600~1400	600~1400
H_4	200	200	200	200	150	150	150	150
H_5	600	600	550	550	250	250	150	150
H_6	880	880	580	580	530	530	430	430
L	2000	2000	2000	2000	1500	1500	1500	1500
A	1000	1000	1000	1000	750	750	750	750
C	370	370	370	370	240	370	240	370
C_1	490	370	490	370	370	490	370	370
有效容积(m^3)	2.30	2.30	1.60	1.60	0.68	0.68	0.53	0.53

安 装 说 明

1. 进、出水管采用排水铸铁管或给水铸铁管，并均加水封。
2. 对小型隔油池，在无地面荷载时，顶板也可采用木盖板。
3. 隔板可用水泥板、塑料板，也可用木隔板(应浸热沥青防腐)。
4. 水封管堵头采用浸热沥青木堵头，也可用其他材质代替。
5. 进水管可由三个方向进入，由设计者选定。
6. 池顶无覆土，地面不过汽车。
7. 本图适用于 $DN150 \sim DN250$ 的排水管。

图名	砖砌隔油池(一)	图号	PS2—4(一)

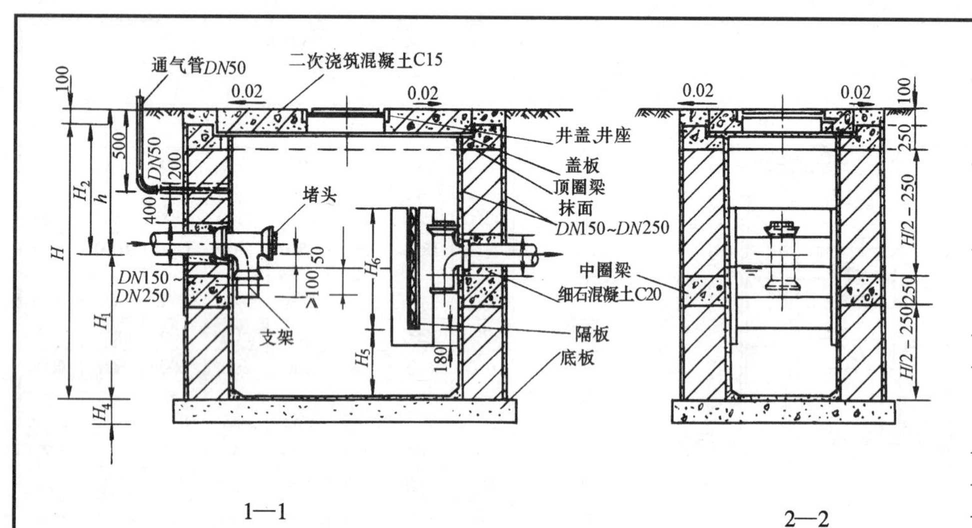

1—1

2—2

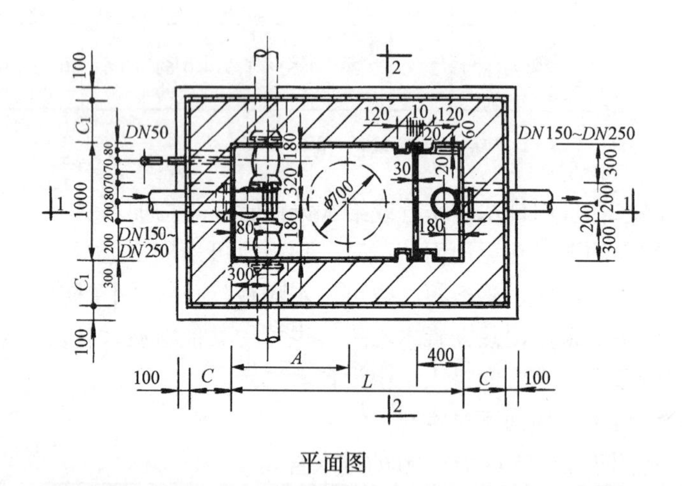

平面图

规格尺寸表(mm)

尺寸 \ 型号 / 地下水	Ⅰ 无	Ⅰ 有	Ⅱ 无	Ⅱ 有	Ⅲ 无	Ⅲ 有	Ⅳ 无	Ⅳ 有
h	750~1500	750~1500	750~1500	750~1500	700~1500	700~1500	700~1500	700~1500
H	1850~2600	1850~2600	1500~2250	1500~2250	1100~1900	1100~1900	1000~1800	1000~1800
H_1	1200	1200	850	850	500	500	400	400
H_2	650~1400	650~1400	650~1400	650~1400	600~1400	600~1400	600~1400	600~1400
H_4	220	220	220	220	180	180	180	180
H_5	600	600	550	550	250	250	150	150
H_6	880	880	580	580	530	530	430	430
L	2000	2000	2000	2000	1500	1500	1500	1500
A	1000	1000	1000	1000	750	750	750	750
C	370	370	370	370	370	370	370	370
C_1	490	490	490	490	490	490	490	490
有效容积(m^3)	2.30	2.30	1.60	1.60	0.68	0.68	0.53	0.53

安 装 说 明

1. 进、出水管采用排水铸铁管或给水铸铁管，并均加水封。
2. 进水管可由三个方向进入，由设计者选定。
3. 隔板可用水泥板、塑料板，也可采用木隔板(应浸热沥青防腐)。
4. 水封管堵头采用浸热沥青木堵头，也可用其他材质代替。
5. 池顶无覆土，地面可过汽车。
6. 本图适用于 *DN*150 ~ *DN*250 的排水管。

图名	砖砌隔油池(二)	图号	PS2—4(二)

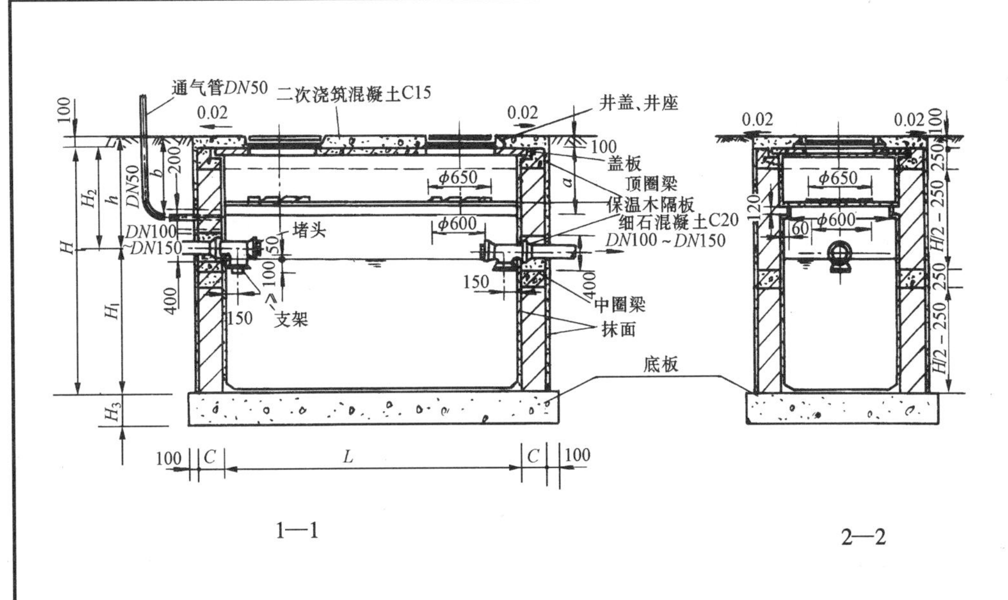

规格尺寸表(mm)

尺寸 \ 地下水 \ 型号	Ⅰ		Ⅱ	
	无	有	无	有
h	1100～1500	1100～1500	1200～1500	1200～1500
H	2400～2800	2400～2800	3100～3400	3100～3400
H_1	1400	1400	2000	2000
H_2	1000～1400	1000～1400	1100～1400	1100～1400
H_3	250	280	280	300
a	600	600	600	600
b	800	800	900	900
L	3000	3000	3500	3500
C	370	370	370	490
C_1	370	490	490	620
有效容积(m^3)	4.86	4.86	7.02	7.02

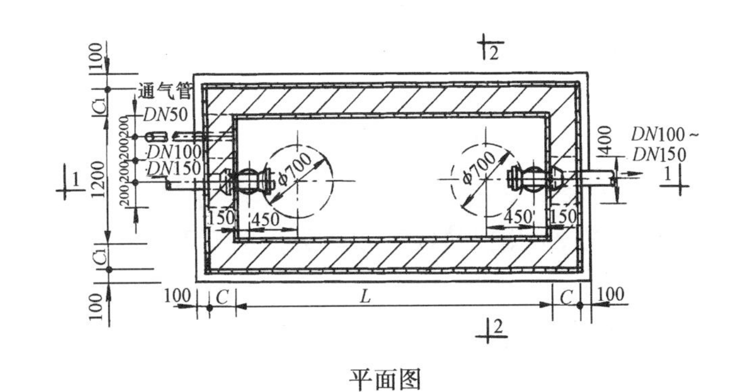

平面图

安装说明

1. 进、出水管采用排水铸铁管，并均加水封。
2. 水封堵头采用浸热沥青木堵头，也可用其他材料代替。
3. 池顶无覆土，地面不过汽车。
4. 本图适用于 $DN100 \sim DN150$ 的排水管。

图名	汽车洗车砖砌污水沉淀池(一)	图号	PS2—5(一)

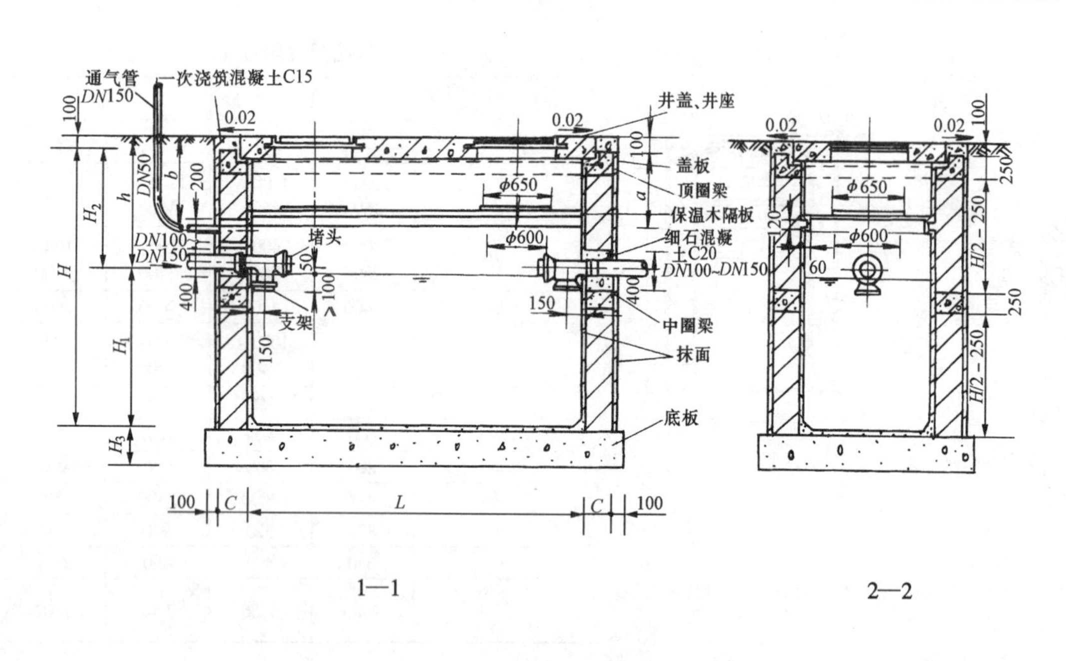

规格尺寸表(mm)

尺寸 \ 地下水 \ 型号	Ⅰ		Ⅱ	
	无	有	无	有
h	1100~1500	1100~1500	1200~1500	1200~1500
H	2400~2800	2400~2800	3100~3400	3100~3400
H_1	1400	1400	2000	2000
H_2	1000~1400	1000~1400	1100~1400	1100~1400
H_3	250	280	280	300
a	700	700	700	700
b	800	800	900	900
L	3000	3000	3500	3500
C	490	490	490	620
C_1	620	620	740	740
有效容积(m^3)	4.86	4.86	7.02	7.02

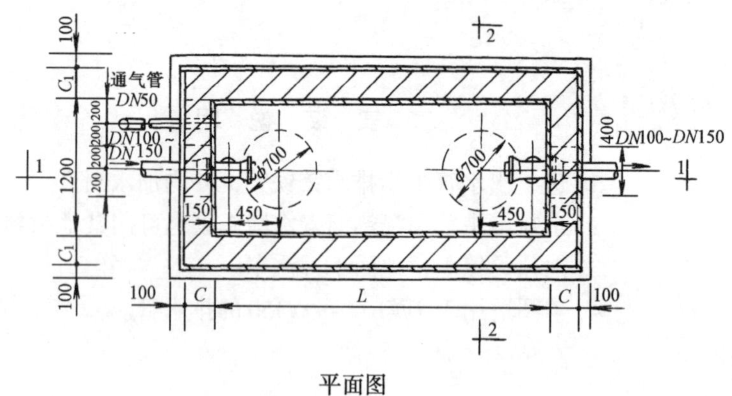

平面图

安装说明

1. 进、出水管采用排水铸铁管，并均加水封。

2. 水封堵头采用浸热沥青木堵头，也可用其他材料代替，地面可过汽车。

3. 本图适用于 DN100~DN150 的排水管。

图名	汽车洗车砖砌污水沉淀池(二)	图号	PS2—5(二)

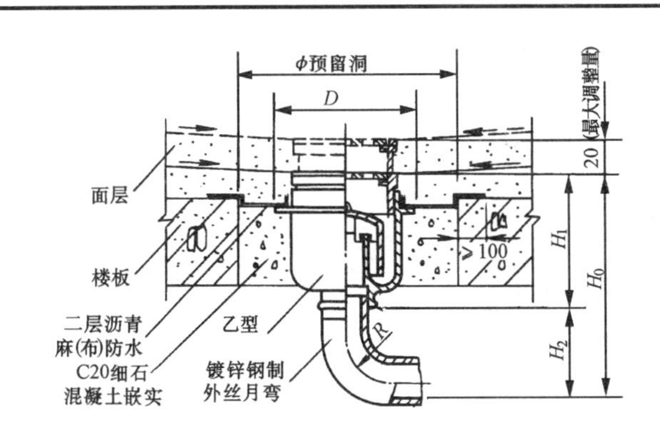

(a)Ⅰ型连接

(c)Ⅲ型连接

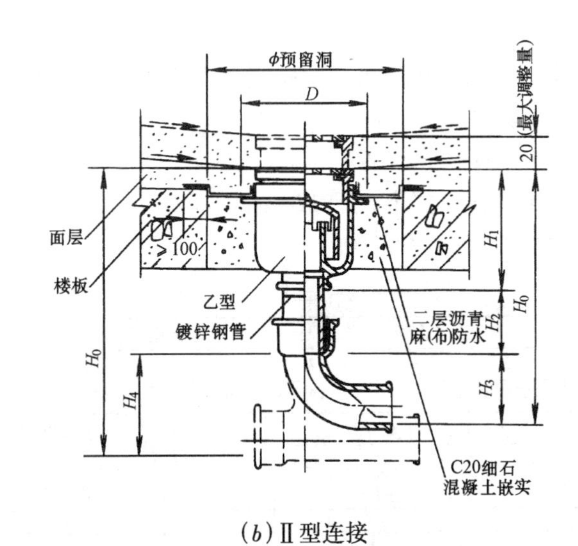

(b)Ⅱ型连接

安 装 说 明

1. 地漏安装时应保持地漏面低于周围地面 5～10mm，装设在楼板上应预留安装洞。

2. 是否采用方盖圈由设计者确定。

3. 本图适用于 DN50～DN100。

尺 寸 表(mm)

DN	Ⅰ型				Ⅱ型						Ⅲ型					D	φ
	H_0	H_1	H_2	R	H_0		H_1	H_2	H_3		H_0		H_1	H_2			
					三通	弯头			三通	弯头	三通	弯头		三通	弯头		
50	305	160	145	105	≥405	≥400	160	≥110	135	130	450	445	315	135	130	185	270
75	390	170	220	162	≥493	≥440	170	≥115	208	155	523	470	315	208	155	225	310
100	462	180	282	212	≥553	≥480	180	≥120	253	180	568	495	315	253	180	280	360

图名	圆形钟罩地漏(甲、乙型)安装图	图号	PS3—1

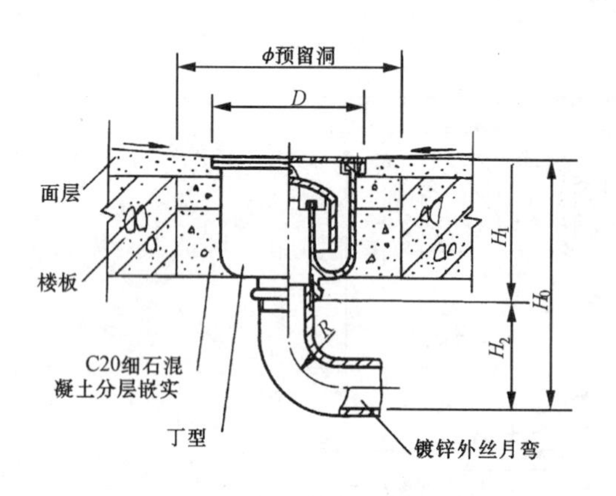

(a) Ⅰ型连接

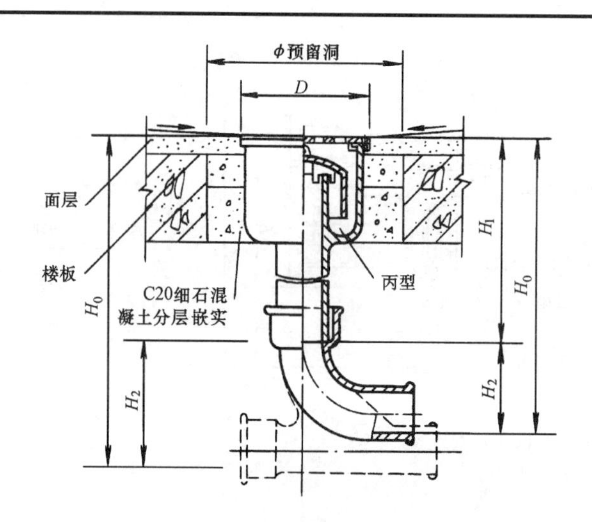

(c) Ⅲ型连接

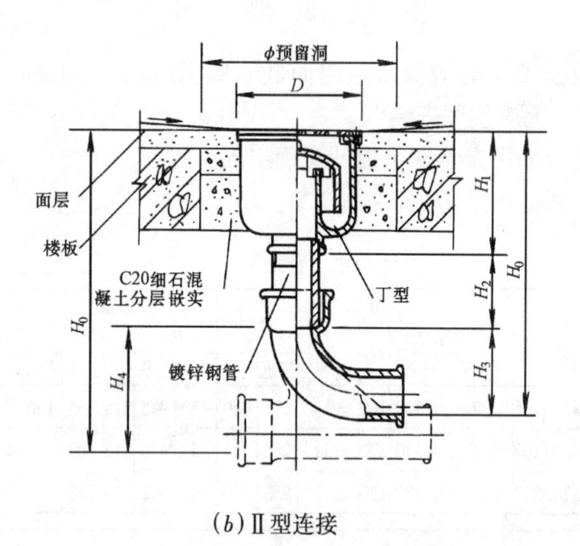

(b) Ⅱ型连接

安 装 说 明

1. 地漏安装时应保持地漏面低于周围地面 5～10mm，装设在楼板上应预留安装洞。

2. 是否采用方盖圈由设计者确定。

3. Ⅰ型适用于楼板厚度不大于 120mm 的场所。

4. 本图适用于 $DN50$～$DN100$。

尺 寸 表(mm)

DN	Ⅰ型				Ⅱ型						Ⅲ型					D	φ
	H_0	H_1	H_2	R	H_0		H_1	H_2	H_3		H_0		H_1	H_2			
					三通	弯头			三通	弯头	三通	弯头		三通	弯头		
50	285	140	145	105	≥385	≥380	140	≥110	135	130	465	460	330	135	130	145	230
75	370	150	220	162	≥473	≥420	150	≥115	208	155	538	485	330	208	155	185	270
100	442	160	282	212	≥533	≥460	160	≥120	253	180	583	510	330	253	180	235	320

图名	圆形钟罩地漏(丙、丁型)安装图	图号	PS3—2

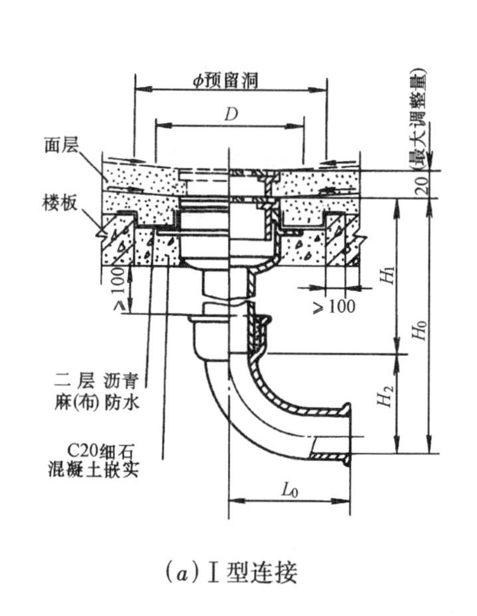

(a) Ⅰ型连接

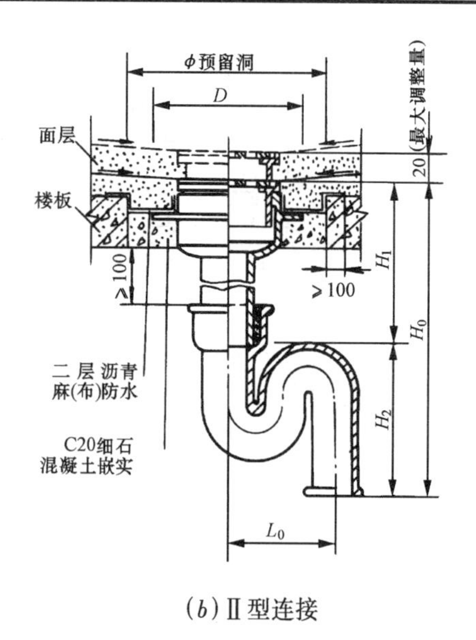

(b) Ⅱ型连接

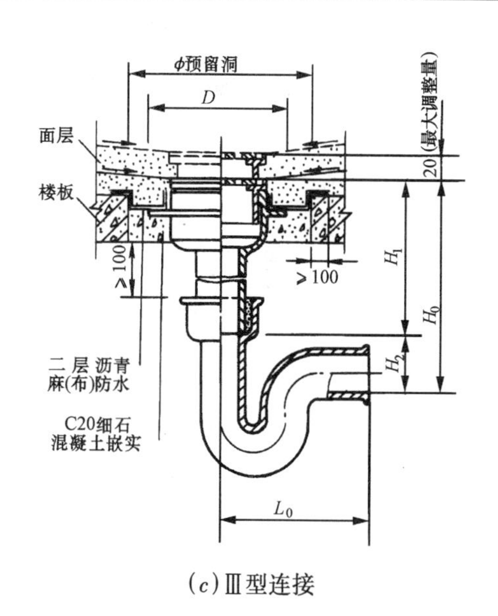

(c) Ⅲ型连接

安 装 说 明

1. 地漏安装时应保持地漏面低于周围地面 5～10mm，装设在楼板上应预留安装洞。
2. 是否采用方盖圈由设计者确定。
3. Ⅰ型适用于排入明沟的场所。
4. 该图适用于 DN50～DN150。

尺 寸 表(mm)

DN	Ⅰ型				Ⅱ型				Ⅲ型				D	φ
	H_0	H_1	H_2	L_0	H_0	H_1	H_2	L_0	H_0	H_1	H_2	L_0		
50	445	315	130	175	580	315	265	160	400	315	85	248	143	230
75	470	315	155	187	595	315	280	210	425	315	110	290	174	260
100	495	315	180	210	650	315	335	260	445	315	130	330	195	280
150	545	315	230	235					500	315	185	543	256	340

图名	无水封地漏(甲型)安装图	图号	PS3—3

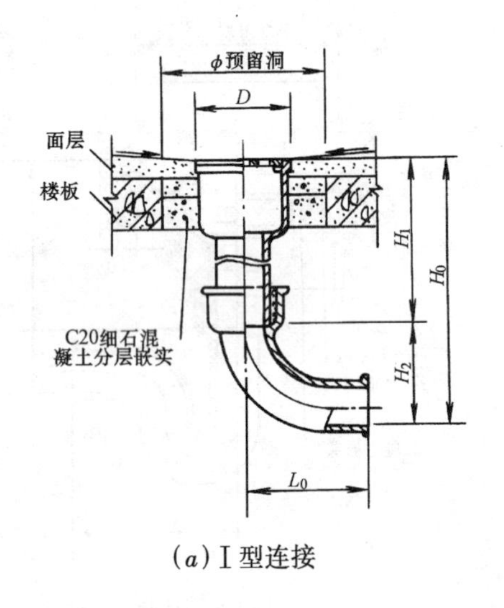

(*a*) Ⅰ型连接

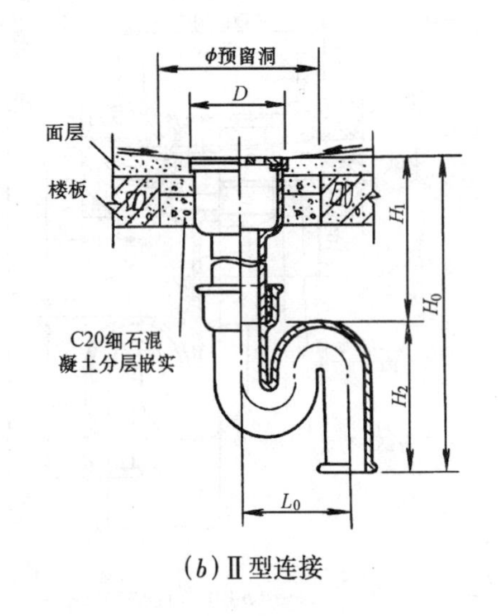

(*b*) Ⅱ型连接

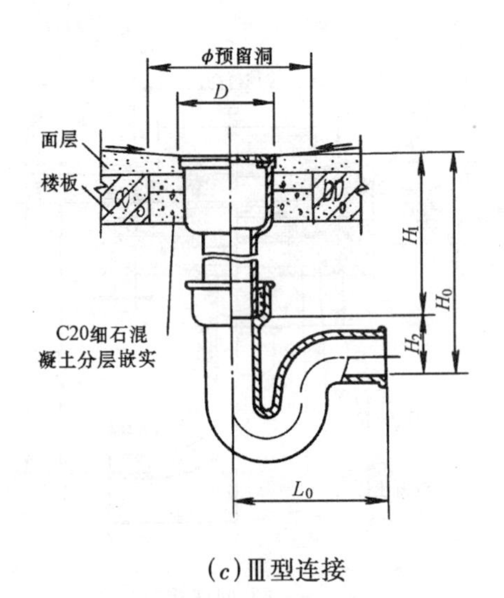

(*c*) Ⅲ型连接

安 装 说 明

1. 地漏安装时应保持地漏面低于周围地面 5～10mm，装设在楼板上应预留安装洞。

2. 是否采用方盖圈由设计者确定。

3. Ⅰ型适用于排入明沟的场所。

4. 本图适用于 *DN*50～*DN*150。

尺 寸 表(mm)

DN	Ⅰ型				Ⅱ型				Ⅲ型				*D*	φ
	H_0	H_1	H_2	L_0	H_0	H_1	H_2	L_0	H_0	H_1	H_2	L_0		
50	460	330	130	175	595	330	265	160	415	330	85	248	102	180
75	485	330	155	187	610	330	280	210	440	330	110	290	130	210
100	510	330	180	210	665	330	335	260	460	330	130	330	155	240
150	560	330	230	235					515	330	185	543	206	290

图名	无水封地漏(乙型)安装图	图号	PS3—4

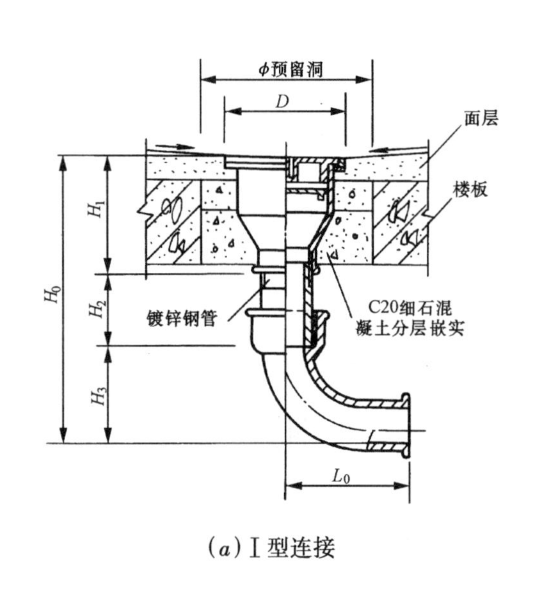

(*a*) Ⅰ型连接

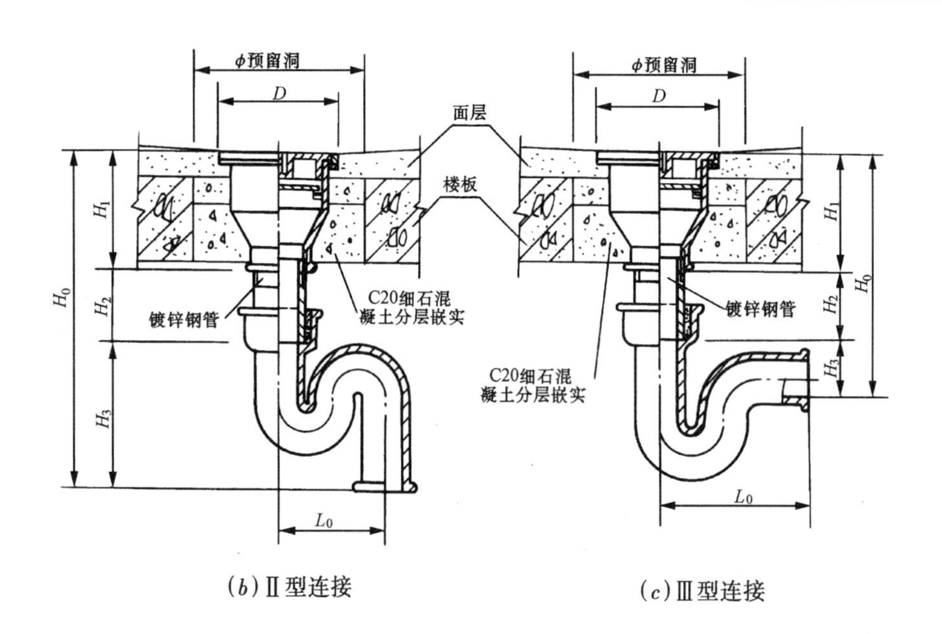

(*b*) Ⅱ型连接

(*c*) Ⅲ型连接

安 装 说 明

1. 本图适用于医院手术室等不经常排水的场所。

2. 地漏安装时应保持地漏面低于周围地面 5～10mm，地漏装设在楼板上应预留安装洞。

3. Ⅰ型适用于排入明沟的场所。

4. 本图适用于 *DN*50～*DN*100。

尺 寸 表(mm)

DN	Ⅰ型					Ⅱ型					Ⅲ型					*D*	*φ*
	H_0	H_1	H_2	H_3	L_0	H_0	H_1	H_2	H_3	L_0	H_0	H_1	H_2	H_3	L_0		
50	≥355	115	≥110	130	175	≥490	115	≥110	265	160	≥310	115	≥110	85	248	127	200
75	≥390	120	≥115	155	187	≥515	120	≥115	280	210	≥345	120	≥115	110	290	157	230
100	≥425	125	≥120	180	210	≥580	125	≥120	335	260	≥375	125	≥120	130	330	174	250

图名	无水封密闭式地漏安装图	图号	PS3—5

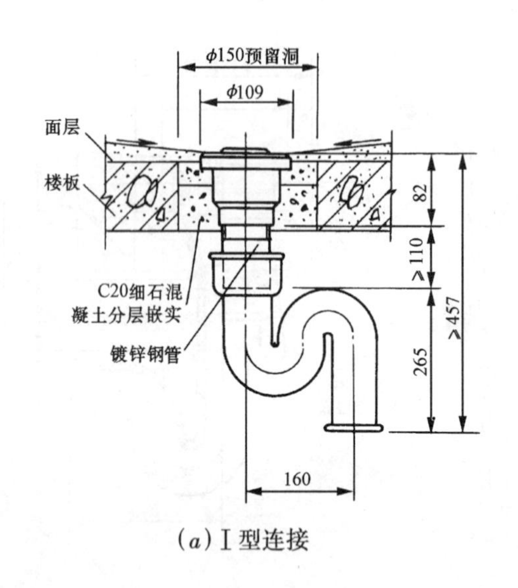

(a) Ⅰ型连接

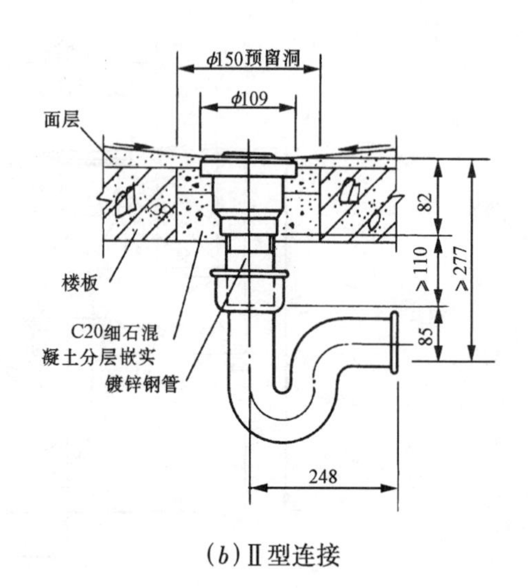

(b) Ⅱ型连接

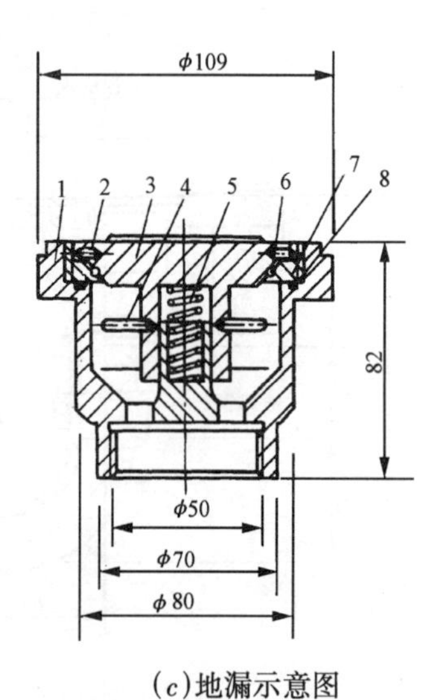

(c)地漏示意图

1—壳体；2—卡销；3—封帽；4—定位销；5—压簧；6—O 型胶圈；7—密封圈；8—胶圈

安 装 说 明

1. 本图适用于医院手术室等不经常排水但有特殊要求的场所。

2. 地漏安装时应保持地漏面低于周围地面 5～10mm，装设在楼板上预留安装洞。

3. 胶圈材质采用耐油橡胶。

4. 本图适用于 *DN*50。

图名	快开式无水封密闭地漏安装图	图号	PS3—6

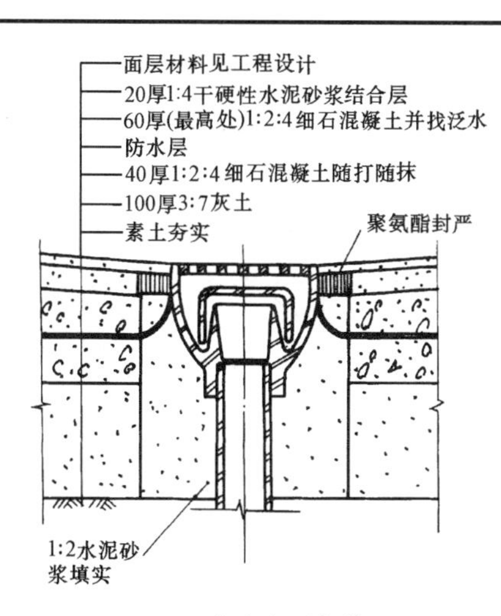

(a)地面安装

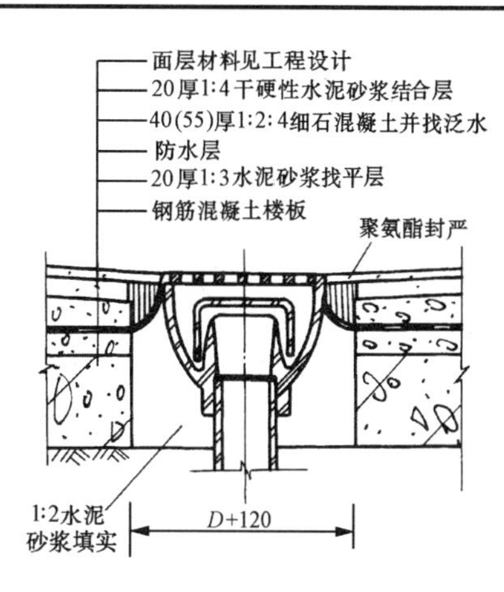

(b)楼面安装(薄垫层)

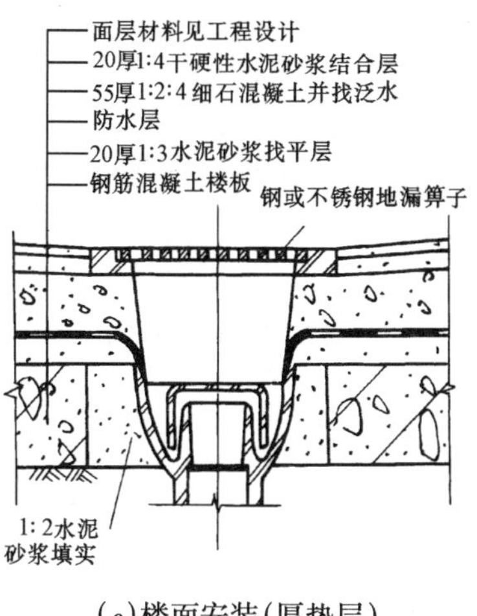

(c)楼面安装(厚垫层)

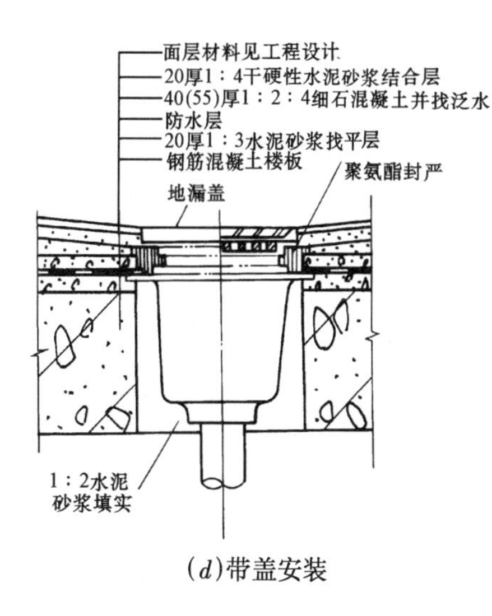

(d)带盖安装

安 装 说 明

1. 地漏安装时应保持地漏面低于周围地面 5~10mm，装设在楼板上应预留安装洞。

2. 楼板洞填充砂浆时须按比例如防水膨胀剂，防止渗水。

图名	普通地漏安装	图号	PS3—7

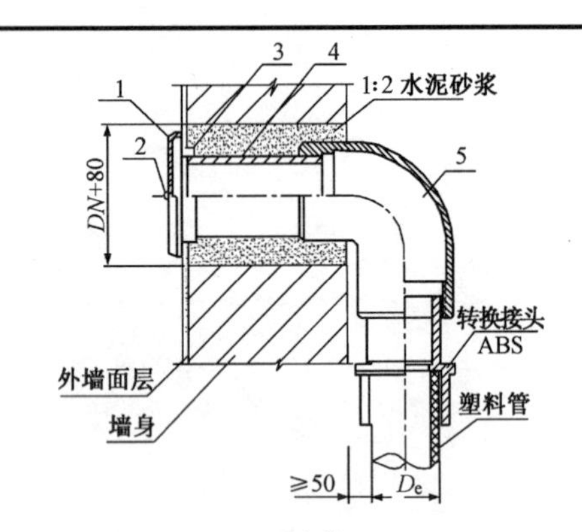

Ⅰ型连接

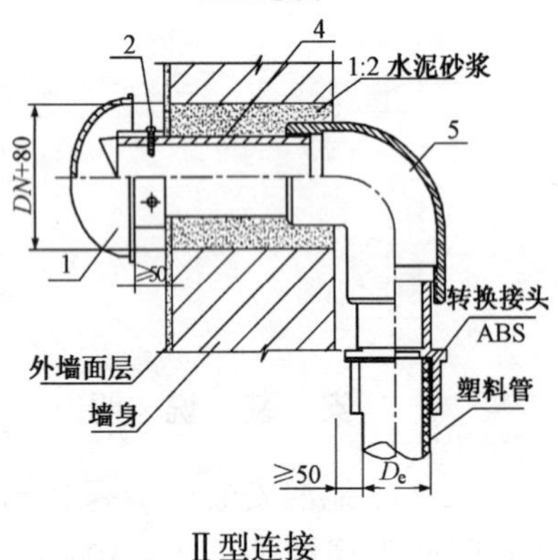

Ⅱ型连接

接管为硬聚氯乙烯(PVC - U)场所

1—通气盖板(帽)；2—螺钉；3—通气盖座；
4—短管；5—弯头

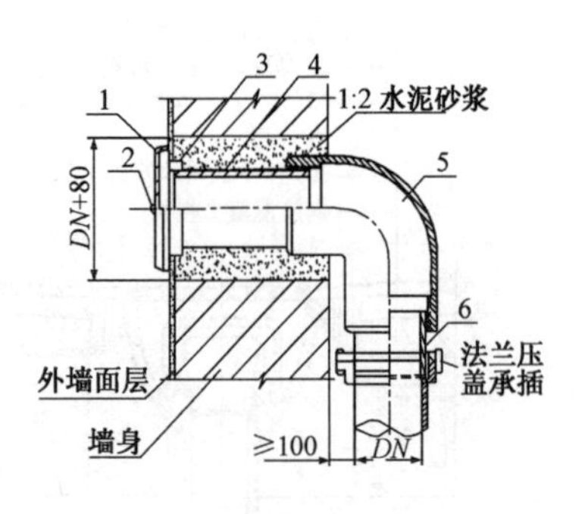

Ⅰ型连接

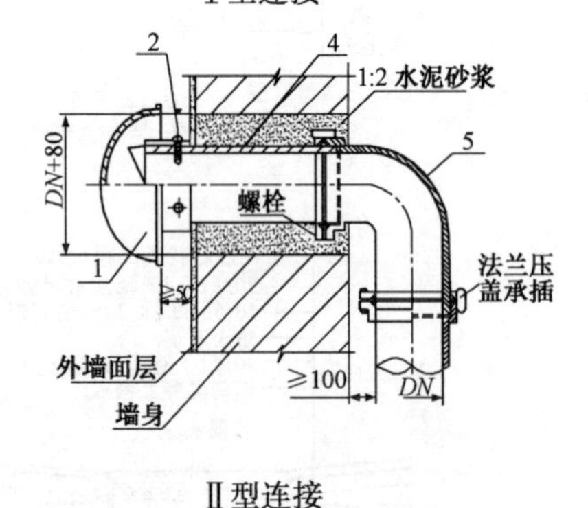

Ⅱ型连接

接管为离心铸铁管(法兰压盖承插连接)

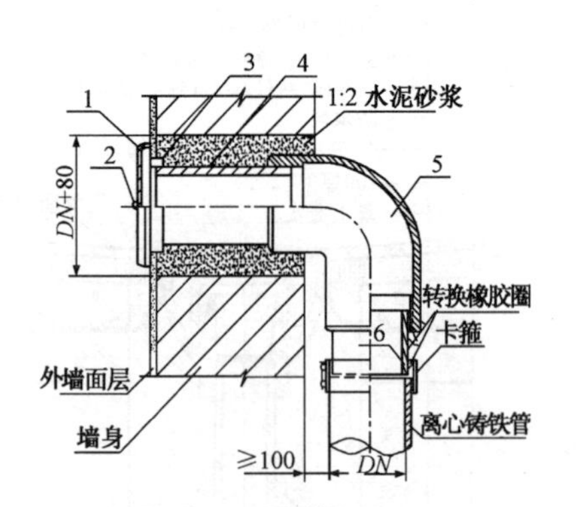

Ⅰ型连接

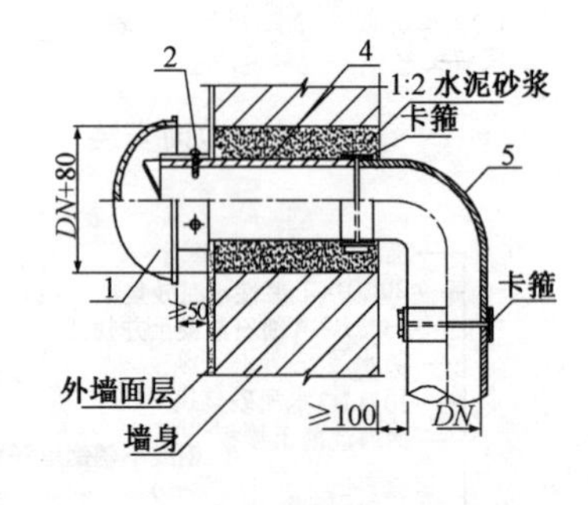

Ⅱ型连接

接管为离心铸铁管(卡箍连接)

1—通气盖板(帽)；2—螺钉；3—通气盖座；4—短管；5—弯头；6—短管

安 装 说 明

1. 本图适用于通气管从侧墙接至室外，连通大气的场所。
2. Ⅱ型采用蘑菇形通气帽水平安装，螺钉应穿透通气管，使其与通气管牢固连接。

图名	侧墙式通气帽安装图	图号	PS3—8

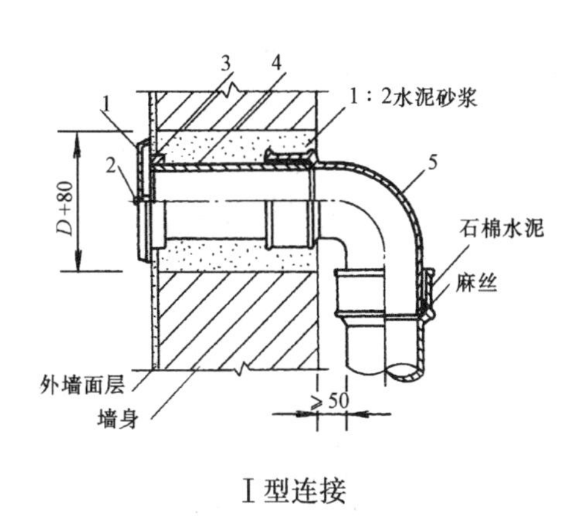

Ⅰ型连接

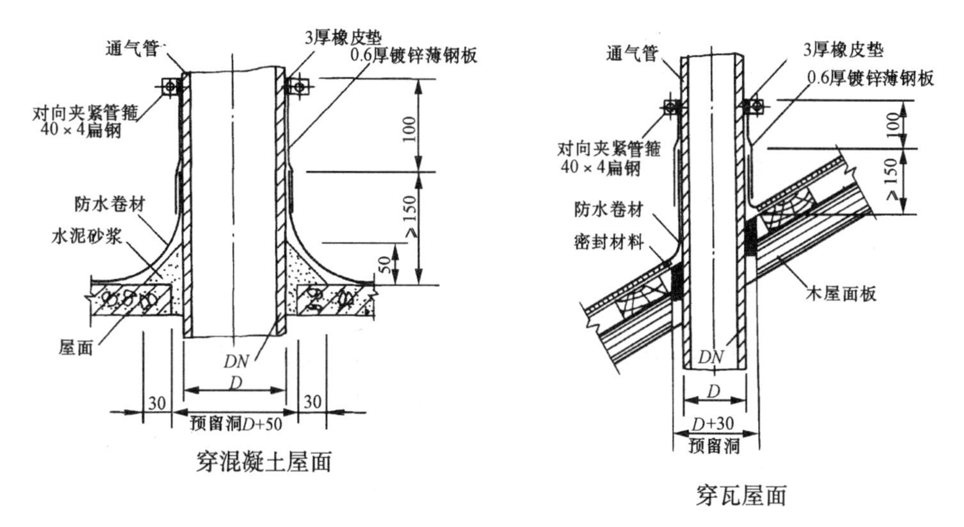

穿混凝土屋面

穿瓦屋面

(*b*)通气管穿越屋面安装图 *DN*50～*DN*150

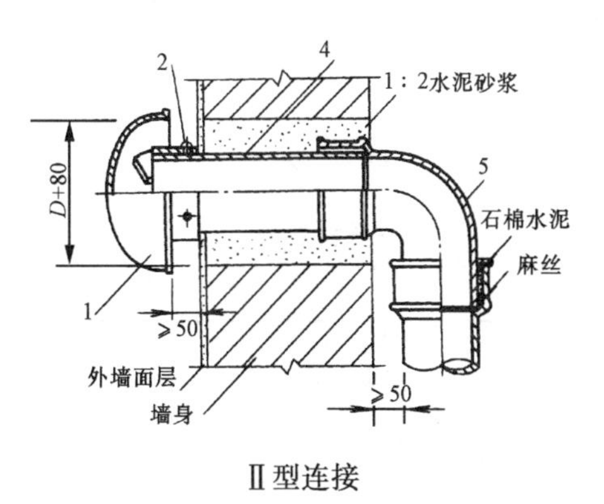

Ⅱ型连接

(*a*)侧墙式通气帽安装图 *DN*50～*DN*150

1—通气盖板；2—螺钉；3—通气盖座；

4—短管；5—承插弯头

安 装 说 明

1. 通气管穿越屋面时应避免设置承口，一般承口应低于楼板底至少100mm。

2. 侧墙式通气帽安装图用于通气管从侧墙接至室外，连通大气的场所；Ⅱ型采用蘑菇形通气帽水平安装。

3. *D* 为管外径。

图名	侧墙式通气帽、通气管穿越屋面安装图	图号	PS3—9

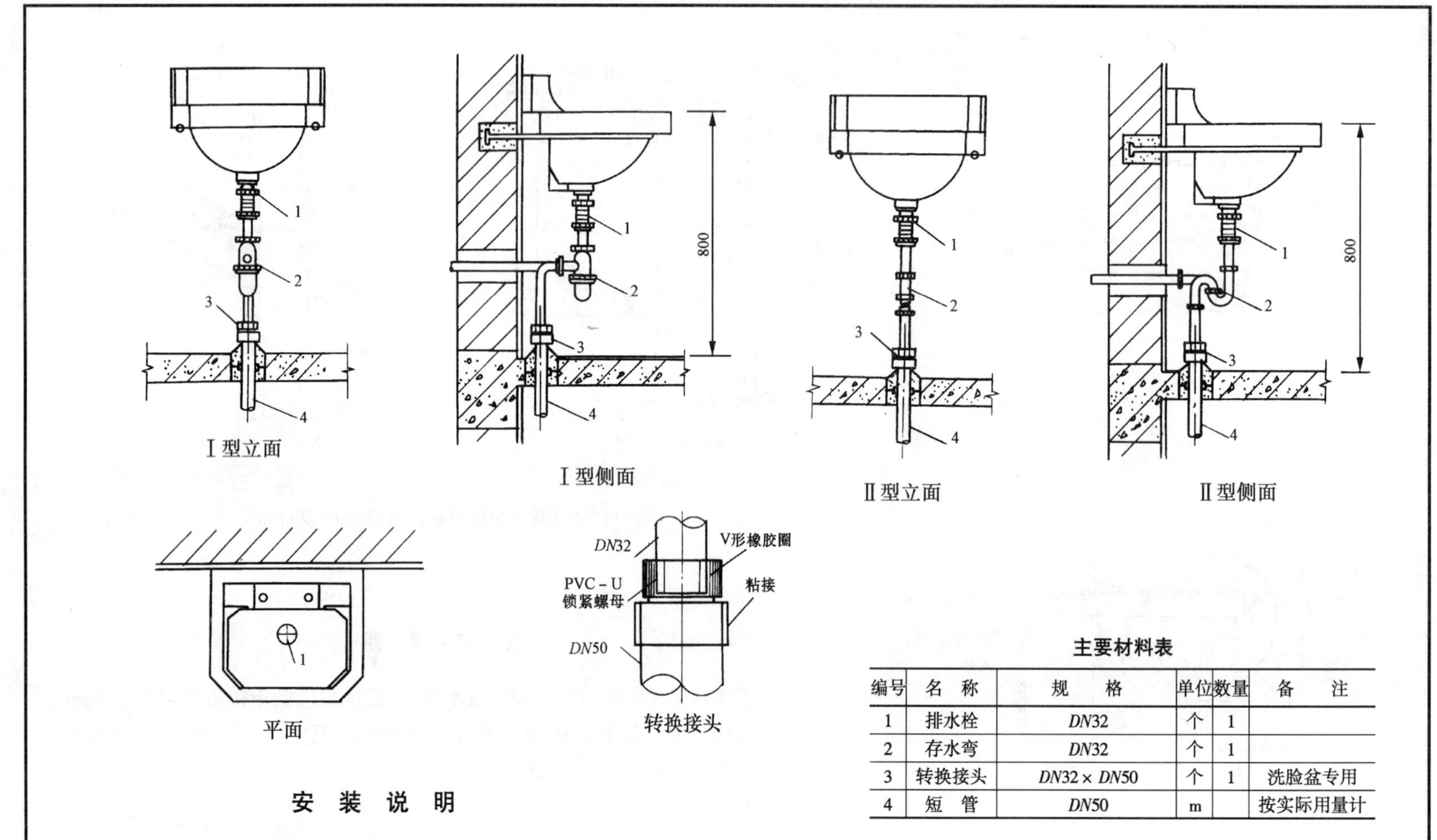

主要材料表

编号	名 称	规 格	单位	数量	备 注
1	排水栓	*DN*32	个	1	
2	存水弯	*DN*32	个	1	
3	转换接头	*DN*32 × *DN*50	个	1	洗脸盆专用
4	短 管	*DN*50	m		按实际用量计

安 装 说 明

1. 排水栓采用塑料或金属制品。
2. 存水弯选用 P 型或 S 型由设计者确定。
3. 转换接头可用塑料管道快速连接件代替。
4. 转换接头一端采用 V 形橡胶圈和锁紧螺母密封，另一端采用粘接。

图名	洗脸盆排水管安装图	图号	PS4—1

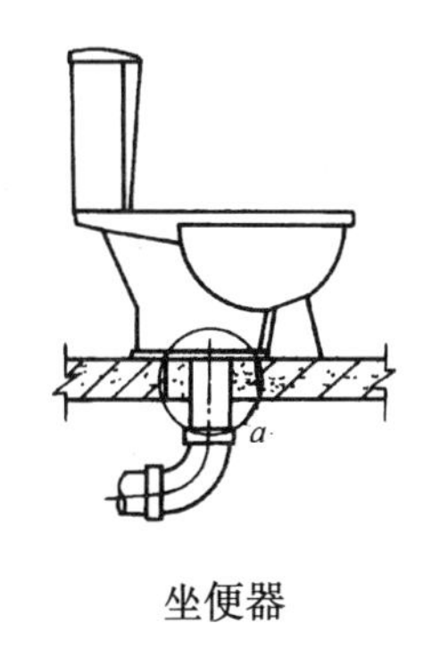

坐便器

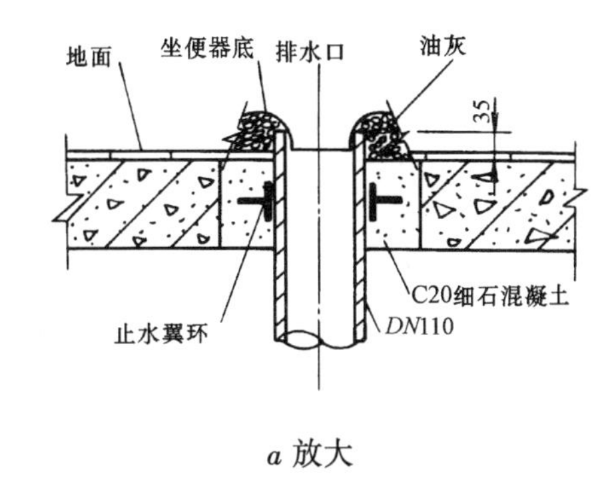

a 放大

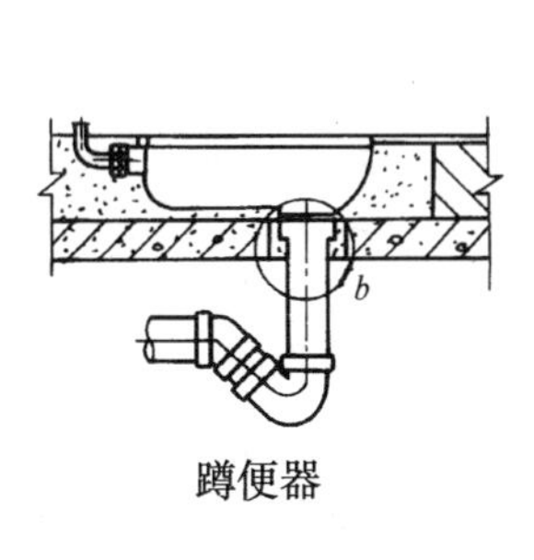

蹲便器

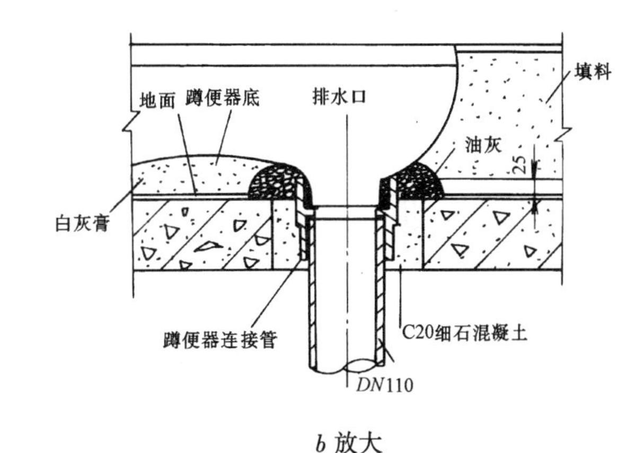

b 放大

安 装 说 明

1. 坐式大便器的接管工序

将 PVC－U 短管顶部安装至突出钢筋混凝土楼板面 35mm 的位置，待土建人员补好洞并检查确实不漏水后，做好瓷砖地面，在短管顶部外壁周围抹一圈油灰，并将坐便器排水口环形沟槽对准短管轻轻向下挤压并使坐便器准确定位。

2. 蹲式大便器的接管工序

将 PVC－U 蹲便器连接管承口顶部安装至突出钢筋混凝土楼板面 25mm 的位置，待土建人员补好洞并检查确实不漏水后，在连接管承口内外壁涂油灰，将蹲便器排水口插入承口，把蹲便器与承口缝隙填满油灰，在蹲便器底填白灰膏，把承口周围填密实并使蹲便器准确定位。

图名	坐便器、蹲便器与排水管连接安装图	图号	PS4—2

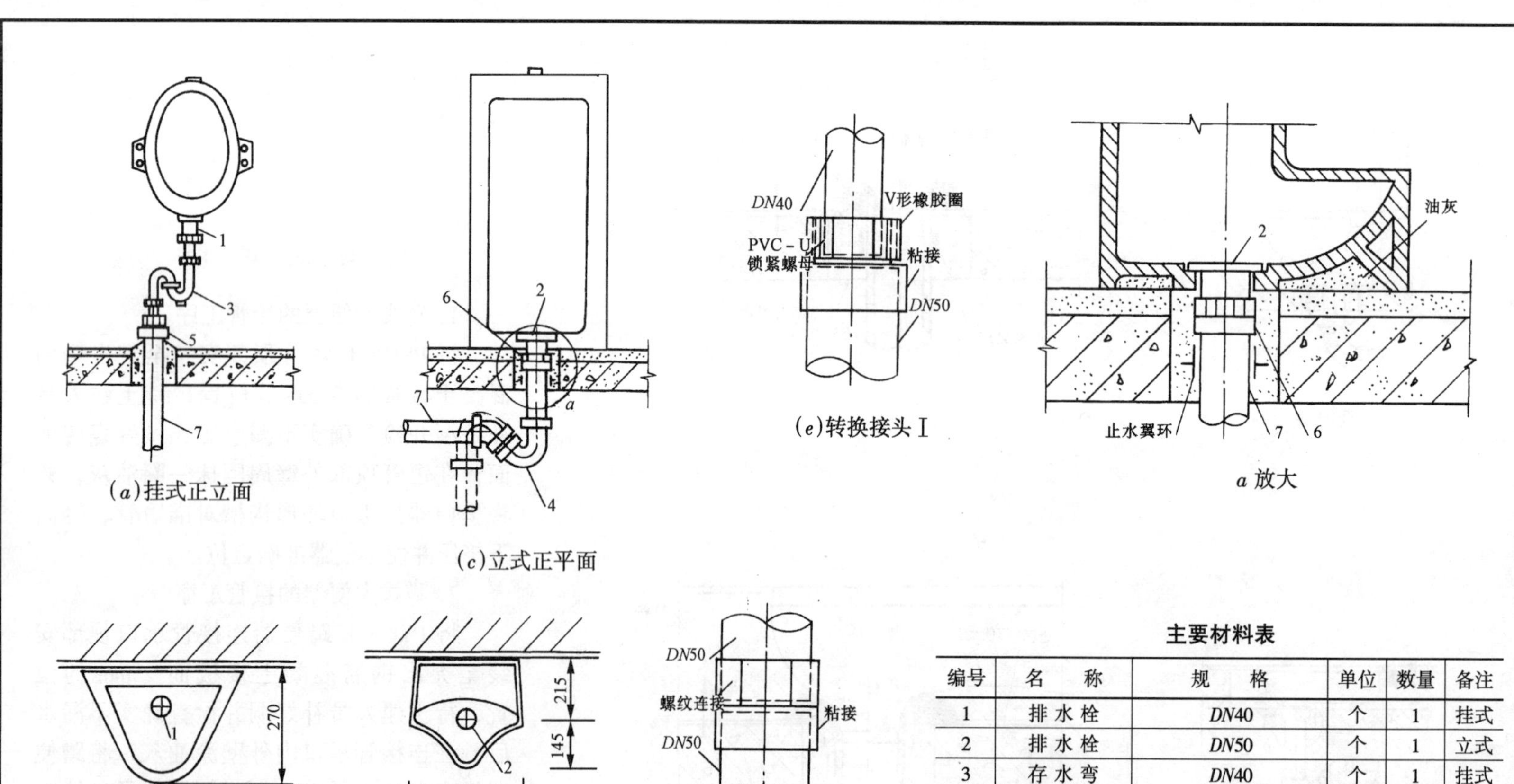

主要材料表

编号	名 称	规 格	单位	数量	备注
1	排水栓	DN40	个	1	挂式
2	排水栓	DN50	个	1	立式
3	存水弯	DN40	个	1	挂式
4	存水弯	DN50	个	1	立式
5	转换接头Ⅰ	DN40×DN50	个	1	挂式
6	转换接头Ⅱ	DN50×DN50	个	1	立式
7	短 管	DN50	根	1	

安 装 说 明

1. 排水栓采用塑料或金属制品，DN40(50)塑料排水栓螺纹相当于DN32(40)金属制品规格。

2. 存水弯选用P型或S型由设计者确定。

3. 转换接头可用塑料管道快速连接件代替。

图名	小便器排水管安装图	图号	PS4—3

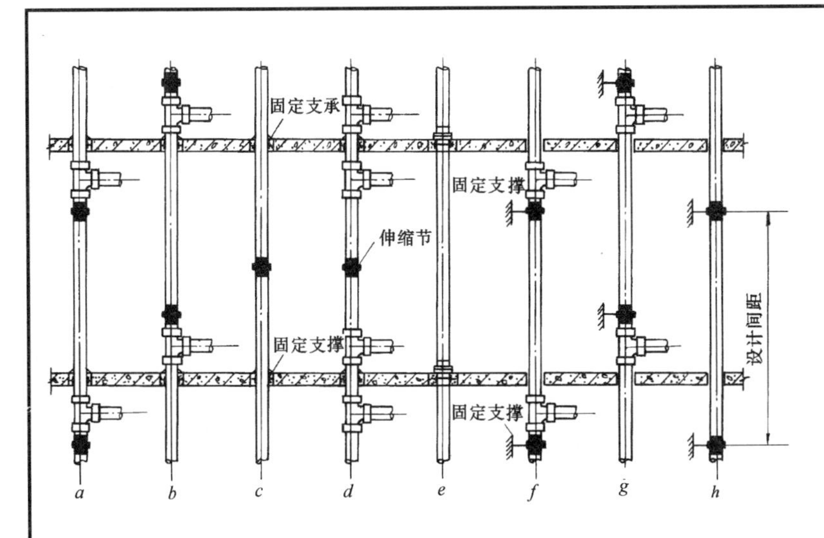

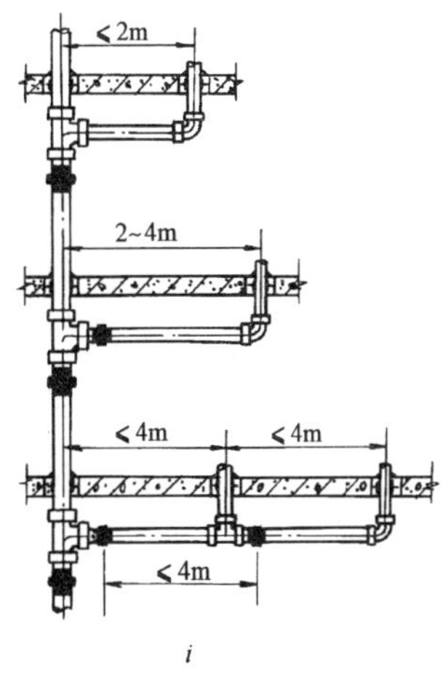

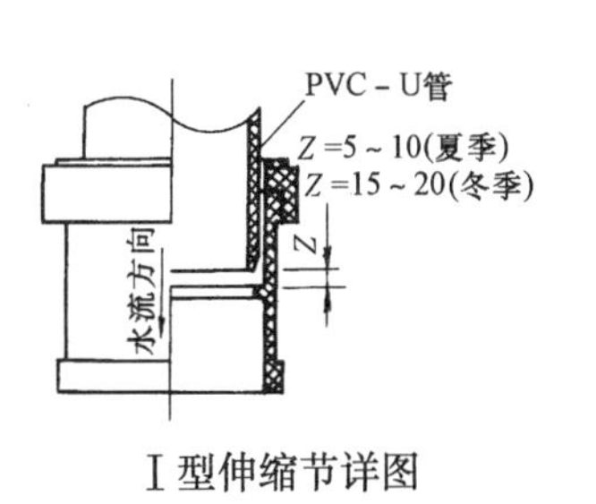

Ⅰ型伸缩节详图

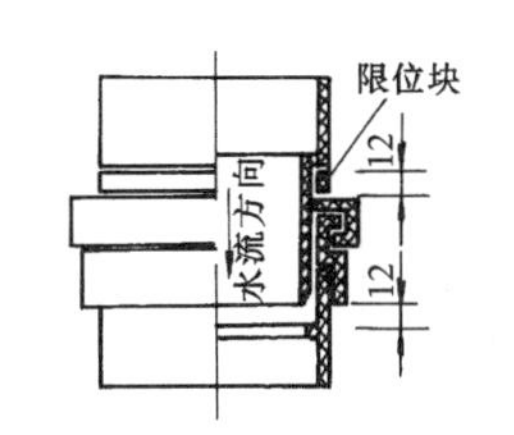

Ⅱ型伸缩节详图

安 装 说 明

1. 当层高小于或等于4m时，污水立管和通气立管应每层设一伸缩节，当层高大于4m时，应根据管道设计伸缩量和伸缩节最大允许伸缩量确定，伸缩节设置应靠近水流汇合的管件，并可按下列情况确定：

1)排水支管在楼板下方接入时，伸缩节设置于水流汇合管件之下(见图 *a*、*f*)；

2)排水支管在楼板上方接入时，伸缩节设置于水流汇合管件之上(见图 *b*、*g*)；

3)立管上无排水支管接入时，伸缩节按设计间距可置于楼层任何部位(见图 *c*、*e*、*h*)；

4)排水支管同时在楼板上、下方接入时，宜将伸缩节置于楼层中间部位(见图 *d*)。

2. 污水横支管，器具通气管，环形通气管上合流管件至立管的直线管段超过2m时，应设伸缩节，伸缩节之间最大间距不得超过4m，横管上设置伸缩节应设于水流汇合管件上游端(见图 *i*)。

3. 立管在穿越楼层处固定时，在伸缩节处不得固定；在伸缩节处固定时，立管穿越楼层处不得固定。

4. Ⅱ型伸缩节安装完毕，应将限位块拆除。

图名	伸缩节安装图	图号	PS4—4

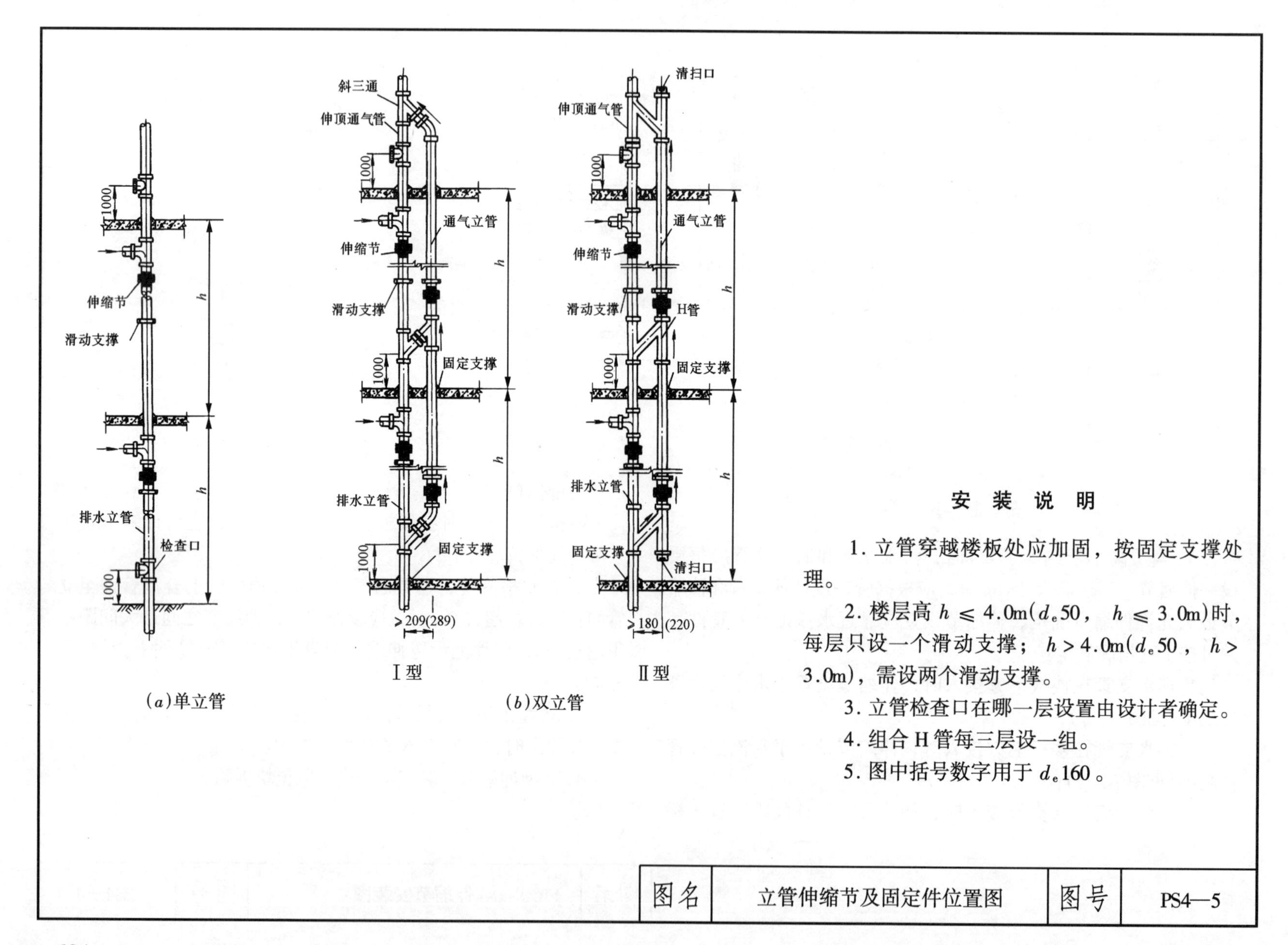

(a)单立管

Ⅰ型

Ⅱ型

(b)双立管

安 装 说 明

1. 立管穿越楼板处应加固，按固定支撑处理。

2. 楼层高 $h \leqslant 4.0$m(d_e50， $h \leqslant 3.0$m)时，每层只设一个滑动支撑； $h > 4.0$m(d_e50， $h > 3.0$m)，需设两个滑动支撑。

3. 立管检查口在哪一层设置由设计者确定。

4. 组合 H 管每三层设一组。

5. 图中括号数字用于 d_e160 。

图名	立管伸缩节及固定件位置图	图号	PS4—5

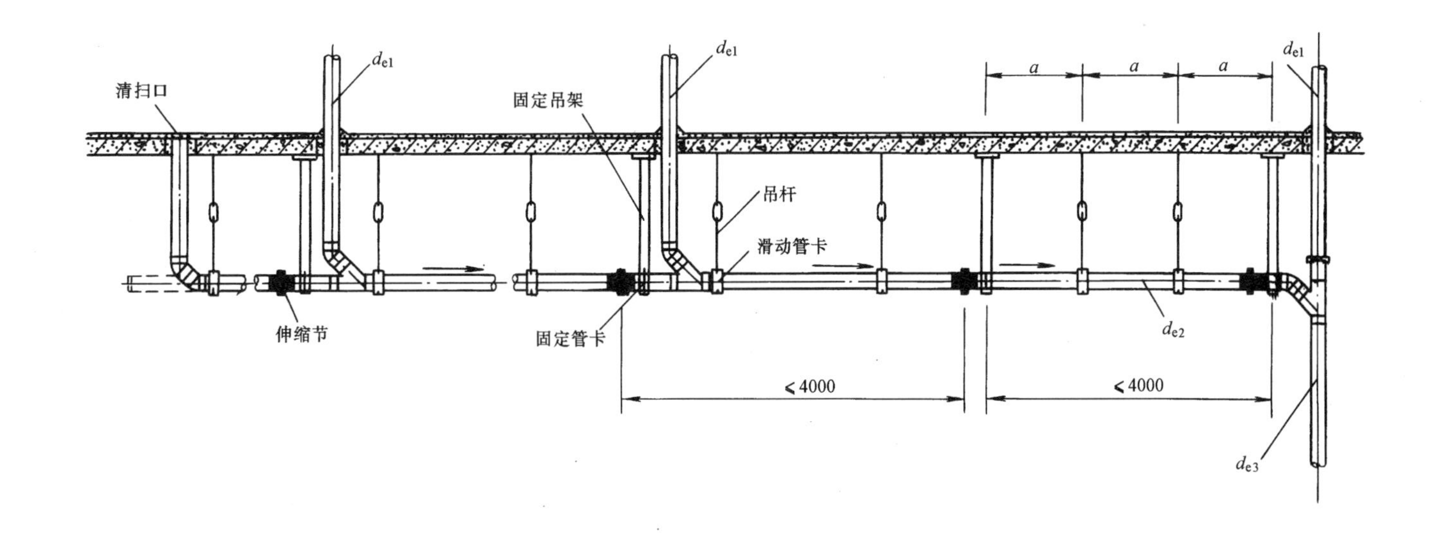

安 装 说 明

1. ϕ12 圆钢吊杆可用 M12 膨胀螺栓焊接后固定在楼板下。

2. 管道连接应满足 $d_{e1} \leqslant d_{e2} \leqslant d_{e3}$。

3. 两个固定管卡之间应补够滑动管卡，使间距 a 满足有关要求。

4. 横管安装在钢筋混凝土技术夹层上时，采用固定托架和滑动托架。固定托架参照固定吊架做法，将角钢固定在楼板上进行安装。滑动管卡则采用砌 C15 混凝土支墩办法，将滑动管卡上的膨胀螺栓插入支墩中。

图名	横管伸缩节及管卡设置位置图	图号	PS4—6

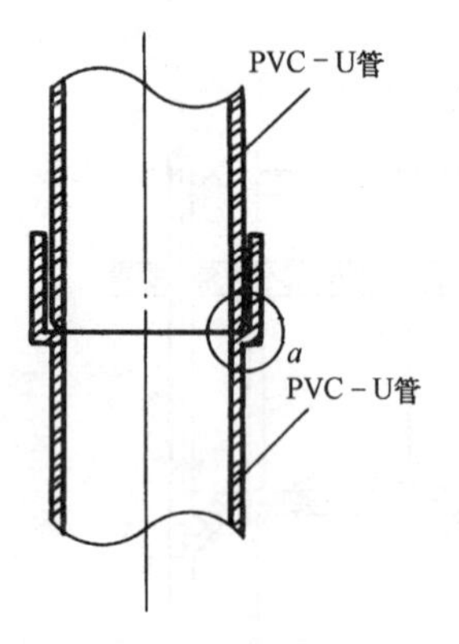

PVC－U 承插管

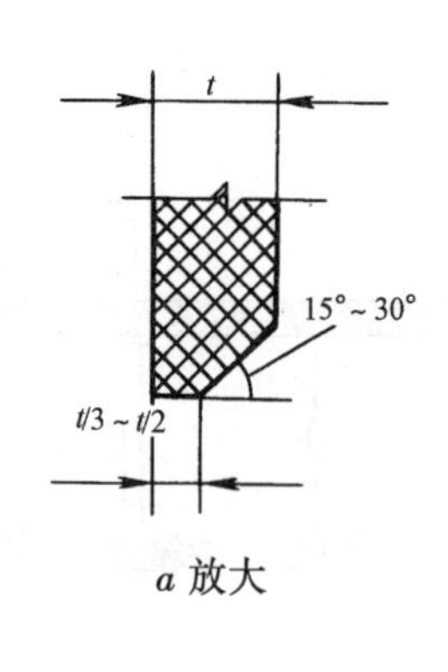

a 放大

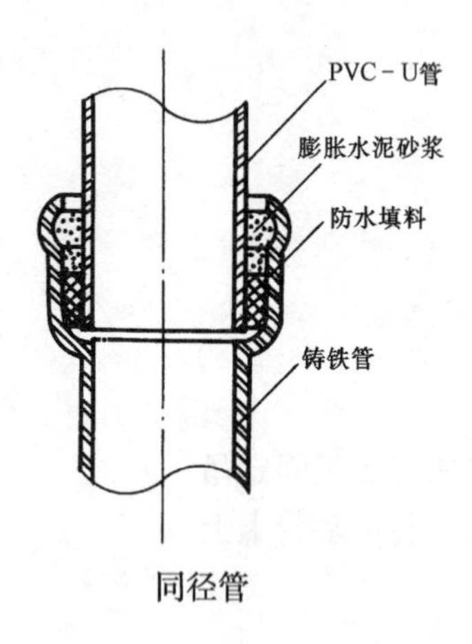

同径管

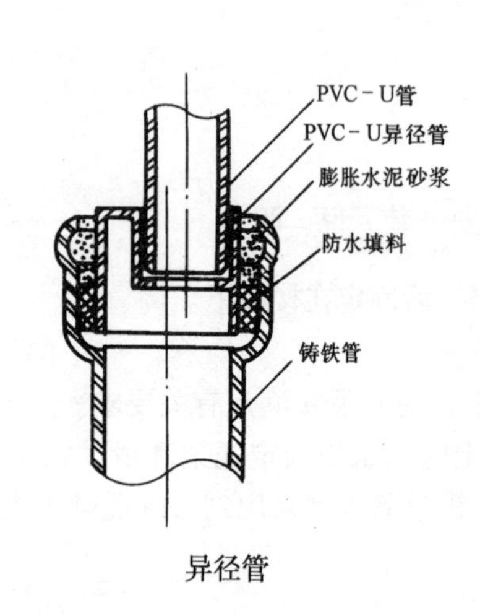

异径管

PVC－U 管与铸铁管连接

安　装　说　明

1. 管道粘接不宜在湿度很大的环境中进行，操作场所应远离火源，防止撞击和阳光直射，在－20℃以下的环境中不得操作。

2. 涂胶前，应将粘接表面打毛并擦净，如有油污可用丙酮擦净。

3. 涂胶时应轴向涂刷，涂抹均匀，冬期施工时先涂承口，再涂插口。

4. 承插口涂刷胶粘剂后，即找准方向将管子轻轻插入承口，对直后挤压，管端插入深度至少应超过标记，并保证承插接口的直度和接口位置正确，且静置 2～3min；插接过程中，可稍做旋转，但不得超过 1/4 圈，不得插到底后进行旋转。

5. 接头处多余胶粘剂擦净后，静置固化。

图名	管道连接图(一)	图号	PS4—7(一)

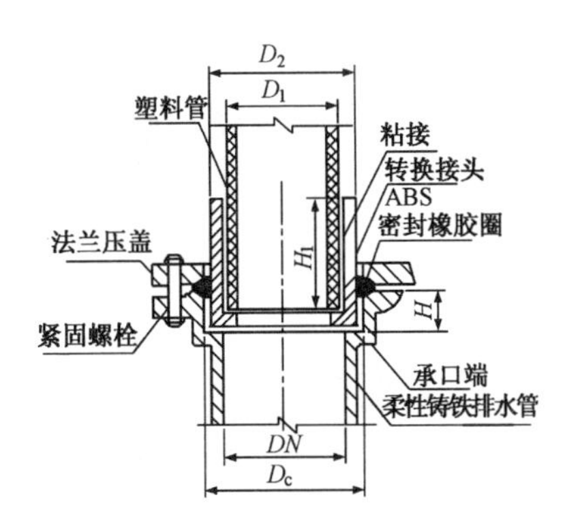

塑料管与柔性铸铁排水管连接详图
（DN50 ~ DN75）

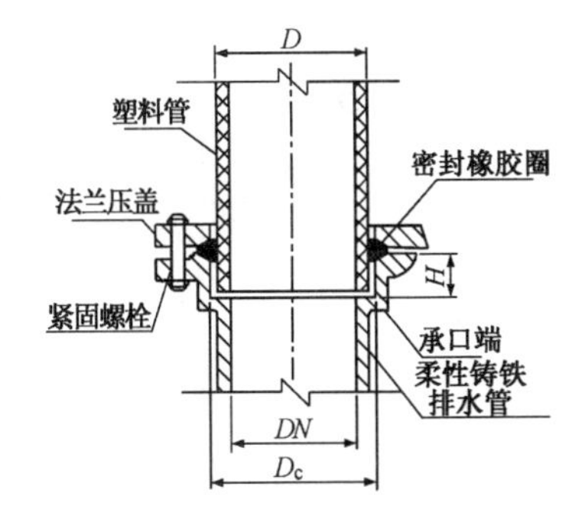

塑料管与柔性铸铁排水管连接详图
（DN100）

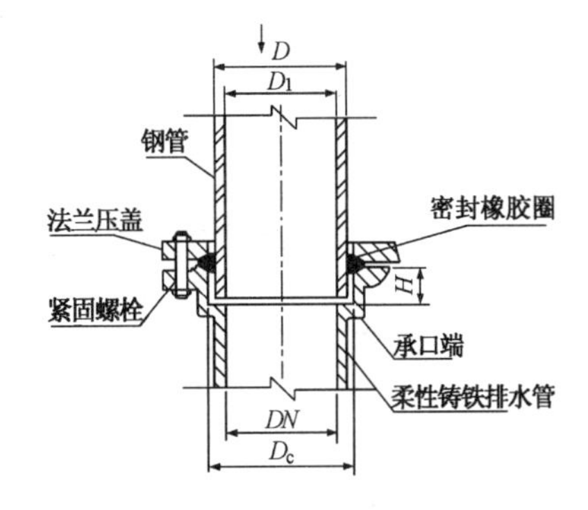

钢管与柔性铸铁排水管连接详图

尺寸表(mm)

DN	D_1	D_2	H_1	H
50	51	60	25	38
75	76	86	40	39

尺寸表(mm)

DN	D_c	D	H
100	117	110	40

尺寸表(mm)

DN	D_c	D	D_1	H
50	67	60	53	38
75	92	88.5	80.5	39
100	117	114	106	40

图名	管道连接图(二)	图号	PS4—7(二)

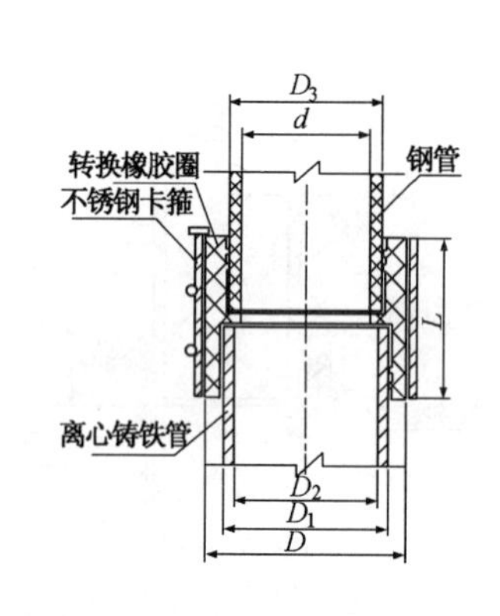

钢管与离心铸铁排水管卡箍连接详图

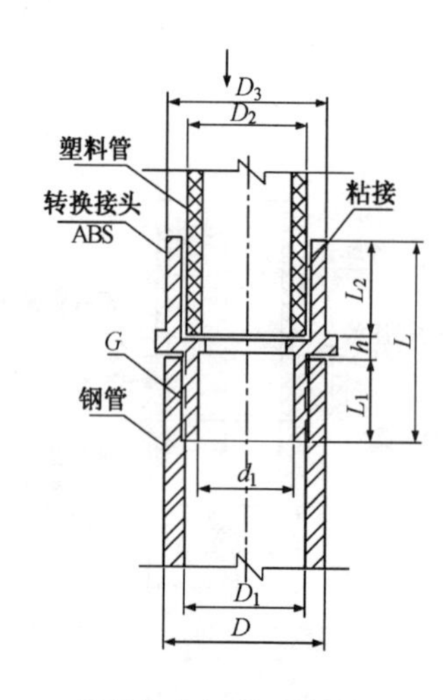

塑料管与钢管连接详图

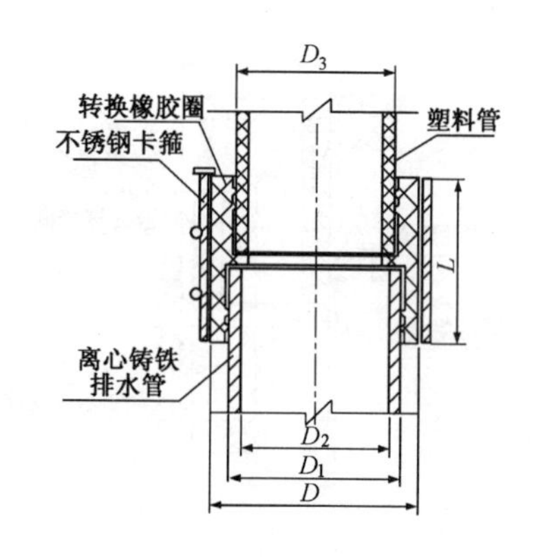

塑料管与离心铸铁排水管卡箍连接详图

尺寸表(mm)

DN	D	D_1	D_2	D_3	d	L
50	64.8	60	50.5	60	53	54
75	90.3	85.5	76	88.5	80.5	54
100	116.8	112	103	114	106	54

尺寸表(mm)

DN	D	D_1	D_2	D_3	d_1	L_1	L_2	L	h
50	60	53	51	60	46	20	25	60	15
75	88.5	80.5	76	86	70	25	40	83	18
100	114	106	111	121	95	28	48	98	22

尺寸表(mm)

DN	D	D_1	D_2	D_3	L
50	64.8	60	50.5	50	54
75	90.3	85.5	76	75	54
100	116.8	112	103	110	54

安 装 说 明

具体连接管件尺寸见相应厂家技术资料。

图名	管道连接图(三)	图号	PS4—7(三)

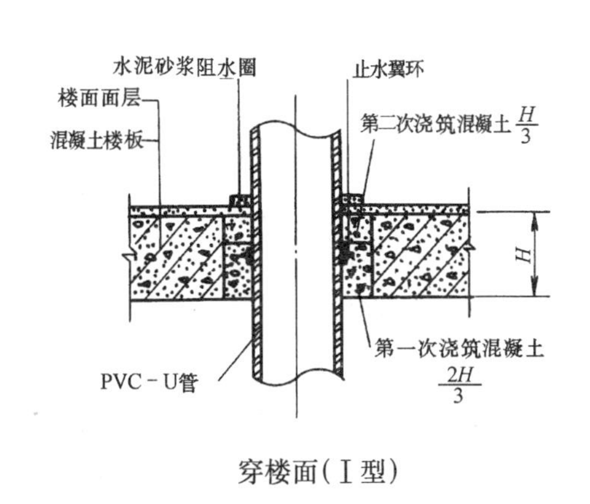

穿楼面(Ⅰ型)

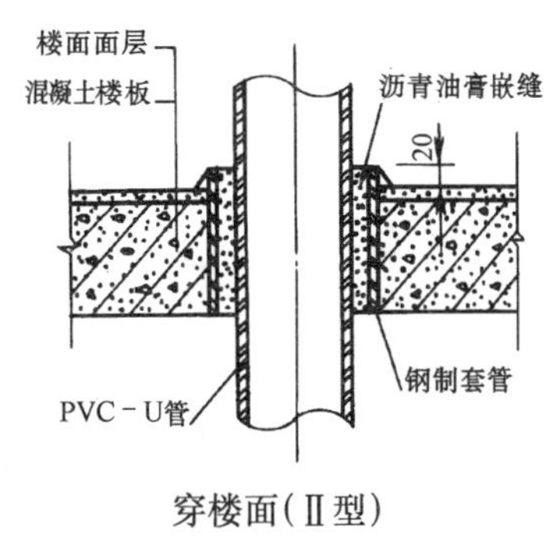

穿楼面(Ⅱ型)

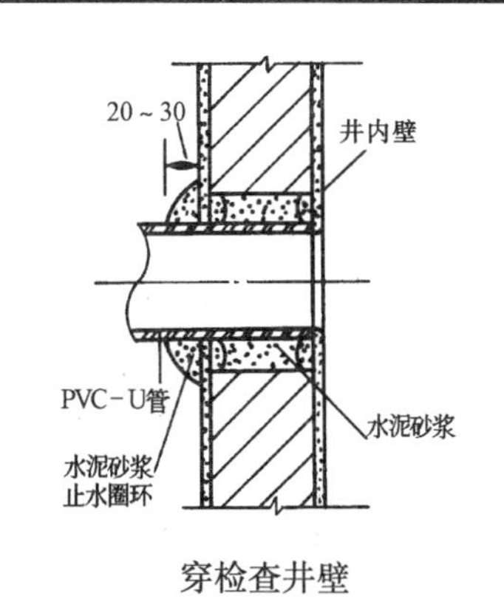

穿检查井壁

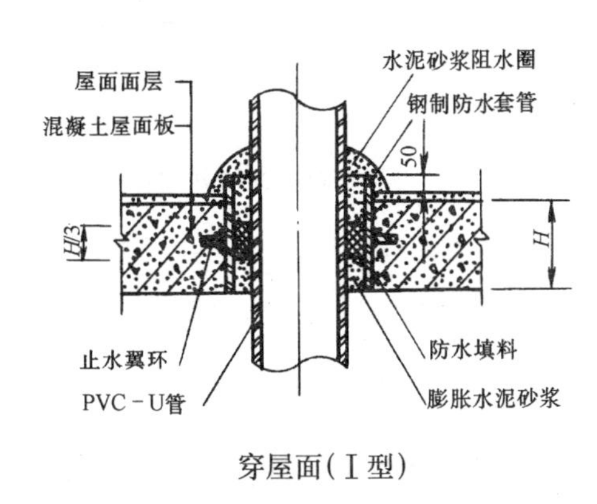

穿屋面(Ⅰ型)

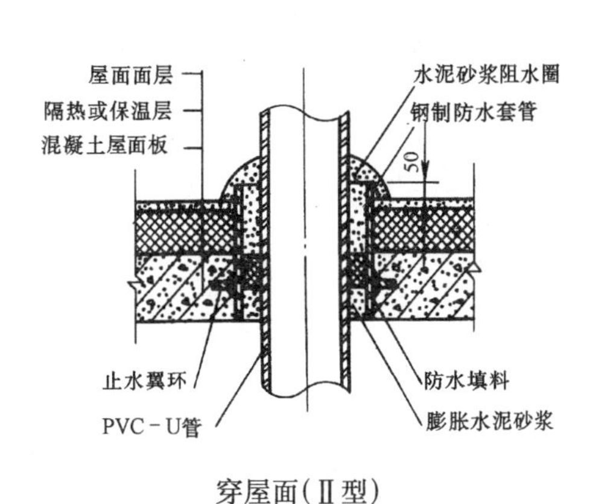

穿屋面(Ⅱ型)

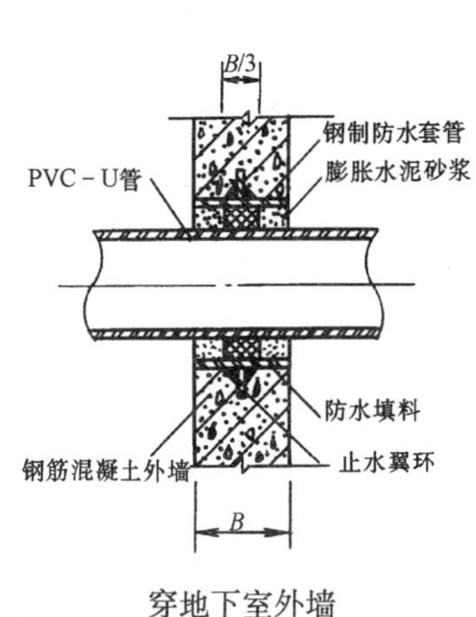

穿地下室外墙

安 装 说 明

1. 管道穿越楼面、屋面板、地下室外墙及检查井壁处，管外表面用砂纸打毛，或刷胶粘剂后涂干燥砂一层。

2. 管道与检查井壁嵌接部位缝隙应用 M7.5 水泥砂浆分两次嵌实，不得留孔隙，第一次为井壁中心段，井内外壁各留 20～30mm，待第一次嵌缝的水泥砂浆初凝后，再进行第二次嵌实。上述步骤进行完毕，用水泥砂浆在检查井外壁沿管外壁周围抹成突起的止水圈环，圈环厚度为 20～30mm。

图名	塑料管道穿楼面、屋面、地下室外墙及检查井壁	图号	PS4—8

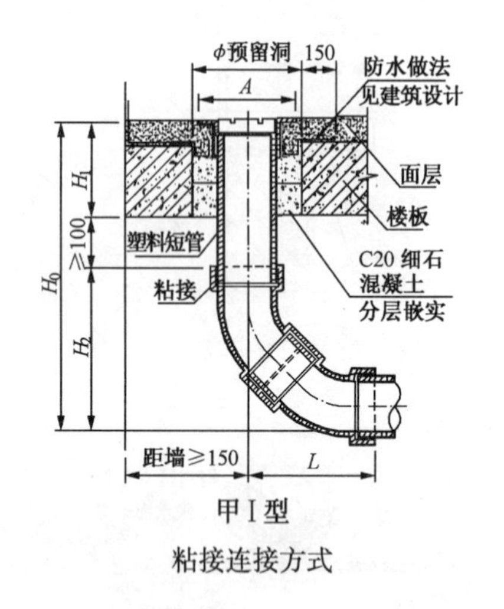

甲Ⅰ型

粘接连接方式

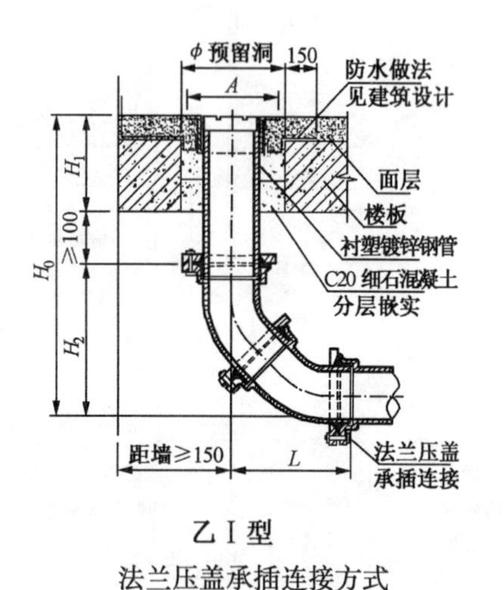

乙Ⅰ型

法兰压盖承插连接方式

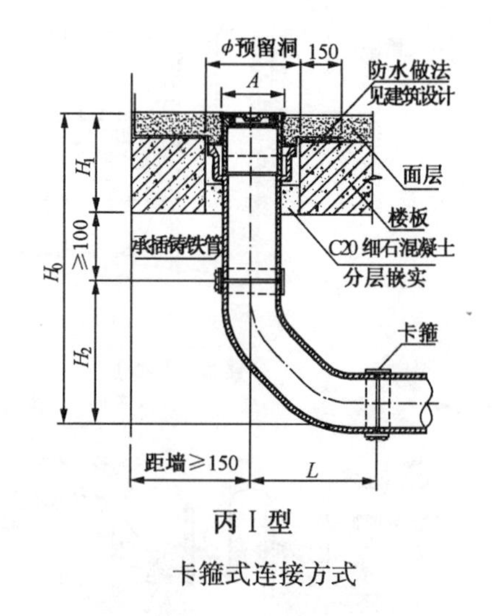

丙Ⅰ型

卡箍式连接方式

安装尺寸表(mm)

DN	H_1	甲Ⅰ型			乙Ⅰ型			丙Ⅰ型		
		H_0	H_2	L	H_0	H_2	L	H_0	H_2	L
50	本图按100考虑	≥313	113	89	≥405	205	251	≥346	146	121
75		≥374	174	138	≥432	232	284	≥387	187	150
100		≥430	230	176	≥456	256	308	≥421	221	170

安 装 说 明

1. 清扫口装设在楼板上应预留安装孔，并应使其盖板面与周围地面持平。

2. 本图中 H_1 尺寸按 100mm 考虑，实际情况如有不同则 H_0、H_1 尺寸应相应调整。

图名	地面式清扫口安装图	图号	PS4—9

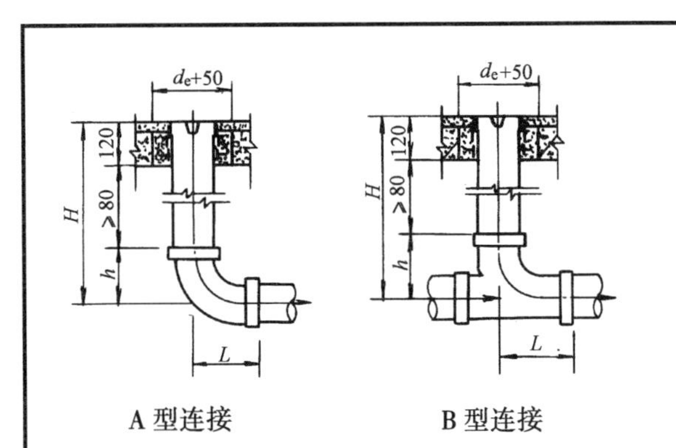

A 型连接　　B 型连接

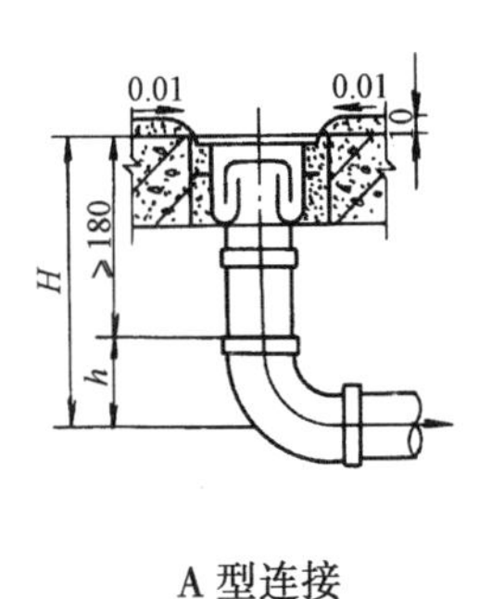

A 型连接

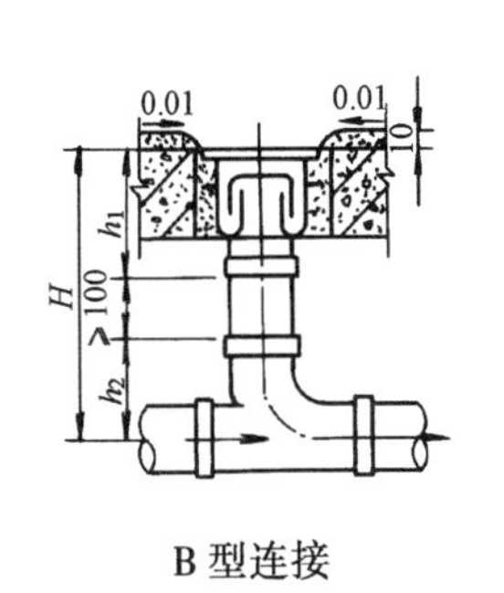

B 型连接

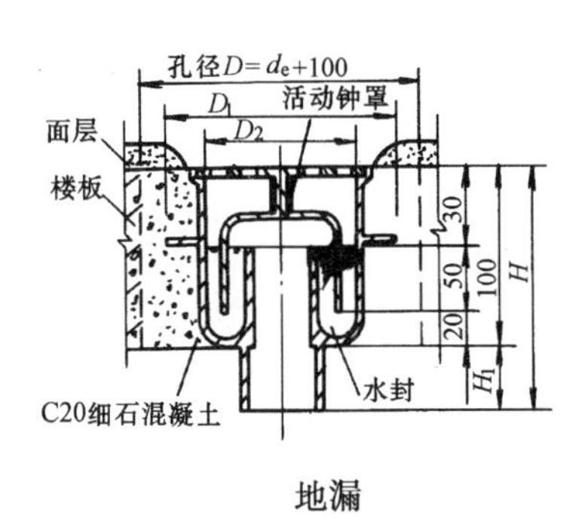

地漏

(*b*)地漏安装

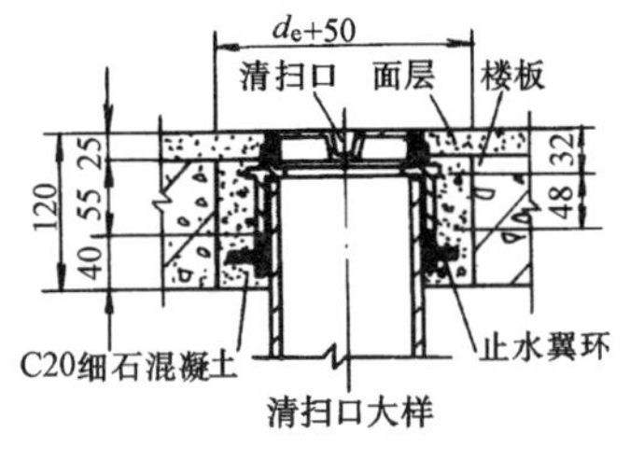

清扫口大样

(*a*)清扫口安装

安 装 说 明

1. 清扫口安装在楼板上，应留洞(d_e + 50)，如安装在地面上，先安装清扫口后做地面。

2. 清扫口面与地面相平。

安 装 说 明

1. 地漏安装在楼板预留孔洞内，孔洞直径(d_e + 100)，如安装在地面上，先安装地漏，后做地面。

2. 地漏面应比面层低 10mm。

清扫口安装尺寸(mm)

d_e	A 型			B 型		
	$H\geqslant$	h	L	$H\geqslant$	h	L
50	265	65	65	274	74	66
75	290	90	90	314	114	87
110	320	120	120	320	120	110
160	350	150	150	359	159	140

地漏安装尺寸(mm)

d_e	A 型		B 型		
	$H\geqslant$	h	$H\geqslant$	h_1	h_2
50	245	65	299	125	74
75	270	90	354	140	114
110	300	120	368	148	120
160	330	150	417	158	159

地漏尺寸(mm)

d_e	D	D_1	D_2	H	H_1
50	175	135	95	125	25
75	200	160	120	140	40
110	235	195	155	148	48
160	285	245	205	158	58

图名	塑料清扫口、地漏安装图	图号	PS4—10

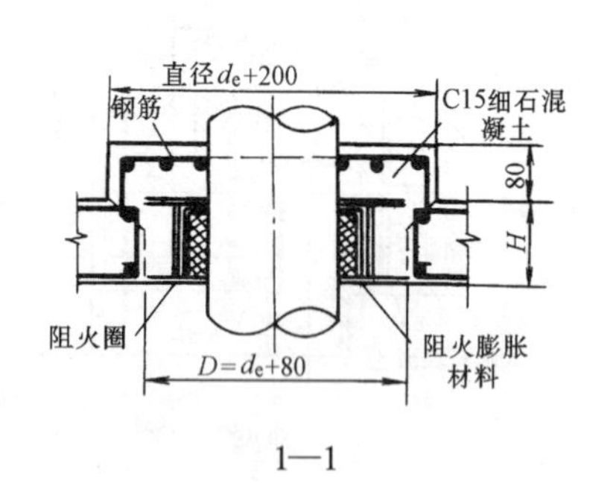

1—1

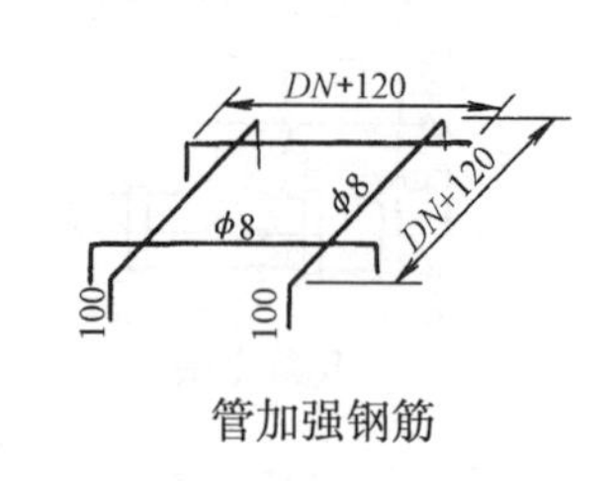

管加强钢筋

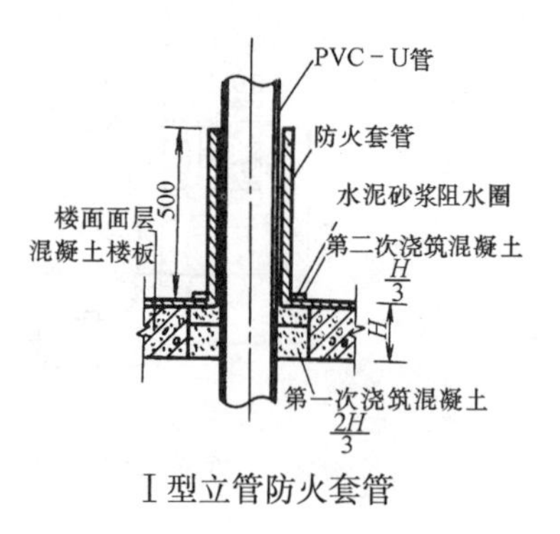

Ⅰ型立管防火套管

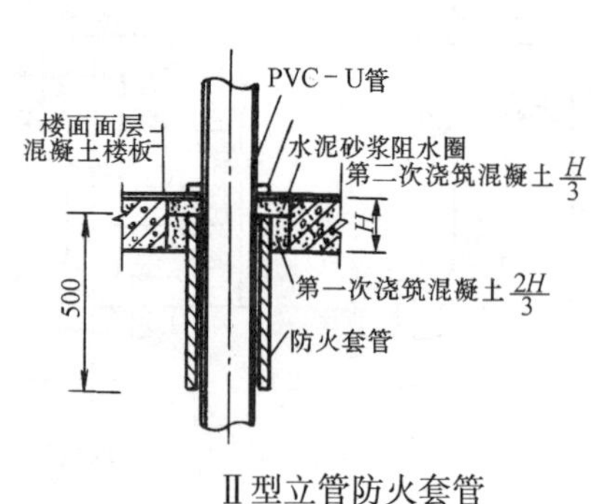

Ⅱ型立管防火套管

(*c*)立管防火套管安装

1　　1

阻火膨胀材料

阻火圈平剖面

(*a*)阻火圈安装

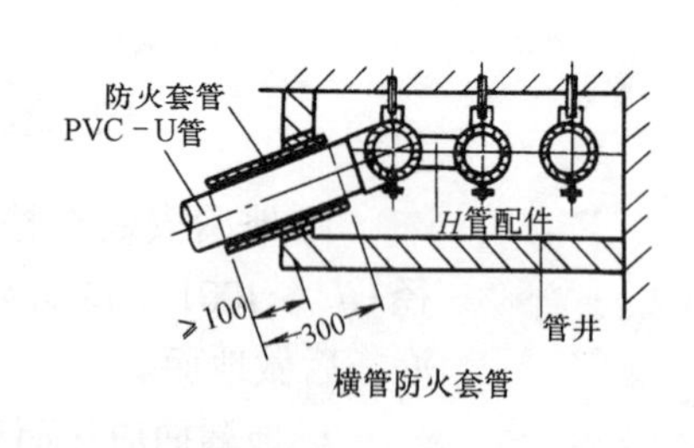

(*b*)横管防火套管安装

安 装 说 明

1. 防火套管设置部位：高层建筑物内管径大于等于110mm的明设立管以及穿越墙体处的横管。

2. 设计应根据PVC－U管道的规格选用相应的防火套管。

安 装 说 明

1. 安装于高层建筑的PVC－U排水立管和通气立管，厂家推荐宜从第6层起安装阻火圈，往上每6层设置一对。

2. 立管插入阻火圈就位后，其外壁和阻火圈的上口内壁接触处需用胶粘剂粘接。

3. 排水立管还需做钢筋混凝土加强圈使立管在管井封板处形成固定支撑。

4. 当发生火灾时，阻火膨胀材料受热发生急剧膨胀封闭管口，阻止火灾向上蔓延。

图名	塑料管道中阻火圈、防火套管安装图	图号	PS4—11

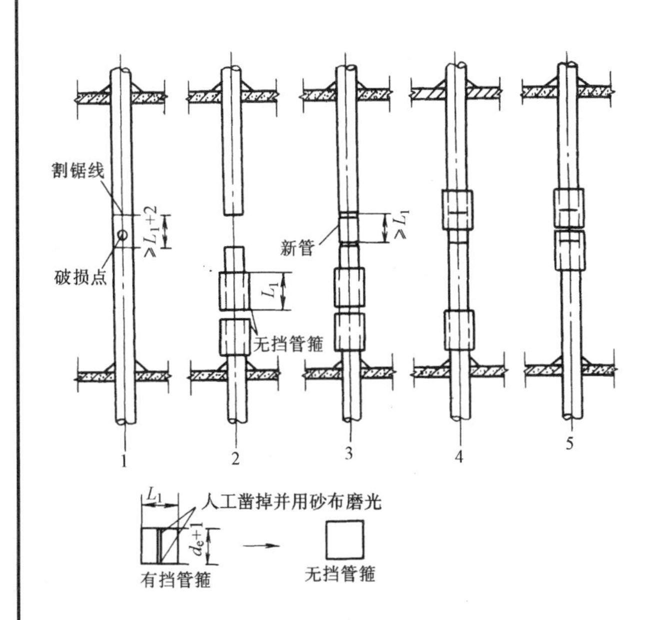

(a)管道拆卸与安装

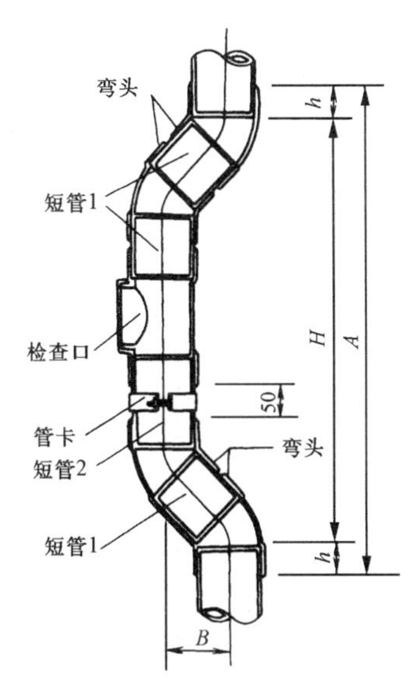

(b)立管简易消能装置

尺　寸　表(mm)

d_e	A	B	H	h
110	≥788	≥106	≥688	48
160	≥982	≥136	≥864	58

材　料　表

d_e	弯头		短管1		短管2		检查口	管卡
	规格	数量(个)	长度(mm)	数量(个)	长度(mm)	数量(个)	(个)	(套)
110	45°	4	≥96	3	146	1	1	1
160	45°	4	≥116	3	166	1	1	1

安　装　说　明

管道拆卸与重新安装步骤如下：

1. 将管道破损处以不小于 L_1+ 2mm 长度锯下来；
2. 套入无挡管箍；
3. 放入一段长度不小于 L_1 的新管；
4. 用上无挡管箍与上半部新管粘接安装好；
5. 再用下无挡管箍与下半部新管粘接安装好。

尺寸表(mm)

d_e	50	75	110	160
无挡管箍长度	55	85	105	125

注：也可采用塑料管道快速连接件，在管道拆卸后，进行快速安装，不需胶粘剂。

安　装　说　明

1. 本图用于 PVC - U 立管上的消能。

2. 本图尺寸为最小数据，安装时可根据管井情况适当调整。

3. 立管简易消能装置安装位置由设计者确定。

图名	管道拆卸与安装、立管简易消能安装图	图号	PS4—12

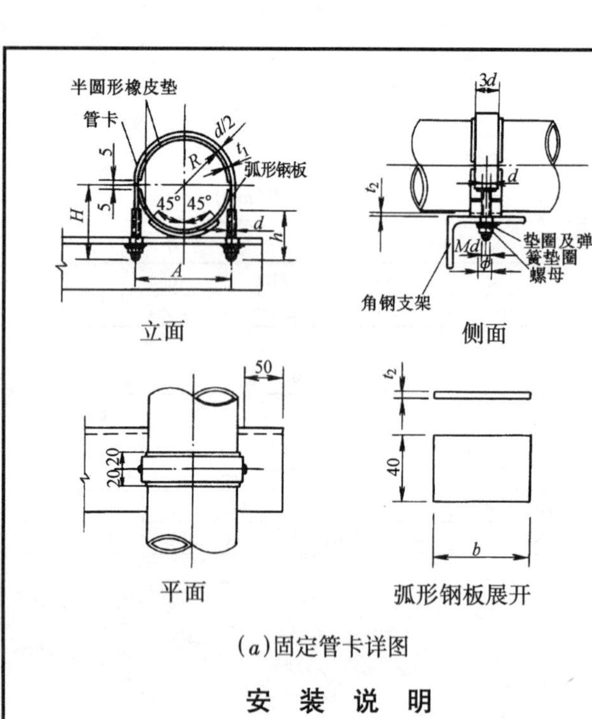

(a)固定管卡详图

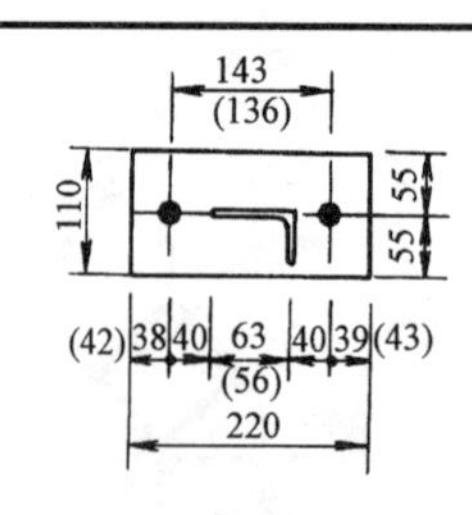

铁件仰视

尺寸表(mm)

序号	d_e	$2R$	d	t_1	t_2	b
1	50	56	8	3	3	42
2	75	81	10	3	4	62
3	110	116	10	3	4	90
4	160	166	12	3	6	130
序号	H	h	A	ϕ	Md	
1	110	55	60	10	M8	
2	140	60	85	12	M10	
3	110	60	121	12	M10	
4	140	65	172	14	M12	

安装说明

本图适用于PVC－U横管及立管固定安装。若采用其他形式管卡，请参照有关图集。

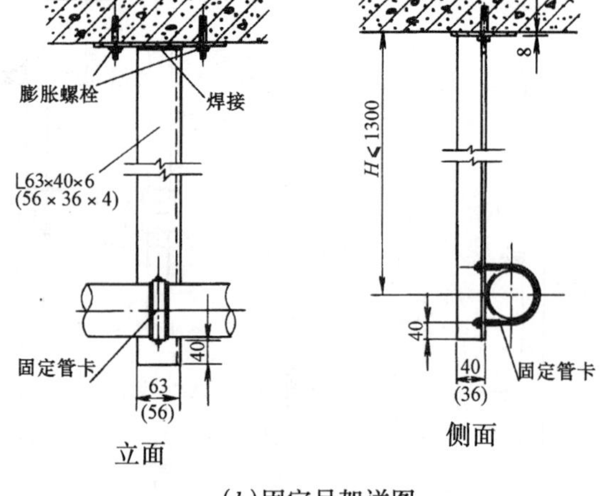

(b)固定吊架详图

安装说明

1. 括号内数字用于管径 $d_e \leqslant 75$mm。
2. $H > 1300$mm时，角钢是否需加大由设计者确定。
3. 本图适用于PVC－U横管固定安装，若采用其他形式吊架，请参照有关图集。

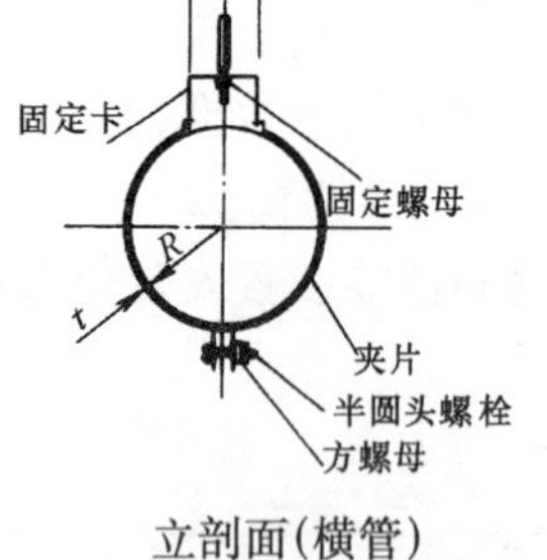

立剖面(横管)
横剖面(立管)

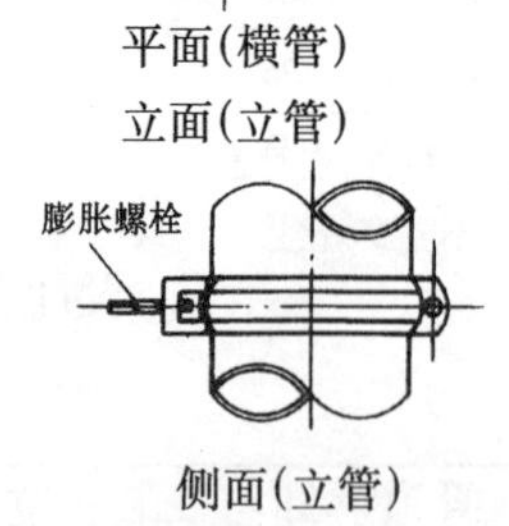

膨胀螺栓(花篮螺丝或吊杆)

侧面(横管)

(c)两用管卡详图

安装说明

1. 两用管卡适用于立管、横管的滑动、固定安装。
2. 调节方螺母松紧度使其形成滑动或固定管卡。
3. 固定螺母用于控制立管距墙面尺寸。
4. 立管采用膨胀螺栓固定，横管采用花篮螺丝或吊杆固定。
5. 花篮螺丝采用开式M12，吊杆采用M12。横管固定螺母采用M12。

图名	固定管卡、固定吊架和两用管卡大样图	图号	PS4—13

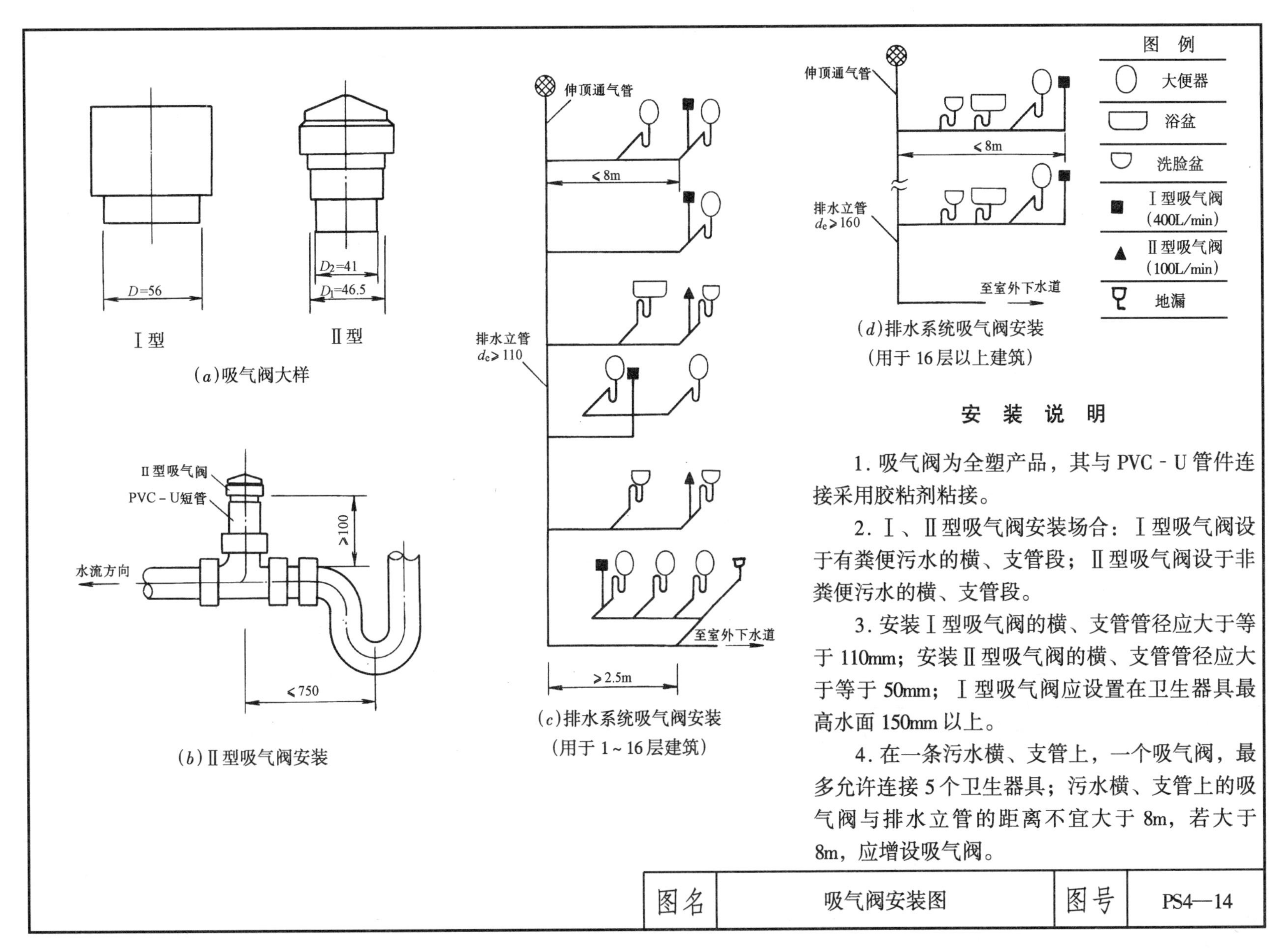
D=56
D_2=41
D_1=46.5
Ⅰ型
Ⅱ型
(a)吸气阀大样
Ⅱ型吸气阀
PVC－U短管
水流方向
≥100
≤750
(b)Ⅱ型吸气阀安装
伸顶通气管
≤8m
排水立管
d_e≥110
至室外下水道
≥2.5m
(c)排水系统吸气阀安装
(用于1～16层建筑)
伸顶通气管
≤8m
排水立管
d_e≥160
至室外下水道
(d)排水系统吸气阀安装
(用于16层以上建筑)
图 例
大便器
浴盆
洗脸盆
Ⅰ型吸气阀
(400L/min)
Ⅱ型吸气阀
(100L/min)
地漏
安 装 说 明
1. 吸气阀为全塑产品，其与PVC－U管件连接采用胶粘剂粘接。
2. Ⅰ、Ⅱ型吸气阀安装场合：Ⅰ型吸气阀设于有粪便污水的横、支管段；Ⅱ型吸气阀设于非粪便污水的横、支管段。
3. 安装Ⅰ型吸气阀的横、支管管径应大于等于110mm；安装Ⅱ型吸气阀的横、支管管径应大于等于50mm；Ⅰ型吸气阀应设置在卫生器具最高水面150mm以上。
4. 在一条污水横、支管上，一个吸气阀，最多允许连接5个卫生器具；污水横、支管上的吸气阀与排水立管的距离不宜大于8m，若大于8m，应增设吸气阀。
图名
吸气阀安装图
图号
PS4—14

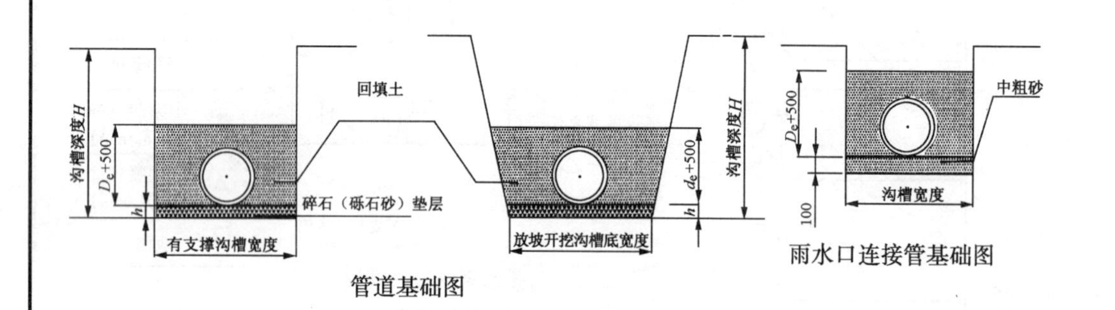

管道基础图

雨水口连接管基础图

雨水口连接管沟槽宽度表(mm)

管道规格	*DN*150	*DN*300	*DN*400
沟槽宽度	650	800	900

有支撑沟槽宽度表(mm)

公称直径	$H_s \leqslant 3000$	$3000 \leqslant H_s \leqslant 4000$	$H_s > 4000$	公称直径	$H_s \leqslant 3000$	$3000 \leqslant H_s \leqslant 4000$	$H_s > 4000$
*DN*150	950	—	—	*DN*700	1900	2000	2100
*DN*200	1000	—	—	*DN*800	2000	2100	2200
*DN*300	1300	1400	1500	*DN*900	2100	2200	2300
*DN*400	1400	1500	1600	*DN*1000	2300	2400	2500
*DN*500	1600	1700	1800	*DN*1100	2400	2500	2600
*DN*600	1700	1800	1900	*DN*1200	2500	2600	2700

安 装 说 明

1. 本图尺寸单位：mm。

2. 基础厚度 *h*：

一般土质：100mm；较差土质：200mm。软土地基：当地基承载力小于设计要求时，须对地基先行加固处理再铺设砂砾基础层。

3. 沟槽管顶以上 500mm 回填，应符合有关规定。

4. 碎石粒径为 5～40mm，砾石砂最大粒径＜60mm。

5. 放坡开挖的坡度应按《给水排水管道工程施工及验收规范》(GB 50268—97)的有关规定执行。放坡开挖沟槽底宽为有支撑沟槽宽度－0.3m。

图名	埋地塑料排水管道基础及 沟槽宽度图	图号	PS4—15

软土地基、地下水位高时：

地基不均匀的管段

地下水位

沿构槽纵、横向
土工布加固

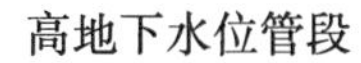

高地下水位管段

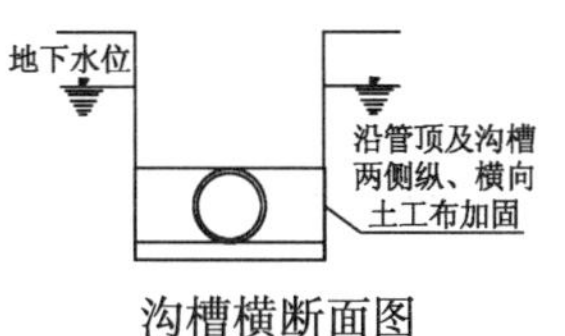

地下水流动区段内

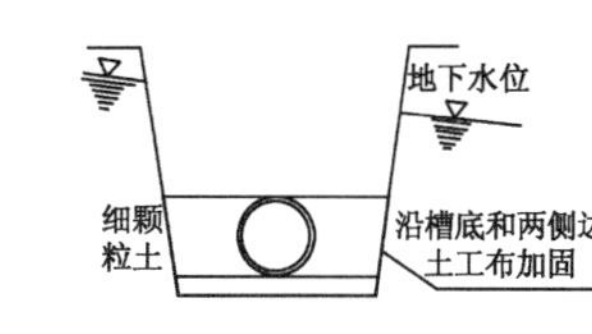

沟槽横断面图

土工布技术要求

序号	项目 \ 指标 \ 规格	20	30	40	50	60	80	100	120	140	160	180	备　注
1	经向断裂强力(kN/m)≥	20	30	40	50	60	80	100	120	140	160	180	
2	纬向断裂强力(kN/m)≥	按经向强力的0.7～1　选用											经纬向
3	断裂伸长率(%)≤	25											
4	CBR顶破强力(kN)≥	1.6	2.4	3.2	4.0	4.8	6.0	7.5	9.0	10.5	12.0	13.5	
5	等效孔径 $O_{90}(O_{95})$(mm)	0.07～0.5											
6	垂直渗透系数(cm/s)	$K\times(10^{-1}\sim10^{-4})$											$K=1.0\sim9.9$
7	撕破强力(kN)≥	0.2	0.27	0.34	0.41	0.48	0.60	0.72	0.84	0.96	1.10	1.25	纵横向
8	单位面积质量(g/m^2)	120	160	200	240	280	340	400	460	520	580	640	

安　装　说　明

1. 土工布的技术要求适用于《土工合成材料裂膜丝机织土工布》(GB/T 17641—1998)，其他类似产品可参照采用。

2. 土工布的外观质量要求应符合：

(1) 100mm内，经、纬密度偏差不允许少2根以上；

(2) 同一处断纱、缺纱不允许2根以上，每$100m^2$不超过6处；

(3) 不允许有>0.5cm的破损和破洞。

3. 土工布的规格根据管道埋设条件可按《土工合成材料应用技术规范》(GB 50290—98)选用。

4. 土工布的施工要求：

(1) 槽底应平整，杂物应清除干净。

(2) 铺放应平顺，松紧适度，并与土面密贴。

(3) 土工布的联结可采用缝合法或搭接法。对槽底土有可能发生位移处应缝接，缝合宽度不应小于0.1m，结合处抗拉强度应达到土工布抗拉强度的60%以上；采用搭接式时，搭接宽度不应小于0.3m，对软土和水下铺时搭接宽度应适当增大。

(4) 在土工布上方填垫层基础时，土工布应铺设一层砂垫层，以防土工布被碎石棱角刺破。

图名	埋地塑料排水管道土工布 加固技术要求	图号	PS4—16

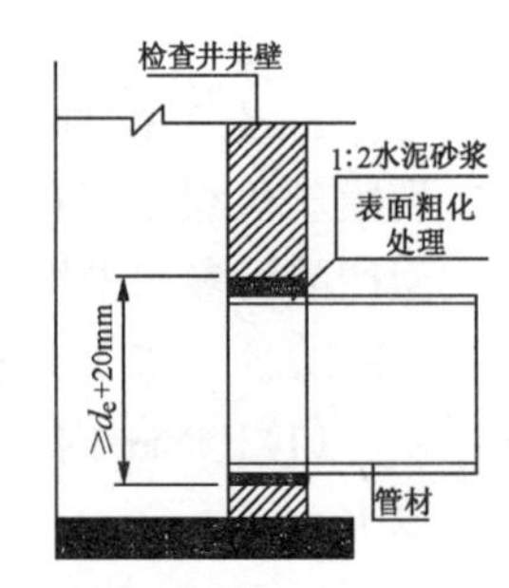

(a)管道与检查井的连接

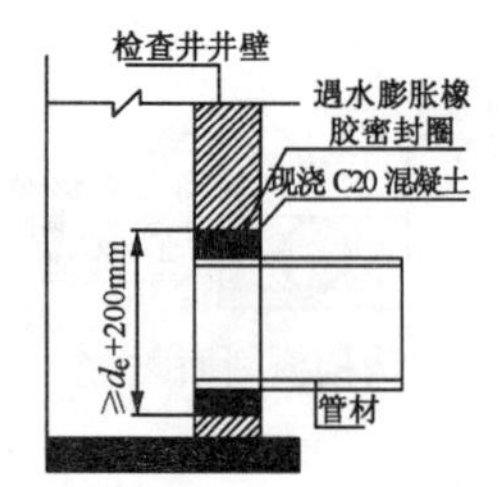

(b)管道与检查井的连接

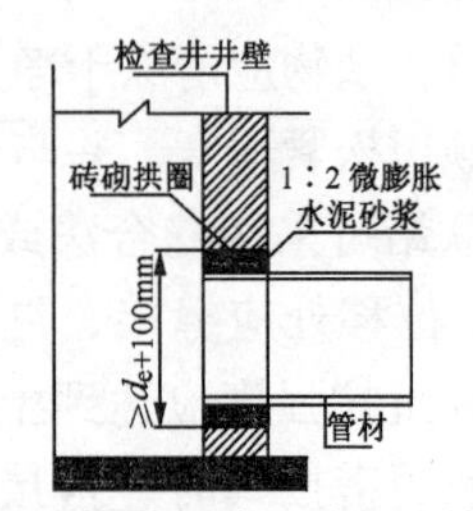

(c)管道与检查井的连接

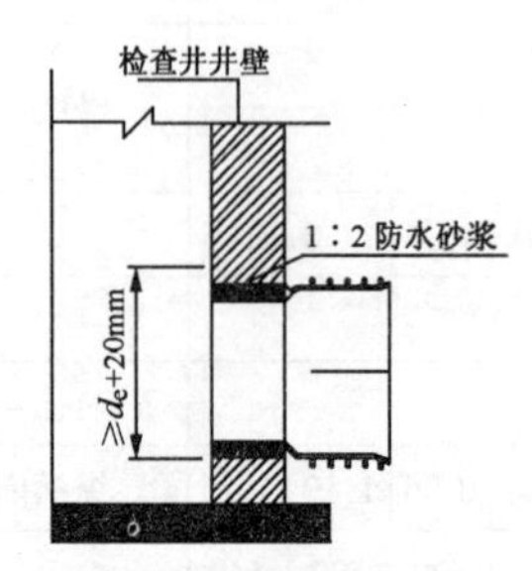

(d)管道与检查井的连接

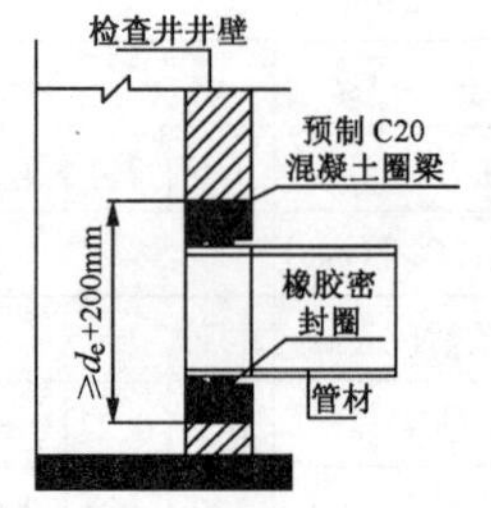

(e)管道与检查井的连接

注：图中 d_e 指外径

图名	埋地塑料排水管道与检查井的连接（一）	图号	PS4—17(一)

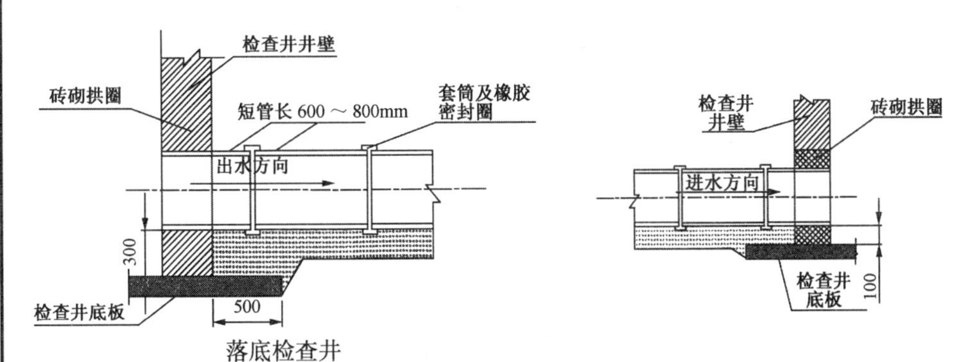

(*f*)软土地基管道与检查井连接

安 装 说 明

1. 图(*a*)适用于管顶覆土 $H_s \leqslant 3.0$m 的外壁平整的管材，与检查井连接处的管外壁粗化处理工艺如下：

先用毛刷或棉纱将管壁外表面清理干净，然后均匀地涂刷一层胶粘剂，紧接着在上面甩撒一层干燥的石英砂(或清洁粗砂)，固化 10～20min，即完成表面粗化处理。

2. 图(*b*)适用于管顶覆土 $H_s < 3.0$ 外壁平整的管材。当管道敷设到位，砌筑检查井时，对上、下游管道接入检查井部分采用现浇 C20 混凝土包。当管顶以下检查井井壁厚度≥480mm 时，也可采用内、外井壁用半砖墙砌筑，中间包封 C20 混凝土的做法。连接处设遇水膨胀橡胶密封圈能提高连接处的密封性能。

3.图(*c*)适用于先砌筑检查井后敷设管道情况下。砌井时应在井壁上按管道轴线标高和管径预留洞口并砌筑成砖拱圈。预留洞口内径不宜小于管材外径加 100mm。管道敷设到位后，用 1∶2 水泥砂浆填实管端与洞口之间的缝隙，砂浆内宜掺入微膨胀剂。

4. 图(*d*)适用于外壁异型的结构壁管材。检查井与管道连接处应采用 1∶2 防水砂浆，砂浆要饱满，以提高防渗效果。

5. 图(*e*)管道与检查井采用橡胶密封圈柔性连接的做法。混凝土圈梁应在管道安装前预制好，圈梁的内径按相应管径的承插口管材的承口内径尺寸确定。混凝土圈梁的强度等级应不低于 C20，最小壁厚应不小于 100mm，长度不小于 240mm。混凝土圈梁应密实，内壁要平滑，无鼓包。混凝土圈梁安装时应按管道轴线和标高将水泥砂浆砌入井壁内，此时，可将橡胶圈预先套在管插口指定部位与管端一起插入混凝土圈梁内。

6. 图(*f*)适用于软土(淤泥、淤泥质土等软弱土层)地基或不均匀地层上的柔性连接的塑料管道与检查井的连接方式。连接处采用短管过渡段，过渡段由不少于 2 节短管柔性连接而成，每节短管长 600～800mm。过渡段总长可取 1500～2000mm。柔性连接可采用承插式、套筒式等橡胶密封圈接口。过渡段与检查井采用刚性连接。

图名	埋地塑料排水管道与检查井的连接（二）	图号	PS4—17(二)

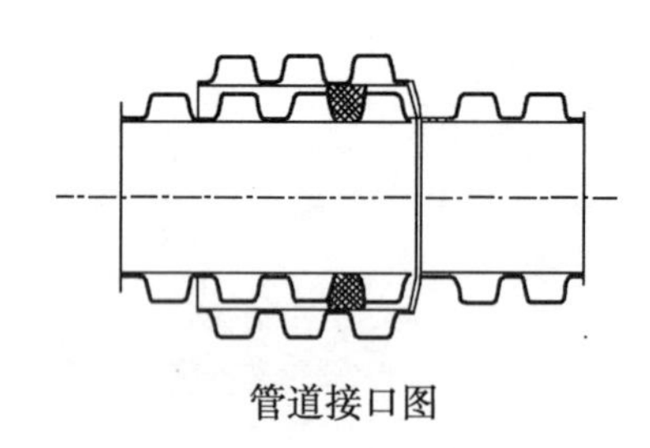

管道接口图

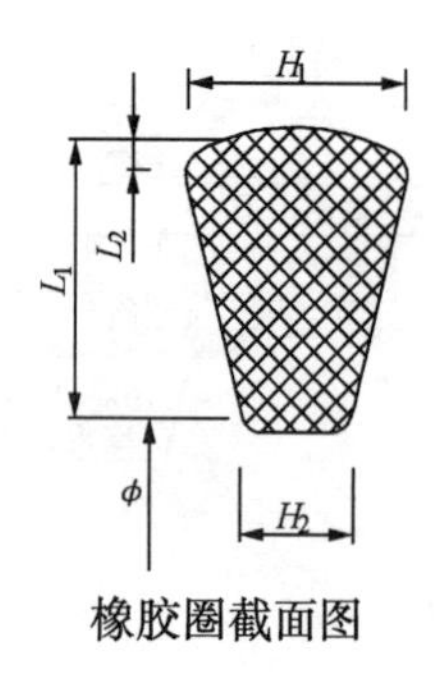

橡胶圈截面图

橡胶圈尺寸表(mm)

公称外径 d_e	ϕ	L_1	L_2	H_1	H_2
200	180	7.2	1.6	7.6	5.4
250	225	9.3	1.8	9.0	5.6
315	282	13.0	2.0	13.0	8.6
328	295	14.0	2.5	12.0	8.0
400	355	17.6	2.2	15.6	10.0
443	388	22.0	2.5	27.0	15.0
500	439	23.5	3.0	21.7	14.7
548	495	22.5	4.0	18.5	12.0

安 装 说 明

管道接口程序如下：

1. 管道连接前，应先检查橡胶圈是否配套完好，确认橡胶圈安放位置及插口应插入承口的深度并做好记号。

2. 接口作业时，应先将承口(或插口)的内(或外)工作面用棉纱清理干净，不得有泥土等杂物，并在承口内工作面涂上润滑剂，然后立即将插口端的中心对准承口的中心轴线就位。

3. 插口插入承口时，小口径管可在管端设置木挡板，用撬棒将管材沿轴线徐徐插入承口内；公称直径大于 DN400mm 的管道可用缆绳系住管材，用手动葫芦等工具将管材徐徐拉入承口内。

图名	硬聚氯乙烯（PVC-U）双壁波纹 管接口及橡胶圈连接图	图号	PS4—18

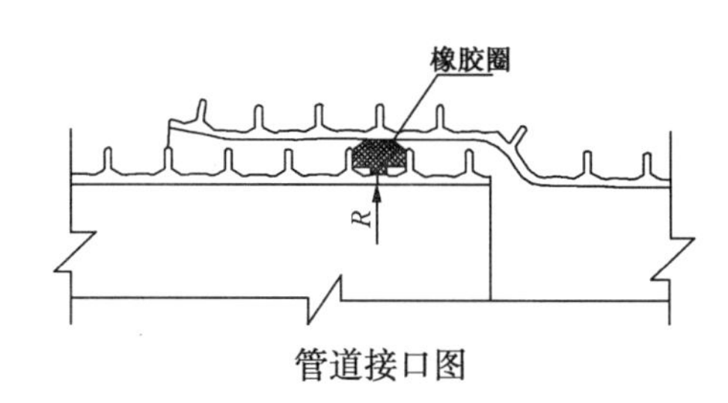

管道接口图

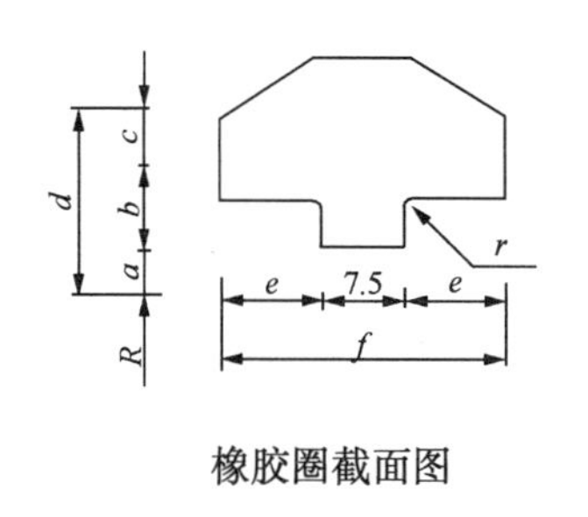

橡胶圈截面图

橡胶圈尺寸表(mm)

管道规格	*DN*225	*DN*300	*DN*400	*DN*500
a	3.2	5.0	6.8	8.6
b	6.1	8.2	11.2	15.4
c	4.0	5.3	7.25	7.33
d	13.3	18.5	25.25	31.33
e	7.1	9.35	12.6	12.25
f	21.7	26.2	32.7	32.0
r	1.0	1.2	1.5	1.75
R	113.75	151.75	203.65	248.5

安 装 说 明

管道接口程序如下:

1. 管道连接前，应先检查橡胶圈是否配套完好，确认橡胶圈安放位置及插口应插入承口的深度。至少4条肋槽。

2. 接口作业时，应先将承口(或插口)的内(或外)工作面用棉纱清理干净，不得有泥土等杂物，并在承口内工作面涂上润滑剂，然后立即将插口端的中心对准承口的中心轴线就位。

3. 插口插入承口时，小口径管可在管端设置木挡板，用撬棒将管材沿轴线徐徐插入承口内；公称直径大于*DN*400mm的管道可用缆绳系住管材，用手动葫芦等工具将管材徐徐拉入承口内。

图名	硬聚氯乙烯（PVC-U）加筋管接口及橡胶圈连接图	图号	PS4—19

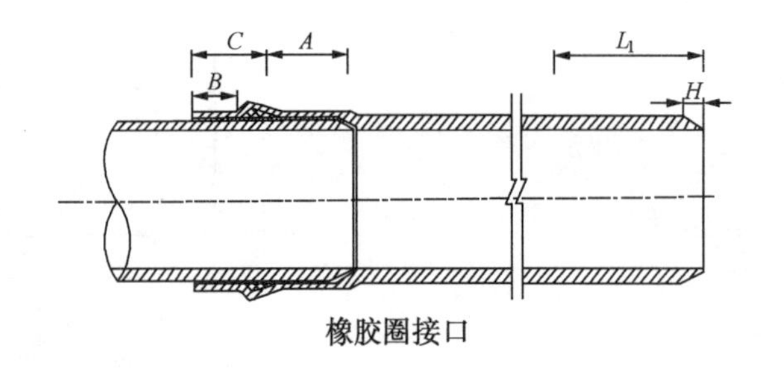

橡胶圈接口

橡胶圈接口承口和插口尺寸表(mm)

公称外径 D_e	承口				插口	
	$d_{s\ min}$	A_{min}	B_{min}	C_{min}	$L_{1\ min}$	H
160	160.5	42	9	32	74	7
200	200.6	50	12	40	90	9
250	250.8	55	18	70	125	9
315	160.5	62	20	70	132	12
400	401.2	70	24	70	140	15
500	501.5	80	28	80	160	18
630	631.9	93	34	90	180	23

安 装 说 明

橡胶圈接口安装:

1. 承插连接用弹性密封橡胶圈的外观应光滑平整，不得有气孔、裂缝、卷褶、破损、重皮等缺陷。

2. 管道接口程序如下:

(1)管道连接前，应先检查橡胶圈是否配套完好，确认橡胶圈安放位置及插口应插入承口的深度。

(2)接口作业时，应先将承口(或插口)的内(或外)工作面用棉纱清理干净，不得有泥土等杂物，并在承口内工作面涂上润滑剂，然后立即将插口端的中心对准承口的中心轴线就位。

(3)插口插入承口时，小口径管可在管端设置木挡板，用撬棒将管材沿轴线徐徐插入承口内；公称直径大于 *DN*400mm 的管道可用缆绳系住管材，用手动葫芦等工具将管材徐徐拉入承口内。

图名	硬聚氯乙烯（PVC-U）平壁管接口 橡胶圈连接图	图号	PS4—20

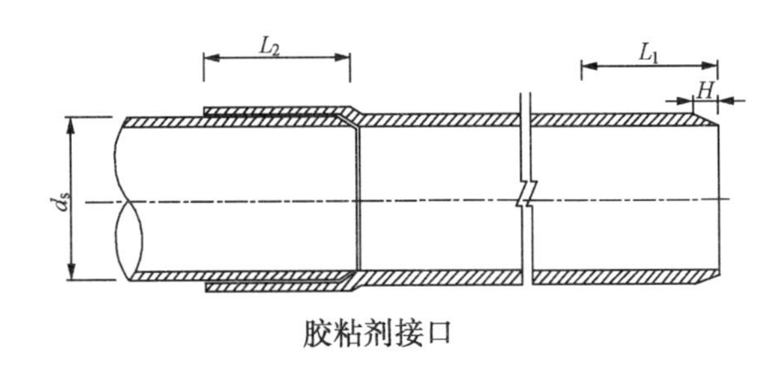

胶粘剂接口

粘接式接口承口和插口尺寸表(mm)

公称外径 D_e	承口					插口	
	中型胶粘剂		重型胶粘剂		$L_{2\ min}$	$L_{1\ min}$	H
	d_s min	d_s max	d_s min	d_s max			
160	160.2	160.7	160.5	161.0	58	74	7
200	200.2	200.8	200.6	201.1	66	90	9

注：d_s 为承口内径。

安 装 说 明

胶粘剂粘接接口：

1. $d_e \leqslant 160$mm 时，采用中型胶粘剂粘接；
   $d_e \leqslant 200$mm 时，采用重型胶粘剂粘接。
2. 粘接接口程序如下：

(1)用塑料管专用切管工具或细齿锯将管材切割平整。

(2)用切管工具及锉刀将管端内外的毛刺清除干净，并适当倒角。

(3)检查管材承插口连接部位的配合程度，确认后在插口端划出插入深度的标线。

(4)使用清洁干布将配合面擦拭干净。

(5)在管材的配合面上均匀涂上胶粘剂。插口外面涂上较厚层的 PVC 胶粘剂，承口内面涂上较薄层的 PVC 胶粘剂。

(6)涂上胶后，迅速用轻微旋转的方式将管材插口插入承口的预定位置并将管材两端固定。

(7)待接口胶粘剂固化后(≥1h)方能进入下道工序施工。

图名	硬聚氯乙烯（PVC-U）平壁管接口 胶粘剂连接图	图号	PS4—21

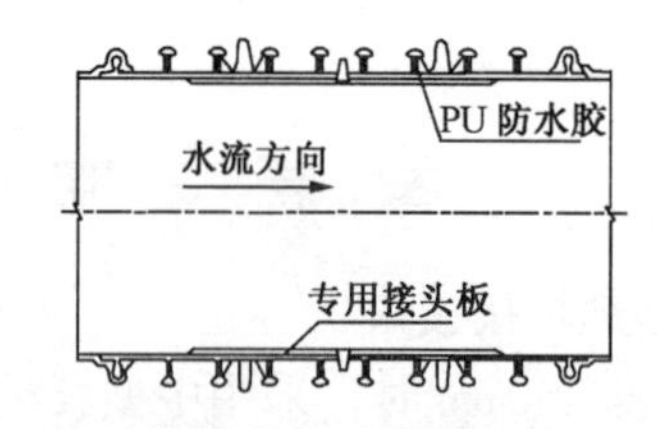

PVC-U 钢塑复合缠绕管接口示意图

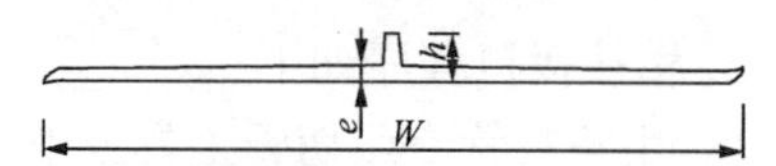

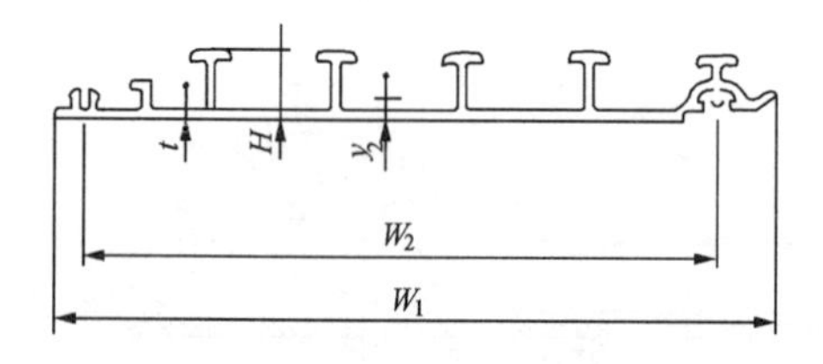

PVC-U 板材截面示意图

PVC-U 接头板材的规格尺寸(mm)

板材规格	管材最厚处壁厚 e	板材高 h	总宽度 W
98	≥2.7	8.0	129
140	≥4.5	11.5	157

PVC-U 板材规格(mm)

板材规格	板材宽度 W_1	板材有效宽度 W_2	板材高度 H	板材厚度 t	中心轴高度 y_2	截面惯性矩 $I(mm^4)$	截面面积 $S(mm^2)$	参考重量 (kg/m)
PVC98×1.4	115	98	10.0	1.4	3.9	3751	308.308	0.43
PVC140×2.0	160	140	14.5	2.0	4.6	12744	568.308	0.79

安 装 说 明

管道接口程序如下：

1. 连接前必须检查切口平整度、断胶补焊及钢带接头牢固、无误。

2. 检查并确认专用接头板与管材配合度符合要求。

3. 使用清洁干布将粘接配合擦拭干净。

4. 在插入管道专用接头板和被插入管道的粘接配合面上涂上重型胶粘剂。

5. 涂上胶后，迅速用轻微旋转方式将专用接头板插入预定位置，并将管道两端固定。

6. 待接口胶粘剂固化后(≥1h)方能进入下道工序施工。

图名	硬聚氯乙烯（PVC-U）钢塑复合缠绕管接口连接图	图号	PS4—22

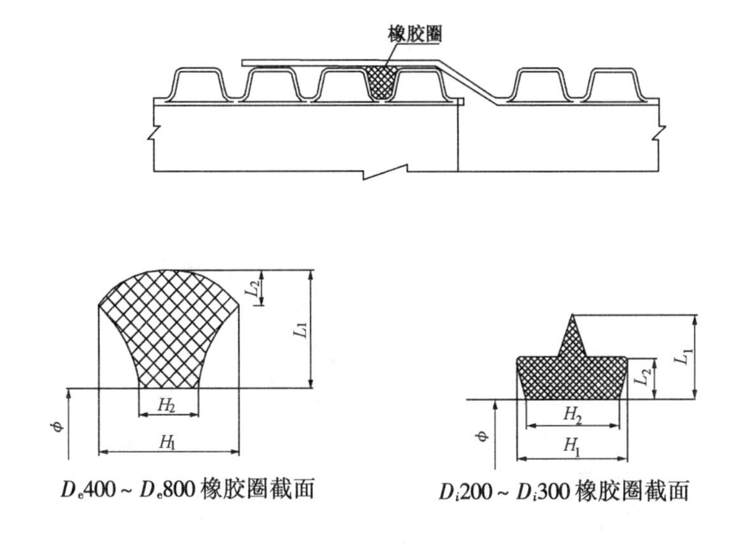

$D_e400\sim D_e800$ 橡胶圈截面

$D_i200\sim D_i300$ 橡胶圈截面

橡胶圈截面尺寸(mm)

管径		ϕ	L_1	L_2	H_1	H_2
公称内径 D_i	200	180	10.0	6.0	12.0	7.0
	225	215	12.0	7.5	12.0	7.0
	300	285	16.0	11.0	14.0	10.0
公称外径 D_e	400	354.0	22.5	9.5	30.5	14.1
	500	452.0	26.5	9.0	35.5	14.0
	630	566.0	31.5	10.0	45.0	23.0
	800	725.0	31.5	16.5	58.5	24.0

图名	聚乙烯（PE）双壁波纹管接口及橡胶圈(一)	图号	PS4—23(一)

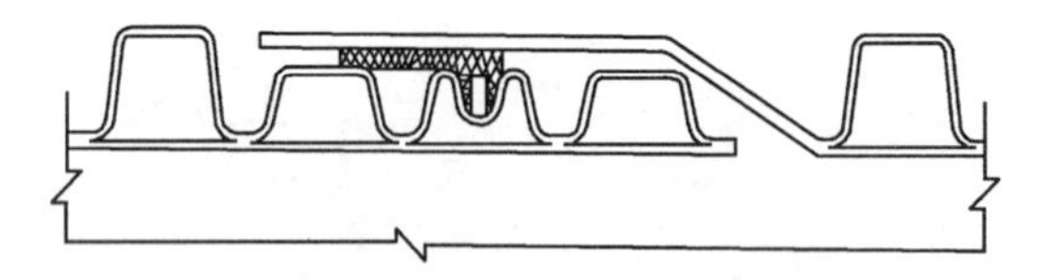

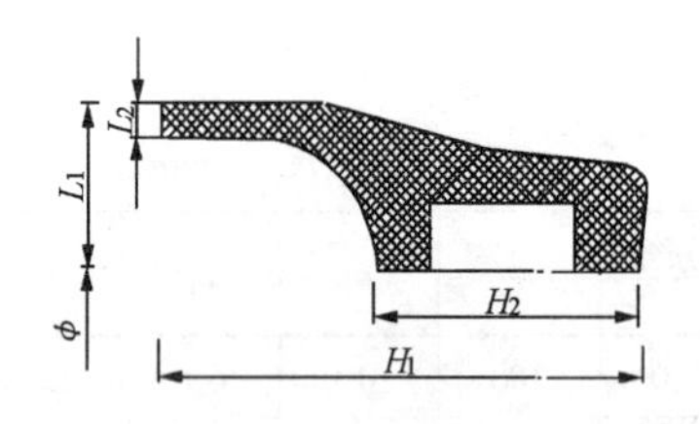

橡胶圈截面

橡胶圈截面尺寸(mm)

公称内径 D_i	ϕ	L_1	L_2	H_1	H_2
400	415.0	32.0	10.0	51.0	23.0
500	520.0	37.0	10.0	59.5	26.5
600	635.0	42.0	12.0	77.0	34.0
800	885.0	38.0	11.0	99.0	51.0
1000	1105.0	44.0	12.0	118.0	60.5
1200	1220.0	87.0	12.0	142.0	55.0

安装说明

管道接口程序如下：

1. 管道连接前，应先检查橡胶圈是否配套完好，确认橡胶圈安放位置及插口应插入承口的深度并做好记号。

2. 接口作业时，应先将承口(或插口)的内(或外)工作面用棉纱清理干净，不得有泥土等杂物，并在承口内工作面涂上润滑剂，然后立即将插口端的中心对准承口的中心轴线就位。

3. 插口插入承口时，小口径管可在管端设置木挡板，用撬棒将管材沿轴线徐徐插入承口内；公称直径大于 *DN*400mm 的管道可用缆绳系住管材，用手动葫芦等工具将管材徐徐拉入承口内。

图名	聚乙烯 (PE) 双壁波纹管接口 及橡胶圈(二)	图号	PS4—23(二)

橡胶圈截面尺寸(mm)

公称直径 DN/ID	d	D	I	L
500	460	504	6	18
600	548	602	7	22
800	742	808	9	27
1000	948	1016	9	27

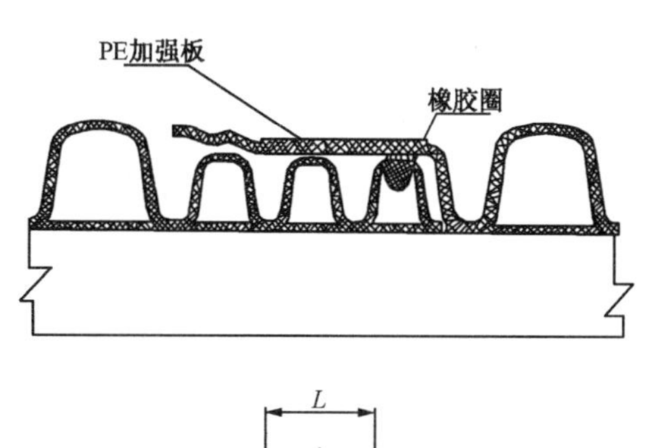

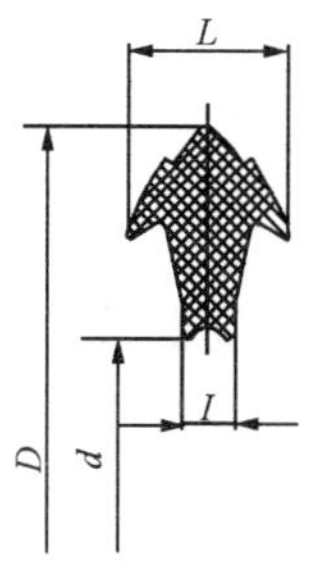

橡胶圈截面

安 装 说 明

管道接口程序如下:

1. 管道连接前，应先检查橡胶圈是否配套完好，确认橡胶圈安放位置及插口应插入承口的深度并做好记号。

2. 接口作业时，应先将承口(或插口)的内(或外)工作面用棉纱清理干净，不得有泥土等杂物，并在承口内工作面涂上润滑剂，然后立即将插口端的中心对准承口的中心轴线就位。

3. 插口插入承口时，小口径管可在管墙设置木挡板，用撬棒将管材沿轴线徐徐插入承口；公称直径大于 *DN*400mm 的管道可用缆绳系住管材，用手动葫芦等工具将管材徐徐插入承口内。

图名	聚乙烯（PE）双壁波纹管接口 及橡胶圈(三)	图号	PS4—23(三)

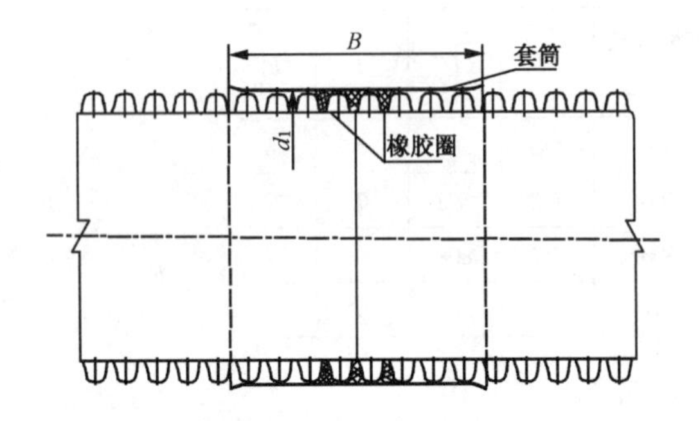

密封圈截面

橡胶圈截面尺寸(mm)

公称直径 DN/ID	d	D	l	L
500	450	550	14	36
600	535	638	16	40
800	718	868	19	60
1000	898	1084	25	65

套筒尺寸(mm)

公称直径 DN/ID	500	600	800	1000
d_1	590	710	945	1180
B	365	460	580	747

安 装 说 明

管道接口程序如下：

1. 管道连接前，应检查密封圈是否配套完好，确认橡胶密封圈安放位置及插口应插入承口的深度做好记号。

2. 接口时应先将管材及管件的外(或内)工作面用棉纱清理干净，不得有泥土及杂物，并在套筒内壁工作面涂上润滑剂，然后先将套筒套入一根管材内，到位后再将另一根管材插入套筒的另一端，对准中心轴线就位。

3. 在管材与管件连接时，可用绳索系在两根管材上，用绞索拉紧均匀向中间用力，直至管材就位。

图名	聚乙烯（PE）双壁波纹管接口及橡胶圈(四)	图号	PS4—23(四)

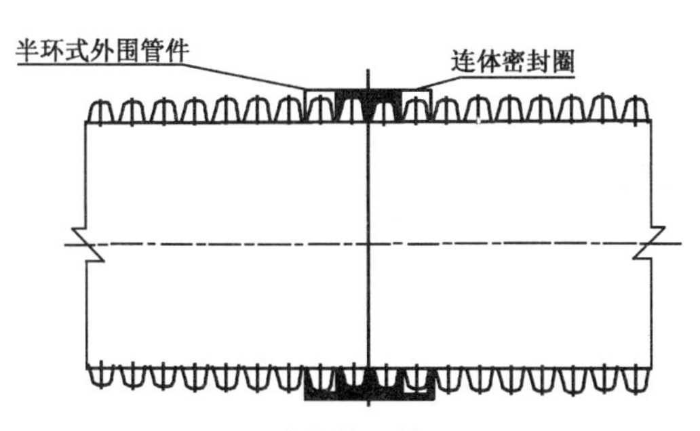

哈夫外固接口

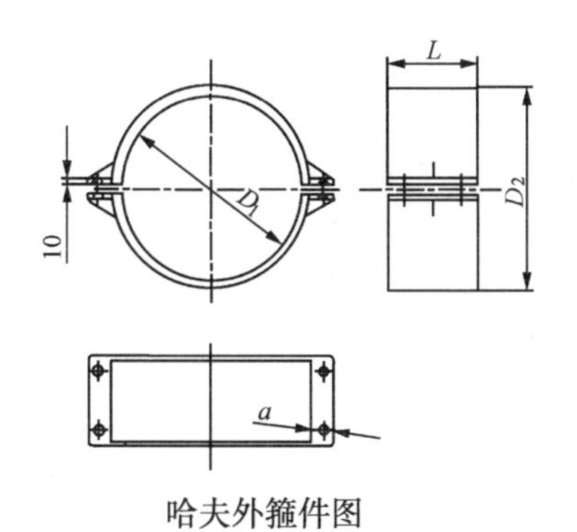

哈夫外箍件图

哈夫外固件尺寸(mm)

公称内径 DN/ID	L	D_1	D_2	a	标准螺栓
500	260	543	583	15	M14
600	296	650	690	17	M16
800	416	857	897	17	M16
1000	520	1063	1103	21	M20

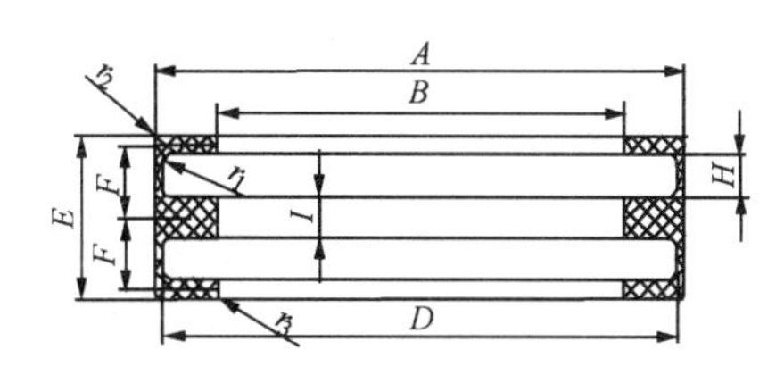

连体密封圈截面

连体密封圈截面尺寸(mm)

公称内径 DN/ID	A	B	D	E	F	H	I	r_1	r_2	r_3
500	555	495	542	130	62	36.1	13	10	10	7
600	665	595	653	148	70	40	15	12	12	8
800	874	794	860	208	99.5	60.6	18	15	15	9
1000	1083	993	1067	260	124	76.6	24	17	17	10

安 装 说 明

1. 哈夫密封橡胶圈的外观应光滑平整，不得有气孔、裂缝、卷褶、破损、重皮等缺陷。

2. 哈夫外固件采用镀锌钢板或玻璃钢材料。

3. 管道接口程序如下：

(1)清洁接口连接部位并使管道两端水平对中。

(2)将连体密封圈的一半套入管道一端，另一半翻起。

(3)两管连接后将连体密封圈另一半套入接入管道。

(4)检查管道两端是否对齐，连体密封圈是否卡入肋槽。

(5)上下哈夫外固件结合紧密后，拧紧螺栓紧固件。

图名	聚乙烯（PE）双壁波纹管接口及橡胶圈(五)	图号	PS4—23(五)

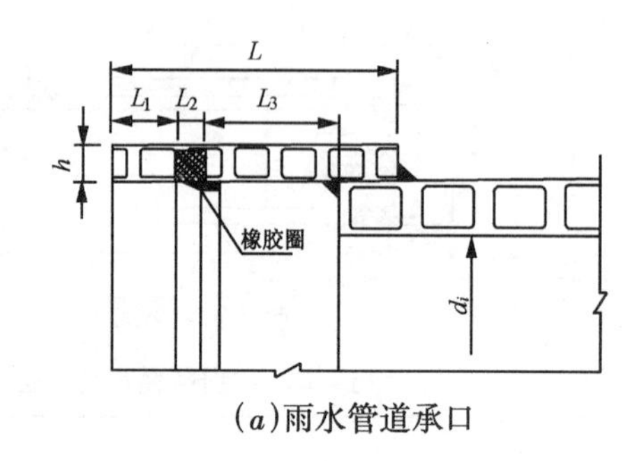

（*a*）雨水管道承口

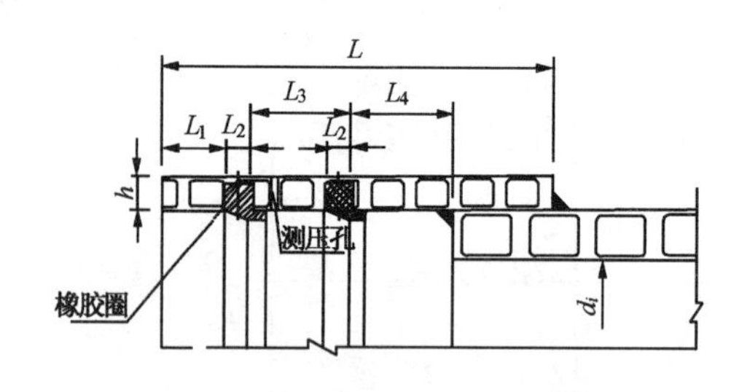

（*b*）污水管道承口（有测压孔）

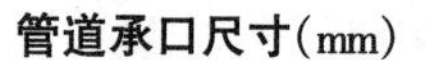

管道承口尺寸（mm）

公称内径 *DN*/*ID*	L 雨水管	L 污水管	L_1	L_2	L_3 雨水管	L_3 污水管	L_4 污水管	h
160	75	75	20	9	26	26		10
200	86	86	20	9	32	32		10
225	86	86	20	9	32	32		10
250	95	95	20	9	36	36		10
300	120	120	20	11	50	50		12
350	120	120	20	11	50	50		12
400	145	145	20	11	65	65		12
500	180	220	30	13.5	80	60	60	14.5
600	250	280	30	13.5	120	60	90	14.5
700	250	280	30	15	120	60	90	17
800	275	300	30	15	130	60	100	17
900	315	375	40	17	160	80	120	23
1000	370	420	40	17	180	80	135	23

注：公称内径＜500mm 的污水管道承口尺寸同雨水管。

安装说明

1. 雨水管道设一根橡胶圈；污水管道设两根橡胶圈。橡胶圈预埋在管道承口内。

2. 管道接口程序如下：

（1）管道连接前，应先检查橡胶圈是否配套完好，确认橡胶圈安放位置及插口应插入承口的深度并做好记号。

（2）接口作业时，应先将承口（或插口）的内（或外）工作面用棉纱清理干净，不得有泥土等杂物，并在承口内工作面涂上润滑剂，然后立即将插口端的中心对准承口的中心轴线就位。

（3）插口插入承口时，小口径管可在管端设置木挡板，用撬棒将管材沿轴线徐徐插入承口内；公称直径大于 *DN*400mm 的管道可用链绳系住管材，用手动葫芦等工具将管材徐徐拉入承口内。

图名	聚乙烯（PE）缠绕结构壁管 管道承口尺寸	图号	PS4—24

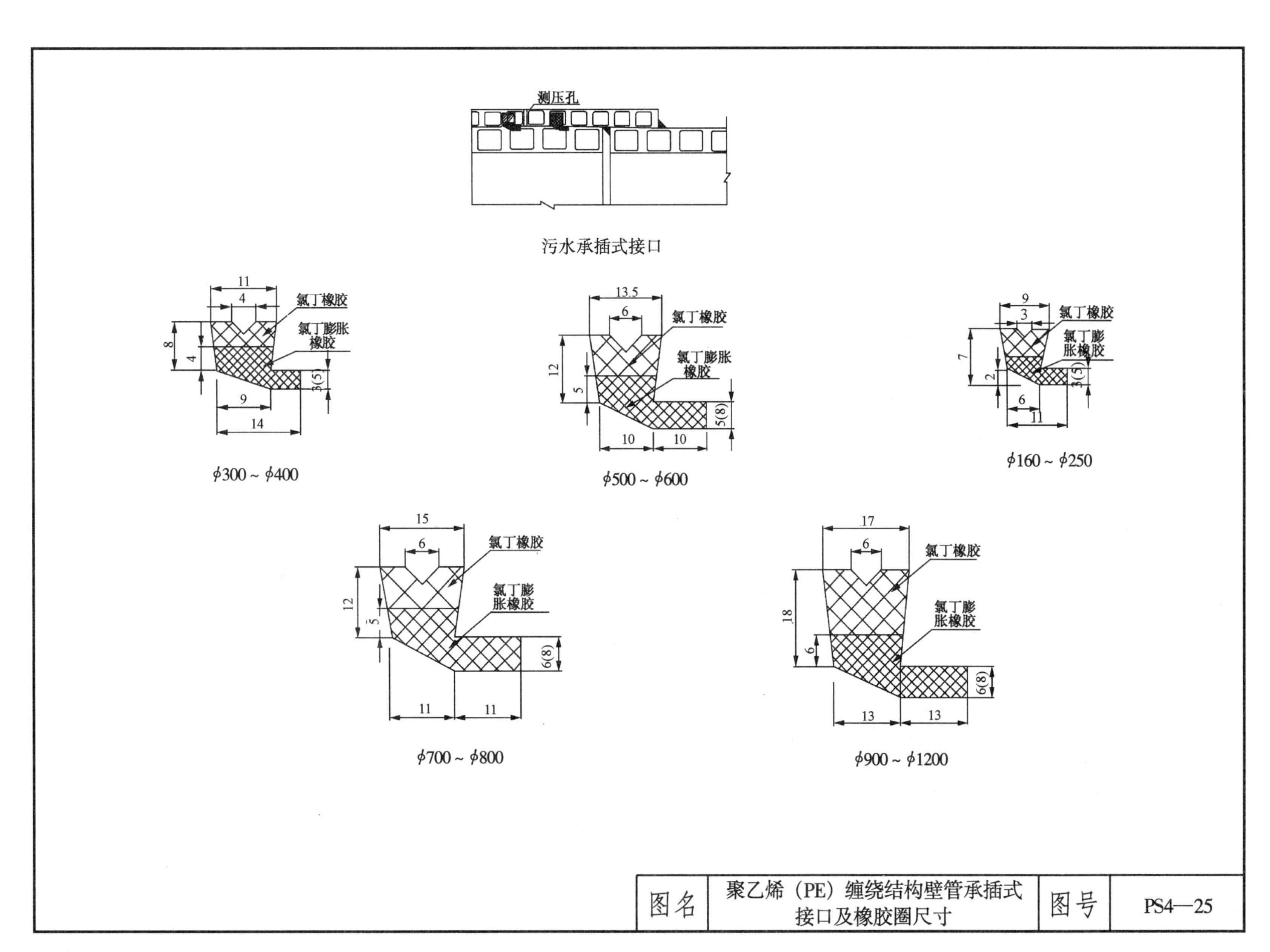

图名	聚乙烯（PE）缠绕结构壁管承插式接口及橡胶圈尺寸	图号	PS4—25

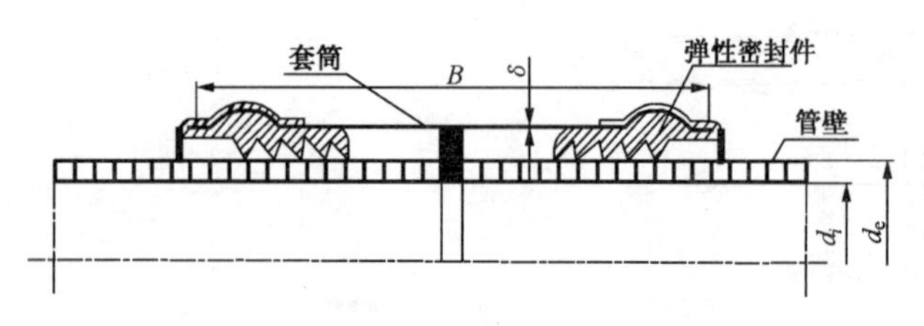

双向承插弹性密封件接口示意图

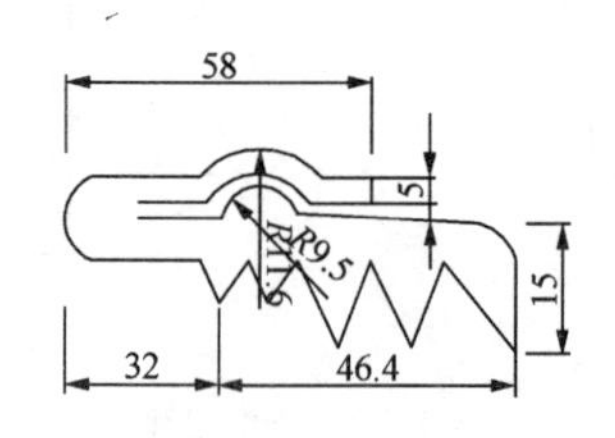

弹性密封件尺寸图

套筒尺寸(mm)

公称内径 *DN*/*ID*	200	250	300	350	400	500	600	700	800	900	1000	1100	1200
宽度 *B*	250	250	250	250	250	250	300	300	300	300	300	300	300
厚度 δ	1.5	1.5	1.5	1.5	1.5	1.5	1.5	1.5	1.5	1.5	1.5	1.5	1.5

安 装 说 明

管道接口程序如下：

1. 管道连接前，应先检查橡胶圈是否配套完好，确认橡胶圈安放位置及插口应插入承口的深度并做好记号。

2. 接口作业时，应先将承口(或插口)的内(或外)工作面用棉纱清理干净，不得有泥土等杂物，并在承口内工作面涂上润滑剂，然后立即将插口端的中心对准承口的中心轴线就位。

3. 插口插入承口时，小口径管可在管端设置木挡板，用撬棒将管材沿轴线徐徐插入承口内；公称直径大于 *DN*400mm 的管道可用缆绳系住管材，用手动葫芦等工具将管材徐徐拉入承口内。

图名	聚乙烯（PE）缠绕结构壁管双向承插弹性密封件接口	图号	PS4—26

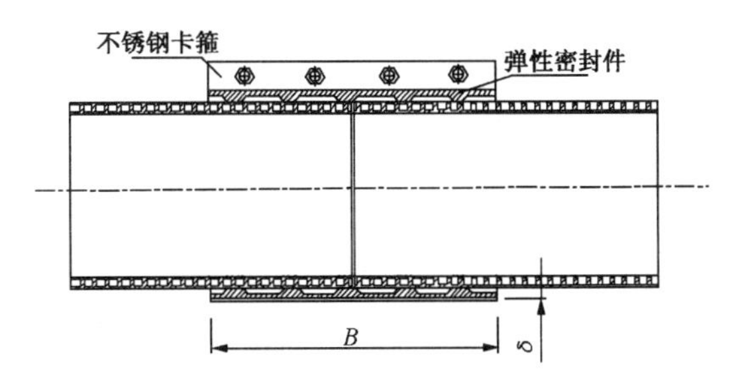

卡箍式弹性密封件接口示意图

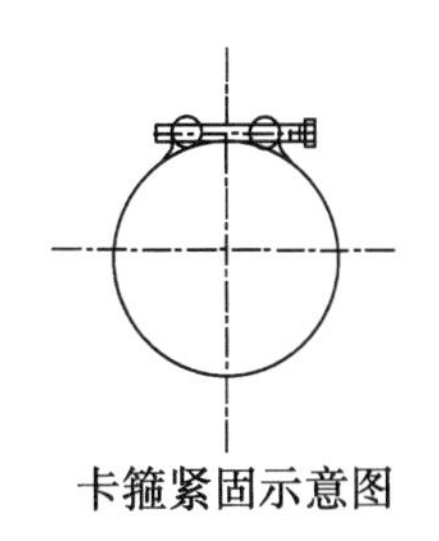

卡箍紧固示意图

卡箍尺寸(mm)

公称内径 DN/ID	宽　度 B		厚　度 δ
200	200		0.5
250	200		0.5
300	200		0.5
350	140	50×2	0.5
400	140	50×2	0.5
500	140	50×2	0.5
600	170	50×2	0.5
700	170	50×2	0.5
800	170	50×2	0.5
900	170	50×2	0.5
1000	170	50×2	0.5
1100	170	50×2	0.5
1200	170	50×2	0.5

注:三片式卡箍中,140(170)为中间卡箍宽度,两侧卡箍宽度各为50mm。

安 装 说 明

管道接口程序如下:

1. 管道连接前,应先检查橡胶圈是否配套完好,两根管材端面中心轴对齐。

2. 接口时,先将管材外壁清理干净,然后将橡胶密封件对称设置在连接管道的两端。

3. 将不锈钢卡箍置于密封件外并同步锁紧螺栓。

4. 复核橡胶密封件位置无误,不产生扭曲。

图名	聚乙烯(PE)缠绕结构壁管卡箍式弹性密封件接口	图号	PS4—27

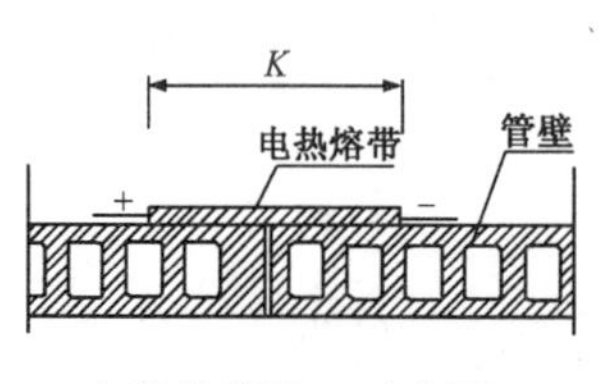

电热熔带接口示意图

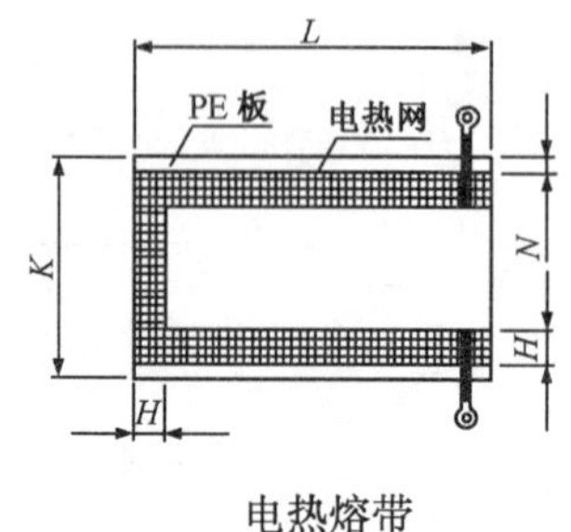

电热熔带

电热熔带技术性能

项　　目	指　　标
拉伸强度(MPa)	≥17
断裂伸长率(%)	≥350
脆化温度(℃)	≤－40
连接密封试验 0.05MPa，15min	无渗漏
体积电阻率 (Ω·m)	≥1×10^{13}
电熔线连通状态	无断路

电热熔带尺寸表(mm)

公称内径 DN/ID	L	K	H	N	板材厚度
200	900	200	50	10	7
250	1050	200	50	10	7
300	1250	200	50	10	7
350	1430	200	50	10	7
400	1600	200	50	10	7
450	1820	300	100	10	9
500	1980	300	100	10	9
600	2360	300	100	10	9
700	2730	300	100	10	9
800	3050	300	100	10	9
900	3450	450	100	10	9
1000	3780	450	100	10	9
1100	4110	450	100	10	9
1200	4530	450	100	10	9

安　装　说　明

1. 管内径 $d_i\geqslant$500mm 的聚乙烯缠绕结构壁管，宜采用电热熔带连接方式。

2. 管道接口程序如下：

(1)管道连接前，应检查管道和电热熔带是否完好。

(2)接口时，要将被连接管道的外表面和电热熔带内壁上的杂物水汽等清除干净，并将连接管道对准轴线。

(3)用电热熔带将管道连接部位紧紧包住，边线端包在内圈，从两侧插入 PE 棒填充电热熔带端部空隙。

(4)用钢扣带夹钳将电热熔带上紧，使其紧贴管壁。钢扣带边缘要与电热熔带边缘对齐。

(5)将电热熔机的输出线端的夹子与电热熔带的连接头连接；在电热熔机上设定好时间和电压档，按操作规程进行熔接，熔接结束时，取下接线夹子，再紧固夹钳约 1/2 圈。

(6)熔接完成后电源自动切断，进行冷却；冷却时间一般夏天约 20min，冬季约 10min，不可用水冷却。冷却后，打开钢扣带，检查熔接是否符合要求。

图名	聚乙烯（PE）缠绕结构壁管 电热熔带接口	图号	PS4—28

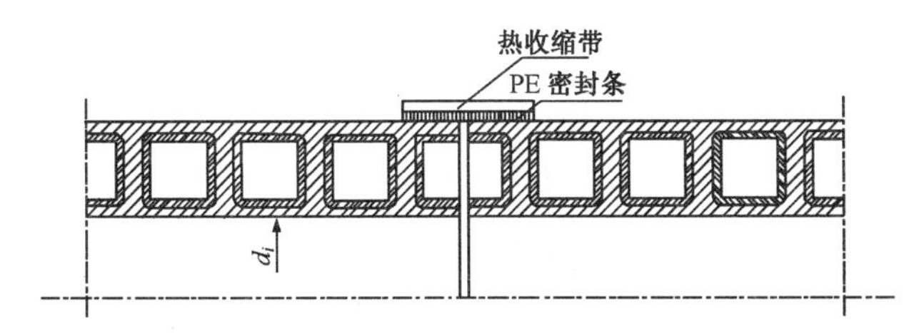

热收缩带接口示意图

热收缩带技术性能

项　　目	指标	试验方法
拉伸强度(MPa)	≥17	GB/T 1040
断裂伸长率(%)	≥350	GB/T 1040
脆化温度(℃)	≤－40	GB/T 5470
纵向收缩率(%)	≥15	
连接密封试验 0.05MPa，15min	无渗漏	GB/T 6111

热收缩带尺寸表(mm)

公称内径 DN/ID	热收缩带			PE 密封条			扣钉个数
	长	宽	厚	长	宽	厚	
200	830	150	1.5	760	100	1.0	3
250	1000	150	1.5	920	100	1.0	3
300	1180	150	1.5	1100	100	1.0	3
350	1360	225	1.5	1285	100	1.0	5
400	1530	225	1.5	1455	100	1.0	5
450	1720	225	1.5	1600	100	1.0	5
500	1890	300	1.5	1810	100	1.0	6
600	2250	300	1.5	2155	100	1.0	6
700	2600	300	1.5	2535	100	1.0	6
800	2950	300	1.5	2810	100	1.0	6
备注	PE 密封条为可选件						

安　装　说　明

1. 管内径 $d_i \leqslant 500$mm 的聚乙烯缠绕结构壁管宜采用热收缩带连接方式。

2. 接口连接程序如下：

(1)清洁接口连接部位，并使连接管道两端水平对中。

(2)将热收缩带套在管道一端，并用液化石油气喷枪对管道连接处预热。

(3)对 PE 密封带放在预热连接处粘合起来。

(4)将热收缩带移到连接处，使管道接缝处位于热收缩带的中心位置，并用固定卡加以固定。

(5)用液化石油气喷枪对热收带均匀加热，使其完全收缩后再分别向两端延伸，使两端热熔胶充分熔化。

(6)热收缩带接口完成后，冷却时间约为 15min，再进行下道工序。

图名	聚乙烯（PE）缠绕结构壁管 热收缩带接口	图号	PS4—29

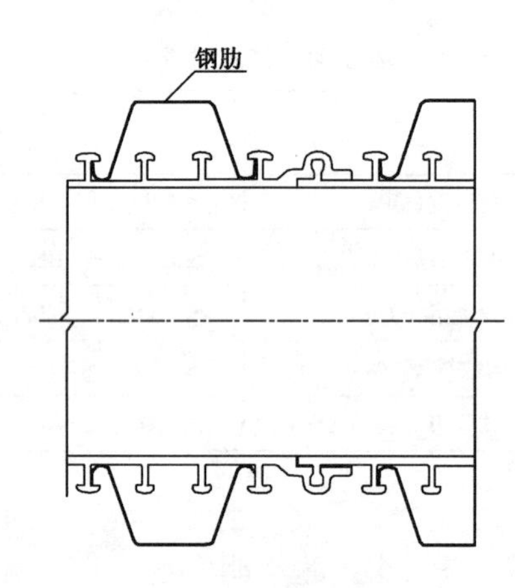

PE 钢塑缠绕管

截面代号说明：

PE·□·□□□·□□

- 指钢肋厚度：08 指钢肋厚度 0.8mm，10 指钢肋厚度 1.0mm
- 指钢肋数量及厚度：第一位数指钢肋数量，第二、三位数指钢肋类型 V3、V4
- 指塑料板材类型：A 指厚度 2.8mm 的 PE 板材，B 指厚度为 4.0mm 的 PE 板材

管材规格(mm)

公称内径 DN/ID	最小平均内径 d_i	环刚度 (kN/m²)	PE 单位重 (kg/m)	钢肋单位重 (kg/m)	单位总重 (kg/m)	截面代号
600	588	4	9.31	10.3	19.61	PE·A·2V3·08
		(6.3)	9.31	12.8	22.11	PE·A·2V3·10
		8	9.31	15.4	24.74	PE·A·3V3·08
700	688	4	10.83	14.86	25.69	PE·A·2V3·10
		(6.3)	10.83	22.29	33.12	PE·A·3V3·10
		8	16.14	14.98	31.12	PE·B·1V4·08
800	785	4	12.36	25.38	37.74	PE·A·3V3·10
		8	18.41	16.98	35.39	PE·B·1V4·08
900	885	4	13.89	28.74	42.36	PE·A·3V3·10
		8	20.67	18.97	39.64	PE·B·1V4·08
1000	985	8	22.94	20.97	43.91	PE·B·1V4·08
1200	1185	(6.3)	27.47	24.97	56.43	PE·B·1V4·08
		8	27.47	30.86	58.33	PE·B·1V4·10

图名	聚乙烯(PE)钢塑复合缠绕管连接图(一)	图号	PS4—30(一)

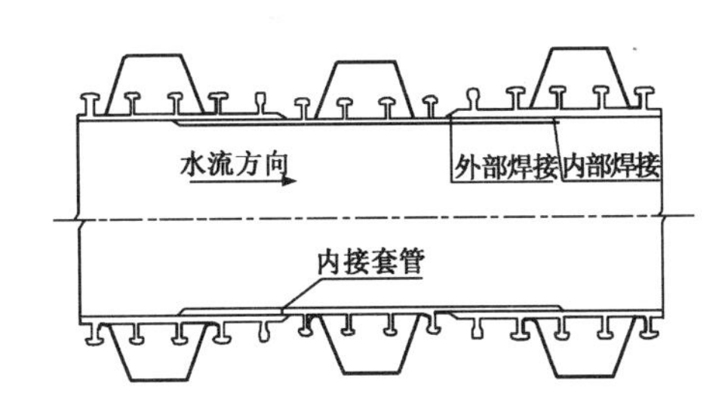

PE 钢塑复合缠绕管接口示意图

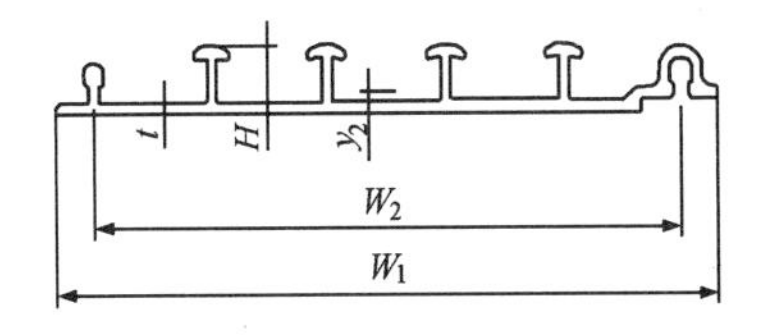

PE 板材截面示意图

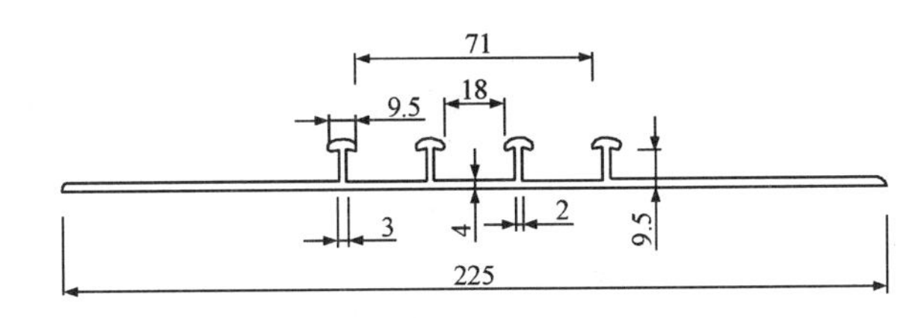

PE 内接套管截面尺寸

PE 板材规格(mm)

板材规格	板材宽度 W_1	板材有效宽度 W_2	板材高度 H	板材厚度 t	中心轴高度 y_2	截面惯性矩 I(mm^4)	截面面积 S(mm^2)	参考重量 (kg/m)
PE140×2.8	158	140	15.9	2.8	5.1	17379	712.130	0.68
PE140×4.0	166	140	17.5	4.0	6.1	29002	1050.259	1.01

安 装 说 明

1.PE 钢塑复合管材用内接套管通过焊接连接，与管道上游部位连接先行完成，与下游部位的连接在现场完成。

2. 管道接口程序如下：

(1)连接前必须检查切口平整度，钢带接头质量可靠。

(2)使用清洁干布将焊接配合面擦拭干净。

(3)为便于接口管外焊接采用管接头处架空或挖槽方法，并对准轴线和标高，插入管道，其焊缝宽度不小于 3mm。

(4)沿接口焊缝采用多点对称，均匀焊接固定，再先内后外完全焊接。焊缝应饱满、光滑和牢固。

图名	聚乙烯(PE)钢塑复合缠绕管连接图(二)	图号	PS4—30(二)

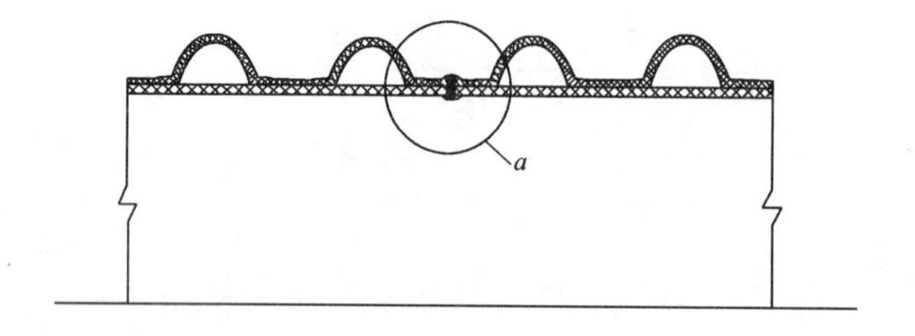

焊接接口示意图

PE焊条截面尺寸及偏差(mm)

规　格	外径及偏差	不圆度
3.2	$3.2^{+0.4}_{0}$	≤0.3

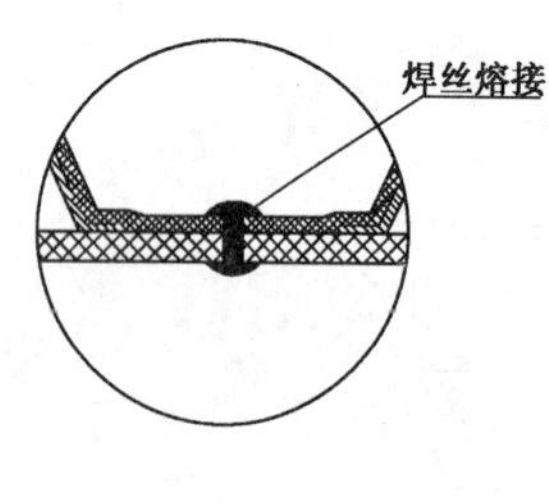

节点 *a*

安　装　说　明

管道接口采用焊接，接口程序如下：

1. 连接前必须检查切口平整度，钢带接头质量可靠。

2. 使用清洁干布将焊接配合面擦拭干净。

3. 为便于接口管外焊接采用管接头处架空或挖槽方法，并对准轴线和标高，焊缝宽度不小于3mm。

4. 沿接口焊缝采用多点对称，均匀焊接固定，再先内后外完全焊接。焊缝应饱满、光滑和牢固。

图名	钢带增强聚乙烯(PE)螺旋波纹管 焊接接口图	图号	PS4—31

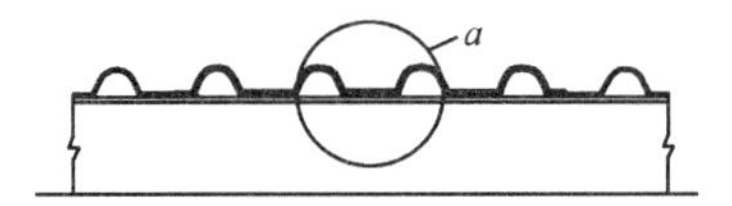

热收缩套接口示意图

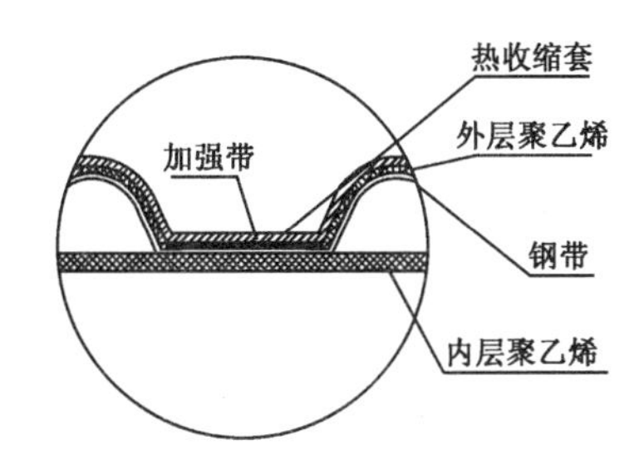

节点 *a*

加强带尺寸(mm)

公称内径 DN/ID	长度	宽度	壁厚	热熔胶厚度
800	≥3200	100	≥2	≥0.5
1000	≥4000	120	≥2	≥0.5
1200	≥4800	140	≥2	≥0.5

热收缩套尺寸(mm)

公称内径 DN/ID	内径	壁厚	宽度	热熔胶厚度
800	1250	≥2	800	≥1.0
1000	1500	≥2	1000	≥1.0
1200	1750	≥2	1200	≥1.0

安 装 说 明

接口连接程序如下：

1. 检查待连接两管端是否平整，合拢间隙应小于1.5mm。

2. 架空两待接管端部，将热收缩套穿套在两待接管的一端离端面距离大于500mm。

3. 对接端面120mm圆周范围内用专用钢丝刷打磨粗糙并擦拭干净。

4. 对齐管轴线位置，焊接定位。

5. 连接管端对接处预热，表面温度为40～50℃。在连接处缠绕并同时烘烤加强纤维热收缩带并使之搭接牢固。

6. 预热待接管两端，使表面温度达到40～50℃。移动热收缩套至一端打磨面内，去掉其内防护纸层，使热收缩套与波纹管同心。

7. 对热收缩套中间沿圆周方向均匀加热使其完全收缩后再分别向两端延伸，使两端热熔胶充分熔化。

8. 热收缩套接口完成后，冷却时间约为15min，再进行下道工序。

图名	钢带增强聚乙烯（PE）螺旋波纹管热收缩套接口连接图	图号	PS4—32

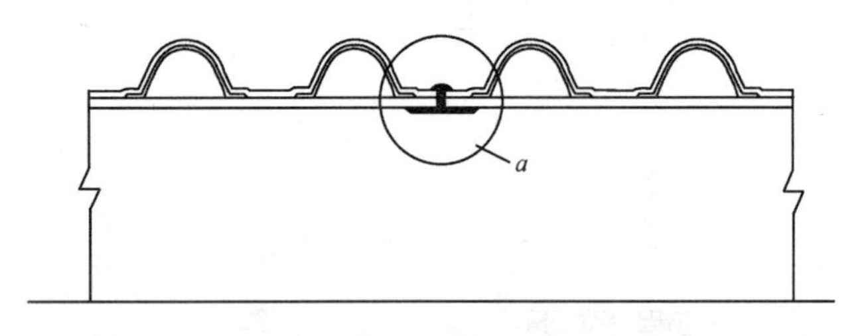

聚乙烯内衬板材焊接接口示意图

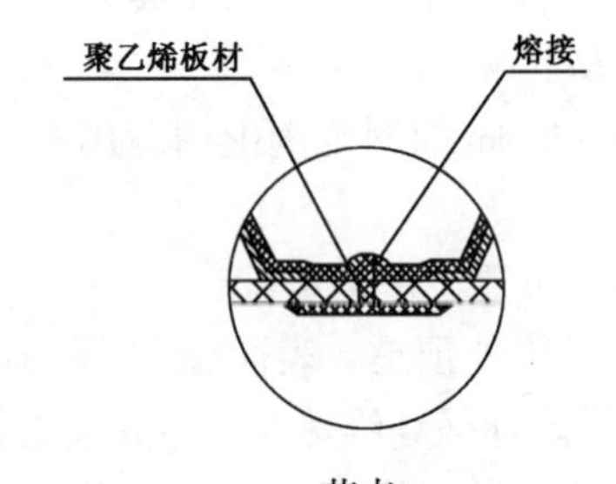

节点 *a*

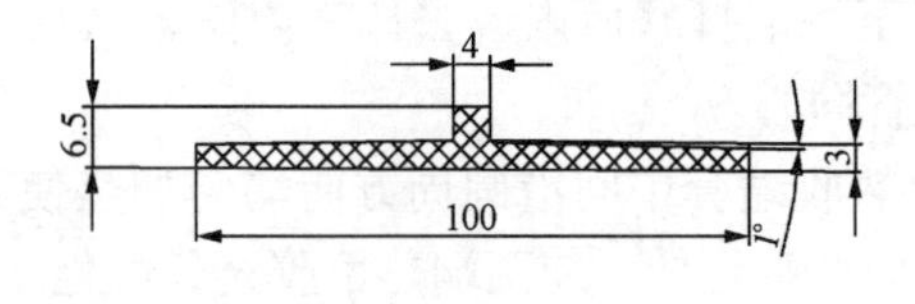

聚乙烯板材尺寸

PE 焊条截面尺寸及偏差(mm)

规　格	外径及偏差	不圆度
3.2	$3.2^{+0.4}_{0}$	≤0.3

安 装 说 明

1. 管材接口用内接套管采用焊接连接，与管道上游部位焊接先行完成，与下游部位的内外焊接在现场完成。

2. 管道接口程序如下：

(1)连接前必须检查切口平整度，钢带接头质量可靠。

(2)使用清洁干布将焊接配合面擦拭干净。

(3)为便于接口管外焊接采用管接头处架空或挖槽方法，并对准轴线和标高，插入管道，其焊缝宽度不小于3mm。

(4)沿接口焊缝采用多点对称，均匀焊接固定，再先内后外完全焊接。焊缝应饱满、光滑和牢固。

图名	钢带增强聚乙烯 (PE) 螺旋波纹管内衬板材焊接接口连接图	图号	PS4—33

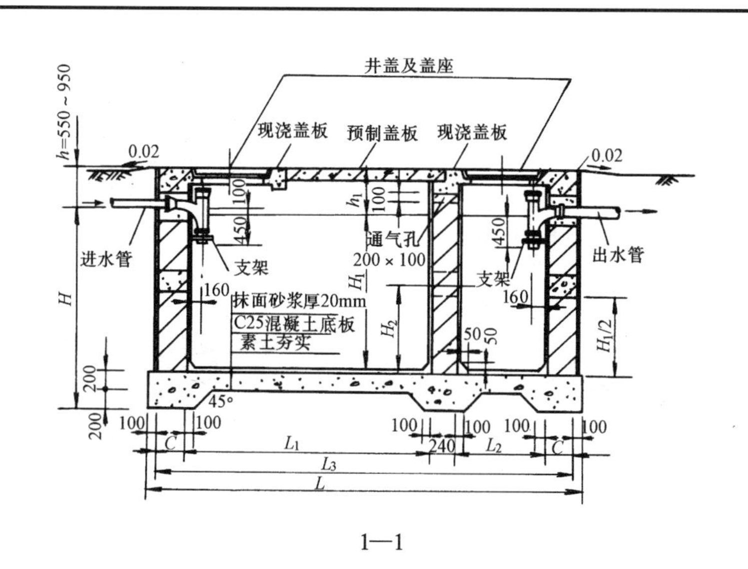

1—1

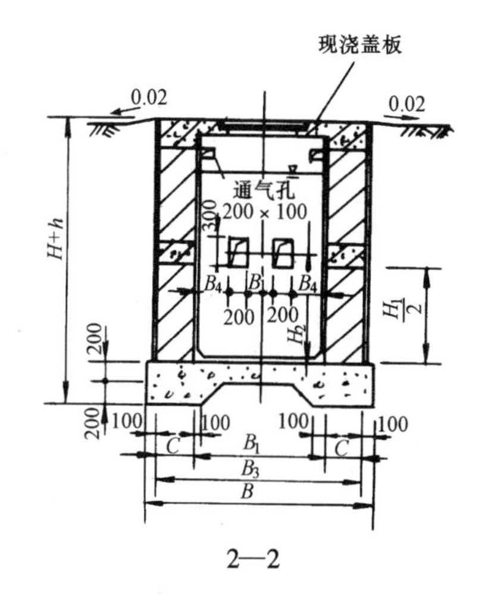

2—2

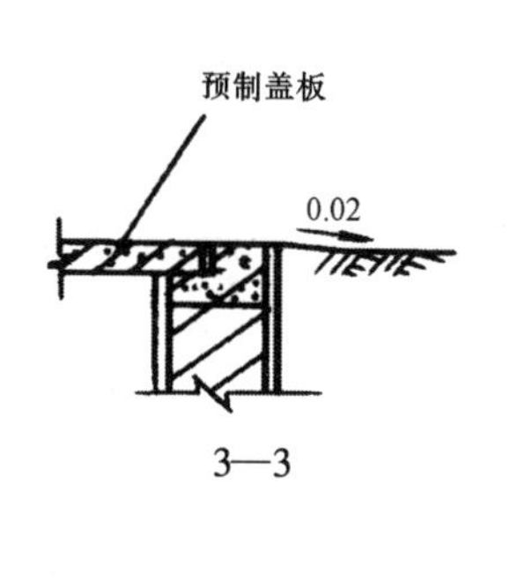

3—3

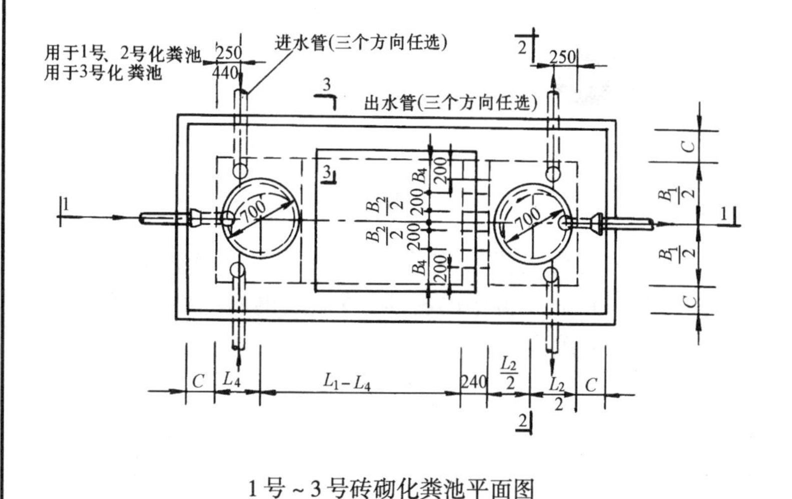

1号～3号砖砌化粪池平面图

安 装 说 明

化粪池进、出水管的直径、管内底埋设深度、井盖及盖座的材质(铸铁或钢筋混凝土)均由设计者确定。

图名	1号～3号砖砌化粪池平、剖面图(无地下水)	图号	PS5—1

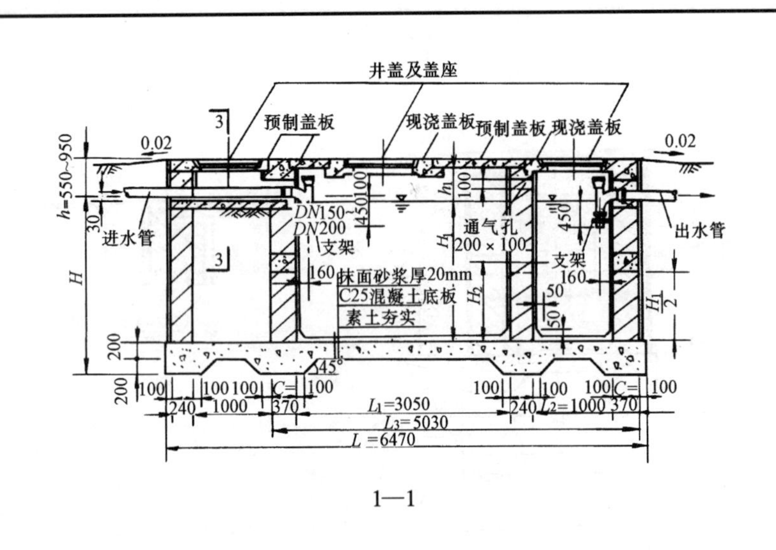

1—1

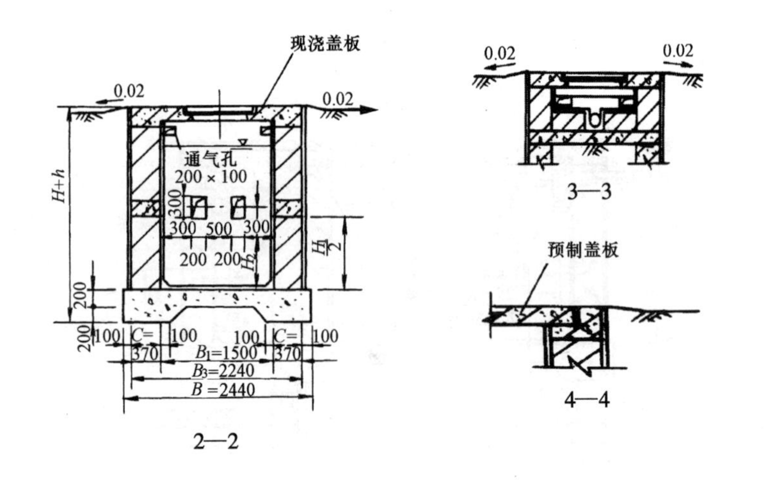

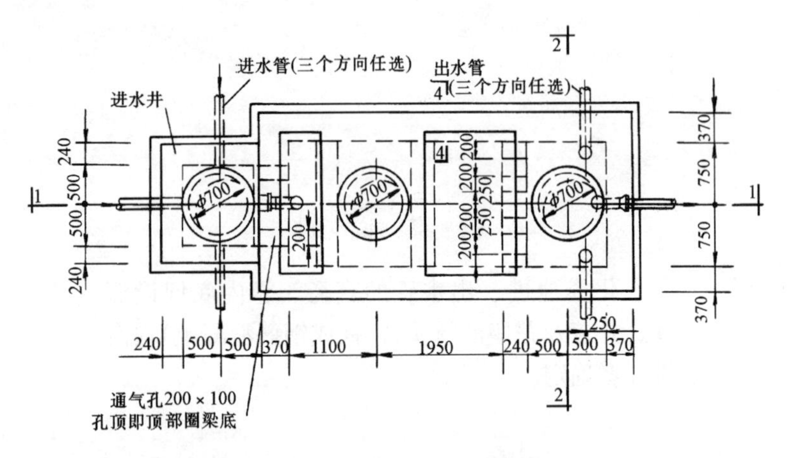

4号~5号砖砌化粪池平面图

安 装 说 明

化粪池进、出水管的直径、管内底埋设深度、井盖及盖座的材质(铸铁或钢筋混凝土)均由设计者确定。

图名	4号~5号砖砌化粪池平、剖面图(无地下水)	图号	PS5—2

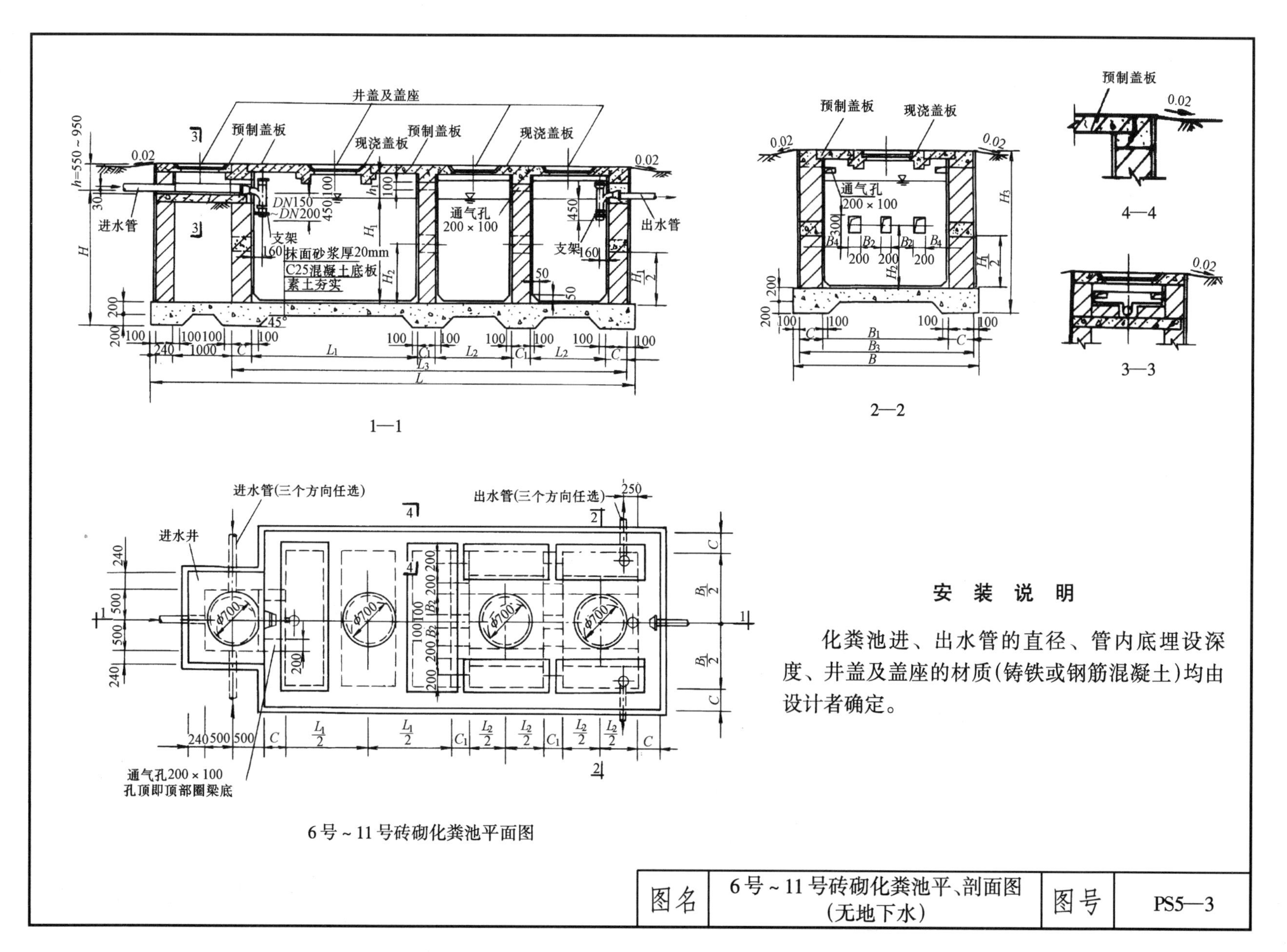

安 装 说 明

化粪池进、出水管的直径、管内底埋设深度、井盖及盖座的材质(铸铁或钢筋混凝土)均由设计者确定。

图名	6号~11号砖砌化粪池平、剖面图(无地下水)	图号	PS5—3

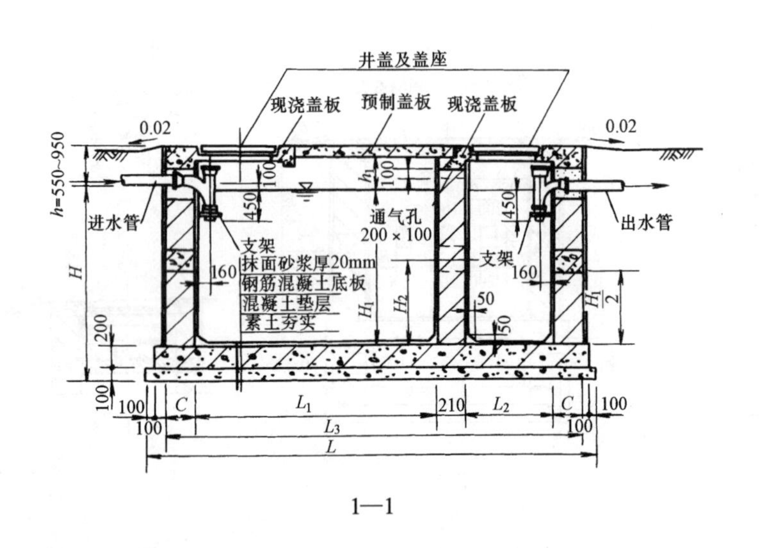

1—1

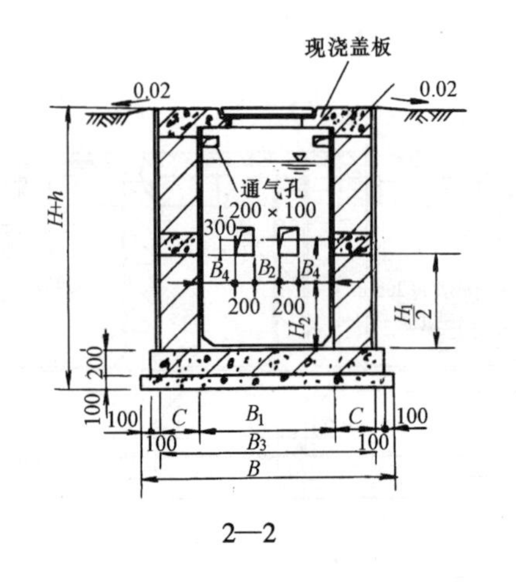

2—2

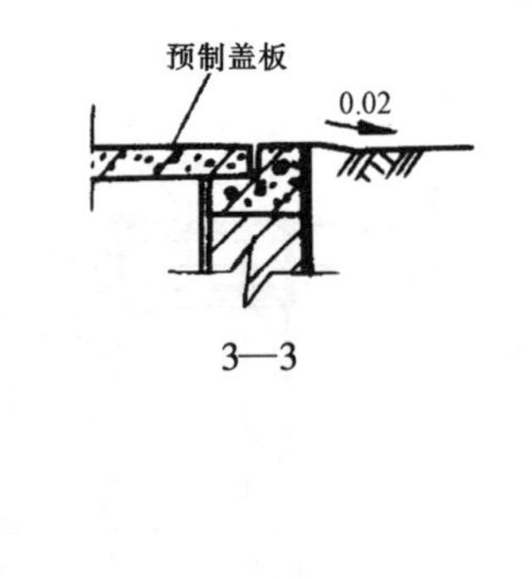

3—3

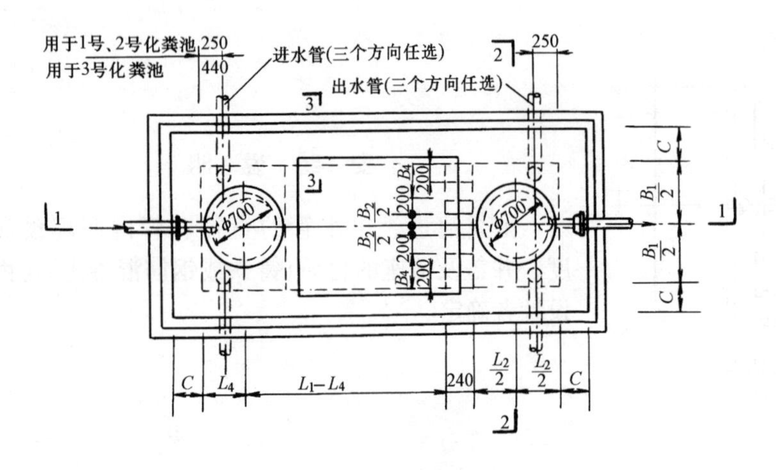

1号～3号砖砌化粪池平面图

安装说明

化粪池进、出水管的直径、管内底埋设深度、井盖及盖座的材质(铸铁或钢筋混凝土)均由设计者确定。

图名	1号～3号砖砌化粪池平、剖面图 (有地下水)	图号	PS5—4

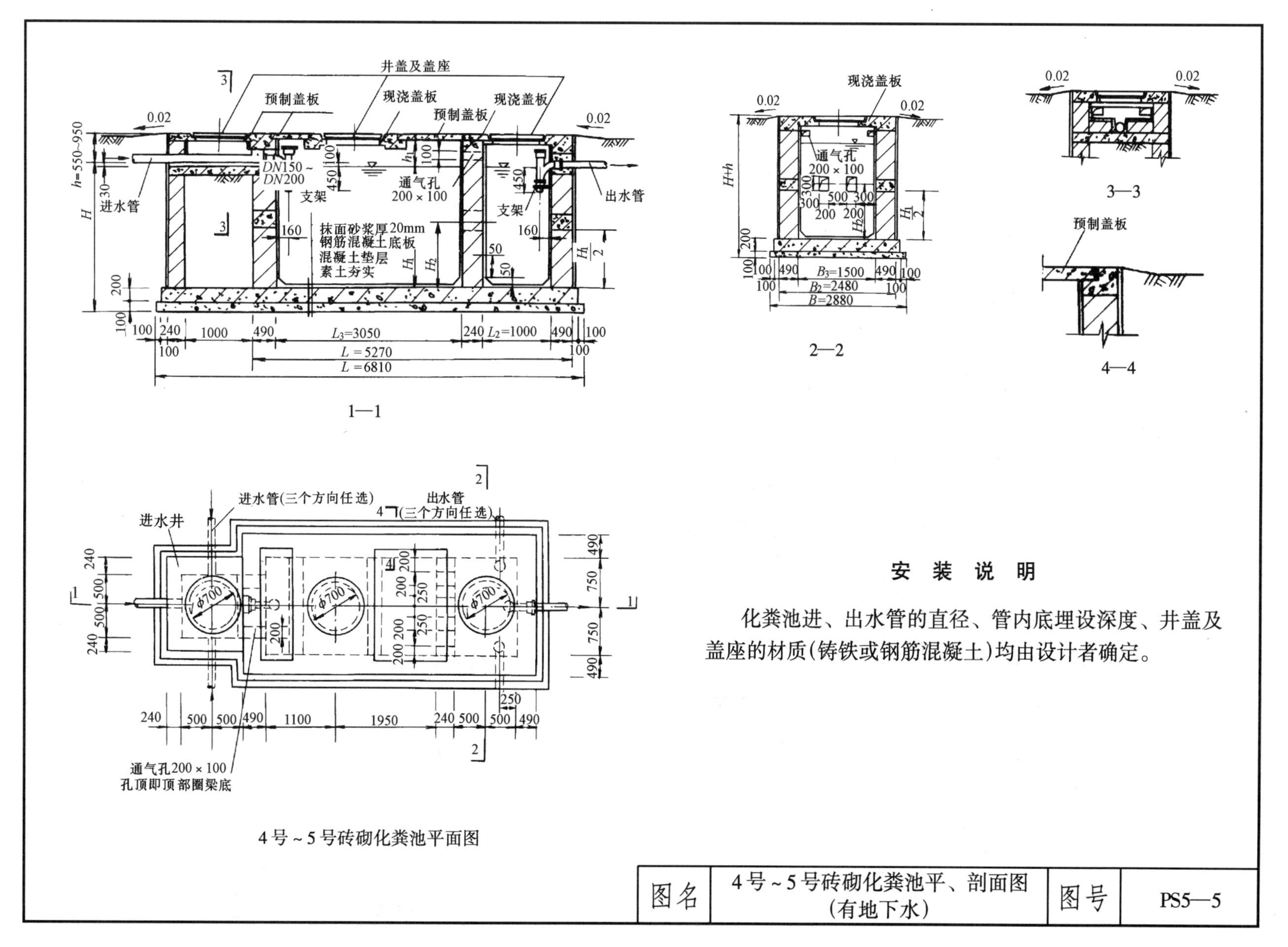

4号~5号砖砌化粪池平面图

安装说明

化粪池进、出水管的直径、管内底埋设深度、井盖及盖座的材质(铸铁或钢筋混凝土)均由设计者确定。

图名	4号~5号砖砌化粪池平、剖面图 (有地下水)	图号	PS5—5

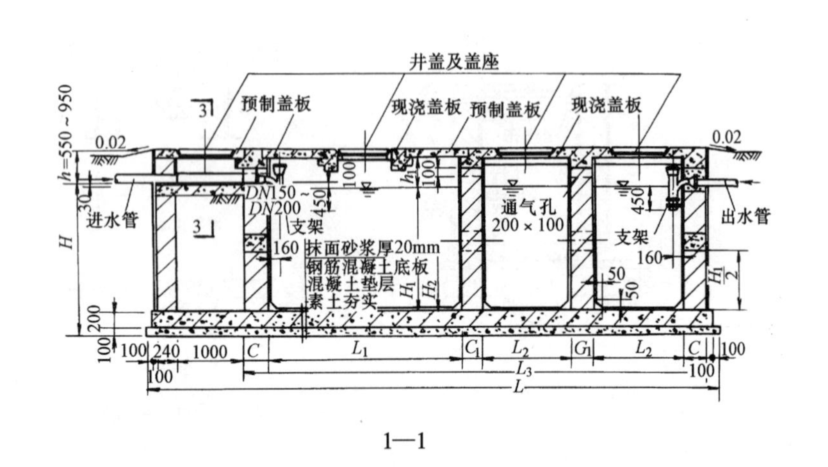

1—1

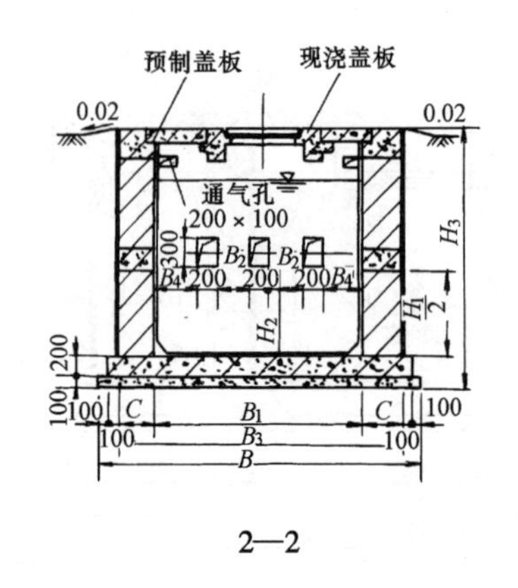

2—2

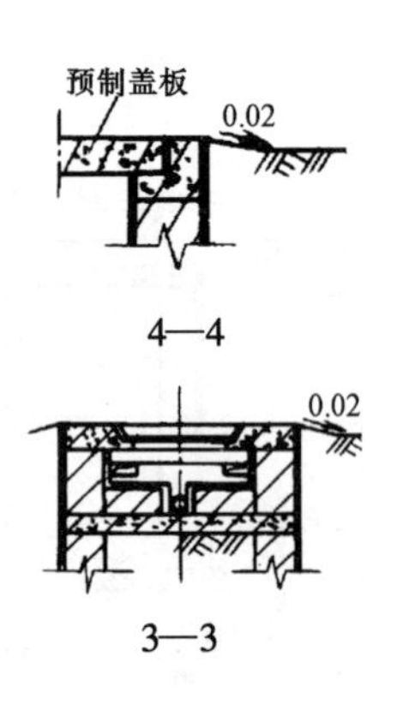

4—4

3—3

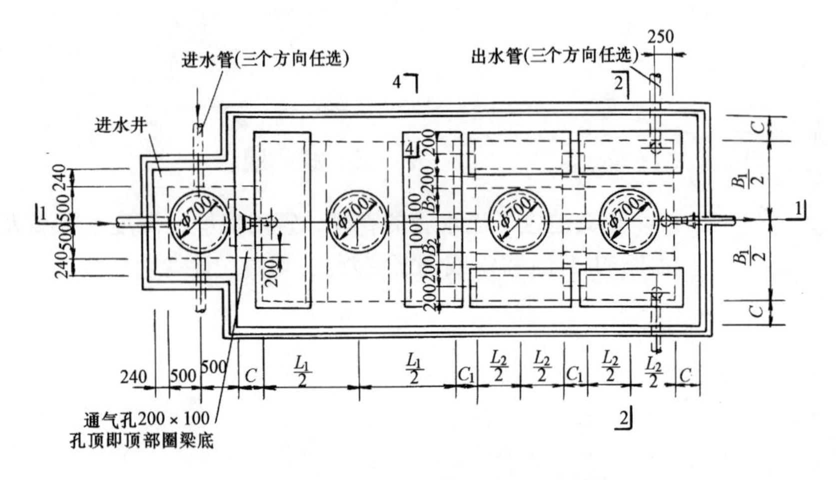

6号~11号砖砌化粪池平面图

安装说明

化粪池进、出水管的直径、管内底埋设深度、井盖及盖座的材质(铸铁或钢筋混凝土)均由设计者确定。

图名	6号~11号砖砌化粪池平、剖面图(有地下水)	图号	PS5—6

地下水	活荷载	化粪池		结构尺寸（mm）														
		有效容积（m^3）	池号	H_2	L	L_1	L_2	L_3	L_4	B	B_1	B_2	B_3	B_4	C	H	H_1	h_1
无地下水	顶面不过汽车	2	1	550 800	3070	1400	750	2870	480	1430	750	150	1230	100	240	1900	1400	550~950
		4	2	550 800	5280	3100	1000	5080	480	1690	750	150	1490	100	370	1900	1400	550~950
		6	3	650 950	5230	3050	1000	5030	440	1940	1000	300	1740	150	370	2100	1600	550~950
		9	4	650 950	6470	3050	1000	5030	—	2440	1500	—	2240	—	370	2100	1600	550~950
		12	5	850 1250	6470	3050	1000	5030	—	2440	1500	—	2240	—	370	2600	2100	550~950
	顶面可过汽车	2	1	550 800	3070	1400	750	2870	480	1430	750	150	1230	100	240	1900	1400	500~900
		4	2	550 800	5280	3100	1000	5080	480	1690	750	150	1490	100	370	1900	1400	500~900
		6	3	650 950	5230	3050	1000	5030	440	1940	1000	300	1740	150	370	2100	1600	500~900
		9	4	650 950	6470	3050	1000	5030	—	2440	1500	—	2240	—	370	2100	1600	500~900
		12	5	850 1250	6470	3050	1000	5030	—	2440	1500	—	2240	—	370	2600	2100	500~900
有地下水	顶面不过汽车	2	1	550 800	3530	1400	750	3130	480	1890	750	150	1490	100	370	1800	1400	550~950
		4	2	550 800	5480	3100	1000	5080	480	1890	750	150	1490	100	370	1800	1400	550~950
		6	3	650 950	5670	3050	1000	5270	440	3880	1000	300	1980	150	490	2000	1600	550~950
		9	4	650 950	6810	3050	1000	5270	—	2880	1500	—	2480	—	490	2000	1600	550~950
		12	5	850 1250	6810	3050	1000	5270	—	2880	1500	—	2480	—	490	2500	2100	550~950
	顶面可过汽车	2	1	550 800	3530	1400	750	3130	480	1890	750	150	1490	100	370	1800	1400	500~900
		4	2	550 800	5480	3100	1000	5080	480	1890	750	150	1490	100	370	1800	1400	500~900
		6	3	650 950	5670	3050	1000	5270	440	2380	1000	300	1980	100	490	2000	1600	500~900
		9	4	650 950	6910	3050	1000	5270	—	2880	1500	—	2480	—	490	2000	1600	500~900
		12	5	850 1250	6910	3050	1000	5270	—	2880	1500	—	2480	—	490	2500	2100	500~900

图名	1号~5号砖砌化粪池结构尺寸一览表	图号	PS5—7

地下水	活荷载	化粪池 有效容积 (m^3)	池号	结构尺寸 (mm) H_2	L	L_1	L_2	L_3	B	B_1	B_2	B_3	B_4	C	C_1	H	H_1	H_3
无地下水	顶面不过汽车	16	6	700 1000	7920	2500	1250	6480	2940	2000	400	2740	300	370	370	2200	1700	2750～3150
		20	7	700 1000	7920	2500	1250	6480	3440	2500	500	3240	450	370	370	2200	1700	2750～3150
		25	8	850 1250	7920	2500	1250	6480	3440	2500	500	3240	450	370	370	2600	2100	3150～3550
		30	9	1000 1750	7920	2500	1250	6480	3440	2500	500	3240	450	370	370	3000	2500	3550～3950
		40	10	1050 1800	9320	3200	1600	7880	3440	2500	500	3240	450	370	370	3100	2600	3650～4050
		50	11	1050 1800	10920	4000	2000	9480	3440	2500	500	3240	450	370	370	3100	2600	3650～4050
	顶面可过汽车	16	6	700 1000	7920	2500	1250	6480	2940	2000	400	2740	300	370	370	2200	1700	2750～3150
		20	7	700 1000	7920	2500	1250	6480	3440	2500	500	3240	450	370	370	2200	1700	2750～3150
		25	8	850 1250	7920	2500	1250	6480	3440	2500	500	3240	450	370	370	2600	2100	3150～3550
		30	9	1000 1750	7920	2500	1250	6480	3440	2500	500	3240	450	370	370	3000	2500	3550～3950
		40	10	1050 1800	9320	3200	1600	7880	3440	2500	500	3240	450	370	370	3100	2600	3650～4050
		50	11	1050 1800	10920	4000	2000	9480	3440	2500	500	3240	450	370	370	3100	2600	3650～4050
有地下水	顶面不过汽车	16	6	700 1000	8360	2500	1250	6720	3380	2000	400	2980	300	490	370	2100	1700	2650～3050
		20	7	700 1000	8360	2500	1250	6720	3880	2500	500	3480	450	490	370	2100	1700	2650～3050
		25	8	850 1250	8360	2500	1250	6720	3880	2500	500	3480	450	490	370	2500	2100	3050～3450
		30	9	1000 1750	8360	2500	1250	6720	3880	2500	500	3480	450	490	370	2900	2500	3450～3850
		40	10	1050 1800	9760	3200	1600	8120	3880	2500	500	3480	450	490	370	3000	2600	3550～3950
		50	11	1050 1800	11360	4000	2000	9720	3880	2500	500	3480	450	490	370	3000	2600	3550～3950
	顶面可过汽车	16	6	700 1000	8360	2500	1250	6720	3380	2000	400	2980	300	490	370	2100	1700	2650～3050
		20	7	700 1000	8360	2500	1250	6720	3880	2500	500	3480	450	490	370	2100	1700	2650～3050
		25	8	850 1250	8360	2500	1250	6720	3880	2500	500	3480	450	490	370	2500	2100	3050～3450
		30	9	1000 1750	8360	2500	1250	6720	3880	2500	500	3480	450	490	370	2900	2500	3450～3850
		40	10	1050 1800	9760	3200	1600	8120	3880	2500	500	3480	450	490	370	3000	2600	3550～3950
		50	11	1050 1800	11360	4000	2000	9720	3880	2500	500	3480	450	490	370	3000	2600	3550～3950

图名	6号～11号砖砌化粪池结构尺寸一览表	图号	PS5—8

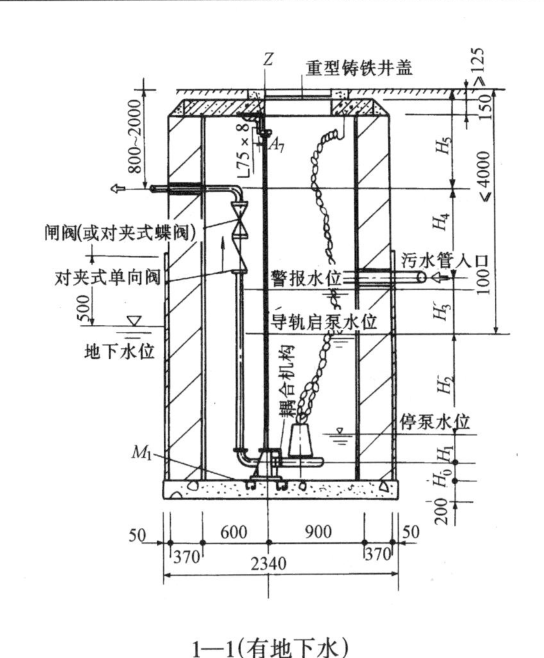

1—1(有地下水)

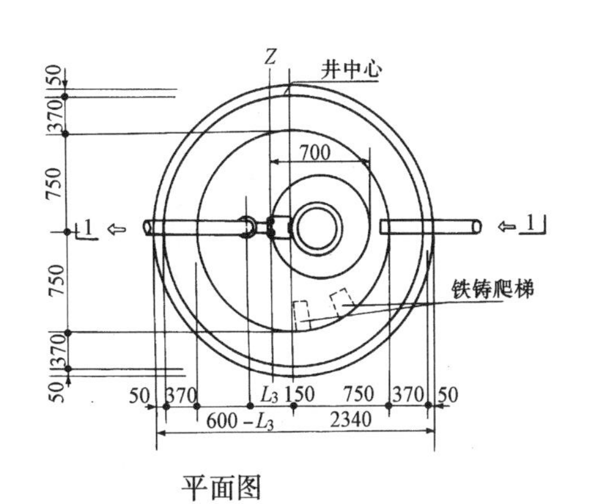

平面图

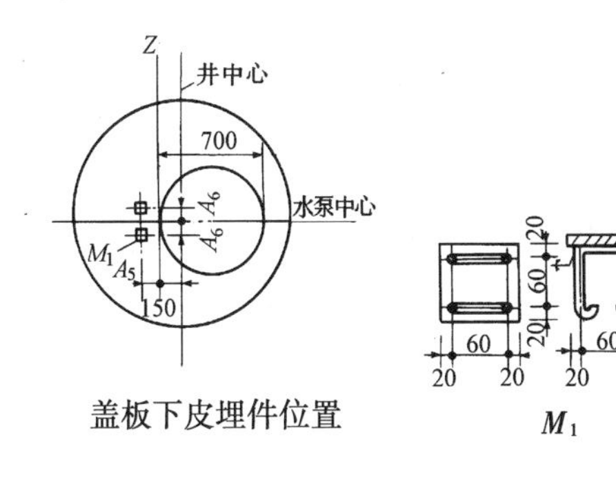

盖板下皮埋件位置

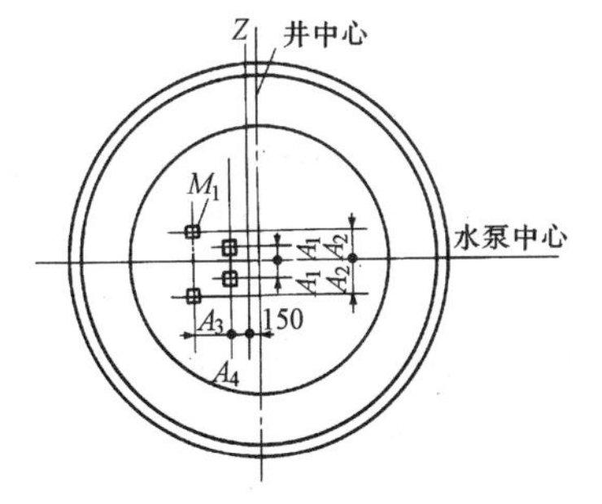

底板预埋钢板位置图

尺寸表

自耦装置型号	预埋件尺寸(mm)							L_0 (mm)	H_0 (mm)
	A_1	A_2	A_3	A_4	A_5	A_6	A_7		
50GAK	110	110	225	10	150	200	100	220	150
80GAK	110	150	250	28	160	200	110	235	150
100GAK	110	150	250	15	160	200	110	240	180

安装说明

1. Z 轴为固定安装系统中导轨的中心线，导轨必须保证垂直。

2. 水泵安装前应重新复核底座螺孔尺寸，与预埋钢板位置无误时再将螺栓焊于钢板上。

3. 钢材采用 Q235－A 钢，锚筋用 E4303 焊条焊于钢板上。

4. 潜水泵采用液位自动控制(电气专业设计)。

5. 图中 H_1~H_5 由设计人员确定。

6. 出水管阀门也可设在井外的闸门井内。

7. 潜水泵按规范应设备用泵，只有在特殊允许条件下才用单台泵。

8. 无地下水时井外壁可不作抹面，而用 1∶2 水泥砂浆勾缝。

图名	室外 φ1500 集水井单台潜水泵自耦式安装图	图号	PS6—1

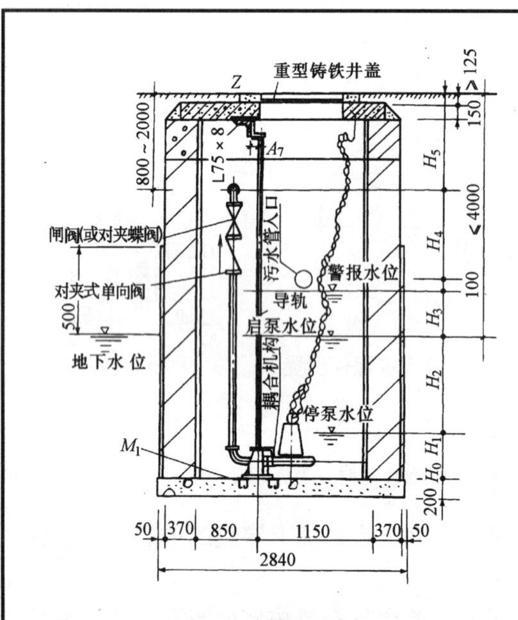

1—1(有地下水)

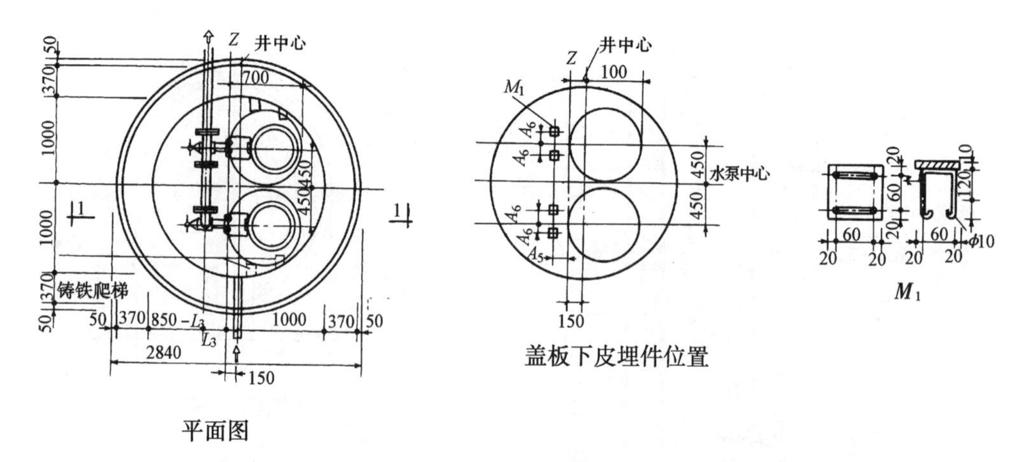

平面图

盖板下皮埋件位置

安 装 说 明

1. Z 轴为固定安装系统中导轨的中心线，导轨必须保证垂直。

2. 水泵安装前应重新复核底座螺孔尺寸，与预埋钢板位置无误时再将螺栓焊于钢板上。

3. 钢材采用 Q235－A 钢，锚筋用 E4303 焊条焊于钢板上。

4. 潜水泵采用液位自动控制(电气专业设计)。

5. 图中 H_1～H_5 由设计人员确定。

6. 出水管阀门也可设在井外的闸门井内。

7. 无地下水时井外壁可不作抹面，而用 1：2 水泥砂浆勾缝。

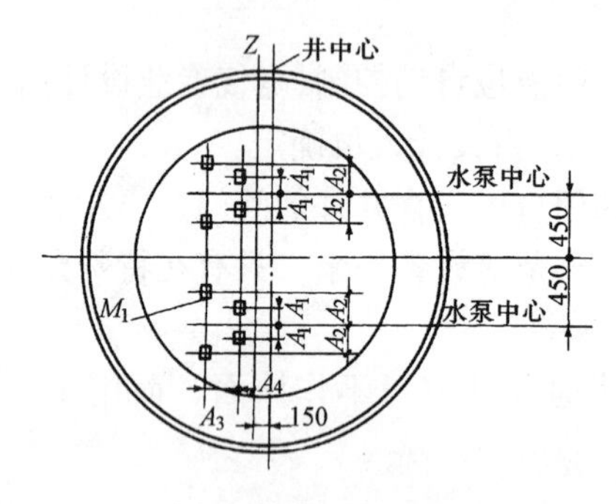

底板预埋钢板位置图

尺 寸 表

自耦装置型号	预埋件尺寸(mm)							L_0 (mm)	H_0 (mm)
	A_1	A_2	A_3	A_4	A_5	A_6	A_7		
50GAK	110	110	225	10	150	200	100	220	150
80GAK	110	150	250	28	160	200	110	235	150
100GAK	110	150	250	15	160	200	110	240	180

图名	室外 ϕ2000 集水井双台潜水泵自耦式安装图	图号	PS6—2

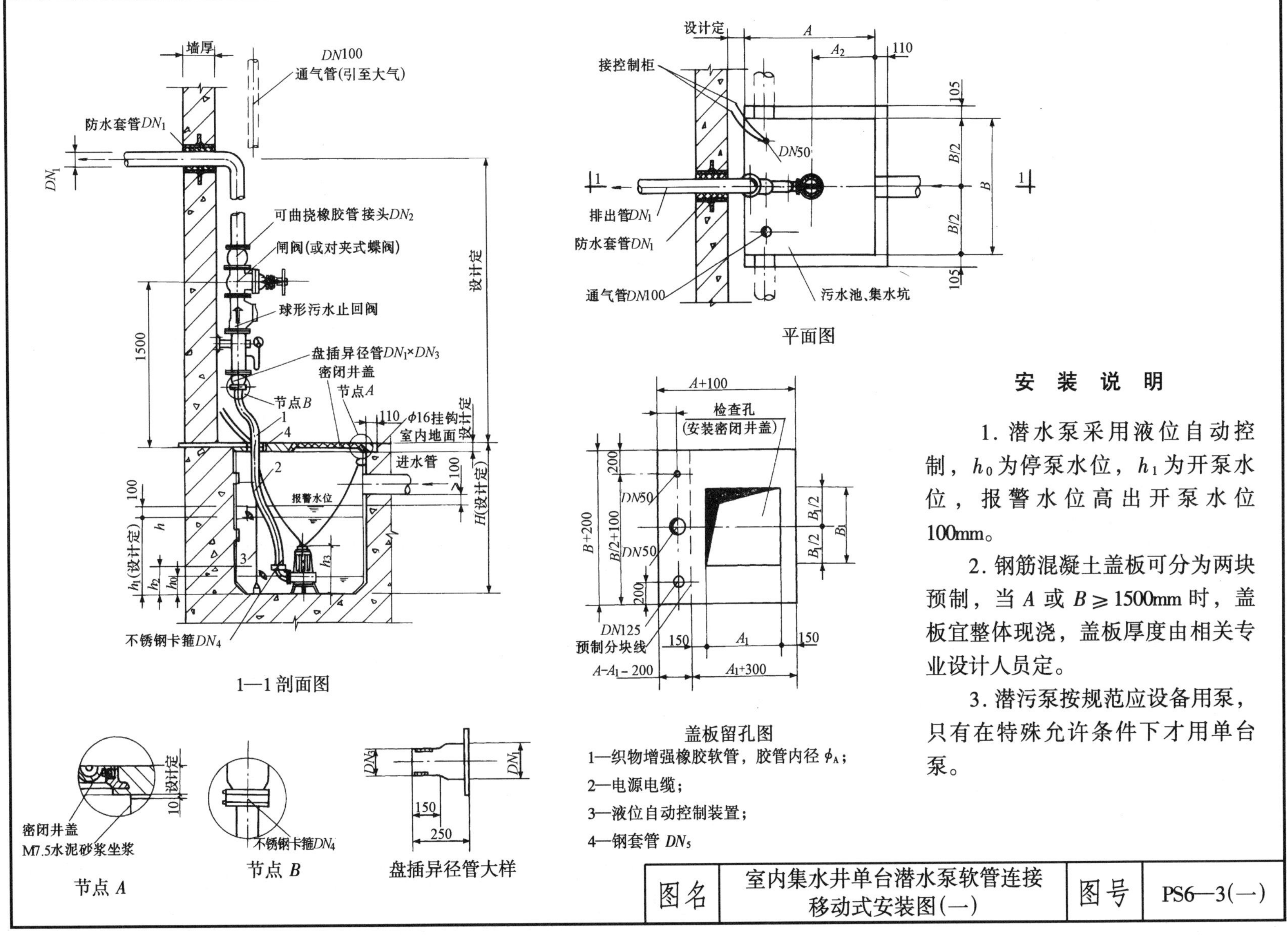

安装说明

1. 潜水泵采用液位自动控制，h_0为停泵水位，h_1为开泵水位，报警水位高出开泵水位100mm。

2. 钢筋混凝土盖板可分为两块预制，当 A 或 $B \geqslant 1500$mm 时，盖板宜整体现浇，盖板厚度由相关专业设计人员定。

3. 潜污泵按规范应设备用泵，只有在特殊允许条件下才用单台泵。

图名	室内集水井单台潜水泵软管连接移动式安装图(一)	图号	PS6—3(一)

JYWQ 系列潜水排污泵安装尺寸

序号	潜污泵型号	污水池、集水坑几何尺寸			L	h_0	h_2	h_3	DN_1	DN_2	DN_3	DN_4	DN_5	ϕ_A	密闭井盖 $A_1 \times B_1$	A_2
		A	B	H												
1	50JYWQ10-10-1200-0.75	1200	≥800	设计者定	130	200	290	550	50	50	40	50	80	51	600×600	600
2	50JYWQ12-30-1400-3	1200	≥800		130	200	290	660	50	50	40	50	80	51	600×600	600
3	50JYWQ15-15-1200-1.5	1200	≥800		140	200	290	560	70	65	40	50	80	51	600×600	600
4	50JYWQ15-20-1200-2.2	1200	≥800		140	200	290	605	70	65	40	50	80	51	600×600	600
5	50JYWQ17-25-1200-3	1200	≥800		140	200	290	660	70	65	40	50	80	51	600×600	600
6	50JYWQ20-7-1200-0.75	1200	≥800		140	200	290	580	70	65	40	50	80	51	600×600	600
7	50JYWQ23-15-1200-2.2	1200	≥800		150	200	290	605	80	80	40	50	80	51	600×600	600
8	50JYWQ25-10-1200-1.5	1200	≥800		150	200	290	580	80	80	40	50	80	51	600×600	600
9	50JYWQ25-22-1200-4	1200	≥800		150	250	290	720	80	80	40	50	80	51	600×600	600
10	50JYWQ25-32-1400-5.5	1400	≥800		150	250	290	800	80	80	40	50	80	51	700×700	700
11	65JYWQ25-15-1400-2.2	1200	≥800		150	200	335	610	80	80	50	50	80	64	600×600	600
12	65JYWQ25-28-1400-4	1200	≥800		150	250	335	710	80	80	50	50	80	64	600×600	600
13	65JYWQ37-13-1400-3	≥1200	≥800		160	200	335	665	100	100	50	50	80	64	600×600	600
14	80JYWQ29-8-1600-2.2	1200	≥800		150	200	370	640	80	80	80	75	100	89	600×600	600
15	80JYWQ35-22-1600-5.5	1400	≥800		160	250	370	750	100	100	80	75	100	89	700×700	700
16	80JYWQ40-7-1600-2.2	≥1200	≥800		160	250	370	640	100	100	80	75	100	89	600×600	600
17	80JYWQ40-15-1600-4	≥1200	≥800		160	250	370	710	100	100	80	75	100	89	600×600	600
18	80JYWQ43-13-1600-3	≥1400	≥1000		160	250	370	680	100	100	80	75	100	89	600×600	700
19	80JYWQ50-10-1600-3	≥1400	≥1000		160	250	370	680	100	100	80	75	100	89	600×600	700
20	80JYWQ50-25-1600-7.5	≥1400	≥1000		160	250	370	790	100	100	80	75	100	89	700×700	700

注：1. 尺寸单位：mm。

2. 污水池、集水坑深度 H 宜小于2.0m。

图名	室内集水井单台潜水泵软管连接 移动式安装图(二)	图号	PS6—3(二)

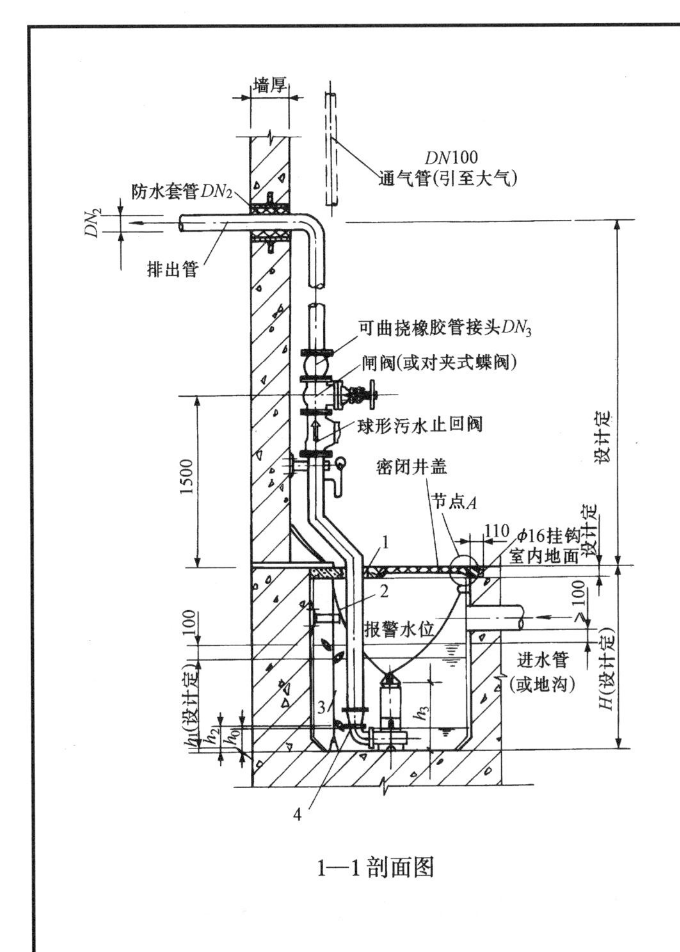

1—1 剖面图

1—钢套管 DN_4；2—电源电缆；
3—液位自动控制装置；
4—异径管 $DN_2 \times DN$（DN 为潜水泵排出口径）

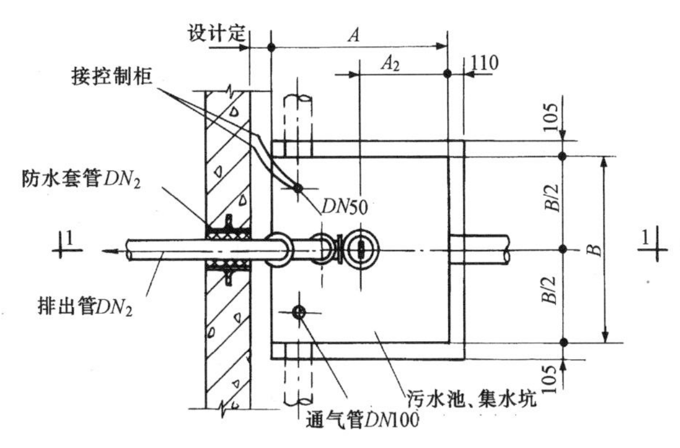

平面图

闭密井盖
M7.5水泥砂浆坐浆
设计定
10

节点 A

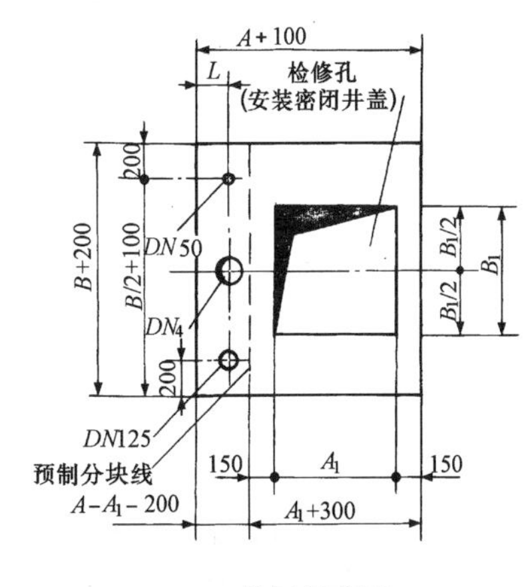

盖板留孔图

安装说明

1. 潜水泵采用液位自动控制，h_0 为停泵水位，h_1 为开泵水位，报警水位高出开泵水位 100mm。

2. 钢筋混凝土盖板可分为两块预制，当 A 或 $B \geqslant 1500$mm 时，盖板宜整体现浇，盖板厚度由相关专业设计人员定。

3. 潜污泵按规范应设备用泵，只有在特殊允许条件下采用单台泵。

4. 安装尺寸表见 PS6—6。

图名	室内集水井单台潜水泵硬管连接固定式安装图	图号	PS6—4

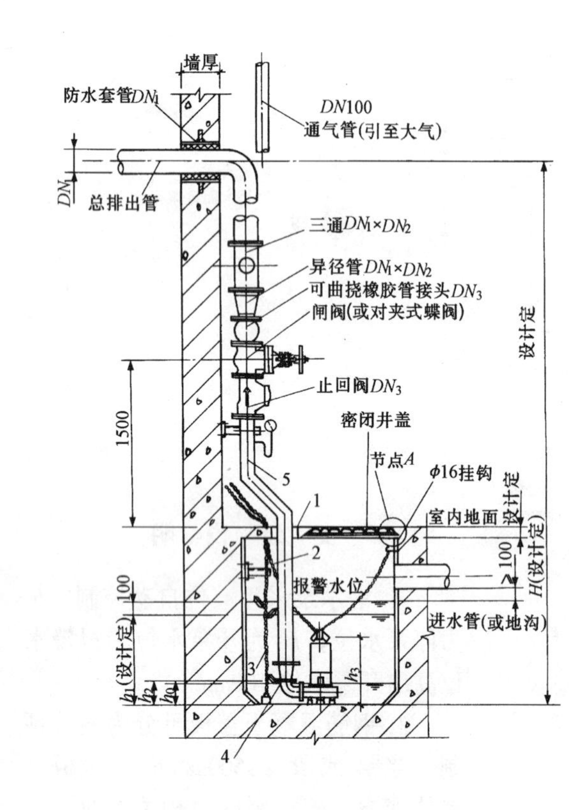

1—1剖面图

平面图

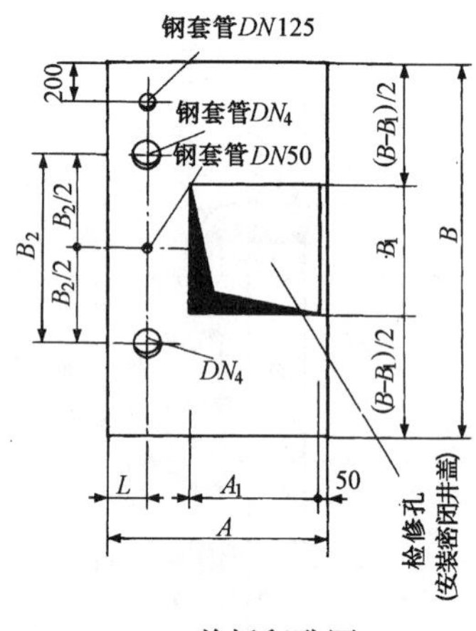

盖板留孔图

1—钢套管 DN_4；2—电源电缆；

3—液位自动控制装置；

4—异径管 $DN_2\times DN$(DN 为潜水泵排出口径)；

5—单泵出水管 DN_2

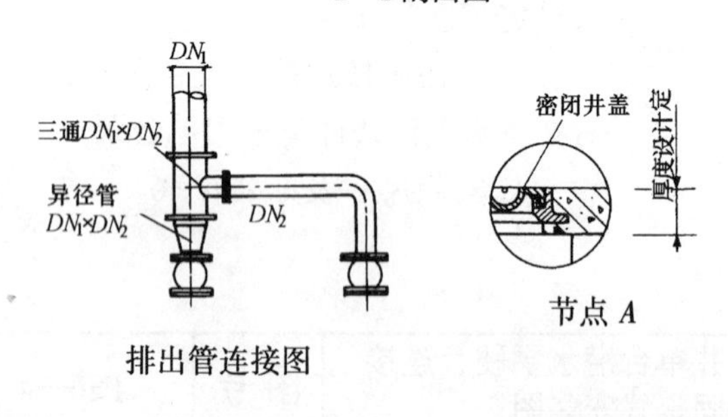

排出管连接图

节点 A

安装说明

1. 潜水泵采用液位自动控制，h_0为停泵水位，h_1为开泵水位，报警水位高出开泵水位 100mm。
2. 防水套管做法见本图集 JS10。
3. 钢筋混凝土盖板采用整体现浇，盖板厚度由相关专业设计人员定。

图名	室内集水井双台潜水泵硬管连接固定式安装图	图号	PS6—5

室内集水井单台/双台潜水泵硬管连接固定安装尺寸表(mm)

序号	潜污泵型号	污水池、集水坑几何尺寸				L		h_0	h_2	h_3	DN_1	DN_2	DN_3	DN_4	DN	密闭井盖 $A_1 \times B_1$	A_2	B_2
		A	B(单台)	B(两台)	H	单台	两台											
1	50JYWQ10-10-1200-0.75	1200	≥800	≥1600	设计者定	130	140	200	220	550	70	50	50	80	50	600×600	600	900
2	50JYWQ12-30-1400-3	1200	≥800	≥1600		130	150	200	255	660	80	50	50	80	50	600×600	600	900
3	50JYWQ15-15-1200-1.5	1200	≥800	≥1800		140	150	200	220	560	80	70	65	100	50	600×600	600	900
4	50JYWQ15-20-1200-2.2	1200	≥800	≥1800		140	150	200	245	605	80	70	65	100	50	600×600	600	900
5	50JYWQ17-25-1200-3	1200	≥800	≥1800		140	150	200	255	660	80	70	65	100	50	600×600	600	900
6	50JYWQ20-7-1200-0.75	1200	≥800	≥1800		140	150	200	245	580	80	70	65	100	50	600×600	600	900
7	50JYWQ23-15-1200-2.2	1200	≥800	≥1800		150	160	200	245	605	100	80	80	100	50	600×600	600	900
8	50JYWQ25-10-1200-1.5	1200	≥800	≥1800		150	160	200	220	580	100	80	80	100	50	600×600	600	900
9	50JYWQ25-22-1200-4	1200	≥800	≥1800		150	160	250	265	720	100	80	80	100	50	600×600	600	900
10	50JYWQ25-32-1400-5.5	1400	≥800	≥1800		150	160	250	275	800	100	80	80	100	50	700×700	700	1000
11	65JYWQ25-15-1400-2.2	1200	≥800	≥1800		150	160	200	245	610	100	80	80	100	65	600×600	600	900
12	65JYWQ25-28-1400-4	1200	≥800	≥1800		150	160	250	270	710	100	80	80	100	65	600×600	600	900
13	65JYWQ37-13-1400-3	≥1200	≥800	≥1800		160	180	200	265	665	125	100	100	125	65	600×600	600	1000
14	80JYWQ29-8-1600-2.2	1200	≥800	≥1800		150	160	200	315	640	100	80	80	100	80	600×600	600	900
15	80JYWQ35-22-1600-5.5	1400	≥800	≥1800		160	180	250	315	750	125	100	100	125	80	700×700	700	1000
16	80JYWQ40-7-1600-2.2	≥1200	≥800	≥1800		160	180	250	315	640	125	100	100	125	80	600×600	600	1000
17	80JYWQ40-15-1600-4	≥1200	≥800	≥1800		160	180	250	315	710	125	100	100	125	80	600×600	600	1000
18	80JYWQ43-13-1600-3	≥1400	≥1000	≥2000		160	180	250	315	680	125	100	100	125	80	600×600	700	1000
19	80JYWQ50-10-1600-3	≥1400	≥1000	≥2000		160	180	250	315	680	125	100	100	125	80	600×600	700	1000
20	80JYWQ60-13-1600-4	≥1400	≥1000	≥2000		180	190	250	315	700	150	125	125	150	80	600×600	700	1000
21	100JYWQ65-15-2000-5.5	≥1400	≥1000	≥2000		180	190	300	405	850	150	125	125	150	100	700×700	700	1000
22	100JYWQ80-9-2000-4	≥1400	≥1200	≥2000		180	190	300	400	770	150	125	125	150	100	600×600	700	1000
23	100JYWQ110-10-2000-5.5	≥1400	≥1200	≥2000		190	220	300	405	850	200	150	150	200	100	700×700	700	1000

注:污水池、集水坑深度 H 宜小于3.0m。

图名	室内集水井单台/双台潜水泵硬管连接固定安装尺寸表	图号	PS6—6

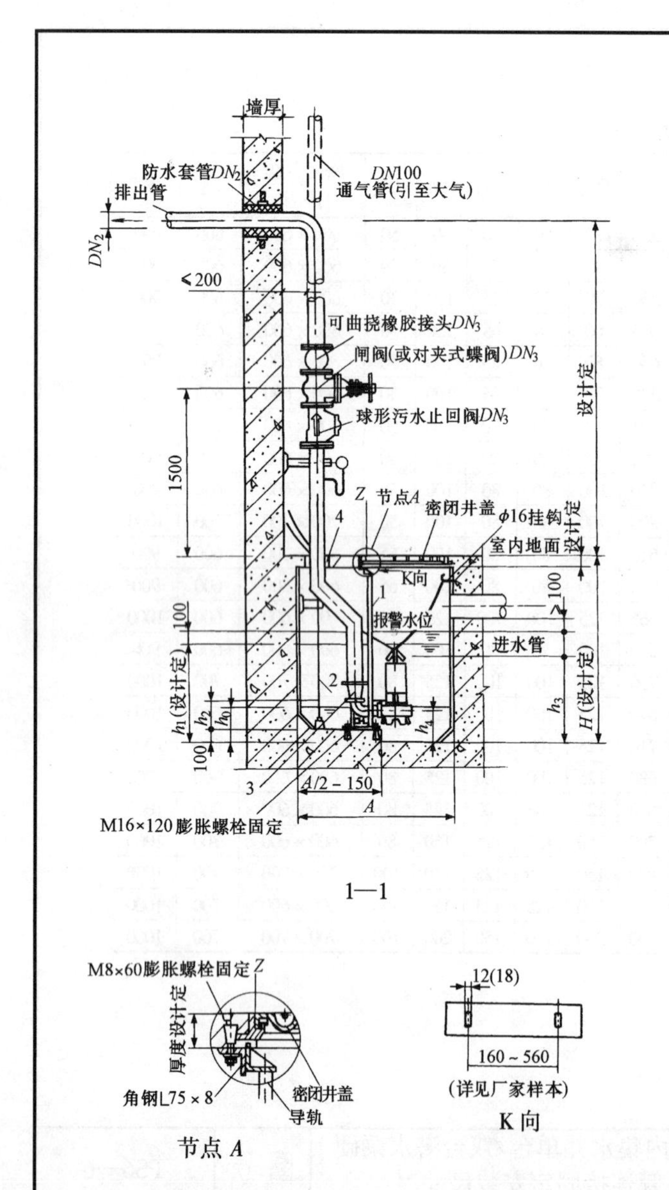

1—1

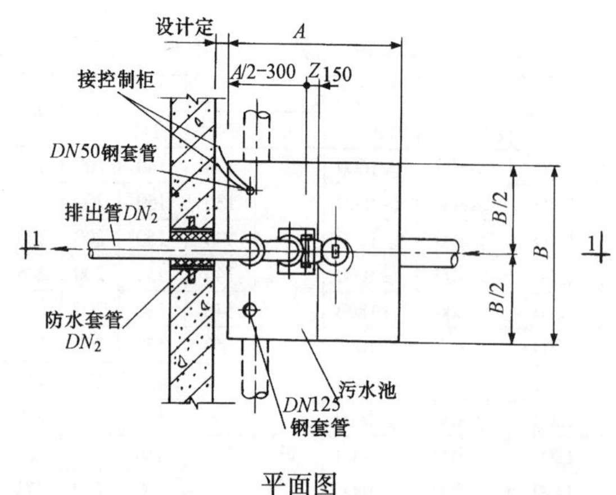

平面图

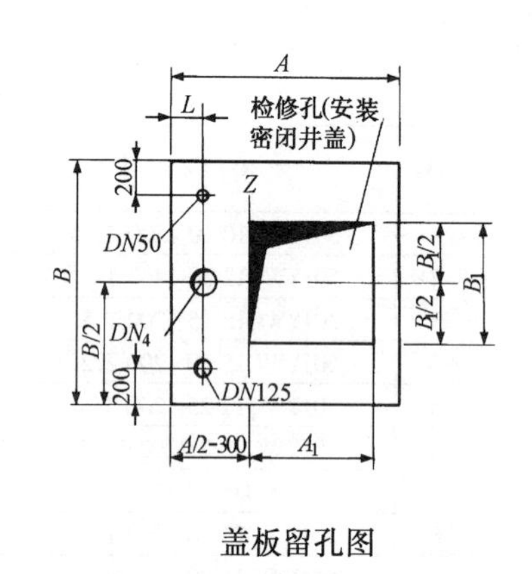

盖板留孔图

1—自耦装置；2—液位自控装置；

3—异径管 $DN_2 \times DN$（DN 为潜水泵排出口径）；

4—钢套管 DN_4

M8×60膨胀螺栓固定 Z

厚度设计定

角钢L75×8

密闭井盖

导轨

节点 A

12(18)

160～560

(详见厂家样本)

K 向

安 装 说 明

1. 潜水泵采用液位自动控制，h_0 为停泵水位，h_1 为开泵水位，报警水位高出开泵水位 100mm。

2. 钢筋混凝土盖板采用整体现浇，盖板厚度由相关专业设计人员定。

3. 自耦装置导轨安装应保证垂直。

图名	室内集水井单台潜水泵固定自耦式安装图	图号	PS6—7

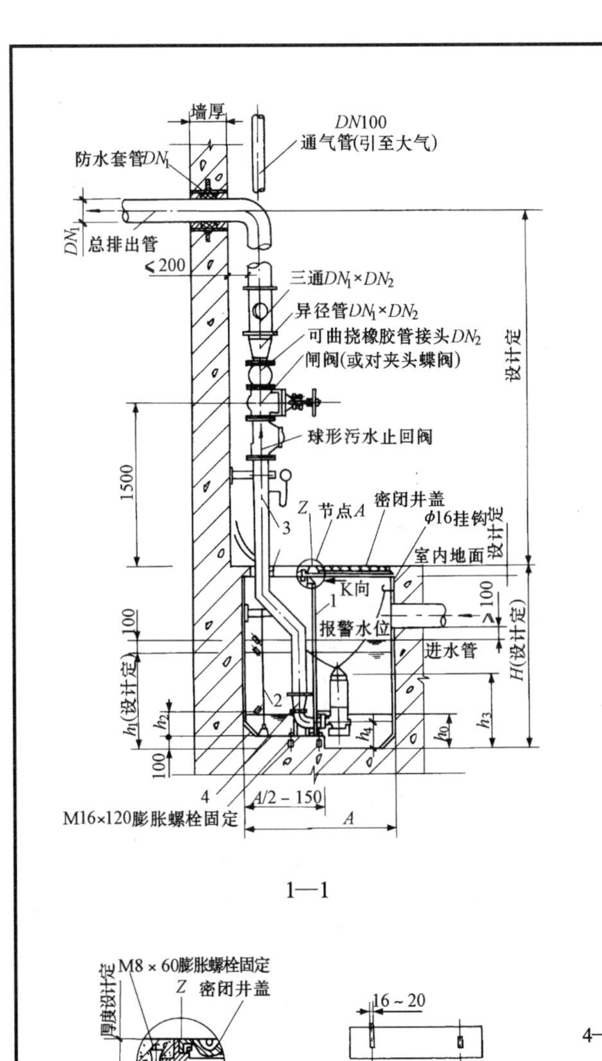

1—1

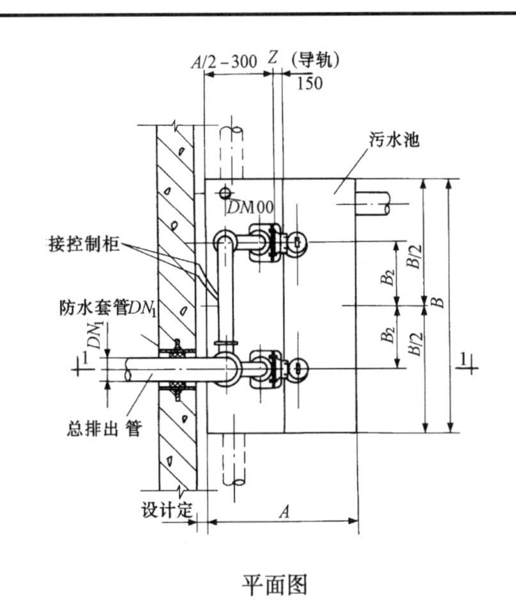

平面图

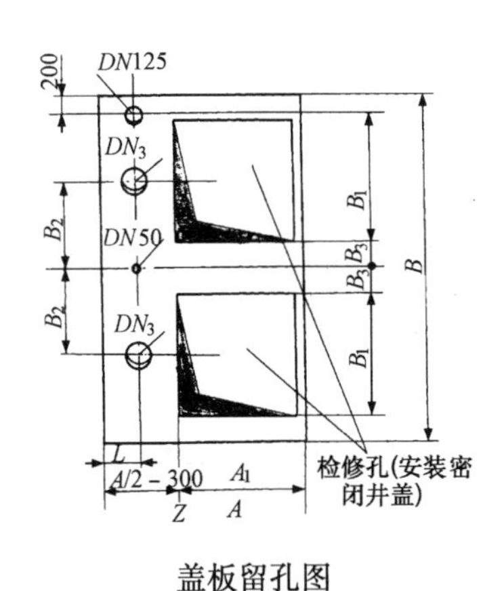

盖板留孔图

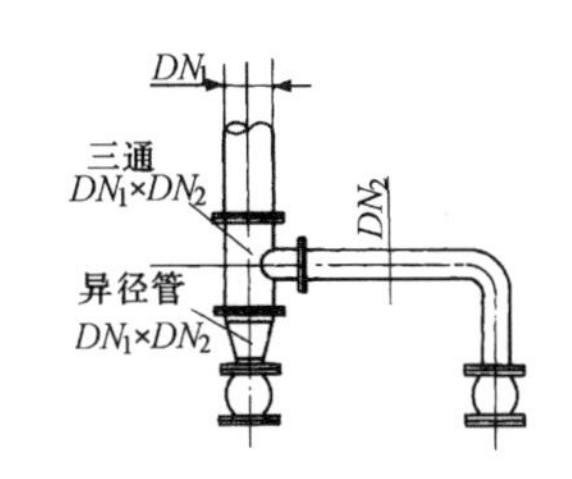

排出管连接图

1—自耦装置；2—液位自控装置；

3—单泵出水管 DN_2；

4—异径管 $DN_2 \times DN$（DN 为潜水泵排出口径）

M8×60膨胀螺栓固定

厚度设计定

Z 密闭井盖

角钢

∟75×8

导轨

16～20

400～525

(详见生产厂样本)

K 向

安 装 说 明

1. 潜水泵采用液位自动控制，h_0 为停泵水位，h_1 为开泵水位，报警水位高出开泵水位 100mm，且备用泵自动启动运行。

2. 钢筋混凝土盖板采用整体现浇，盖板厚度由相关专业设计人员定。

3. 自耦装置导轨安装应保证垂直。

图名	室内集水井双台潜水泵固定自耦式安装图	图号	PS6—8

室内集水井单台/双台潜水泵固定自耦式安装尺寸表

序号	潜污泵型号	污水池几何尺寸				L		h_0	h_2	h_3	h_4	DN_1	DN_2	DN_3	DN_4	DN	密闭井盖 $A_1\times B_1$	B_2	B_3
		A	B(单台)	B(两台)	H	单台	两台												
1	50JYWQ10-10-1200-0.75	1200	≥1000	≥1600	设计者定	130	140	300	270	695	265	70	50	50	80	50	600×600	900	150
2	50JYWQ12-30-1400-3	1200	≥1000	≥1600		130	150	300	270	775	265	80	50	50	80	50	600×600	900	150
3	50JYWQ15-15-1200-1.5	1200	≥1000	≥1800		140	150	300	270	705	265	80	70	65	100	50	600×600	900	150
4	50JYWQ15-20-1200-2.2	1200	≥1000	≥1800		140	150	300	270	725	265	80	70	65	100	50	600×600	900	150
5	50JYWQ17-25-1200-3	1200	≥1000	≥1800		140	150	300	270	775	265	80	70	65	100	50	600×600	900	150
6	50JYWQ20-7-1200-0.75	1200	≥1000	≥1800		140	150	300	270	700	265	80	70	65	100	50	600×600	900	150
7	50JYWQ23-15-1200-2.2	1200	≥1000	≥1800		150	160	300	270	725	265	100	80	80	100	50	600×600	900	150
8	50JYWQ25-10-1200-1.5	1200	≥1000	≥1800		150	160	300	270	725	265	100	80	80	100	50	600×600	900	150
9	50JYWQ25-22-1200-4	1200	≥1000	≥1800		150	160	300	270	720	265	100	80	80	100	50	600×600	900	150
10	50JYWQ25-32-1400-5.5	1200	≥1000	≥1800		150	160	300	270	890	265	100	80	80	100	50	700×700	1000	150
11	65JYWQ25-15-1400-2.2	1200~1400	≥1000	≥1800		150	160	320	315	735	270	100	80	80	100	65	700×700	1000	150
12	65JYWQ25-28-1400-4		≥1000	≥1800		150	160	320	315	810	270	100	80	80	100	65	700×700	1000	150
13	65JYWQ37-13-1400-3		≥1000	≥1800		160	180	320	315	770	270	125	100	100	125	65	700×700	1000	150
14	80JYWQ29-8-1600-2.2	1400~1600	≥1000	≥1800		150	160	350	350	755	280	100	80	80	100	80	700×700	1000	150
15	80JYWQ35-22-1600-5.5		≥1000	≥1800		160	180	350	350	865	280	125	100	100	125	80	700×700	1000	150
16	80JYWQ40-7-1600-2.2		≥1000	≥1800		160	180	350	350	755	280	125	100	100	125	80	700×700	1000	150
17	80JYWQ40-15-1600-4		≥1000	≥1800		160	180	350	350	825	280	125	100	100	125	80	700×700	1000	150
18	80JYWQ43-13-1600-3		≥1000	≥1800		160	180	350	350	795	280	125	100	100	125	80	700×700	1000	150
19	80JYWQ50-10-1600-3		≥1200	≥2000		160	180	350	350	795	280	125	100	100	125	80	700×700	1000	150
20	80JYWQ50-25-1600-7.5	1400~1600	≥1200	≥2000		160	180	350	350	890	280	125	100	100	125	80	700×700	1000	150
21	80JYWQ60-13-1600-4		≥1200	≥2000		180	190	350	350	815	280	150	125	125	150	80	700×700	1000	150
22	100JYWQ50-35-2000-11	1500~2000	≥1200	≥2000		160	180	350	410	1060	360	125	100	100	125	100	800×700	1000	150
23	100JYWQ65-15-2000-5.5		≥1200	≥2000		180	190	420	410	985	360	150	125	125	150	100	800×700	1000	150
24	100JYWQ70-22-2000-11		≥1200	≥2000		180	190	420	410	1060	360	150	125	125	150	100	800×700	1000	150
25	100JYWQ80-9-2000-4		≥1200	≥2000		180	190	420	410	910	360	150	125	125	150	100	800×700	1000	150
26	100JYWQ80-20-2000-7.5		≥1200	≥2000		180	190	420	410	990	360	150	125	125	150	100	800×700	1000	150
27	100JYWQ80-30-2000-15		≥1200	≥2000		180	190	420	410	1150	360	150	125	125	150	100	1000×700	1000	150
28	100JYWQ100-15-2000-7.5		≥1200	≥2000		190	220	420	410	990	360	200	150	150	200	100	800×700	1200	250
29	100JYWQ100-22-2000-15		≥1200	≥2000		190	220	420	410	1150	360	200	150	150	200	100	1000×700	1200	250
30	100JYWQ110-10-2000-5.5		≥1200	≥2000		190	220	420	410	985	360	200	150	150	200	100	800×700	1200	250

图名	室内集水井单台/双台潜水泵固定自耦式安装尺寸表	图号	PS6—9

3 卫 生 工 程

安 装 说 明

1. 管材

(1) 本图集中生活冷、热水管均按镀锌钢管、螺纹连接绘制，污水排水管按排水铸铁管、承插水泥接口绘制。

(2) 在实际中，应以设计选定管材为准。

2. 防腐

(1) 埋于地下或暗装的给排水铸铁管，钢管外壁均刷沥青底漆两道（给水铸铁管外壁有漆者可不再刷漆)。

(2) 明装镀锌钢管安装试压后，刷防锈漆一道，被破坏的镀锌层表面及管螺纹露出部分，刷防锈漆一道，面漆两道。

(3) 明装给排水铸铁管和钢管刷防锈漆两道，银粉面漆（或设计指定的面漆）两道（管道有绝热层时，不刷面漆)。

(4) 管道防腐前，必须按设计或有关施工规范要求进行基底清理工作，合格后方可进行防腐。

(5) 凡预埋木砖均需经热沥青浸煮防腐处理。

3. 安装

(1) 冷、热水管和水龙头并行安装时，应符合下述规定：

1) 上下平行安装，热水管应在冷水管上面；

2) 垂直安装，热水管应在冷水管面向的左侧；

3) 冷、热水龙头安装，应按热左冷右规则安装。

(2) 卫生器具的连接管，煨弯应均匀一致，不得有凹凸等缺陷。

(3) 卫生器具的安装，应采用预埋螺栓或膨胀螺栓固定，如用木螺丝固定，预埋的木砖应凹进净墙面 10mm。

(4) 卫生器具安装，位置应正确、平直，位置允许偏差：单独器具 10mm，成排器具 5mm，垂直度的允许偏差不得超过 3mm。

(5) 卫生器具及给水配件安装高度如设计无要求，可参照本图集。卫生器具允许偏差：单独器具 ± 10mm，成排器具 ± 5mm。

(6) 安装浴盆混合式挠性软管淋浴器挂钩的高度，如设计无要求，应距地面 1.5m。

(7) 有饰面的浴盆，应留有通向浴盆排水口的检修门。

(8) 地漏应安装在地面的最低处，其箅子顶面应低于设置处地面 5mm。

4. 冲洗

(1) 给水、中水和热水管道的水冲洗，要求以系统最大设计流量或不小于 1.5m/s 的流速进行，直到出入口的水色透明度，目测一致为合格。

(2) 排水管道的水冲洗以管道畅通为合格。

5. 试压

(1) 室内给水、中水和热水管道水压试验压力不应小于 0.6MPa，应为工作压力的 1.5 倍，但不得超过 1.0MPa。水压试验时，在 10min 内压力降不大于 0.05MPa，然后降至工作压力作外观检查，以不漏为合格。

(2) 暗装、埋地或有隔层的排水管道，分楼层做灌水试验（根据灌水试验需要可每层装设立管扫除口），满后，再灌满延时 5min，液面不降，不渗不漏为合格。

6. 其他

卫生器具在安装时，尺寸按所购卫生器具实际定，参照本图集方式安装。

卫生器具选用表

卫生器具名称		规格型号	适用场合
大便器	坐式	挂箱虹吸式S型	适用于一般住宅、公共建筑卫生间和厕所内
		挂箱冲落式S型	适用于一般住宅、公共建筑卫生间和厕所内
		挂箱虹吸式P型 挂箱冲落式P型	适用于污水立管布置在管道井内,且器具排水管不得穿越楼板的中高级高层住宅、旅馆
		挂箱冲落式P型软管连接	同上,但立管明敷,可防止结露水下跌,一般用于北京地区
		坐箱虹吸式P型	污水立管布置在管道井内,一般适用于高级高层旅馆
		坐箱虹吸式S型	适用于中高级旅馆
		坐(挂)箱式节水型	缺水地区的中等居住建筑
		自闭式冲洗阀	供水压力有0.04~0.4MPa的,公共建筑物内,住宅水表口径和支管口径不小于25mm
		高水箱型	旧式维修更换用,用水量小,冲洗效果好
		超豪华旋涡虹吸式连体型	高级宾馆、宾馆中的总统客房、使馆、领事馆、康复中心等对噪声有特殊要求的卫生间
		儿童型	适合于幼儿园使用
	蹲式	高水箱	中低级旅馆、集体宿舍等公共建筑
		低水箱	由于建筑层高限制不能安装高水箱的卫生间
		高水箱平蹲式	粪便污水与废水合流,既可大便冲洗又可淋浴冲凉排水
		自闭式冲洗阀	同坐式大便器
		脚踏式自闭冲洗阀	医院、医疗卫生机构的卫生间
		儿童用	幼儿园
小便器		手动阀冲洗立式	24h服务的公共卫生间内
		自动冲洗水箱冲洗立式	涉外机构、机场、高级宾馆的公共厕所间
		自动冲洗水箱冲洗挂式	中高级旅馆、办公楼等
		手动阀冲洗挂式	较高级的公共建筑
		自闭式手揿阀立式	供水压力0.03~0.3MPa,旅馆、公共建筑
		光电控制半挂式	缺水地区,高级公共建筑物
小便槽		手动冲洗阀	车站、码头供国人使用,24h服务的大型公共建筑
		水箱冲洗	一般公共建筑、学校、机关、旅馆
大便槽			蹲位多于2个时,低级的公共建筑、客运站、长途汽车站、工业企业卫生间、学校的公共厕所

安装说明

卫生器具的选用应根据工程项目的标准高低、气候特点和人们生活习惯合理选用，当设计指定时，按设计。

图名	常用卫生器具选用表(一)	图号	WS1—1(一)

续表

卫生器具名称	规格型号	适用场合
化验盆	双联化验龙头 三联化验龙头	医院、医疗科研单位的实验室 需要同时供2人使用,且有防止重金属掉落入排水管道内的要求时,化学实验室
洗涤盆	双联化验龙头 三联化验龙头 脚踏开关 单把肘式开关 双把肘式开关 回转水嘴 光电控自动水嘴 普通龙头	医疗卫生机构的化验室,科研机构的实验室 医疗门疹、病房医疗间、无菌室和传染病房化验室 医院手术室,只供冷水或温水 医院手术室,同时供应冷水和热水 厨房内需要对大容器洗涤 公共场所的洗手盆(池) 高级公寓厨房内
洗涤池	普通龙头	住宅、中低级公共食堂的厨房内
洗菜池	普通龙头	中低档公共食堂的厨房内
污水池	普通龙头	住宅厨房、公共建筑和工业企业卫生间内
洗脸盆	普通龙头 单把水嘴台式 混合水嘴台式 立式 角式 理发盆	适用于住宅、中级公共建筑的卫生间内,公共浴室 浴盆、洗脸盆两用的盒子卫生间内 高级宾馆的卫生间内 宾馆、高级公共建筑的卫生间内 当地位狭小时 公共理发室、美容厅
洗手盆	自闭式节水水嘴 光电控水嘴	水压0.03~0.3MPa公共建筑物内 高级场所的公共卫生间内,工作电压180~240V,50Hz,水压0.05~0.6MPa,有效距离8~12cm
盥洗槽		集体宿舍、低级旅馆、招待所、学校、车站码头
浴盆	普通龙头 带淋浴器的冷热水混合龙头 带软管淋浴器冷热水混合龙头 带裙边,单把暗装门 带裙边,单柄混合水嘴软管淋浴 电热水器供热水	住宅、公共浴室、较低级旅馆的卫生间内 中级旅馆的卫生间 中级旅馆 高级旅馆、公寓的卫生间 适用于有供热水水温稳定的热水供应系统的高级宾馆 无集中热水供应系统和居住建筑物内,供电充足的地区
淋浴器	单管供水 单管带龙头 脚踏开关单管式 脚踏开关调温节水阀 双管供水 管件斜装 移动式 电热式	标准较低的公共浴室、工业企业浴室、气候炎热的南方居住建筑 医院入院处理间 缺水地区、公共浴室 缺水地区、公共浴室 公共浴室,工业企业浴室 有防止烫伤要求时 适用于不同身高的人使用 供电充足的无集中热水供应系统的居住建筑
妇洗器	单孔 双孔 恒温消毒水箱蹲式	高级医院 高级宾馆的总统房卫生间及高级康复中心 最大班女工在100人以上的工业企业

图名	常用卫生器具选用表(二)	图号	WS1—1(二)

卫生器具排水配件穿越楼板留洞位置一览表

序号	卫生器具名称				排水管距墙距离(mm)
1	坐便器	挂箱虹吸式S型			420
		挂箱冲落式S型			272
		自闭式冲洗阀虹吸式S型			340
		自闭式冲洗阀冲落式S型			162
		坐箱虹吸式S型	国标坐便器高度	340	300
				360	420
				390	480
			唐陶1号		475
			唐陶2号		
			唐陶3号		
			唐建陶前进1号		490
			唐建陶前进2号		500
			石建陶8402		
			石建华陶JW-640A		
			太平洋		270
			广州华美		305
		挂箱虹吸式P型			横支管在地坪上85mm穿入管道井
		挂箱冲落式P型	硬管连接		横支管在地坪上150mm
			软管连接		软管在地坪上100mm与污水立管相连接
		坐箱虹吸式P型			横支管在地坪上85mm穿入管道井
		高水箱虹吸式S型			与排水横支管为顺水正三通连接时为420mm 与排水横支管为斜三通连接时为375mm
		旋涡虹吸连体型			太平洋245mm
2	蹲便器	平蹲式后落水			石湾、建陶295mm
		前落水			620
		前落水陶瓷存水弯			660

安 装 说 明

留洞位置以选用卫生器具实际尺寸为准。

图名	卫生器具排水管穿越楼板留洞位置一览表(一)	图号	WS1—2(一)

卫生器具排水配件穿越楼板留洞位置一览表

序号	卫生器具名称			排水管距墙距离(mm)	
3	浴盆	裙板高档铸铁搪瓷		300 250	
		普通型,有溢流排水管配件		靠墙留 100mm×100mm 见方的孔洞	
		低档型,无溢流排水管配件		200(如浴盆排水一侧有排水立管,则应从浴盆边缘算起)	
4	大便槽	排水管径为 100mm 时 排水管径为 150mm 时		距墙 420mm×580mm 距墙 420mm×670mm	
5	小便槽			125	
6	小便器	立式(落地) 挂式小便斗 半挂式小便器		150 以排水距墙 70mm 为圆心,以 128mm 为半径 510mm 标高穿入墙内暗敷	
7	净身器	单孔、双孔		≥380	
8	洗脸盆	台　式	普　通　型	距墙 175mm 为圆心	北京以 128mm 为半径内 天津以 135mm 为半径内 上海气动以 167mm 为半径内 上海气动以 125~140mm 为半径内(塑料瓶式) 平南以 130mm 为半径内 广东洁丽美以 128mm 为半径内
			高　档　型	排水管穿入墙内暗设	
		立　式			
9	污水盆	采用 S 弯		以 250mm 为圆心,160mm 为半径内	
10	洗涤盆	采用 S 弯		以 155~230mm 为圆心,160mm 为半径内	
11	化验盆	构造内已有存水弯		195	

图名	卫生器具排水管穿越楼板留洞位置一览表(二)	图号	WS1—2(二)

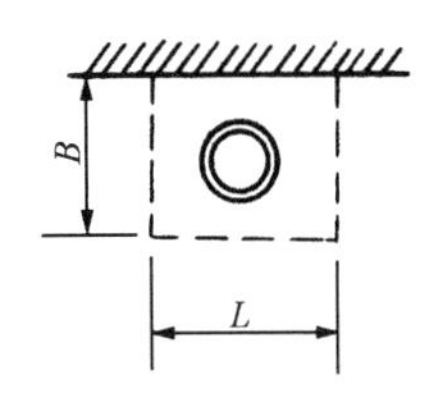

卫生器具排水管穿越楼板留洞尺寸一览表

<table>
<tr><th colspan="2">卫生器具名称</th><th>留洞尺寸(mm)</th></tr>
<tr><td colspan="2">大 便 器</td><td>200×200</td></tr>
<tr><td colspan="2">大 便 槽</td><td>300×300</td></tr>
<tr><td rowspan="2">浴 盆</td><td>普 通 型</td><td>100×100</td></tr>
<tr><td>裙边高级型</td><td>250×300</td></tr>
<tr><td colspan="2">洗 脸 盆</td><td>150×150</td></tr>
<tr><td colspan="2">小便器(斗)</td><td>150×150</td></tr>
<tr><td colspan="2">小 便 槽</td><td>150×150</td></tr>
<tr><td colspan="2">污水盆、洗涤盆</td><td>150×150</td></tr>
<tr><td rowspan="2">地 漏</td><td>50~70mm</td><td>200×200</td></tr>
<tr><td>100mm</td><td>300×300</td></tr>
</table>

注:如留圆形洞,则圆洞内切于方洞尺寸。

给水立管占平面尺寸表

管径(mm)	$L\times B$(mm)
15	50×70
20	50×70
25	50×70
32	80×80
40	80×85
50	100×100

排水立管占平面尺寸表

管径(mm)	$L\times B$(mm)
50	100×125
75	100×150
150	200×225
100	150×180

注:如果平面布置时,给水立管紧靠排水立管旁,则两 L 相加。

图名	卫生器具排水管穿越楼板留洞尺寸 给排水立管占平面尺寸一览表	图号	WS1—3

卫生器具给水配件距地（楼）面高度

<table>
<tr><th>序号</th><th colspan="2">卫生器具名称</th><th>给水配件距地（楼）面高度（mm）</th></tr>
<tr><td>1</td><td>坐 便 器</td><td>挂箱冲落式
挂箱虹吸式
坐箱式（亦称背包式）
延时自闭式冲洗阀
高水箱
连体旋涡虹吸式</td><td>250
250
200
792（穿越冲洗阀上方支管 1000）
2040（穿越冲洗水箱上方的支管 2300）
100</td></tr>
<tr><td>2</td><td>蹲 便 器</td><td>高水箱
自闭式冲洗阀
高水箱平蹲式
低水箱</td><td>2150（穿越水箱上方支管 2250）
1025（穿越冲洗阀上方支管 1200）
2040（穿越水箱上方支管 2140）
800</td></tr>
<tr><td>3</td><td>小 便 器</td><td>延时自闭冲洗阀立式
自动冲洗水箱立式
自动冲洗水箱挂式
手动冲洗阀挂式
延时自闭冲洗阀壁挂式
光电控壁挂式</td><td>1115
2400（穿越水箱上方支管 2600）
2300（穿越水箱上方支管 2500）
1050（穿越阀门上方支管 1200）
唐山 1200，太平洋 1300，石湾 1200
唐山 1300，太平洋 1400，石湾 1300（穿越支管加 150）</td></tr>
<tr><td>4</td><td>小 便 槽</td><td>冲洗水箱进水阀
手动冲洗阀</td><td>2350
1300</td></tr>
<tr><td>5</td><td>大 便 槽</td><td>自动冲洗水箱</td><td>2804</td></tr>
<tr><td>6</td><td>淋 浴 器</td><td>单管淋浴调节阀
冷热水调节阀
混合式调节阀
电热水器调节阀</td><td>1150 给水支管 1000
1150 冷水支管 900，热水支管 1000
1150 冷水支管 1075，热水支管 1225
1150 冷水支管 1150</td></tr>
</table>

图名	卫生器具给水配件安装高度一览表(一)	图号	WS1—4(一)

卫生器具给水配件距地（楼）面高度

序号	卫生器具名称		给水配件距地（楼）面高度（mm）
7	浴　　盆	普通浴盆冷热水嘴 带裙边浴盆单柄调温壁式 高级浴盆恒温水嘴 高级浴盆单柄调温水嘴 浴盆冷热水混合水嘴	冷水嘴 630，热水嘴 730 北京 *DN*20，800，长江 *DN*15，770 宁波 YG 型 610 宁波 YG8 型 770，天津洁具 520，天津电镀 570 带裙边浴盆 520，普通浴盆 630
8	洗　脸　盆	普通洗脸盆　单管供水龙头 普通洗脸盆　冷热水角阀 台式洗脸盆　冷热水角阀 立式洗脸盆　冷热水角阀 延时自闭式水嘴角阀	1000 450，冷水支管 250，热水支管 350 450 450，热水支管 525，冷水支管 350 450，冷水支管 350
9	净　身　器	双孔，冷热水混合水嘴 单孔，单把调温水嘴	角阀 150，热水支管 225，冷水支管 75 角阀 150，热水支管 225，冷水支管 75
10	洗　涤　盆	单管水龙头 冷热水（明设） 双把肘式水嘴（支管暗设） 双联、三联化验龙头 脚踏开关	1000 1000，冷水支管 925，热水支管 1075 1075，冷水支管 1000，热水支管 1075 1000，给水支管 850 距墙 300，盆中心偏右 150，北京支管 40，风雷支管埋地
11	化　验　盆	双联、三联化验龙头	960
12	污　水　池	架空式 落地式	1000 800
13	洗　涤　池	单管供水 冷热水供水	1000 冷水支管 1000，热水支管 1100
14	污　水　盆	给水龙头	1000
15	饮　水　器	喷　　嘴	1000
16	洒　水　栓		1000
17	家用洗衣机		1000

图名	卫生器具给水配件安装高度一览表(二)	图号	WS1—4(二)

卫生器具的安装高度

序号	卫 生 器 具 名 称	卫生器具边缘离地面高度(mm)	
		居住和公共建筑	幼 儿 园
1	架空式污水盆(池)(至上边缘)	800	800
2	落地式污水盆(池)(至上边缘)	500	500
3	洗涤盆(池)(至上边缘)	800	800
4	洗手盆(至上边缘)	800	500
5	洗脸盆(至上边缘)	800	500
6	盥洗槽(至上边缘)	800	500
7	浴盆(至上边缘)	600	—
8	蹲、坐式大便器(从台阶面至高水箱底)	1800	1800
9	蹲式大便器(从台阶面至低水箱底)	900	900
10	坐式大便器(至低水箱底)		
	外露排出管式	510	—
	虹吸喷射式	470	370
11	坐式大便器(至上边缘)		
	外露排出管式	400	—
	虹吸喷射式	380	—
12	大便槽(从台阶至水箱底)	不低于 2000	—
13	立式小便器(自地面至上边缘)	1000	—
14	挂式小便器(自地面至下边缘)	600	450
15	小便槽(至台阶面)	200	150
16	化验盆(至上边缘)	800	—
17	净身器(至上边缘)	360	—
18	饮水器(至上边缘)	1000	—

图名	卫生器具安装高度一览表	图号	WS1—5

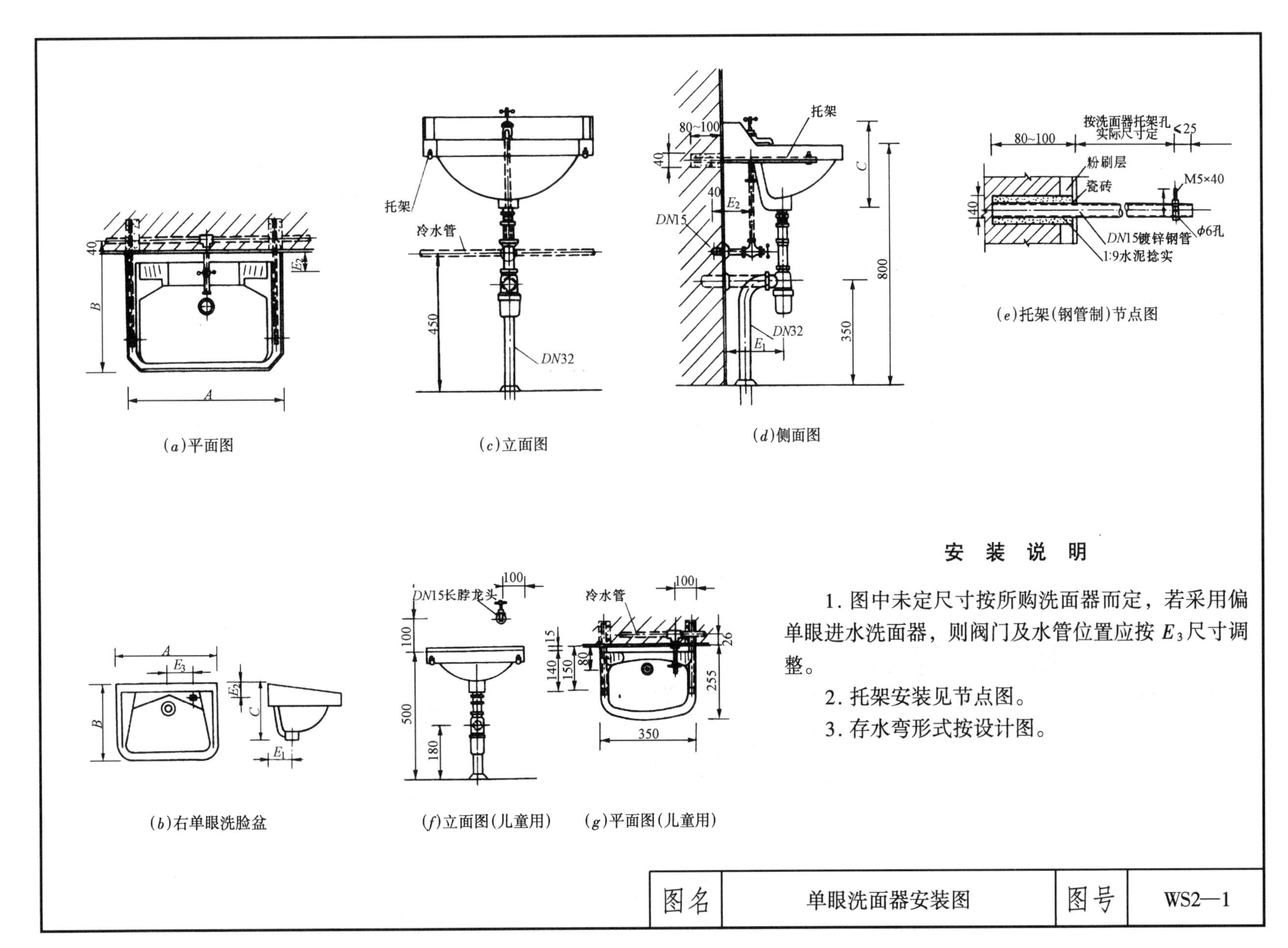

(a)平面图

(c)立面图

(d)侧面图

(e)托架(钢管制)节点图

(b)右单眼洗脸盆

(f)立面图(儿童用)

(g)平面图(儿童用)

安 装 说 明

1. 图中未定尺寸按所购洗面器而定，若采用偏单眼进水洗面器，则阀门及水管位置应按 E_3 尺寸调整。

2. 托架安装见节点图。

3. 存水弯形式按设计图。

图名	单眼洗面器安装图	图号	WS2—1

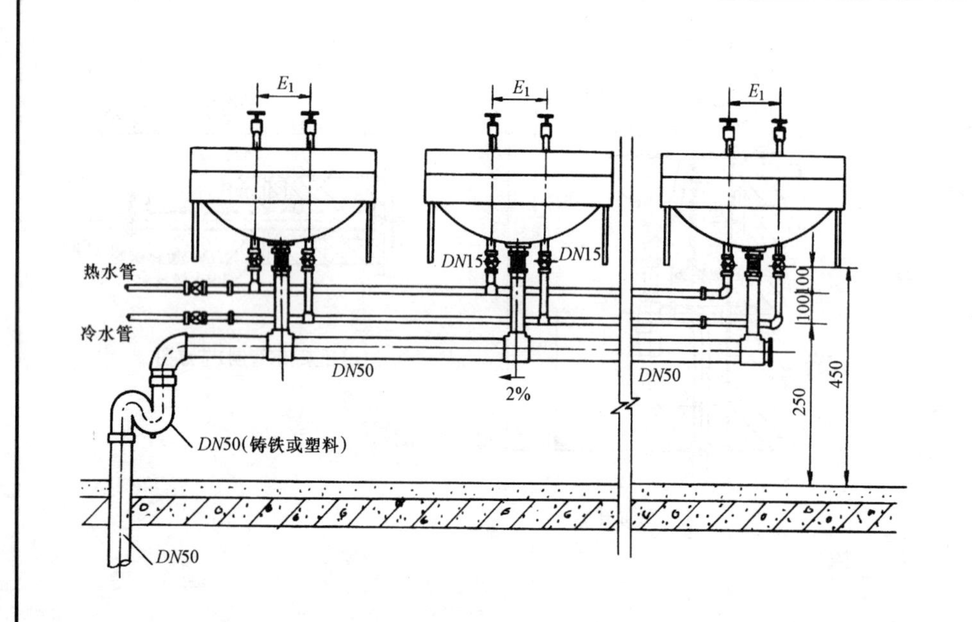

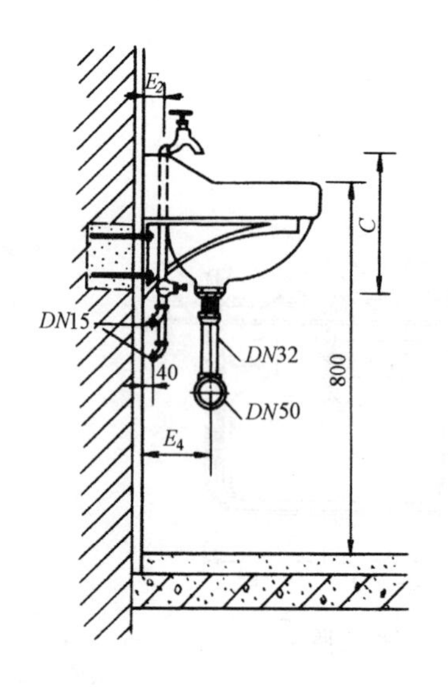

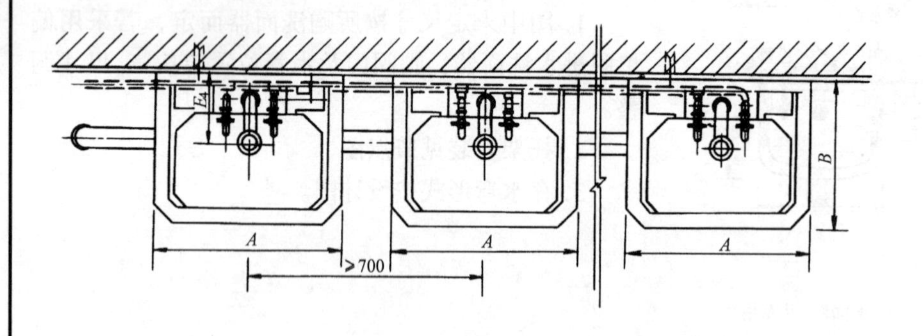

安装说明

1. 图中未定尺寸按所购洗面器及上、下水配件而定。

2. 成组安装不得超过6个，其存水弯必须带清扫口。

3. 明装下水横管采用镀锌钢管。

4. 冷热水横支管管径按设计图。

图名	冷热水龙头成组洗面器安装	图号	WS2—2

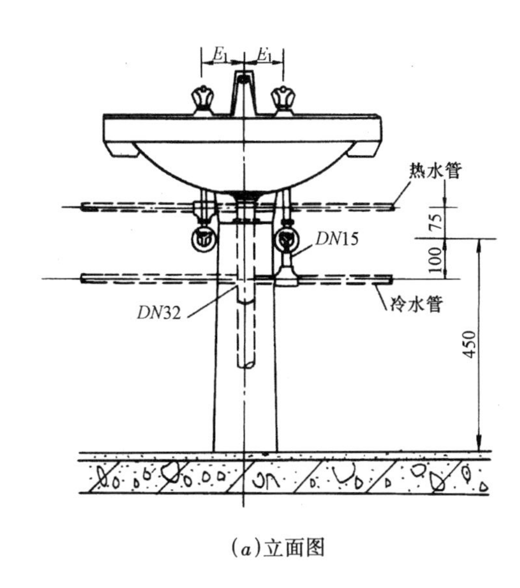

(a)立面图

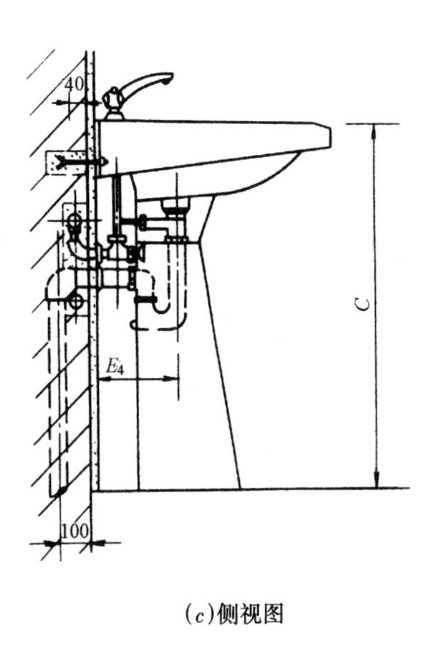

(c)侧视图

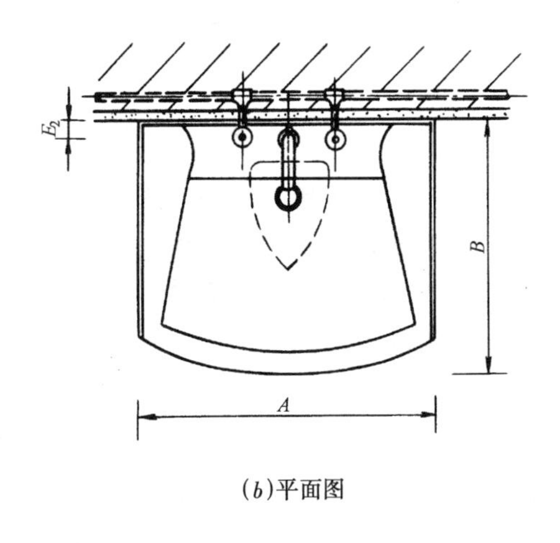

(b)平面图

安 装 说 明

1. 图中未定尺寸依据所购洗面器及配套上、下水配件而定。

2. 存水弯形式由设计确定。

图名	立柱式洗面器安装图	图号	WS2—3

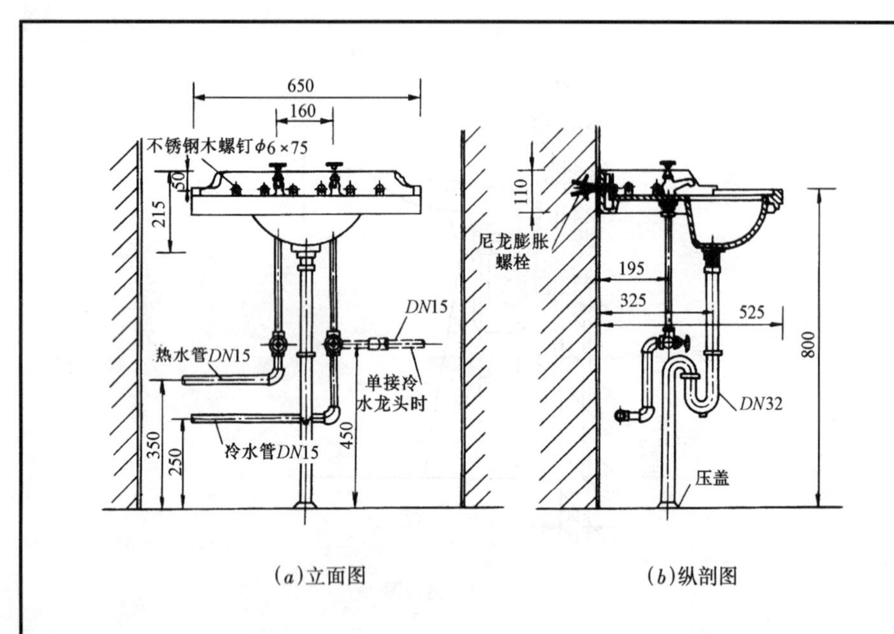

(a)立面图

(b)纵剖图

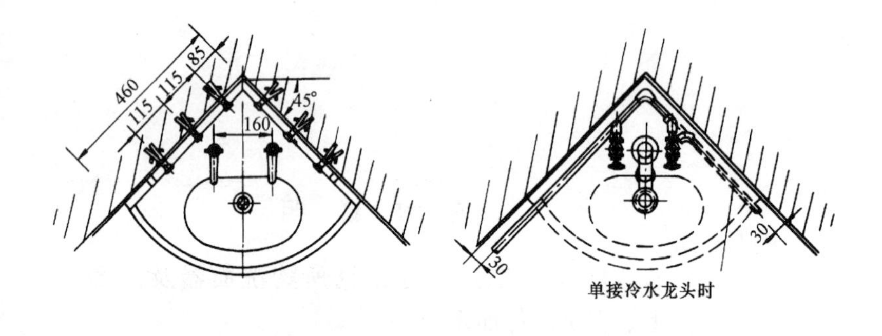

(c)平面图

(d)接管平面图

安 装 说 明

1. 洗面器采用不锈钢木螺钉 φ6×75 固定。

2. 存水弯形式按设计图。

3. 洗面器单接冷水龙头时，将洗面器热水龙头安装孔封闭。

图名	角式洗面器安装图	图号	WS2—4

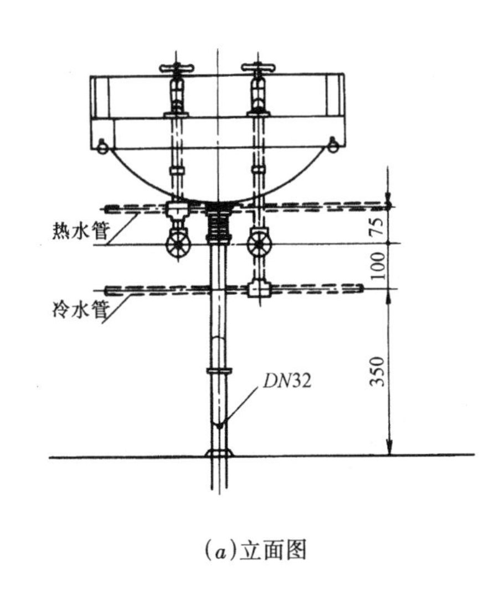

(a)立面图

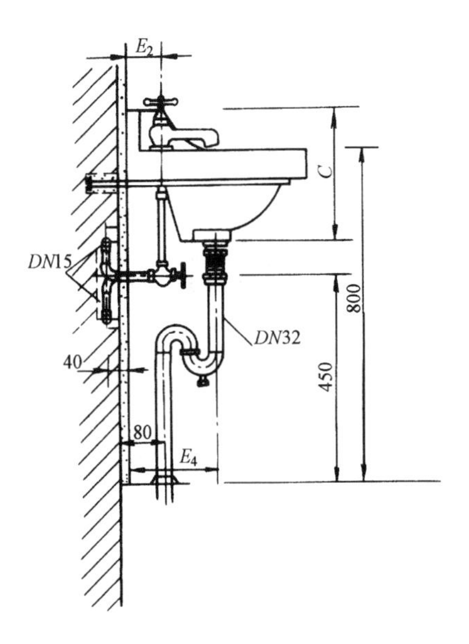

(c)侧视图

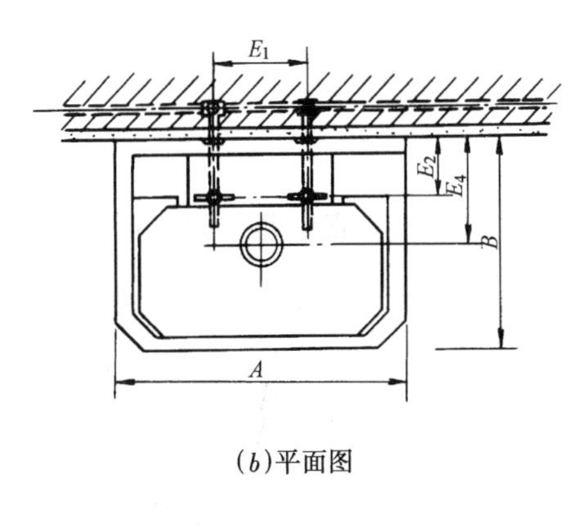

(b)平面图

安 装 说 明

1. 图中未定尺寸按所购洗面器及配套上、下水配件。
2. 存水弯形式按设计图。

图名	冷热水龙头洗面器安装(暗管)	图号	WS2—5

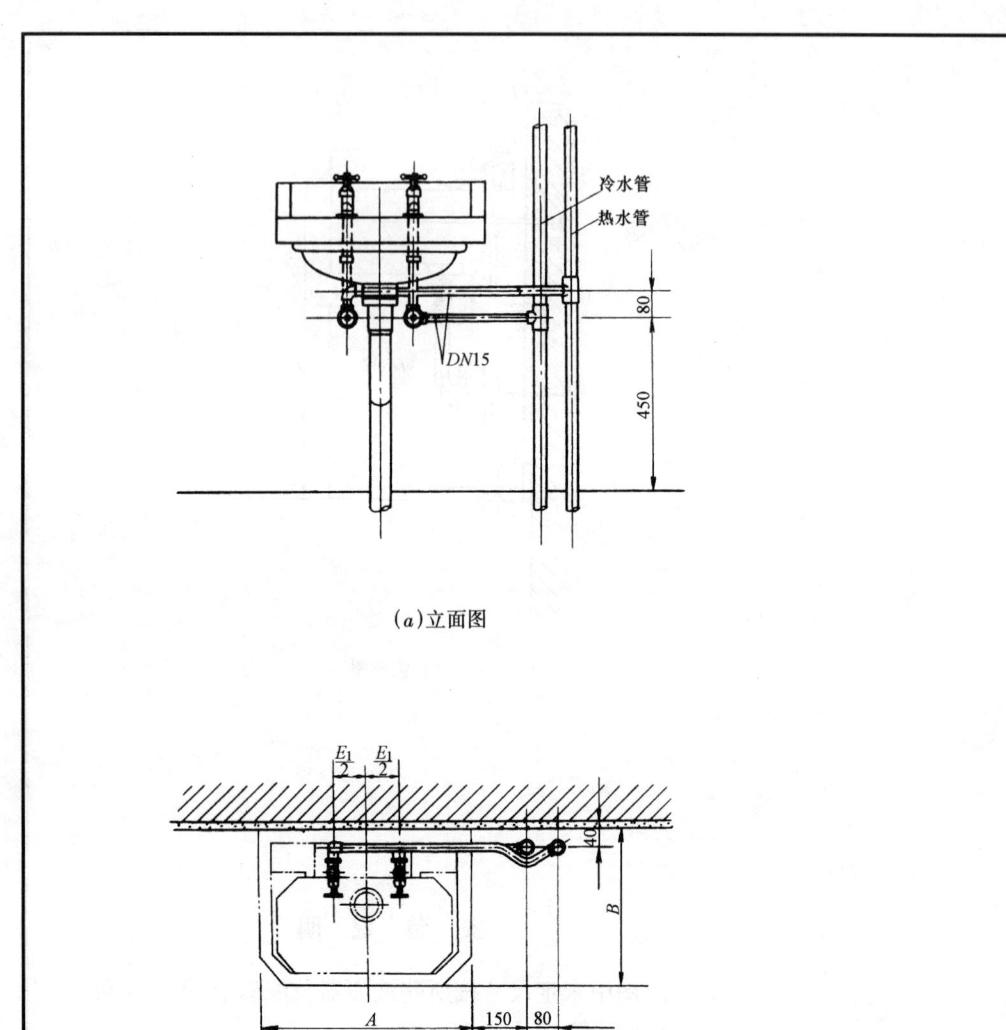

(a)立面图

(c)平面图

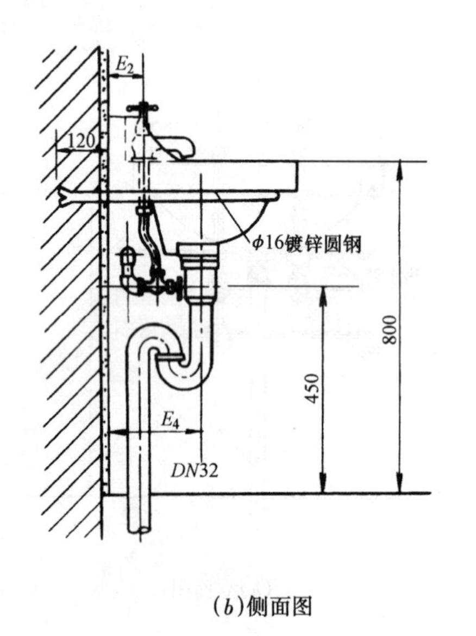

(b)侧面图

安 装 说 明

1. 本图为明装管道洗面器安装图。
2. 本图未定尺寸按所购洗面器及配件尺寸确定。

图名	明装管道洗面器安装	图号	WS2—6

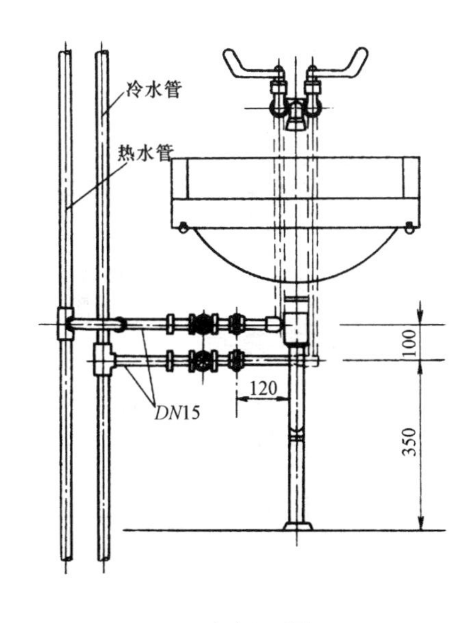

(a)立面图

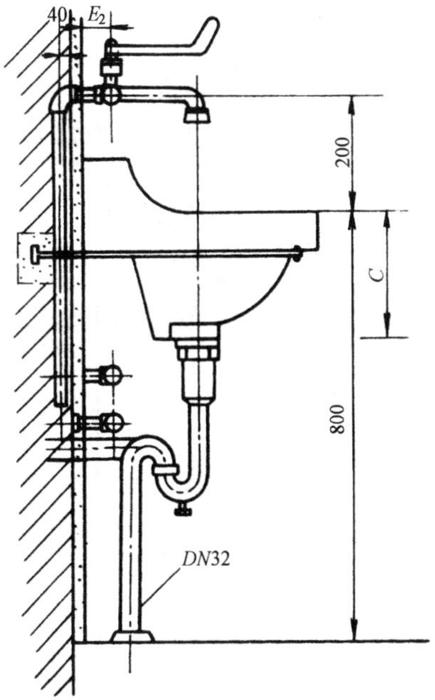

(b)侧面图

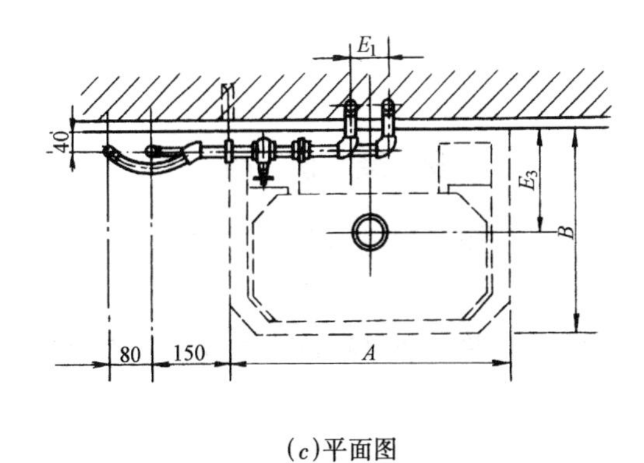

(c)平面图

安 装 说 明

1. 图中未定尺寸依据所购洗面器及上、下水配件而定。
2. 存水弯形式依设计图。

图名	肘式混合龙头洗面器安装(暗管)	图号	WS2—7

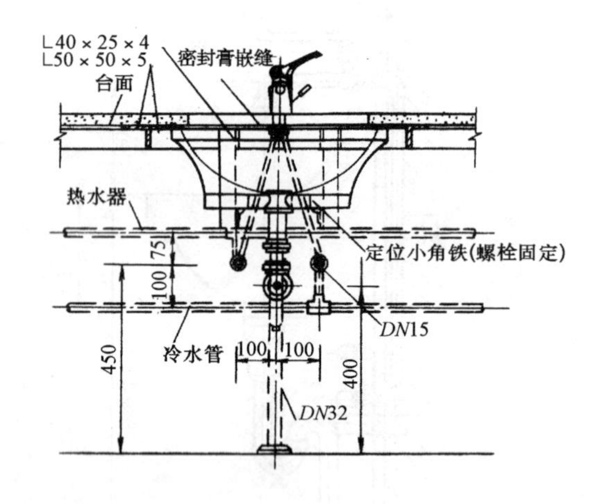

(a)立面图

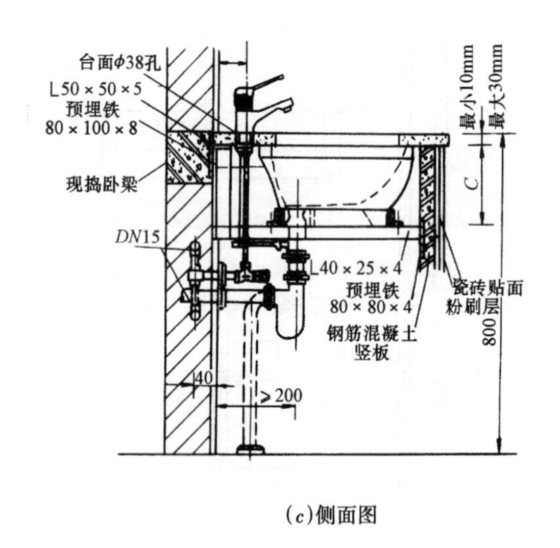

(c)侧面图

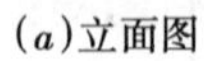

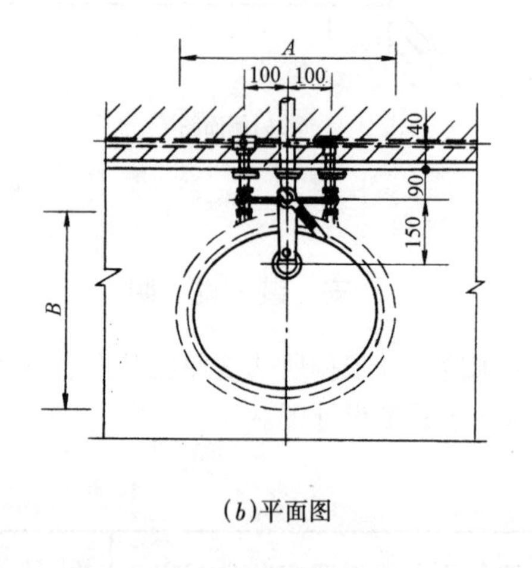

(b)平面图

安 装 说 明

1. 图中未定尺寸按所购洗面器及配套上、下水配件而定。
2. 存水弯形式按设计图。
3. 台盆支架形式及台面材料按土建设计，本图仅供参考。

图名	单把龙头无沿台式洗面器安装图	图号	WS2—8

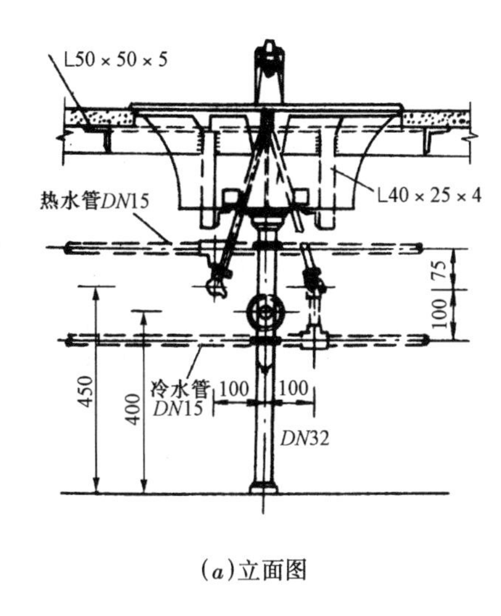

(a)立面图

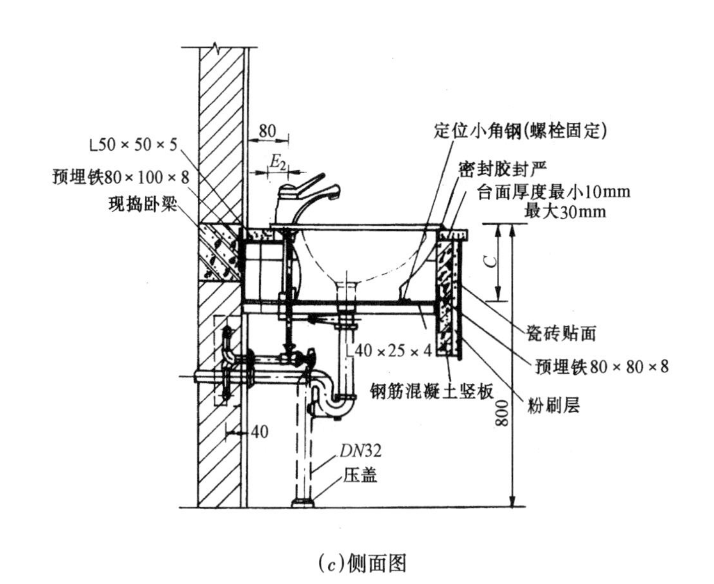

(c)侧面图

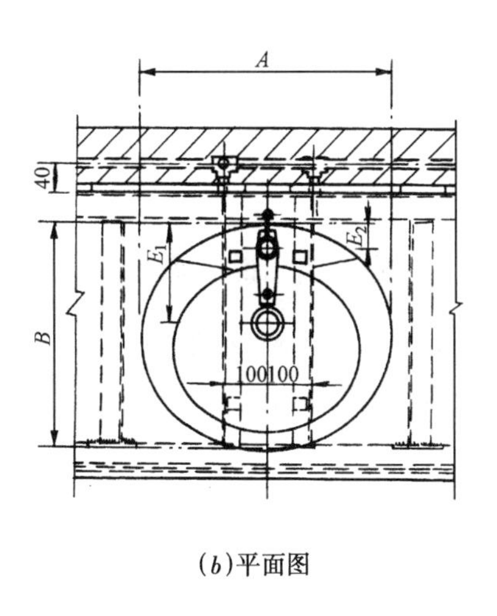

(b)平面图

安 装 说 明

1. 图中未定尺寸按所购洗面器及配套上、下水配件而定。
2. 存水弯形式按设计图。
3. 托架形式按土建设计，本图仅供参考。

图名	单把龙头有沿台式洗面器安装图	图号	WS2—9

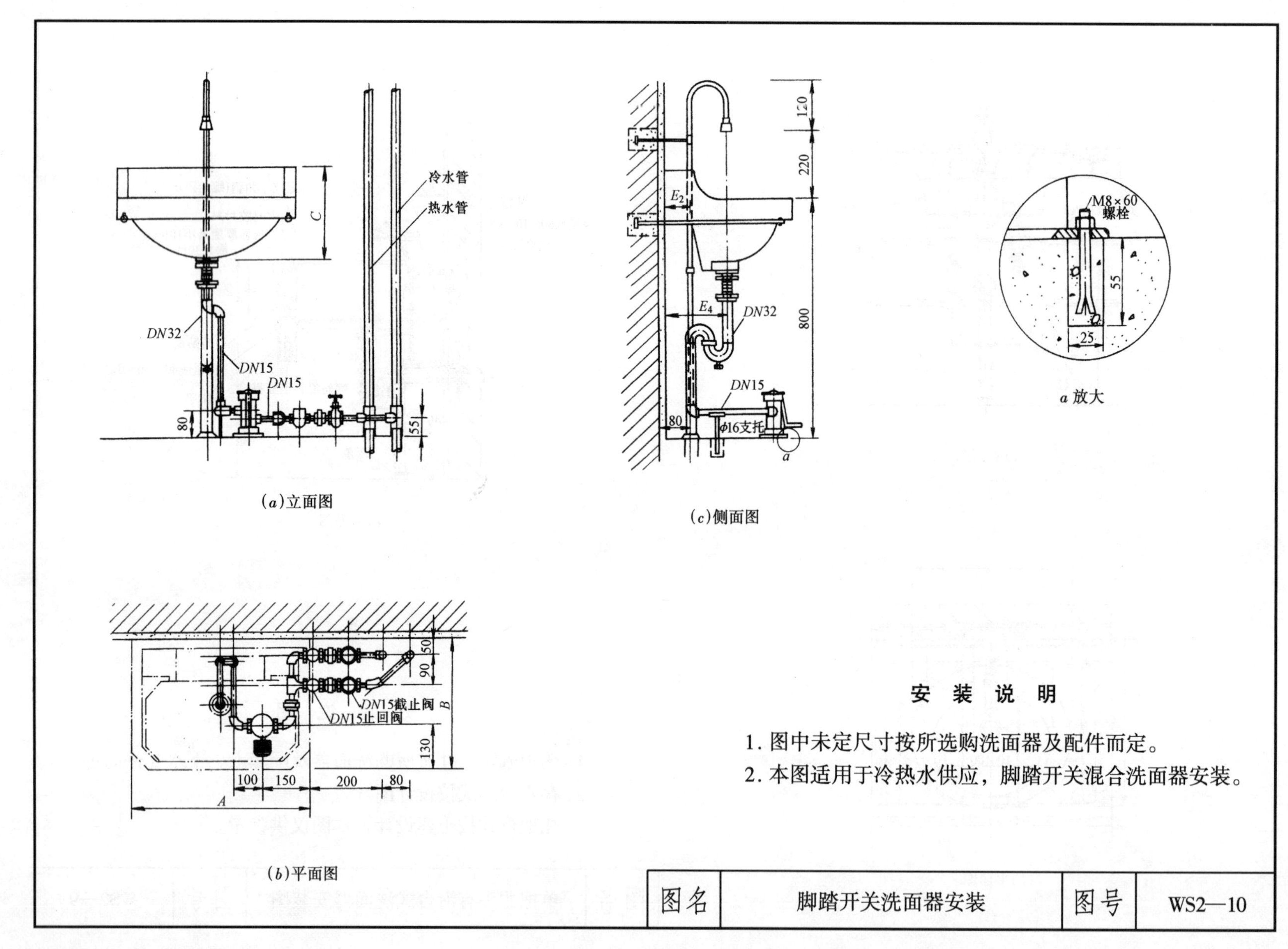

安装说明

1. 图中未定尺寸按所选购洗面器及配件而定。
2. 本图适用于冷热水供应，脚踏开关混合洗面器安装。

图名	脚踏开关洗面器安装	图号	WS2—10

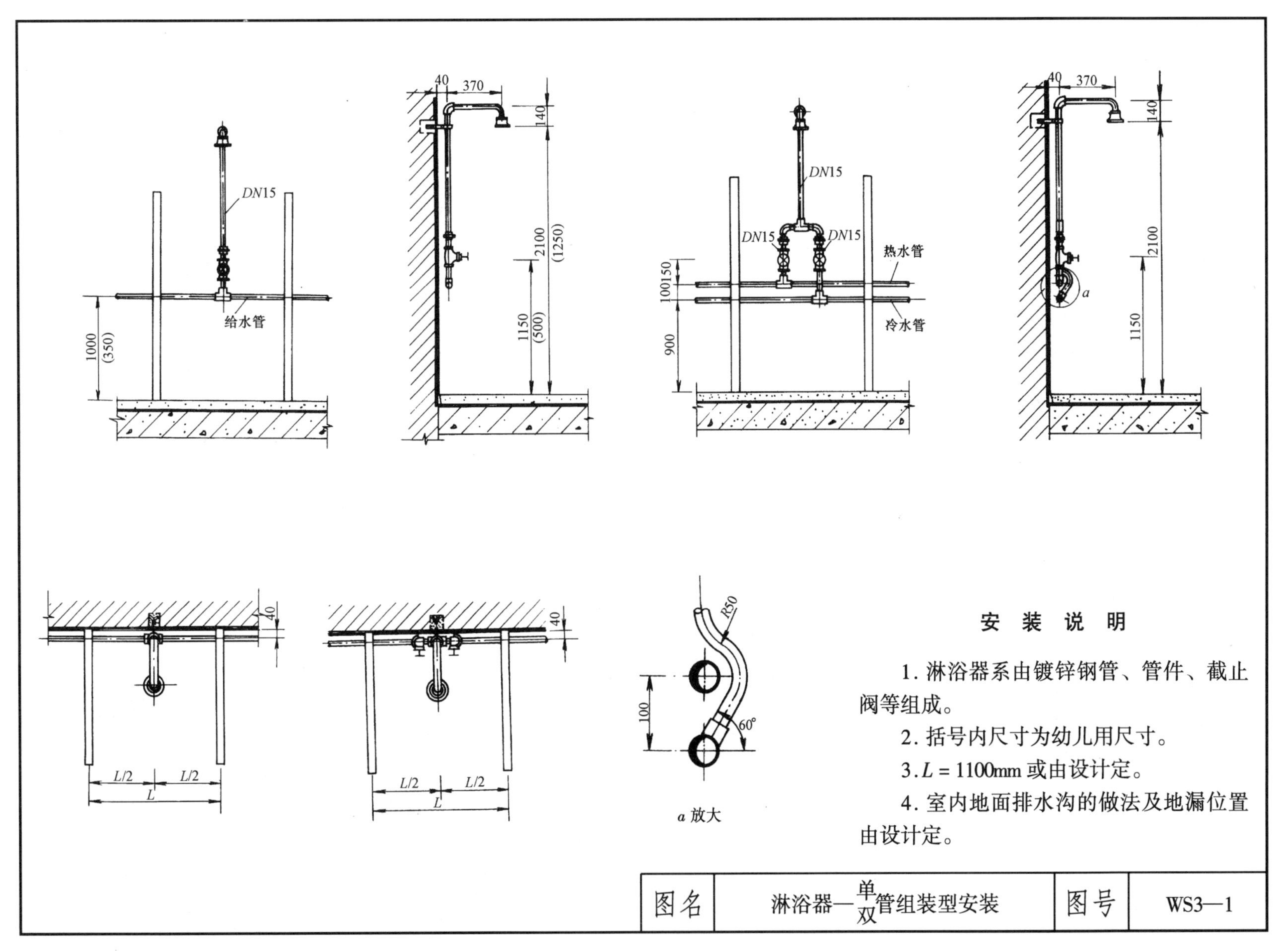

安 装 说 明

1. 淋浴器系由镀锌钢管、管件、截止阀等组成。

2. 括号内尺寸为幼儿用尺寸。

3. L = 1100mm 或由设计定。

4. 室内地面排水沟的做法及地漏位置由设计定。

图名	淋浴器—单/双管组装型安装	图号	WS3—1

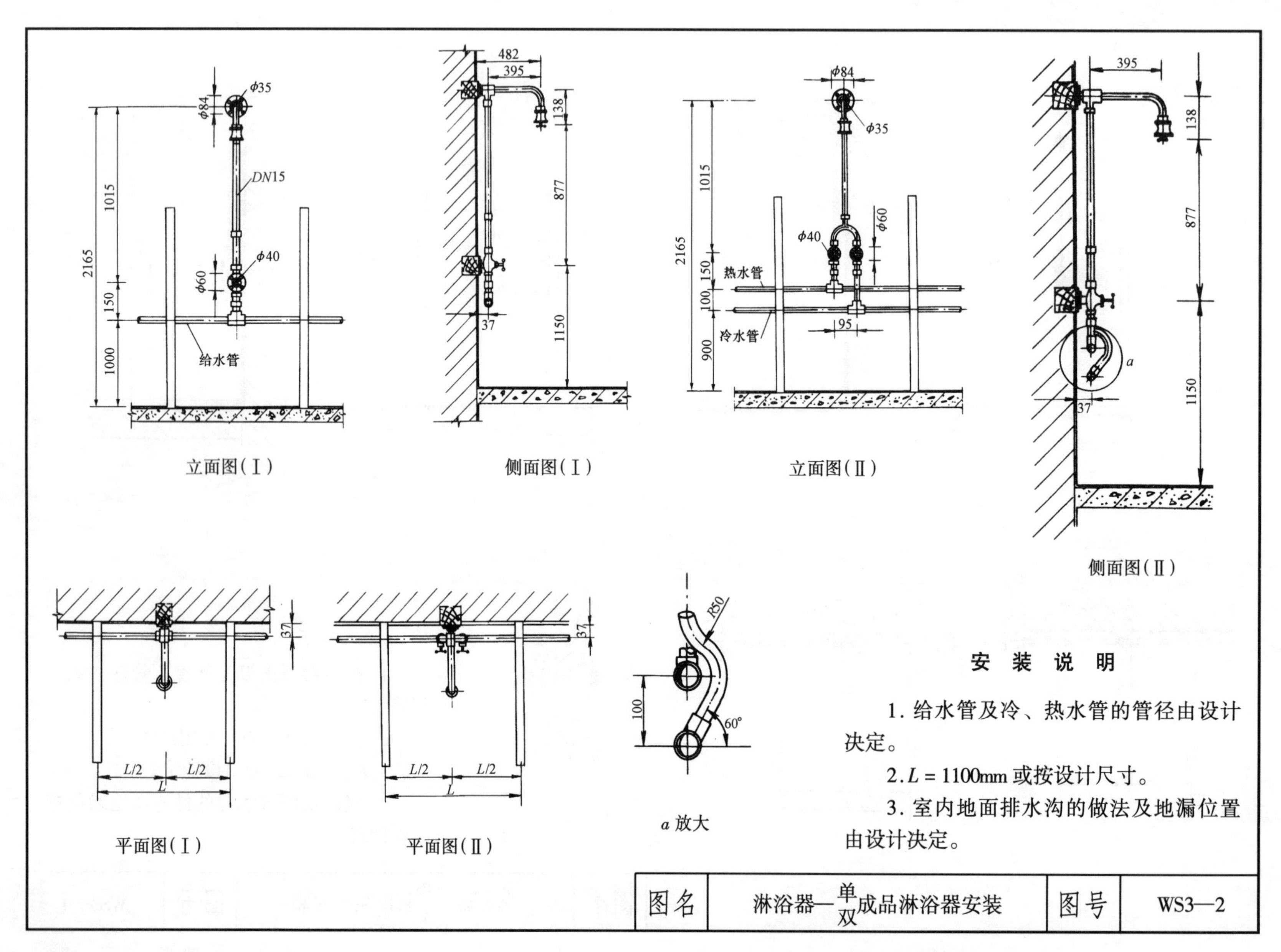
φ35
φ84
DN15
φ40
φ60
2165
1015
150
1000
给水管
立面图(Ⅰ)
482
395
138
877
1150
37
侧面图(Ⅰ)
热水管
冷水管
100
900
95
立面图(Ⅱ)
a
侧面图(Ⅱ)
L/2
L
平面图(Ⅰ)
平面图(Ⅱ)
R50
60°
a 放大
安 装 说 明
1. 给水管及冷、热水管的管径由设计决定。
2. L = 1100mm 或按设计尺寸。
3. 室内地面排水沟的做法及地漏位置由设计决定。
图名
淋浴器—单/双成品淋浴器安装
图号
WS3—2

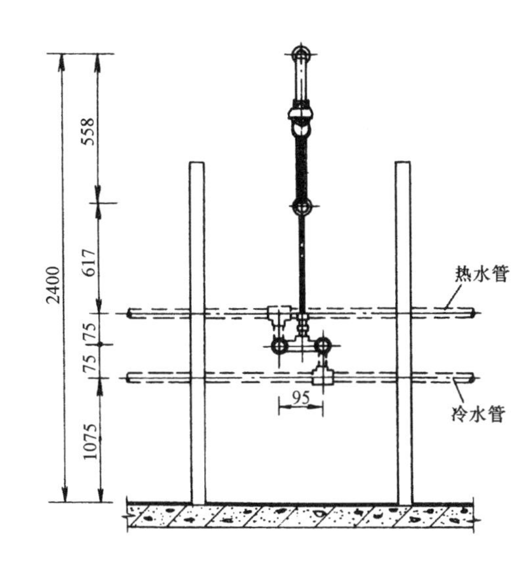

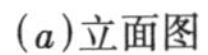

(a)立面图

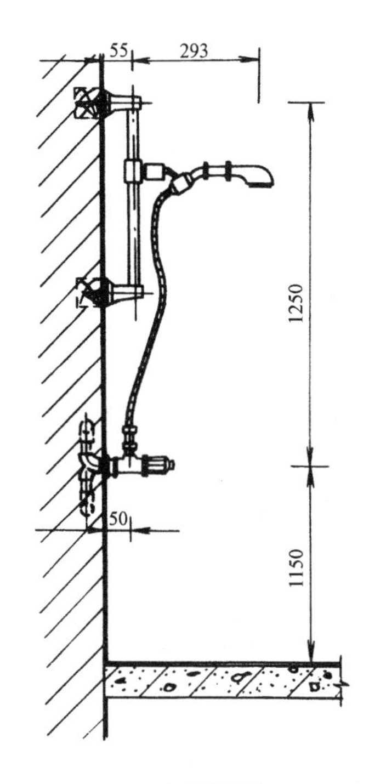

(c)侧面图

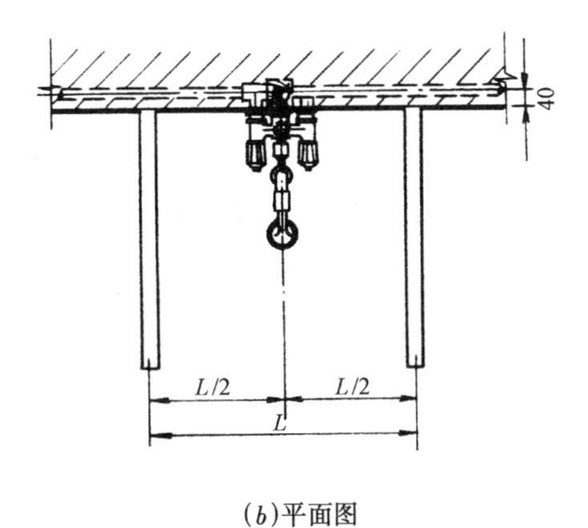

(b)平面图

安 装 说 明

1. 冷、热水管径由设计决定。
2. 室内地漏位置及排水沟做法按设计。
3. L 建议 1100mm 或由设计决定。

图名	淋浴器—升降式安装(暗管)	图号	WS3—3

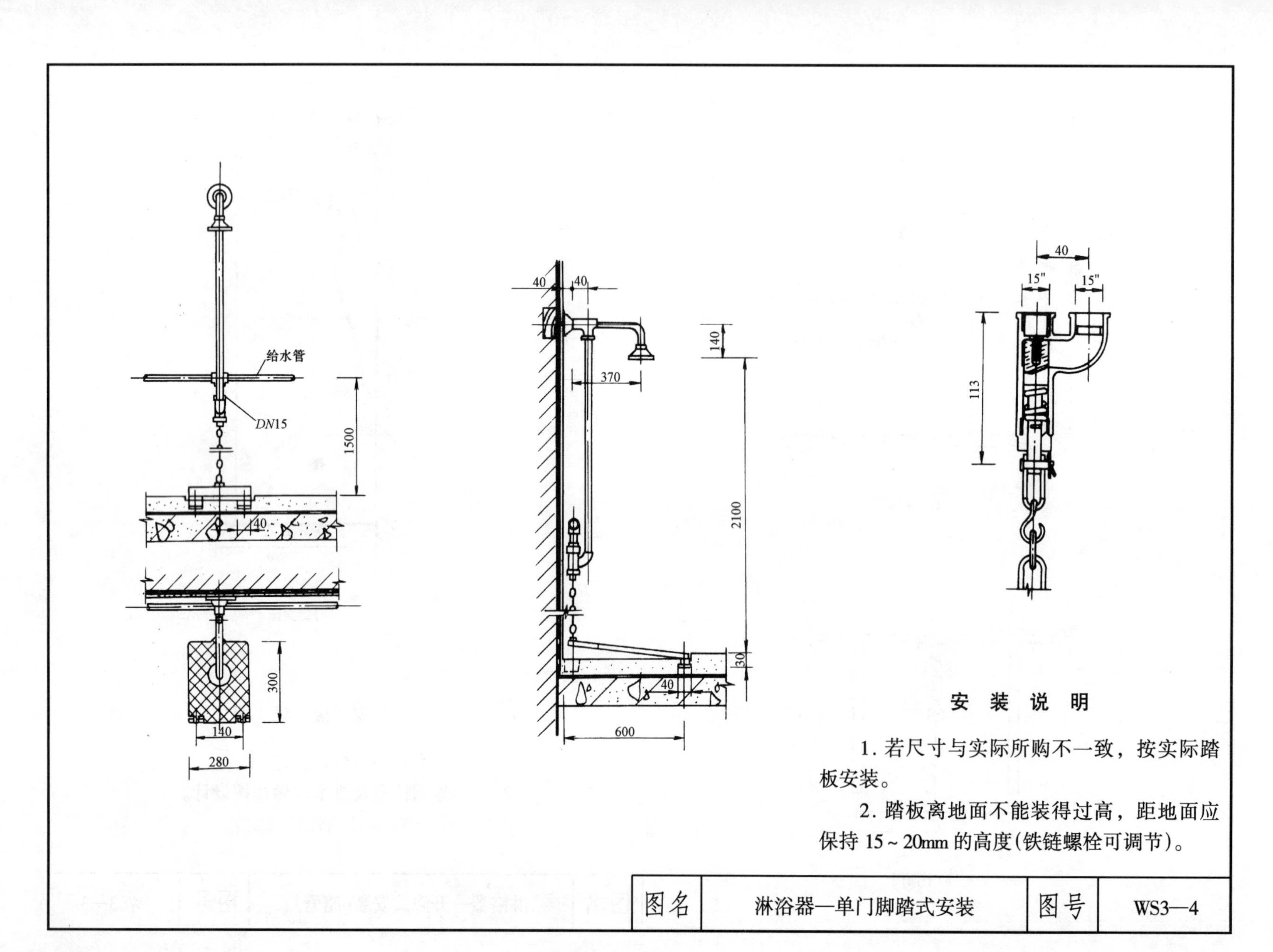
给水管
DN15
1500
40
300
140
280
40
40
140
370
2100
30
40
600
40
15"
15"
113
安 装 说 明
1. 若尺寸与实际所购不一致，按实际踏板安装。
2. 踏板离地面不能装得过高，距地面应保持15～20mm的高度(铁链螺栓可调节)。
图名
淋浴器—单门脚踏式安装
图号
WS3—4

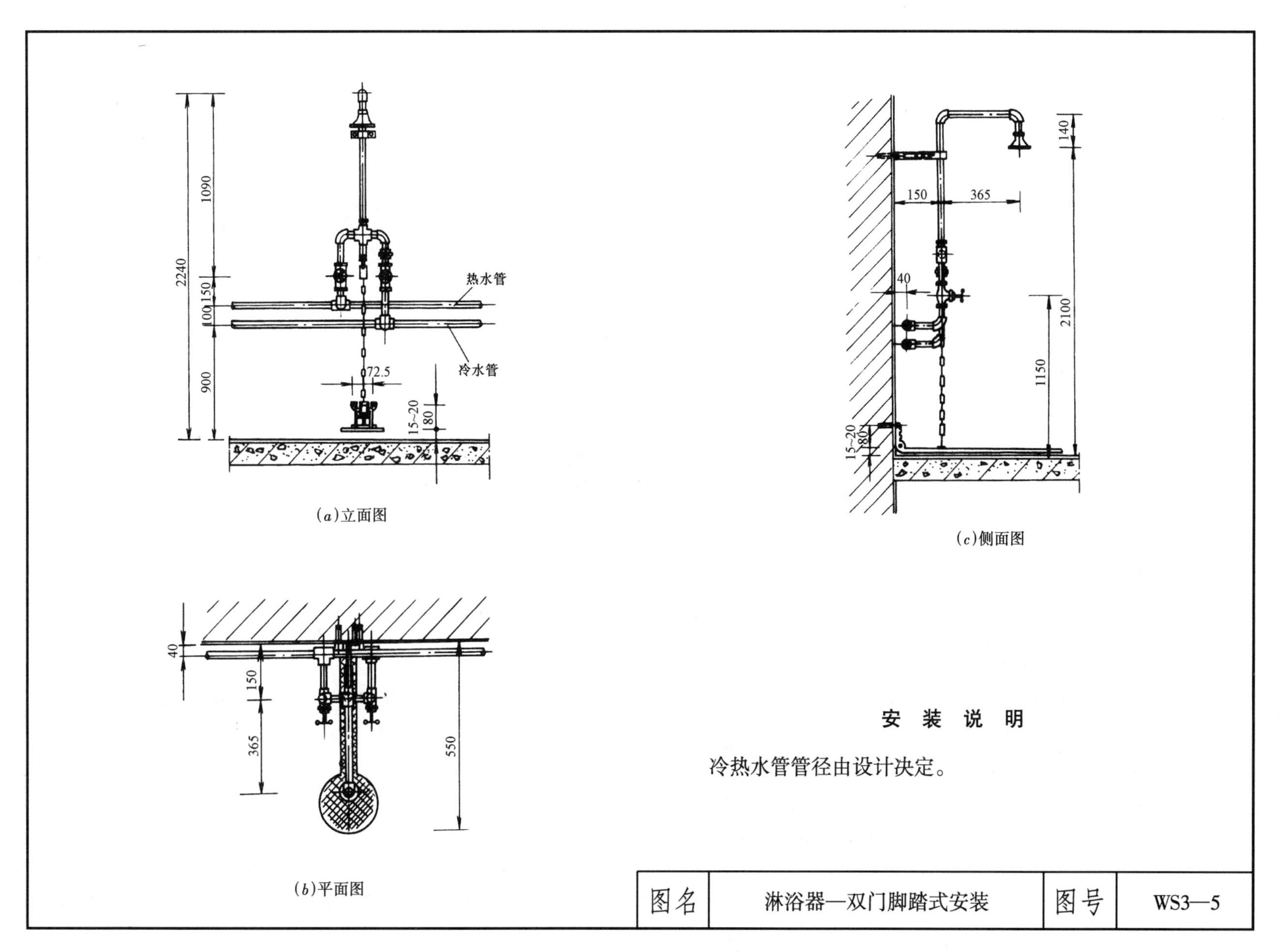

(*a*)立面图

(*b*)平面图

(*c*)侧面图

安 装 说 明

冷热水管管径由设计决定。

图名	淋浴器—双门脚踏式安装	图号	WS3—5

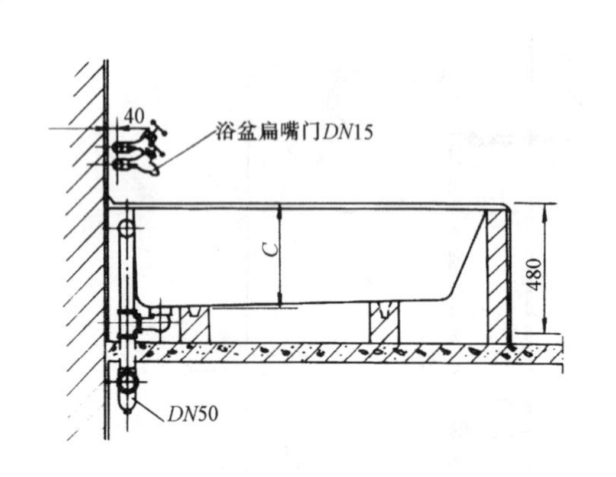

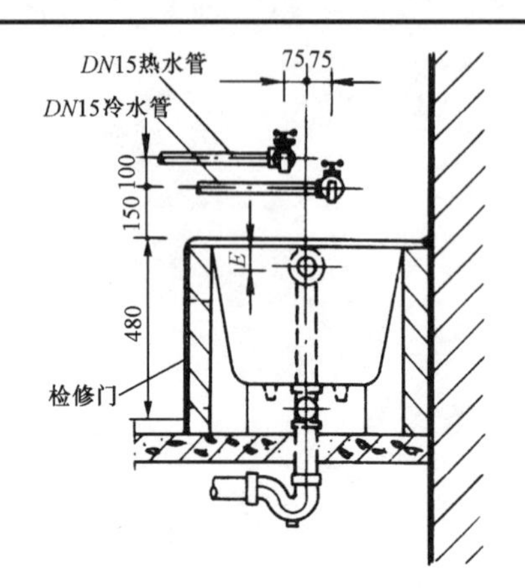

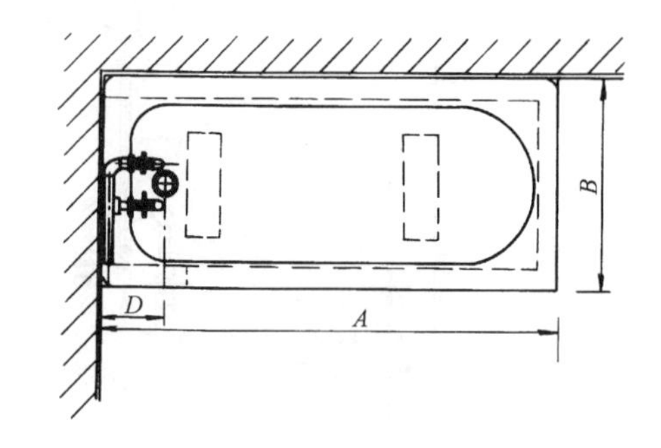

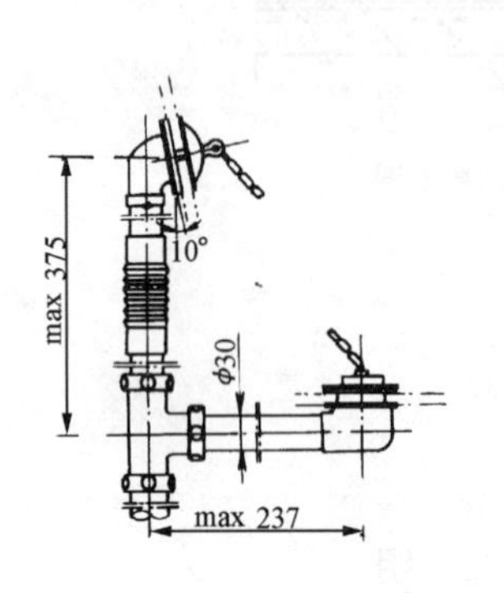

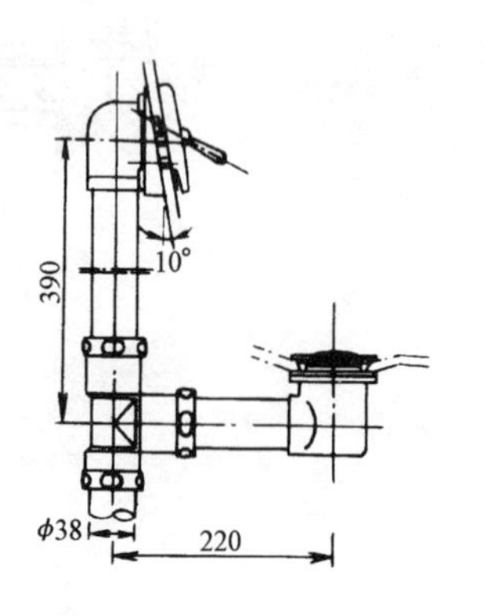

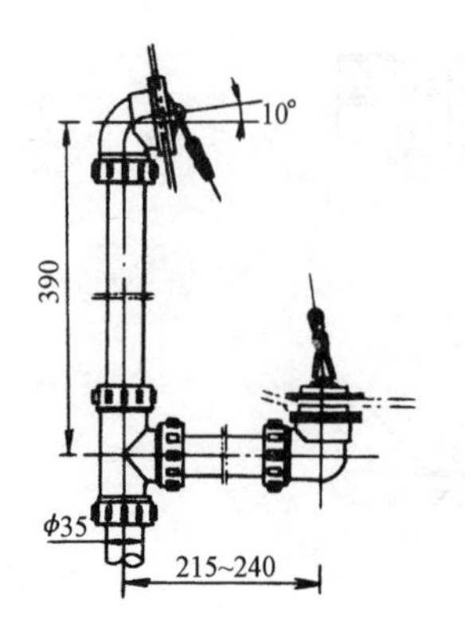

浴盆普通排水阀 P2201

与各种材料浴盆配套作排水之用。配套浴盆溢水孔径 $\phi45 \sim \phi50$；排水孔径 $\phi50$mm。

浴盆扳把排水阀 P2101

与各种材料的浴盆配套，作排水之用。扳动手把，便可控制排水阀的开启与关闭。配套浴盆溢水孔径 $\phi65$mm，排水口孔径 $\phi50$mm。

安 装 说 明

1. 图中未定尺寸按所购浴盆定。
2. 浴盆检修门可根据卫生间平面布置由设计决定，检修门做法见土建标准图。

图名	浴盆—冷热水龙头安装	图号	WS4—1

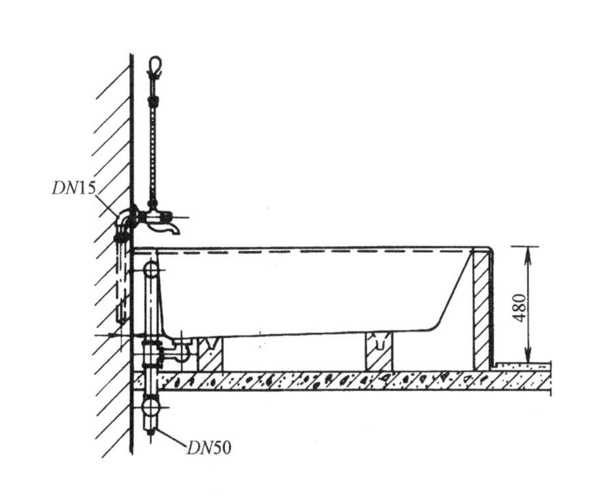

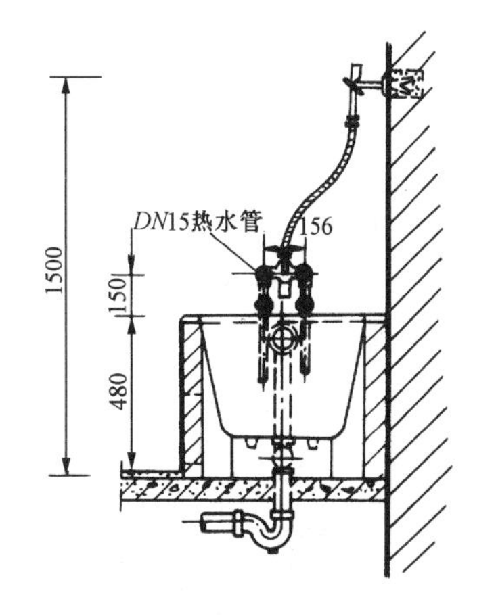

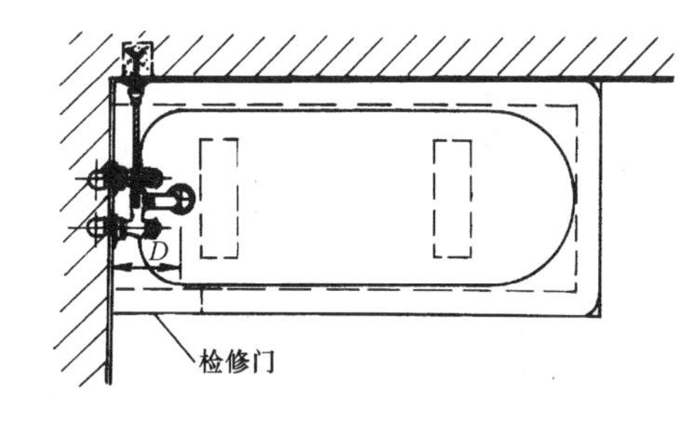

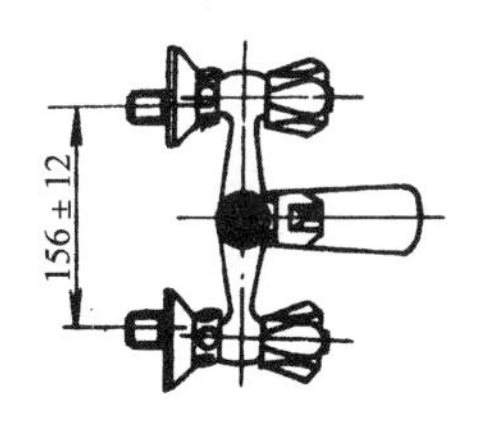

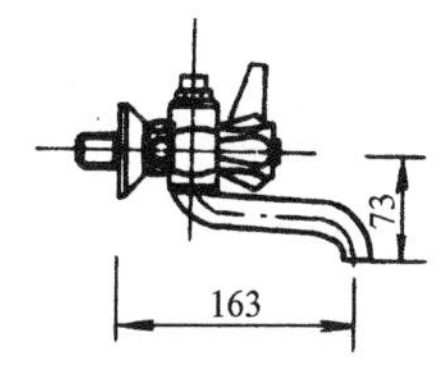

浴盆混合水嘴 Y2101

（配有活动式、软管淋浴喷头）

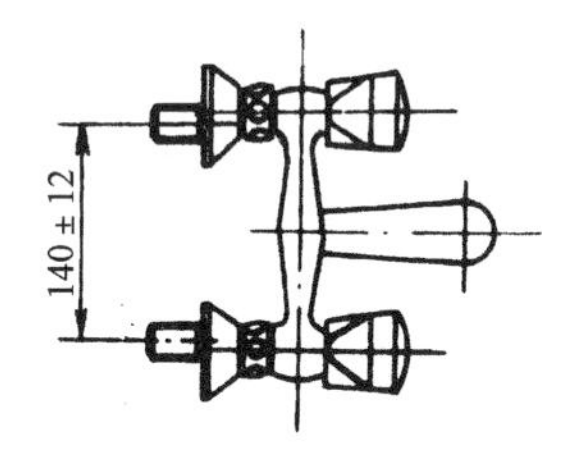

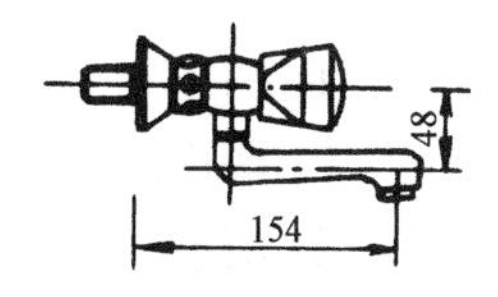

浴盆简易水嘴 Y2102

（无淋浴喷头）

安 装 说 明

1. 图中未注明尺寸按所购浴盆确定。

2. 浴盆检修门可根据卫生间平面布置由设计决定。

图名	浴盆—混合龙头安装	图号	WS4—2

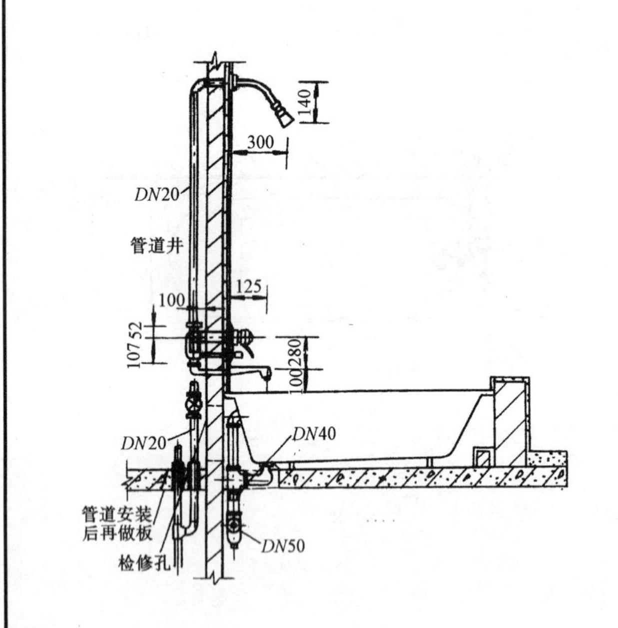

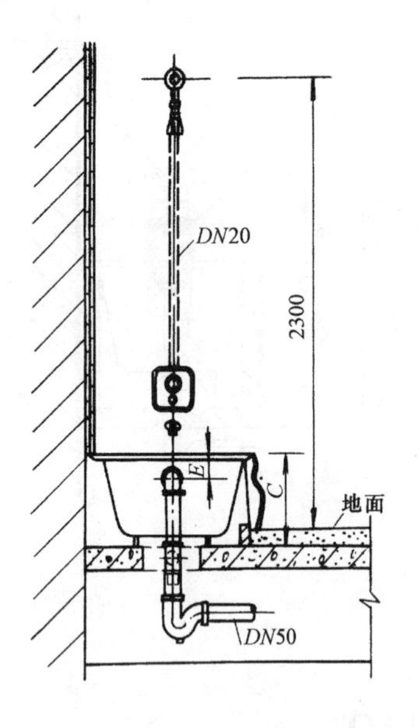

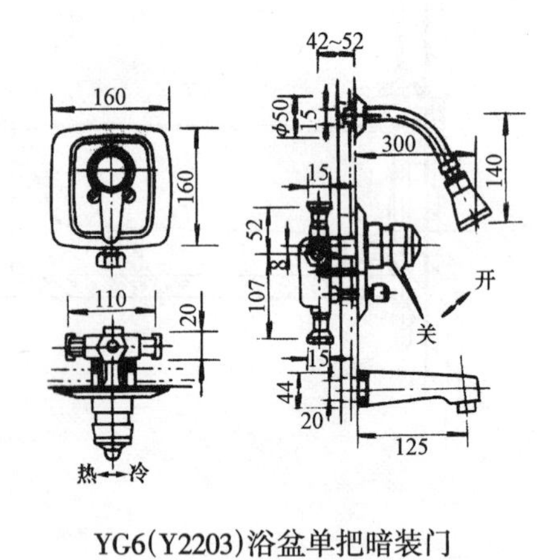

YG6(Y2203)浴盆单把暗装门

安 装 说 明

1. 图中未定尺寸，参见所选购浴盆确定。
2. 墙面地面防水做法见土建设计要求。
3. 浴盆裙板有左、右式，选用时由设计决定。
4. 存水弯也可选用存水柜或DDL-TQ型多用地漏。

图名	单柄暗装混合龙头裙板浴盆安装图	图号	WS4—3

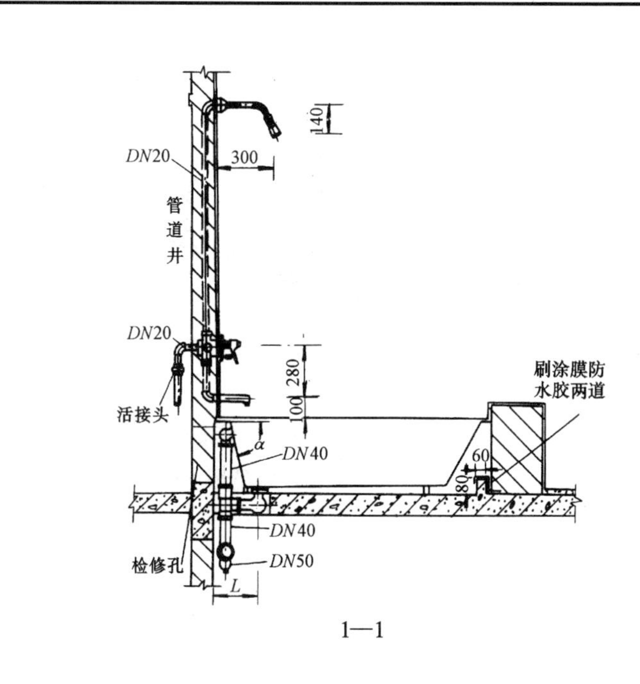

1—1

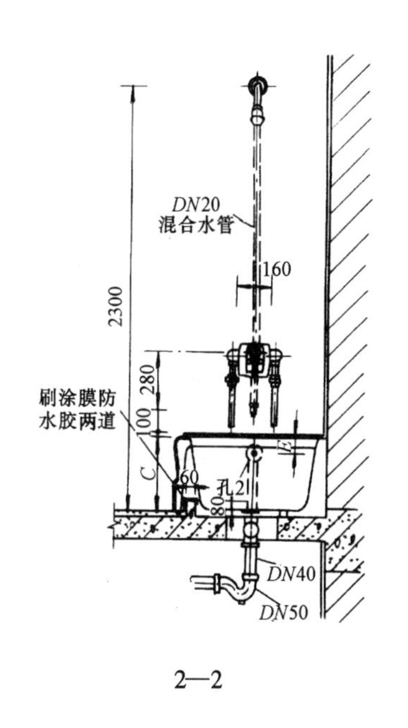

2—2

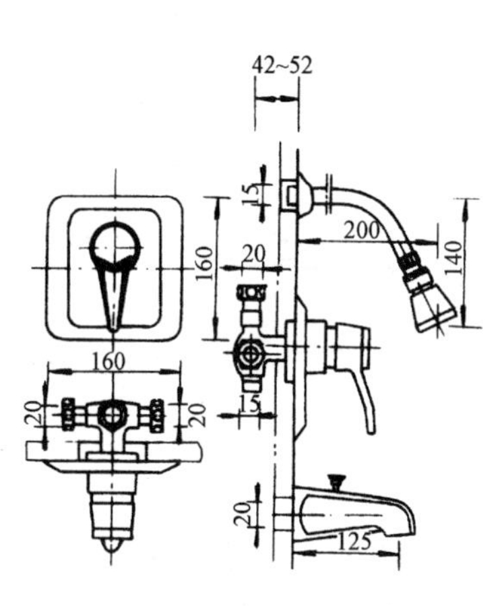

浴盆单把暗装水嘴 Y2203

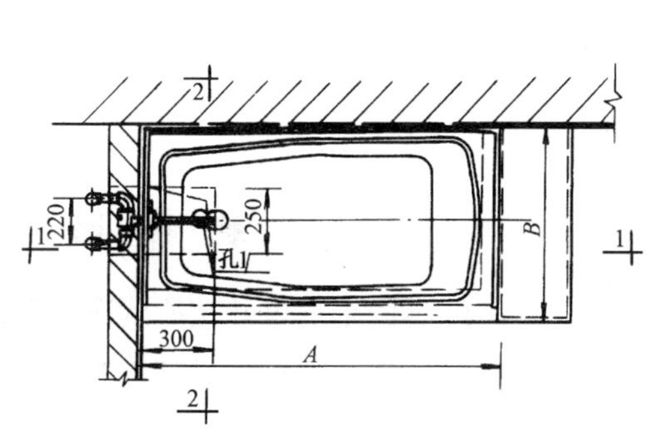

平面图

安 装 说 明

1. 图中未注明尺寸按所购浴盆而定。
2. 浴盆裙板有左右式，选用时由设计决定。
3. 存水弯形式由设计决定。
4. 涂膜、防水胶型号按设计要求。

图名	浴盆—单把混合龙头安装	图号	WS4—4

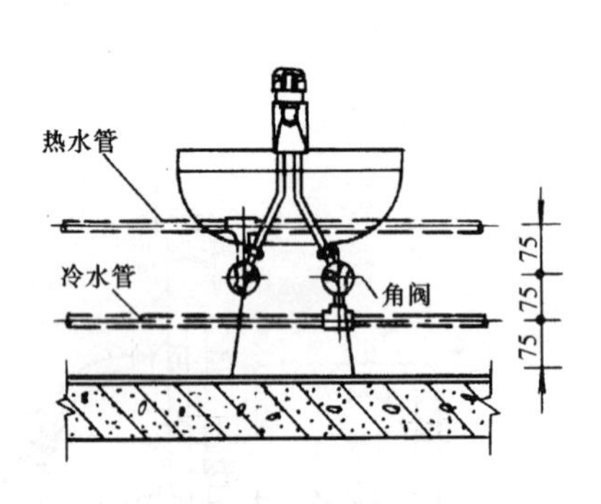

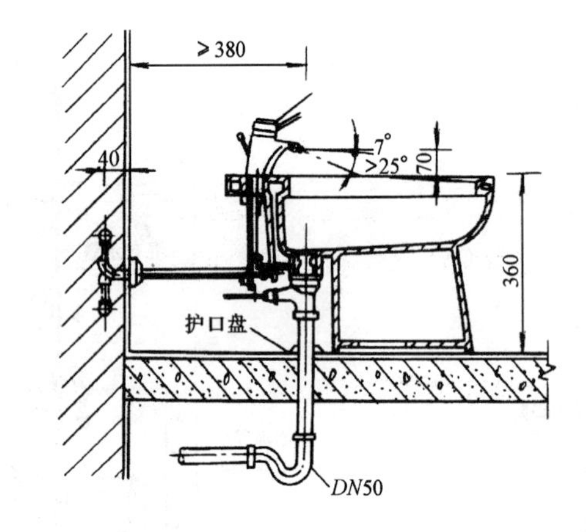

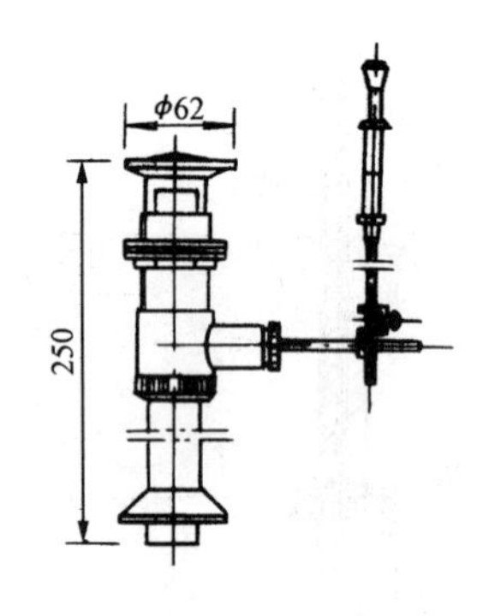

净身器提拉排水阀 P3101

提拉杆操纵排水阀的开启与关闭,清洁卫生,使用方便。

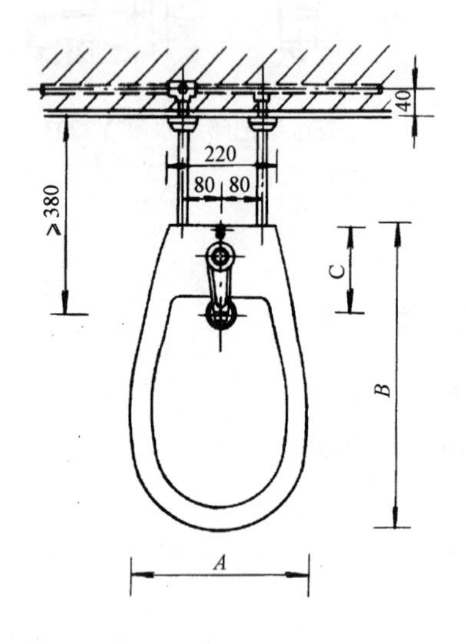

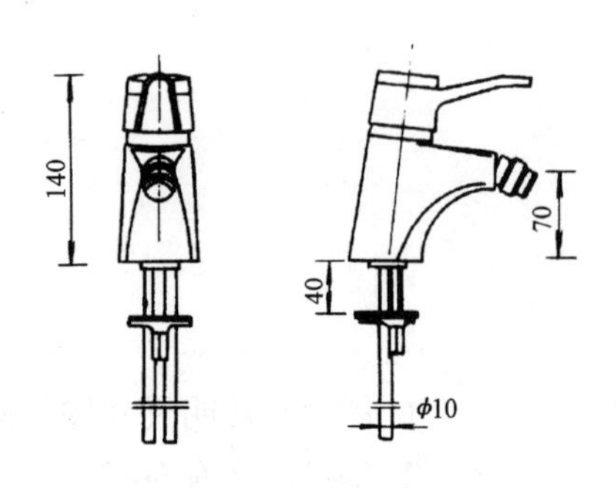

01 型净身器给水阀 F2101

双手轮可调整混合水温度，提拉把用于切换喷头或盆给水,使用方便。

安 装 说 明

1. 本图未定尺寸按所购净身器确定。
2. 冷热水管径按设计图确定。

图名	净身器安装图(一)	图号	WS5—1(一)

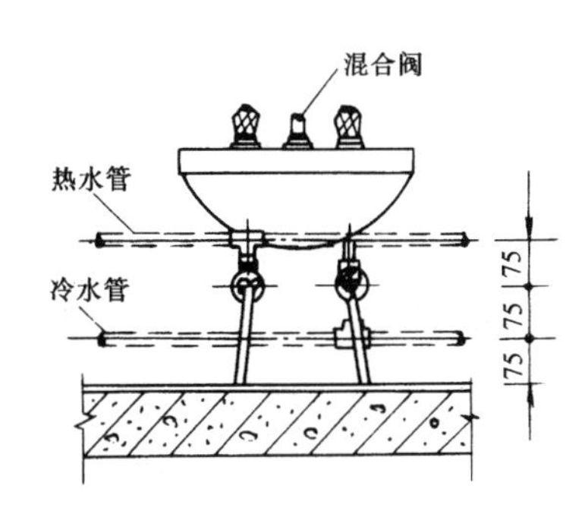

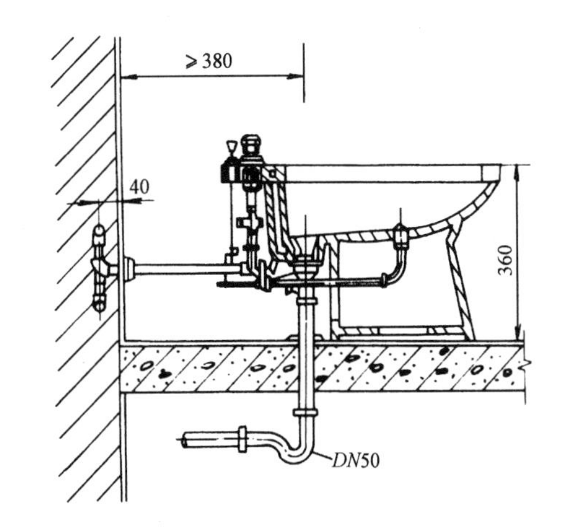

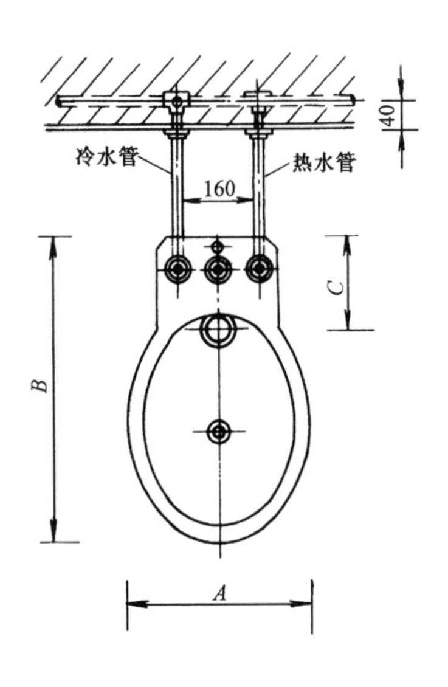

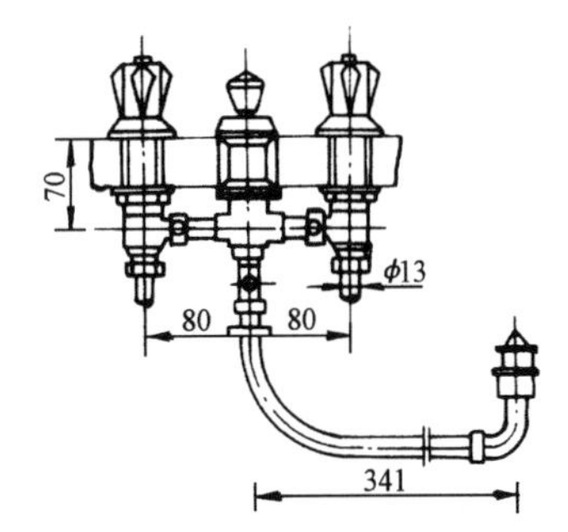

净身器单把给水阀 F2201

采用超精研磨的特种陶瓷作密封材料，密封性能极好。单手柄操纵冷、热水开关和水温调节，使用方便。盆上冲水，无交叉感染。

安 装 说 明

1. 图中未注尺寸按所购净身器实际尺寸确定。

2. 工作压力：0.4MPa。

3. 冷、热水管的管径由设计决定。

图名	净身器安装图(二)	图号	WS5—1(二)

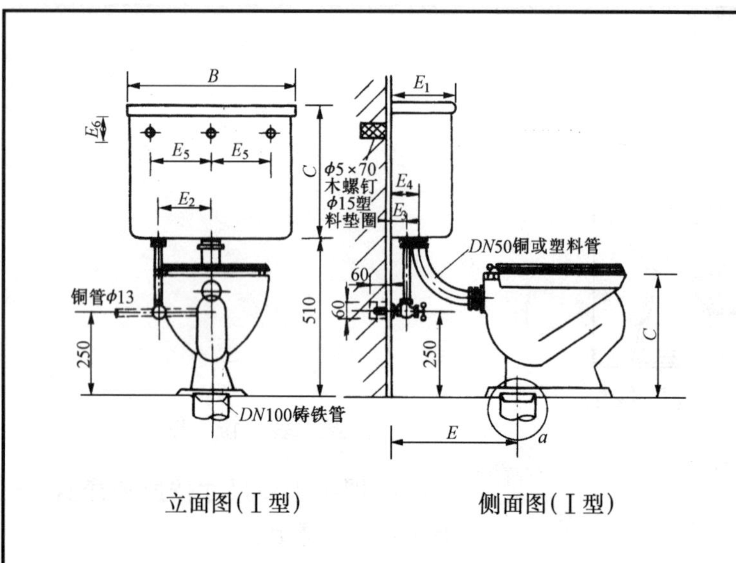

立面图(Ⅰ型)　　侧面图(Ⅰ型)

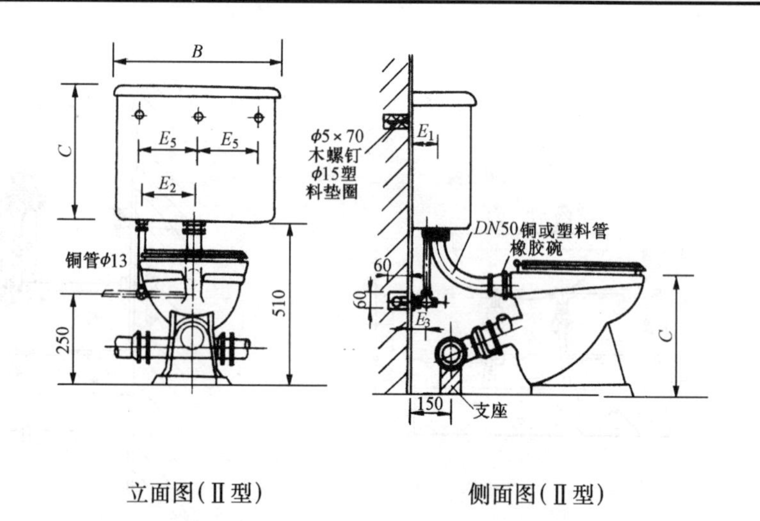

立面图(Ⅱ型)　　侧面图(Ⅱ型)

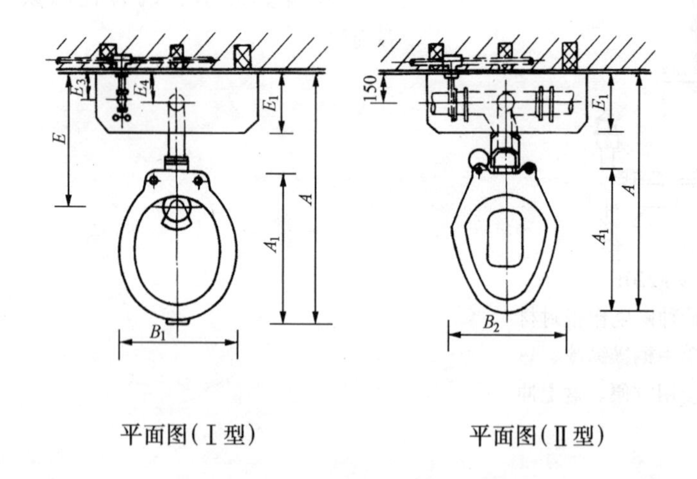

平面图(Ⅰ型)　　平面图(Ⅱ型)

安 装 说 明

1. 图中未定尺寸按所购坐便器及配件而定。
2. 节点 a 详图见 WS6—2。
3. 冷水管安装形式(明或暗)由设计决定。

图名	低水箱坐式大便器安装图	图号	WS6—1

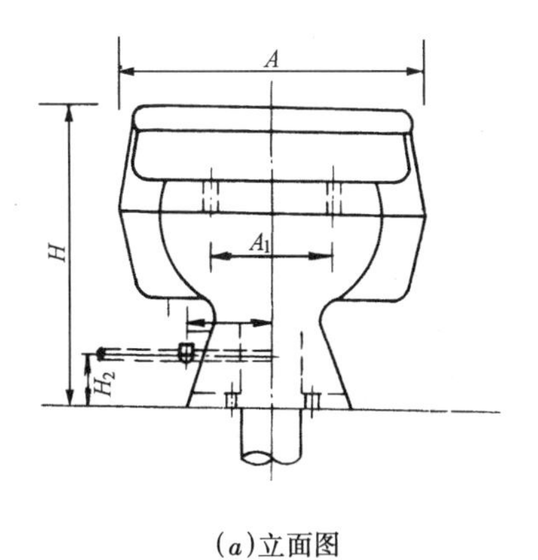

(*a*)立面图

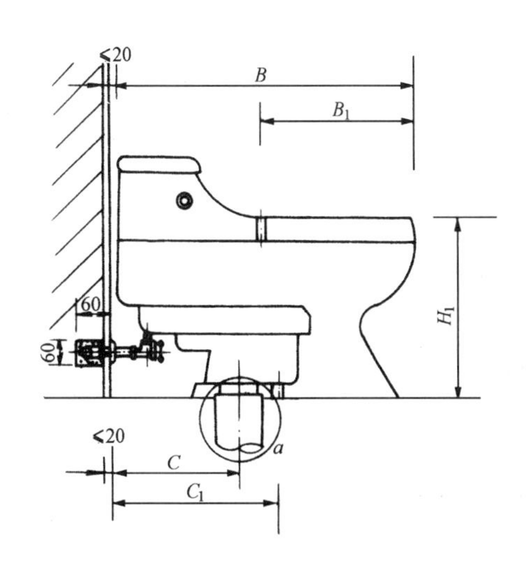

(*c*)侧面图

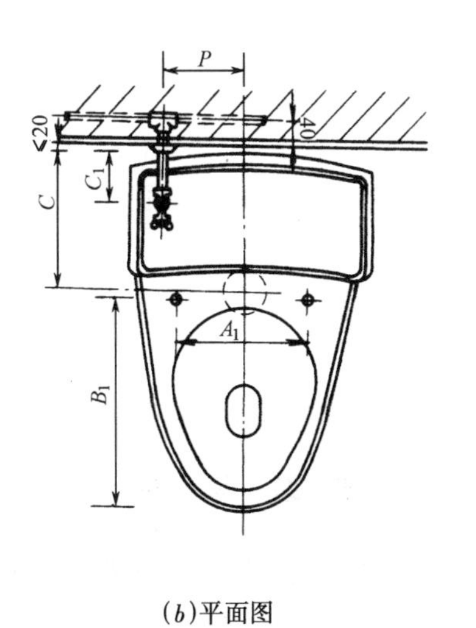

(*b*)平面图

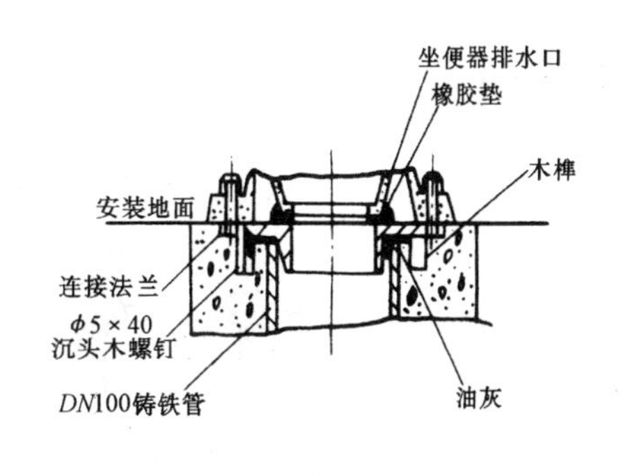

a 放大

安 装 说 明

图中未定尺寸，依据所购坐便器及上、下水配件尺寸确定。

图名	连体坐式大便器安装图	图号	WS6—2

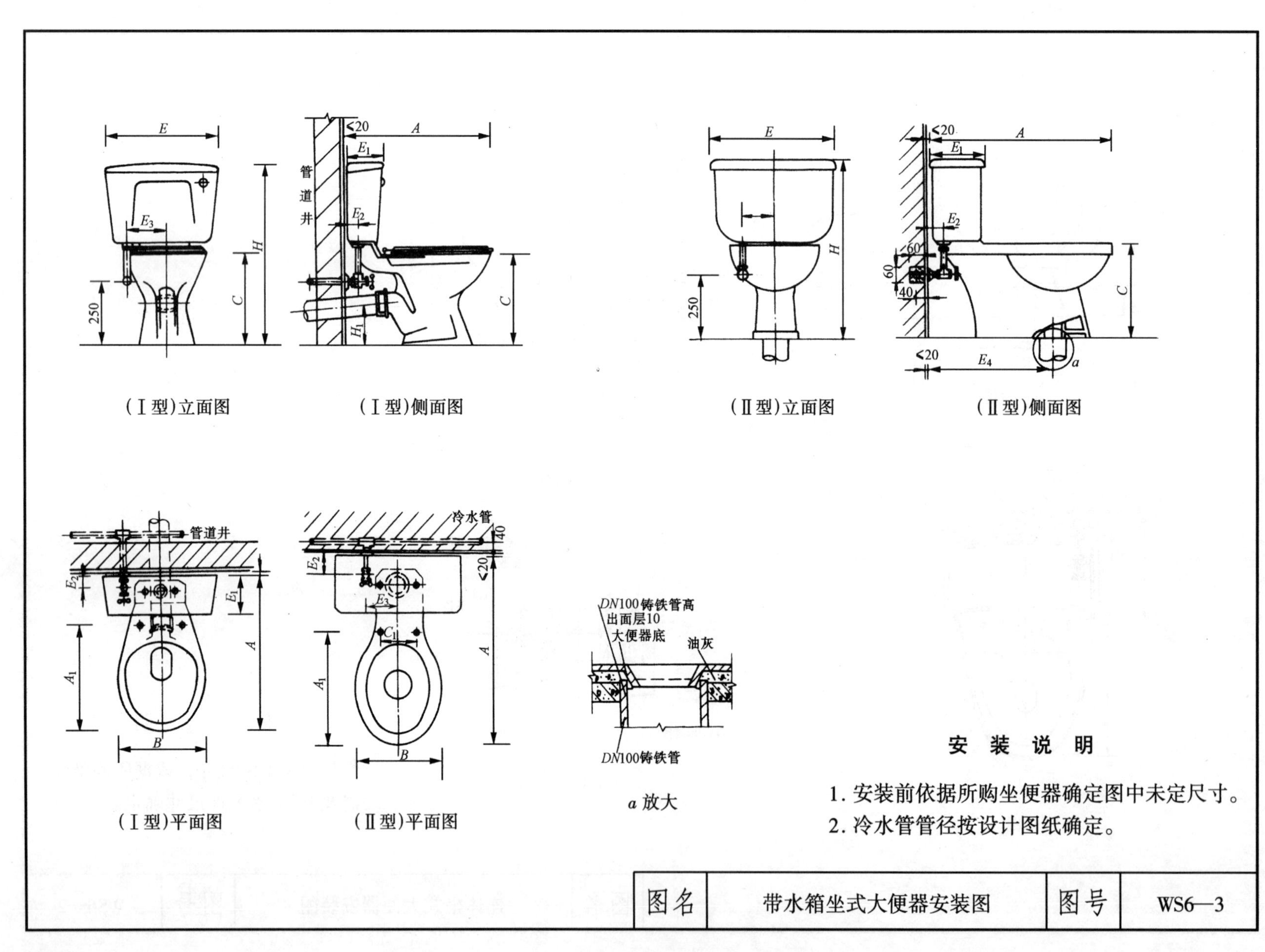

（Ⅰ型）立面图

（Ⅰ型）侧面图

（Ⅱ型）立面图

（Ⅱ型）侧面图

（Ⅰ型）平面图

（Ⅱ型）平面图

a 放大

安 装 说 明

1. 安装前依据所购坐便器确定图中未定尺寸。
2. 冷水管管径按设计图纸确定。

图名	带水箱坐式大便器安装图	图号	WS6—3

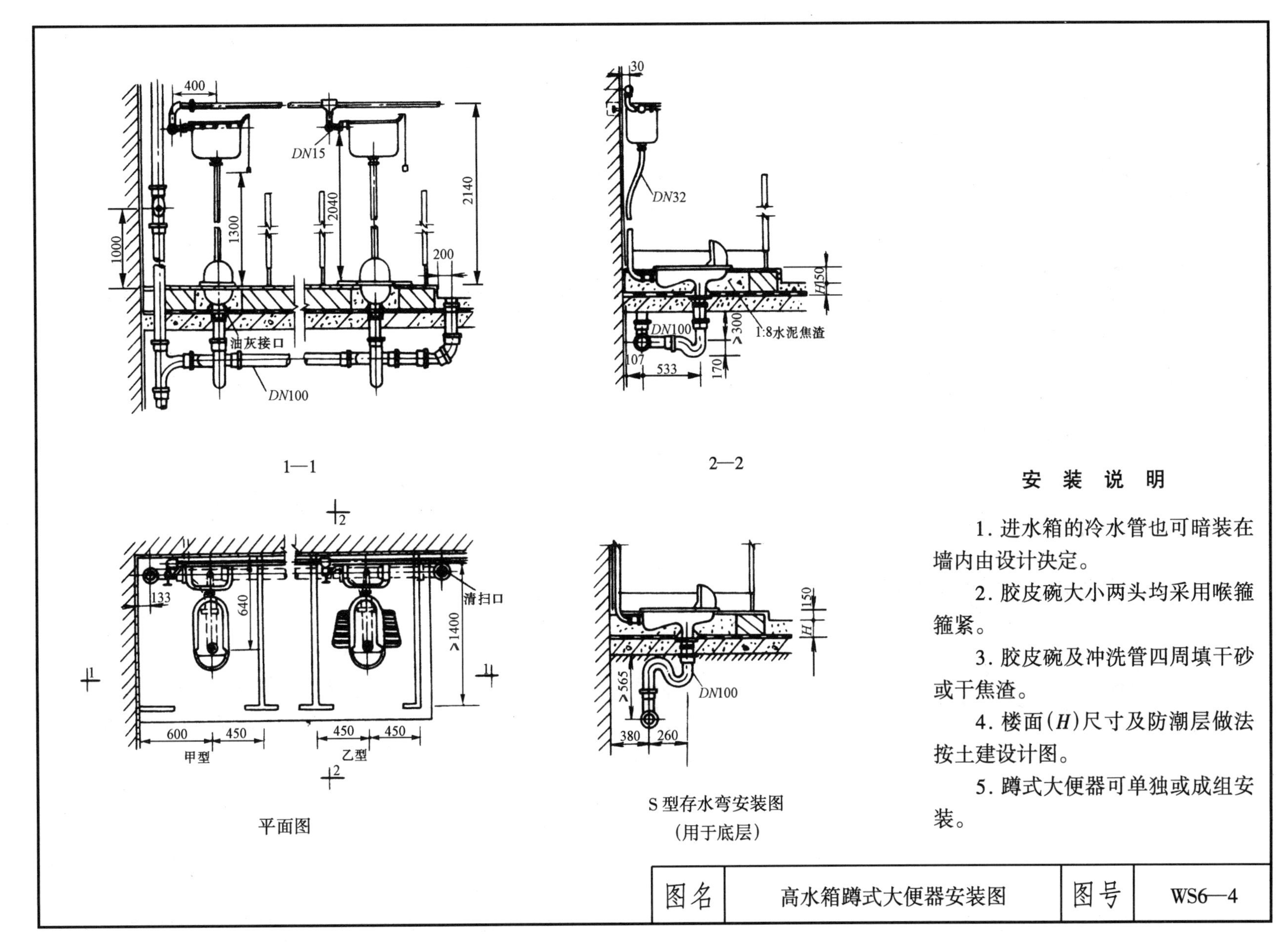

安 装 说 明

1. 进水箱的冷水管也可暗装在墙内由设计决定。

2. 胶皮碗大小两头均采用喉箍箍紧。

3. 胶皮碗及冲洗管四周填干砂或干焦渣。

4. 楼面(H)尺寸及防潮层做法按土建设计图。

5. 蹲式大便器可单独或成组安装。

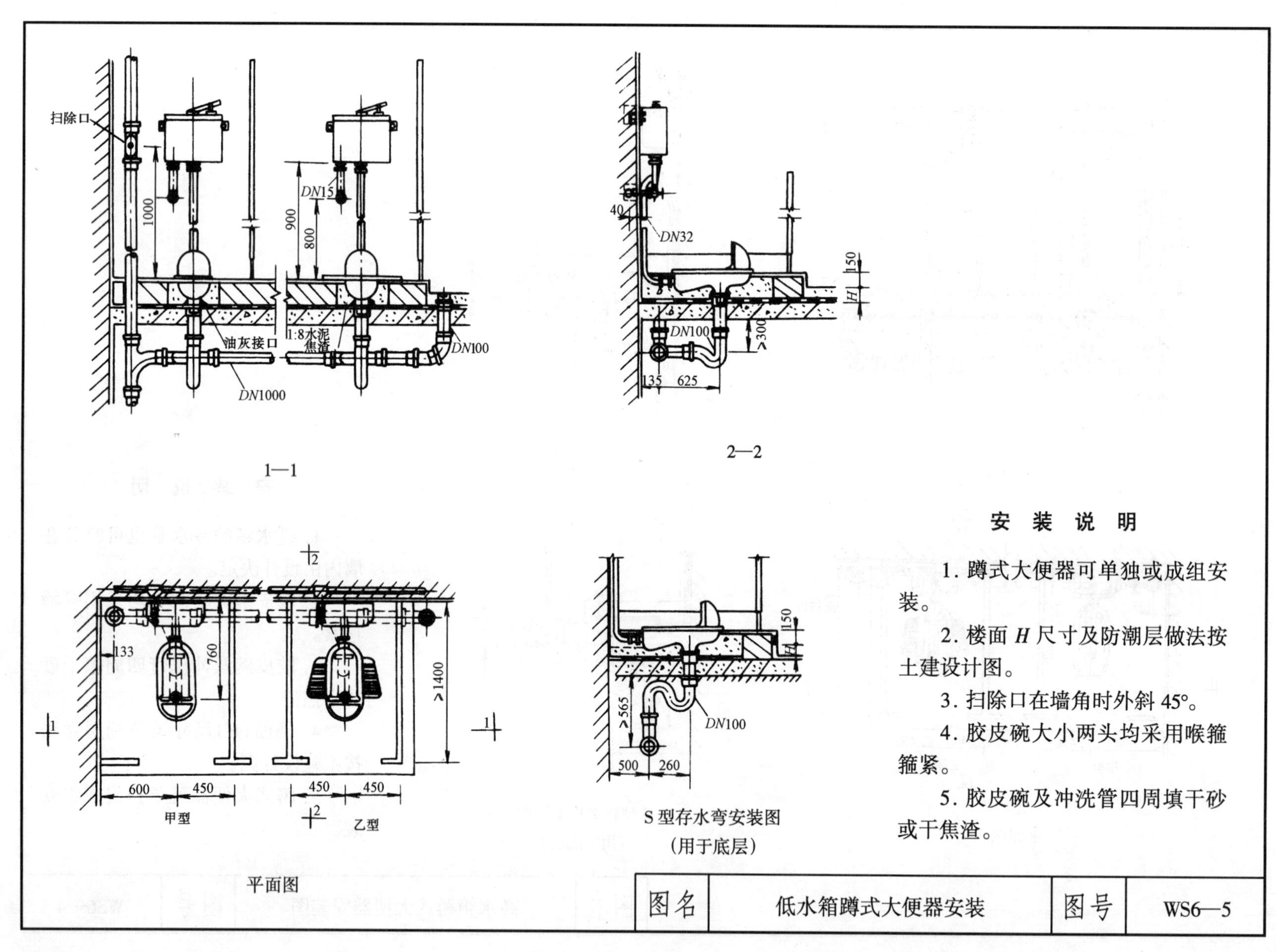
扫除口
1000
900
800
DN15
油灰接口
1:8水泥焦渣
DN100
DN1000
1—1
40
DN32
150
H
DN100
≥300
135
625
2—2
133
760
≥1400
1
1
2
2
600
450
450
450
甲型
乙型
平面图
150
H
≥565
DN100
500
260
S型存水弯安装图
(用于底层)
安 装 说 明
1. 蹲式大便器可单独或成组安装。
2. 楼面 H 尺寸及防潮层做法按土建设计图。
3. 扫除口在墙角时外斜 45°。
4. 胶皮碗大小两头均采用喉箍箍紧。
5. 胶皮碗及冲洗管四周填干砂或干焦渣。
图名
低水箱蹲式大便器安装
图号
WS6—5

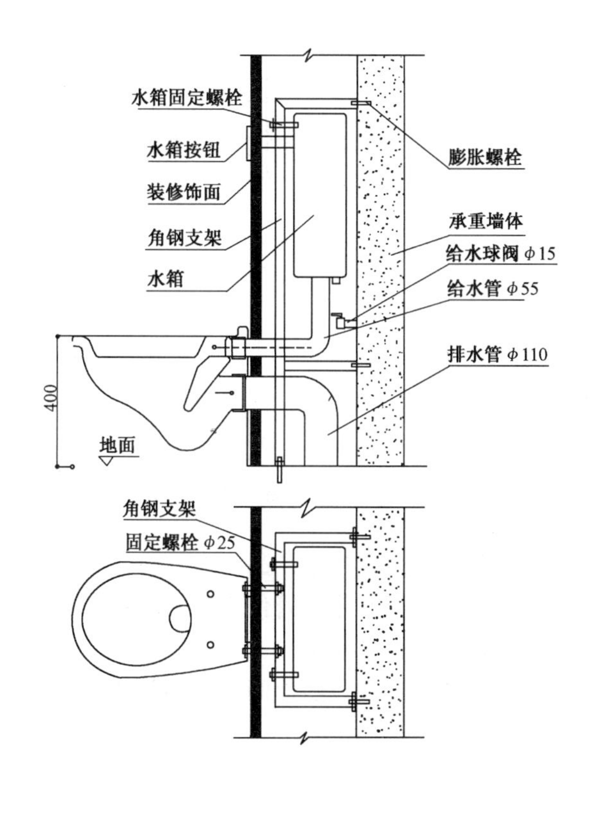

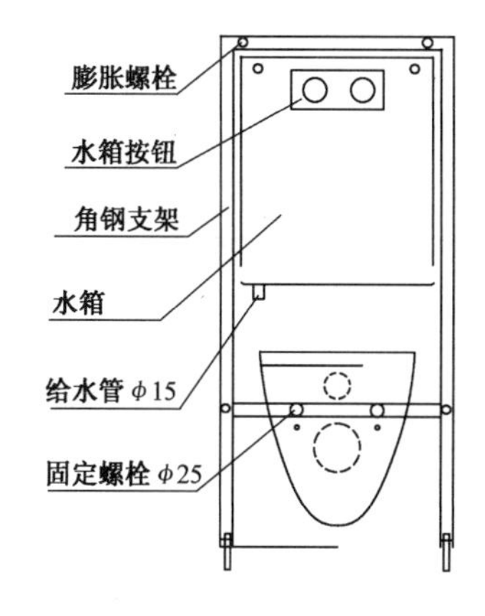

安 装 说 明

1. 坐便器尺寸以厂家实际产品为准。

2. 坐便器给水管、排水管与装修饰面间的缝隙用玻璃胶密封。

3. 坐便器排水管与楼（地）板之间的做法同其他坐便器的做法。

4. 水箱支架用60号以上角钢制作，膨胀螺栓10号以上。

图名	分体坐便器(水箱暗装)安装图	图号	WS6—6

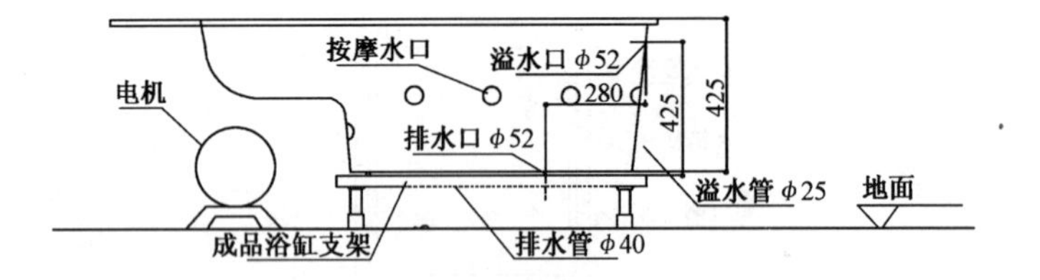

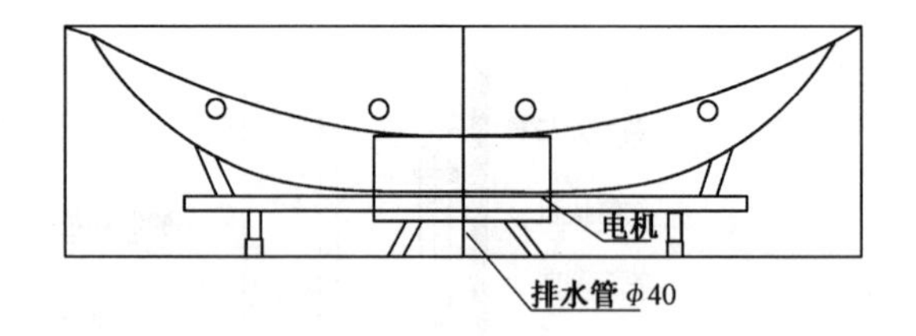

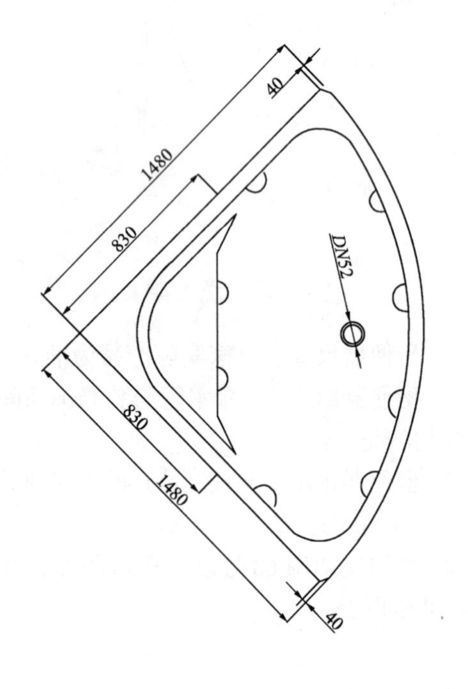

安 装 说 明

1. 浴缸尺寸以厂家产品为准。
2. 浴缸支架和排水管件为厂家配套产品。
3. 电机电压 220V。
4. 排水管与楼(地)面间做法同其他。

图名	按摩浴缸安装图	图号	WS6—7

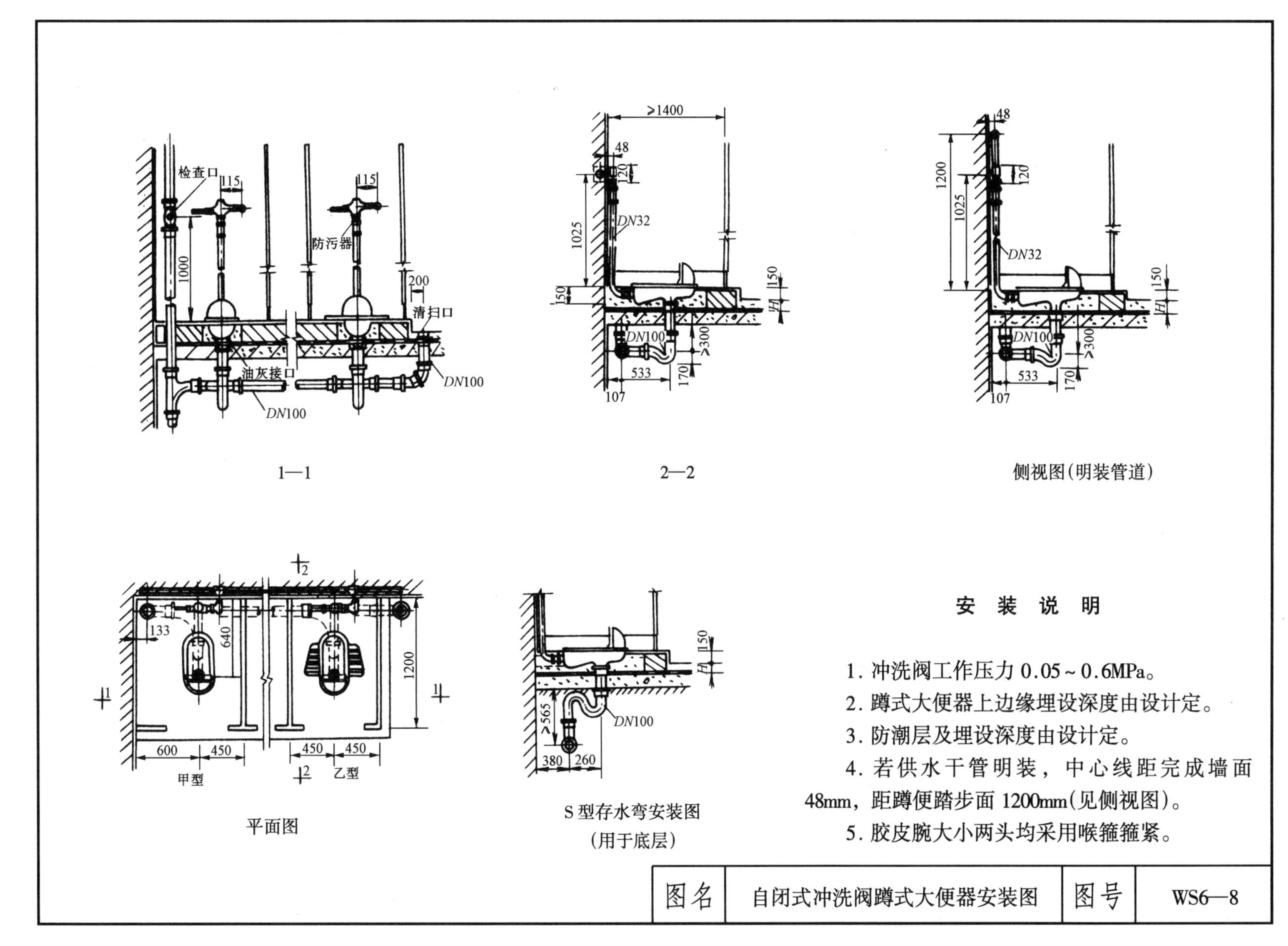

安 装 说 明

1. 冲洗阀工作压力0.05~0.6MPa。
2. 蹲式大便器上边缘埋设深度由设计定。
3. 防潮层及埋设深度由设计定。
4. 若供水干管明装，中心线距完成墙面48mm，距蹲便踏步面1200mm(见侧视图)。
5. 胶皮腕大小两头均采用喉箍箍紧。

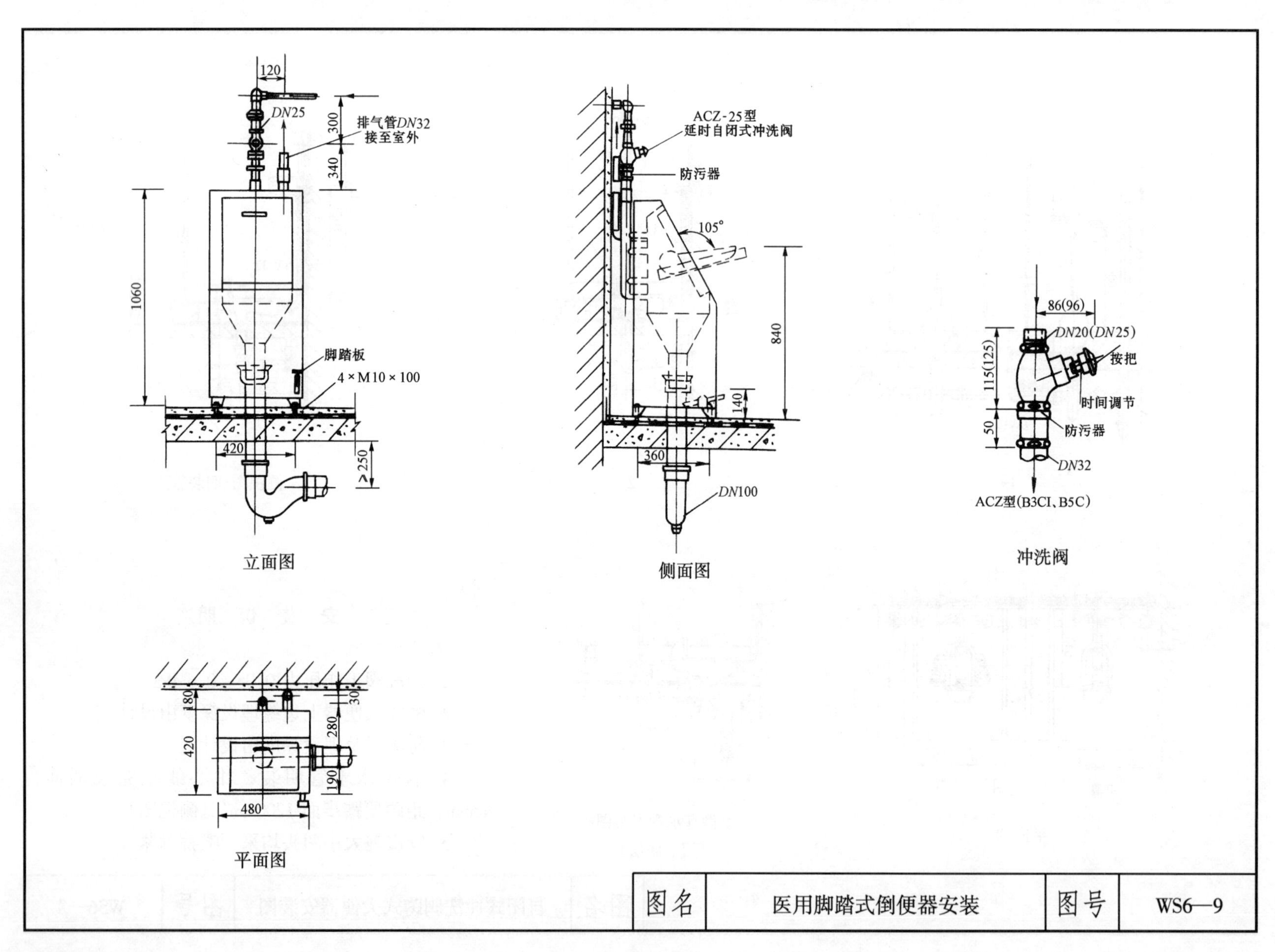

图名	医用脚踏式倒便器安装	图号	WS6—9

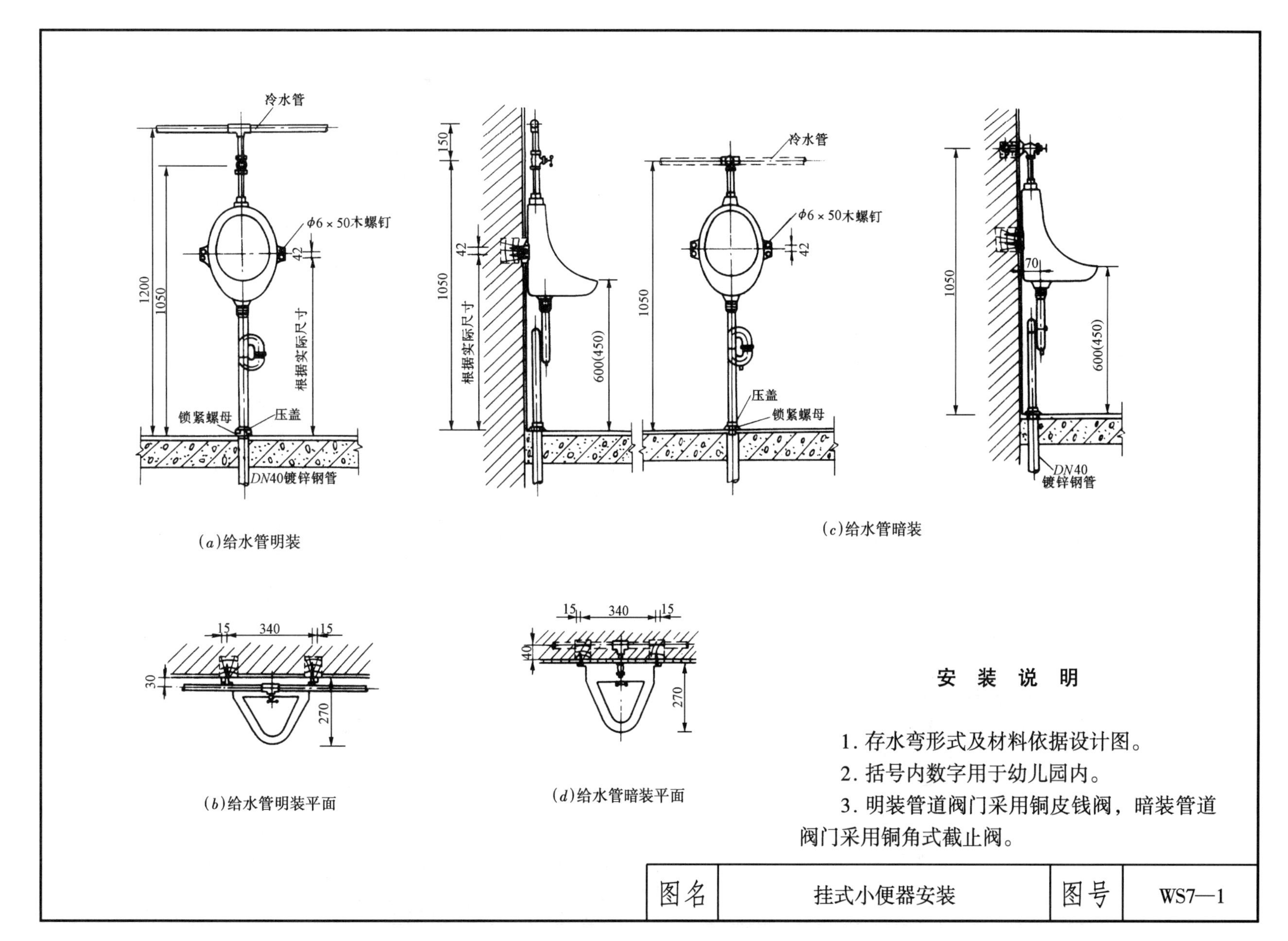

(a)给水管明装

(b)给水管明装平面

(c)给水管暗装

(d)给水管暗装平面

安 装 说 明

1. 存水弯形式及材料依据设计图。

2. 括号内数字用于幼儿园内。

3. 明装管道阀门采用铜皮钱阀，暗装管道阀门采用铜角式截止阀。

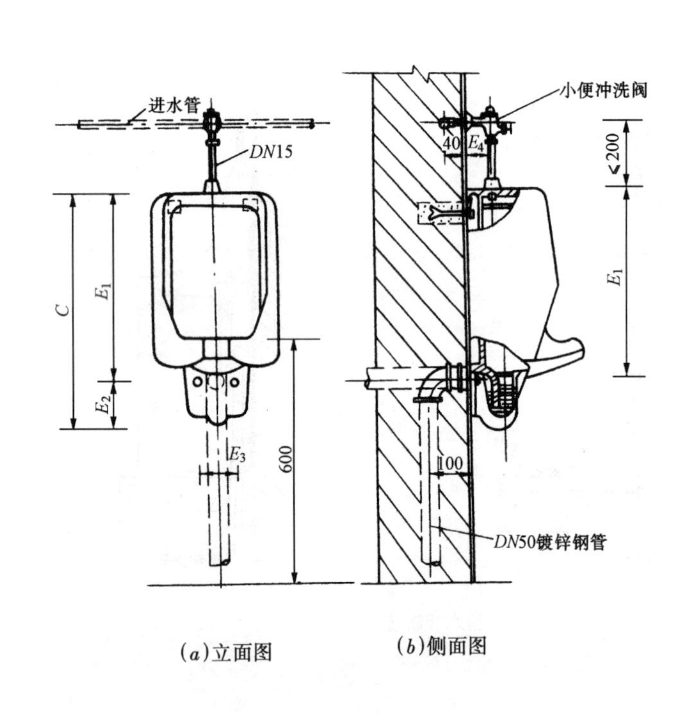

(a)立面图　(b)侧面图

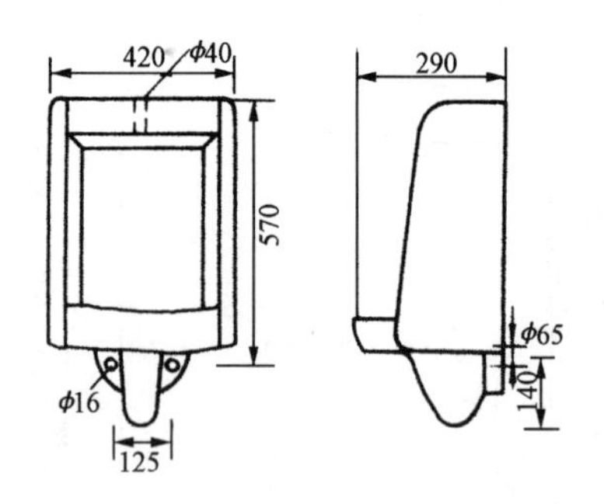

(d)广东石湾建筑陶瓷厂 03 挂式小便器

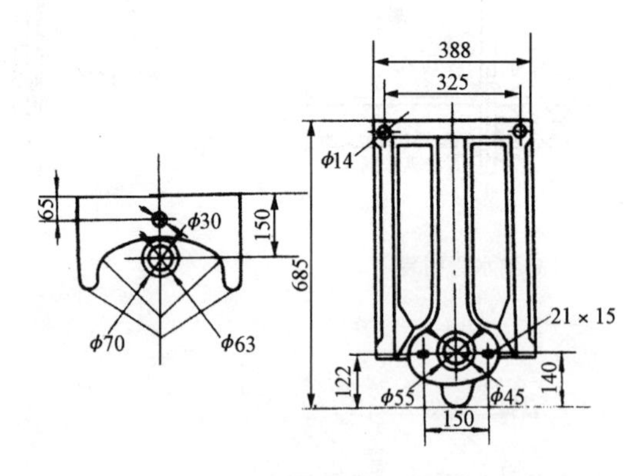

(e)唐建陶 410 挂式小便器

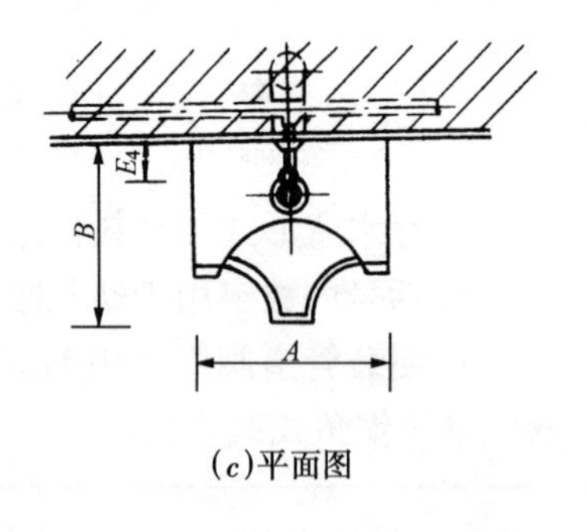

(c)平面图

安　装　说　明

图中未定尺寸，按所购小便器确定。

图名	延时自闭式冲洗阀壁挂式 小便器安装图	图号	WS7—2

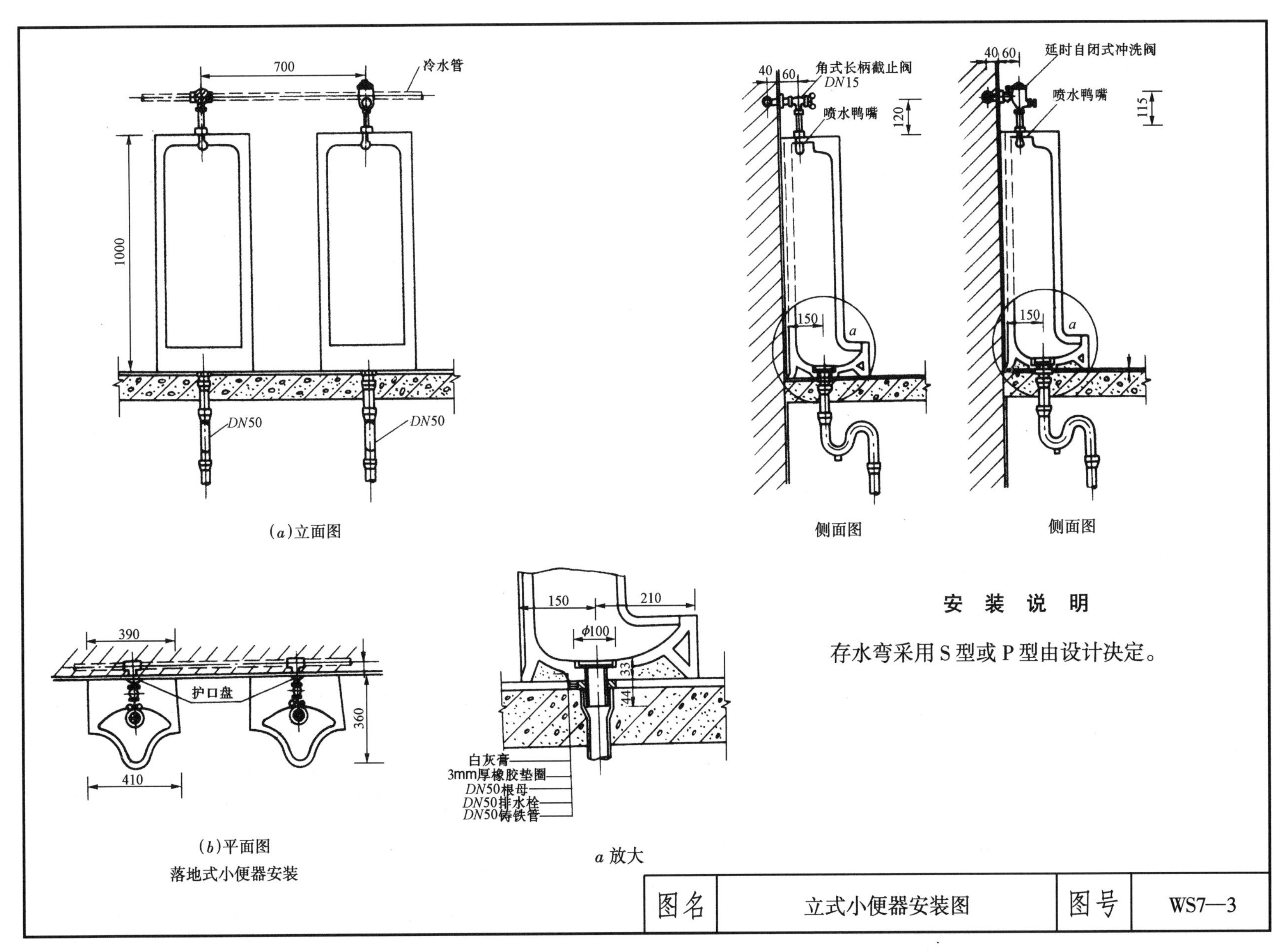
700
冷水管
1000
DN50
DN50
(a)立面图
40
60
角式长柄截止阀
DN15
喷水鸭嘴
120
150
a
侧面图
40
60
延时自闭式冲洗阀
喷水鸭嘴
115
150
a
侧面图
390
护口盘
360
410
(b)平面图
落地式小便器安装
150
210
ϕ100
33
44
白灰膏
3mm厚橡胶垫圈
DN50根母
DN50排水栓
DN50铸铁管
a 放大
安装说明
存水弯采用S型或P型由设计决定。
图名
立式小便器安装图
图号
WS7—3

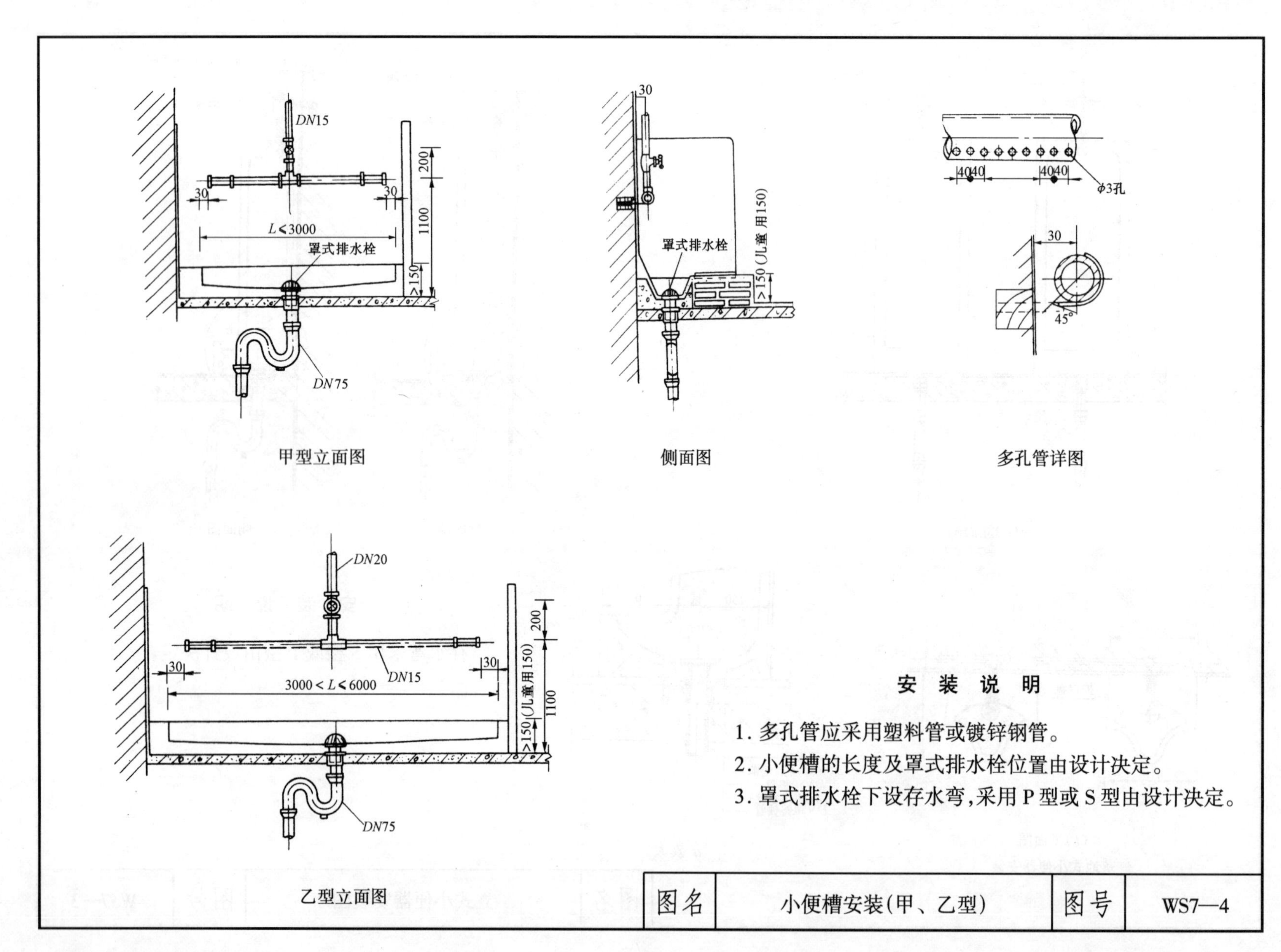

安 装 说 明

1. 多孔管应采用塑料管或镀锌钢管。
2. 小便槽的长度及罩式排水栓位置由设计决定。
3. 罩式排水栓下设存水弯,采用P型或S型由设计决定。

图名	小便槽安装(甲、乙型)	图号	WS7—4

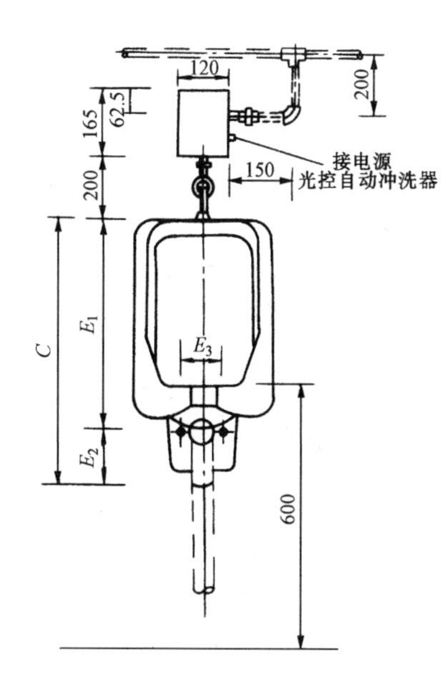

(a)立面图

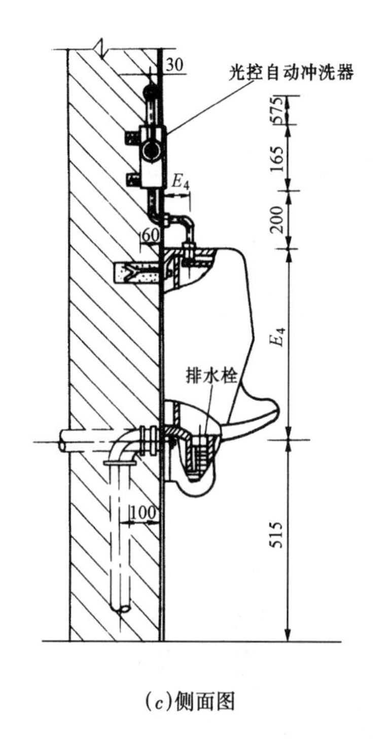

(c)侧面图

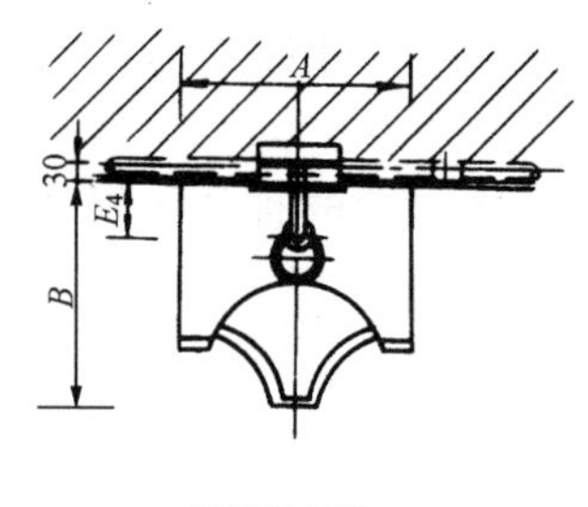

(b)平面图

安 装 说 明

1. 图中未定尺寸依所购小便器而定。

2. 人站在感应区内1s，自动冲洗器即能自动出水冲洗，人离开后，再持续冲洗2s自动关闭。

3. 技术参数：工作电压交流(220±20)V；消耗功率未出水小于2W，出水小于8W；工作水压及水质：0.05～0.6MPa干净自来水；工作距离：60cm以内。

4. 冷水管管径，控制电源等由设计决定。

图名	光控自动冲洗壁挂式小便器安装图	图号	WS7—5

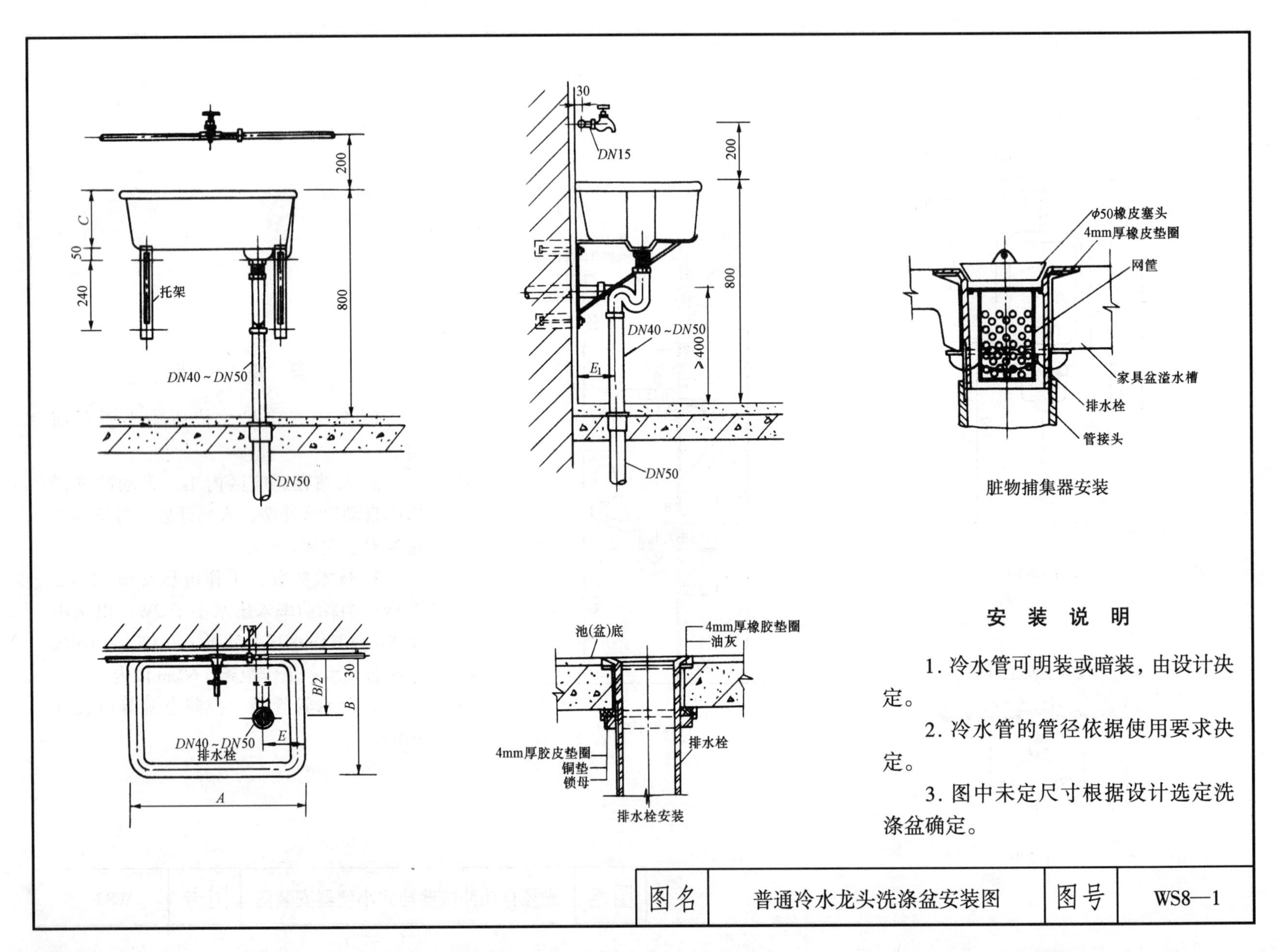

安 装 说 明

1. 冷水管可明装或暗装，由设计决定。

2. 冷水管的管径依据使用要求决定。

3. 图中未定尺寸根据设计选定洗涤盆确定。

图名	普通冷水龙头洗涤盆安装图	图号	WS8—1

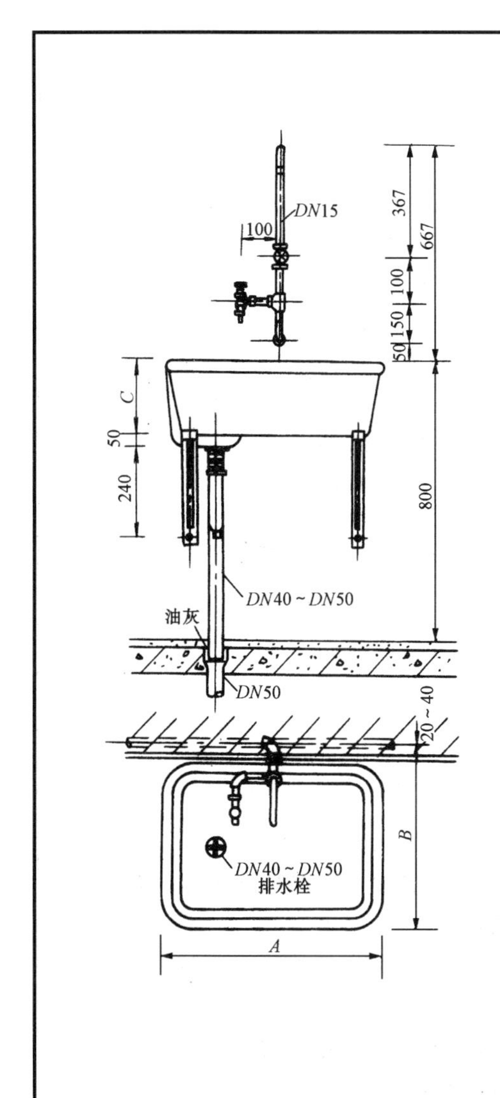

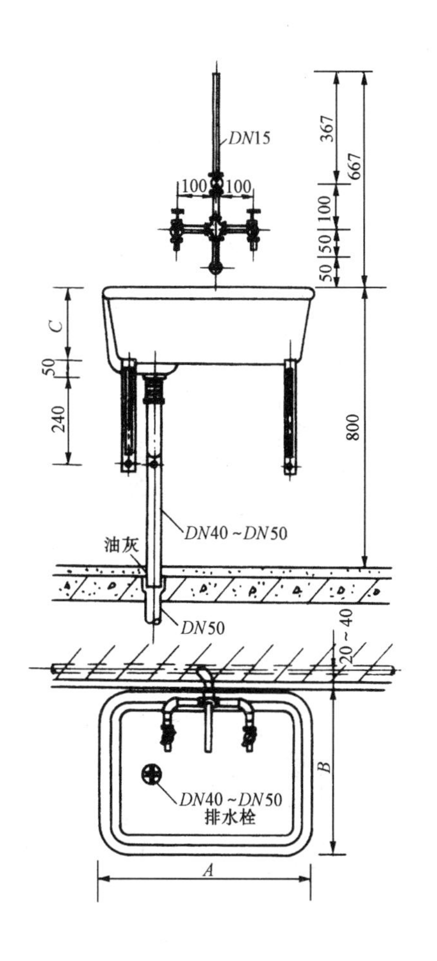

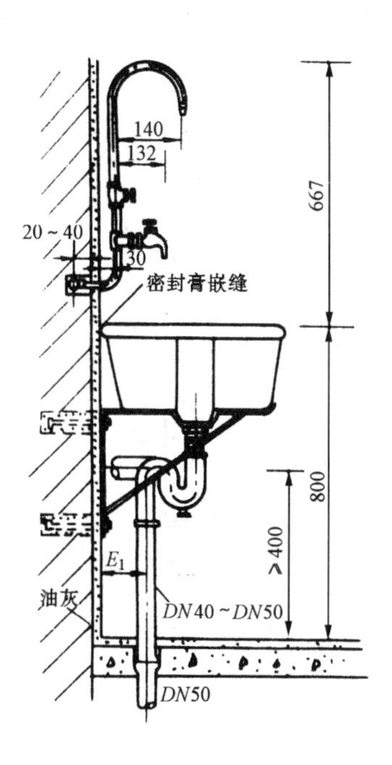

安 装 说 明

1. 水管明、暗装由设计决定。

2. 如采用瓷砖墙面，暗装时加镀铬护口盘。

图名	双、三联化验龙头洗涤盆安装	图号	WS8—2

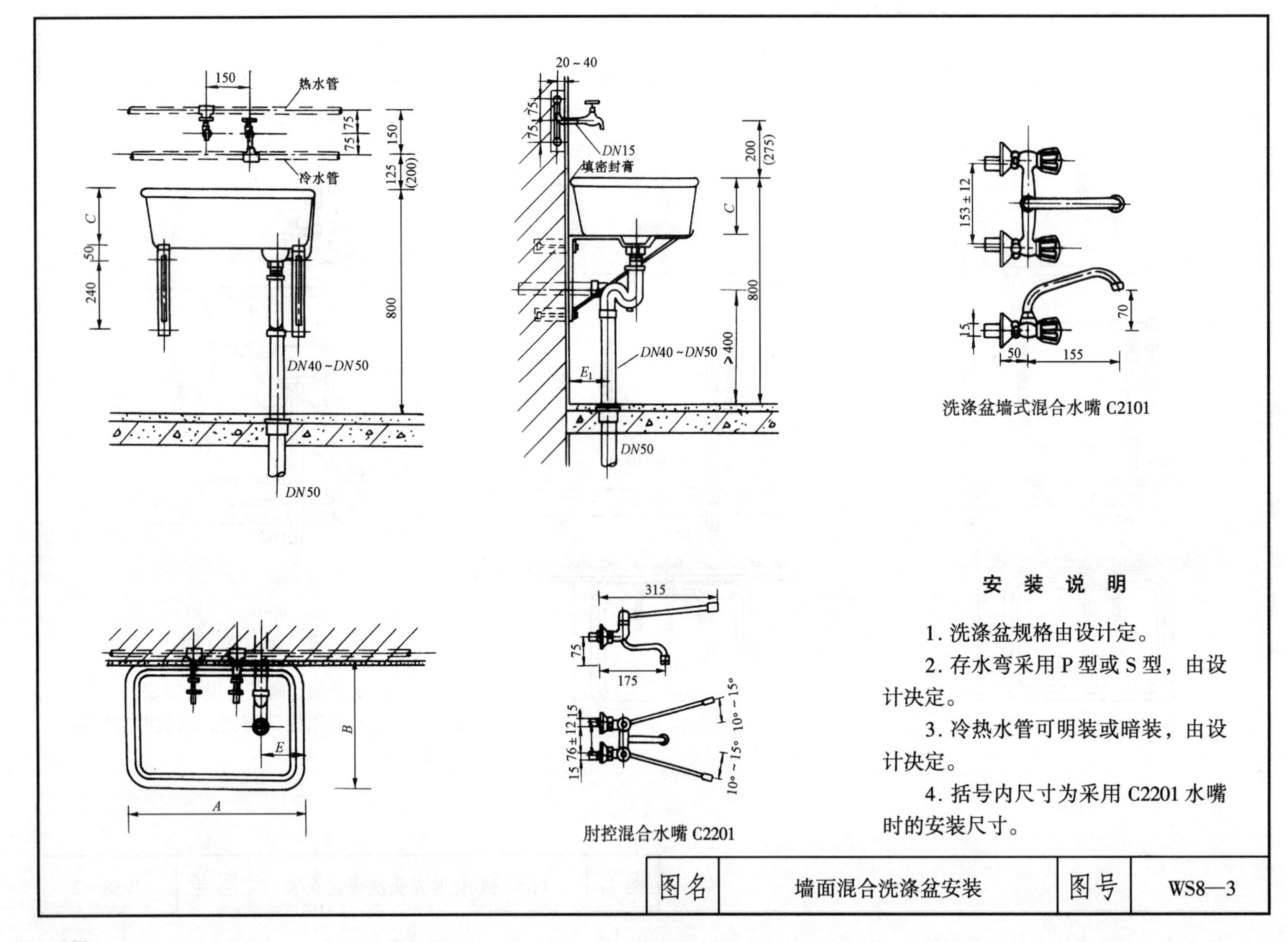
热水管
冷水管
150
75
75
150
125
(200)
C
50
240
800
DN40～DN50
DN50
20～40
DN15
填密封膏
200
(275)
≥400
E1
B
E
A
153±12
70
15
50
155
洗涤盆墙式混合水嘴 C2101
315
175
15 76±12 15
10°～15°
肘控混合水嘴 C2201
安 装 说 明
1. 洗涤盆规格由设计定。
2. 存水弯采用P型或S型，由设计决定。
3. 冷热水管可明装或暗装，由设计决定。
4. 括号内尺寸为采用C2201水嘴时的安装尺寸。
图名
墙面混合洗涤盆安装
图号
WS8—3

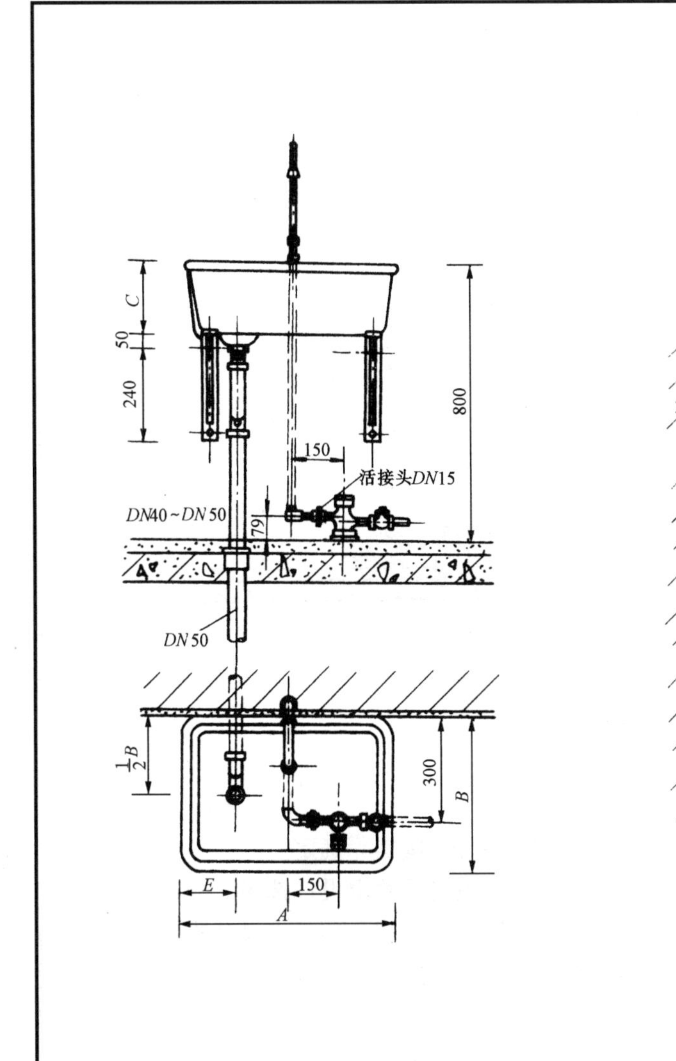

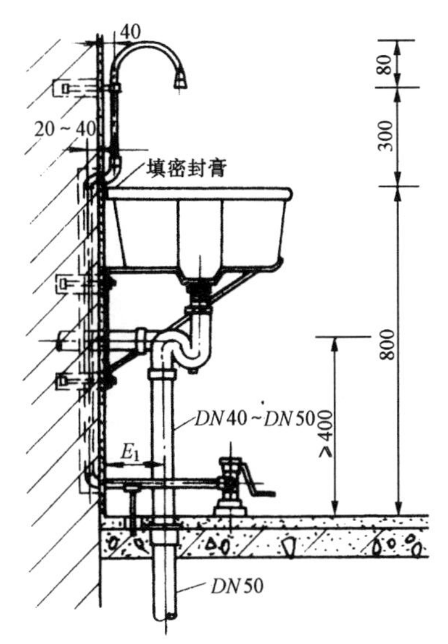

安 装 说 明

1. 洗涤盆的规格尺寸由设计选用。

2. 存水弯采用P型或S型，由设计决定。

3. 本图为冷水安装图。

图名	脚踏开关洗涤盆安装图	图号	WS8—4

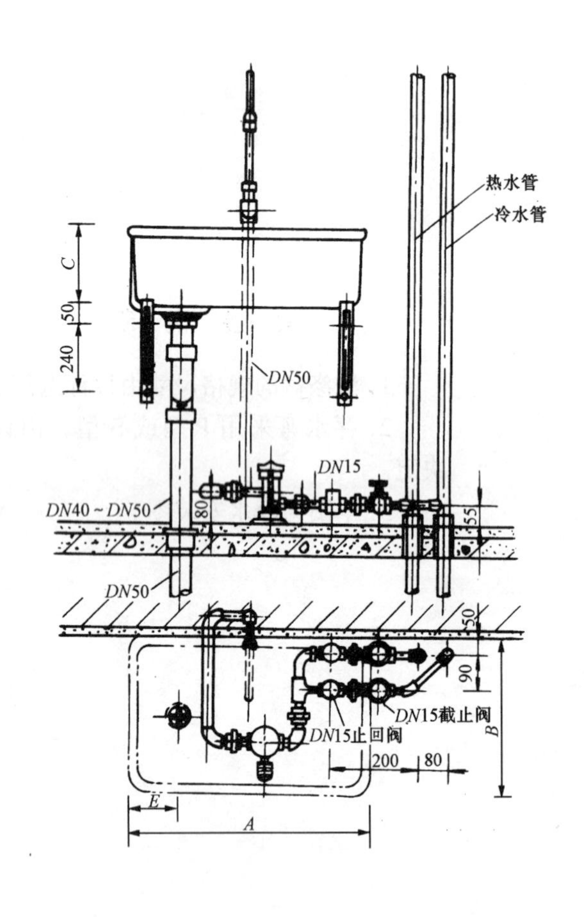

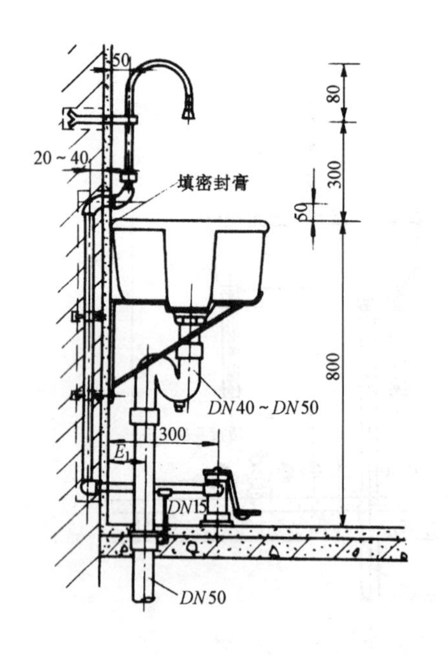

安 装 说 明

1. 具体安装尺寸按实际确定。
2. 洗涤盆的规格尺寸由设计选用。
3. 存水弯采用 P 型或 S 型，由设计决定。
4. 本图为冷水、热水安装图。

图名	脚踏开关洗涤盆安装图	图号	WS8—5

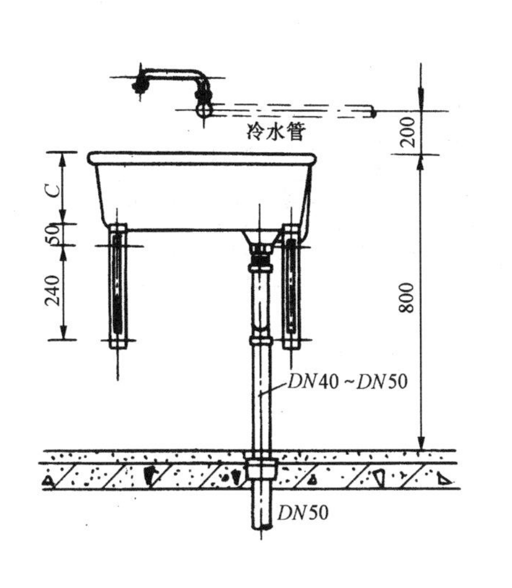

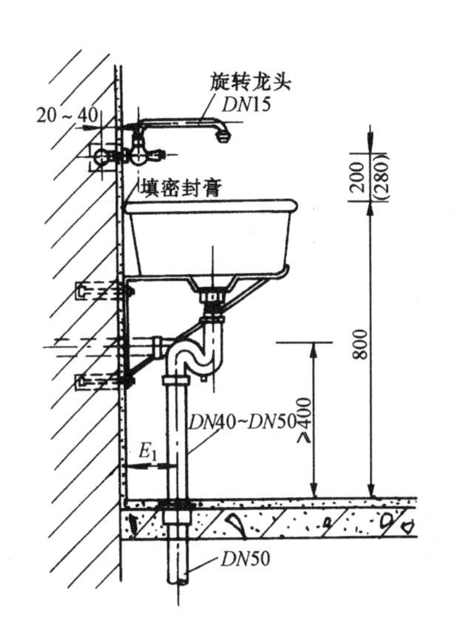

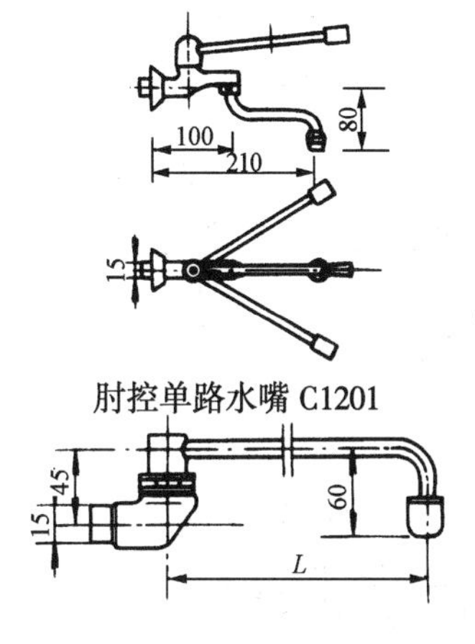

肘控单路水嘴 C1201

烹饪水嘴 C1102(L = 150，200，300mm)

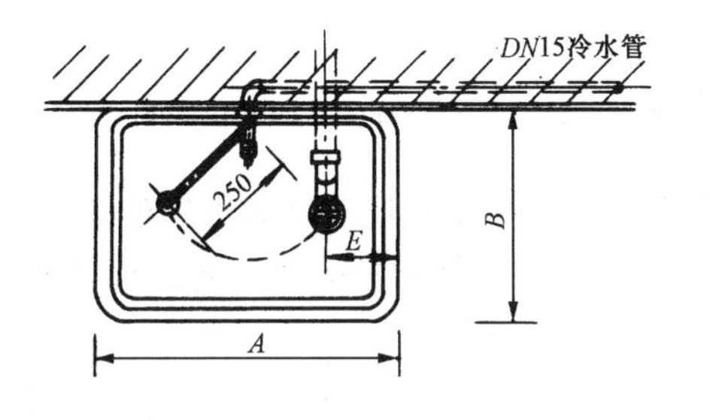

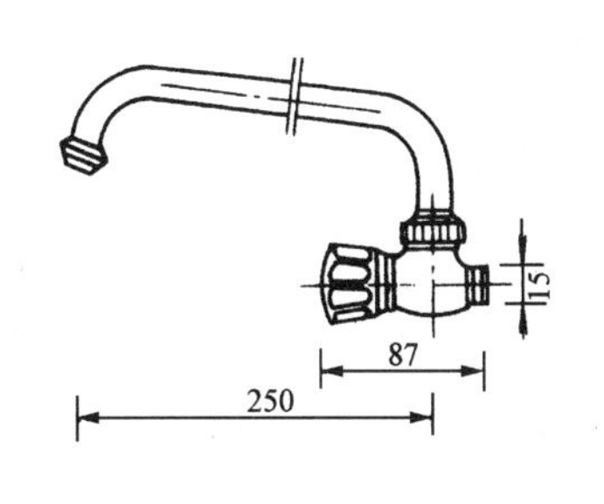

墙式转动水嘴 C1106

安 装 说 明

1. 括号内尺寸为水嘴采用 C1201 时的安装尺寸。

2. 存水弯采用 P 型或 S 型，由设计决定。

图名	墙式单踏水龙头洗涤盆安装	图号	WS8—6

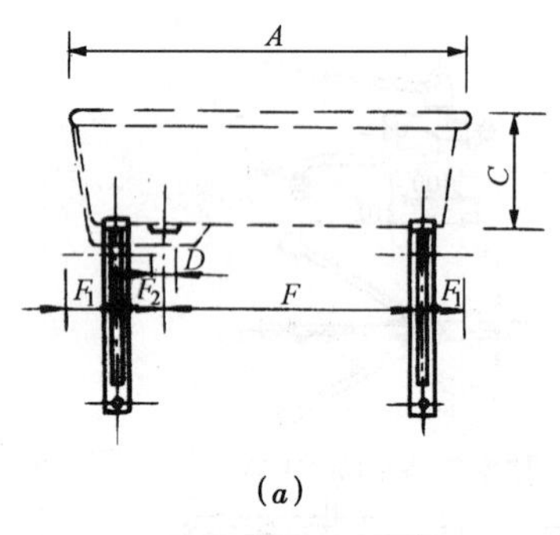

(a)

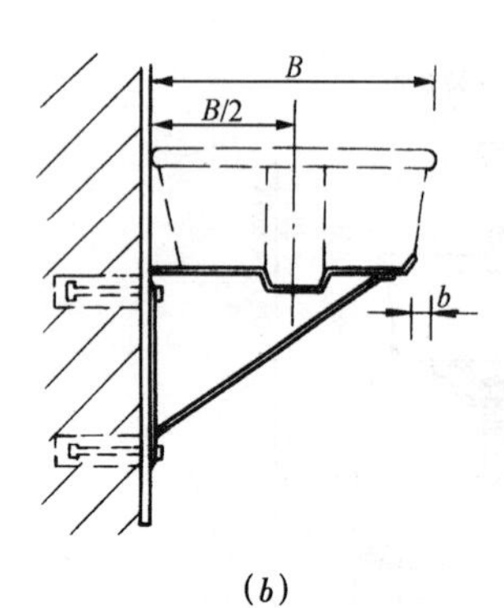

(b)

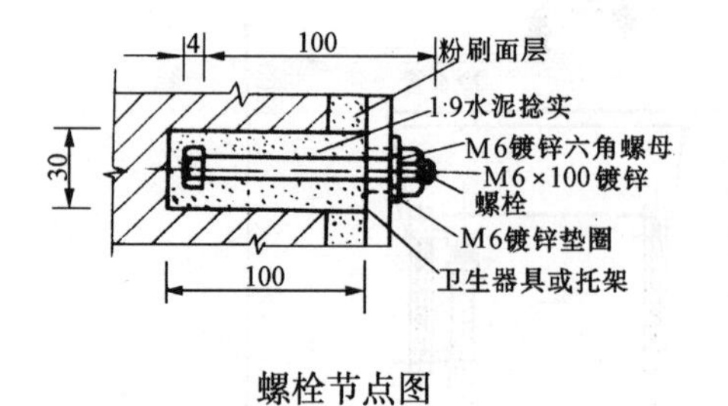

螺栓节点图

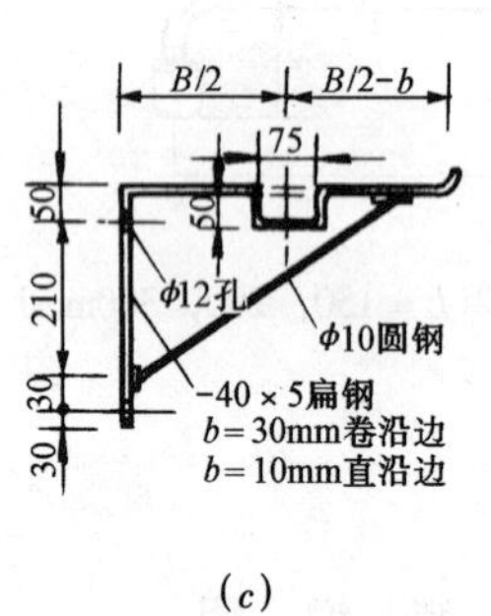

(c)

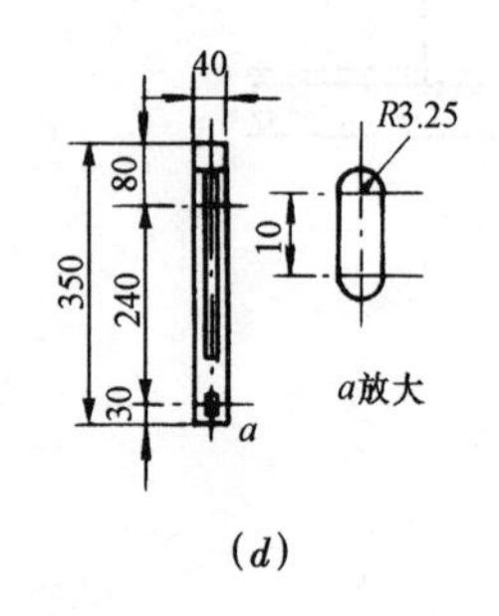

(d)

托架详图

托架尺寸表(mm)

B	B/2	B/2−b(卷沿盆)	B/2−b(直沿盆)
460	230	200	220
410	205	175	195
360	180	150	170
310	155	125	

安 装 说 明

1. 托架必须按洗涤盆实样复核尺寸后方可制作。

2. 托架表面须除锈后，再刷防锈漆一道，面漆两道。

3. 洗涤盆如固定于实心墙或混凝土墙上，也可采用M6×75镀锌膨胀螺栓。

图名	洗涤盆托架详图	图号	WS8—7

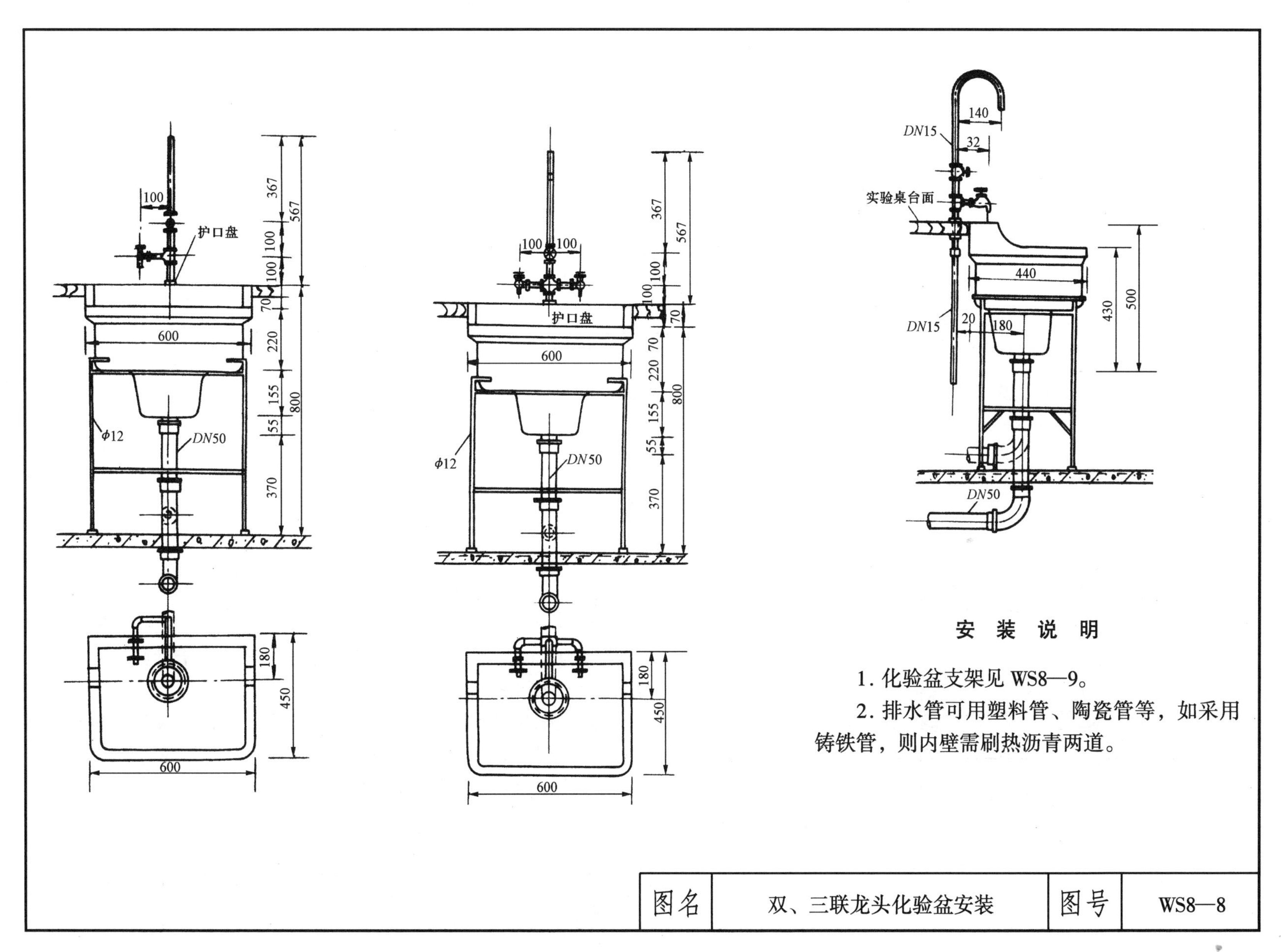

安装说明

1. 化验盆支架见 WS8—9。

2. 排水管可用塑料管、陶瓷管等，如采用铸铁管，则内壁需刷热沥青两道。

图名	双、三联龙头化验盆安装	图号	WS8—8

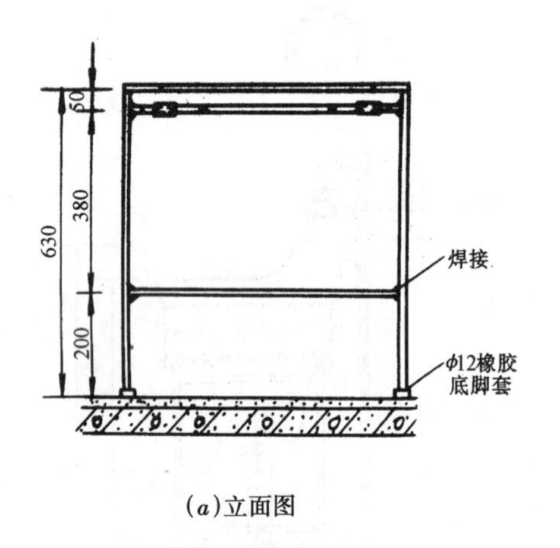

(a)立面图

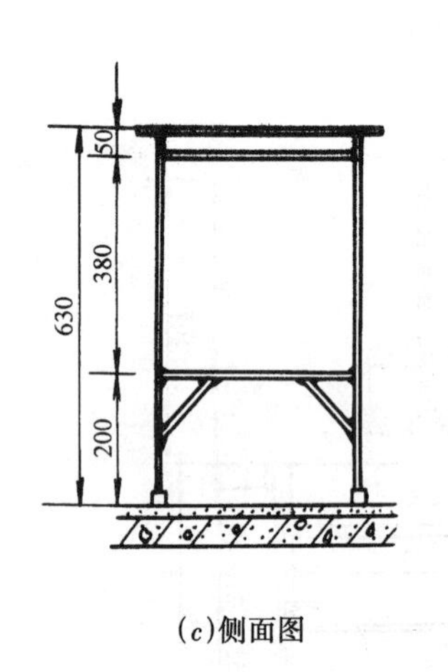

(c)侧面图

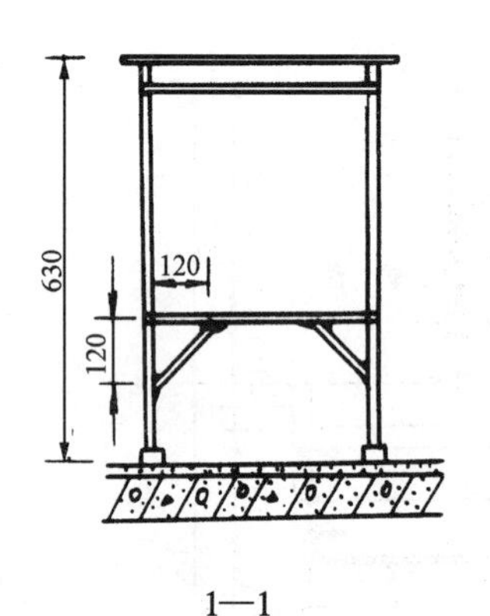

1—1

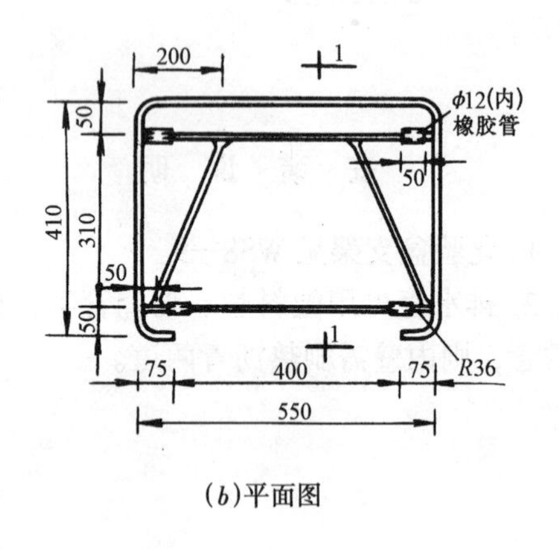

(b)平面图

安 装 说 明

1. 支架必须按化验盆实样复核尺寸后方可制作。

2. 本图托架系按 ϕ12 圆钢设计的，也可用 *DN*15 钢管制作，规格改为 *d*15(内径)，若排水管采用塑料管、陶土管则支架应采用 *DN*15 钢管制作。

3. 支架为焊接结构，焊缝高度：圆钢为 5mm，钢管为 4mm。

4. 支架表面须除锈后，刷防锈漆一道，白色瓷漆两道。

5. 支架与化验台面，需设联结固定点。

图名	化验盆支架详图	图号	WS8—9

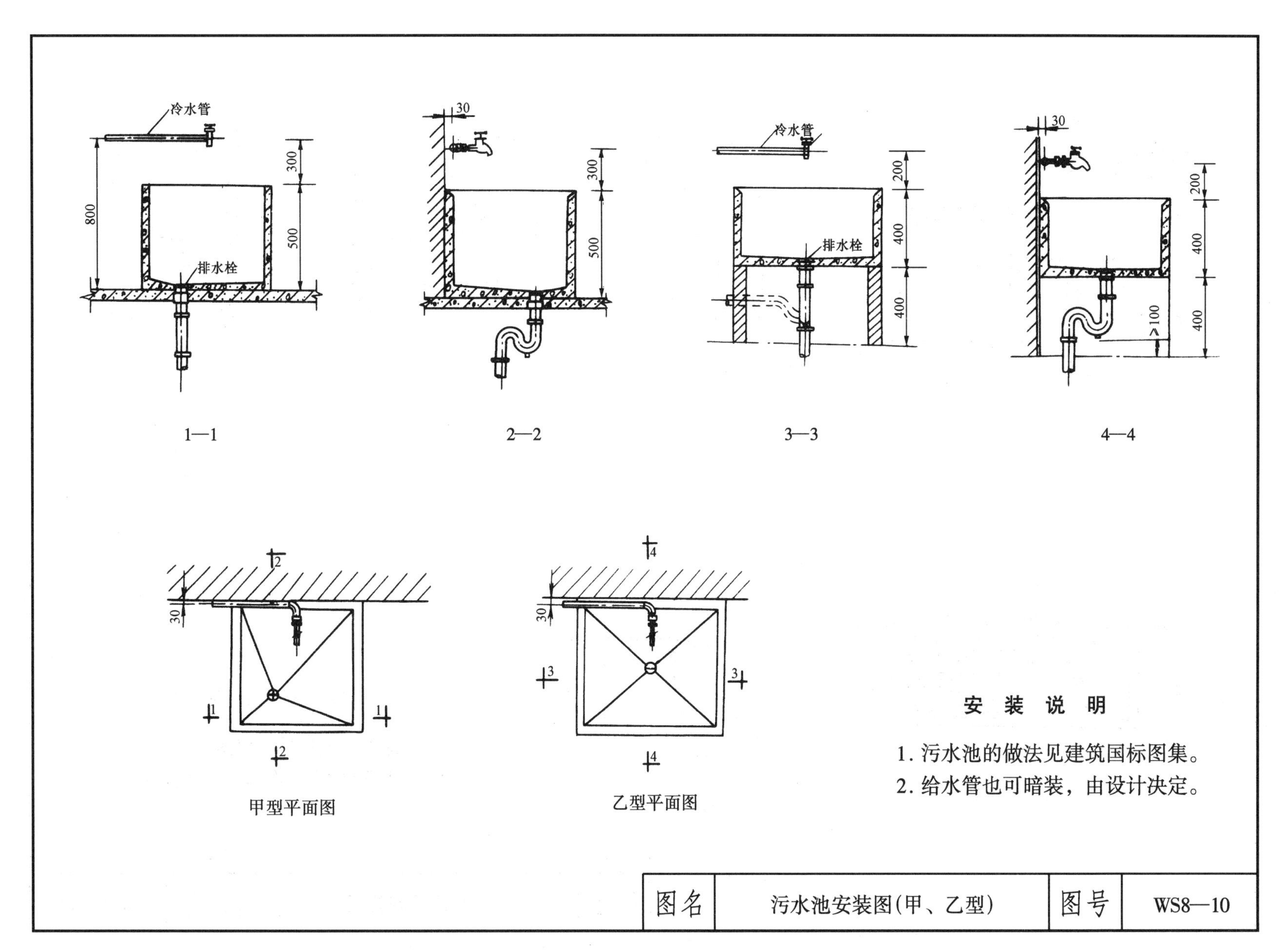

安 装 说 明

1. 污水池的做法见建筑国标图集。
2. 给水管也可暗装，由设计决定。

图名	污水池安装图(甲、乙型)	图号	WS8—10

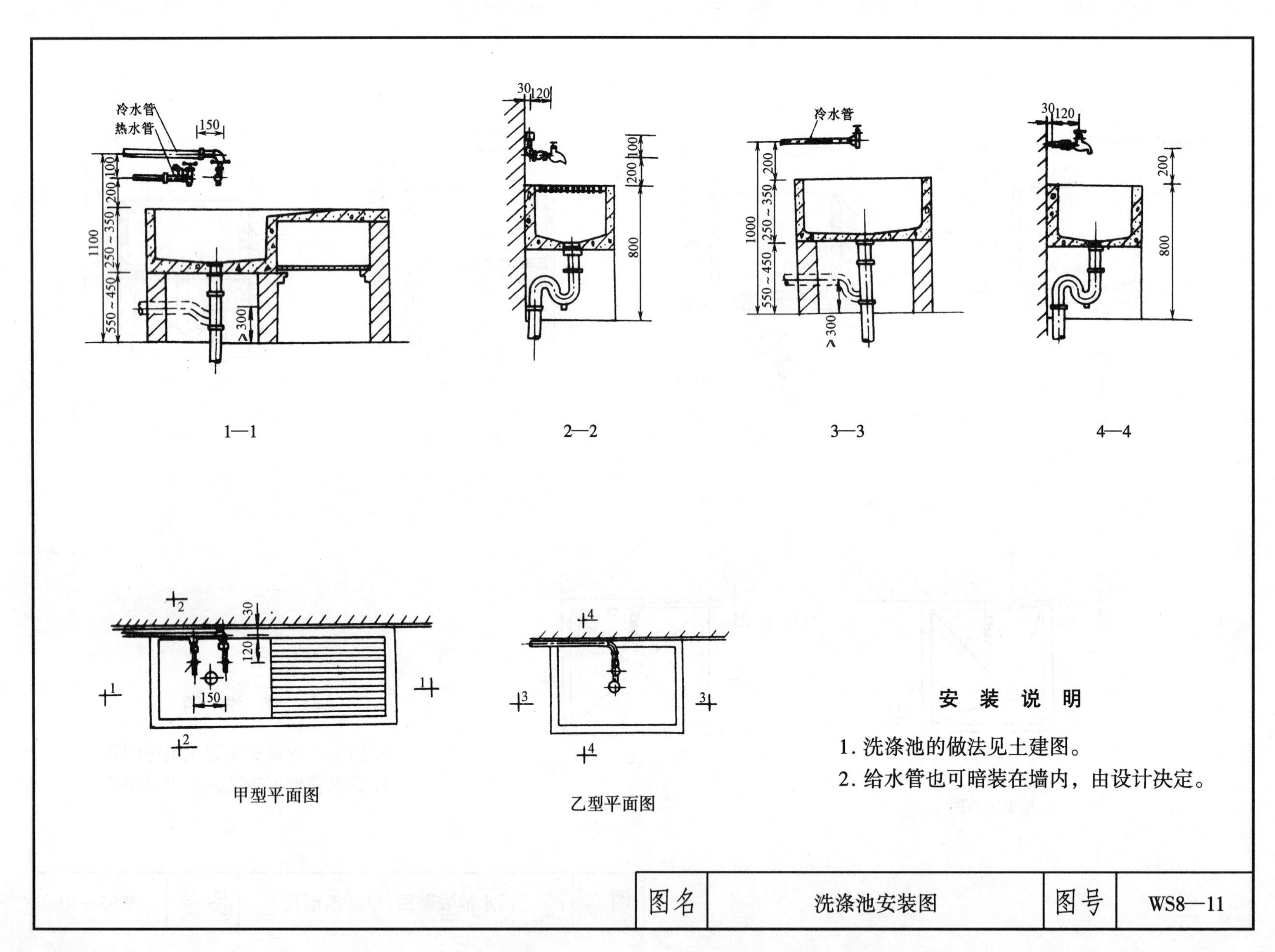

安 装 说 明

1. 洗涤池的做法见土建图。
2. 给水管也可暗装在墙内，由设计决定。

图名	洗涤池安装图	图号	WS8—11

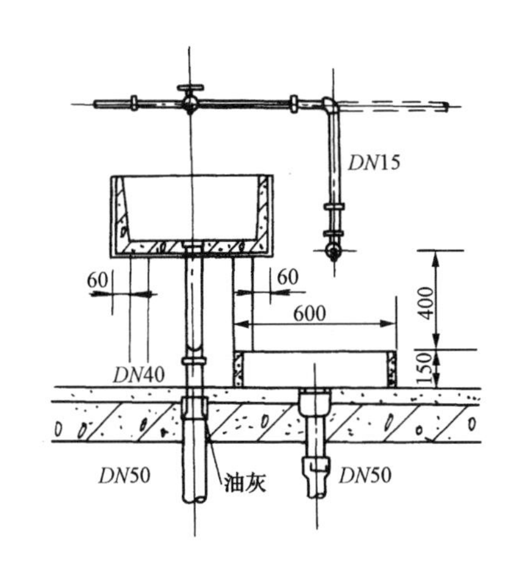

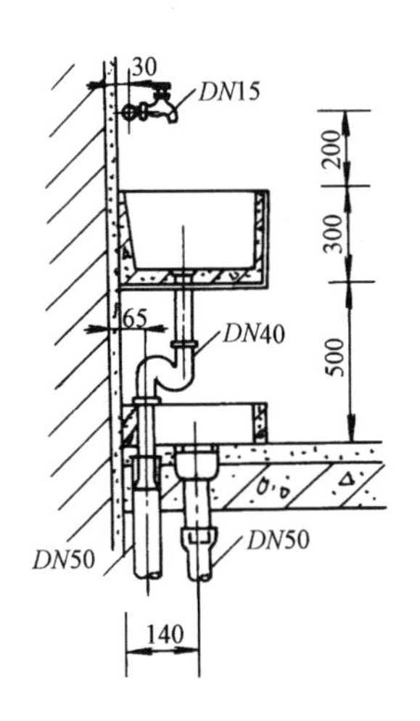

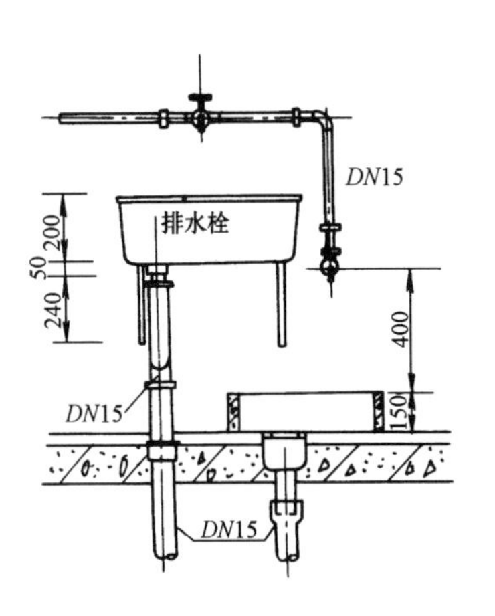

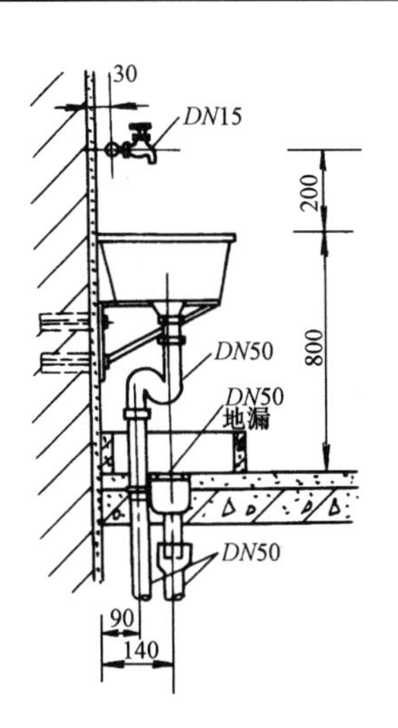

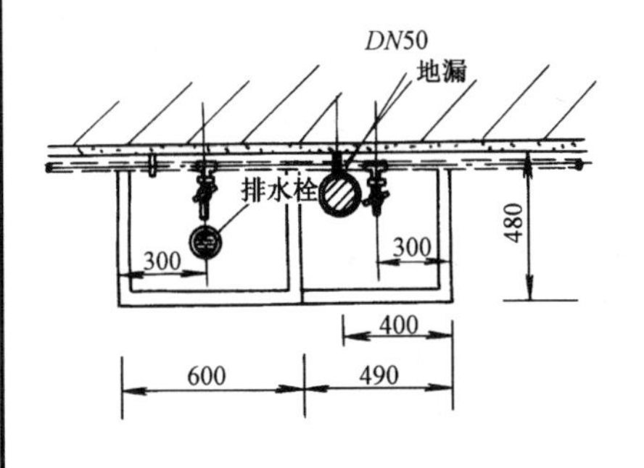

安 装 说 明

1. 上、下池均为混凝土水池，面层为白瓷砖或白水泥。

2. 混凝土水池按土建设计。

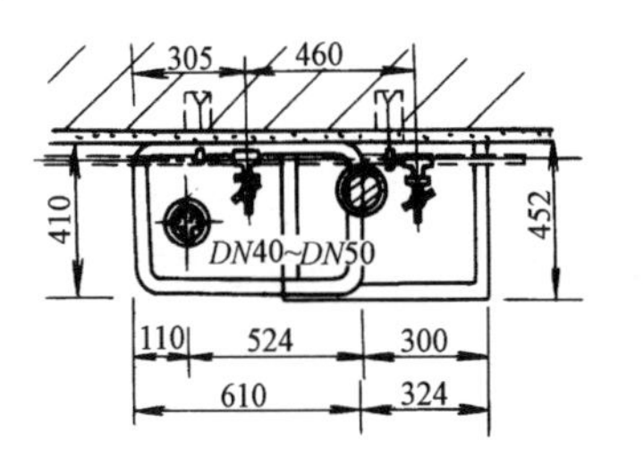

安 装 说 明

1. 上池为白瓷洗涤盆，下池为混凝土水池。

2. 混凝土水池按土建设计。

图名	住宅洗涤池安装	图号	WS8—12

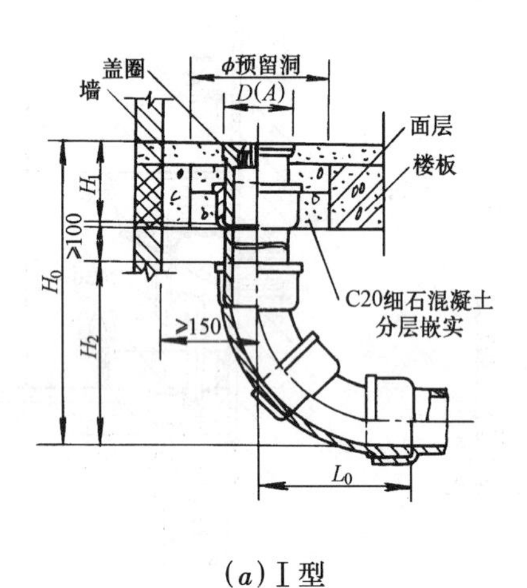

(*a*) Ⅰ型

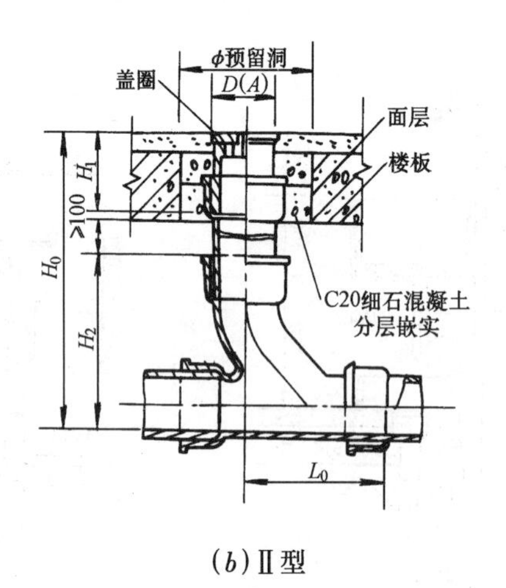

(*b*) Ⅱ型

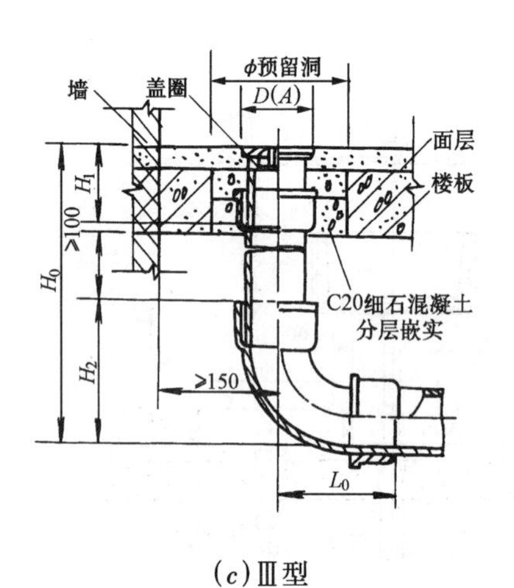

(*c*) Ⅲ型

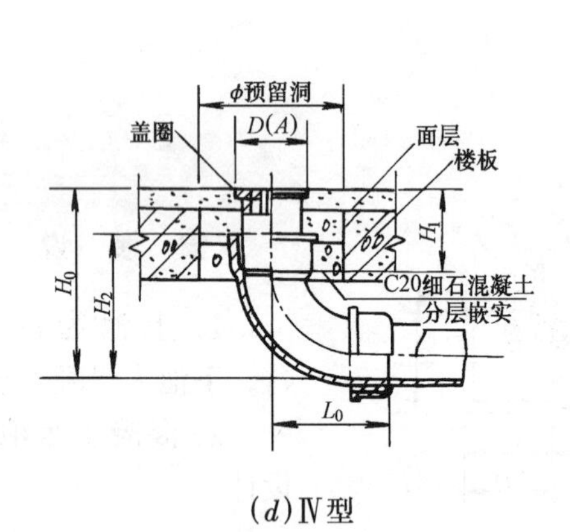

(*d*) Ⅳ型

尺　寸　表(mm)

DN	H_1	Ⅰ型			Ⅱ型			Ⅲ型			Ⅳ型			*D* (*A*)	*φ*
		H_0	H_2	L_0	H_0	H_2	L_0	H_0	H_2	L_0	H_0	H_2	L_0		
50	90	≥438	248	223	≥385	195	175	≥380	190	175	≥220	190	175	79	160
75	100	≥483	283	244	≥473	273	220	≥420	220	187	≥255	220	187	104	185
100	110	≥524	314	264	≥533	323	264	≥460	250	210	≥290	250	210	122	210

安　装　说　明

1. 清扫口安装在楼板上应预留安装洞，盖面与地面平。
2. 本图适用于螺纹式和快开式清扫口的安装。
3. 是否采用方盖圈由设计者确定。*D*(*A*)为方盖圈外形尺寸。
4. Ⅳ型适用于楼板厚度≤120mm 的场所。

图名	清扫口安装图 *DN*50 ~ *DN*100	图号	WS8—13

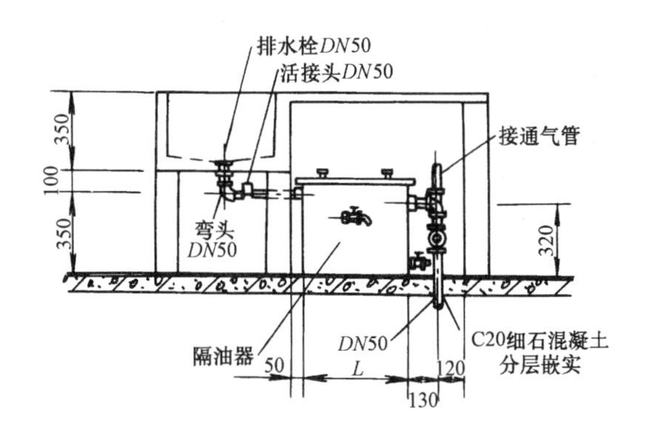

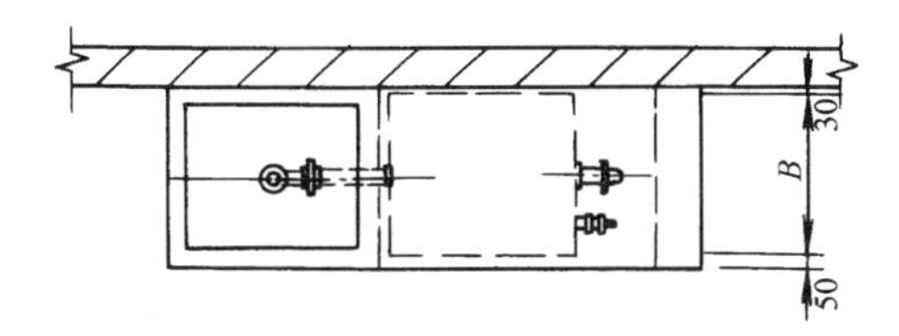

(*a*)甲型、乙型安装图

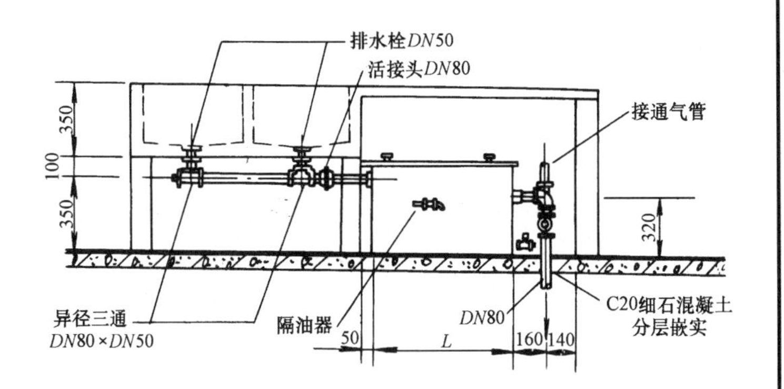

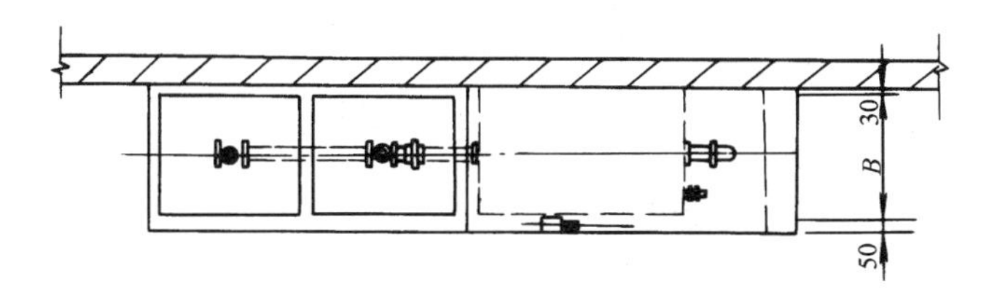

(*b*)丙型安装图

参 数 表

型号	*L*(mm)	*B*(mm)	排水流率 (L/s)	干重 (kg)	湿重 (kg)	有效容积 (L)
甲型	480	450	0.330	≈34	≈74	≈40
乙型	650	570	0.670	≈48	≈128	≈80
丙型	900	670	1.000	≈73	≈193	≈120

安 装 说 明

1. 本图适用于直接安装在食堂和餐厅的厨房及备餐间内洗涤盆等器具含油废水排水管上的隔油器。

2. 必须定期清理隔油器内的杂物以及油脂。

3. 排油时先关闭出水口的阀门，并让进水口进水(有条件最好为热水)，再开启排油阀，油脂即排出。

4. 隔油器上部须有适当空间，以便清理杂物时取出网筐。

图名	地上式隔油器安装图 (甲型、乙型、丙型)	图号	WS8—14

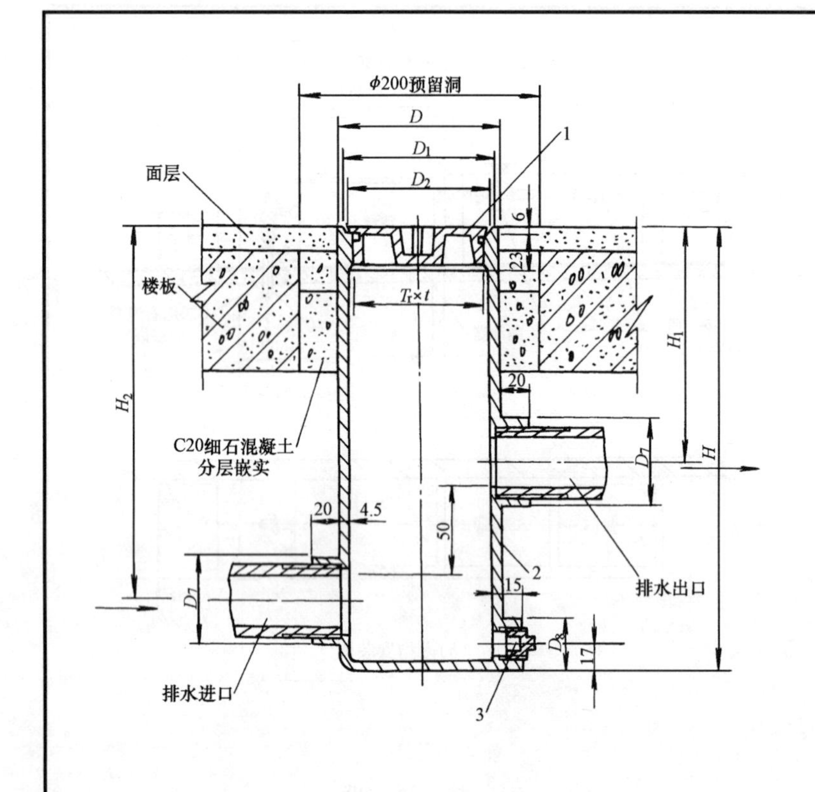

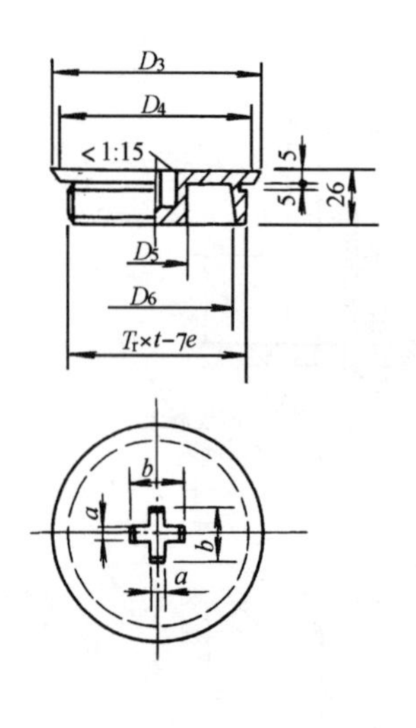

序　号	名　　称	数　量	材料或规格
1	存水盒盖	1	ZCuZn38
2	壳　　体	1	HT150
3	外方管堵	1	*DN*20

尺　寸　表(mm)

DN	*D*	D_1	D_2	D_3	D_4	D_5	D_6	D_7	D_8	*H*	H_1	H_2	*a*	*b*	$T_r\times t$
40	109	103	101	101	99	32	83	57	34	340	196	292	5.5	22	$T_r95\times4$
50	109	103	101	101	99	32	83	70	34	360	205	313	5.5	22	$T_r95\times4$

安　装　说　明

1. 本图适用于楼板厚度不大于100mm的场所，若实际楼板厚度为大于100mm，应将存水盒 H_1、H_2 和 H 相应增大。
2. 启闭采用十字钥匙。
3. 本图适用于 *DN*40、*DN*50。

图名	存水盒配件及安装图	图号	WS8—15

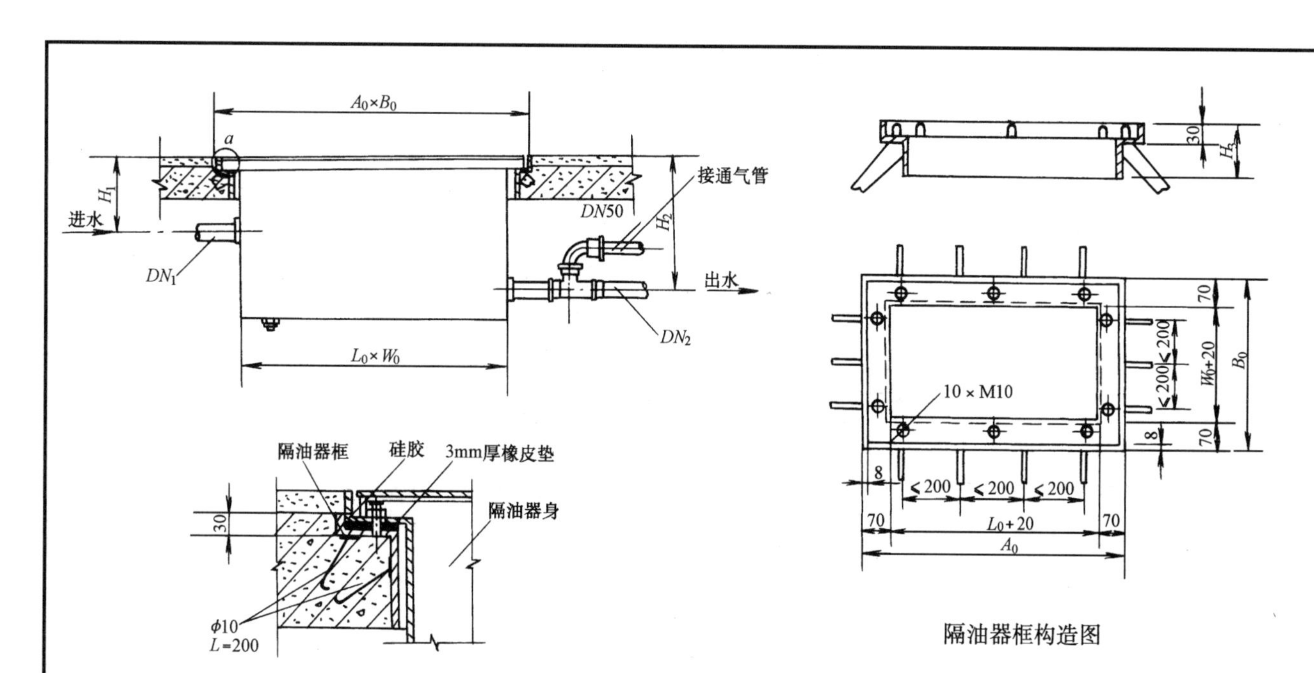

a 放大

隔油器框构造图

安 装 说 明

1. 本件适用于安装在食堂和餐厅的厨房和备餐间的含油废水排水总管上，隔油器应尽量靠近排水口端设置。

2. 隔油器装设在楼板上，楼板结构应请结构工程师加固，并应在土建浇捣楼板前预埋隔油器框，隔油器框用角钢、碳钢板焊制，内外壁刷防锈漆两遍。

3. 必须定期清理隔油器内的杂物和油脂。

参 数 表

型号	$A_0 \times B_0$ (mm)	$L_0 \times W_0$ (mm)	H_1 (mm)	H_2 (mm)	H_3 (mm)	有效容积 (L)	排水流率 (L/s)	DN_1	DN_2	干重 (kg)	湿重 (kg)
甲型	970×690	810×530	≤400	≤750	同楼板厚度	≈120	1.00	75	75	≈180	≈300
乙型	1220×690	1060×530	≤400	≤750		≈160	1.33	75	75	≈210	≈370
丙型	1470×790	1310×630	≤400	≤720		≈240	2.00	100	100	≈280	≈520
丁型	1720×950	1560×790	≤400	≤750		≈400	3.33	100	100	≈370	≈770

图名	悬挂式隔油器安装图 (甲型、乙型、丙型、丁型)	图号	WS8—16

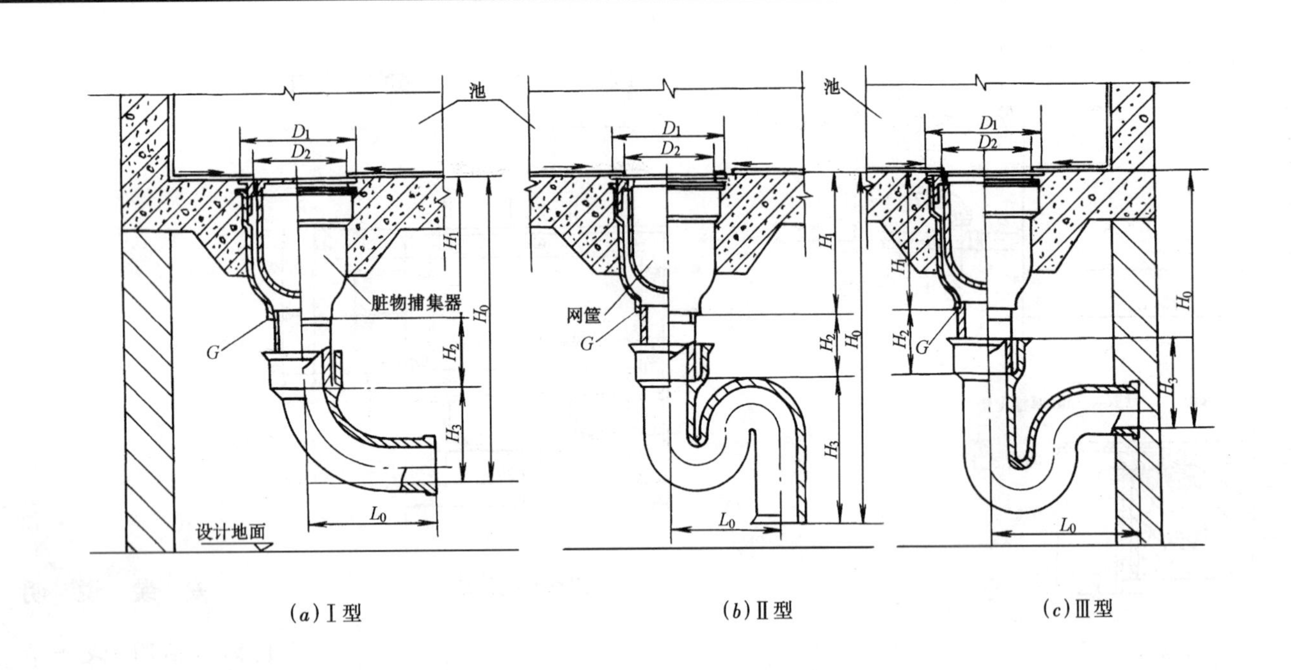

(a)Ⅰ型　　(b)Ⅱ型　　(c)Ⅲ型

尺　寸　表(mm)

DN	捕集器尺寸				Ⅰ　型				Ⅱ　型				Ⅲ　型			
	G	D_1	D_2	H_1	H_0	H_2	H_3	L_0	H_0	H_2	H_3	L_0	H_0	H_2	H_3	L_0
50	50	120	90	132	≥372	≥110	130	175	≥507	≥110	265	160	≥327	≥110	85	248
75	75	160	115	150	≥420	≥115	155	187	≥545	≥115	280	210	≥375	≥115	110	290
100	100	234	160	170	≥470	≥120	180	210	≥625	≥120	335	260	≥420	≥120	130	330

安　装　说　明

1. 本图适用于土建浇筑的洗碗池和洗菜池等。

2. 脏物捕集器应在土建捣制水池底板时埋入。要求底板预埋处厚度大于或等于100mm。

3. 网筐的材料为聚乙烯。

4. 图中未定尺寸详见所购产品样本。

图名	捕集器安装	图号	WS8—17

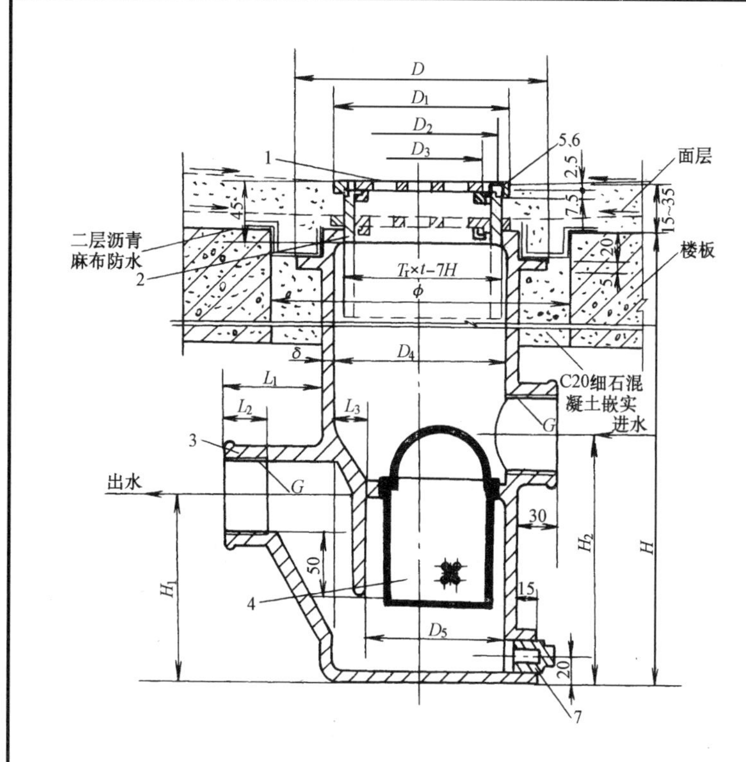

序号	名称	数量	材料或规格
1	地漏箅子	1	ZCuZn38
2	调节体	1	HT150
3	壳体	1	HT150
4	网管	1	1Cr18Ni9Ti
5	螺钉	3	M4×8
6	圆盖圈	1	ZCuZn38
7	外方管堵	1	*DN*20

尺寸表(mm)

DN	*D*	D_1	D_2	D_3	D_4	D_5	*H*	H_1	H_2	*G*	L_1	L_2	L_3	δ	$T_r×t$	φ
50	195	130	118	95	125	160	550	135	185	50	68	20	25	5	$T_r120×6$	270
75	236	155	143	118	145	200	600	150	230	75	73	25	30	5.5	$T_r140×6$	310
100	292	206	194	169	204	240	650	160	266	100	76	28	40	6	$T_r200×8$	370

安装说明

1. 本图适用于理发室、浴室排水管等场合，并可利用为地漏排水。

2. 地漏安装时应调节地漏面低于周围地面5~10mm。

图名	毛发聚集器构造及安装图 (埋地式)*DN*50~*DN*100	图号	WS8—18

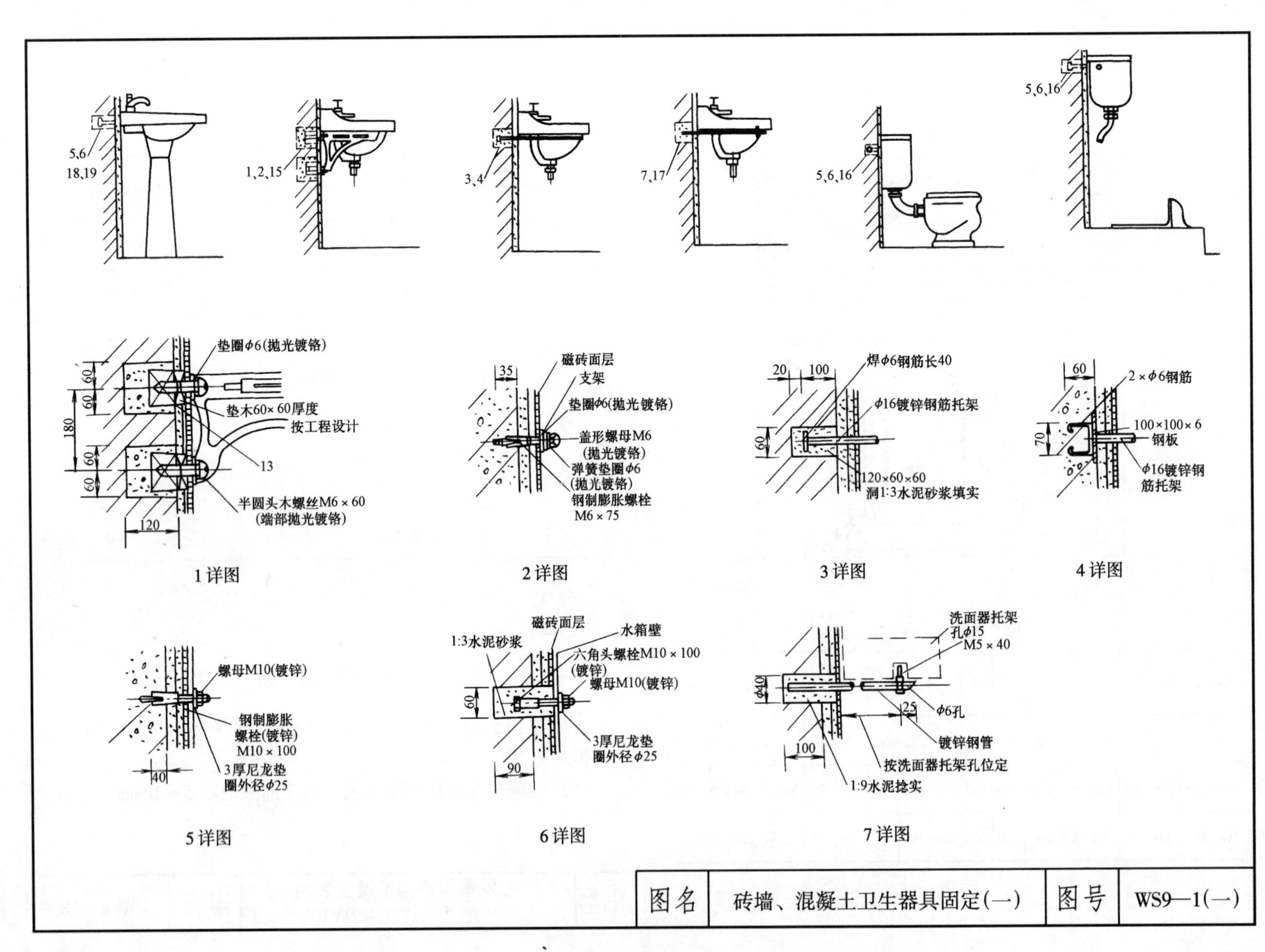

图名	砖墙、混凝土卫生器具固定(一)	图号	WS9—1(一)

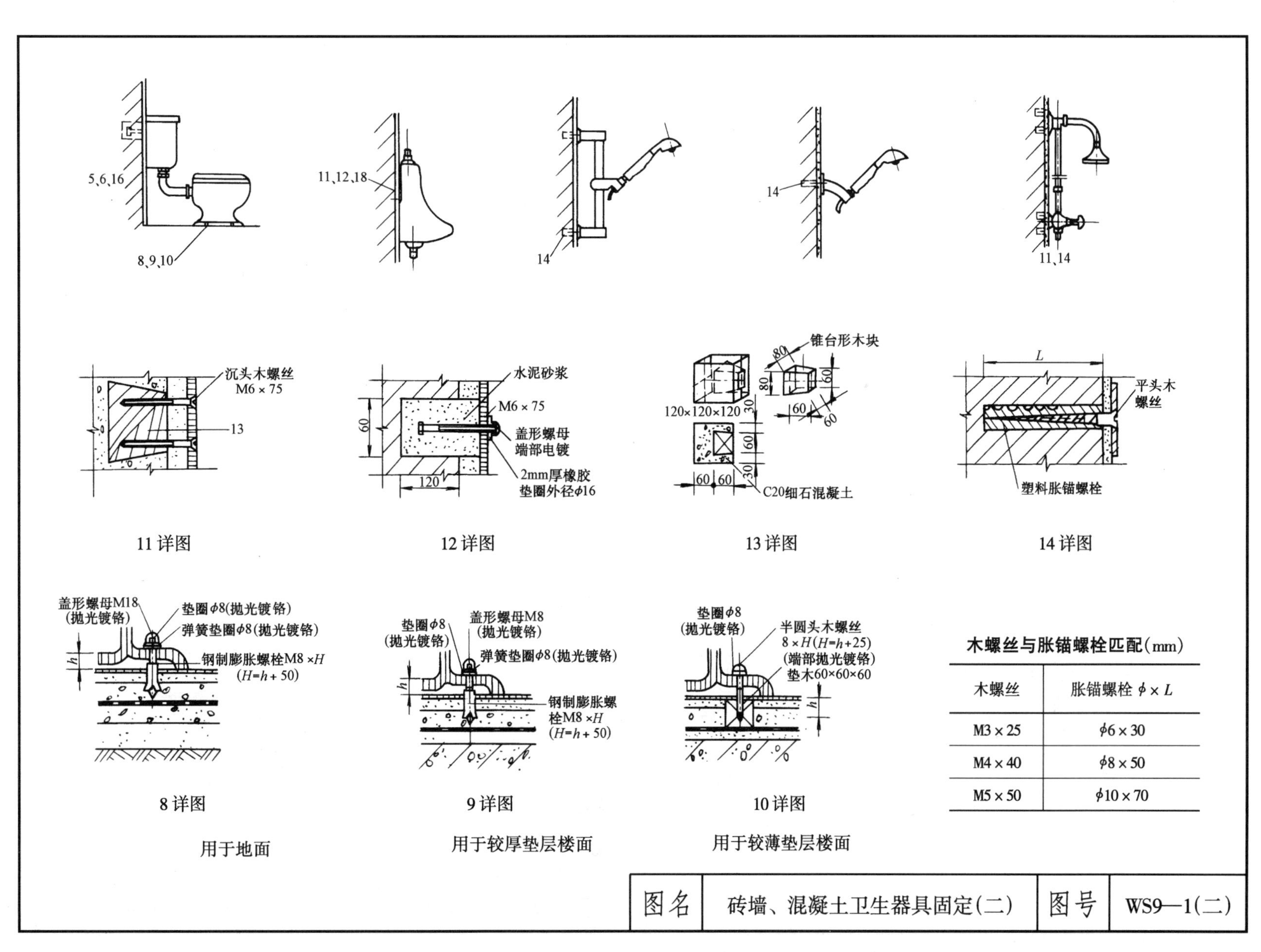

木螺丝与胀锚螺栓匹配(mm)

木螺丝	胀锚螺栓 $\phi \times L$
M3×25	ϕ6×30
M4×40	ϕ8×50
M5×50	ϕ10×70

图名	砖墙、混凝土卫生器具固定(二)	图号	WS9—1(二)

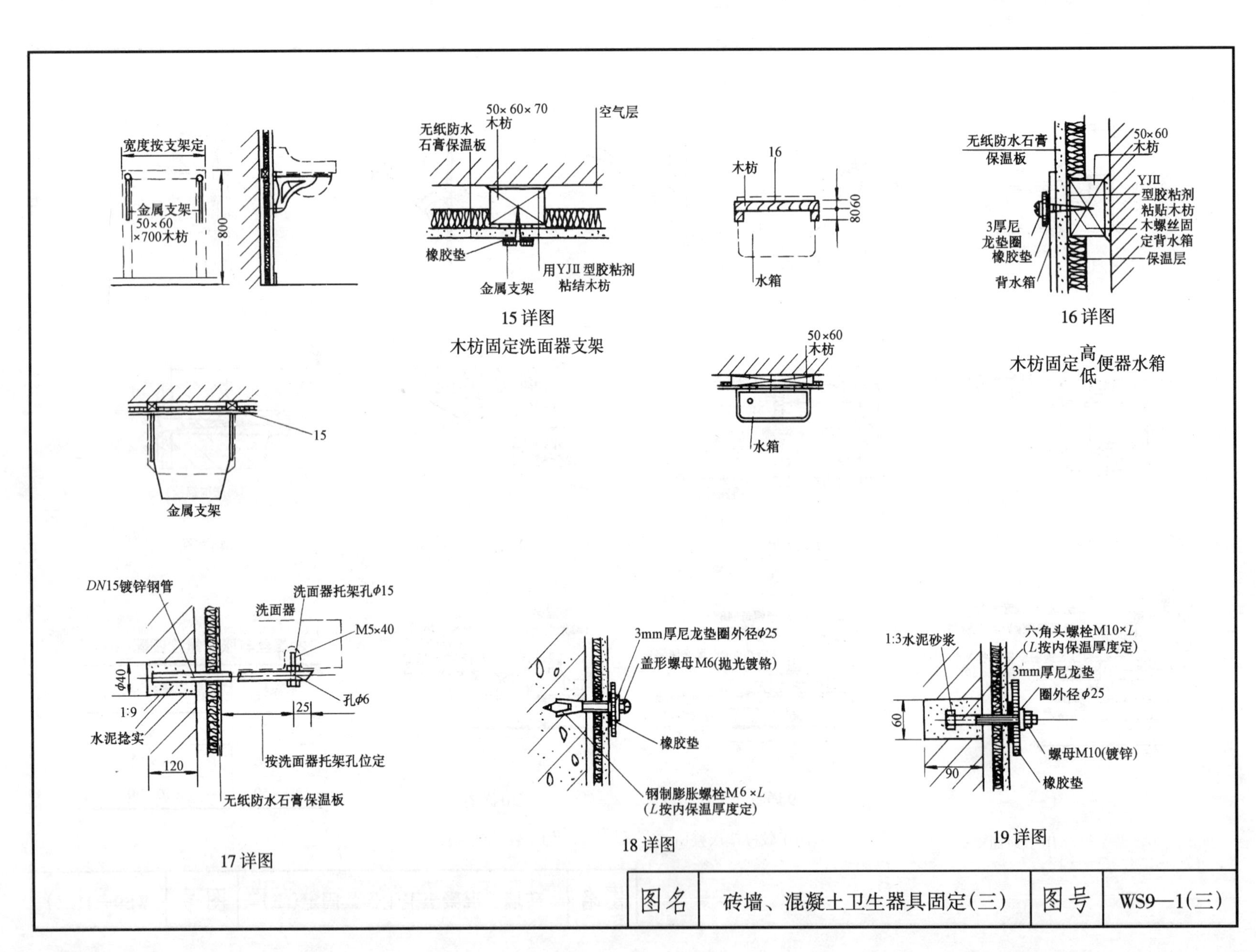

宽度按支架定
金属支架
50×60
×700木枋
800
50×60×70
木枋
无纸防水
石膏保温板
空气层
橡胶垫
金属支架
用YJⅡ型胶粘剂
粘结木枋
15详图
木枋固定洗面器支架
15
金属支架
木枋
16
8060
水箱
50×60
木枋
水箱
无纸防水石膏
保温板
50×60
木枋
YJⅡ
型胶粘剂
粘贴木枋
木螺丝固
定背水箱
保温层
3厚尼
龙垫圈
橡胶垫
背水箱
16详图
木枋固定高低便器水箱
DN15镀锌钢管
洗面器托架孔φ15
洗面器
M5×40
φ40
孔φ6
25
1:9
水泥捻实
120
按洗面器托架孔位定
无纸防水石膏保温板
17详图
3mm厚尼龙垫圈外径φ25
盖形螺母M6(抛光镀铬)
橡胶垫
钢制膨胀螺栓M6×L
(L按内保温厚度定)
18详图
1:3水泥砂浆
六角头螺栓M10×L
(L按内保温厚度定)
3mm厚尼龙垫
圈外径φ25
60
螺母M10(镀锌)
90
橡胶垫
19详图
图名
砖墙、混凝土卫生器具固定(三)
图号
WS9—1(三)

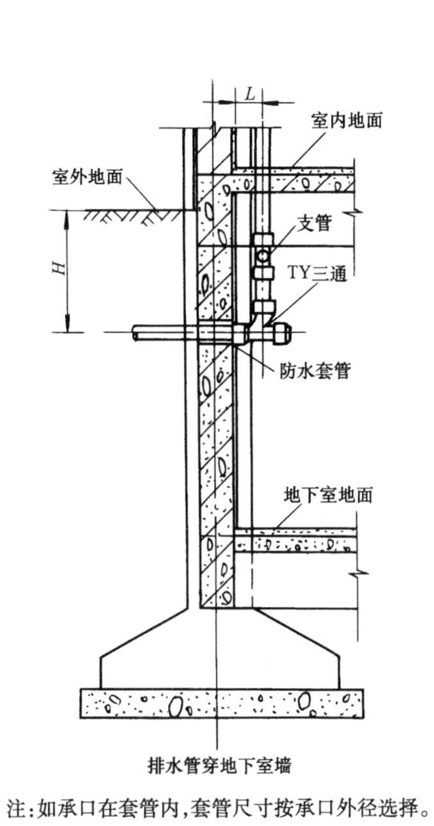

排水管穿地下室墙

注:如承口在套管内,套管尺寸按承口外径选择。

Ⅰ型

排水管穿基础墙

Ⅱ型

排出管穿基础墙预留洞尺寸表(mm)

排出管直径 *DN*		50～100	125～150	200～250
洞 *A* 宽×高	混凝土墙	300×300	400×400	500×500
	砖　　墙	240×240	360×360	490×490

安装说明

1. *H* 和 *L* 由设计定。管道闭水试验合格后,洞 *A* 用黏土填实。
2. Ⅰ型用标准45°弯头组成90°弯。
3. Ⅱ型用带检查孔的变径90°弯。($DN_1 > DN_2 > DN_3$,各大1号)

图名	排水管穿墙基础	图号	WS9—2

4 煤 气 工 程

安 装 说 明

城镇燃气输配系统的新建、扩建或改建的施工安装应符合《城镇燃气设计规范》（GB50028—2006）和《城镇燃气输配工程施工及验收规范》（GJJ33—2005）以及《室外煤气热力工程设施抗震鉴定标准》（GBJ44—82）要求。同时室外和室内燃气工程还应符合当地燃气行业编制的有关技术规定。

1. 储配站

（1）储配站应符合《输气管道工程设计规范》（GB50251—2003）的要求。

（2）储配站的设置应符合线路走向和输气工艺设计的要求。

（3）储配站与周围建构筑物的防火间距必须符合国家标准《建筑设计防火规范》（GB50016—2006）规定。

（4）储配站内工艺管道的安装应符合《城镇燃气输配工程施工及验收规范》（GJJ33—2005）规定。

（5）储气设备的安装宜符合《球形储罐施工及验收规范》（GB50094—98）、《立式圆筒形钢制焊接储罐施工及验收规范》（GB50128—2005）、《金属焊接结构湿式气柜施工及验收规范》（HGJ212—83）等有关规定。

（6）压送机室内的压缩机、鼓风机及起重设备的安装应符合《机械设备安装工程施工及验收规范》（GB50231—98）有关规定。

（7）压送机室建筑应符合国家标准《建筑设计防火规范》（GBJ5006—2006）甲类生产厂房设计规定。

（8）储配站供电系统应符合国家标准《供配电系统设计规范》（GB50052—95）一级负荷设计规定。

（9）压缩机室的电气防爆等级应符合国家标准《爆炸和火灾危险环境电力装置设计规范》（GB50058—92）中“1区”设计规定。防雷等级应符合国家标准《建筑防雷设计规范》（GB50057—94）中第二类设计规定。

（10）储配站给排水、通风等设备安装按《建筑设计防火规范》（GBJ5006—2006）及《建筑给水排水及采暖工程施工验收规范》（GB50242—2002）规定执行。

（11）仪表安装、调试、验收应符合《自动化仪表工程施工及验收规范》（GB50093—2002）规定。

2. 燃气管道及附件

（1）室外燃气管道可采用钢管或铸铁管。钢管采用低碳钢，一般应符合《输送流体用无缝钢管》（GB/T8163—1999）、《承压流体输送用螺旋埋弧焊钢管》（SY5036—83）、《低压流体输送用焊接钢管》（GB/T3091—2001）规定。

铸铁管采用应符合《柔性机械接口灰口铸铁管》（GB6483—86），《铸铁管》（GB8714—8716—88）规定。

（2）聚乙烯燃气管道严禁用作室内地上管道，只作埋地管道使用。

（3）聚乙烯燃气管道，管件应符合国家标准《燃气用埋地聚乙烯管材》（GB155582—95）和《燃气用埋地聚乙烯管件》（CJJ63—95）规定。

（4）室内燃气管道应符合《低压输送流体、镀锌焊接钢管》（GB3091—82）规定。

（5）燃气管道上阀门应符合现行国家及行业的有关技术规定。室外管道一般选用闸板阀、球阀、油密封旋塞阀或蝶阀。室内管道一般选用旋塞阀或球阀。

（6）燃气管道钢制管件的制作应符合下列要求：

1）管件与管道的材质技术性能应相同。

2）冷揻弯管的曲率半径不小于管径的4倍。

3）热揻弯管的曲率半径不小于管径的3.5倍。

4）冲压焊接弯管的曲率半径不小于管径的1.5倍。

5）弯管揻制应执行有关规范要求。

6）弯管曲率半径在3.5~4.0倍时，一般用于室外燃气管道。

7）钢制弯头、三通、渐缩管等的制作应符合有关规范要求。

3. 防腐

（1）室外燃气管道的防腐等级应根据管道敷设地点土壤腐蚀情况，管道使用的重要程度而选用不同的防腐等级或按照设计要求进行防腐。

（2）一般钢制管道如设计没有特殊防腐要求，可采用石油沥青及环氧煤沥青防腐，或选用防腐胶粘带，也可选用其他满足防腐要求的做法。

（3）管道除锈应达到《涂装前钢材表面处理规范》（SYJ4001—86）要求。

4. 阀门井

（1）燃气管道上的阀门井设置由设计确定。

（2）阀门井一般在气体流动方向阀门后设置波纹管（俗称伸缩器），阀门前后是否装放散阀由设计选定。

5. 调压站（间）及调压箱

（1）调压箱、调压器应选择符合国家标准或燃气行业技术标准的设备。

（2）调压站内一般设置两台调压器，一开一备。也可根据各地情况设为单台。

（3）调压站(间)土建、给水、排水、通风等设备安装应符合《建筑设计防火规范》(GBJ16—87)及《建筑采暖卫生与煤气工程质量检验评定标准》(GBJ302—88)规定。

（4）调压站（间）动力配电和照明等电气安装，应符合《电气装置安装工程施工及验收规范》（GB50259—96）和《爆炸及火灾危险场所电力装置设计规范》（GBJ58—83）规定。

（5）调压站仪表安装、调试、验收应符合《工业自动化仪表安装工程施工及验收规范》（GBJ93—86）规定。

6. 试压与吹扫

（1）燃气管道试压与吹扫宜采用压缩空气或氮气。

（2）室外燃气管道的试压

1）强度试验压力应为设计压力的1.5倍。但钢管不得低于0.3MPa，铸铁管不得低于0.05MPa，试验压力达到要求后稳压1h，用肥皂水检查所有焊缝，无漏气为合格。

2）严密性试验应在强度试验合格后进行。试验压力应遵守下列规定：

当设计压力小于或等于5kPa时，试验压力应为20kPa；

当设计压力大于或等于5kPa时，试验压力应为设计压力的1.15倍，但不小于100kPa。

严密性试验宜在回填土至管顶以上0.5m后进行，经稳压6~12h后观察24h。经温度、大气压变化修正，压力降不超过下式计算结果为合格。

严密性试验允许压降公式：

当设计压力　$p \leqslant 5$kPa时

同一管径　$\Delta p = 40T/d$

不同管径

$$\Delta p = \frac{40T(d_1L_1 + d_2L_2 + \cdots\cdots + d_nL_n)}{d_1^2L_1 + d_2^2L_2 + \cdots\cdots + d_n^2L_n}$$

当设计压力　$p > 5$kPa时

同一管径　$\Delta p = 6.47T/d$

不同管径

$$\Delta p = \frac{6.47T(d_1L_1 + d_2L_2 + \cdots\cdots + d_nL_n)}{d_1^2L_1 + d_2^2L_2 + \cdots\cdots + d_n^2L_n}$$

式中　Δp——允许压力降（Pa）；

T——试验时间（h）；

d——管段内径（m）；

d_1、$d_2 \cdots\cdots d_n$——各管段内径（m）；

L_1、$L_2 \cdots\cdots L_n$——各管段长度（m）。

严密性试验的实际压力降公式

$$\Delta p' = (H_1 + B_1) - (H_2 + B_2)\frac{273 + t_1}{273 + t_2}$$

式中　$\Delta p'$——修正压力降（Pa）；

H_1、H_2——试验开始和结束时的压力计读数（Pa）；

B_1、B_2——试验开始和结束时的气压计读数（Pa）；

t_1、t_2——试验开始和结束时管内温度（℃）。

计算结果 $\Delta p' \leqslant \Delta p$ 为合格。

3）试压用压力表应在校验有效期内，弹簧压力计精度不低于0.4级，温度计最小刻度不大于0.5℃。

(3) 调压器两端的附属设备及管道的强度试验压力应为设计压力的1.5倍，严密性试验按其进口设计压力进行，试验时间为12h，其压力降不大于初压10%。合格后将调压器与管道连通，对调压器进行严密性试验，压力为设计压力，涂肥皂液检查不漏为合格。

(4) 室内燃气管道试验

1）住宅内燃气管道强度试验压力为0.1MPa（不包括表、灶）用肥皂液涂抹所有接头不漏气为合格。

严密性试验：未安表前用7000Pa压力进行，观察10min，压力降不超过200Pa为合格；接通煤气表后用3000Pa压力进行，观察5min，压力降不超过200Pa为合格。

2）公共建筑内燃气管道

强度试验压力：低压燃气管道为100kPa（不包括表、灶）；中压燃气管道为150kPa（不包括表、灶）。用肥皂液涂抹所有接头不漏气为合格。

严密性试验：低压燃气管道试验压力为7000Pa，观察

10min，压力降不超过200Pa为合格。

中压燃气管道试验压力为100kPa，稳压3h，观察1h，压力降不超过1.5%为合格。

煤气表不做强度试验，只做严密性试验，压力为3000Pa，观察5min，压力降不超过200Pa为合格。

7.液化石油气储罐技术要求

（1）液化石油气储罐应符合《压力容器安全监察规程》和《钢制压力容器》（GB150—89）的有关规定。

（2）用于制造储罐的各种材料必须有质量证明书，主要受压元件用材必须有化学成分及机械性能的复验报告。锻件应符合《压力容器锻件技术条件》（JB755—85）规定的Ⅲ级要求。

（3）接管及法兰的焊接应符合《钢制管法兰焊接接头和坡口尺寸》（HGJ68—91）标准规定。

（4）全部对接焊缝应进行100%射线探伤，达《钢熔化焊接对接头射线照相和质量分级》（GB3323—87）中规定的Ⅱ级为合格，储罐的人孔、接管、接管与法兰等处的C、D类焊缝，吊耳卡具、拉筋等拆除处的焊痕表面处应在热处理前进行100%磁粉或渗透探伤检查。达到《钢制压力容器磁粉探伤》（JB3965—85）或《钢制压力容器渗透探伤》（GB150—89）有关规定为合格。

（5）储罐经各项检查合格后，应进行消除残余应力的整体热处理。热处理后罐体不得再行施焊。

（6）储罐经检查和热处理合格后，分别以2.25MPa和1.89MPa进行液体强度试验和气密性试验。

8.液化石油气钢瓶、瓶阀

（1）钢瓶的设计、制造、试验和验收应符合《液化石油气钢瓶》（GB5842—86）规定。

（2）正在使用的钢瓶应按（GB8334—87）规定定期检查和评定。

（3）瓶阀的设计、制造、试验和验收应符合《液化石油气瓶阀》（GB7512—87）规定。

9.用气设备（燃气灶具）

（1）居民生活燃气灶具和公共建筑用户的用气设备，应先选择符合《家用燃气灶》（CJ4—83）、《中餐燃气炒菜灶》（GB7824—87）、《家用快速热水器》（GB6932—86）及《燃气沸水器》（CJ/T29—2003）等标准的设备。

（2）家用燃气快速热水器的安装与验收应符合《家用燃气快速热水器安装验收规程》（CTJ12—86）标准。

（3）公共建筑用户的用气设备的烟道应按设计要求施工。

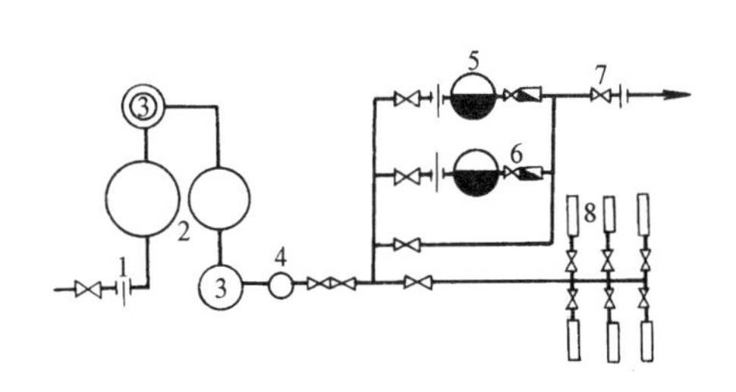

(a)高压储存一级调压、中压或高压输送储配站工艺流程

1—进口过滤器；2—压缩机；3—冷却器；4—油水分离器；5—调压器；6—止回阀；7—出口计量器；8—高压储气罐

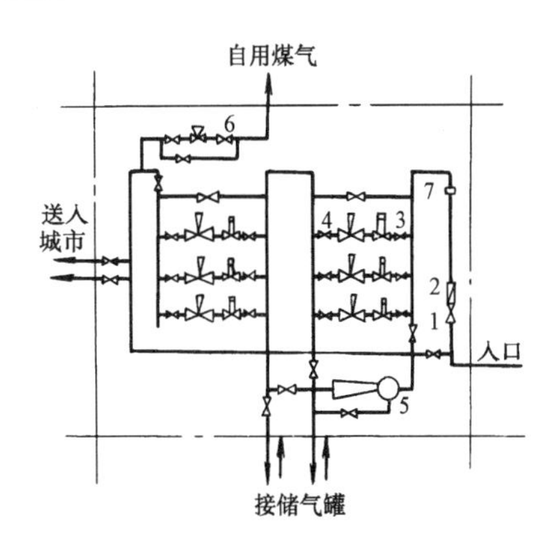

(c)高压储配站调压工艺流程示意

1—阀门；2—止回阀；3—安全阀；4—调压器；5—引射器；6—安全水封；7—孔板流量计

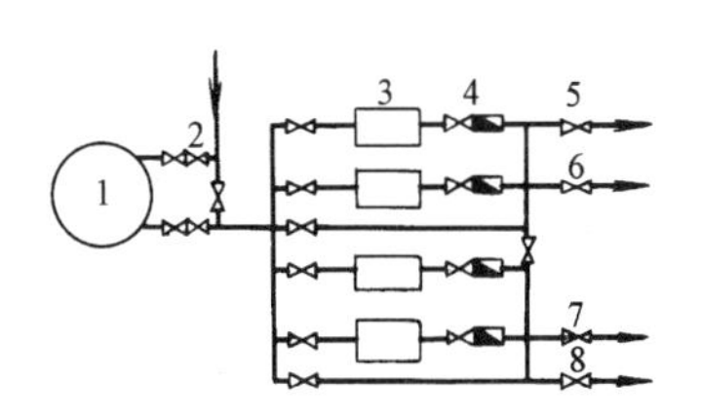

(e)低压储存低压、中压分路输送

1—低压湿式储气罐；2—水封阀门；3—压缩机；4—止回阀；5、6、7、8—分路输送管道

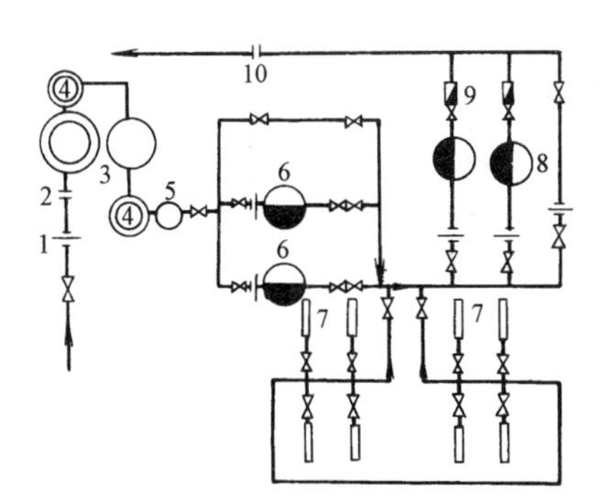

(b)高压储存二级调压、高压输送储配站工艺流程

1—过滤器；2—进口计量器；3—压缩机；4—冷却器；5—分离器；6—一级调压器；7—高压储气罐；8—二级调压器；9—止回阀；10—出口计量器

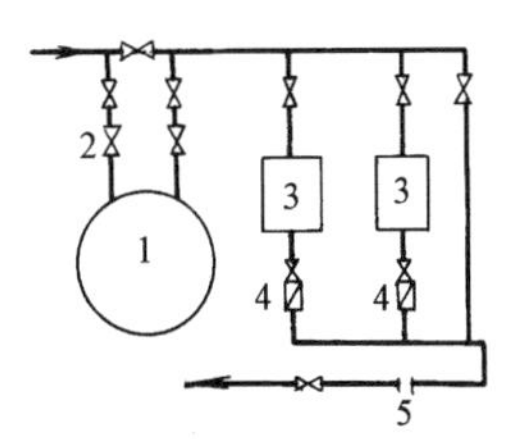

(d)低压储存中压输送储配站工艺流程

1—低压湿式储气罐；2—水封阀门；3—压缩机；4—止回阀；5—出口计量器

图名	储配站工艺流程示意图	图号	MQ1—1

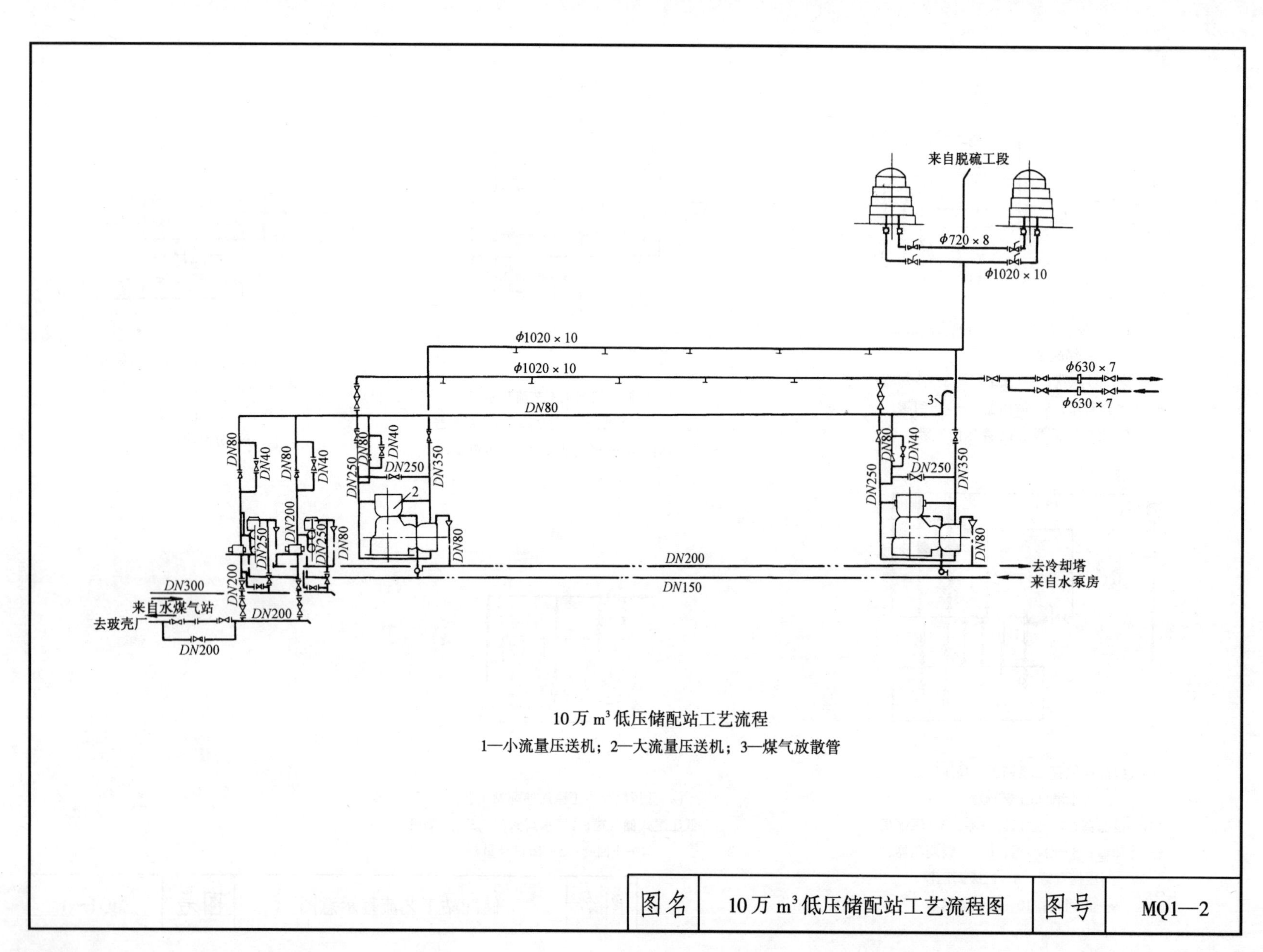

10万 m^3 低压储配站工艺流程

1—小流量压送机；2—大流量压送机；3—煤气放散管

图名	10万 m^3 低压储配站工艺流程图	图号	MQ1—2

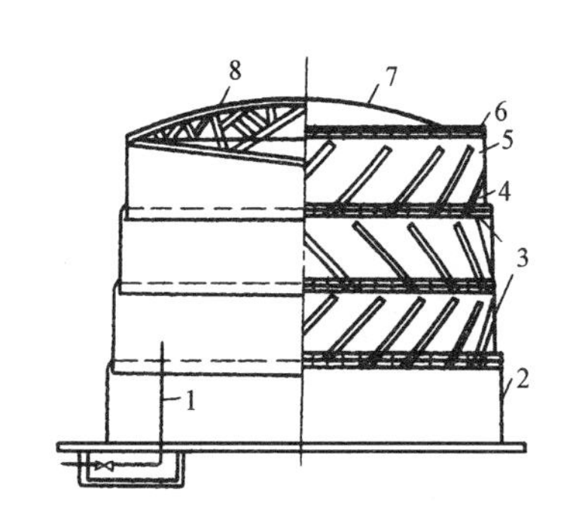

(a)低压湿式螺旋储罐
1—进出燃气管道；2—水槽；3—罐节；4—钟罩；
5—导轨；6—平台；7—顶板；8—顶梁

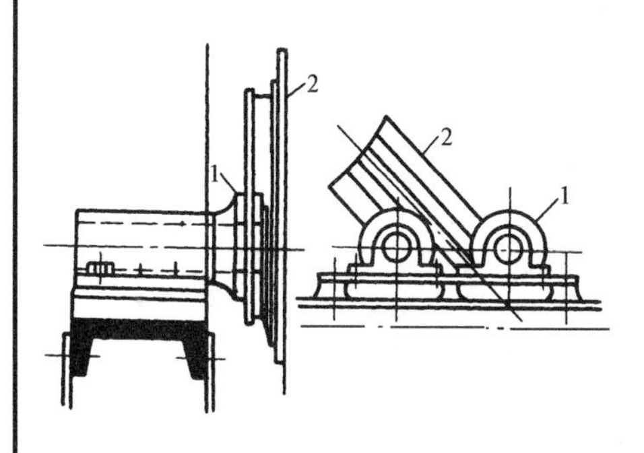

(b)导轮与导轨
1—导轮；2—导轨

低压水槽式螺旋导轨储气罐系列技术参数

序号	容积(m^3)			工作压力(Pa)	几何尺寸(m)						总耗钢量(t)
	额定	几何	有效		节数	全高	水池直径D_0	水池高H_0	D/H	塔节(包括钟罩)	
1	5000	6580	6058	1500/2200 配重 3480/4000	2	23.47	2.5	8.02	1.02	$D_1=24$　$H_1=6.95$ $D_2=23$　$H_2=6.95$	164.51 245.93
2	10000		10825	1460/2300/2830 配重 2810/3550/4000	3	30.67	30	8.02	0.93	$D_1=29$　$H_1=6.95$ $D_2=28$　$H_2=6.95$ $D_3=27$　$H_3=6.95$	199.7
3	20000	25215	23367	1250/1850/2250 配重 2100/2600/3000	3	31.67	39.1	8.02	1.23	$D_1=38.2$　$H_1=7.05$ $D_2=37.2$　$H_2=7.05$ $D_3=36.4$　$H_3=7.05$	388.42 配重 80.2
4	30000	31200	29220	1200/1850/2300	3	34.52	42	8.62	1.18	$D_1=41$　$H_1=7.7$ $D_2=40$　$H_2=7.7$ $D_3=39$　$H_3=7.7$	478.63
5	50000	57610	53570	1240/1810/2350/2720	4	42.57	50	8.52	1.13	$D_1=49$　$H_1=7.55$ $D_2=48$　$H_2=7.55$ $D_3=47$　$H_3=7.55$ $D_4=46$　$H_4=7.55$	735.5
6	100000	114400	106110	1180/1620/2040/2400	4	50.3	64	9.8	1.23	$D_1=63$　$H_1=8.875$ $D_2=62$　$H_2=8.875$ $D_3=61$　$H_3=8.875$ $D_4=60$　$H_4=8.875$	环形水槽 1162.47 (Q235) 全水槽 1152.27

图名	低压湿式螺旋罐罐体、导轮与导轨示意图	图号	MQ1—3

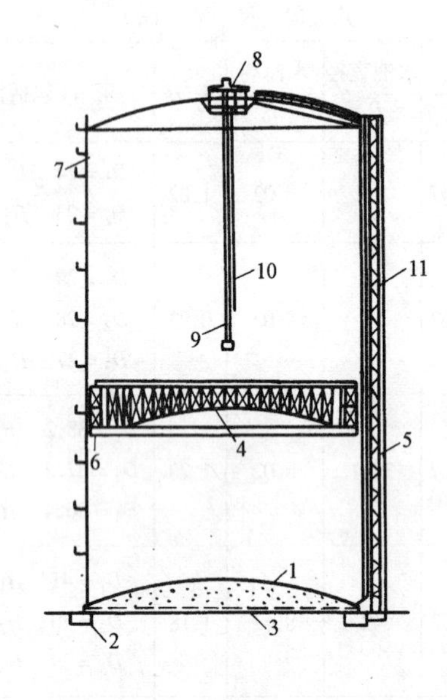

(*a*)低压干式储罐构造

1—底板；2—环形基础；3—砂基础；4—活塞；5—密封垫圈；6—加重块；7—燃气放散管；8—换气装置；9—内部电梯；10—电梯平衡；11—外部电梯

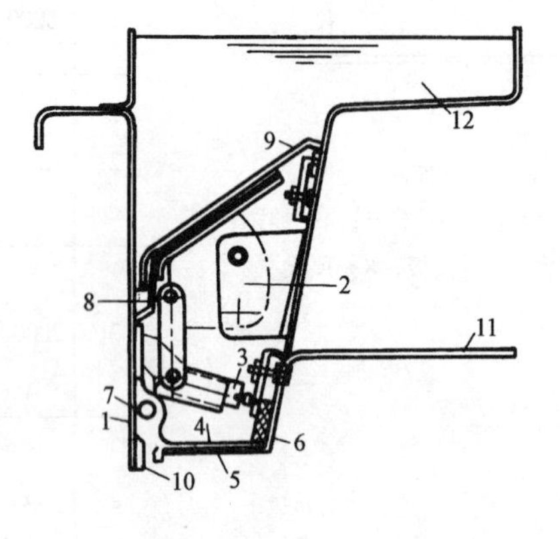

(*b*)干式储罐活塞密封装置

1—滑板；2—悬挂支托；3—弹簧；4—主帆布；5—保护板；6—压板；7—挡板；8—悬挂帆布；9—上部覆盖帆布；10—冰铲；11—活塞平台；12—活塞油杯

图名	低压干式储罐构造及活塞密封装置安装(一)	图号	MQ1—4(一)

干式稀油密封储气罐技术参数

项目 \ 公称容积(m^3)	50000	75000	80000	100000	170000
有效容积(m^3)	53187	74333	80757	99400	157300
工作压力(Pa)	2300～4000	4000 (自重压力 2500)	3922.6(2226)	3923(2697)	2300～6000
内切圆直径(mm)	37251.1	44815	44815	44815	53170
外切圆直径(mm)	37715	45201	45201.6	45201.6	53629
滑轨面间直径(mm)	37650	45142.2	45142.2	45142.2	
活塞直径(mm)	35750	43242.2	43242.8	43242.8	
侧壁边长(mm)	5900	5900	5900	5900	7000
角　　数	20	24	24	24	24
立　　柱	20	24～125a	125a	24～125a	24
底面积(m^2)	1098.9	1586.27	1586.27	1586.27	2233.15
活塞行程(mm)	48400	46860	56910	63060	
走道平台(层)	4	4	4	5	5
顶架直径(mm)	37650	45201.6	45201.6	45201.6	
导　　辊(组)	40	48	48	48	48
侧壁面高(mm)	56909	56790	60840	72990	86200
储气罐全高(mm)	64011	64497	67917	80067	94046
高径比(H/D)	1.509	1.26	1.36	1.63	1.607
活塞上下导轨间距(mm)	3525	5660	5660	5560	5196
抗震设防烈度	7、8 度各类场地土	7 度Ⅲ类场地土	7 度Ⅱ类场地土	7、8 度各类场地土	7、8 度各类场地土
侧壁板厚(mm)	6	5	5	5	6
底板厚(mm)	5	5	5	5	5
活塞板厚、顶板厚(mm)	5,3	5,3	5,3	5,4	5,3

图名	低压干式储罐构造及活塞密封装置安装(二)	图号	MQ1—4(二)

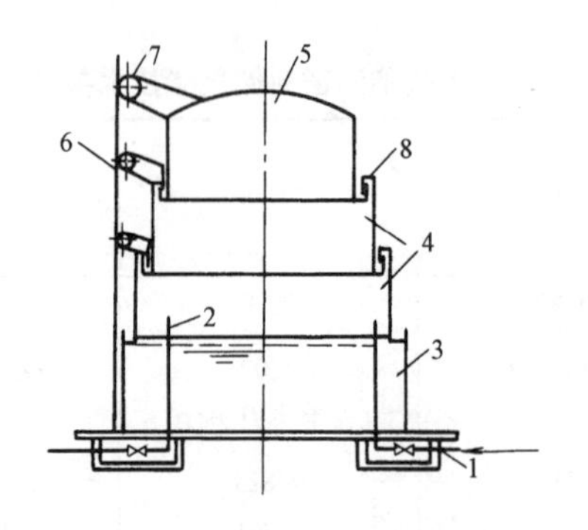

低压湿式直立储罐

1—燃气进气管道；2—燃气出气管道；3—水槽；4—塔节；5—钟罩；6—导向装置；7—导轮；8—水封

低压湿式直立储罐技术参数

序号	公称容积 (m^3)	有效容积 (m^3)	形式	单位耗钢 (kg/m^3)	压力 (Pa)	几何尺寸(m)				塔节 (m)	管径 (mm)
						节数	全高	水池直径	水池高		
1	600	630	直立式	57.51	1960	1	14.5	17.48	7.4	$D=10.68$ $H=7.14$	250
2	6000	6100	直立式	32.39	1580	2	24.0	26.28	11.8	$D=26.1$ $H=11.45$	300
3	10000	10100	直立式	28.35	1270 1880	3	29.5	27.93	9.8	$D_1=27.01$ $H_1=9.4$ $D_2=26.1$ $H_2=9.4$	450

图名	低压湿式直立储罐安装	图号	MQ1—5

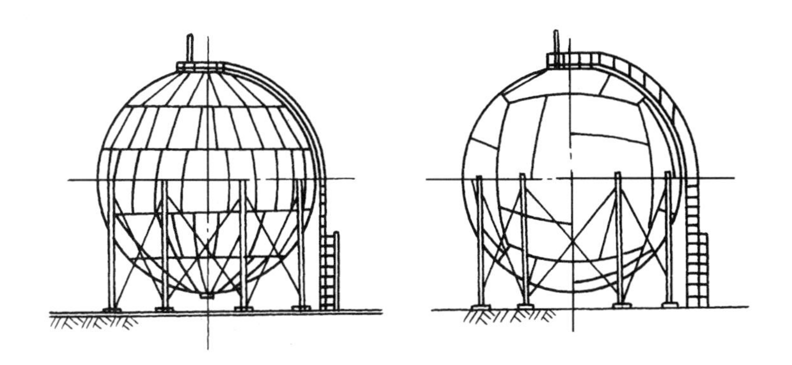

高压球形储罐基本参数

序 号	公称容积（m^3）	内 径（mm）	几何容积（m^3）	支座形式	支柱根数	分 带 数
1	200	7100	188	赤道正切柱式支座	6	5
2	400	9200	408		8	5
3	1000	12300	975		10	5
4	2000	15700	2025		12	7
5	3000	18000	3054		15	7
6	4000	20000	4189		15	7
7	5000	21200	4989		15	7

图名	高压球形储罐安装	图号	MQ1—6

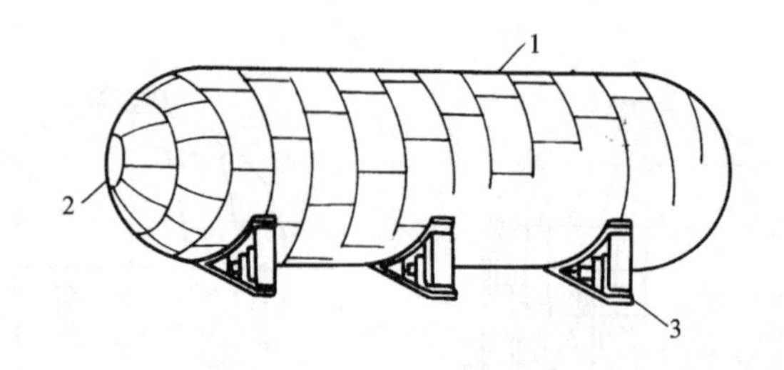

高压圆筒卧式罐

1—筒体；2—封头；3—鞍形支座

圆筒形卧式罐常用规格尺寸

序 号	公称容积 (m^3)	几何容积 (m^3)	公称直径 (mm)	总 长 (mm)	封头尺寸(mm)	
					直边长度	曲面高度
1	10	10.1	1600	5340	40	400
		10.4	1800	4404	40	450
2	20	20.6	2000	6908	40	500
		20.6	2200	5808	40	550
3	30	30.07	2200	8308	40	550
		30.01	2400	7060	40	600
4	50	50.14	2400	11512	40	600
		50.6	2600	9812	40	650
		49.6	2800	8716		700
5	100	99.8	2800	16176	40	700
		101.1	3000	14844	40	750

图名	高压圆筒形卧式罐安装	图号	MQ1—7

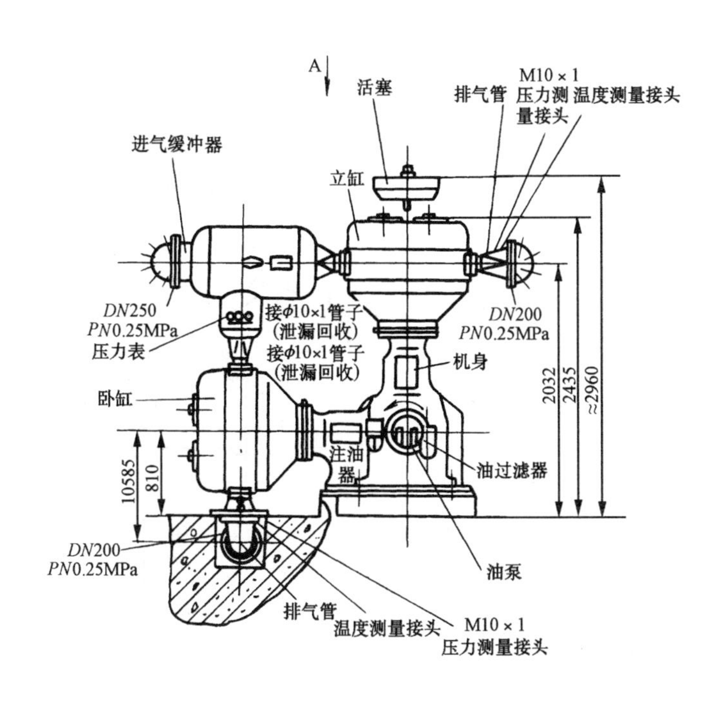

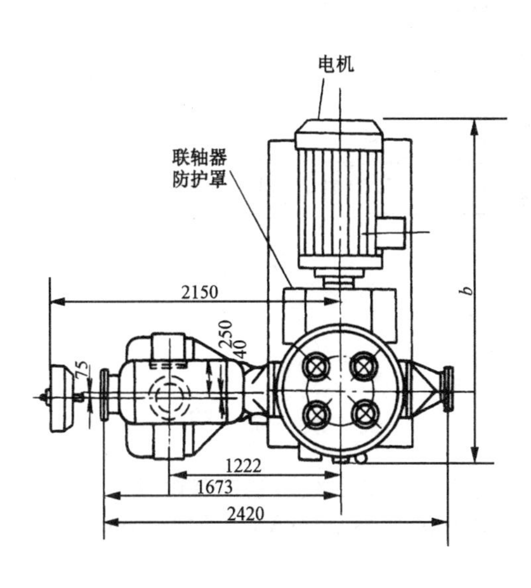

A 向

安装在压缩机上安全阀型号规格

压缩机型号	安全阀型号	安全阀公称直径 *DN*	安全阀开启压力	*b*
L-60/1.5	A42Y-16C/1	80	≤0.16MPa	2460
L-60/1	A42Y-16C/1	80	≤0.11MPa	2350

图名	L-60/1.5 L-60/1 型压缩机安装	图号	MQ1—8

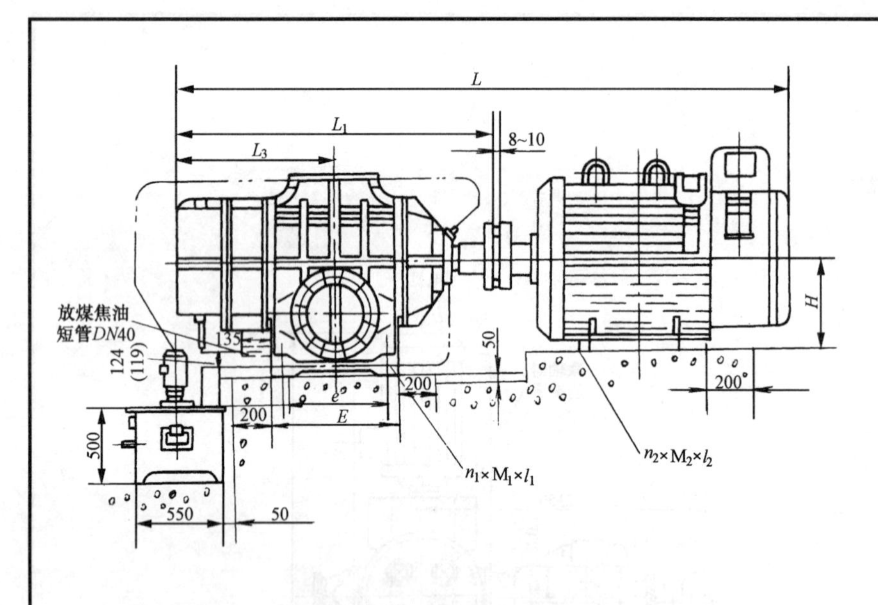

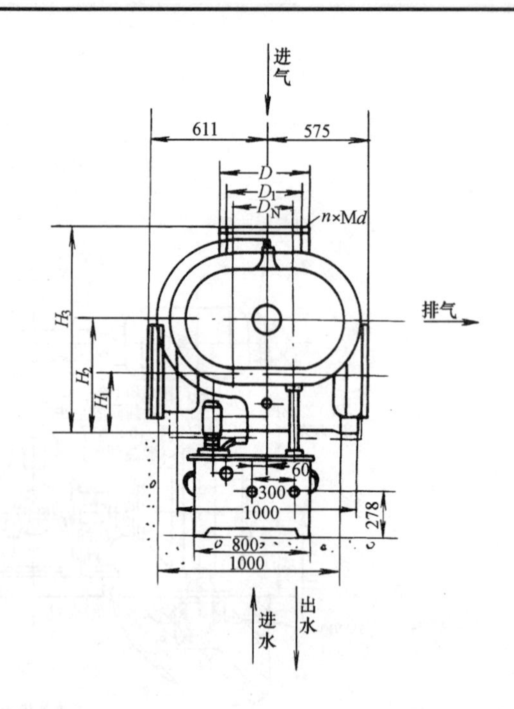

安 装 说 明

1. 电动机电压为 380V，B3a 级防爆铠装电缆。
2. 配套油泵型号 BAOCB25×1.6A3，功率 250W。
3. 适用管径 ϕ25mm 的输水胶管。
4. 该机需要放煤焦油时，请把 M48×2 的螺塞拧下，拧上 *DN*40 的水煤气管，用户用弯头引出机座外放煤焦油，煤焦油放后，请把 M48×2 的螺塞及 ϕ48 的橡胶石棉垫重新拧紧。
5. 当输送煤气，需要油温自动反馈时，请把 M27×2 的螺塞及温度计拧下，换上自控接头。
6. 排焦短管 *DN*40 及自控接头均随机单另携带，排焦短管与底面高度括号内为 ML50～ML120 型风机。
7. ML50 型风机在 0.05MPa 压力下，不加冷却器。
8. 从电机端看主动轴逆时针旋转。
9. 该图为上进气、右排气，也可作为上进气、左排气。

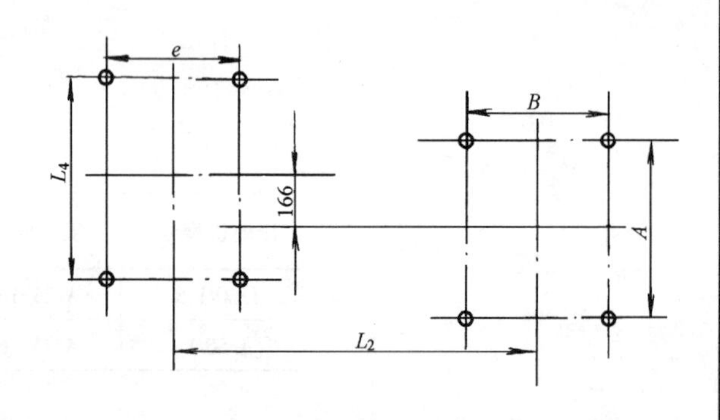

图名	ML50 型罗茨压缩机安装(一)	图号	MQ1—9(一)

ML50 型压缩机外形与安装尺寸

<table>
<tr><th rowspan="2">型　号</th><th colspan="2">电动机</th><th colspan="4">进出口尺寸(mm)</th><th colspan="9">外形尺寸(mm)</th><th colspan="6">基础尺寸(mm)</th><th rowspan="2">主机重量(kg)</th><th rowspan="2">电机重量(kg)</th></tr>
<tr><th>型　号</th><th>功率(kW)</th><th>D_N</th><th>D_1</th><th>D</th><th>$n \times Md$</th><th>L_1</th><th>L_2</th><th>L_3</th><th>L</th><th>H_1</th><th>H_2</th><th>H_3</th><th>H</th><th>E</th><th>A</th><th>B</th><th>e</th><th>L_4</th><th>$n_1 \times M_1 \times l_1$</th><th>$n_2 \times M_2 \times l_2$</th></tr>
<tr><td>ML50-60/0.20</td><td>YB280S-8</td><td>37</td><td rowspan="5">φ300</td><td rowspan="5">φ395</td><td rowspan="5">φ440</td><td rowspan="5">12×M20</td><td rowspan="5">1536</td><td>1284</td><td rowspan="5">776</td><td>2556</td><td rowspan="5">300</td><td rowspan="5">570</td><td rowspan="5">1020</td><td>280</td><td rowspan="5">540</td><td>457</td><td>368</td><td rowspan="5">440</td><td rowspan="5">900</td><td rowspan="5">4×M24×500</td><td>4×M20×500</td><td rowspan="5">2197</td><td>610</td></tr>
<tr><td>ML50-60/0.35</td><td>YB315M₁-8</td><td>75</td><td>1386.5</td><td>2898</td><td>315</td><td>508</td><td>457</td><td>4×M24×500</td><td>1100</td></tr>
<tr><td>ML50-60/0.50</td><td>YB315M₂-8</td><td>90</td><td>1386.5</td><td>2898</td><td>315</td><td>508</td><td>457</td><td>4×M24×500</td><td>1100</td></tr>
<tr><td rowspan="2">ML50-60/0.7</td><td>YB355S₂-8</td><td>132</td><td>1446</td><td>3088</td><td>355</td><td>610</td><td>500</td><td>4×M24×500</td><td>1820</td></tr>
<tr><td>JBO355M-8</td><td>132</td><td>1476</td><td>2888</td><td>355</td><td>610</td><td>560</td><td>4×M24×500</td><td>1600</td></tr>
<tr><td>ML50-80/0.20</td><td>YB280S-6</td><td>45</td><td rowspan="5">φ300</td><td rowspan="5">φ395</td><td rowspan="5">φ440</td><td rowspan="5">12×M20</td><td rowspan="5">1536</td><td>1284</td><td rowspan="5">776</td><td>2556</td><td rowspan="5">300</td><td rowspan="5">570</td><td rowspan="5">1020</td><td>280</td><td rowspan="5">540</td><td>457</td><td>368</td><td rowspan="5">440</td><td rowspan="5">900</td><td rowspan="5">4×M24×500</td><td>4×M20×500</td><td rowspan="5">2197</td><td>620</td></tr>
<tr><td>ML50-80/0.35</td><td>YB315S-6</td><td>75</td><td>1361</td><td>2778</td><td>315</td><td>508</td><td>406</td><td>4×M24×500</td><td>840</td></tr>
<tr><td>ML50-80/0.50</td><td>YB315M₂-6</td><td>110</td><td>1386.5</td><td>2898</td><td>315</td><td>508</td><td>457</td><td>4×M24×500</td><td>980</td></tr>
<tr><td rowspan="2">ML50-80/0.70</td><td>YB355S₂-6</td><td>160</td><td>1446</td><td>3088</td><td>355</td><td>610</td><td>500</td><td>4×M24×500</td><td>1690</td></tr>
<tr><td>JBO355M-6</td><td>160</td><td>1476</td><td>2888</td><td>355</td><td>610</td><td>560</td><td>4×M24×500</td><td>1600</td></tr>
<tr><td>ML50-120/0.20</td><td>YB315S-6</td><td>75</td><td rowspan="6">φ400</td><td rowspan="6">φ495</td><td rowspan="6">φ540</td><td rowspan="6">16×M20</td><td rowspan="6">1716</td><td>1451</td><td rowspan="6">866</td><td>2958</td><td rowspan="6">360</td><td rowspan="6">690</td><td rowspan="6">1140</td><td>315</td><td rowspan="6">710</td><td>508</td><td>406</td><td rowspan="6">620</td><td rowspan="6">900</td><td rowspan="2">4×M30×500</td><td>4×M24×500</td><td rowspan="6">2414</td><td>840</td></tr>
<tr><td>ML50-120/0.35</td><td>YB315M₂-6</td><td>110</td><td>1476.5</td><td>3078</td><td>315</td><td>508</td><td>457</td><td>4×M24×500</td><td>980</td></tr>
<tr><td rowspan="2">ML50-120/0.50</td><td>YB355S₂-6</td><td>160</td><td>1536</td><td>3268</td><td>355</td><td>610</td><td>500</td><td rowspan="4">4×M30×500</td><td>4×M24×500</td><td>1690</td></tr>
<tr><td>JBO355M-6</td><td>160</td><td>1566</td><td>3068</td><td>355</td><td>610</td><td>560</td><td>4×M24×500</td><td>1600</td></tr>
<tr><td rowspan="2">ML50-120/0.70</td><td>YB355S₄-6</td><td>200</td><td>1536</td><td>3268</td><td>355</td><td>610</td><td>500</td><td>4×M24×500</td><td>1820</td></tr>
<tr><td>JBO400M-6</td><td>200</td><td>1667</td><td>3198</td><td>400</td><td>686</td><td>630</td><td>4×M30×630</td><td></td></tr>
</table>

图名	ML50 型罗茨压缩机安装(二)	图号	MQ1—9(二)

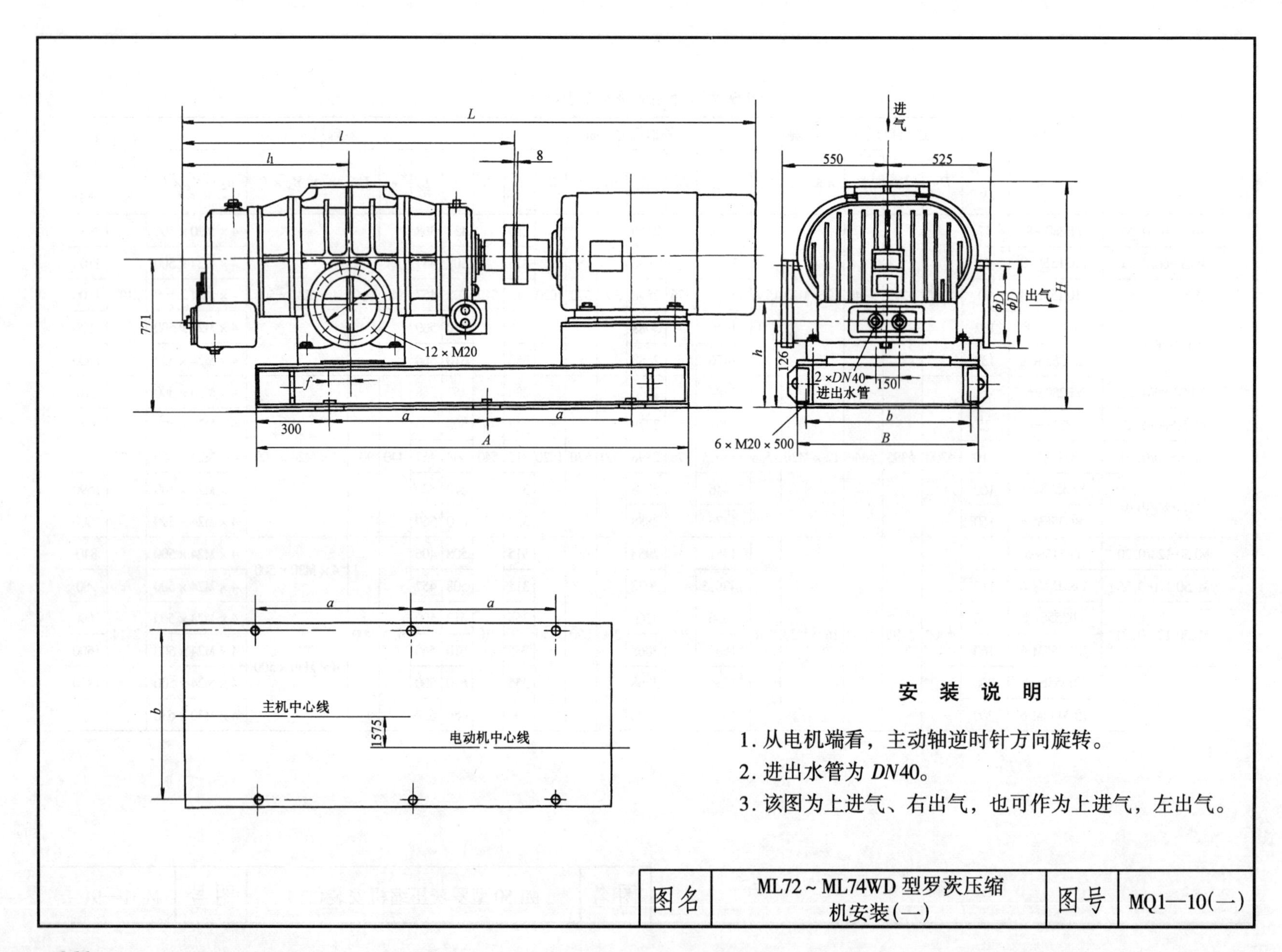

安 装 说 明

1. 从电机端看，主动轴逆时针方向旋转。
2. 进出水管为 DN40。
3. 该图为上进气、右出气，也可作为上进气，左出气。

图名	ML72～ML74WD 型罗茨压缩机安装(一)	图号	MQ1—10(一)

ML72 ~ ML74WD 型罗茨压缩机外形与安装尺寸表

风机型号	压力(Pa)	电动机		安装尺寸(mm)			外形尺寸(mm)								基础尺寸(mm)		风机重量(kg)
		型号	功率(kW)	D	D_1	D_N	L	l	l_1	B	A	H	h	f	a	b	
ML72 WD	19620	YB250M-6	37	440	395	300	2601	1656	798.5	950	2295			225	845	880	2260
	29430	YB280M-6	55				2726										
	39240	YB315S-6	75				2896										
	49050	YB315M₁-6	90				3016										
	58860	YB315M₂-6	110				3016										
	58860	YB315M₃-6	132				3016										
ML73 WD	19620	YB208S-8	37	490	445	350	2781	1761	851	950	2295	1151	521	172.5	845	880	2413
	29430	YB315S-8	55				3001										
	39240	YB315M₁-8	75				3121										
	49050	YB315M₂-8	90				3121										
	58860	YB315M₃-8	110				3121										
	68670	JBO355M-8	132				3111			1058	2530				965	988	
ML73 WD	19620	YB280S-6	45	490	445	350	2781	1761	851	950	2295	1151	521	172.5	845	880	2413
	29430	YB315S-6	75				3001										
	39240	YB315M₁-6	90				3121										
	49050	YB315M₂-6	110				3121										
	58860	YB315M₃-6	132				3121										
	68670	JBO355M-6	160				3111			1058	2530				965	988	
ML74 WD	19620	YB280M-8	45				2956	1886	913.5	950	2295			110	845	880	2533
	29430	YB315M₁-8	75				3246										
	39240	YB315M₂-8	90				3246										
	49050	YB315M₃-8	110				3246										
	58860	JBO355M-8	110				3236			1058	2530				965	988	
	68670	JBO400S-8	160				3288										
	19620	YB280M-6	55				2956			950	2295				845	880	
	29430	YB315M₁-6	90				3246										
	39240	YB315M₂-6	110				3246										
	49050	YB315M₃-6	132				3246										
	58860	JBO355M-6	160				3236			1058	2530				965	988	
	68670	JBO400S-6	185				3288										

图名	ML72 ~ ML74WD 型罗茨压缩机安装(二)	图号	MQ1—10(二)

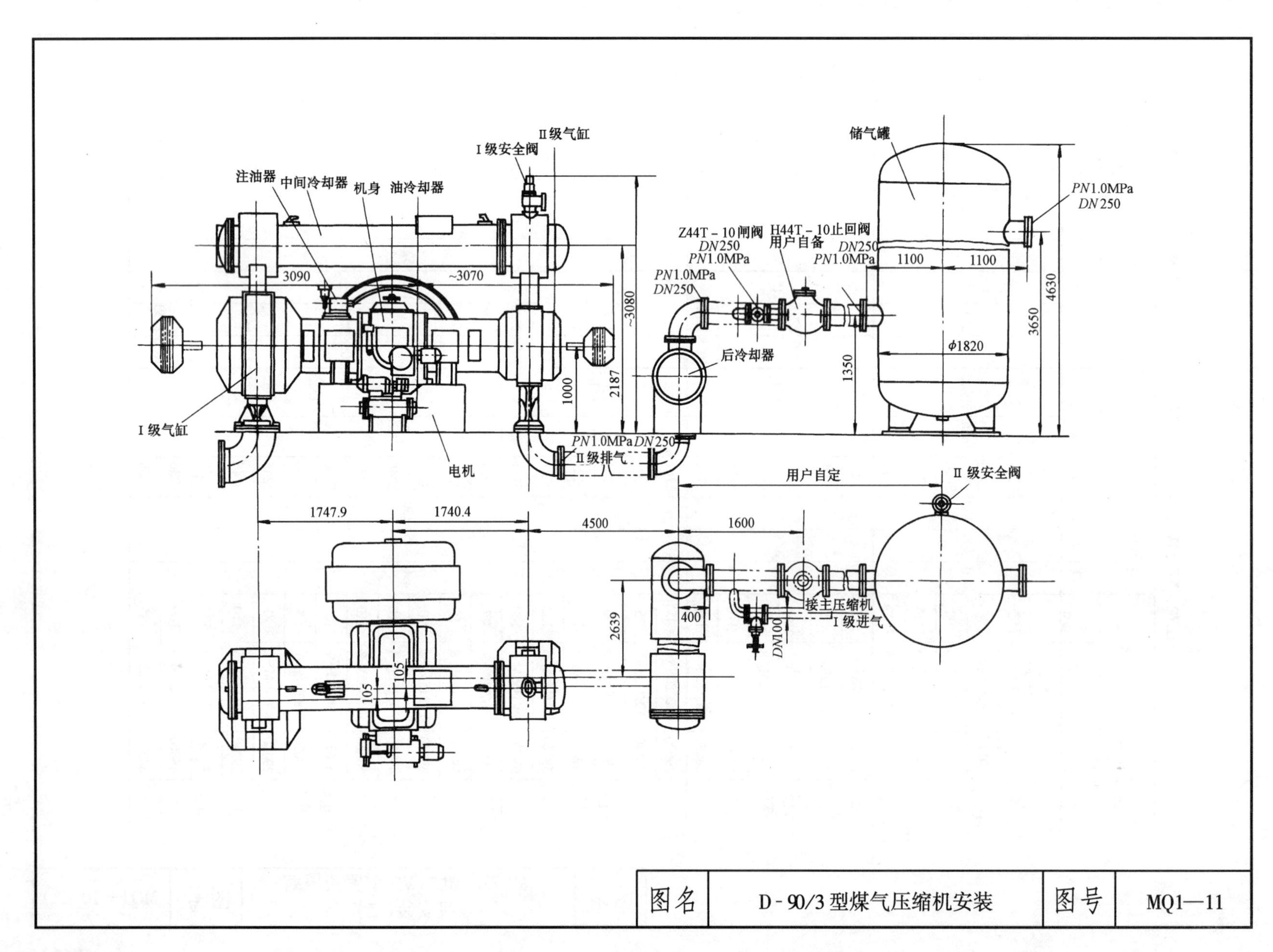
Ⅱ级气缸
Ⅰ级安全阀
注油器
中间冷却器
机身
油冷却器
储气罐
PN1.0MPa
DN250
Z44T-10闸阀
DN250
PN1.0MPa
H44T-10止回阀
用户自备
DN250
PN1.0MPa
1100
1100
PN1.0MPa
DN250
3090
~3070
~3080
4630
3650
ϕ1820
后冷却器
1350
1000
2187
Ⅰ级气缸
PN1.0MPa DN250
Ⅱ级排气
电机
用户自定
Ⅱ级安全阀
1747.9
1740.4
4500
1600
2639
400
接主压缩机
Ⅰ级进气
DN100
105
105
图名
D-90/3型煤气压缩机安装
图号
MQ1—11

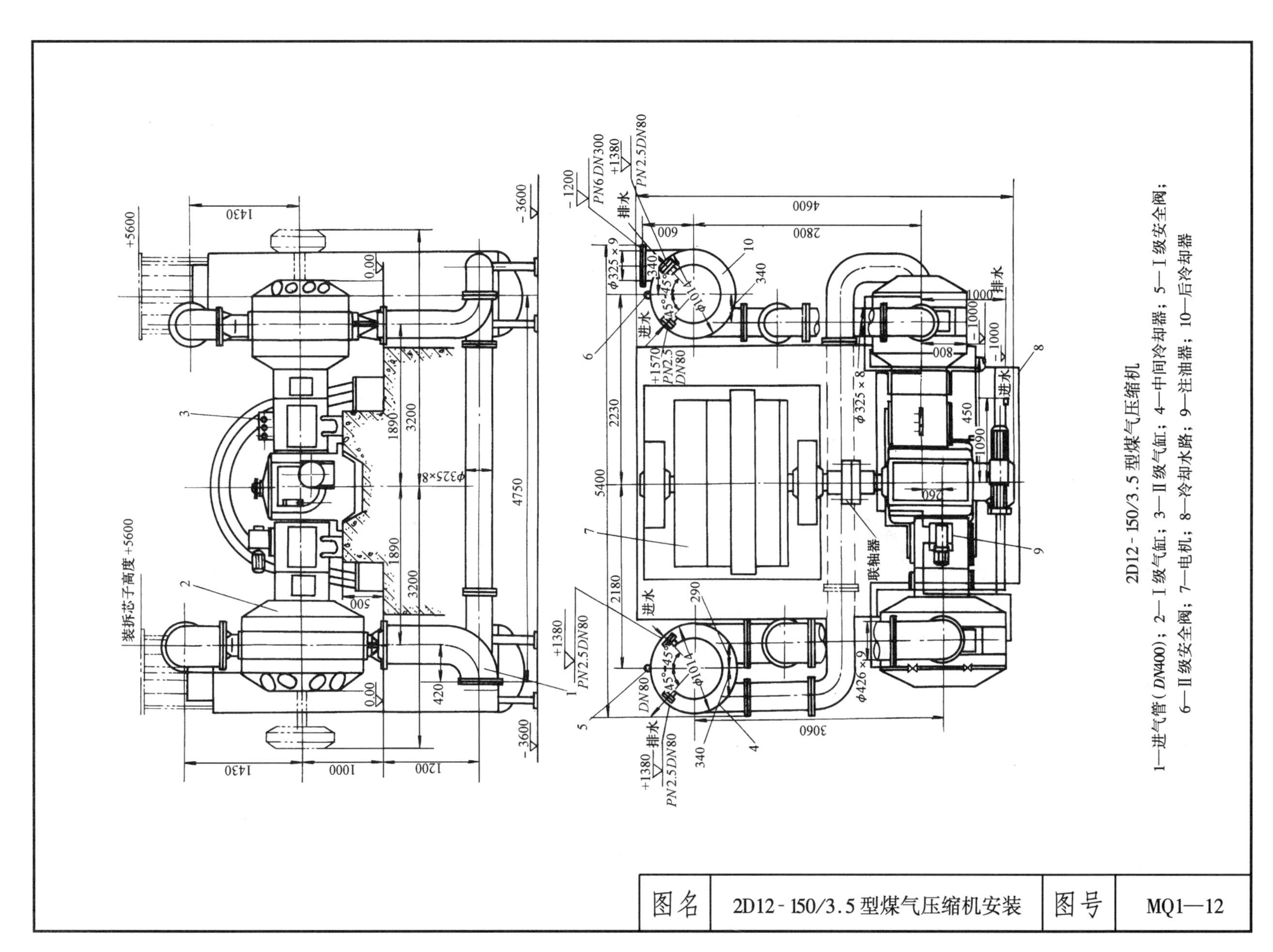

图名	2D12-150/3.5型煤气压缩机安装	图号	MQ1—12

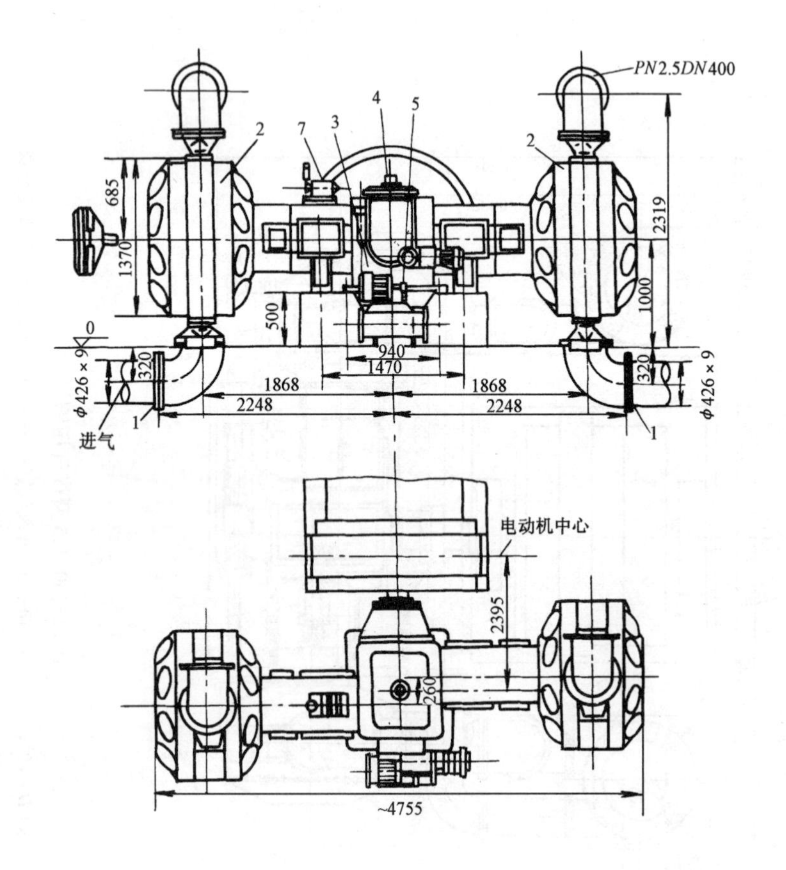

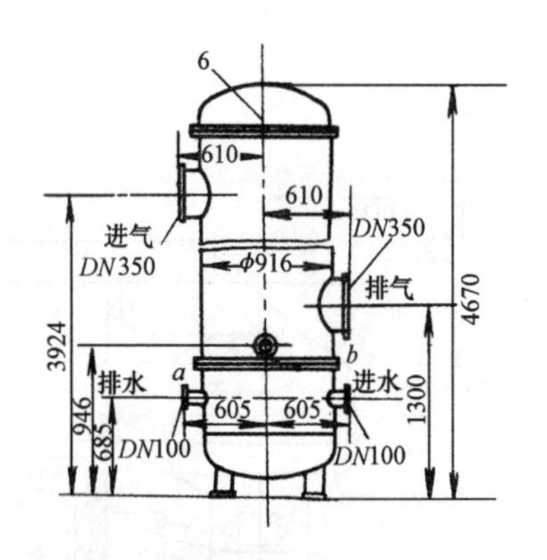

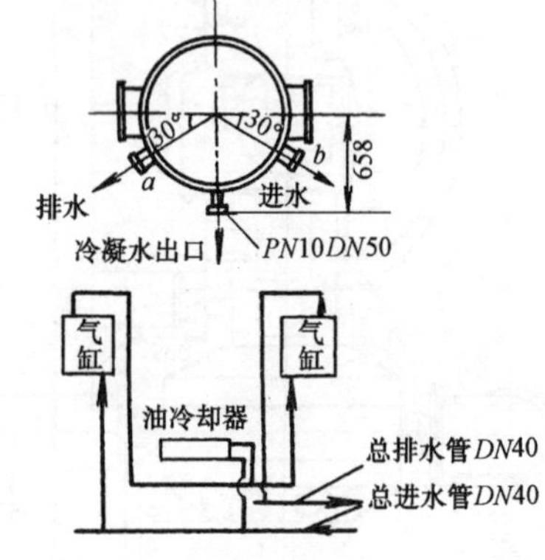

冷却水管路流程示意图

2D12-200/1.5(2)型煤气压缩机

1—进气管(DN400)；2—气缸；3—油冷却器；4—电机；5—齿轮油泵；6—冷却器；7—注油器

图名	2D12-200/1.5型煤气压缩机安装	图号	MQ1—13

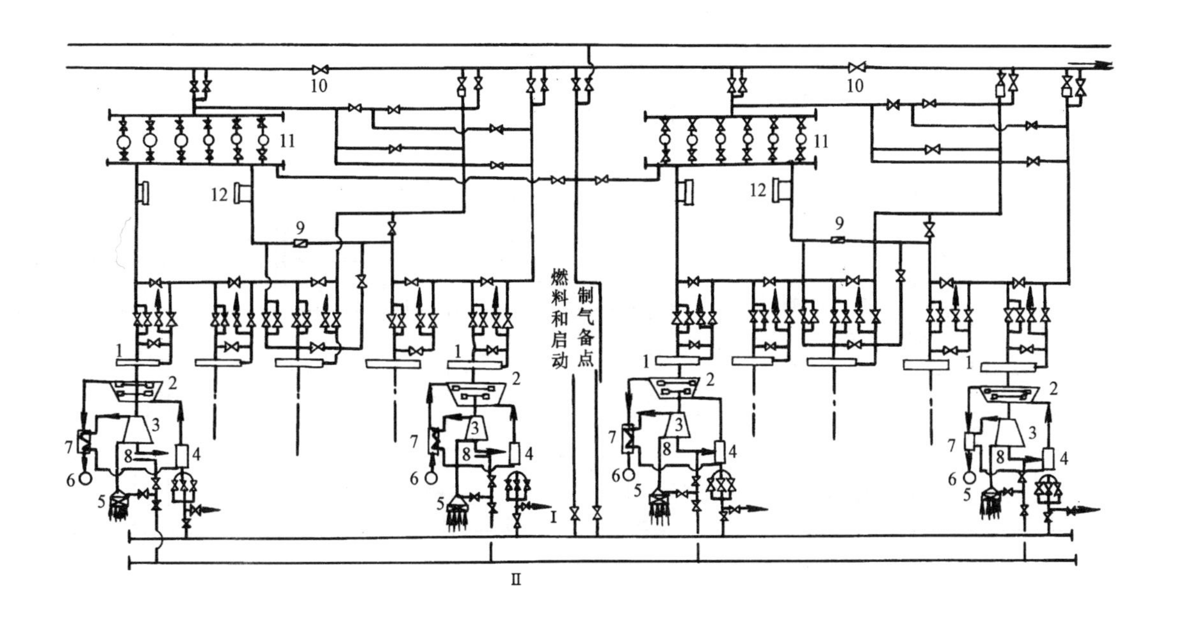

离心式加压机室工艺流程图

1—离心式压缩机；2—燃气蜗轮；3—空气压缩机；4—燃烧室；5—空气滤清器；6—排气管；7—空气预热器；
8—启动蜗轮；9—止回阀；10—干线切断阀；11—除尘器；12—脱油器；Ⅰ—燃料气；Ⅱ—启动气

图名	离心式加压机室工艺流程图	图号	MQ1—14

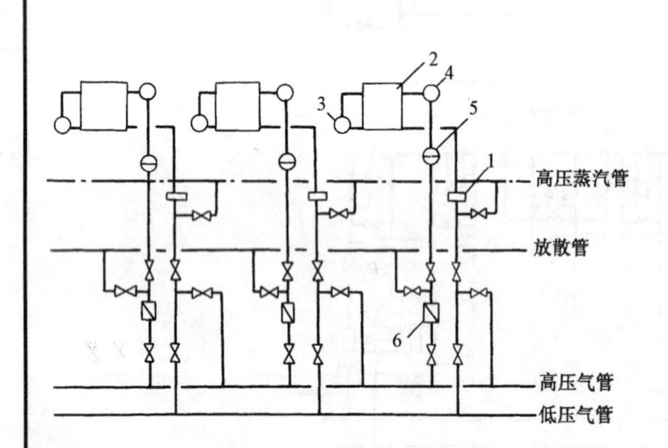

(a)活塞式压送机室工艺流程

1—过滤器；2—压缩机；3—中间冷却器；4—最终冷却器；
5—油气分离器；6—止回阀

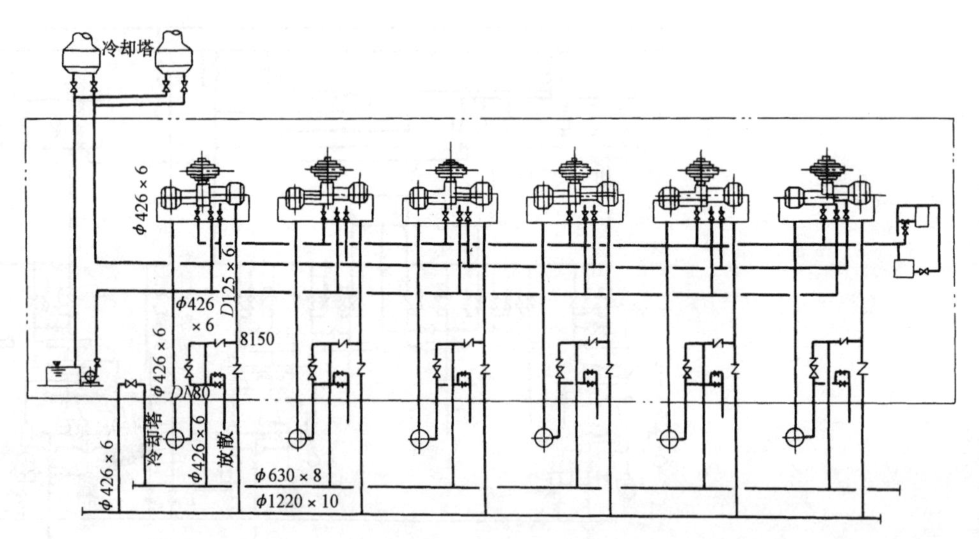

(b)活塞式压缩机室工艺流程平面布置

图名	活塞式压缩机室工艺流程图	图号	MQ1—15

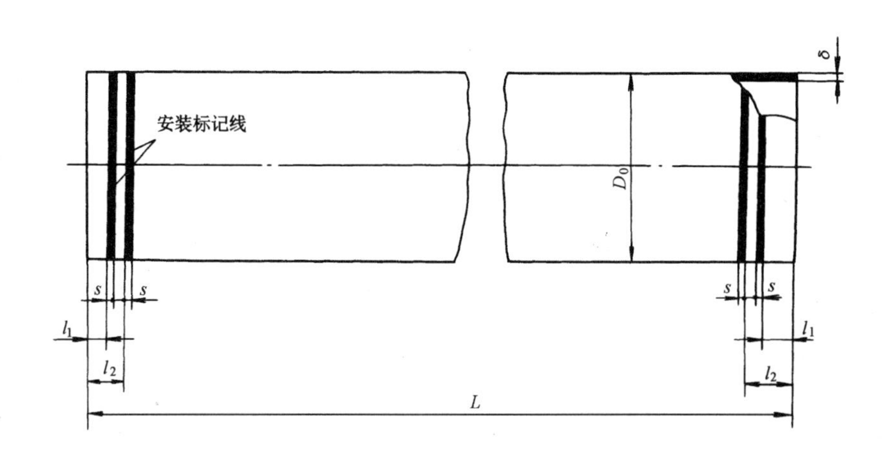

公称直径 DN (mm)	外径 D_0 (mm)	壁厚 δ (mm)			标记尺寸 (mm)			1m 重量 (kg)			长度 L(mm)					
											5000			8000		
											重量(kg)					
		LA 级	A 级	B 级	I_1	I_2	s	LA 级	A 级	B 级	LA 级	A 级	B 级	LA 级	A 级	B 级
100	118.0	9.0	9.0	9.0	40	72	10	22.2	22.2	22.2	111	111	111	133.2	133.2	133.2
150	189.0	9.0	9.2	10.0	44	78	10	32.8	33.3	36	183	168.5	180	195.8	288	218
200	220.0	9.2	10.1	11.0	48	84	10	43.9	48.0	52.0	219.5	240	280	283.4	290	312
250	271.8	10.0	11.0	12.0	64	92	10	59.2	64.8	70.5	298.5	324.5	353	356	503	424
300	322.3	10.8	11.0	18.0	80	106	15	78.2	83.7	91.1	381.5	419	458	458	623.5	547.5
350	374.0	11.7	12.8	14.0	88	115	15	99.9	104.8	114.0	480	528.5	570.5	576	771.7	674.7
400	425.8	12.5	13.8	15.0	76	180	20	116.8	128.5	139.3	584.5	643	697	701.5	923	838.5
450	476.8	13.3	14.7	16.0	84	140	20	139.4	153.7	160.8	897.5	769	834.5	837	1085.5	1001.5
500	528.0	14.2	15.6	17.0	92	158	25	165.0	180.8	196.5	825.5	904.5	983	990.7	1449	1449
600	630.8	15.8	17.4	19.0	104	174	25	219.8	241.4	262.9	1099.5	1207.5	1315	1319.5	1449	1577.5

注:1. 计算重量时,铸铁密度采用 7.20t/m^3。

2. 有效长度 L,允许缩短长度为 500mm 或 1000mm。

安 装 说 明

施工安装时执行国家标准《铸铁管》(GB8714~8716—88)规定。

图名	铸铁管直管安装	图号	MQ2—1

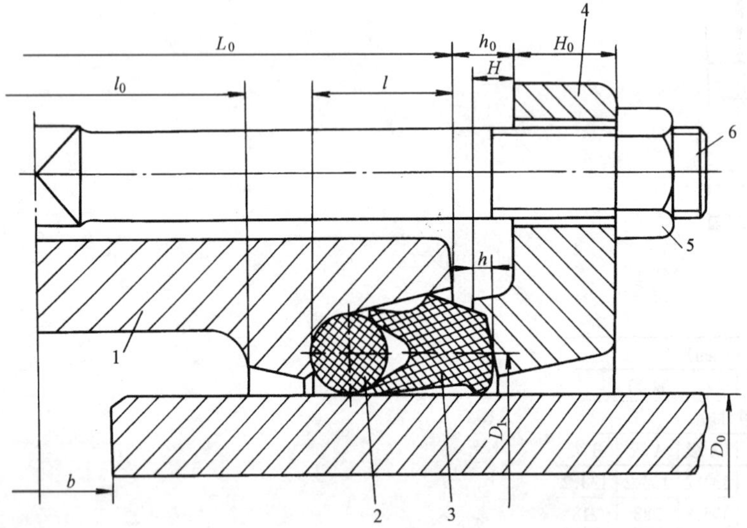

图中符号

1—连接套；2—支撑圈；3—密封圈；

4—压兰；5—螺母；6—螺栓

安 装 说 明

安装试验验收应执行国家标准（GB6483—86）和(GB8714~8716—88)规定。

锥套式管接头尺寸表

序号	公称直径	D_0	D_1	l	l_0	L_0	b	h_0	h	H	H_0	螺栓(规格-件数)
1	100	118.0	121	18.20	45	88	17	10	3.0	6.3	15	M12×180-4
2	150	189.0	175	17.10	48	96	18	10	3.5	6.5	16	M12×180-6
3	200	220.0	226	18.70	54	108	19	10	4.0	6.8	17	M16×220-6
4	250	271.6	278	20.00	80	120	20	10	4.5	7.1	18	M16×240-6
5	300	322.8	330	21.10	88	132	21	11	5.0	7.1	19	M16×240-8
6	350	374.0	381	22.90	71	144	22	11	5.5	7.9	20	M16×280-8
7	400	425.6	433	25.10	80	158	24	12	6.0	8.7	22	M20×300-8
8	450	476.3	484	27.30	88	170	26	12	7.0	9.0	24	M20×300-8
9	500	523.0	536	29.60	98	188	28	13	8.0	9.4	26	M20×320-12
10	600	630.8	640	33.10	108	210	38	14	9.0	10.5	30	M20×350-12

图名	锥套式管接头安装(一)	图号	MQ2—2(一)

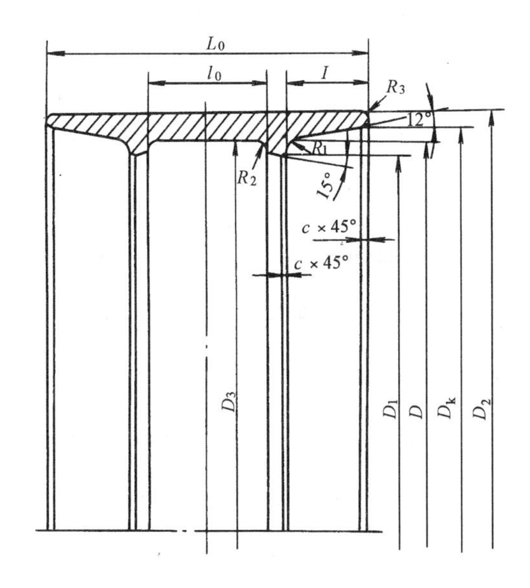

锥套式管接头尺寸(mm)

序号	公称直径	管外径	D	D_1	D_2	D_3	I	l_0	L_0	R_1	R_2	R_3	c	D_k
1	100	118.0	132.2	121	150±2.5	130	15.8	45	88	1.5	6	2	1.5	139.2
2	150	169.0	181.7	175	250±2.8	182	17.2	48	96	1.5	6	2	1.5	102.1
3	200	220.0	237.3	228	258±3.2	235	18.9	51	108	1.5	6	2	1.5	245.3
4	250	271.8	290.5	278	313±3.2	290	20.7	60	120	1.5	6	2	1.5	299.0
5	300	322.8	343.7	330	383±3.2	310	22.8	66	132	2	8	2.5	2	352.8
6	350	374.0	397.1	381	423±3.8	385	25.2	72	144	2	8	2.5	2	406.8
7	400	425.6	451.0	433	480±3.6	450	27.7	78	158	2	8	2.5	2	461.7
8	450	478.8	501.7	481	531±3.6	500	30.4	81	170	2	8	2.5	2	516.3
9	500	528.0	558.8	536	590±3.6	555	33.3	91	188	2.5	10	3	2.5	571.2
10	600	630.8	661.8	640	700±4.0	660	38.9	106	210	2.5	10	3	2.5	678.8

安 装 说 明

1. 铸件抗拉强度不低于 $140N/mm^2$，表面硬度不大于 HB230，化学成分 C = 3.3 ~ 3.5；Si = 1.8 ~ 2.4；Mn = 0.5 ~ 0.8；S≤0.12；P < 0.30。

2. 铸件不允许有砂眼、气孔，冷隔及浇注不足，凸凹缺陷不大于壁厚 1/10。

3. 连接套加工件要做强度试验，水压试验压力为 2.0MPa，气压试验压力为 0.3MPa，稳压时间为 3min。

4. 涂防锈漆层。

图名	锥套式管接头安装(二)	图号	MQ2—2(二)

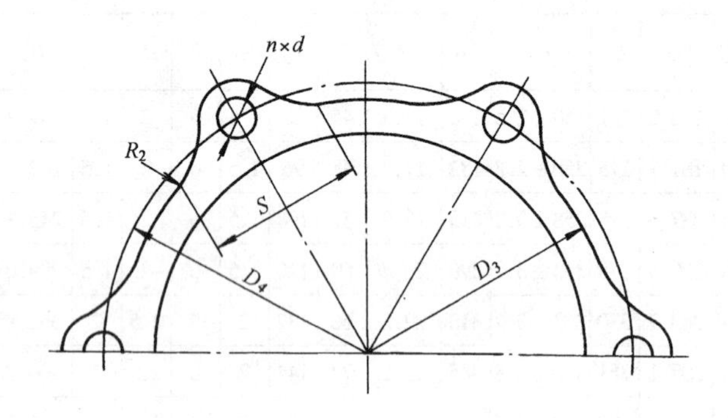

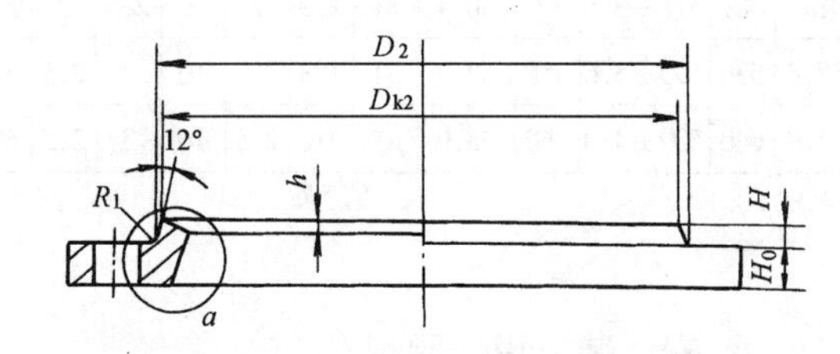

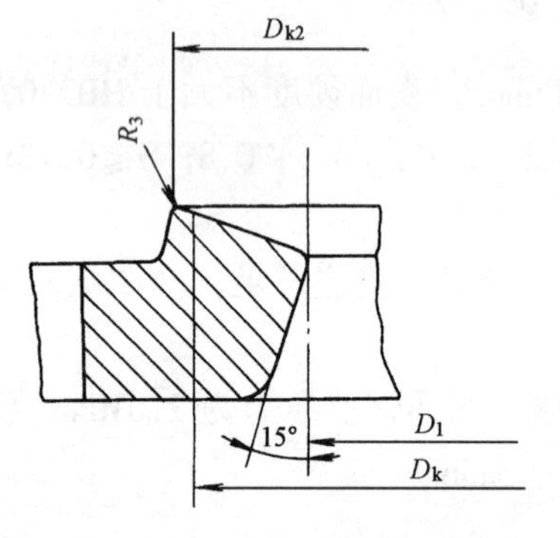

a 放大

压兰尺寸(mm)

序号	公称直径	管外径	D	D_1	D_2	D_k	D_{k2}	D_3	D_4	H	H_0	h	$n\times d$	S	R_1	R_2	R_3	c
1	100	118	131	124	140	133.9	137.3	154	171	6.3	18	3	4×ϕ15	48	1	15	1.5	0.5
2	150	169	184	175	195	187.3	192.2	206	224	6.5	19	3	8×ϕ15	64	1	15	1.5	0.5
3	200	220	238	226	248	239.8	245.1	264	283	6.8	20	3	8×ϕ20	82	1.5	20	1.5	1
4	250	271.6	290	278	302	294.0	299.0	320	338	7.1	21	3	8×ϕ20	100	1.5	20	20	1
5	300	322.8	344	330	356	348.4	352.9	372	393	7.4	22	3.5	8×ϕ20	88	2	20	2	1.5
6	350	374	397	381	411	401.7	407.8	435	448	7.9	24	3.5	8×ϕ20	100	2	20	2	1.5
7	400	425.6	451	433	466	456.1	462.3	495	510	8.7	26	4	8×ϕ25	114	2.5	25	3	1.5
8	450	476.8	505	484	521	510.8	516.2	550	566	9.0	28	4	8×ϕ25	126	2.5	25	3	1.5
9	500	528	558	536	578	564.6	572.0	604	622	9.4	30	4	12×ϕ25	94	3	25	3	2
10	600	630.8	665	640	684	672.3	679.5	700	730	10.5	35	4	12×ϕ25	110	3	25	3	2

安装说明

1. 铸件不得有气孔、砂眼等铸造缺陷，飞边、毛刺等应用砂轮磨光修平。
2. 化学成分要符合现行国家有关标准规定。

图名	压兰图	图号	MQ2—3

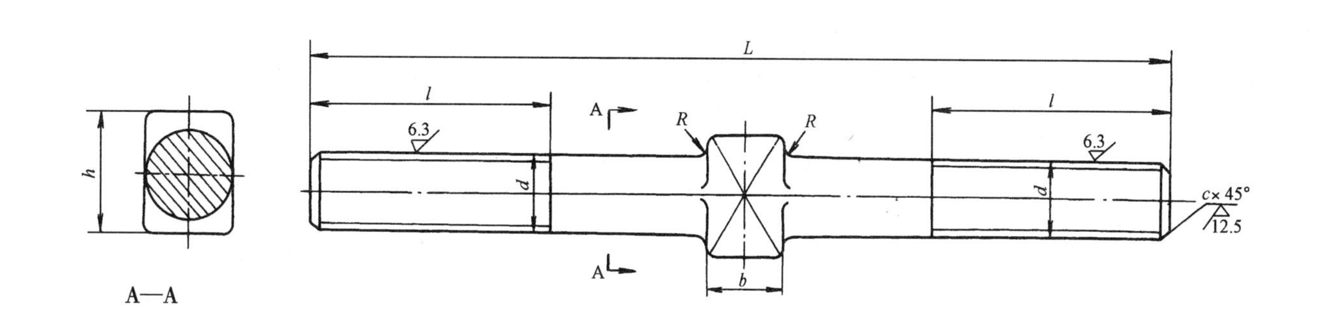

螺栓规格尺寸(mm)

序号	公称直径	d	L	l	h	b	c	R	重量(kg)
1	100	M12	180	140	22	12	2.0	1.5	0.16
2	150	M12	180	45	22	12	2.0	1.5	0.17
3	200	M16	200	55	22	16	2.0	2.0	0.33
4	250	M16	220	65	28	16	2.0	2.0	0.36
5	300	M16	240	70	28	16	2.0	2.0	0.38
6	350	M16	260	75	28	16	2.0	2.0	0.41
7	400	M20	280	85	28	20	2.5	2.5	0.72
8	450	M20	300	90	36	20	2.5	2.5	0.77
9	500	M20	320	95	36	20	2.5	2.5	0.81
10	600	M20	350	100	36	20	2.5	2.5	0.84

安 装 说 明

1. 螺纹尺寸精度应符合(GB197—81)《普通螺纹公差与配合(直径1~355mm)》中的3级精度。

2. 化学成分、抗拉强度应符合有关规定。

图名	螺　栓	图号	MQ2—4

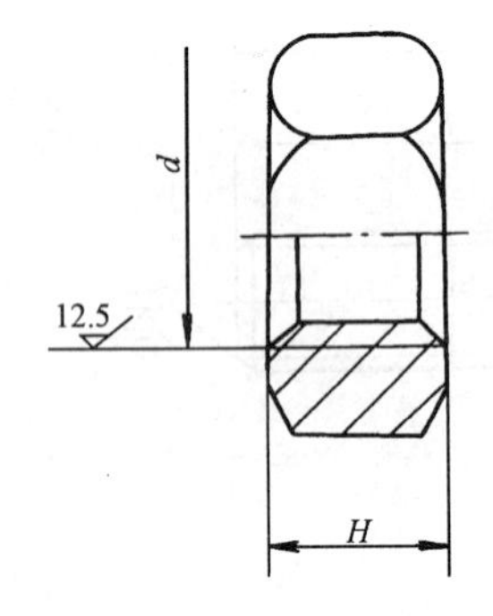

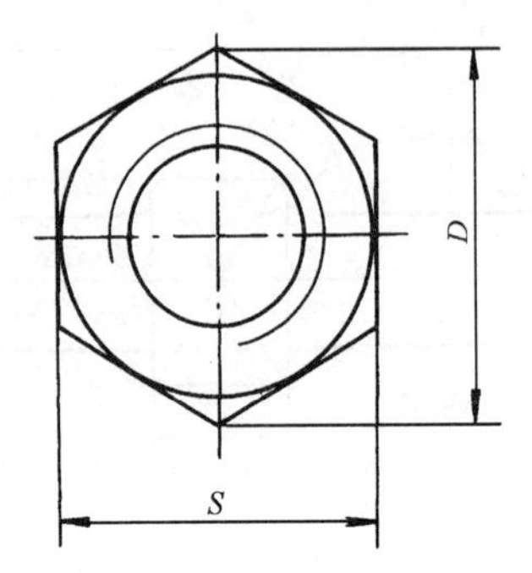

螺 母 规 格

序号	管子公称直径	d(mm)	S(mm)	D(mm)	H(mm)	每1000个计重(kg)
1	100	M12	19	21.9	10	16.32
2	150	M12	19	21.9	10	16.32
3	200	M16	24	27.7	13	34.12
4	250	M16	24	27.7	13	34.12
5	300	M16	24	27.7	13	34.12
6	350	M16	24	27.7	13	34.12
7	400	M20	30	34.6	16	61.91
8	450	M20	30	34.6	16	61.91
9	500	M20	30	34.6	16	61.91
10	600	M20	30	34.6	16	61.91

安 装 说 明

1. 螺纹尺寸精度应符合(GB197—81)《普通螺纹公差与配合(直径1~355mm)》中的3级精度。

2. 化学成分、抗拉强度应符合国家现行的有关规定。

图名	螺 母	图号	MQ2—5

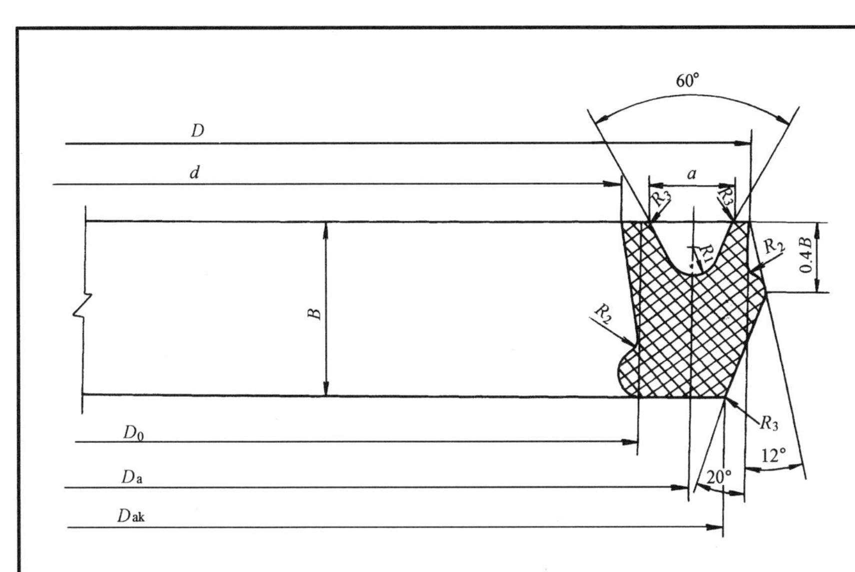

安 装 说 明

1. 硬度：邵氏 A60±5度。
2. 拉断强度：≥12MPa。
3. 拉断伸长率：≥350%。
4. 压缩永久变形：≤10%（常温 70h）。
5. 老化试验：在 70℃空气中老化 7 昼夜后主要性能参数比试验前实际参数变化值：
   邵氏硬度≤±6度；
   拉断伸长率≤-25%～+10%；
   拉断强度≤-15%。
6. 压缩应力松弛试验：在常温下经 7 昼夜后≤15%。
7. 耐腐蚀试验：常温下在液体中浸泡 7 昼夜后。
   体积变化≤+30%；
   硬度变化≤-15度。
8. 成件表面光滑、规整，无气泡杂质、裂纹等缺陷。

密封圈尺寸表

序号	D_0 (mm)	D (mm)	D_a (mm)	D_{ak} (mm)	d (mm)	B (mm)	a (mm)	R_1 (mm)	R_2 (mm)	R_3 (mm)	体积 (cm^3)	重量 (g)
1	118	135	126	130.2	114	17	6.9	1.7	2	1	57.5	74.8
2	169	188	178	182.8	165	18	7.6	1.9	2	1	95.9	124.7
3	220	241	230	235.3	215	19	8.4	2.1	2.5	1	144.5	187.9
4	212	294	282	288.7	267	20	9.2	2.3	2.5	1	196.7	254.4
5	322	348	335	341.8	316	21	10.1	2.5	3	1.5	287.4	373.6
6	374	402	387	395.3	368	22	11.2	2.8	3	1.5	375.4	488.0
7	425	456	440	449.2	418	24	12.3	3.1	3.5	1.5	514.7	669.1
8	476	510	492	502.7	469	26	13.5	3.4	3.5	1.5	684.5	889.9
9	528	564	545	556.5	520	28	14.8	3.7	4	2	864.6	1124.0
10	630	671	650	662.1	822	32	16.4	4.1	4	2	1340.6	1742.8

图名	密 封 圈	图号	MQ2—6

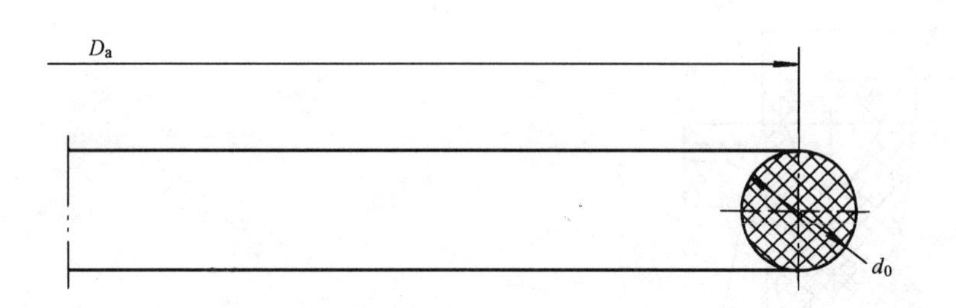

序号	DN(mm)	d_0(mm)	D_a(mm)	单重(g)
1	100	8.0	126	25.9
2	150	9.0	177	46.0
3	200	10.0	228	73.5
4	250	11.0	282	109.5
5	300	12.0	334	154.3
6	350	13.0	386	209.2
7	400	14.5	438	296.0
8	450	16.0	492	403.9
9	500	17.5	545	535.3
10	600	19.2	649	767.3

安 装 说 明

同密封圈技术要求。

图名	支撑圈图	图号	MQ2—7

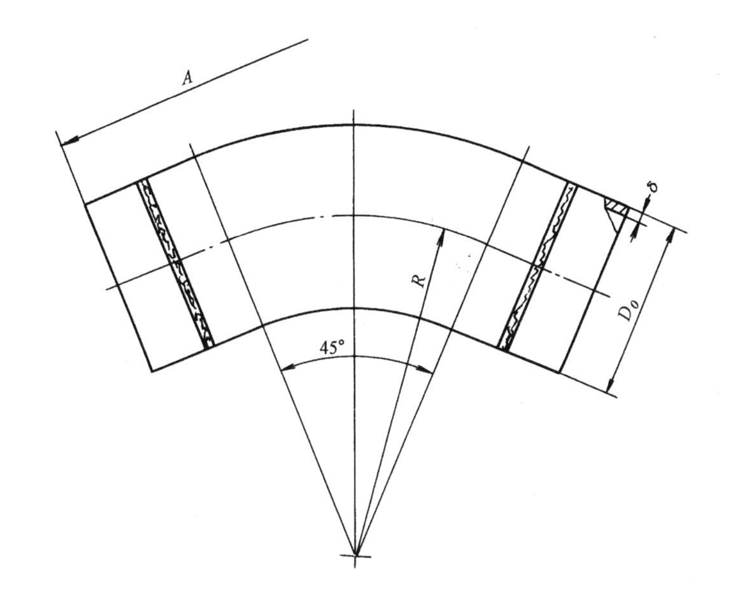

45°弯管尺寸表

序号	DN (mm)	D_0 (mm)	R (mm)	A (mm)	重量 (kg)
1	100	118.0	300	238.0	11.4
2	150	169.0	350	269.0	20.6
3	200	220.0	400	303.5	33.4
4	(250)	271.6	450	338.0	50.2
5	300	322.8	500	375.0	71.3
6	(350)	374.0	550	411.5	97.5
7	400	425.6	600	450.5	129.9
8	(450)	476.8	650	487.0	167.5
9	500	528.0	700	532.0	214.7
10	600	630.8	800	601.0	323.4

安 装 说 明

1. 铸件表面光滑平整、硬度不大于HB210。

2. 铸件不许有裂纹、冷隔、蜂窝等缺陷及深度或高度超过$(2+0.05\delta)$(mm)的局部凹陷或凸起，特别是在1m长度内，不许有深度或高度超过0.015δ(mm)的纵向沟纹或条棱。

3. 管口应平齐，法兰盘孔心位置对短管轴线的不同轴度$\leqslant 0.005D_0$(mm)。

4. 0.5MPa气压试验，经30s无渗漏。

5. 表面涂覆沥青质及色泽鲜明的安装标记线，管件标记：DN300——法兰短管。

图名	45°弯管	图号	MQ2—8

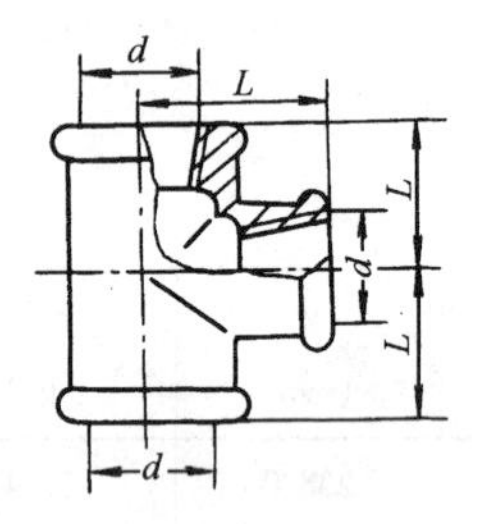

(*a*)等径三通

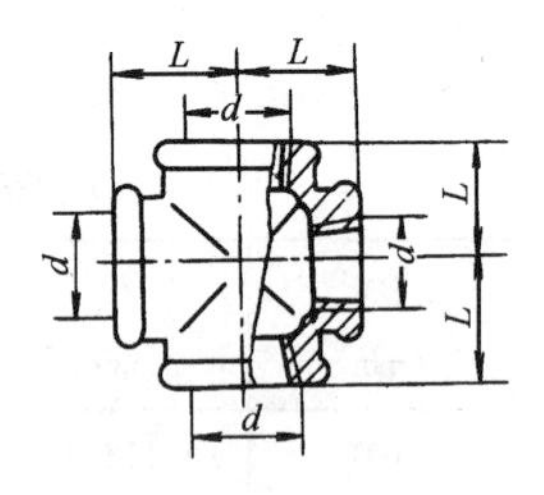

(*b*)等径四通

等径三通和等径四通规格尺寸

尺　寸(mm)			重　量(kg)		尺　寸(mm)			重　量(kg)	
公称直径 *DN*	内螺纹长　度	*L*	三通	四通	公称直径 *DN*	内螺纹长　度	*L*	三通	四通
15	11	26	0.091	0.19	65	22	65	1.23	2.01
20	12.5	31	0.158	0.255	80	24	74	1.78	
25	14	35	0.239	0.38	100	28	90	2.32	
32	16	42	0.374	0.606	(125)	30	110		
40	18	48	0.537	0.9	150	32	125	9.16	
50	19	55	0.812	1.29					

注：三通、四通均为内螺纹。

异径三通和异径四通规格尺寸

公称直径 $DN_1 \times DN_2$	异径三通			异径四通		公称直径 $DN_1 \times DN_2$	异径三通			异径四通	
	L_1 (mm)	L_2 (mm)	重量 (kg)	L_3 (mm)	L_4 (mm)		L_1 (mm)	L_2 (mm)	重量 (kg)	L_3 (mm)	L_4 (mm)
20×15	29	28.5	0.136	30	29	65×25	57	43	1.12	61	48
25×15	32.5	29	0.25	33	32	65×32	59.5	47.5		62	53
25×20	34.5	31.5	0.262	35	34	65×40	62	51		63	55
32×15	37	31.5	0.262	38	34	65×50	63	57	1.42	65	60
32×20	38	34	0.264	40	38	75×15				65	43
32×25	39.5	37.5	0.456	42	40	75×20				66	47
40×15	40.5	34	0.464	42	35	75×25	63.5	45.5	1.60	68	51
40×20	42.5	36.5	0.511	43	38	75×32	66	50		70	55
40×25	43	40	0.588	45	41	75×40	68.5	53.5		71	57
40×32	45.5	44.5	0.664	48	45	75×50	69.5	59.5	1.32	72	62
50×15				48	38	75×65	71.5	67.5		75	72
50×20	48.5	37.5	0.702	49	41	100×25				83	57
50×25	49	41	0.816	51	44	100×32	78.5	53.5		86	61
50×32	51.5	45.5	0.91	54	48	100×40	81	57		86	63
50×40	54	49	0.988	55	52	100×50	82	63	1.79	87	69
65×15				57	41	100×65	84	71		90	78
65×20				59	44	100×75	86.5	77.5		91	83

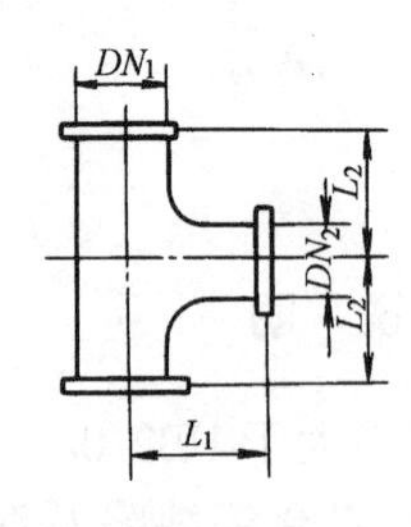

(*c*)异径三通

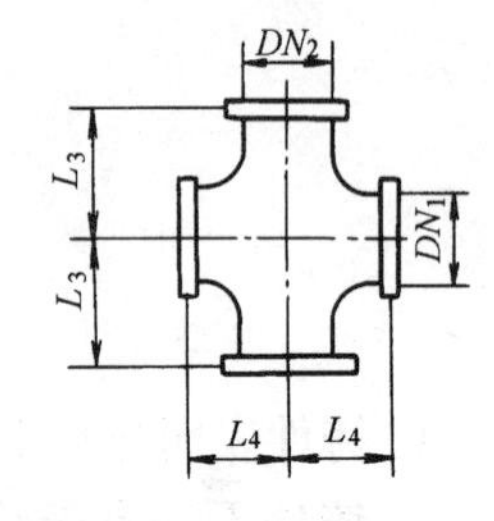

(*d*)异径四通

图名	等径三通、四通、异径三通和四通安装	图号	MQ2—9

(a) 90°及 45°等径弯头

90°及 45°等径弯头规格尺寸

公称直径 DN (mm)	90°弯头 结构长度 L(mm)	90°弯头 重量 (kg)	45°弯头 结构长度 L_1(mm)	45°弯头 重量 (kg)	公称直径 DN (mm)	90°弯头 结构长度 L(mm)	90°弯头 重量 (kg)	45°弯头 结构长度 L_1(mm)	45°弯头 重量 (kg)
6	20	0.032	15	—	59	55	0.576	38	0.742
10	23	—	17	—	65	65	0.928	45	1.140
15	26	0.074	20	0.096	80	74	1.350	50	1.690
20	31	0.112	23	0.134	100	90	2.150	60	2.650
25	35	0.163	27	0.171	125	110	3.390	—	—
32	42	0.267	31	0.320	150	125	5.510	—	—
40	48	0.399	35	0.468					

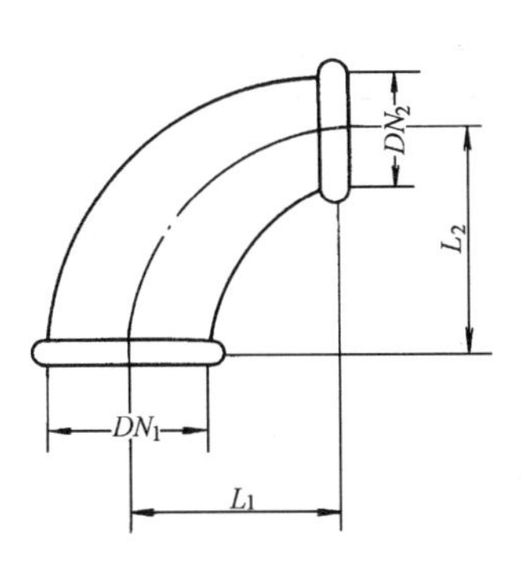

(b) 异径弯头

异径弯头规格尺寸

公称直径(mm) DN_1	公称直径(mm) DN_2	L_1(mm)	L_2(mm)	重量 (kg)	公称直径(mm) DN_1	公称直径(mm) DN_2	L_1(mm)	L_2(mm)	重量 (kg)
10	6	21.5	22		50	25	41	49	0.370
15	10	23.5	25.5			32	45.5	51.5	0.425
20	15	28.5	29	0.138		40	49	54	0.732
25	15	29	32.5	0.201	65	40	51	62	
	20	31.5	34.5	0.220		50	57	63	1.40
32	15	31.5	37	0.165	80	40	53.5	68.5	
	20	34	39	0.268		50	59.5	69.5	1.32
	25	37.5	39.5	0.310		65	67.5	71.5	
40	15	34	40.5	0.220	100	50	63	82	1.79
	20	36.5	42.5	0.265		65	71	84	
	25	40	43	0.388		80	77.5	86.5	
	32	44.5	45.5	0.471					

图名	90°、45°等径弯头与异径弯头安装	图号	MQ2—10

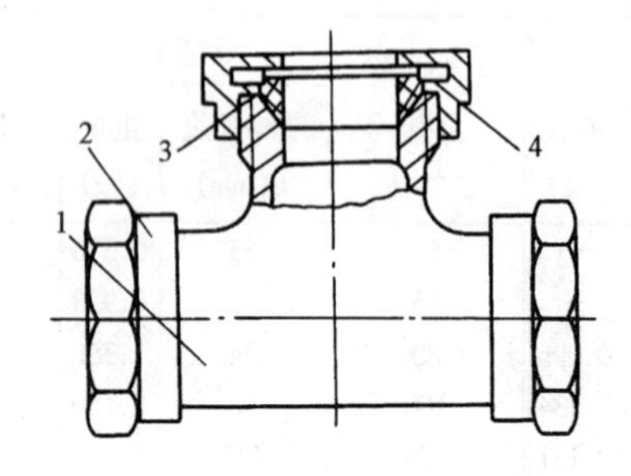

(*a*)三通快速接头

1—主体；2—锁紧端盖；3—胶垫；4—铜垫

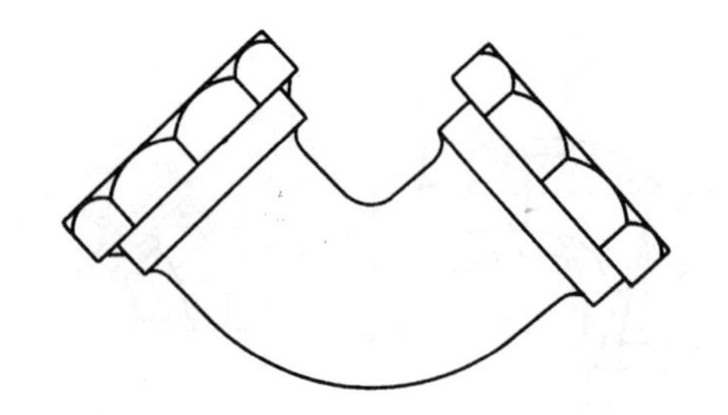

(*b*)弯头快速接头

三通快速接头规格尺寸

序　号	公称直径 *DN*（mm）	配管外径（mm）	安装尺寸（mm）
1	15	21.25	95×50
2	20	26.75	102×55
3	25	33.50	103×53
4	32	42.25	
5	40	48.00	
6	50	60.00	
7	65	75.50	
8	80	88.50	
9	100	114.00	

弯头快速接头规格尺寸

序　号	公称直径 *DN*（mm）	配管外径（mm）	安装尺寸（mm）
1	15	21.25	70
2	20	26.75	70
3	25	33.50	85
4	32	42.25	
5	40	48.00	
6	50	60.00	
7	65	75.50	
8	80	88.50	
9	100	114.00	

图名	三通快速接头、弯头快速接头安装	图号	MQ2—11

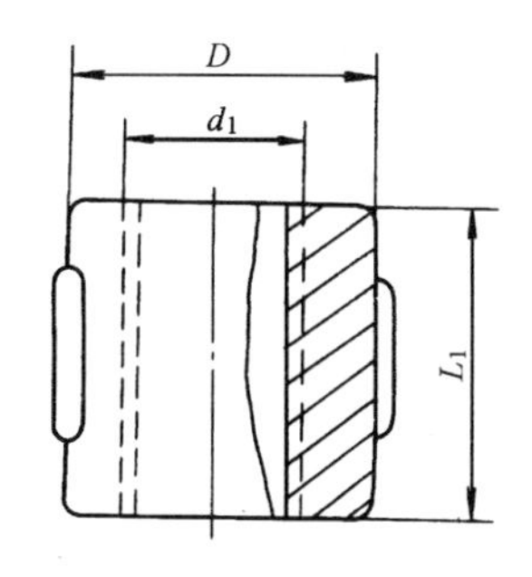

(a)圆柱形螺纹管接头

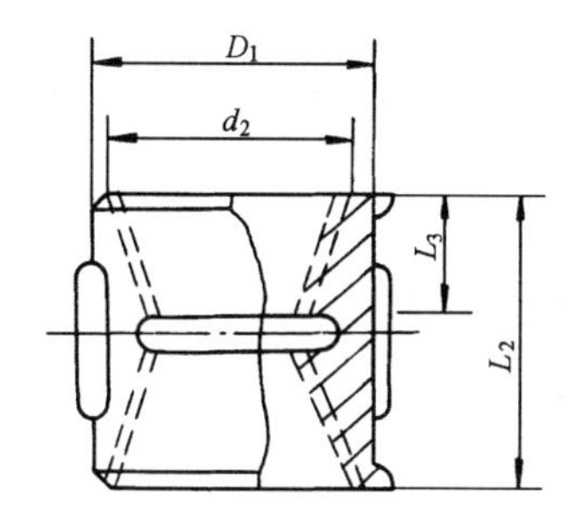

(b)锥形螺纹管接头

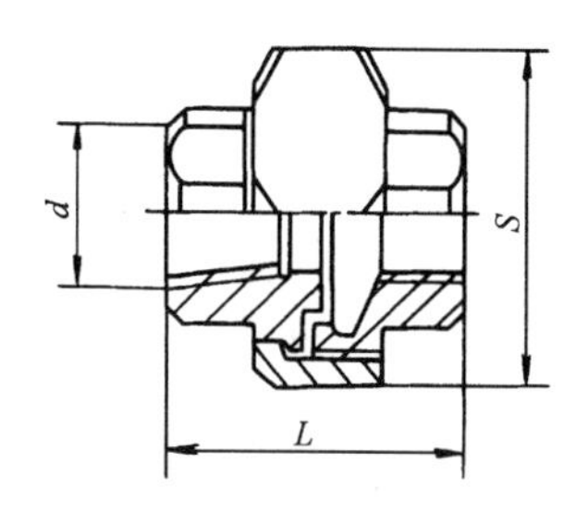

(c)活接头

圆柱形、锥形螺纹管接头规格尺寸

公称直径 DN (mm)	圆柱形管接头				锥形管接头				
	外径 D (mm)	长度 L_1 (mm)	螺纹直径 d_1(mm)	公称压力 (MPa)	外径 D_1 (mm)	长度 L_2 (mm)	螺纹直径 d_2	螺纹长度 L_3(mm)	公称压力 (MPa)
15	27	34	同相应的管螺纹	1.6	27	38	15	14	1.6
20	35	38		1.6	35	42	20	16	1.6
25	42	42		1.6	42	48	25	18	1.6
32	51	48		1.6	51	52	32	20	1.6
40	57	52		1.6	57	56	40	22	1.6
50	70	56		1.0	70	60	50	24	1.0
70 (65)	88	64		1.0	88	66	65	27	1.0
80	101	70		1.0					
100	128	84		1.0					
125									
150									

活接头规格尺寸

公称直径 DN	全长 L	安扳手处尺寸 S	重量 (mm)	公称直径 DN	全长 L	安扳手处尺寸 S	重量 (kg)
8 (6)	45	36	0.113	50	77	95	1.25
10	45	41	0.163	(65)	85	115	1.95
15	48	46	0.275	80	94	130	2.60
20	54	50	0.313	100	108	170	5.1
25	59	65	0.550	(125)	—	—	—
32	64	70	0.625	150	—	—	—
40	69	80	0.775				

注：表中带括号的为非常用尺寸。

图名	圆柱形、锥形螺纹管接头、活接头安装	图号	MQ2—12

直通快速接头规格尺寸

序号	公称直径 DN(mm)	配管外径 (mm)	安装尺寸 (mm)	序号	公称直径 DN(mm)	配管外径 (mm)	安装尺寸 (mm)
1	15	21.25	57	6	50	60.00	78
2	20	26.75	64	7	65	75.50	
3	25	33.50	69	8	80	88.50	
4	32	42.25	74	9	100	114.00	
5	40	48.00	74				

异径快速接头规格尺寸

序号	公称直径 $DN_1\times DN_2$ (mm)	配管外径 $d_1\times d_2$ (mm)	序号	公称直径 $DN_1\times DN_2$ (mm)	配管外径 $d_1\times d_2$ (mm)	序号	公称直径 $DN_1\times DN_2$ (mm)	配管外径 $d_1\times d_2$ (mm)
1	20×15	26.7×21.2	13	50×25	60×33.5	25	80×32	88.5×42.2
2	25×15	33.5×21.2	14	50×32	60×42.2	26	80×40	88.5×48
3	25×20	33.5×26.7	15	50×40	60×48	27	80×50	88.5×60
4	32×15	42.2×21.2	16	65×15	75.5×21.2	28	80×65	88.5×75.5
5	32×20	42.2×26.7	17	65×20	75.5×26.7	29	100×15	114×21.2
6	32×25	42.2×33.5	18	65×25	75.5×33.5	30	100×20	114×26.7
7	40×15	48×21.2	19	65×32	75.5×42.2	31	100×25	114×33.5
8	40×20	48×26.7	20	65×40	75.5×48	32	100×32	114×42.2
9	40×25	48×33.5	21	65×50	75.5×60	33	100×40	114×48
10	40×32	48×42.2	22	80×15	88.5×21.2	34	100×50	114×60
11	50×15	60×21.2	23	80×20	88.5×26.7	35	100×65	114×75.5
12	50×20	60×26.7	24	90×25	88.5×33.5	36	100×80	114×88.5

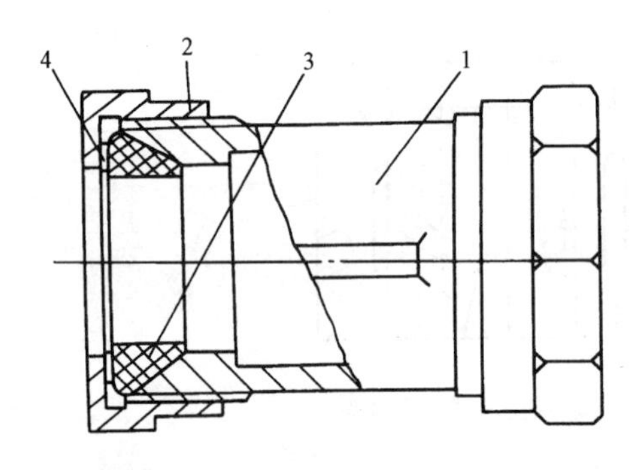

(a)直通快速接头

1—主体；2—锁紧端盖；3—胶垫；4—钢垫

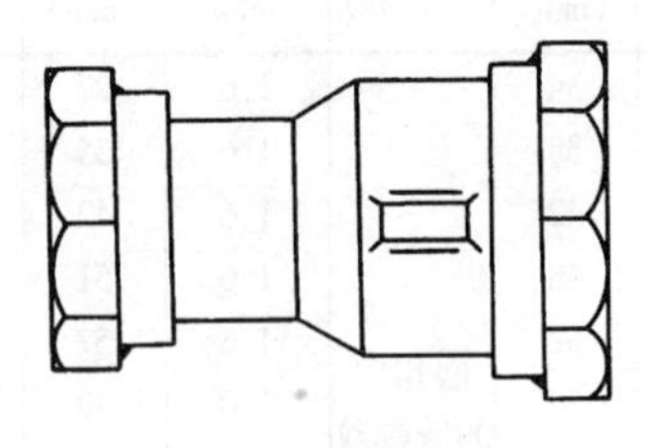

(b)异径快速接头

图名	直通快速接头、异径快速接头安装	图号	MQ2—13

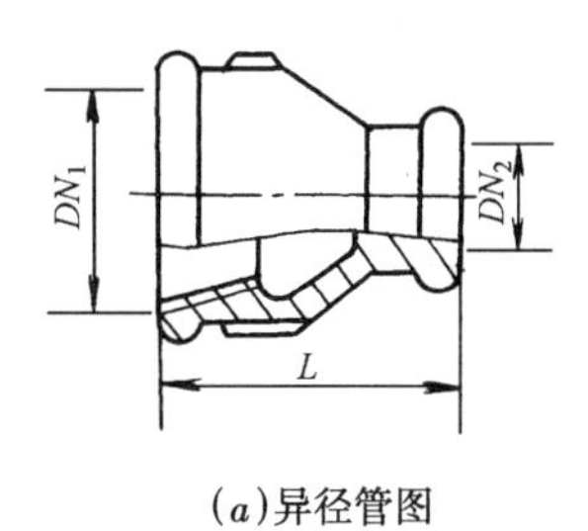

(a)异径管图

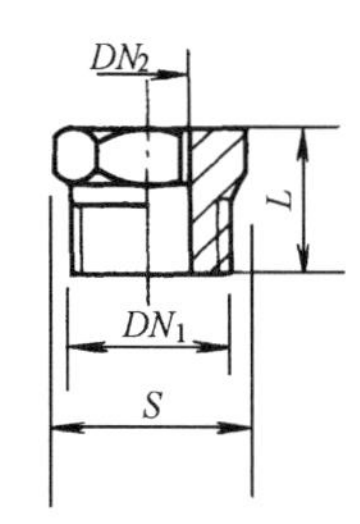

(b)内外螺纹管接头

内外螺纹管接头规格尺寸

公称直径 $DN_1 \times DN_2$	L (mm)	S (mm)	重量 (kg)	公称直径 $DN_1 \times DN_2$	L (mm)	S (mm)	重量 (kg)
20×15	28	30	0.06	40×25	38	55	0.254
25×15	32	36	0.1	40×32	38	55	0.204
25×20	32	36	0.091	50×15	40	65	0.408
32×40	35	46	0.201	50×20	40	65	0.405
32×20	35	46	0.198	50×25	40	65	0.387
32×25	35	46	0.19	50×32	40	65	0.371
40×40	38	55	0.29	50×40	40	65	0.292
40×20	38	55	0.279				

异径管规格尺寸

公称直径 $DN_1 \times DN_2$	长度 L(mm)	重量 (kg)	公称直径 $DN_1 \times DN_2$	长度 L(mm)	重量 (kg)	公称直径 $DN_1 \times DN_2$	长度 L(mm)	重量 (kg)
10×8(6)	30	—	40×25	55	0.215	80×40	75	—
15×8(6)	35	—	40×32	55	0.240	80×50	75	—
15×10	35	—	50×15	60	—	80×65	75	—
20×8(6)	40	—	50×20	60	—	100×20	—	—
20×10	40	—	50×25	60	0.325	100×25	—	—
20×15	40	0.089	50×32	60	0.310	100×32	—	—
25×8(6)	—	—	50×40	60	0.365	100×40	—	—
25×10	45	—	65×15	—	—	100×50	85	—
25×15	45	0.104	65×20	—	—	100×65	85	—
25×20	45	0.113	65×25	—	—	100×80	85	—
32×10	50	—	65×32	65	—	125×65	—	—
32×15	50	0.152	65×40	65	—	125×80	—	—
32×20	50	0.158	65×50	65	—	125×100	—	—
32×25	50	0.175	80×15	—	—	150×80	—	—
40×10	—	—	80×20	—	—	150×100	—	—
40×15	55	0.212	80×25	—	—	150×125	—	—
40×20	55	0.212	80×32	—	—			

图名	异径管、内外螺纹管安装	图号	MQ2—14

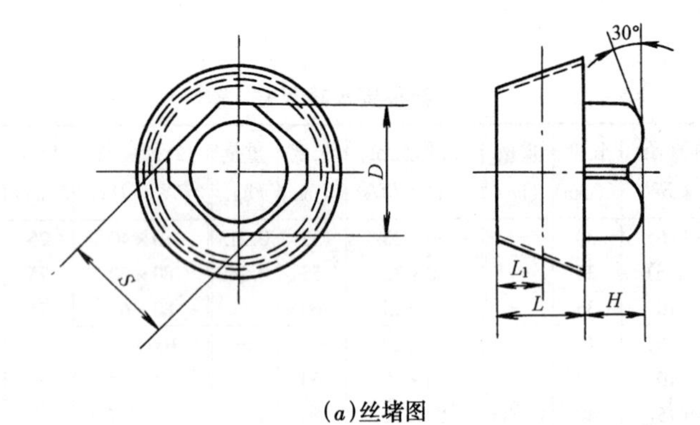

(*a*)丝堵图

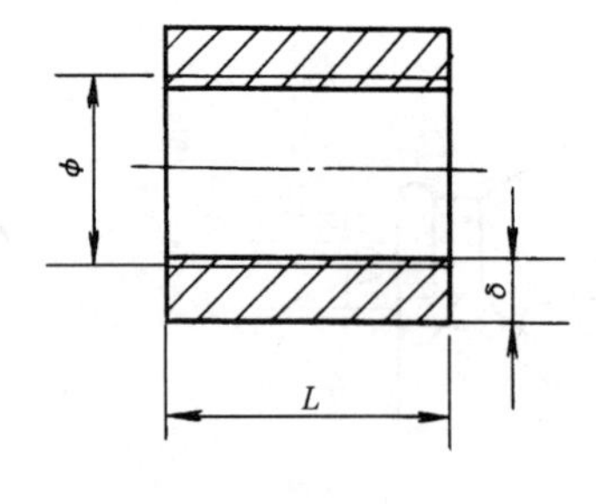

(*b*)管接头图

丝 堵 规 格 尺 寸

L (mm)	L_1 (mm)	S (mm) 公称尺寸	S (mm) 允　差	D (mm)	H (mm)	重量 (kg)
9	5.4	5	-0.3	7	5	0.01
11	6	8	-0.4	10.5	6	0.02
12	6	11	-0.4	14	8	0.03
15	7.5	14	-0.4	18	10	0.06
17	9.5	14	-0.4	18	10	0.08
19	11	19	-0.5	24	10	0.15
22	13	27	-0.5	34	12	0.52

管接头规格尺寸

公称直径 DN (mm)	长度 L (mm)	壁厚 δ (mm)	螺纹直径 ϕ	重量 (kg)	公称直径 DN (mm)	长度 L (mm)	壁厚 δ (mm)	螺纹直径 ϕ	重量 (kg)
15	35	5	同相应的管螺纹	0.066	70 (65)	65	8	同相应的管螺纹	1.1
20	40	5		0.11	80	70	8		1.3
25	45	6		0.21	100	85	10		2.2
32	50	6		0.27	125	90	10		3.2
40	50	7		0.45	150	100	12		5.7
50	60	7		0.63					

图名	丝堵、管接头安装	图号	MQ2—15

异径冲压三通管规格尺寸

尺寸(mm)							PN(MPa)	重量
$DN_1 \times DN_2$	D_1	D_2	L	H	δ_1	δ_2	小于	(kg)
50×40	57	45	80	45	3.5	2.5	4.0	0.5
					6	4	6.4	0.81
65×40	76	45	70	60	3.5	3.5	2.5	0.2
					7	6	6.4	1.7
65×50	76	57	70	65	3.5	3.5	2.5	0.28
					7	6	10.0	1.79
80×50	89	57	75	65	3.5	3.5	1.6	1.15
					6	6	6.4	1.91
80×65	89	76	75	70	3.5	3.5	1.6	1.23
					6	6	6.4	2.06
100×65	108	76	90	80	5	4	2.5	2.36
					7	6	6.4	3.27
100×80	108	89		85	4	3.5	2.5	2.01
					7	7	6.4	3.02
125×80	133	89	110	95	4	3.5	1.6	2.89
					7	7	4.0	5.1
125×100	133	108		100	4	4	1.6	2.97
					7	7	4.0	5.09
150×100	159	108	130	115	4.5	4	1.6	4.61
					6	5	2.5	6.07
					8	7	4.0	7.79
150×125	159	133		120	4.5	4	1.6	4.7
					8	7	4.0	8.01
200×125	219	133	160	140	7	4	1.6	24.5
				150	10	7	4.0	24.5
200×150	219	159			7	4.5	1.6	23.6
				140	10	8	4.0	40.6
250×150	273	159	190	180	8	4.5	1.6	40.6
				170	12	8	4.0	40.6
250×200	273	219		180	8	7	1.6	42.6
				170	12	10	4.0	42.6
300×200	325	219	240	205	10	7	2.5	62.8
300×250	325	273		210	10	8	2.5	64.7
350×300	377	325		225	12	10	1.6	78.7

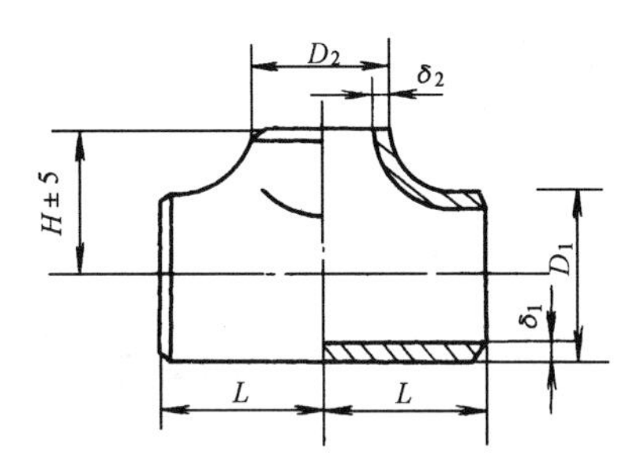

异径冲压三通

安 装 说 明

异径冲压三通管所采用材质与等径焊接三通相同。

图名	异径冲压三通安装	图号	MQ2—16

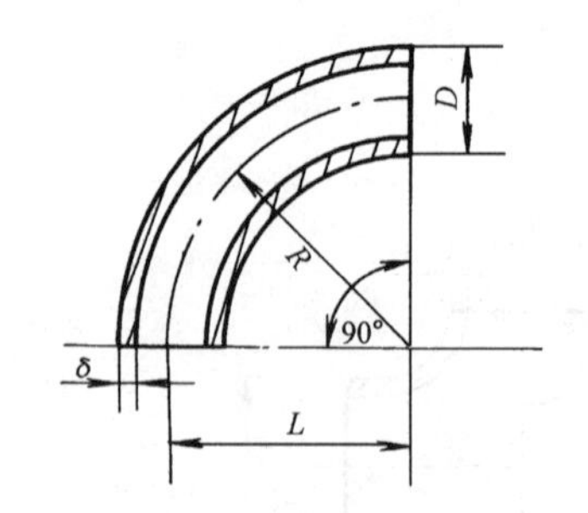

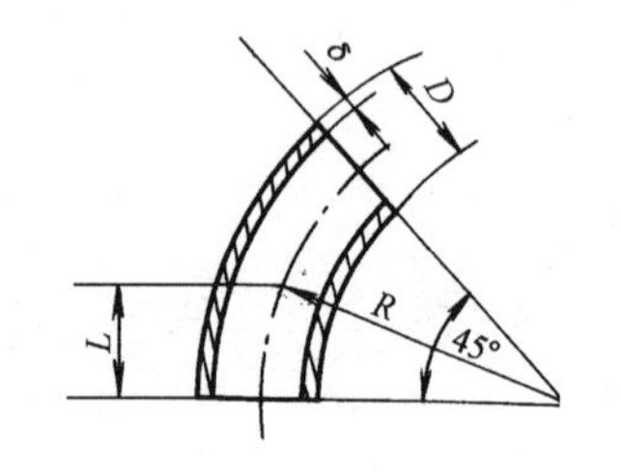

冲压焊接弯头

安 装 说 明

冲压焊接弯头适用于 $PN\leqslant 4$MPa。材质为10号、20号钢。

冲压焊接弯头规格尺寸

尺寸			R=1DN					R=1.5DN					R=2DN				
公称直径	外径	厚度	弯曲半径	90°弯头		45°弯头		弯曲半径	90°弯头		45°弯头		弯曲半径	90°弯头		45°弯头	
DN (mm)	D (mm)	δ (mm)	R (mm)	L (mm)	重量 (kg)	L (mm)	重量 (kg)	R (mm)	L (mm)	重量 (kg)	L (mm)	重量 (kg)	R (mm)	L (mm)	重量 (kg)	L (mm)	重量 (kg)
200	219	7	200	200	11.50	83	5.75	300	300	17.3	125	8.65	400	400	23	166	11.5
250	273	8	250	250	20.50	104	10.25	375	375	30.82	156	15.41	500	500	41	207	20.5
300	325	10	300	300	36.60	124	18.3	450	450	54.92	187	27.45	600	600	732	248	36.6
350	377	10	350	350	49.80	145	24.9	525	525	74.60	217	37.3	700	700	99.6	300	49.8
400	426	12	400	400	77.20	165	38.6	600	600	115.40	250	57.7	800	800	154.4	331	77.2
450	480	12	450	450	98.00	187	49.0	675	675	146.8	281	73.4	900	900	196.0	374	98.0
500	530	14	500	500	139.20	207	69.6	750	750	209.8	312	104.9	1000	1000	278.4	415	139.2
600	630		600	600				900	900		375		1200	1200		500	
700	720		700	700				1050	1050		440		1400	1400		580	
800	820		800	800				1200	1200		500		1600	1600		664	
900	920		900	900				1350	1350		562		1800	1800		746	
1000	1020		1000	1000				1500	1500		625		2000	2000		830	

图名	冲压焊接弯头安装	图号	MQ2—17

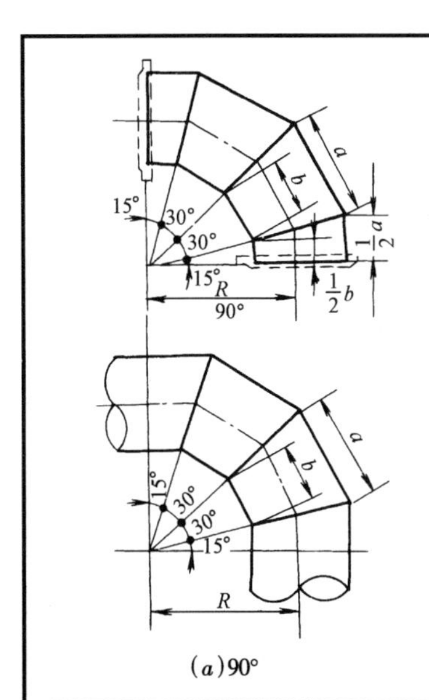

(a)90°

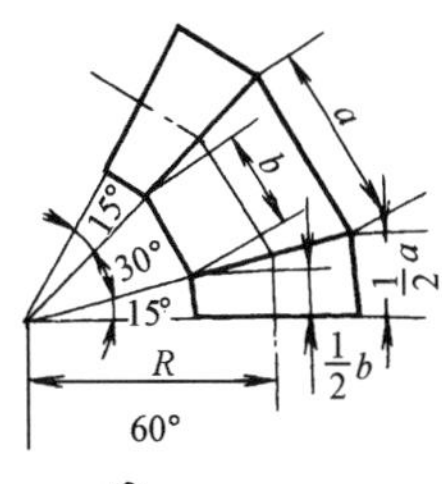

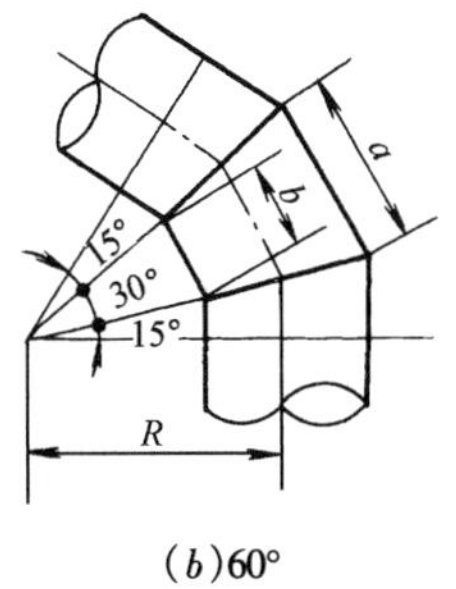

(b)60°

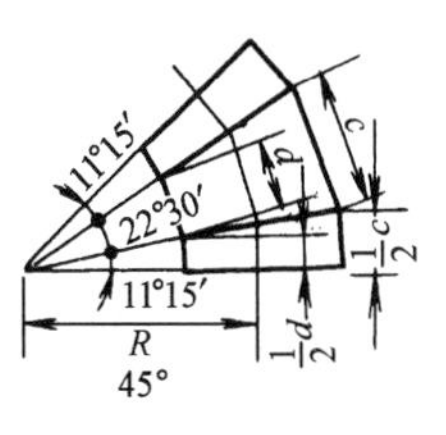

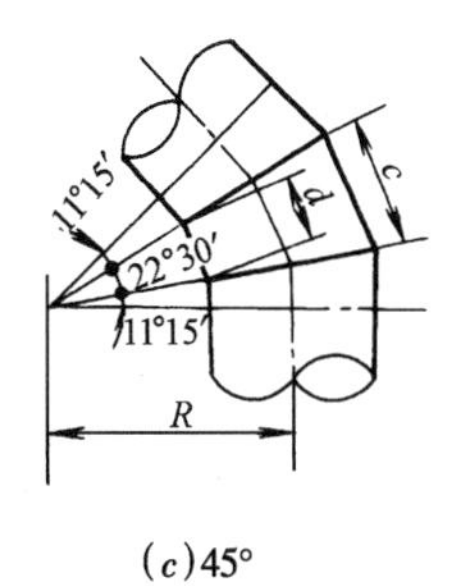

(c)45°

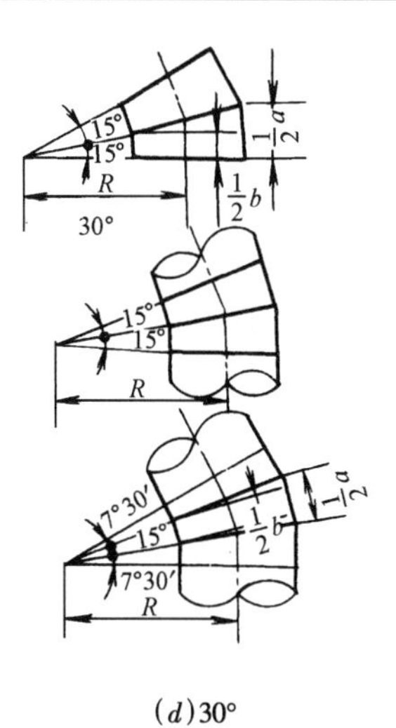

(d)30°

现场制作焊接弯头

公称直径 DN (mm)	外径 D (mm)	弯曲半径 R=1DN (mm)	90°、60°、30°部件尺寸(mm)		45°部件尺寸 (mm)		弯曲半径 R=1.5DN (mm)	90°、60°、30°部件尺寸(mm)		45°部件尺寸 (mm)	
			a	b	c	d		a	b	c	d
80	89	80	66	18	50	14	120	86	40	66	30
100	108	100	82	24	61	18	150	108	50	81	38
125	133	125	100	30	76	23	185	132	62	100	47
150	159	150	120	38	91	28	225	160	76	121	58
200	219	200	164	48	123	36	300	216	102	163	76
250	273	250	204	60	154	45	375	270	126	204	95
300	325	300	244	72	184	55	450	324	152	244	115
350	377	350	284	86	214	64	525	378	178	284	134
400	426	400	324	98	244	74	600	428	216	324	154
450	476	450	368	112	278	84	675	482	230	364	174
500	530	500	404	124	304	94	750	516	256	404	193
600	630	600	484	150	364	114	900	642	308	484	232
700	720	700	558	180	422	135	1050	742	364	561	275

安 装 说 明

现场制作弯头时其规格尺寸应按表中数据加工。

图名	现场制作焊接弯头安装	图号	MQ2—18

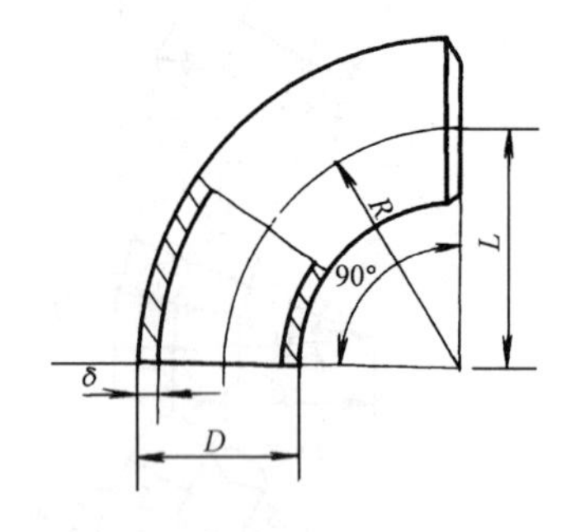

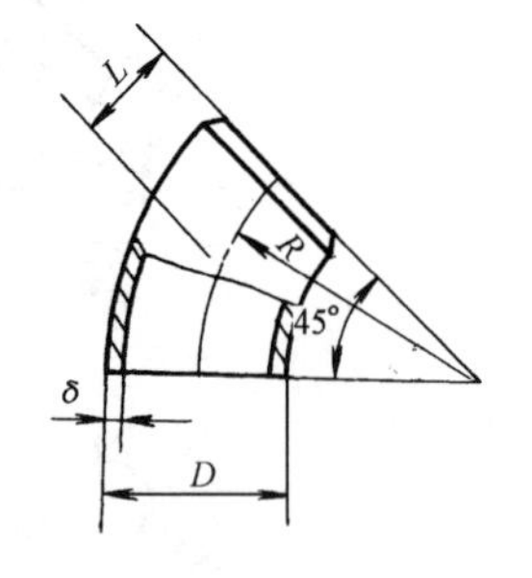

钢制无缝弯头

安 装 说 明

*PN*4(MPa)规格，宜选用10号、20号钢制作。

钢制无缝弯头规格尺寸

尺寸			*R*=1*DN*					*R*=1.5*DN*					*R*=2*DN*				
公称直径	外径	厚度	弯曲半径	90°弯头		45°弯头		弯曲半径	90°弯头		45°弯头		弯曲半径	90°弯头		45°弯头	
DN (mm)	*D* (mm)	δ (mm)	*R* (mm)	*L* (mm)	重量 (kg)	*L* (mm)	重量 (kg)	*R* (mm)	*L* (mm)	重量 (kg)	*L* (mm)	重量 (kg)	*R* (mm)	*L* (mm)	重量 (kg)	*L* (mm)	重量 (kg)
25	32	3	25	25	0.09	10	0.05	38	38	0.13	14.5	0.07	50	50	0.18	21	0.09
32	38	3	32	32	0.13	13	0.07	48	48	0.20	20	0.1	64	64	0.26	27	0.13
40	45	3.5	40	40	0.23	17	0.12	60	60	0.34	25	0.17	80	80	0.46	33	0.23
50	57	3.5	50	50	0.36	21	0.18	75	75	0.54	31	0.24	100	100	0.72	41	0.36
65	76	4	65	65	0.73	27	0.37	100	100	1.04	41.5	0.52	130	130	1.46	54	0.73
80	89	4.5	80	80	1.18	33	0.59	120	120	1.80	50	0.90	160	160	2.30	66	1.15
100	108	5	100	100	2.10	41	1.05	150	150	4.15	62	2.08	200	200	4.05	83	2.03
125	133	5	125	125	3.15	52	1.58	190	190	4.78	79	2.39	250	250	6.30	104	3.15
150	159	6	150	150	5.40	62	2.70	225	225	8.04	93.5	4.02	300	300	10.80	124	5.40
200	219	7	200	200	11.50	83	5.75	300	300	17.30	125	8.65	400	400	23.00	168	11.50
250	273	8	250	250	20.50	104	10.25	375	375	30.82	155	15.41	500	500	41.00	208	20.5
300	325	9	300	300	33.10	124	16.55	450	450	49.6	187	24.8	600	600	66.20	250	33.10
350	377	10	350	350	49.7	145	24.85	525	525	74.5	218	37.25	700	700	99.4	292	49.7
400	426	11	400	400	70.8	165	35.40	600	600	106.05	250	53.02	800	800	41.6	332	70.8

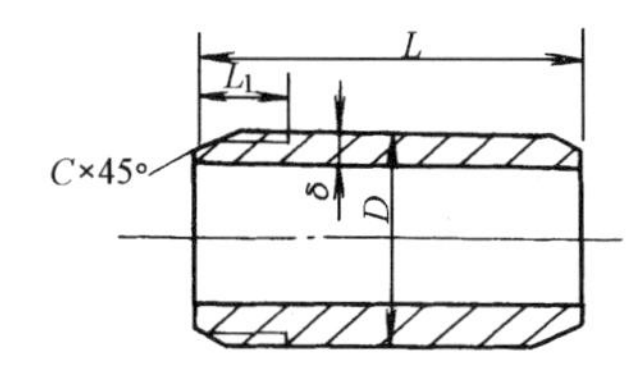

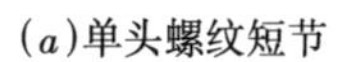

(a)单头螺纹短节

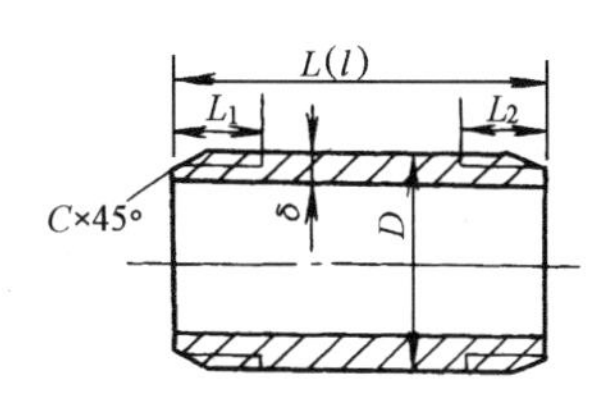

(b)双头螺纹短节

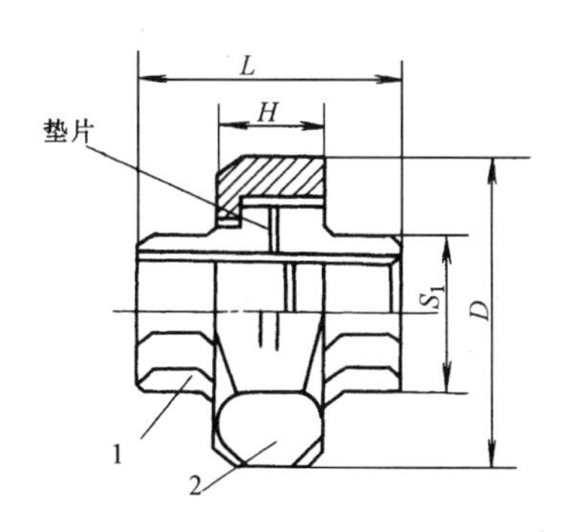

(c)钢制活接头

1—接管;2—接头螺母

钢制活接头规格尺寸

公称直径	L	H	S_1	D	重量(kg)
15	60	20	27	53.1	0.352
20	68	22	32	63.5	0.474
25	75	24	41	75	0.751
40	84	25	55	86.5	0.972

安 装 说 明

1. 螺纹短节常用材料为20号钢。
2. 钢制活接头常用材料为35号钢。

螺纹短节规格尺寸

单头螺纹短节									双头螺纹短节									
公称直径 DN (mm)	D (mm)	PN ≤4.0 (MPa)	PN ≤16.0 (MPa)	L_1 (mm)	L (mm)	C (mm)	PN ≤4.0 (MPa)	PN ≤16.0 (MPa)	D	PN ≤4.0 (MPa)	PN ≤16.0 (MPa)	L_1 L_2 (mm)	L (mm)	C (mm)	长形 PN ≤4.0 (MPa)	长形 PN ≤16.0 (MPa)	普通形 PN ≤4.0 (MPa)	普通形 PN ≤16.0 (MPa)
		δ(mm)					重量(kg)			δ(mm)					重量(kg)			
15	22	3.5	4.5	17.5	60	1.5	0.1	0.12	22	3.5	4.5	17.5	120	1.5	0.19	0.23	0.1	0.12
20	27	3.5	5	19.5	60	1.5	0.12	0.16	27	3.5	5	19.5	120	1.5	0.24	0.33	0.12	0.16
25	34	4	6	21	120	1.5	0.36	0.5	34	4	6	21	160	1.5	0.47	0.66	0.24	0.33
(32)	42	4	7	24	120	1.5	0.45	0.73	42	4	7	24	160	1.5	0.6	1.0	0.3	0.5
40	48	4	7	26	120	1.5	0.25	0.85	48	4	7	26	160	1.5	0.7	1.1	0.35	0.57

注:在双头螺纹短节中 L 为长形的长度,l 为普通形的长度。

图名	螺纹短节、钢制活接头安装	图号	MQ2—20

焊制偏心异径管规格尺寸

公称直径 $DN_1 \times DN_2$（mm）	D_1（mm）	D_2（mm）	L（mm）	δ（mm）	重量（kg）
65×50	73	57	38	4	0.24
80×50	89		75		0.55
80×65		73	38		0.31
100×50	108	57	120		1.00
100×65		73	83		0.76
100×80			45		0.45
125×80	133	89	104		1.16
125×100		108	59		0.72
150×80	159	89	165		2.65
150×100		108	120		1.62
150×125		133	61		0.91
200×100	219	108	262		4.35
200×125		133	203		3.64
200×150		159	141		2.73
250×150	273		269		5.87
250×200			127		3.14
300×200	325	219	250	4.5	7.73
300×250		273	123		4.20
350×200	377	219	372	5	14.09
350×250		273	245		10.16
350×300		325	123		5.49
400×250	426	273	360		16.01
400×300		325	238		11.34
400×350		377	115		5.85
450×250	478	273	483	6	27.10
450×300		325	360		22.10
450×350		377	238		15.50
450×400		426	123		8.48
500×300	529	325	480		31.50
500×350		377	358		24.90
500×400		426	243		17.90
500×450		478	120		9.42
600×350	630	377	596	7	53.52
600×400		426	480		45.33
600×450		478	358		35.44
600×500		529	240		24.45

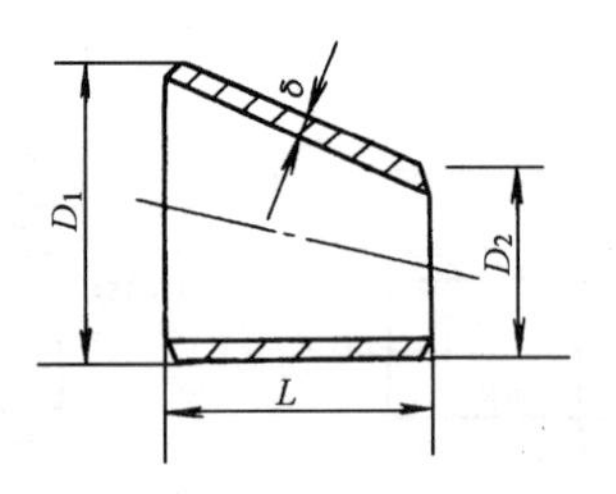

焊制偏心异径管

安 装 说 明

1. 焊制偏心异径管材质应符合设计要求和国家标准规定。

2. 其规格尺寸按表中要求。

图名	焊制偏心异径管安装	图号	MQ2—21

锻制异径管规格尺寸

<table>
<tr><th>公称直径
$DN_1 \times DN_2$(mm)</th><th>D_1
(mm)</th><th>δ
(mm)</th><th>D_2
(mm)</th><th>L
(mm)</th><th>L_1
(mm)</th><th>L_2
(mm)</th><th>R
(mm)</th><th>重量
(kg)</th></tr>
<tr><td>32×15</td><td rowspan="3">38</td><td rowspan="6">2.5</td><td>18</td><td rowspan="3">80</td><td rowspan="3">20</td><td rowspan="9">20</td><td rowspan="15">5</td><td>0.130</td></tr>
<tr><td>32×20</td><td>25</td><td>0.145</td></tr>
<tr><td>32×25</td><td>32</td><td>0.160</td></tr>
<tr><td>40×20</td><td rowspan="3">45</td><td>25</td><td rowspan="3">90</td><td rowspan="9">25</td><td>0.171</td></tr>
<tr><td>40×25</td><td>32</td><td>0.200</td></tr>
<tr><td>40×32</td><td>38</td><td>0.217</td></tr>
<tr><td>50×25</td><td rowspan="3">57</td><td rowspan="6">3</td><td>32</td><td rowspan="3">100</td><td>0.362</td></tr>
<tr><td>50×32</td><td>38</td><td>0.385</td></tr>
<tr><td>50×40</td><td>45</td><td>0.414</td></tr>
<tr><td>65×32</td><td rowspan="3">73</td><td>38</td><td>130</td><td rowspan="9">25</td><td>0.596</td></tr>
<tr><td>65×40</td><td>45</td><td rowspan="2">120</td><td>0.585</td></tr>
<tr><td>65×50</td><td>57</td><td>0.650</td></tr>
<tr><td>80×40</td><td rowspan="3">89</td><td rowspan="3">3.5</td><td>45</td><td rowspan="3">130</td><td rowspan="6">30</td><td>0.700</td></tr>
<tr><td>80×50</td><td>57</td><td>0.778</td></tr>
<tr><td>80×65</td><td>73</td><td>0.895</td></tr>
<tr><td>100×50</td><td rowspan="3">108</td><td rowspan="3">4</td><td>57</td><td rowspan="3">160</td><td rowspan="3">10</td><td>1.23</td></tr>
<tr><td>100×65</td><td>73</td><td>1.38</td></tr>
<tr><td>100×80</td><td>89</td><td>1.49</td></tr>
</table>

<table>
<tr><th>公称直径
$DN_1 \times DN_2$(mm)</th><th>D_1
(mm)</th><th>δ
(mm)</th><th>D_2
(mm)</th><th>L
(mm)</th><th>L_1
(mm)</th><th>L_2
(mm)</th><th>R
(mm)</th><th>重量
(kg)</th></tr>
<tr><td>125×65</td><td rowspan="3">133</td><td rowspan="3">4</td><td>73</td><td rowspan="3">160</td><td rowspan="6">30</td><td rowspan="2">25</td><td rowspan="2">10</td><td>1.55</td></tr>
<tr><td>125×80</td><td>89</td><td>1.67</td></tr>
<tr><td>125×100</td><td>108</td><td rowspan="7">30</td><td rowspan="7">20</td><td>1.79</td></tr>
<tr><td>150×80</td><td rowspan="3">159</td><td rowspan="3">4.5</td><td>89</td><td rowspan="3">200</td><td>2.61</td></tr>
<tr><td>150×100</td><td>108</td><td>2.81</td></tr>
<tr><td>150×125</td><td>133</td><td>3.10</td></tr>
<tr><td>200×100</td><td rowspan="3">219</td><td rowspan="3">6</td><td>100</td><td>290</td><td rowspan="3">35</td><td>6.60</td></tr>
<tr><td>200×125</td><td>133</td><td>240</td><td>5.94</td></tr>
<tr><td>200×150</td><td>159</td><td>220</td><td>6.16</td></tr>
<tr><td>250×150</td><td rowspan="2">273</td><td rowspan="2">7</td><td>159</td><td>300</td><td rowspan="3">40</td><td rowspan="3">35</td><td rowspan="3">25</td><td>10.6</td></tr>
<tr><td>250×200</td><td>219</td><td>280</td><td>11.3</td></tr>
<tr><td>300×200</td><td rowspan="2">325</td><td rowspan="2">8</td><td>219</td><td rowspan="2">300</td><td>15.7</td></tr>
<tr><td>300×250</td><td>273</td><td>90</td><td>75</td><td>45</td><td>17.2</td></tr>
<tr><td>350×200</td><td rowspan="3">377</td><td rowspan="6">9</td><td>219</td><td>400</td><td rowspan="2">45</td><td rowspan="2">35</td><td rowspan="2">25</td><td>26.1</td></tr>
<tr><td>350×250</td><td>273</td><td rowspan="3">360</td><td>26.6</td></tr>
<tr><td>350×300</td><td>325</td><td>100</td><td>80</td><td>50</td><td>27.4</td></tr>
<tr><td>400×250</td><td rowspan="3">426</td><td>273</td><td rowspan="3">45</td><td>35</td><td rowspan="3">25</td><td>30.0</td></tr>
<tr><td>400×300</td><td>325</td><td rowspan="2">400</td><td>40</td><td>32.3</td></tr>
<tr><td>400×350</td><td>377</td><td>45</td><td>34.5</td></tr>
</table>

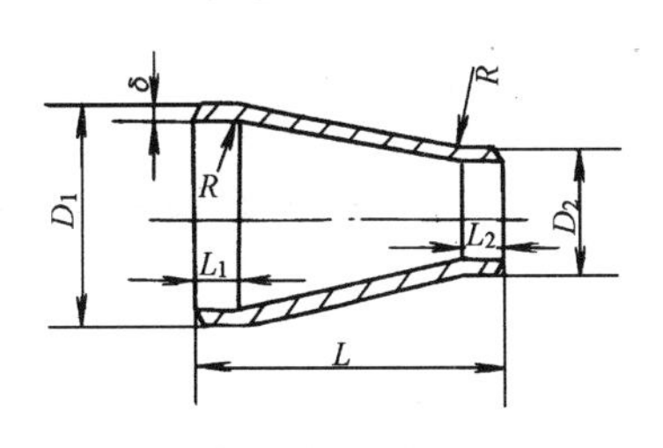

锻制异径管

安 装 说 明

锻制异径管材质为 Q215、Q235。

图名	锻制异径管安装	图号	MQ2—22

等径焊接三通管规格尺寸

公称压力 PN(MPa)	公称直径 DN(mm)	$D \times \delta$ (mm)	H (mm)	L (mm)	重量 (kg)	公称压力 PN(MPa)	公称直径 DN(mm)	$D \times \delta$ (mm)	H (mm)	L (mm)	重量 (kg)
4.0	65	73×3	170	340	3.14	1.0	500	529×9	550	1100	153
	80	89×3.5	180	360	4.52		600	630×9	625	1250	221
	100	108×4	200	400	6.15		700	720×9	700	1400	254
	125	133×4	225	450	10.2	0.6	800	820×9	800	1600	368
	150	159×4.5	250	500	17.4		900	920×10	900	1800	511
	200	219×6	275	550	32.1		1000	1020×11	1000	2000	693
2.5	250	273×7	325	650	57.5	0.4	300	325×7	350	700	46
	300	325×8	350	700	82.4		350	377×7	375	750	56
	350	377×9	375	750	120		400	426×7	425	850	72
	400	426×9	425	850	159		450	478×7	500	1000	96
1.6	200	219×6	275	550	26.0		500	529×7	550	1100	118
	250	273×7	325	650	37.7		600	630×8	625	1250	184
	300	325×8	350	700	54.1		700	720×8	700	1400	229
	350	377×8	375	750	66.0		800	820×9	800	1600	336
	400	426×9	425	850	92.2		900	920×9	900	1800	425
	450	478×9	500	1000	123		1000	1020×10	1000	2000	586
	500	529×10	550	1100	143		1200	1220×10	1200	2400	839
	600	630×11	625	1250	245		1400	1420×12	1400	2800	1381
							1600	1620×14	1600	3200	2105

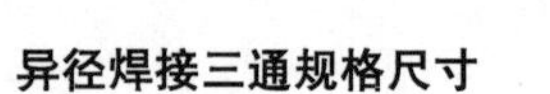

异径焊接三通规格尺寸

公称直径 $DN_1 \times DN_2 \times DN_1$(mm)	$D_1 \times \delta_1$ (mm)	$D_2 \times \delta_2$ (mm)	H (mm)	L (mm)	重量 (kg)
65×40×65	73×3	45×2.5	150	320	2.57
65×50×65		57×3	160		2.65
80×50×80	89×3.5	57×3	170	350	3.90
80×65×80		73×3	180		4.2

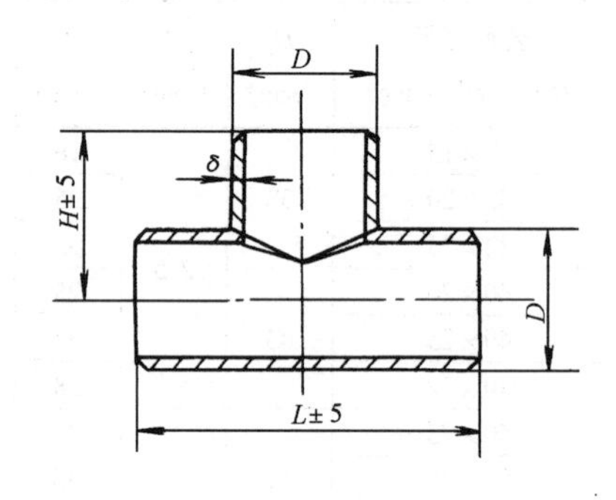

(a)等径焊接三通

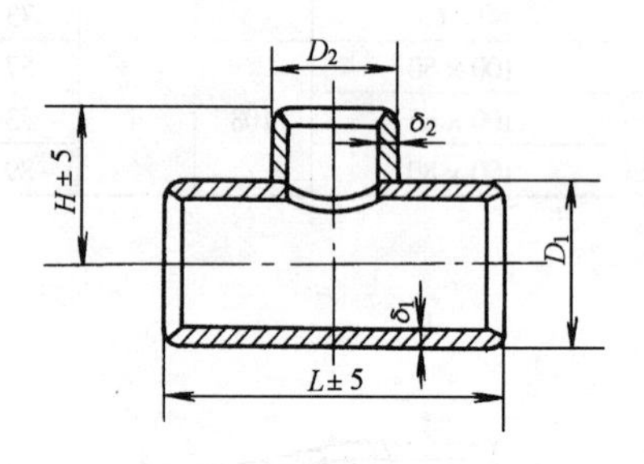

(b)异径焊接三通图

图名	等径焊接三通、异径焊接三通安装	图号	MQ2—23

等径无缝三通规格尺寸表

尺寸(mm)						PN (MPa) 小于	重量 (kg)
DN	D	L	L_1	δ	$D\times\delta$ (连接管段)		
40	45	40	40	2.5	45×2.5	4.0	0.24
				4	45×2.5	6.4	0.27
50	57	50	50	3.5	57×3.5	4.0	0.54
				6	57×3.5	10.0	0.89
55	76	70	70	3.5	76×3.5	2.5	1.05
				7	76×4.5	10.0	2.03
80	89	75	75	3.5	89×3.5	1.6	1.26
				6	89×4.5	6.4	2.11
100	108	90	90	5	108×4	2.5	2.53
				7	108×4	6.4	3.6
125	133	110	110	4	133×4	1.6	3.15
				7	133×4	4.0	5.43
150	159	130	130	4.5	159×4.5	1.6	5.0
				6	159×4.5	2.5	6.6
				8	159×6	4.0	8.75
				7	219×6	2.5	15.6
200	219	160	140	10	219×7	4.0	19.3
250	273	190	175	6	273×7	1.6	20.2
				12	273×8	4.0	31.2
300	325	240	220	10	325×8	2.5	40.3
350	377	260	240	12	377×9	1.6	54.8

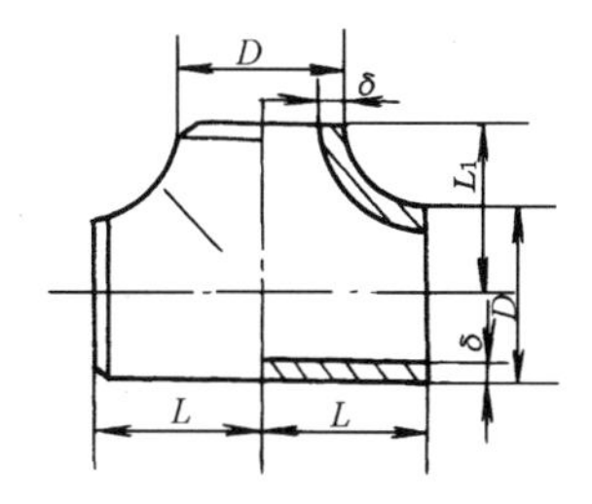

等径无缝三通图

安 装 说 明

公称压力为4MPa、公称直径大于或等于125mm时，采用20号钢无缝钢管制作；当公称直径≤100mm时，或公称压力为2.5MPa，公称直径≤400mm时，采用10号钢无缝钢管制作；当公称压力≤1.6MPa时，采用Q215、Q235的钢板卷焊管制作。

图名	等径无缝三通制作	图号	MQ2—24

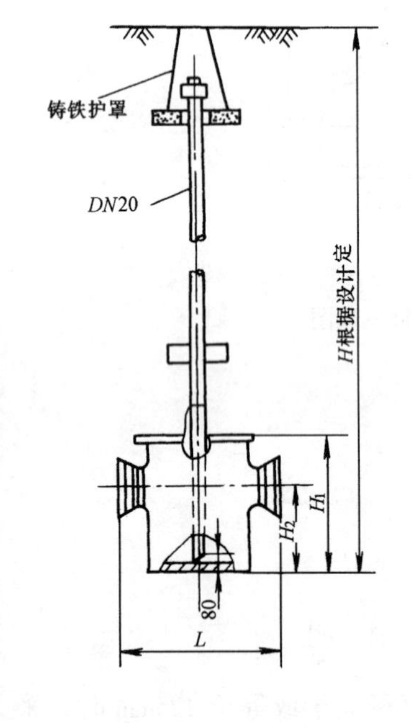

(a)低压铸铁排水器

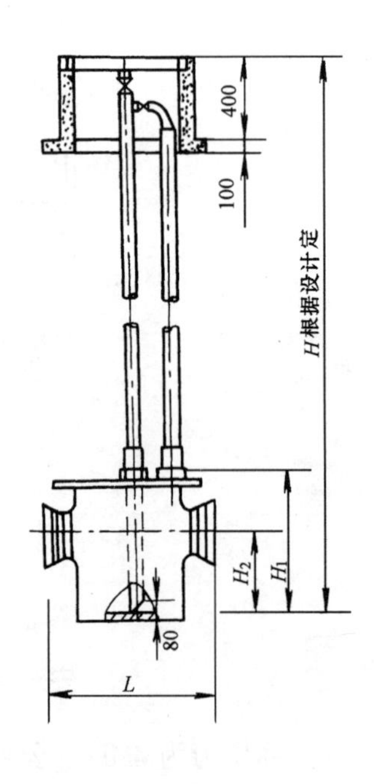

(b)中压铸铁排水器

外形尺寸

H	H_1	H_2	L
75	534	320	950
100	616	390	960
150	714	461	1082
200	789	511	1102
250	836	532	1134
300	893	563	1166
350	970	614	1178
450	1169	716	1192
500	1272	837	1214
600	1324	838	1226
700	1370	839	1336
800	1067	685	1480

安 装 说 明

1. *DN*20的排水管最好设在套管之间，两管之间用沥青或水泥填塞。

2. 铸铁井盖 ϕ500。

3. 井内管件安装采用丝扣连接并涂刷红丹防锈漆两道。

4. 排水管及管件安装后，应同系统一起进行强度和严密性试验。

图名	低压、中压铸铁排水器安装	图号	MQ2—25

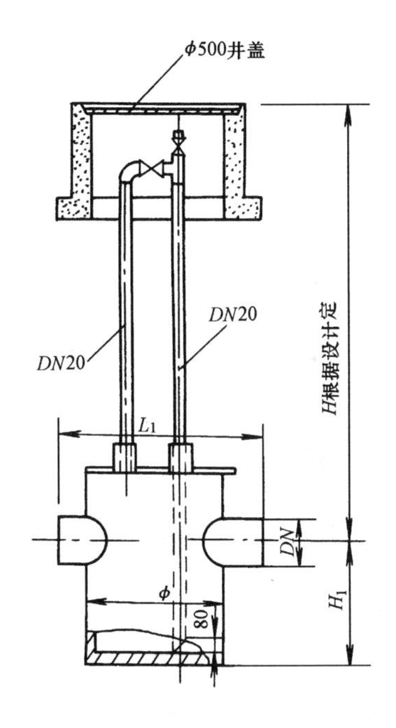

高中压钢凝水缸

外形尺寸

DN	L_1	H_1	ϕ
50	828	353	478
75	828	367	478
100	879	607	529
125	879	620	529
150	879	632	529
200	879	659	630
250	1000	696	630
300	1000	722	630
350	1000	748	630
400	1030	773	630
450	1030	799	630
500	1030	824	630

安装说明

1. 高、中压凝水缸排水器在非结冻地区，*DN*20的平衡管可以不要（按低压铸铁排水器形式做）。

2. 井内管件安装采用丝扣连接并涂刷红丹防锈漆两道。

3. *DN*20的排水管最好设在套管内，两管之间用沥青或水泥填塞。

4. 排水器及管件安装后，应同管线一起进行强度及严密试验。

图名	高、中压凝水缸安装	图号	MQ2—26

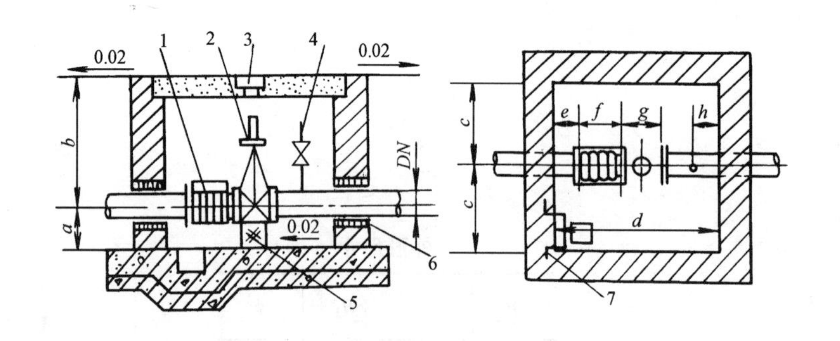

阀井安装图

1—伸缩器；2—阀门；3—闸门井盖；4—放散阀；
5—阀门底表支座；6—填料层；7—爬梯

基 本 尺 寸

管径 / 尺寸(mm)	DN150	DN200	DN250	DN300	DN350	DN400	DN450	DN500
a	475	500	525	550	575	600	600	650
b	970	1160	1374	1545	1726	1930	2225	2440
c	675	700	725	750	775	800	825	850
d	1000	1030	1150	1200	1450	1500	1550	1550
e	160	150	150	150	150	150	150	150
f	200	200	200	200	300	300	300	300
g	280	330	500	500	550	600	650	650
h	160	150	150	150	150	150	150	150

安 装 说 明

1. 本图为方形单管阀门井做法，适用于干管、支管及燃气管道。

2. 井体结构可采用水泥砂石，也可采用砖砌。砌体采用 MU10 砂浆。

3. 阀门采用 244W - 10 平行式双闸板阀，当 *DN*500 以上时，应选用 245W - 10 暗杆楔式闸阀。

4. 阀门井盖板、盖按本图集阀井盖板、井盖要求做。

图名	方形阀门井安装	图号	MQ2—27

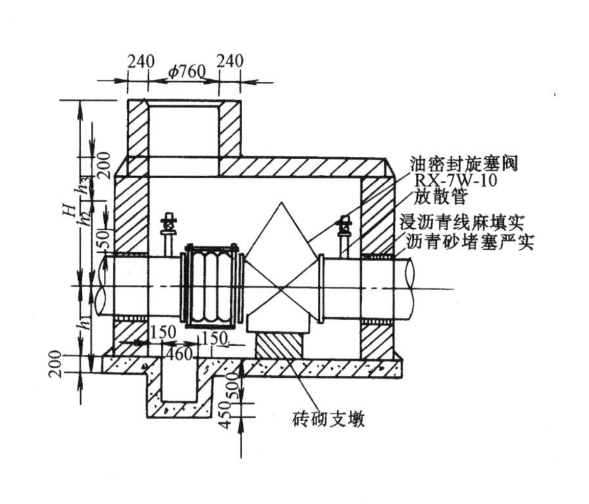

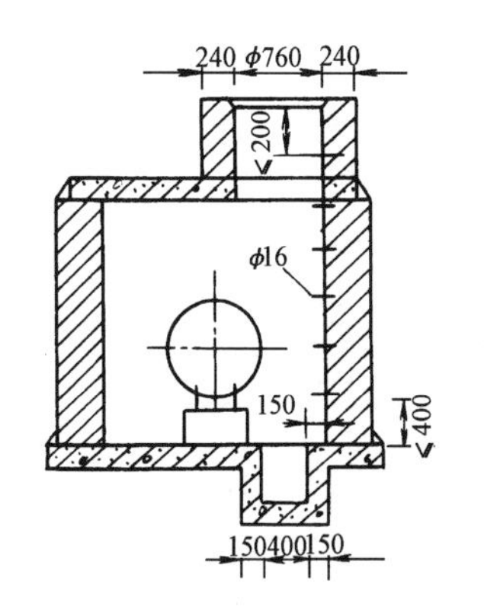

安装说明

1. 1∶2.5水泥砂浆抱角。

2. 砌体采用MU10，砂浆采用M7.5水泥砂浆，1∶2.5水泥砂浆勾缝。

3. 阀门井荷载按汽车-20级设计，本图为单人孔，双人孔的对角布置。

4. 阀门下砌砖墩，支撑断面视阀体大小砌筑，高至阀高为止。

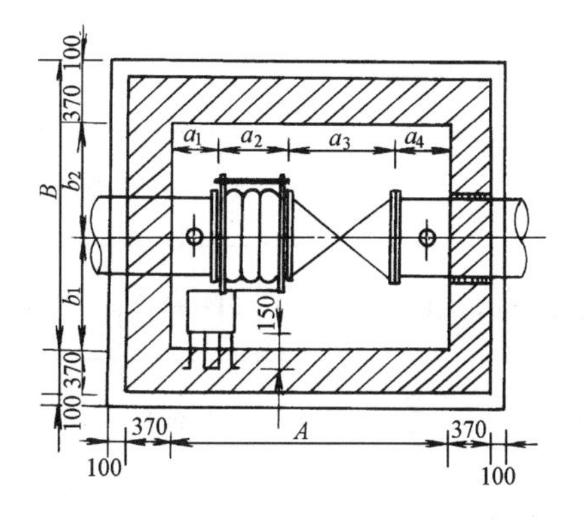

各部安装尺寸表(mm)

规格	A	a_1	a_2	a_3	a_4	B	b_1	b_2	H	h_1	h_2	h_2	h 底板厚度	人孔
*DN*100	1800	685	310	325	500	1500	750	750	1800	550	310	940	200	1
*DN*150	1800	577	329	394	500	1500	750	750	1800	575	550	675	200	1
*DN*200	2100	770	373	457	500	1500	750	750	1800	600	590	610	200	1
*DN*300	2400	770	520	610	500	1900	950	950	1800	650	770	380	200	1~2
*DN*400	2400	615	520	702	500	1900	950	950	1800	700	700	320	200	1~2
*DN*500	2400	433	561	850	500	1900	950	950	2000	750	825	425	200	1~2
*DN*600	2400	450	561	950	439	1900	950	950	2000	800	860	340	200	1~2

图名	单管阀门井砌筑安装	图号	MQ2—28

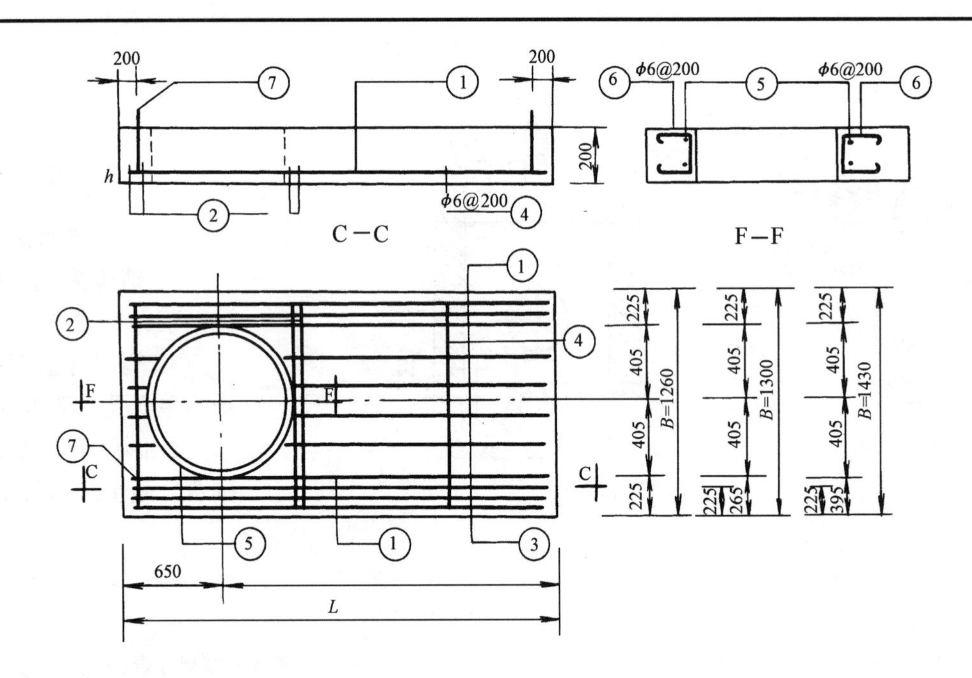

QB₃—1～2　　QB₄—1～2　　QB₅—1～2
（B＝1260）　（B＝1300）　（B＝1430）

构件规格（mm）	钢筋编号	形式与尺寸（mm）	直径	根数
h＝250（200） L＝3100（2800）	1	3050（2750）	ϕ18（ϕ16）	8（7）
	2	1400（1300）	ϕ18（ϕ16）	4（4）
	3	3050（3050）	ϕ16（ϕ16）	5（5）
	4	1400（1300）	ϕ6（ϕ6）	17（15）

构件规格（mm）	钢筋编号	形式与尺寸（mm）	直径	根数
h＝250（200） L＝3100（2800）	5	75 810	ϕ14（ϕ14）	2（2）
	6	200 200 40	ϕ6（ϕ6）	6（6）
	7	200 150（100） （60）80 （60）75	ϕ14（ϕ12）	4（4）

图名	阀门井盖板配筋图	图号	MQ2—29

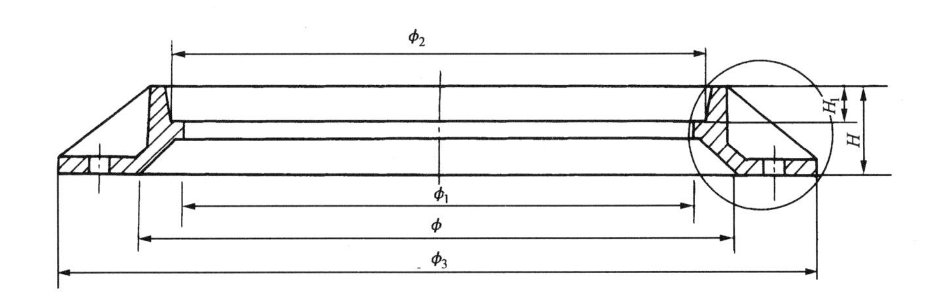

支座剖面

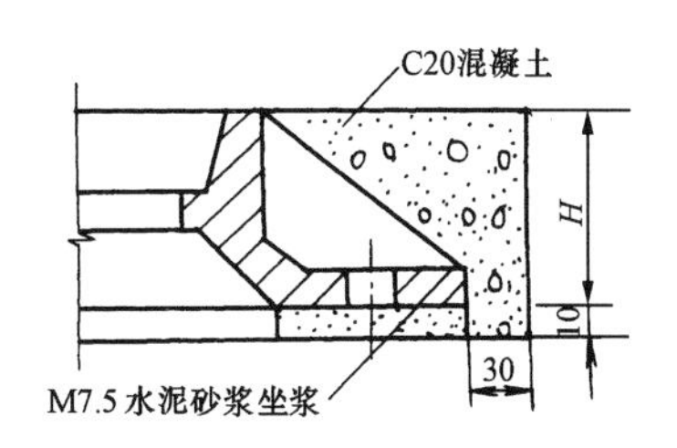

尺寸表(mm)

ϕ	600	700	800
ϕ_2	$\phi_2 > \phi_1 + 40$		
ϕ_3	800	900	1000
H	重型 $H \geqslant 100$,轻型不限		
H_1	重型 $H_1 \geqslant 40$,轻型 $H_1 \geqslant 30$		

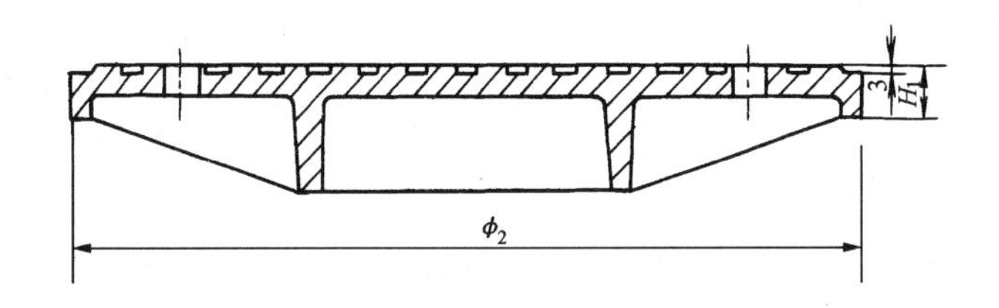

安 装 说 明

1. 本井盖用于燃气闸井入孔处。

2. 井盖的承载等级、技术要求、试验方法、检验规则及标志应符合国家行业标准。

3. 井盖上应铸有下列标志:

(1)专用符号标志“燃”字,位于井盖中心部位;

(2)类别标志“重”“轻”型,位于快慢车行道一律用重型,位于绿地便道为轻型;

(3)汉字标明的厂名;

(4)生产年月。

图名	井盖、支座一般做法	图号	MQ2—30

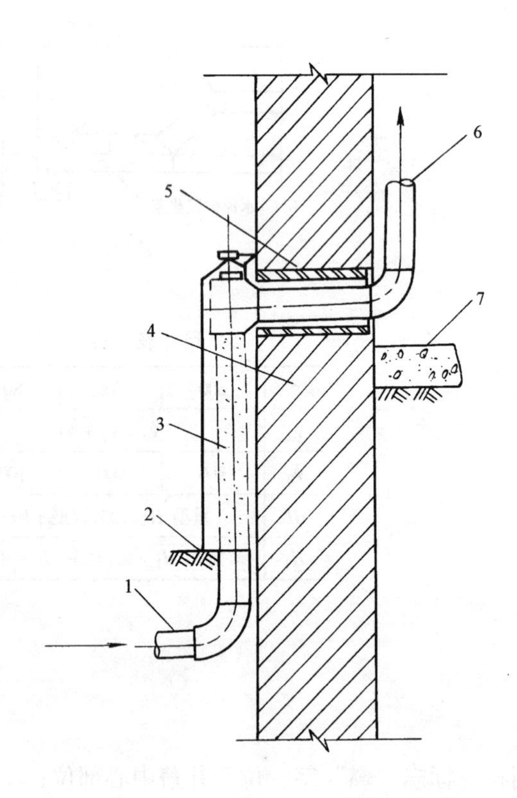

(*a*)非冻结地区煤气引入管做法

1—煤气进口管；2—室外地面；3—勒脚(外管保护层)；4—墙；5—套管；6—煤气出口管；7—室内地面

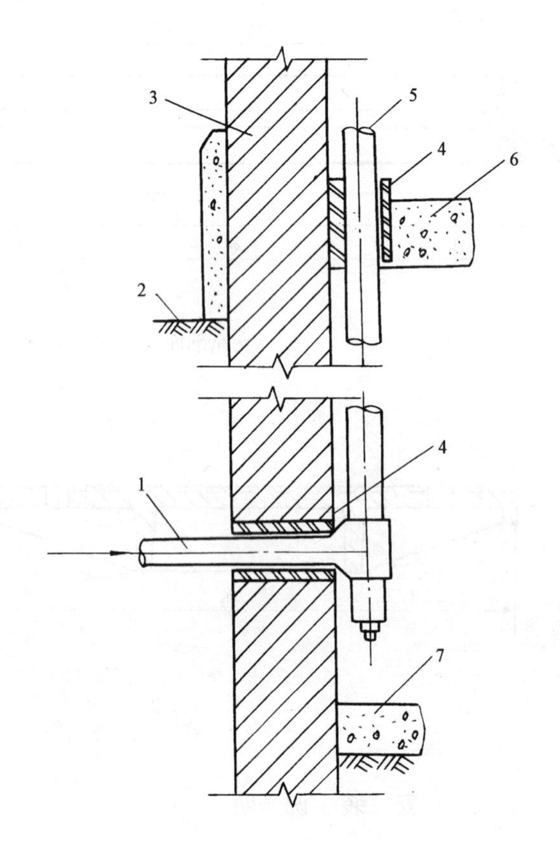

(*b*)由地下室引入管装接法

1—煤气进口管；2—室外地面；3—墙；4—套管；5—煤气出口管；6—楼板；7—地下室地面

图名	引入管安装	图号	MQ2—31

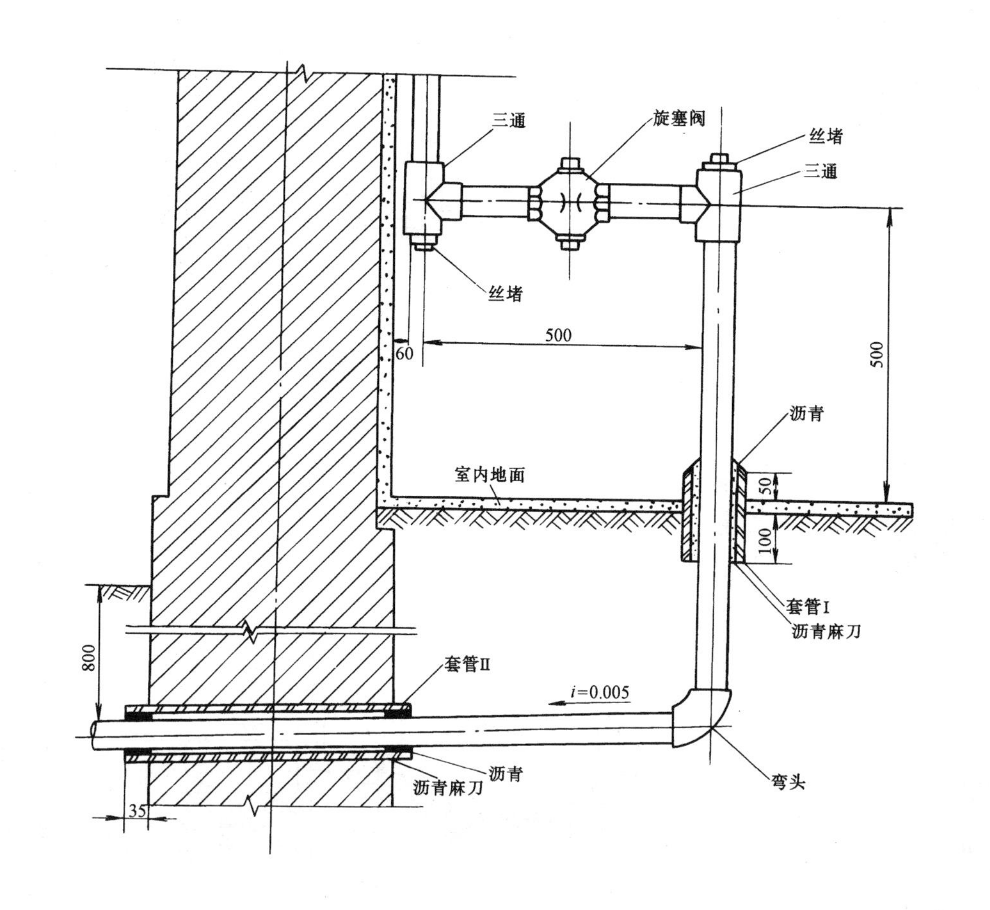

煤气管公称直径 DN	套管Ⅰ公称直径 DN	套管Ⅱ公称直径 DN
25	40	50
32	50	50
40	65	75
50	75	75
65	75	100
75	100	100

安 装 说 明

当房屋层数≥4层时，在外应加90°弯头两个，以防房屋不均匀沉降。

图名	引入管装接法	图号	MQ2—32

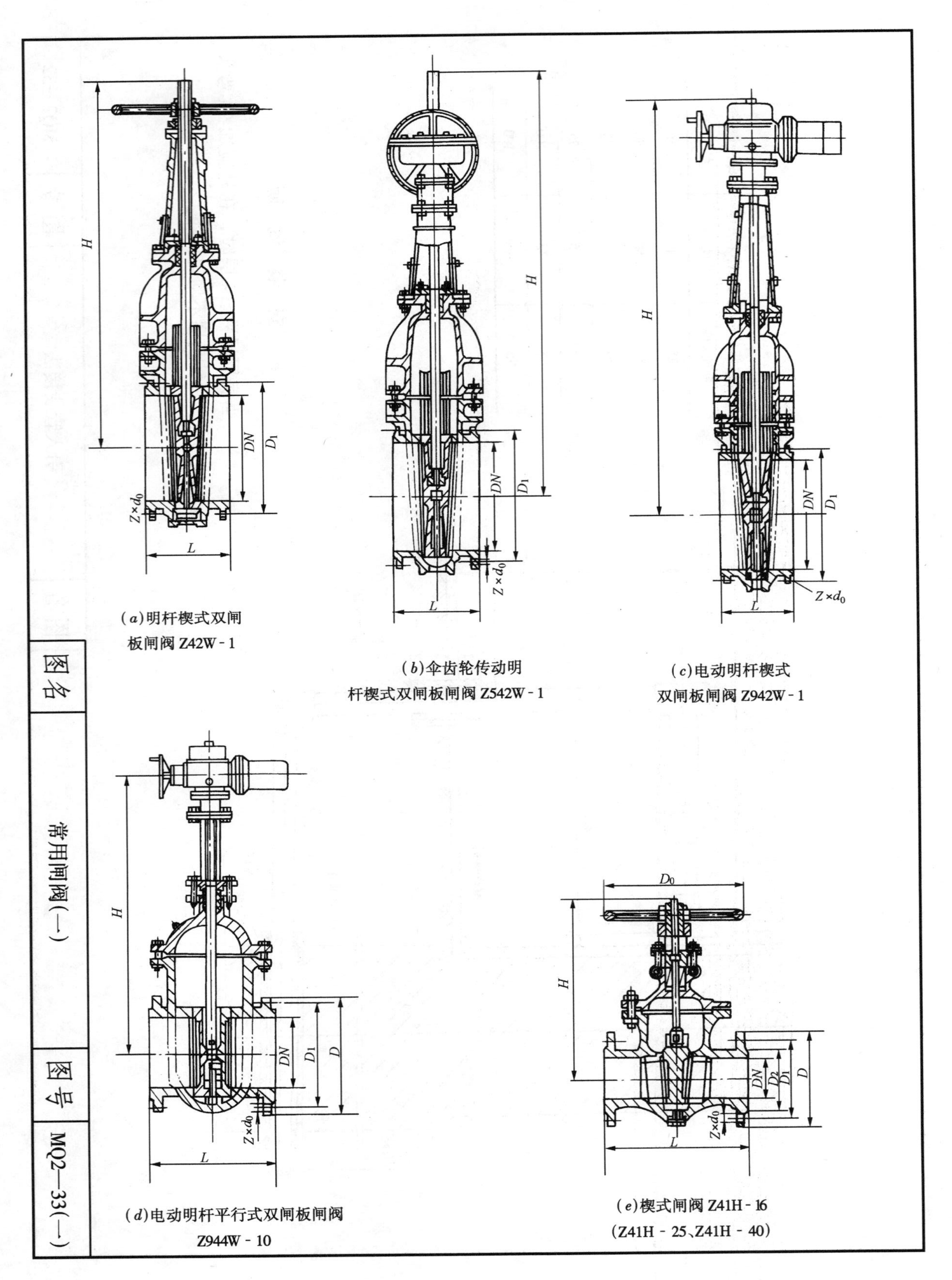

(a)明杆楔式双闸板闸阀 Z42W-1

(b)伞齿轮传动明杆楔式双闸板闸阀 Z542W-1

(c)电动明杆楔式双闸板闸阀 Z942W-1

(d)电动明杆平行式双闸板闸阀 Z944W-10

(e)楔式闸阀 Z41H-16 (Z41H-25、Z41H-40)

图名	常用闸阀(一)	图号	MQ2—33(一)

常用闸阀规格尺寸

序号	名称	型号	公称压力 PN (MPa)	适用介质	最高温度 (℃)	公称直径 DN (mm)
1	明杆楔式双闸板闸阀	Z42W-1	0.1	煤气	100	300、350、400、450、500、600、700
2	伞齿轮传动明杆楔式双闸板闸阀	Z542W-1				500、600、700、800、900、1000、1200、1400
3	电动明杆楔式双闸板闸阀	Z942W-1				450、500、600、700、800、900、1000、1200、1400、1600、1800、2000
4	明杆平行式双闸板闸阀	Z44W-10	1.0	油品、煤气	100	50、65、80、100、125、150、200、250、300、350、400
5	暗杆楔式单闸板闸阀	Z45W-10				50、65、80、100、125、150、200、250、300、350、400、450、500、600、700
6	电动明杆平行式双闸板闸阀	Z944W-10				100、125、150、200、250、300、350、400
7	电动暗杆楔式单闸板闸阀	Z945W-10				100、125、150、200、250、300、350、400、450、500、600、700、800、900、1000
8	内螺纹暗杆楔式闸阀	Z15W-10				15、20、25、32、40、50、65、80
9	明杆楔式单闸板阀	Z41H-16C	1.6	油品、水、汽、煤气	400	50、80、100、150、200、250、300、350、400
10	明杆楔式单闸板闸阀	Z41H-25	2.5			65、80、100、125、150、200、250、300、350、400
11	明杆楔式单闸板闸阀	Z41H-40	4.0			15、20、25、32、40、50、65、80、100、125、150、200、250
12	煤气快速启闭闸阀	MZ48W-1.5	0.15	煤气	100	150、200、300、400、500、600、700、800、900、1000、1200
13	内螺纹明杆楔式闸阀	Z11H-40	4.0	油品、煤气	300	15、20、25、32、40
14	内螺纹暗杆楔式闸阀	Z15W-10K	1.0	煤气、油品	120	15、20、25、32、40、50、65、80、100
15	内螺纹暗杆楔式闸阀	Z15W-10T	1.0	煤气、油品	120	15、20、25、32、40、50、65、80、100

图名	常用闸阀(二)	图号	MQ2—33(二)

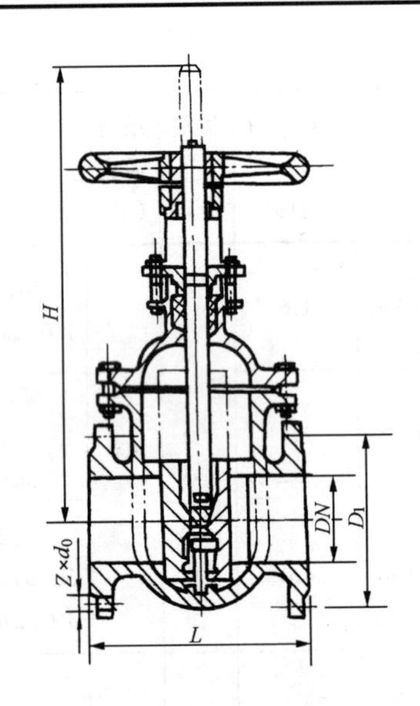

(f)明杆平行式双闸板闸阀 Z44W-10

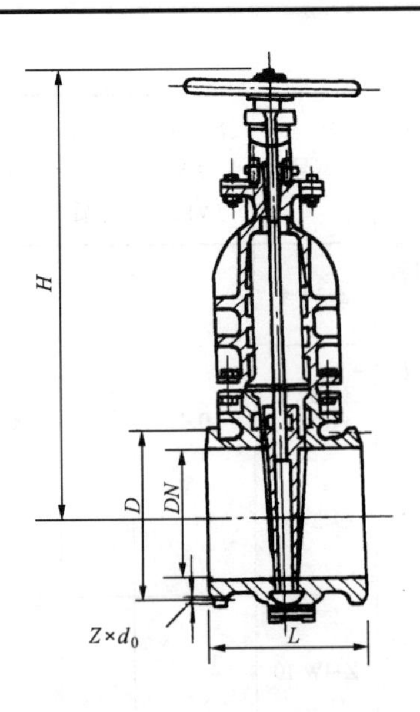

(g)暗杆楔式单闸板闸阀 Z45W-10

常用闸阀规格尺寸

序号	型号	公称直径 DN (mm)	适用介质	最高温度 (℃)	主要尺寸(mm) L	D_1	$\approx H$	$Z\times d_0$	参考重量 (kg)	连接形式
1	Z42W-1	300	煤气及油品	100	330	395	1359	$12\times\phi23$	420	法兰
		350			330	445	1609	$12\times\phi23$	480	
		400			330	495	1707	$16\times\phi23$	530	
		450			330	550	1844	$16\times\phi23$	610	
		500			350	600	2113	$16\times\phi23$	850	
		600			390	705	2493	$20\times\phi25$	900	
		700			430	810	2860	$24\times\phi25$	1232	
2	Z542W-1	500	煤气及油品	100	350	600		$16\times\phi23$	1000	法兰
		600			390	705	2463	$20\times\phi25$	1050	
		700			430	810	2913	$24\times\phi25$	1470	
		800			470	920	3328	$24\times\phi30$	1860	
		900			510	1020	3688	$24\times\phi30$	2340	
		1000			550	1120	3938	$28\times\phi30$	2800	
		1200			700	1320	5249	$32\times\phi30$	4729	
		1400			900	1520		$36\times\phi30$	6545	

图名	常用闸阀(三)	图号	MQ2—33(三)

续表

序号	型号	公称直径 DN (mm)	适用介质	最高温度 (℃)	主要尺寸 (mm)				参考重量 (kg)	连接形式
					L	D_1	$\approx H$	$Z \times d_0$		
3	MZ48W-1.5	150	煤气	100	350	260	225	8×φ18	151	法兰
		200			400	315	280		180.6	
		300			500	435	395	12×φ23	262.5	
		400			406	535	495	16×φ23	450	
		500			457	640	600		690	
		600			508	755	705	20×φ25	1098	
		700			618	860	810	24×φ25	1890	
		800			660	975	920	24×φ30	2551	
		900			711	1075	1020		3224	
		1000			811	1175	1120	28×φ30	3897	
		1200			960	1375	1320	32×φ32	6966	
4	Z44W-10	50	煤气、油品	120	180	125	311	4×φ18	16	法兰
		65			195	145	368	4×φ18	21	
		80			210	160	417	4×φ18	27	
		100			230	180	505	8×φ18	36	
		125			255	210	601	8×φ18	48	
		150			280	240	702	8×φ23	64	
		200			330	295	884	8×φ23	108	
		250			450	350	1073	12×φ23	170	
		300			500	400	1268	12×φ23	235	
		350			550	460	1448	16×φ23	316	
		400			600	515	1643	16×φ25	437	

序号	型号	公称直径 DN (mm)	适用介质	最高温度 (℃)	主要尺寸 (mm)				参考重量 (kg)	连接形式
					L	D_1	$\approx H$	$Z \times d_0$		
5	Z45W-10	50	煤气、油品	100	180	125	303	4×φ18	17	法兰
		65			195	145	334	4×φ18	21	
		80			210	160	373	4×φ18	27	
		100			230	180	400	8×φ18	36	
		125			255	210	528	8×φ18	52	
		150			280	240	583	8×φ23	70	
		200			330	295	694	8×φ23	120	
		250			380	350	778	12×φ23	170	
		300			420	400	902	12×φ23	226	
		350			450	460	1000	16×φ23	350	
		400			480	515	1085	16×φ25	410	
		450			510	565	1245	20×φ25	590	
		500			540	620		20×φ25	730	
		600			600	725		20×φ30	940	
		700			660	840		24×φ30	1890	
6	Z41H-16 Z41H-16C	50	水、蒸汽、油品、燃气	350	250	125	345	4×φ18	37	法兰
		65			265	145	380			
		80			280	160	450	8×φ18	43	
		100			300	180	510		85	
		125			325	210	510			
		150			350	240	550	8×φ23	116	
		200			400	295	818	12×φ23	184	
		250			450	355	1244	12×φ25	284	
		300			500	410	1474			
		350			550	470	1663	16×φ25		
		400			600	525	1886	16×φ30		

图名	常用闸阀(四)	图号	MQ2—33(四)

RD、GD341 系列、RD、GD941 系列手动、电动蝶阀外形尺寸和连接尺寸(mm)

DN	PN (MPa)	L	b	D	D_1	D_2	$n\times d_0$	H_1	RD、GD341H(F)(X) B_1	B_2	B_3	B_4	H	RD、GD941H(F)(X) B_1	B_2	B_3	B_4	H	重量(kg) 手动	电动	电动装置型号
	0.6		18	210	170	148	4×17.5							418	198	492	173	679	25	60	HQ30
	1.0		24	220	180	158	8×17.5							418	198	492	173	679	27	62	HQ30
100	1.6	127	22	220	180	156	8×18	110	164	44	90	45	350	418	198	492	173	679	25	60	HQ30
	2.5		24	235	190	156	8×22							418	198	492	173	679	28	65	HQ30
	4.0		24	235	190	156	8×22							418	198	537	173	689	28	65	HQ60
	0.6		20	240	200	178	8×1.75							418	198	492	173	699	30	68	HQ30
	1.0		26	250	210	184	8×18							418	198	492	173	699	33	72	HQ30
125	1.6	140	22	250	210	184	8×18	125	164	44	90	45	370	418	198	537	173	709	32	72	HQ60
	2.5		26	270	220	184	8×26							418	198	537	173	709	35	75	HQ60
	4.0		26	270	220	184	8×26							418	198	537	173	748	35	75	HQ90
	0.6		20	265	225	202	8×17.5							418	198	492	173	729	40	80	HQ30
	1.0		26	285	240	212	8×22							418	198	492	173	729	45	85	HQ30
150	1.6	140	24	285	240	211	8×22	150	164	44	90	45	450	418	198	537	173	739	44	85	HQ60
	2.5		28	300	250	211	8×26							418	198	537	173	778	50	95	HQ90
	4.0		28	300	250	211	8×26							418	198	537	173	778	58	95	HQ120
	0.6		22	320	280	258	8×17.5							418	198	537	173	869	55	100	HQ60
	1.0		28	340	295	268	8×22							418	198	537	173	869	60	105	HQ60
200	1.6	152	24	340	295	266	12×22	172	190	77	135	63	580	418	198	537	173	908	58	108	HQ90
	2.5		30	360	310	274	12×26							418	198	537	173	908	65	115	HQ120
	4.0		34	375	320	284	12×30							418	198	537	173	908	70	125	HQ120
	0.6		24	375	335	312	12×17.5							418	198	537	173	1019	80	135	HQ60
	1.0		28	395	350	320	12×22							418	198	537	173	1019	85	150	HQ60
250	1.6	165	26	405	355	319	12×26	210	190	77	135	63	730						88	158	
	2.5		32	425	370	330	12×30												95	165	
	4.0		38	450	385	345	12×33												100	200	

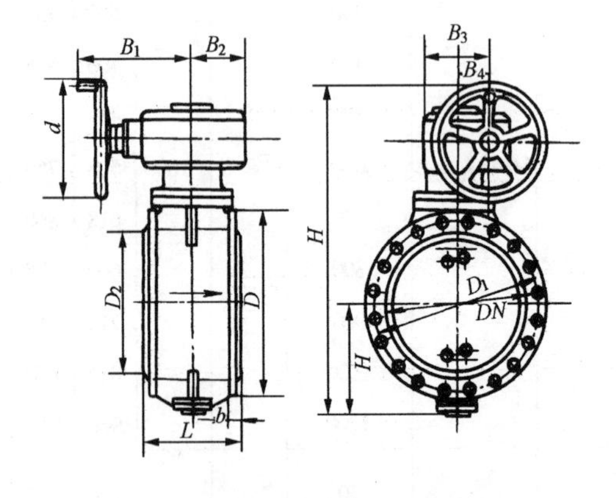

(a)RD、GD341H(F)(X)-6(10)(16)(25)(40)蜗轮传动蝶阀

图名	RD、GD341(941)(F)(X)系列蜗轮蝶阀(一)	图号	MQ2—34(一)

续表

DN	PN (MPa)	L	b	D	D_1	D_2	$n \times d_0$	H_1	RD、GD341H(F)(X)					RD、GD941H(F)(X)					重量(kg)		电动装置型号
									B_1	B_2	B_3	B_4	H	B_1	B_2	B_3	B_4	H	手动	电动	
300	0.6	178	24	440	395	365	12×22	300	207	60	176	78	780	418	198	537	173	1060	110	210	HQ90
	1.0		28	445	400	370	12×22							418	198	537	173	1060	115	225	HQ90
	1.6		28	460	410	370	12×26												120	230	
	2.5		34	485	430	389	16×30												140	250	
	4.0		42	515	450	409	16×33												150	260	
350	0.6	190	26	490	445	415	12×22	315	207	60	176	78	840	418	198	537	173	1120	170	280	HQ120
	1.0		30	505	460	430	16×22							418	198	537	173	1120	178	290	HQ120
	1.6		30	520	470	439	16×26												185	298	
	2.5		38	555	490	448	16×33												200	305	
	4.0		46	580	510	465	16×36												220	325	
400	0.6	216	28	540	495	465	16×22	360	298	40	205	95	900	418	198	537	173	1180	250	355	HQ250
	1.0		32	565	515	482	16×26							418	198	537	173	1180	265	370	HQ250
	1.6		32	580	525	480	16×30												275	385	
	2.5		40	620	550	503	16×36												300	405	
	4.0		50	660	585	535	16×39												350	455	
450	0.6	222	28	595	550	520	16×22	380	298	40	205	95	955	418	198	537	173	1235	380	485	HQ250
	1.0		32	615	565	532	20×26							418	198	537	173	1235	395	500	HQ250
	1.6		34	640	585	548	20×30												410	515	
	2.5		42	670	600	548	20×36												435	530	
	4.0		60	685	610	560	20×39												455	550	
500	0.6	229	30	645	600	570	20×22	405	332	48	250	140	1025	418	198	557	173	1305	480	575	HQ500
	1.0		34	670	620	585	20×26							418	198	557	173	1305	510	605	HQ500
	1.6		36	715	650	609	20×33												540	635	
	2.5		44	730	660	609	20×36												565	660	
	4.0		52	755	670	615	20×42												590	685	
600	0.6	267	30	755	705	670	20×26	455	412	103	305	160	1135	418	198	557	173	1415	650	745	HQ500
	1.0		36	780	720	685	20×30							418	198	557	173	1415	680	770	HQ500
	1.6		38	840	770	720	20×36												700	790	
	2.5		46	845	770	720	20×39												740	820	
	4.0		60	890	795	735	20×48												790	870	

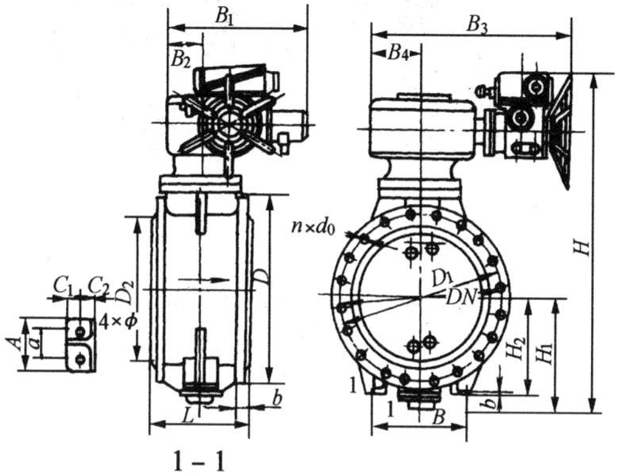

1-1

(b)RD、GD941H(F)(X)-6(10)(16)(25)(40)电动蝶阀

图名	RD、GD341(941)(F)(X)系列蜗轮蝶阀(二)	图号	MQ2—34(二)

(a)RD、GD371H(F)(X)-10(16)
(25)(40)蜗轮传动蝶阀

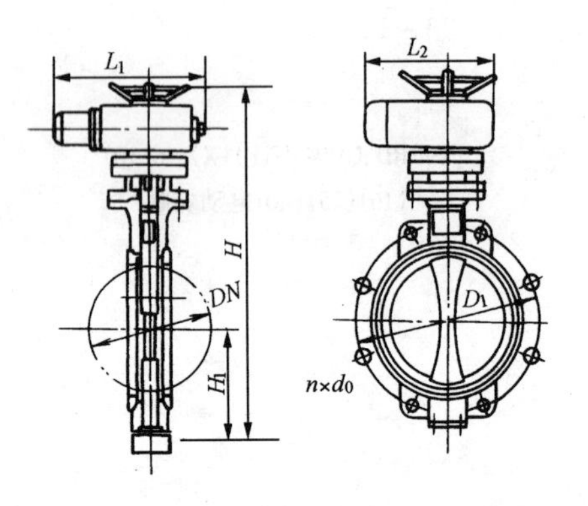

(b)RD、GD971H(F)(X)-10(16)
(25)(40)电动蝶阀

RD、GD371 系列、RD、GD971 系列手动、电动蝶阀外形尺寸和连接尺寸(mm)

DN	PN (MPa)	D_1	$n\times d_0$	L	RD、GD371 系列						RD、GD971 系列					重量(kg)	
					L_1	L_2	H	H_1	D_0	手动装置型号	L_1	L_2	H	H_1	电动装置型号	手动	电动
50	1.0	125	4×17.5	43	164	166	385	75	152	XJ24				75		9	35
	1.6	125	4×18	43	164	166	385	75	152	XJ24				75		9	35
	2.5	125	4×18	43	164	166	385	75	152	XJ24				75		9	35
	4.0	125	4×18	43	164	166	385	75	152	XJ24				75		9	35
80	1.0	160	8×17.5	49	164	166	430	95	152	XJ24				95		12	39
	1.6	160	8×18	49	164	166	430	95	152	XJ24				95		12	39
	2.5	160	8×18	49	164	166	430	95	152	XJ24				95		12	39
	4.0	160	8×18	49	164	166	430	95	152	XJ24				95		12	39
100	1.0	180	8×17.5	56	164	166	455	110	152	XJ24	418	492	748	110	HQ30	14	42
	1.6	180	8×18	56	164	166	455	110	152	XJ24				110		14	42
	2.5	190	8×22	56	164	166	455	110	152	XJ24				110		15	43
	4.0	190	8×22	56	164	166	455	110	152	XJ24				110		15	43
150	1.0	240	8×22	70	164	166	550	150	152	XJ24	418	492	829	150	HQ30	25	55
	1.6	240	8×22	70	164	166	550	150	152	XJ24				150		25	55
	2.5	250	8×26	70	164	166	550	150	152	XJ24				150		27	58
	4.0	250	8×26	70	164	166	550	150	152	XJ24				150		27	58
200	1.0	295	8×22	71	190	276	632	172	300	XJ30	418	537	921	172	HQ50	32	64
	1.6	295	12×22	71	190	276	632	172	300	XJ30				172		32	64
	2.5	310	12×26	71	190	276	632	172	300	XJ30				172		36	68
	4.0	320	12×30	71	190	276	632	172	300	XJ30				172		36	68
250	1.0	350	12×22	76	190	276	820	210	300	XJ50	418	537	1099	210	HQ60	45	77
	1.6	355	12×26	76	190	276	820	210	300	XJ50				210		48	77
	2.5	370	12×33	76	190	276	820	210	300	XJ50				210		50	80
	4.0	385	12×33	76	190	276	820	210	300	XJ50				210		55	85
300	1.0	400	12×22	83	207	306	930	300	300	XJ50	418	537	1208	300	HQ90	76	96
	1.6	410	12×26	83	207	306	930	300	300	XJ50				300	1	80	100
	2.5	430	16×30	83	207	306	930	300	300	XJ50				300		85	105
	4.0	450	16×33	83	207	306	930	300	300	XJ50				300		90	110

图名	RD、GD371(971)系列手动、电动蝶阀(一)	图号	MQ2—35(一)

续表

DN	PN (MPa)	D_1	$n\times d_0$	L	RD、GD371 系列						RD、GD971 系列					重量(kg)	
					L_1	L_2	H	H_1	D_0	手动装置型号	L_1	L_2	H	H_1	电动装置型号	手动	电动
400	1.0	515	16×26	140	298	340	1140	360	300	XJ50	418	537	1450	360	HQ250	130	165
	2.6	525	16×30	140	298	340	1140	360	300	XJ50				360		135	170
	2.5	550	16×36	140	298	340	1140	360	300	XJ50				360		145	180
	4.0	585	16×39	140	298	340	1140	360	300	XJ50				360		150	200
500	1.0	620	20×26	127	332	480	1350	405	400	XJ50	418	557	1608	405	HQ500	230	290
	1.6	650	20×33	127	332	480	1350	405	400	XJ50				405		245	305
	2.5	660	20×36	127	332	480	1350	405	400	XJ50				405		255	315
	4.0	670	20×42	127	332	480	1350	405	400	XJ50				405		265	325
600	1.0	725	20×30	154	412	520	1540	455	400	XJ52	418	557	1798	455	HQ500	320	380
	1.6	770	20×36	154	412	520	1540	455	400	XJ52				455		340	400
	2.5	770	20×39	154	412	520	1540	455	400	XJ52				455		340	400
	4.0	795	20×48	154	412	520	1540	455	400	XJ52				455		355	415
700	1.0	840	24×30	165	355	543	1750	550	300	XJ520	783	495	2027	550	HQ1000	430	490
	1.6	840	24×36	165	355	543	1750	550	300	XJ520				550		440	510
	2.5	875	24×42	165	355	543	1750	550	300	XJ520				550		480	560
	4.0																
800	1.0	950	24×33	190	355	543	1870	620	300	XJ520	783	495	2150	620	HQ1000	580	660
	1.6	950	24×39	190	355	543	1870	620	300	XJ520				620		580	660
	2.5	990	24×48	190	355	543	1870	620	300	XJ520				620		620	700
	4.0																

DN	PN (MPa)	D_1	$n\times d_0$	L	RD、GD371 系列						RD、GD971 系列					重量(kg)	
					L_1	L_2	H	H_1	D_0	手动装置型号	L_1	L_2	H	H_1	电动装置型号	手动	电动
900	1.0	1050	28×33	203	312	690	1990	670	450	JX380	783	495	2130	670	HQ2000	750	830
	1.6	1050	28×39	203	312	690	1990	670	450	JX380				670		750	830
	2.5	1090	28×48	203	312	690	1990	670	450	JX380				670		800	880
1000	1.0	1160	28×36	216	312	690	2005	720	450	JX380	783	495	2145	700	HQ2000	910	990
	1.6	1170	28×42	216	312	690	2005	720	450	JX380				700		930	1020
	2.5	1210	28×56	216	312	690	2005	720	450	JX380				700		980	1070
1200	1.0	1380	32×39	254	413	1095	2250	820	550	JX480	783	495	2210	820	HQ2000	1080	1180
	1.6	1390	32×48	254	413	1095	2250	820	550	JX480				820		1100	1200
	2.5	1420	32×56	254	413	1095	2250	820	550	JX480				820		1150	1250
1400	1.0	1590	36×42	390	413	1095	2460	950	550	JX480						1270	1380
	1.6	1590	36×48	390	413	1095	2460	950	550	JX480						1270	1380
	2.5	1640	36×62	390	413	1095	2460	950	550	JX480						1330	1450
1600	1.0	1820	40×48	440	480	1280	2670	1050	700	JX580						1470	1590
	1.6	1820	40×56	440	480	1280	2670	1050	700	JX580						1470	1590
	2.5	1860	40×62	440	480	1280	2670	1050	700	JX580						1500	1630
1800	1.0	2020	44×48	490	480	1280	2885	1250	700	JX580						1650	1780
	1.6	2020	44×56	490	480	1280	2885	1250	700	JX580						1650	1780
	2.5	2070	44×70	490	480	1280	2885	1250	700	JX580						1700	1930
2000	1.0	2230	48×48	540	550	1350	3100	1400	800	JX680						1850	2080
	1.6	2230	48×62	540	550	1350	3100	1400	800	JX680						1900	2130
	2.5	2300	48×70	540	550	1350	3100	1400	800	JX680						1980	2210

注:公称压力为 1.0MPa 的法兰连接尺寸按 GB4216.4—84;
公称压力为 1.6MPa 的法兰连接尺寸按 GB9113.3—88;
公称压力为 2.5MPa 的法兰连接尺寸按 GB9113.4—88;
公称压力为 4.0MPa 的法兰连接尺寸按 GB9113.5—88。

图名	RD、GD371(971)系列手动、电动蝶阀(二)	图号	MQ2—35(二)

RD、GD71 系列手动蝶阀外形尺寸和连接尺寸（mm）

DN	PN (MPa)	D_1	$n \times d_0$	L	H	H_1	L_0	重量 (kg)
50	1.0	125	4×17.5	43	320	75	280	5
	1.6	125	4×18	43	320	75	280	5
	2.5	125	4×18	43	320	75	280	5
	4.0	125	4×18	43	320	75	280	5
65	1.0	145	4×17.5	46	340	85	280	7
	1.6	145	4×18	46	340	85	280	7
	2.5	145	8×18	46	340	85	280	7
	4.0	145	8×18	46	340	85	280	7
80	1.0	160	8×17.5	49	365	95	300	9
	1.6	160	8×18	49	365	95	300	9
	2.5	160	8×18	49	365	95	300	9
	4.0	160	8×18	49	365	95	300	9
100	1.0	180	8×17.5	56	390	110	300	10
	1.6	180	8×18	56	390	110	300	10
	2.5	190	8×22	56	390	110	300	12
	4.0	190	8×22	56	390	110	300	12
125	1.0	210	8×17.5	64	425	125	300	14
	1.6	210	8×18	64	425	125	300	14
	2.5	220	8×26	64	425	125	300	16
	4.0	220	8×26	64	425	125	300	16
150	1.0	240	8×22	70	490	150	350	18
	1.6	240	8×22	70	490	150	350	18
	2.5	250	8×26	70	490	150	350	20
	4.0	250	8×26	70	490	150	350	20

注：公称压力为 1.0MPa 的法兰连接尺寸按 GB4216.4—84；
公称压力为 1.6MPa 的法兰连接尺寸按 GB9113.3—88；
公称压力为 2.5MPa 的法兰连接尺寸按 GB9113.4—88；
公称压力为 4.0MPa 的法兰连接尺寸按 GB9113.5—88。

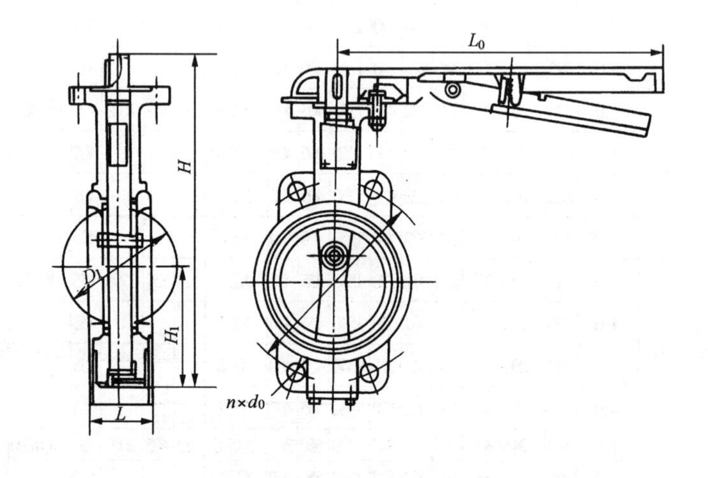

RD、GD71H(F)(X)-10(16)(25)(40)手动蝶阀

图名	RD、GD71 系列手动蝶阀	图号	MQ2—36

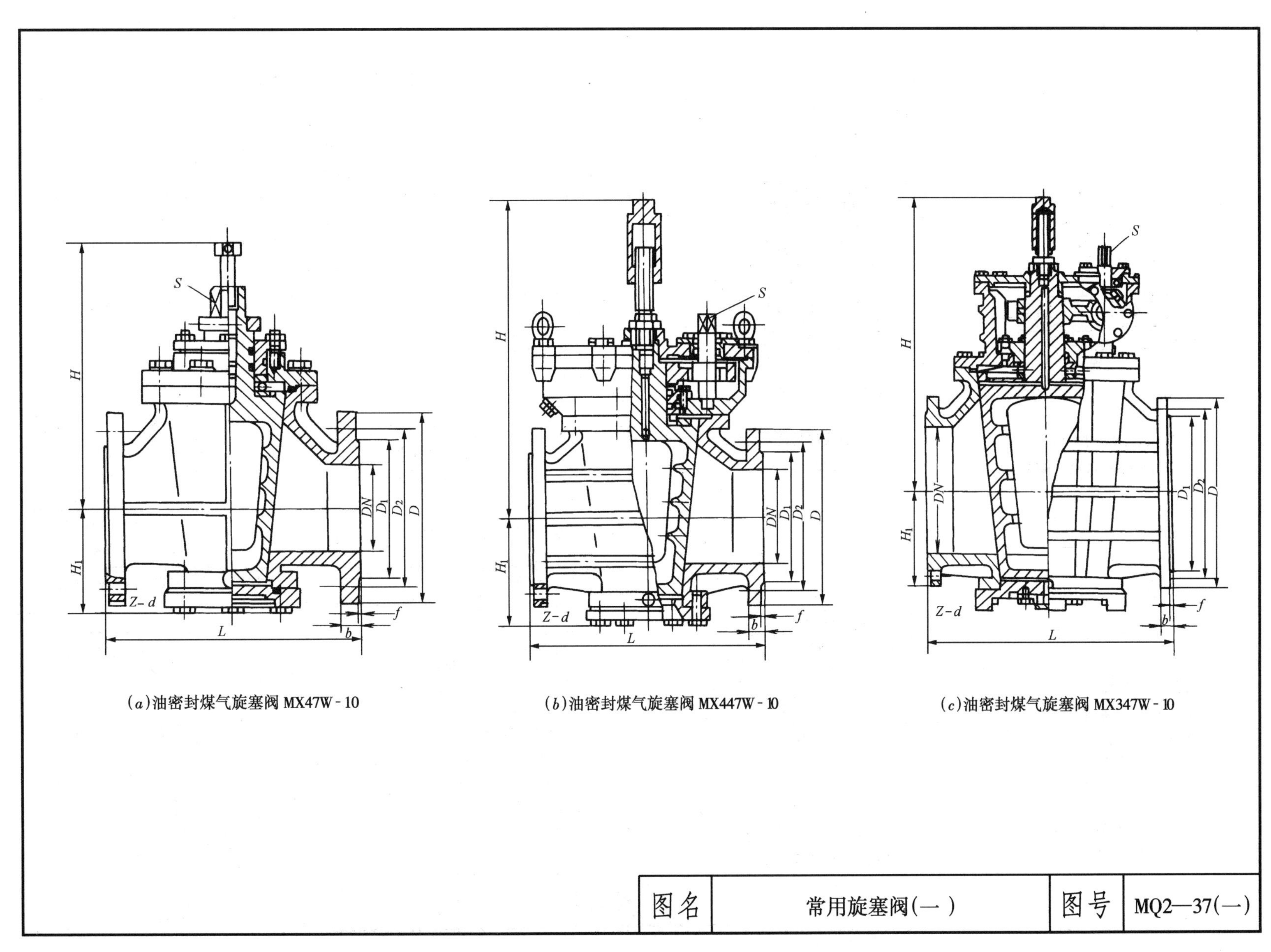

(*a*)油密封煤气旋塞阀 MX47W－10

(*b*)油密封煤气旋塞阀 MX447W－10

(*c*)油密封煤气旋塞阀 MX347W－10

图名	常用旋塞阀(一)	图号	MQ2—37(一)

(d)内螺纹旋塞阀 X13W-10
(X13T-10、X13W-10T)

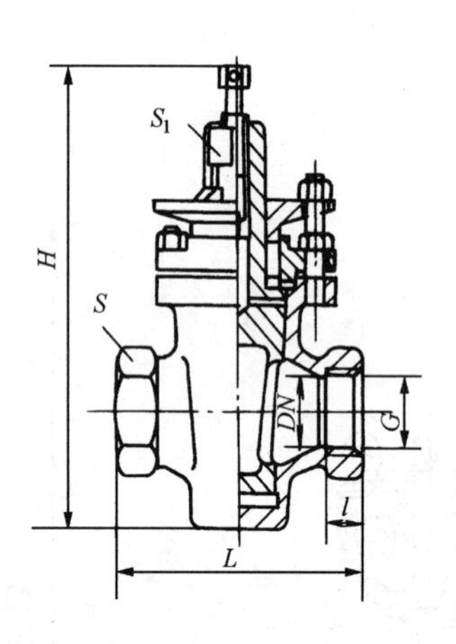

(e)内螺纹油封旋塞阀
X17W-10

(f)内螺纹衬套旋塞阀
X13F-10

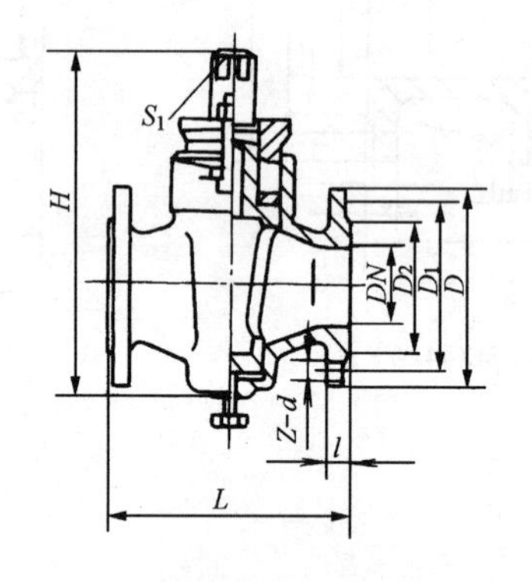

(g)旋塞阀 X43W-10
(X43T-10、X43W-10T)

常用旋塞阀主要尺寸

序号	名 称	型 号	公称压力 PN (MPa)	适用介质	最高温度 (℃)	公称直径 DN (mm)
1	内螺纹旋塞阀	X13W-10 X13T-10 X13W-10T	1.0	油品	150	15、20、25、32、40、50、65、80
2	内螺纹油密封旋塞阀	X17W-10	1.0	油品	150	50、65、80
3	内螺纹衬套旋塞阀	X13F-10		煤气天然气	100	15、20、25、32、40
4	旋 塞 阀	X43W-10 X43T-10 X43W-10T	1.0	油品	150	20、25、32、40、50、65、80、100、125、150、200
5	油密封旋塞阀	X47W-10	1.0	油品	150	50、65、80、100、125、150、200
6	油密封煤气旋塞阀	MX47W-10	1.0	煤气天然气	150	50、65、80、100、125
7	油密封煤气旋塞阀	MX447W-10				125、150、200、250
8	油密封煤气旋塞阀	MX347W-10				300、400、500
9	油密封煤气旋塞阀	MX47W-16	1.6			50、80、100、150、250、300、400

生产厂家有许昌市阀门厂、天津市第五机床厂、天津海河阀门厂等。

图名	常用旋塞阀(二)	图号	MQ2—37(二)

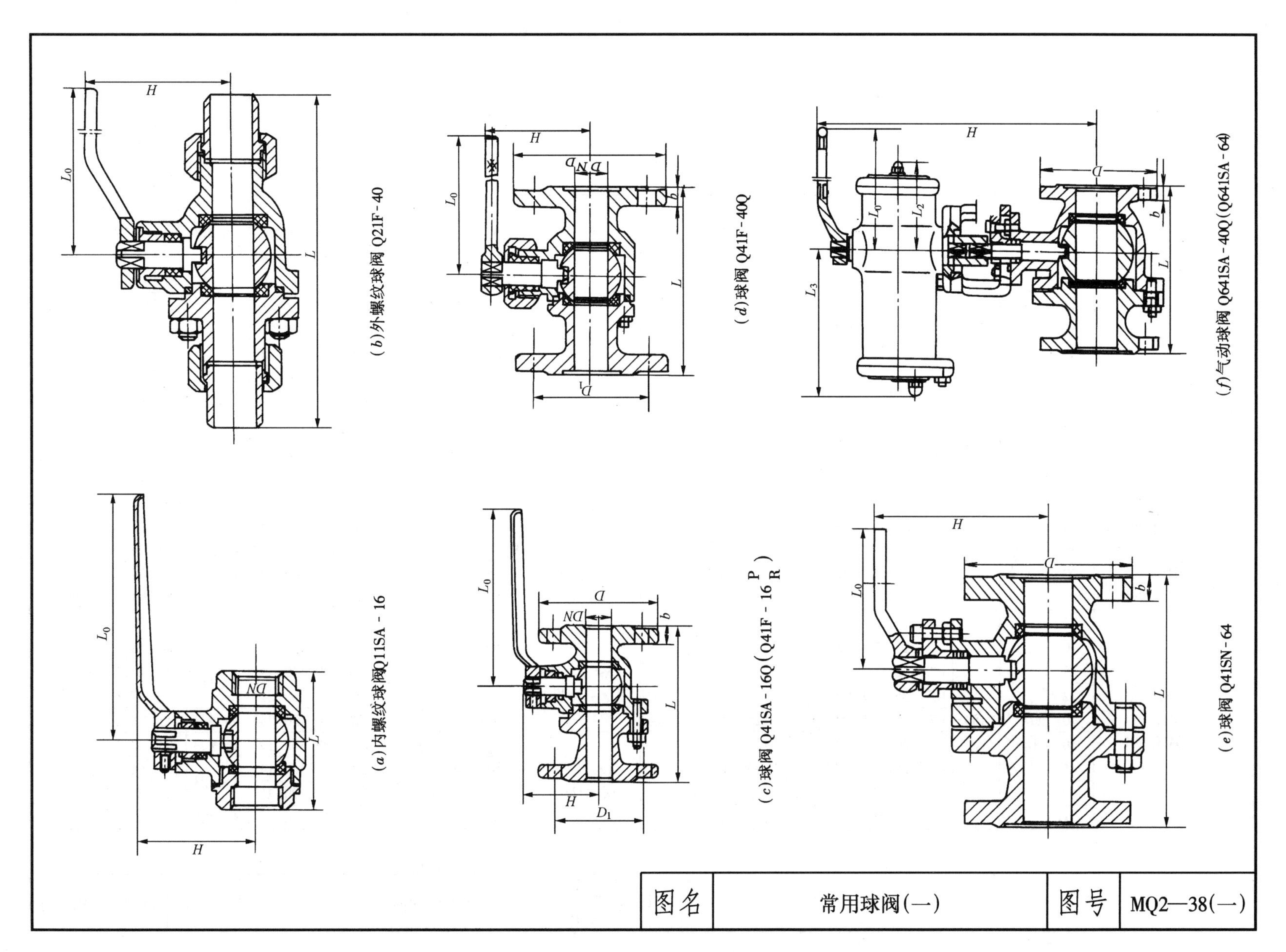

图名	常用球阀(一)	图号	MQ2—38(一)

常用球阀规格尺寸

型号	公称直径 DN (mm)	适用介质	最高温度 (℃)	主要尺寸 (mm) L	D	D_1	H	$Z \times d_0$	L_0	参考重量 (kg)	连接形式
Q11SA-16	15	燃气、油品	100	90			76		140	0.87	内螺纹
	20			100			81		160	1.19	
	25			115			92		180	1.87	
	32			130			112		200	2.86	
	40			150			121		250	4.24	
	50			170			137		300	6.87	
	65			200			147		300	10.67	
Q11F-25	15	燃气、油品、液化气	100	90			80		140		内螺纹
	20			100			85		160		
	25			115			92		160		
	32			130			118		250		
	40			150			126		250		
	50			180			145		350		
Q21F-40 (Q21SA-40) Q21SA-40P Q21SA-40R	10	燃气、油品	100	150			65		120	1.05	外螺纹
	15			170			76		140	1.82	
	20			190			81		160	2.76	
	25			220			91		180	3.58	
Q41F-16 Q41F-16P Q41F-14R	15	燃气、油品(腐蚀性介质)	150	115	95	65	90	4 × ϕ14	120	2.39	法兰
	20			125	105	75	100		160	2.97	
	25			140	115	85	115		160	3.96	
	32			165	136	100	135	14 × ϕ18	200	7.00	
	40			180	145	110	155		250	9.86	
	50			210	160	125	165		250	12.48	
	65			225	180	145	195		350	19.04	
	80			240	195	160	195	8 × ϕ18	350	21.14	
	100			260	215	180	220		400	31.0	

型号	公称直径 DN (mm)	适用介质	最高温度 (℃)	主要尺寸 (mm) L	D	D_1	H	$Z \times d_0$	L_0	参考重量 (kg)	连接形式
Q41SA-16Q	32	燃气、油品	150	165	135	100	150	4 × ϕ18	250	8.58	法兰
	40			180	145	110	165		300	10.23	
	50			200	160	125	190		350	15.20	
	65			220	180	145	195	4 × ϕ18	350	18.87	
	80			250	195	160	215	8 × ϕ18	400	27.10	
	100			280	215	180	250		500	38.27	
	125			320	245	210	285		600	49.47	
	150			360	280	240	320	8 × ϕ23	800	70.14	
Q41SA-40Q	32	油品、燃气	150	180	135	100	150	4 × ϕ18	250	21.32	法兰 (凸面)
	40			200	145	110	165		300	15.36	
	50			220	160	125	190		350	21.2	
	65			250	180	145	195	8 × ϕ18	350	27.0	
	80			280	195	160	120		400	32.6	
	100			320	230	190	250	8 × ϕ23	500	58.8	
Q41SN-64 (Q41N-64)	50	油品、天然气	80	250	175	135	180	4 × ϕ23	350	20.9	法兰 (凸面)
	65			280	200	160	195	8 × ϕ23	350	34.3	
	80			320	210	170	215	8 × ϕ23	400	45.7	
	100			360	250	200	250	8 × ϕ25	500	72.7	
Q641SA-40Q (Q641N-40Q)	50	油品、燃气	150	220	160	125	190	4 × ϕ18	224	54.2	法兰 (凸面)
	65			250	180	145	195	8 × ϕ18	224	60.3	
	80			280	195	160	215		245	77.2	
	100			320	230	190	250	8 × ϕ23	245	103.5	
Q641SA-64 (Q641N-64)	50	油品、燃气	80	250	175	135	190	4 × ϕ23	350	42.3	法兰 (凸面)
	65			280	200	160	195	8 × ϕ23	350	66.5	
	80			320	210	170	215		400	89.3	
	100			360	250	200	250	8 × ϕ25	500	117.4	

图名	常用球阀(二)	图号	MQ2—38(二)

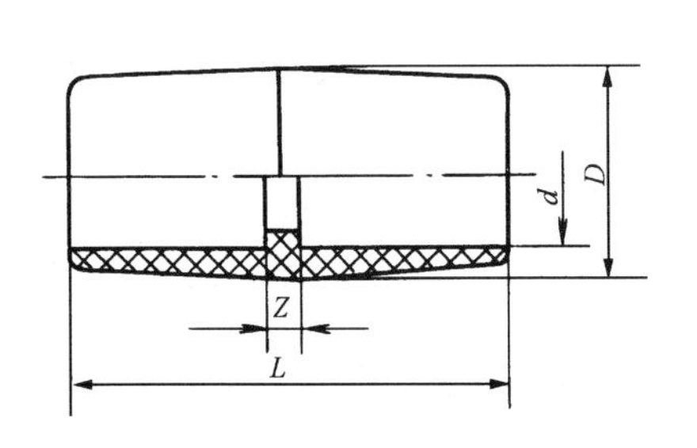

(a)电热丝套管

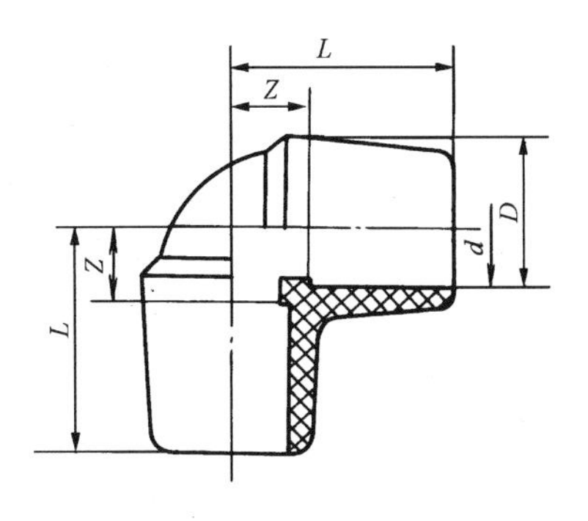

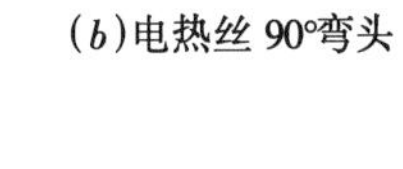

(b)电热丝 90°弯头

电热丝 90°弯头尺寸(mm)

公称直径	d	D	L	Z
32	32.2±0.2	43	63	21
40	40.2±0.2	52	72	27
63	63.3±0.2	80	88	37
90	90.5±0.5	114	123	53

电热丝套管尺寸(mm)

公称直径	d	D	L	Z
20	20.2±0.2	31	68	5
25	25.3±0.2	36	77.5	5
32	32.2±0.2	43	88	5
40	40.8±0.2	53	97	8
63	63.3±0.3	84	107	5
90	90.5±0.5	117	145	5
110	110.5±0.5	140	172	5

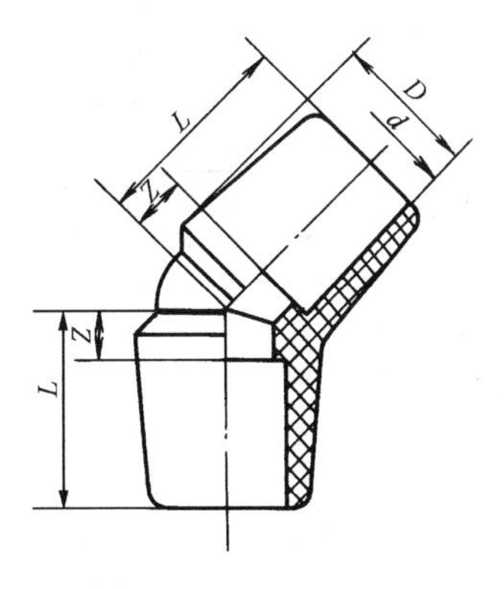

(c)电热丝 45°弯头

电热丝 45°弯头尺寸(mm)

公称直径	d	D	L	Z	公称直径	d	D	L	Z
32	32.2±0.2	43	55	14	63	63.3±0.2	80	72	21
40	40.2±0.2	52	61	16	90	90.5±0.5	114	99	29

图名	电热丝套管、90°弯头、45°弯头安装	图号	MQ2—39

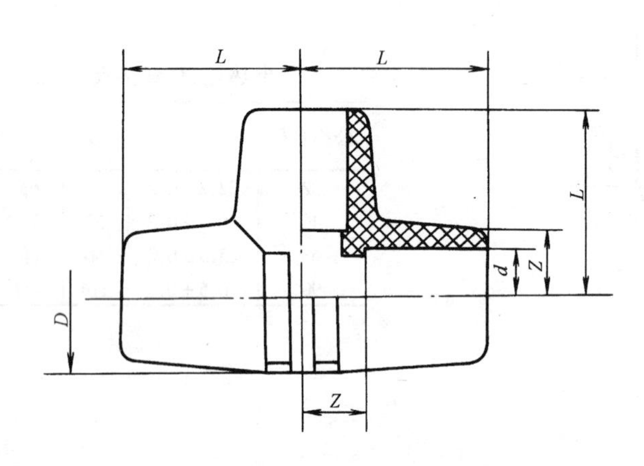

(*a*)电热丝等径三通

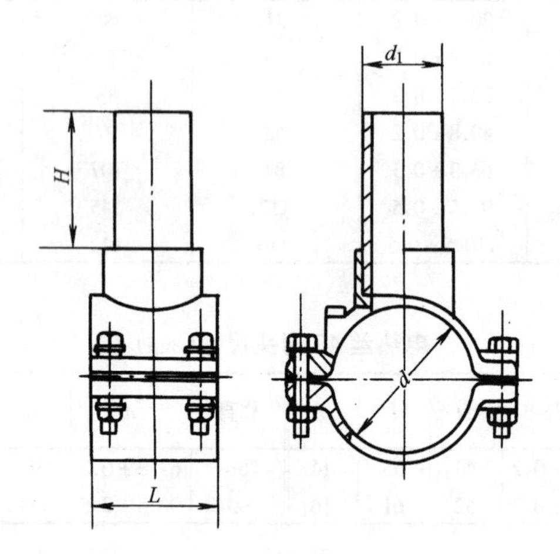

(*b*)电热丝鞍形管件

电热丝等径三通尺寸(mm)

公称直径	*d*	*D*	*L*	*Z*
32	32.2±0.2	43	62	21
40	40.2±0.2	52	71	26
63	63.3±0.3	82	88	37
90	90.5±0.5	115	122	52

电热丝鞍形管件尺寸(mm)

公称直径	*L*	*H*	公称直径	*L*	*H*
63×32	95	100	140×32	120	95
63×40	95	100	140×40	120	95
63×50	95	100	140×50	120	95
			140×63	120	100
75×32	95	95	160×32	130	95
75×40	95	95	160×40	130	95
75×50	95	95	160×50	130	95
75×63	95	100	160×63	130	100
90×32	95	95	180×32	135	95
90×40	95	95	180×40	135	95
90×50	95	95	180×50	135	95
90×63	95	100	180×63	135	100
110×32	100	95	200×32	135	95
110×40	100	95	200×40	135	95
110×50	100	95	200×50	135	95
110×63	100	100	200×63	135	100
125×32	110	95	225×32	145	95
125×40	110	95	225×40	145	95
125×50	110	95	225×50	145	95
125×63	110	100	225×63	145	100

图名	电热丝等径三通、鞍形管件安装	图号	MQ2—40

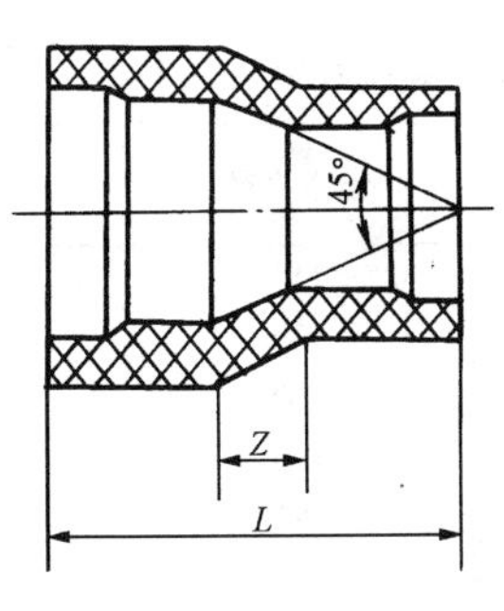

(a)对接连接异径管

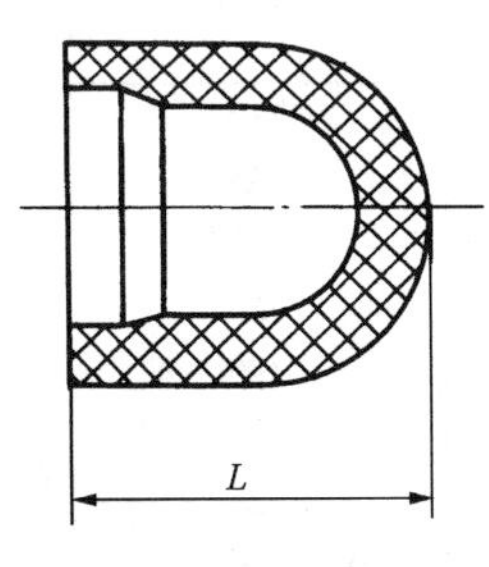

(b)对接连接管帽

对接连接异径管尺寸(mm)

公称直径	Z	L	公称直径	Z	L	公称直径	Z	L	公称直径	Z	L
25×20	6	156	125×40	82	256	75×50	24	174	180×63	113	287
32×20	15	165	125×50	73	247	75×63	12	162	180×90	87	261
32×25	9	159	125×63	61	235	90×40	48	198	180×125	53	251
40×25	16	166	125×75	48	222	90×50	39	189	180×140	39	237
40×32	7	157	125×90	34	208	90×63	27	155	200×140	58	256
50×32	17	167	140×63	75	249	90×75	15	164	200×160	39	237
50×40	10	160	140×75	63	237	110×40	68	218	225×160	63	261
63×32	29	179	140×90	48	222	110×50	58	208	225×180	44	242
63×40	22	172	160×63	94	268	110×63	46	196	250×180	68	266
63×50	12	162	160×90	68	242	110×75	34	184	250×200	48	246
75×32	41	191	160×110	48	222	110×90	19	169	250×225	24	222
75×40	34	184	160×125	34	232						

对接连接管帽规格尺寸(mm)

公称直径	L	公称直径	L
20	85	110	130
25	88	125	162
32	91	140	169
40	95	160	179
50	100	180	189
63	107	200	199
75	113	225	212
90	120	250	224

图名	对接连接异径管、对接连接管帽安装	图号	MQ2—41

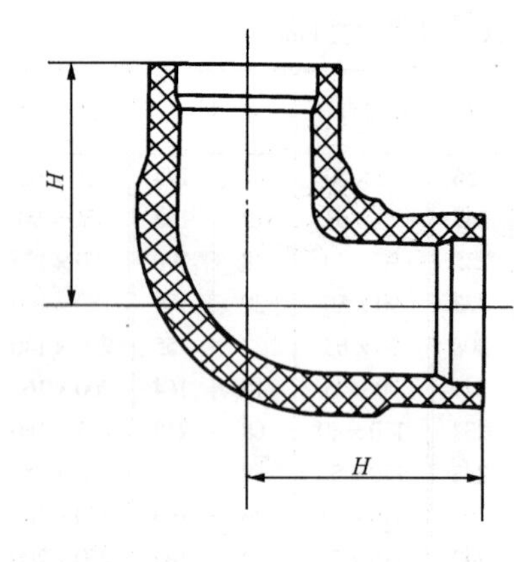

(*a*)对接连接 90°弯头

对接连接 90°弯头规格尺寸(mm)

公称直径	*H*	公称直径	*H*
20	86	110	145
25	88	125	169
32	92	140	175
40	95	160	183
50	99	180	191
63	104	200	199
75	115	225	209
90	121	250	219

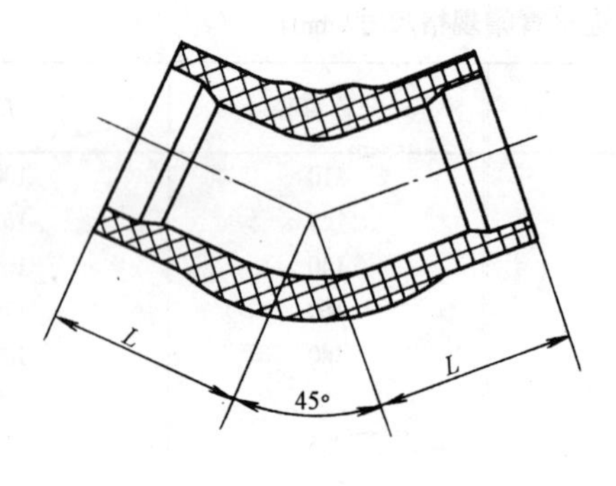

(*b*)对接连接 45°弯头

对接连接 45°弯头规格尺寸(mm)

公称直径	*L*	公称直径	*L*
20	80	110	168
25	85	125	198
32	92	140	184
40	100	160	200
50	110	180	213
63	124	200	225
75	136	225	231
90	151	250	253

图名	对接连接 90°弯头、对接连接 45°弯头安装	图号	MQ2—42

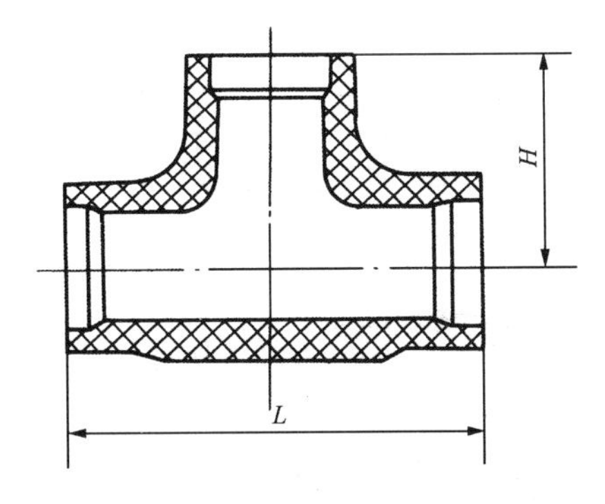

(a)对接连接等径三通

对接连接等径三通规格尺寸(mm)

公称直径	H	L	公称直径	H	L
20	91	182	110	145	290
25	93	186	125	165	330
32	98	196	140	171	342
40	101	202	160	185	370
50	107	214	180	188	376
63	113	226	200	197	394
75	119	238	225	207	414
90	126	252	250	217	434

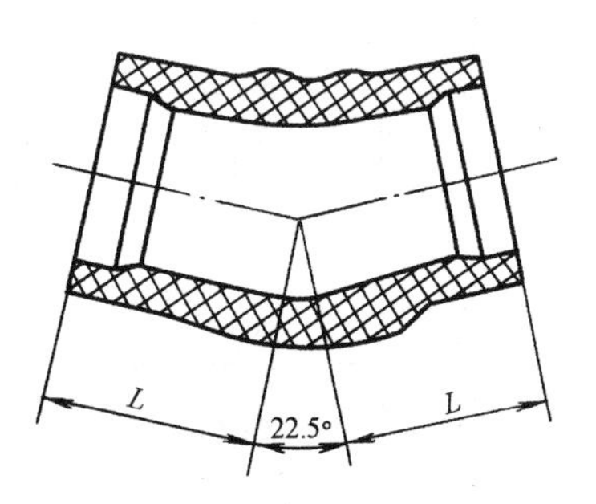

(b)对接连接 22.5°弯头

对接连接 22.5°弯头尺寸(mm)

公称直径	L	公称直径	L
75	93	160	132
90	96	180	136
110	99	200	139
125	126	225	142
140	129	250	146

图名	对接连接等径三通、对接连接 22.5°弯头安装	图号	MQ2—43

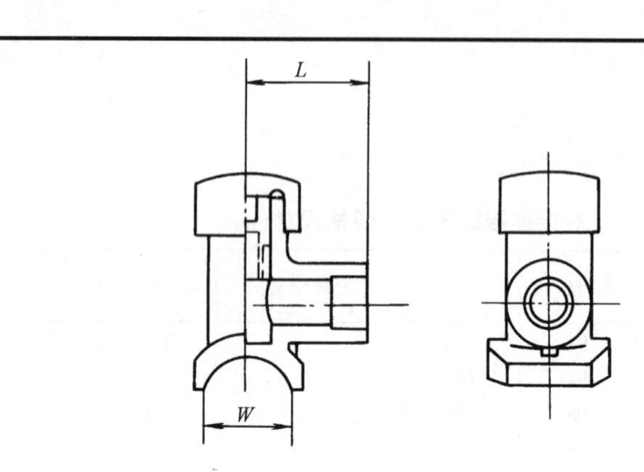

(*a*)鞍形管件

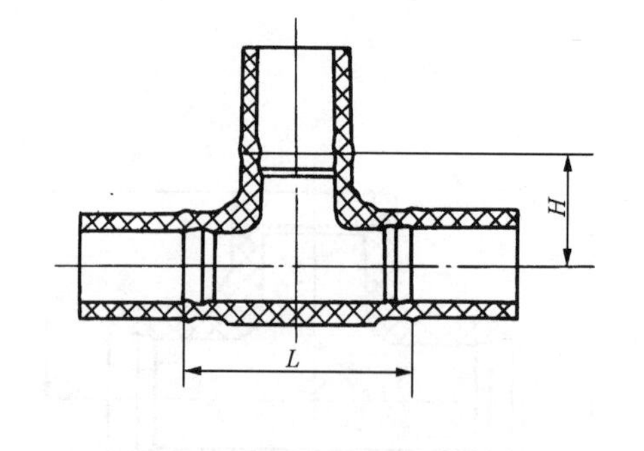

(*b*)对接连接异径三通

鞍形管件尺寸(mm)

公 称 直 径	W	L
40×20	46	80
40×25		
40×32		
50×20	56	90
50×25		
75×20	65	
75×25		
110×63	100	105
160×63	110	110
200×20	110	115
200×25		
250×20	120	120
250×25		
250×32		
250×40		
250×50		
250×63		

对接连接异径三通尺寸(mm)

公称直径	H	L	公称直径	H	L
250×32	193	259	140×32	144	249
250×40	193	265	140×40	144	255
250×50	193	273	140×50	144	263
250×63	193	283	140×63	144	273
225×32	182	257	125×32	137	247
225×40	182	263	125×40	137	253
225×50	182	271	125×50	137	261
225×63	182	281	125×63	137	271
200×32	171	255	110×32	130	197
200×40	171	261	110×40	130	203
200×50	171	269	110×50	130	211
200×63	171	279	110×63	130	221
180×32	162	253	90×32	121	195
180×40	162	259	90×40	121	201
180×50	162	267	90×50	121	209
180×63	162	277	90×63	121	219
160×32	153	251	75×32	114	193
160×40	153	257	75×40	114	199
160×50	153	265	75×50	114	207
160×63	153	275	75×63	114	217

图名	鞍形管件、对接连接异径三通安装	图号	MQ2—44

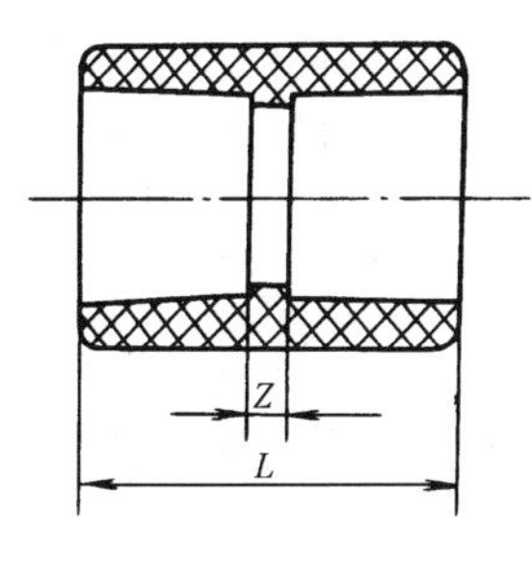

(a)承插连接套管

承插连接套管尺寸(mm)

公称直径	L	Z	公称直径	L	Z
20	37	4	63	65	6
25	40	4	75	71	7
32	45	4	90	77	7
40	50	5	110	86	8
50	56	5	125	92	8

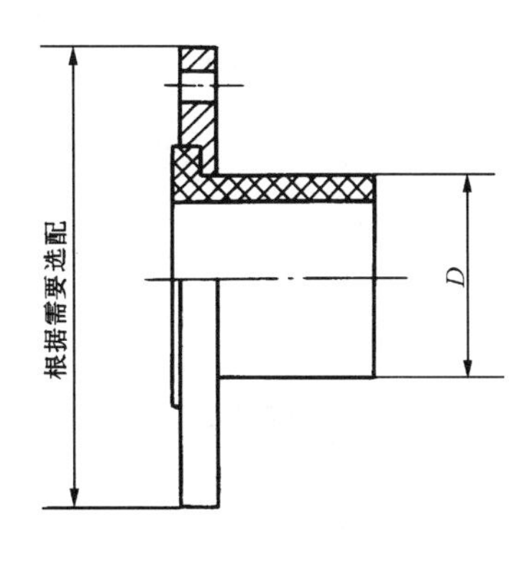

(c)钢—塑法兰接头

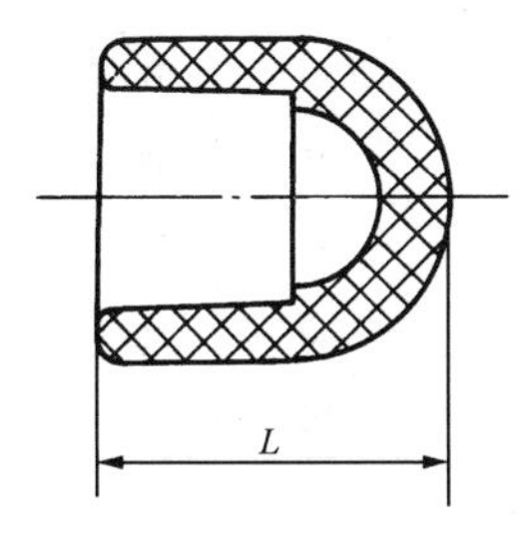

(b)承插连接管帽

承插连接管帽尺寸(mm)

公称直径	L	公称直径	L
20	30	63	70
25	34	75	80
32	44	90	90
40	55	110	105
50	59	125	120

钢一塑法兰接头尺寸(mm)

公称直径	L
32 40 63 90 110 160	根据需要选配

图名	承插连接套管、管帽、钢—塑法兰接头安装	图号	MQ2—45

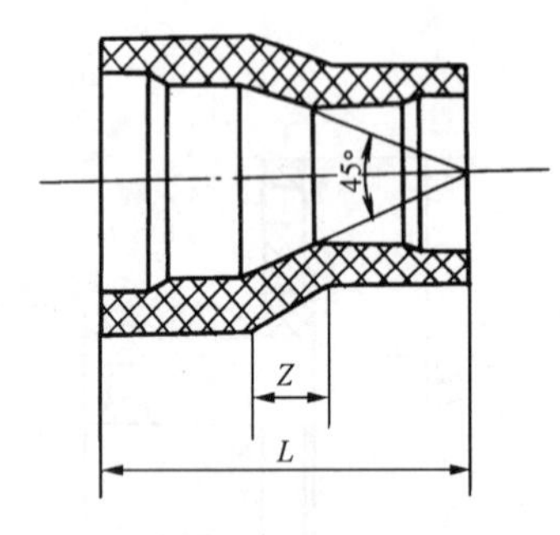

(a)承插连接异径管

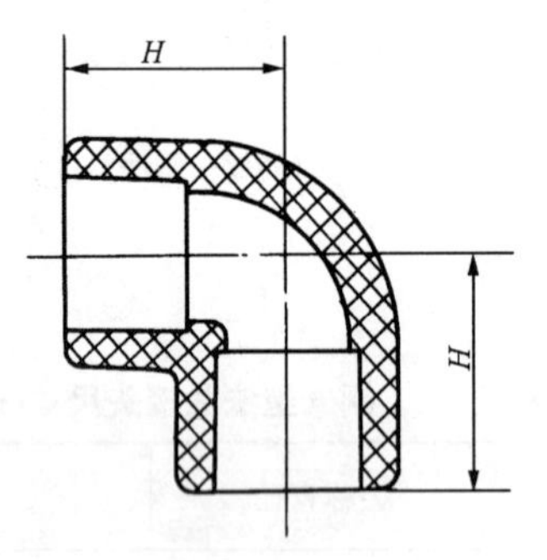

(b)承插连接 90°弯头

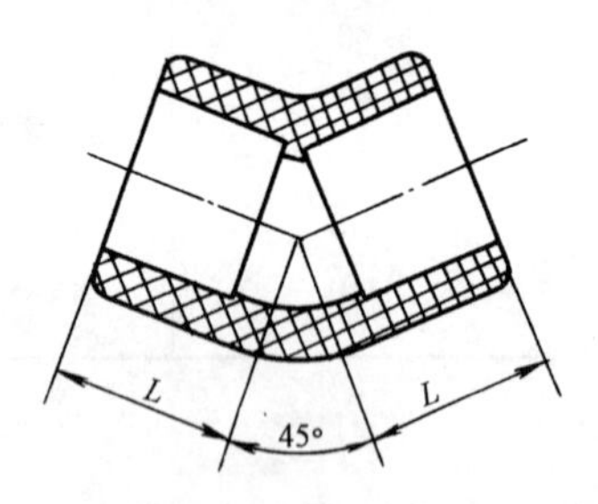

(c)承插连接 45°弯头

承插连接异径管尺寸(mm)

公称直径	Z	L	公称直径	Z	L	公称直径	Z	L	公称直径	Z	L
25×20	14	45	90×40	56	110	63×32	34	84	110×75	42	109
32×20	23	56	90×50	47	104	63×40	29	82	110×90	27	97
32×25	17	52	90×63	35	96	63×50	20	71	125×40	90	151
40×25	24	61	90×75	22	85	75×32	49	97	125×50	80	144
40×32	15	54	110×40	75	133	75×40	42	93	125×63	68	136
50×32	25	67	110×50	66	127	75×50	32	86	125×75	56	126
50×40	18	62	110×63	54	119	75×63	20	78	125×90	42	115

承插连接 90°弯头尺寸（mm）

公称直径	H	公称直径	H
20	33	63	69
25	37	75	79
32	41	90	90
40	47	110	102
50	61	125	111

承插连接 45°弯头尺寸（mm）

公称直径	L	公称直径	L
20	31	63	45
25	32	75	50
32	33	90	56
40	35	110	63
50	38	125	69

图名	承插连接异径管、承插连接 90°弯头、45°弯头安装	图号	MQ2—46

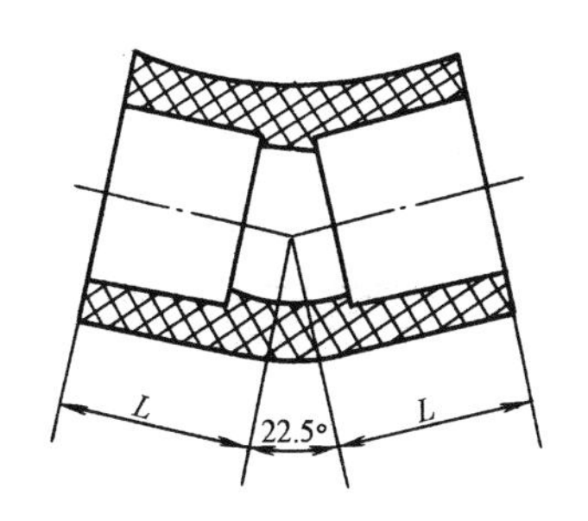

(a)承插连接 22.5°弯头

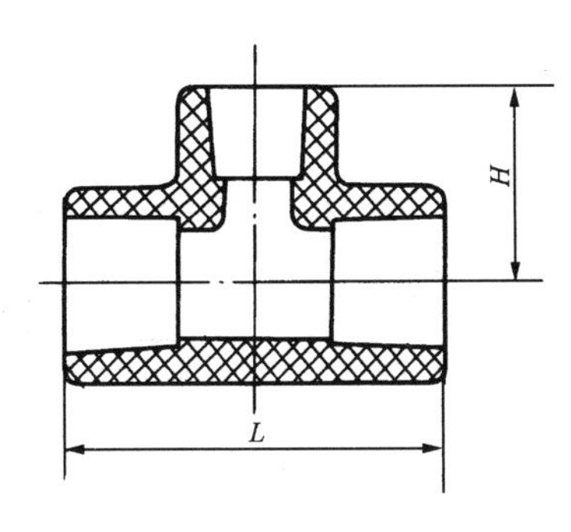

(b)承插连接异径三通

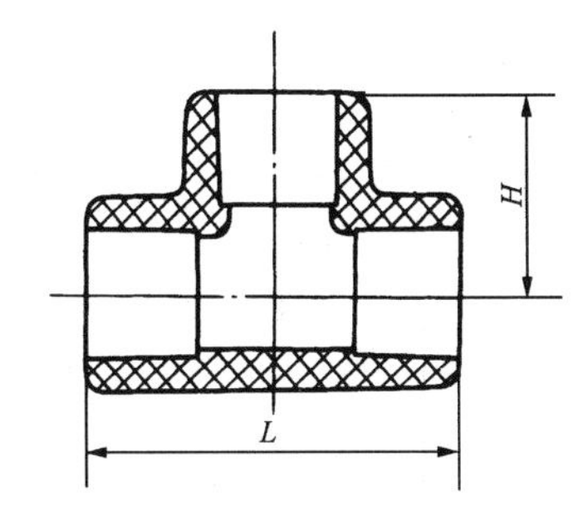

(c)承插连接等径三通

承插连接 22.5°弯头尺寸（mm）

公称直径	L
75	50
90	59
110	63
125	69

承插连接异径三通尺寸(mm)

公称直径	H	L	公称直径	H	L
63×20	53	96	40×20	42	78
63×25	55	101	40×25	44	83
63×32	57	108	40×32	46	90
63×40	59	114			
63×50	62	122			
50×20	47	86	32×20	38	72
50×25	49	91	32×25	40	77
50×32	51	98			
50×40	53	104			

承插连接等径三通尺寸(mm)

公称直径	H	L	公称直径	H	L
20	32	64	63	71	142
25	36	72	75	77	154
32	43	86	90	87	174
40	47	94	110	100	200
50	57	114	125	110	220

图名	承插 22.5°弯头、等径三通、异径三通安装	图号	MQ2—47

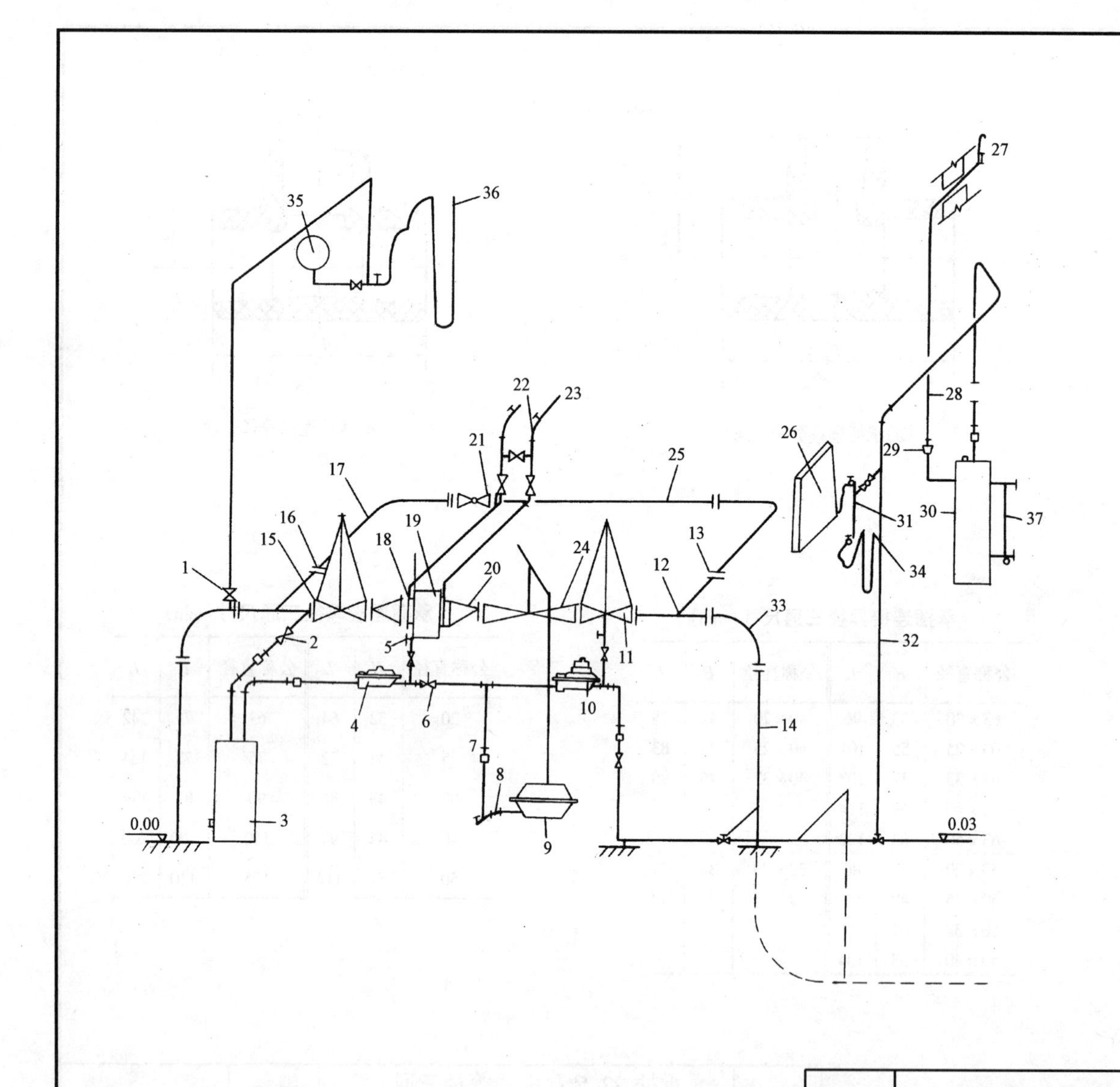

1—截止阀；2—压兰式转心阀；3—脱萘筒；4—中压辅助调压器；5—丝堵；6—针形阀；7—活接头；8—弯头；9—压力平衡器；10—低压辅助器；11—闸阀；12—三盘正三通；13—石棉橡胶垫；14—直管；15—石棉橡胶垫；16—螺栓螺母垫；17—弯头；18—石棉橡胶垫；19—过滤器；20—异径管；21—球阀；22—异径弯头；23—旋塞阀；24—主调压器；25—直管；26—低压自动压力计；27—90°弯头；28—煤气水分；29—活接头；30—水封安全阀；31—三通；32—煤气管；33—弯头；34—U形压力计；35—中压自动压力计；36—U形压力计；37—液位计

图名	雷诺式调压站工艺流程图	图号	MQ3—1

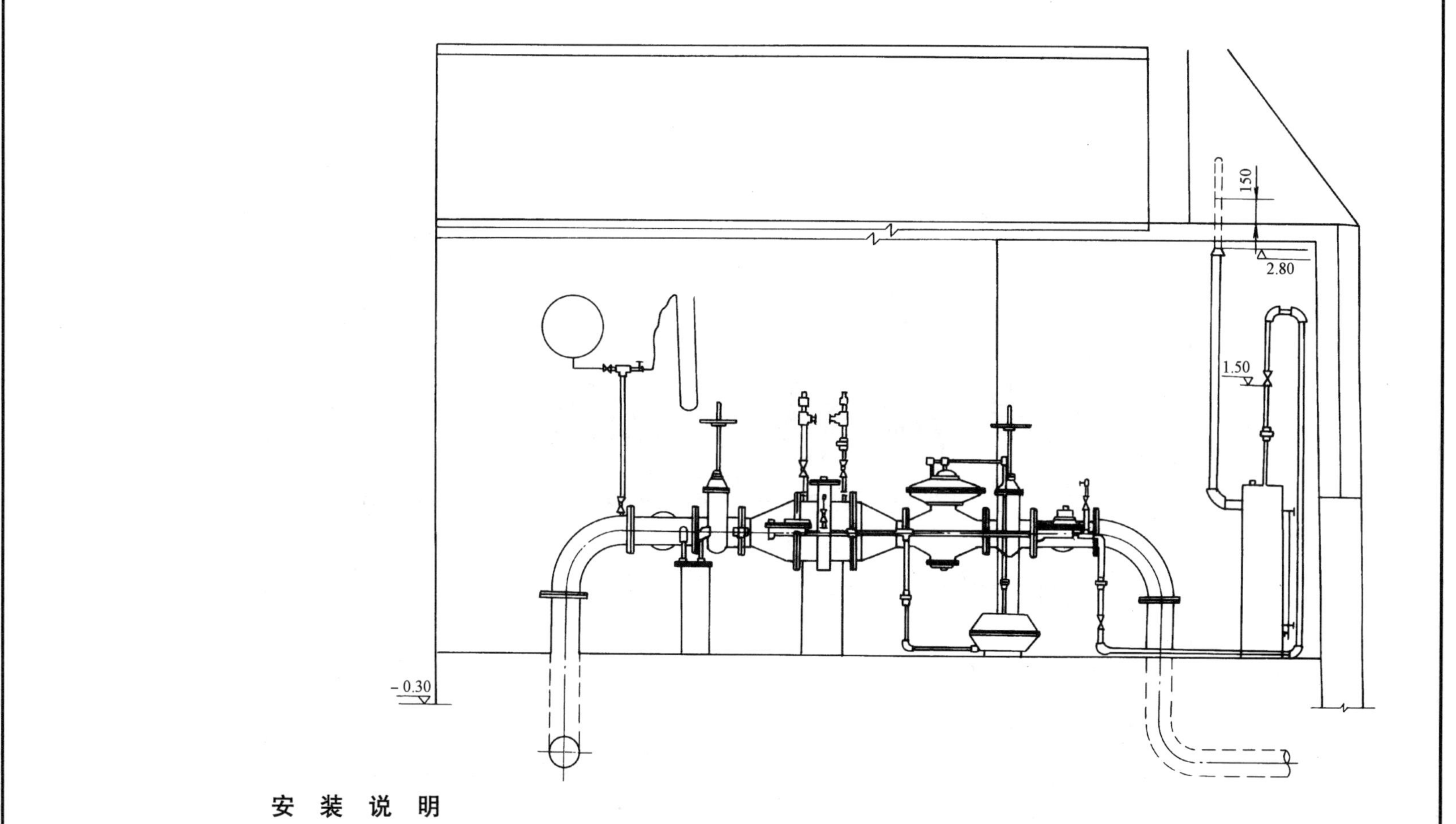

安 装 说 明

1. 阀门、过滤器下设水泥抹面砖支墩。

2. 煤气管道穿墙基础时，可发碹通过，发碹处不允许有焊缝或接头。

3. 煤气管道进气管及出气管方位、埋深、材质按工程设计确定。

图名	雷诺式调压器安装图(一)	图号	MQ3—2(一)

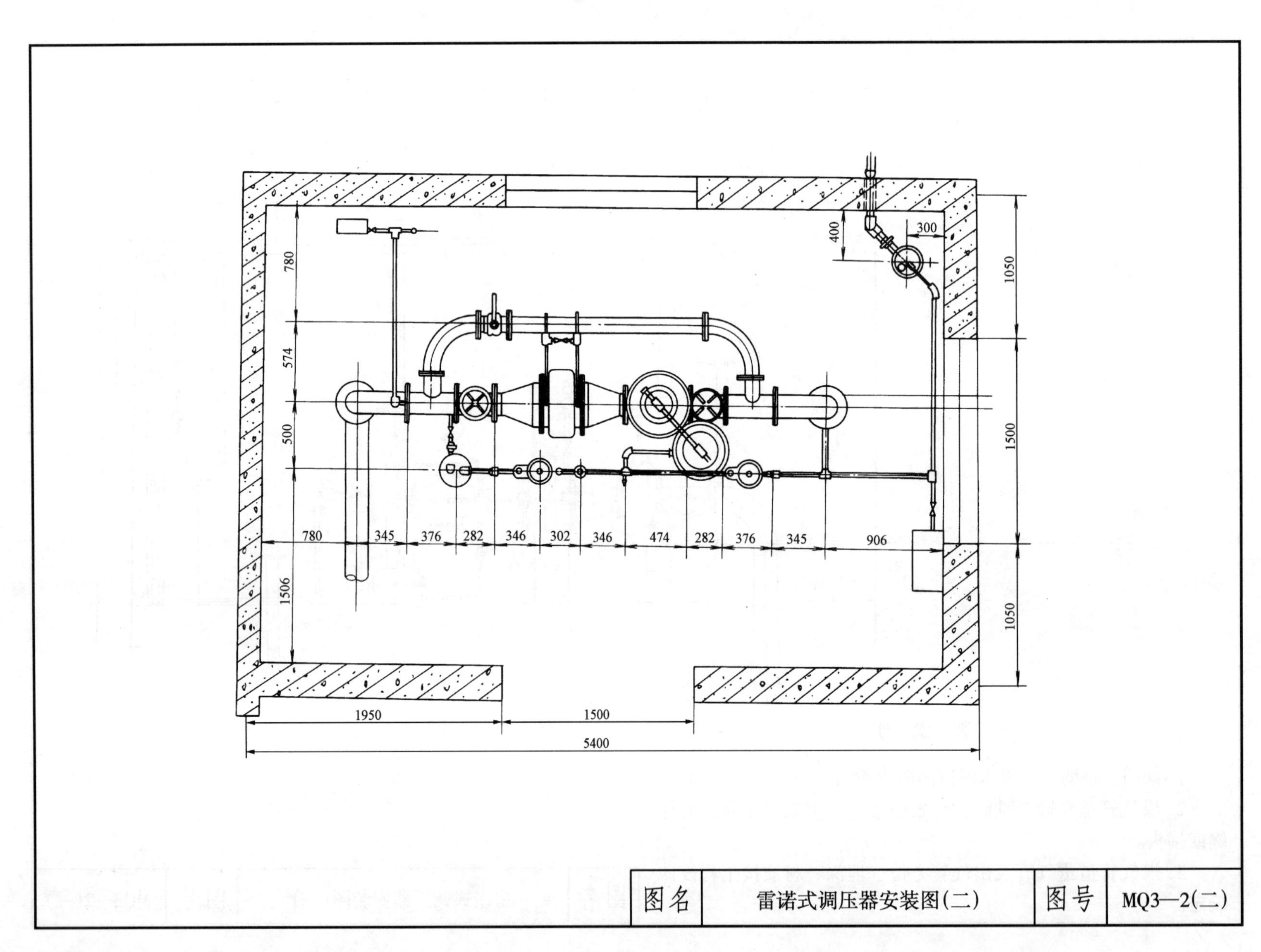

图名	雷诺式调压器安装图(二)	图号	MQ3—2(二)

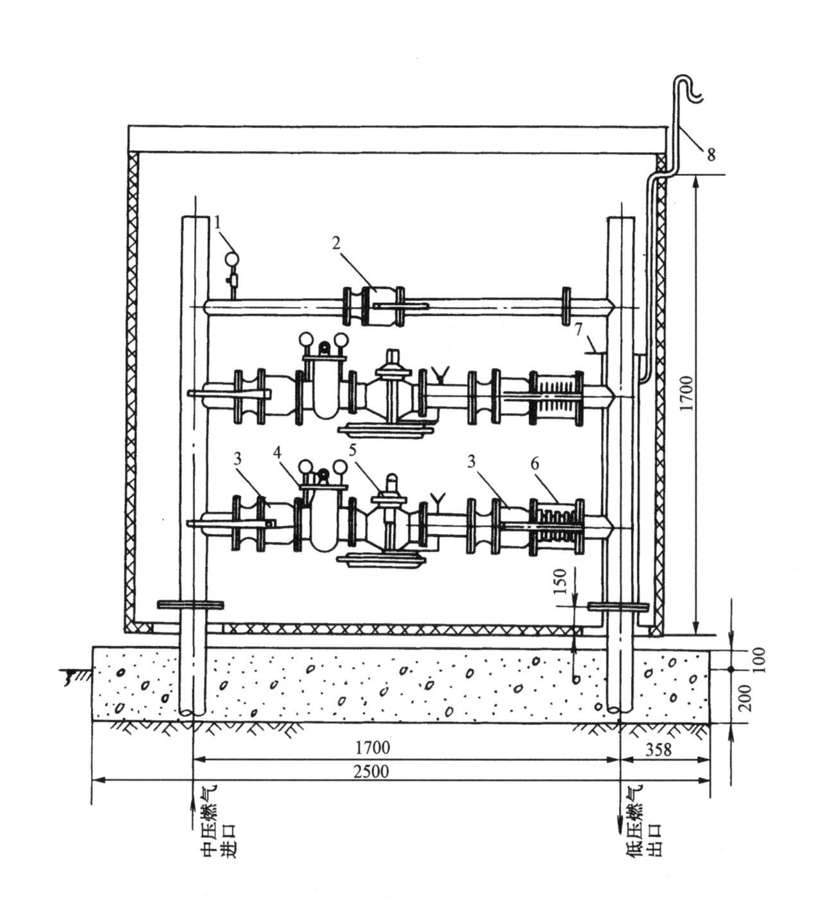

1—弹簧压力表(5块);2—旁通管球阀;3—进出口球阀(4个);
4—过滤器(3个);5—调压器(HMT-3FK衡量式，2个);
6—波纹管(2节);7—水封;8—*DN*50放散管

安装说明

1. 本图为HMT-3FK(衡量式)燃气调压箱及基础示意图。

2. 调压箱箱体尺寸(长×宽×高)为2150mm×1140mm×2150mm。

3. HMT-3FK型调压器规格为*DN*50进出口管径为*DN*80;*DN*80进出口管径为*DN*100;*DN*100进出口管径为*DN*150。

4. 调压箱安装在距地面100mm的平台上，平台上要平整，不积水。平台外形尺寸长×宽=2500mm×1500mm。

图名	箱式调压器安装图	图号	MQ3—3

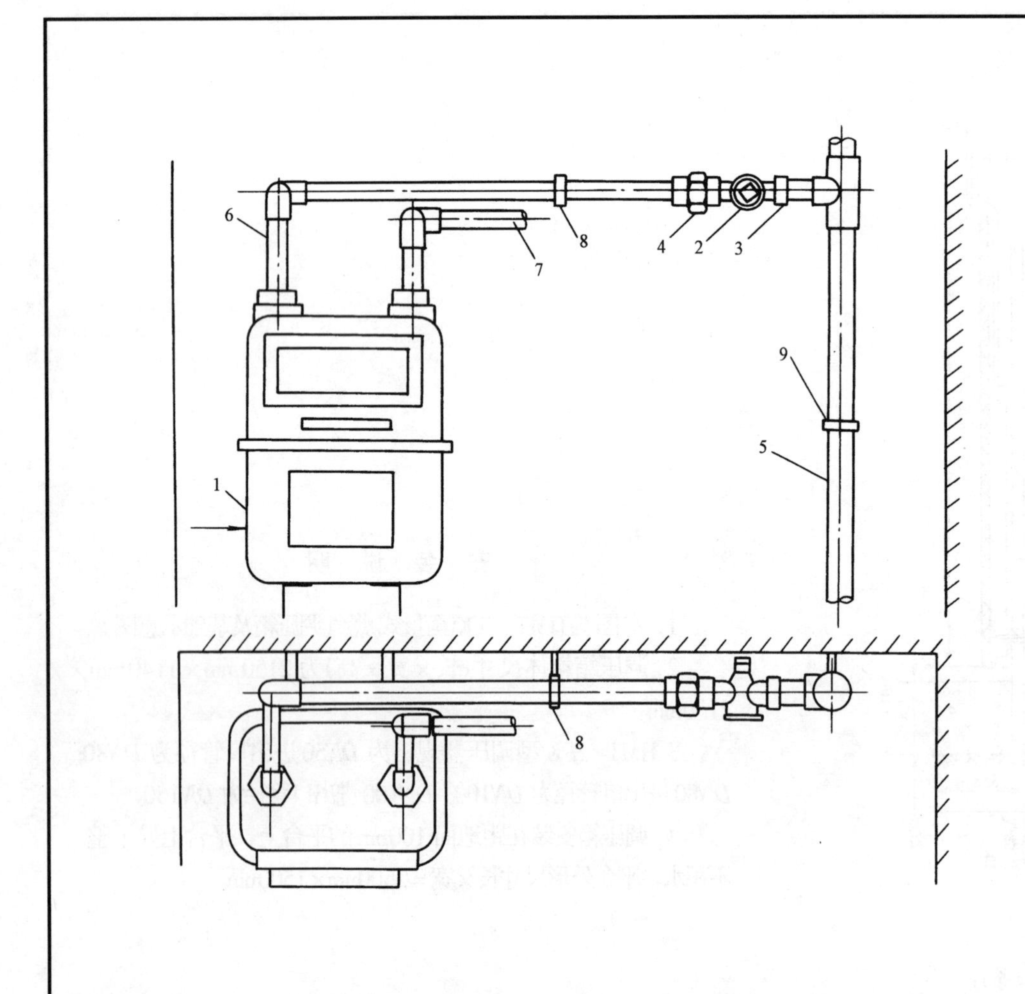

1—煤气表；2—紧接式旋塞；3—内接头；4—活接头；5—煤气立管；6—煤气进气管；7—煤气出气管；8—托钩；9—管卡

安装说明

1. 本图按左进右出绘制，右进左出煤气表的接法方向相反。

2. 煤气表支托形式根据现场选定。

图名	户内煤气表安装图(一)	图号	MQ4—1(一)

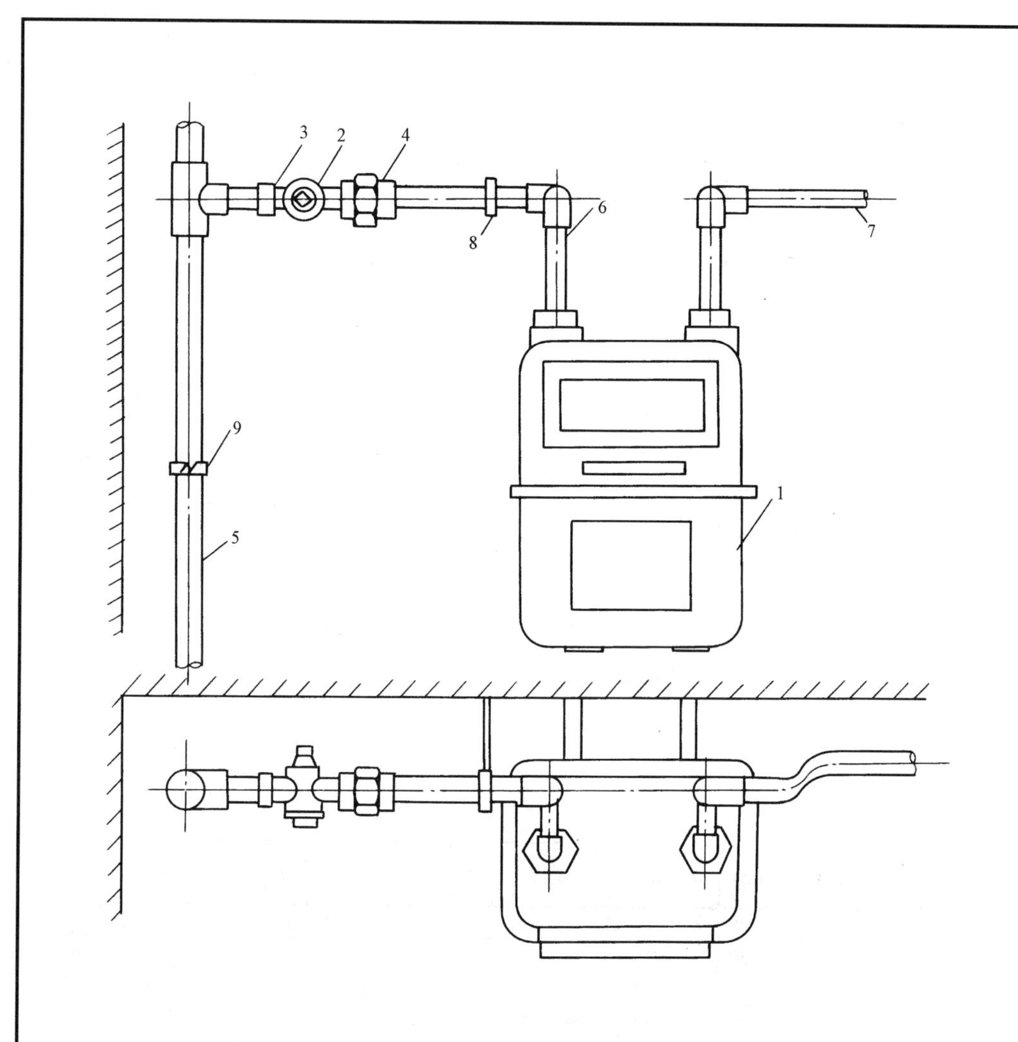

1—煤气表；2—紧接式旋塞；3—内接头；4—活接头；5—煤气立管；
6—煤气进气管；7—煤气出气管；8—托钩；9—管卡

安 装 说 明

1. 本图按左进右出绘制，若右进左出煤气表的接法方向相反。

2. 煤气表支托形式根据施工现场选定。

图名	户内煤气表安装图(二)	图号	MQ4—1(二)

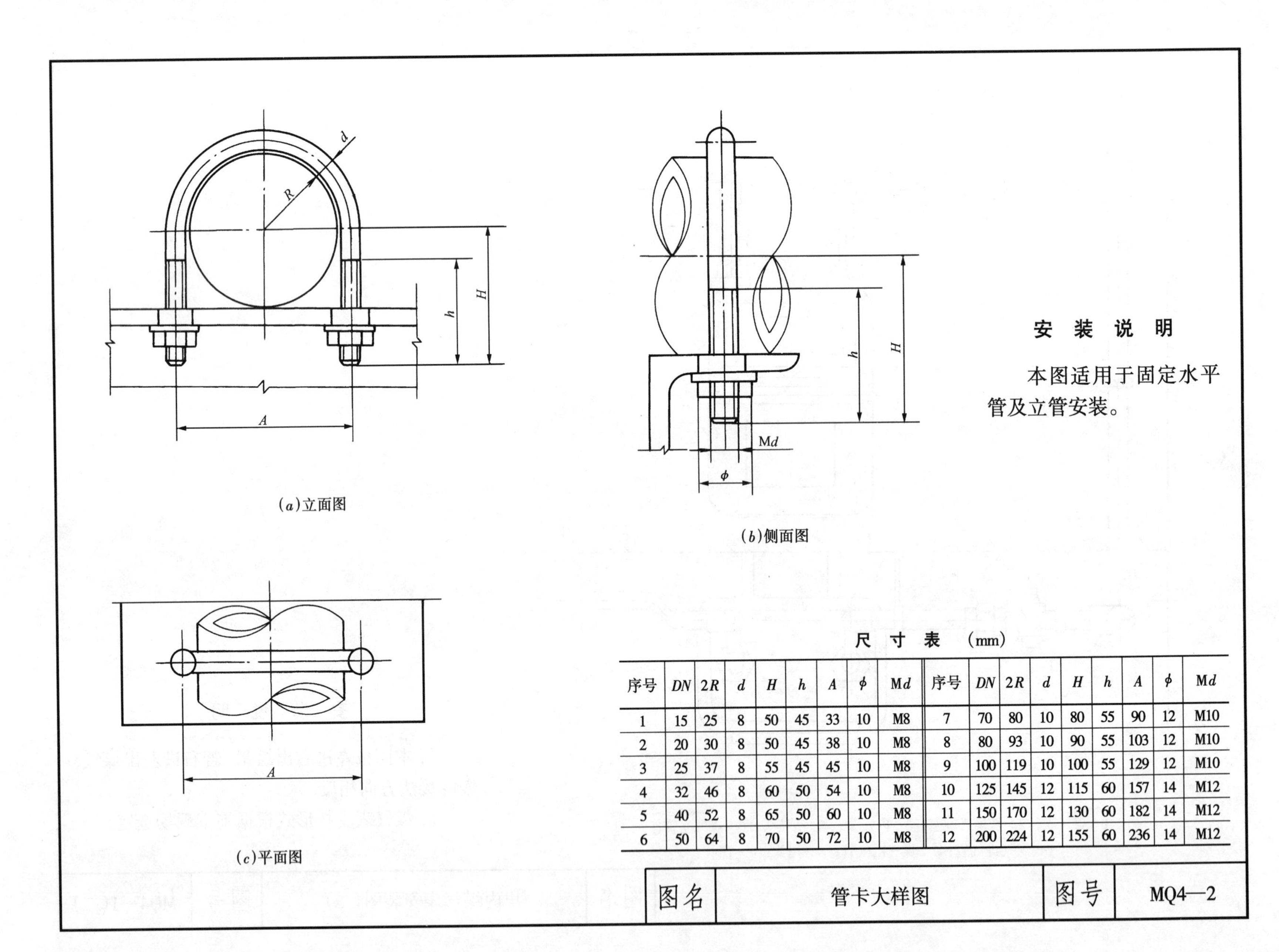

安 装 说 明

本图适用于固定水平管及立管安装。

尺 寸 表 (mm)

序号	DN	$2R$	d	H	h	A	ϕ	Md	序号	DN	$2R$	d	H	h	A	ϕ	Md
1	15	25	8	50	45	33	10	M8	7	70	80	10	80	55	90	12	M10
2	20	30	8	50	45	38	10	M8	8	80	93	10	90	55	103	12	M10
3	25	37	8	55	45	45	10	M8	9	100	119	10	100	55	129	12	M10
4	32	46	8	60	50	54	10	M8	10	125	145	12	115	60	157	14	M12
5	40	52	8	65	50	60	10	M8	11	150	170	12	130	60	182	14	M12
6	50	64	8	70	50	72	10	M8	12	200	224	12	155	60	236	14	M12

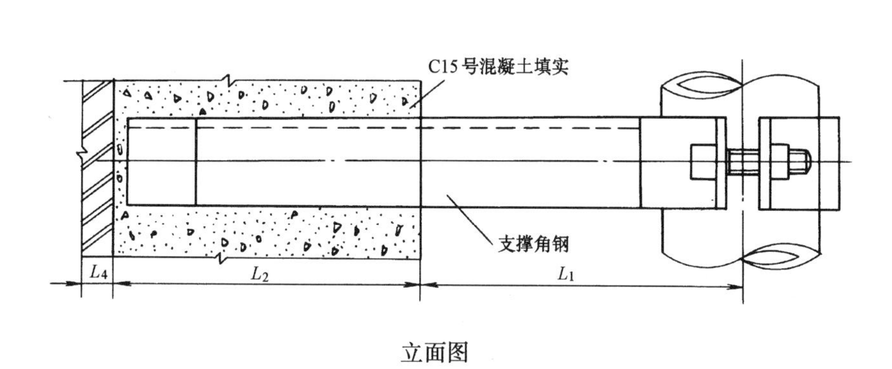

立面图

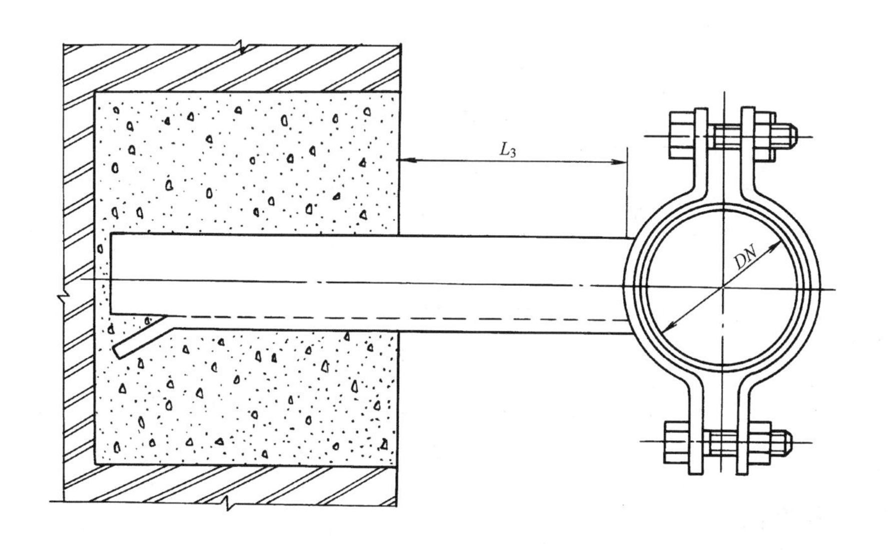

平面图

材　料　表(mm)

DN	L_1	L_2	L_3	L_4
50	100	120	64	20
70	110	120	66	
80	130	120	80	
100	140	150	77	
150	170	240	81	
200	200	240	84	

尺　寸　表

公称直径 DN	支撑角钢			
	规格	长度(mm)	件数	重量(kg)
50	∟30×30×4	184	1	0.33
70	∟30×30×4	186		0.33
80	∟36×36×4	200		0.43
100	∟36×36×4	227		0.49
150	∟40×40×4	321		0.78
200	∟40×40×4	324		0.79

安　装　说　明

1. 本支架适用于固定安装。
2. 砖墙留洞或凿孔：120mm×120mm×(L_2+L_4)。

图名	单管管卡图(一)	图号	MQ4—3(一)

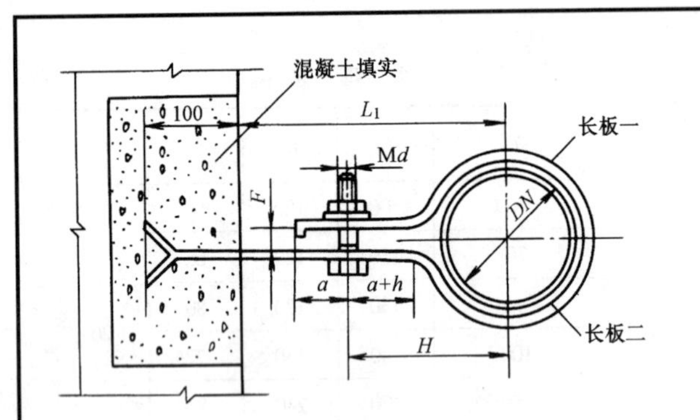

(a) Ⅰ型支架平面图

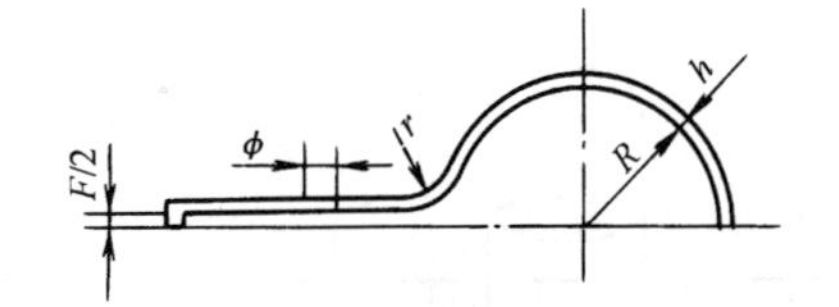

(b) 长板一

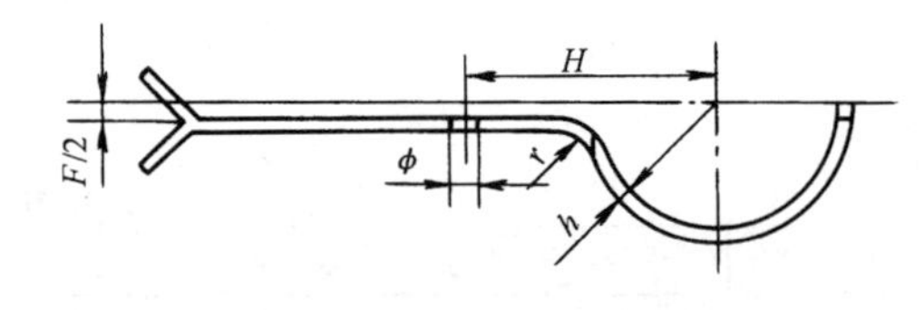

(c) 长板二

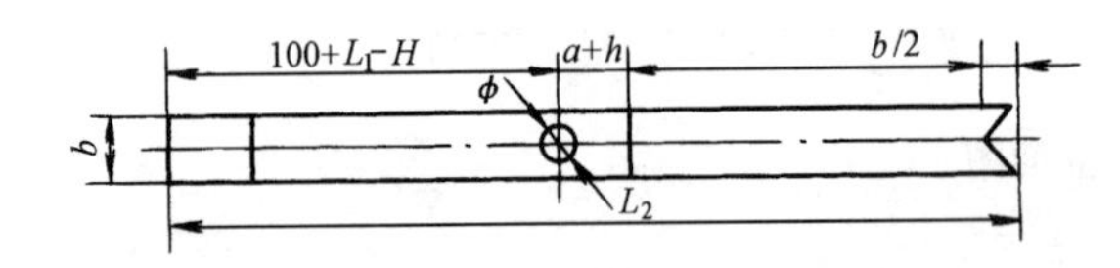

(e) 长板二展开图

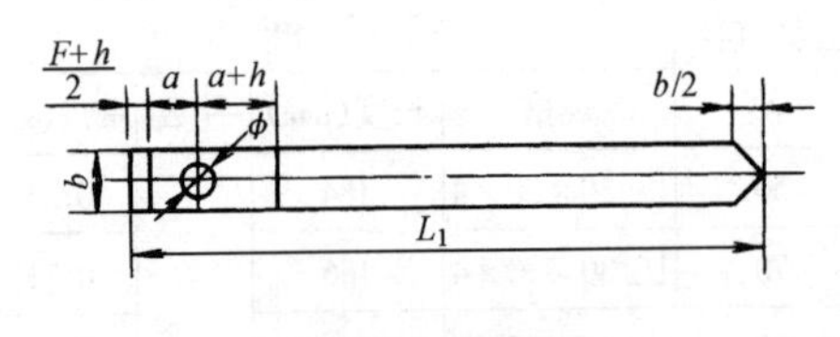

(d) 长板一展开图

安 装 说 明

1. 本支架设置间距为 3m。

2. 预埋由设计确定，不设预埋件时可用射钉枪固定。

3. 支架与墙连接的要求；砖墙留洞或凿孔 120mm × 120mm × 120mm 钢筋混凝土墙设预埋件与扁钢焊接。

尺 寸 表 (mm)

DN	2R	F	H		L_1		h		φ		a		b		r
			保温	不保温	保温	不保温	保温	不保温	保温	不保温	保温	不保温	保温	不保温	
15	25	10	35.40	35.40	110	70	3	3	10	10	20	20	30	25	3
20	30		38.17	38.17		80									
25	37		41.91	41.91	120								35		
32	46		52.0	46.62		90	4		12		24				4
40	52		55.11	49.72	130	100									
50	64		61.27	55.86											
70	80		69.41	63.99	140	110							40		
80	93		75.99	70.56	150	130							45	30	

图名	单管管卡图(二)	图号	MQ4—3(二)

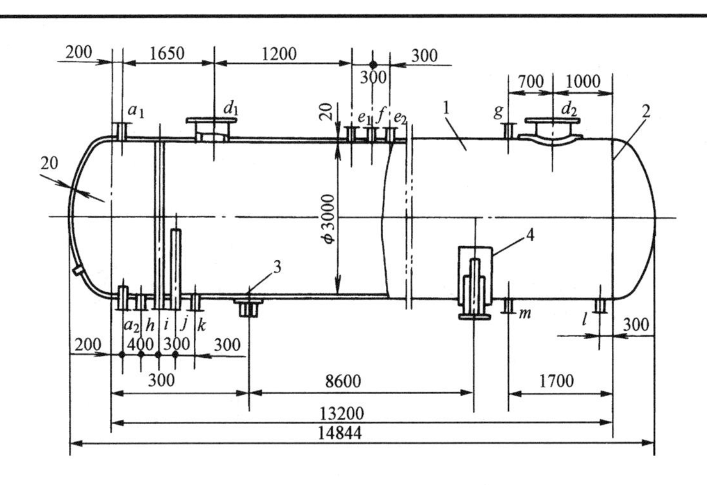

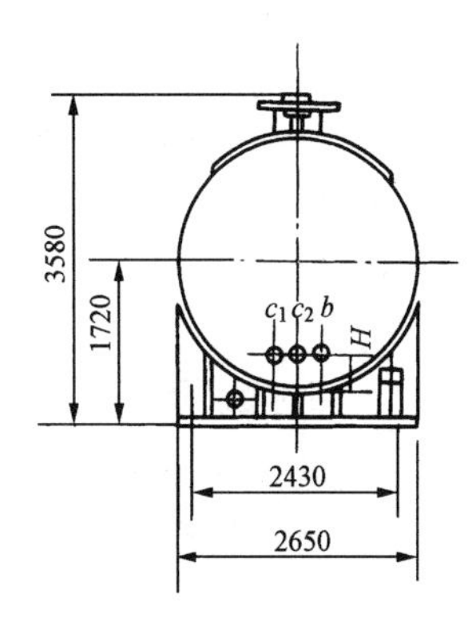

100m³液化石油气卧式圆筒罐

1—筒体；2—封头；3—固定鞍座；4—活动鞍座

100m³ 液化石油气卧式圆筒罐接管表

接管编号	接管名称	公称压力	公称直径	连接面形式	连接尺寸标准
a_1，a_2	液位计	*PN*25	*DN*40	凸面	HGJ46—91
b	压力计	—		螺纹	—
c_1，c_2	温度计	—	M27×2	螺纹	—
d_1，d_2	人孔	*PN*25	*DN*500		
e_1，e_2	安全阀	*PN*25	*DN*80	凸面	HGJ46—91
f	放散管	*PN*25	*DN*50	凸面	HGJ46—91
g	液面计接口	*PN*25	*DN*50	凸面	HGJ46—91
h	液相进口	*PN*25	*DN*80	凸面	HGJ46—91
i	气相管	*PN*25	*DN*50	凸面	HGJ46—91
j	液相回流管	*PN*25	*DN*50	凸面	HGJ46—91
k	液相出口管	*PN*25	*DN*80	凸面	HGJ46—91
l	排污管	*PN*25	*DN*80	凸面	HGJ46—91
m	液面计接口	*PN*25	*DN*80	凸面	HGJ46—91

图名	100m³液化石油气卧式圆筒罐安装	图号	MQ5—1

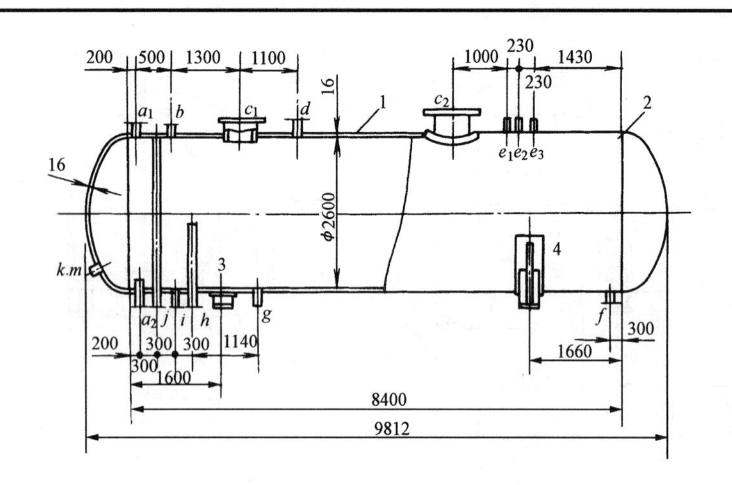

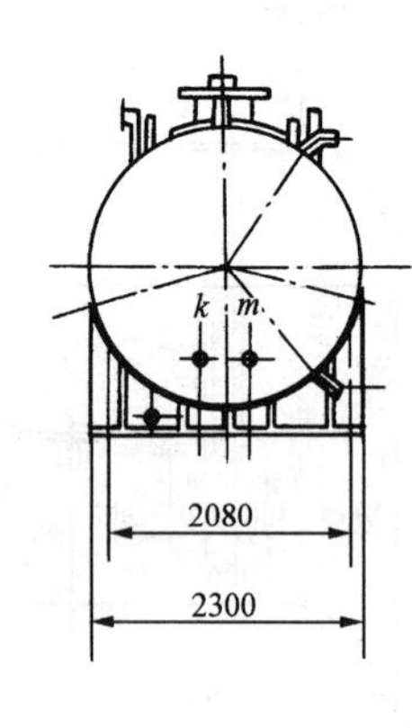

50m³液化石油气卧式圆筒罐

1—筒体；2—封头；3—固定鞍座；4—活动鞍座

50m³ 液化石油气卧式圆筒罐接管表

接管编号	接管名称	公称压力	公称直径	连接面形式
a_1，a_2	液位计	PN25	DN40	平面
b	放散管	PN25	DM50	平面
c_1，c_2	人孔	PN25	DN450	平面
d	安全阀	PN25	DN80	平面
e_1，e_2，e_3	钢带液位计	PN25	DN40	平面
f	排污管	PN25	DN80	平面
g	液相出口管	PN25	DN80	平面
h	液相回流管	PN25	DN50	平面
i	液相进口管	PN25	DN80	平面
j	气相管	PN25	DN50	平面
k	压力计	—	M20×15	螺纹
m	温度计	—	M27×2	螺纹

图名	50m³液化石油气卧式圆筒罐安装	图号	MQ5—2

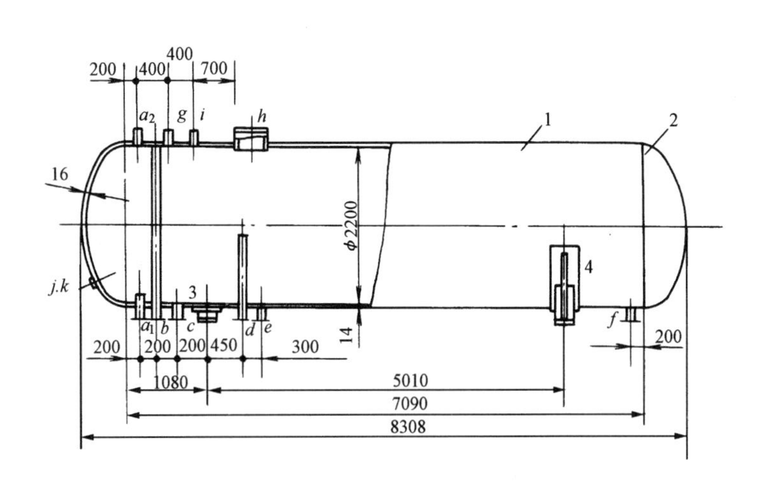

30m³ 液化石油气卧式圆筒罐

1—筒体；2—封头；3—固定鞍座；4—活动鞍座

30m³ 液化石油气卧式圆筒罐接管表

接管编号	接　管　名　称	公　称　压　力	公　称　直　径	连 接 面 形 式
a_1，a_2	液　位　计	PN25	DN40	平　　面
b	气　相　管	PN25	DN50	平　　面
c	液相进口管	PN25	DN50	平　　面
d	液相回流管	PN25	DN50	平　　面
e	液相出口管	PN25	DN50	平　　面
f	排　污　管	PN25	DN50	平　　面
g	放　散　管	PN25	DN50	平　　面
h	人　　　孔	PN25	DN450	平　　面
i	安　全　阀	PN25	DN80	平　　面
j	压力计接管	—	M20×1.5	螺　　纹
k	一次温度计	—	M27×2	螺　　纹

图名	30m³ 液化石油气卧式圆筒罐安装	图号	MQ5—3

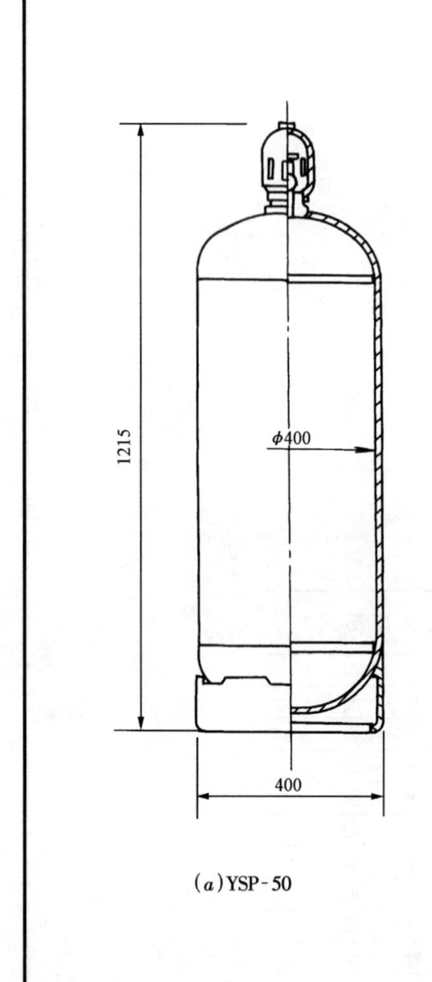

(a)YSP-50

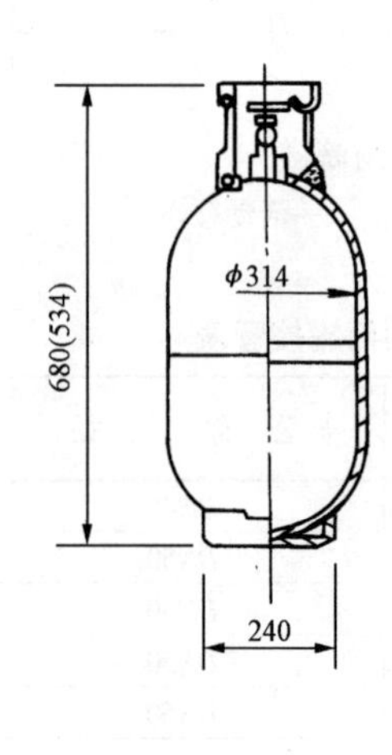

(b)YSP-15(10)

技 术 参 数

型　　号	YSP-50	YSP-15	YSP-10
充装介质	液化石油气		
设计压力(MPa)	1.57		
设计温度(℃)	-40~+60		
高　度(mm)	1215	680	534
内　高(mm)	1008	523	378
筒体内径(mm)	400	314	314
几何容积(L)	118	35.5	23.5
底座外径(mm)	400	240	240
护罩外径(mm)		190	190
允许充装量(kg)	50	15	10
气密性试验压力(MPa)	1.57		
强度试验压力(MPa)	2.35		
瓶　重(kg)	约48	约16.5	

图名	YSP型钢瓶	图号	MQ5—4

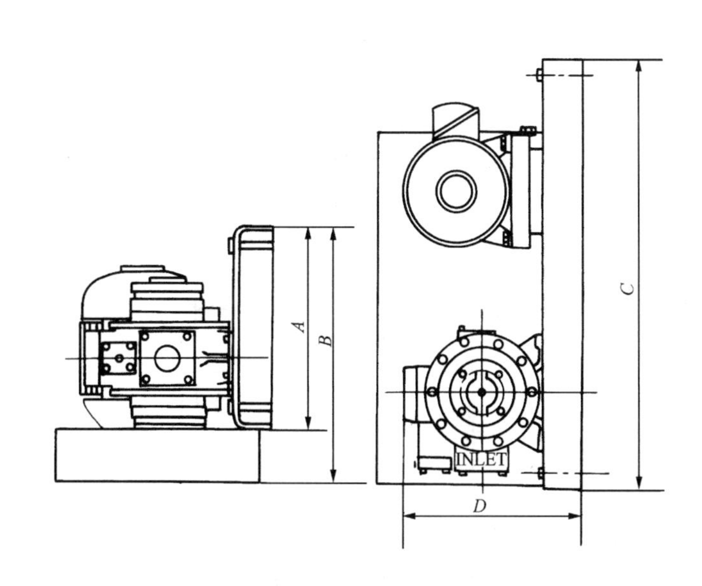

（*a*）521 型及1021 - 103型液化石油气泵外形

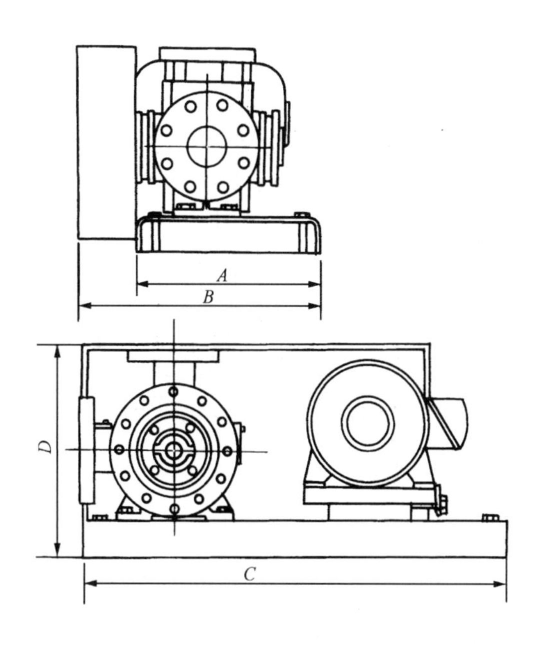

（*b*）F1021 及 F1521 - 103 型液化石油气泵外形

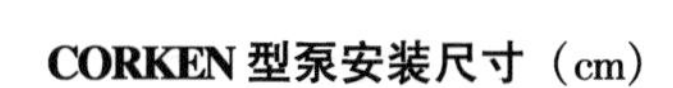

CORKEN 型泵安装尺寸（cm）

型　　号	*A*	*B*	*C*	*D*
521-103	38.1	50.2	106.7	50.8
1021-103	38.1	50.2	106.7	50.8
F1021-103	38.1	50.2	106.7	50.8
F1521-103	45.7	57.8	106.7	50.8

图名	521 型 B1021 型、F1021 及 F1521 - 103型液化气泵安装	图号	MQ5—5

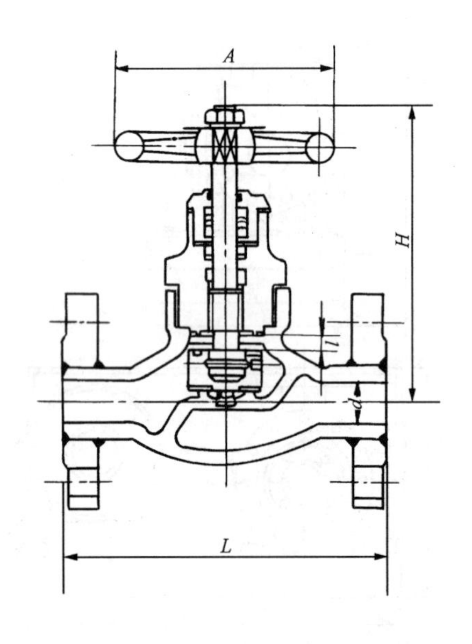

(a)MT-880B 型截止阀(*DN*10 ~ *DN*50)

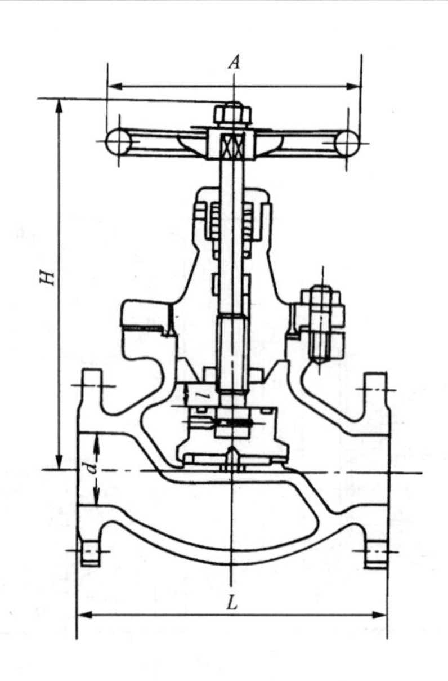

(b)MT-880B 型截止阀(*DN*65 ~ *DN*300)

MT-800B 型截止阀外形尺寸（mm）

公称直径 *DN*（mm）	*d*	*L*	*H*	*l*	*A*	公称直径 *DN*（mm）	*d*	*L*	*H*	*l*	*A*
10	15	140	154	6	80	80	80	320	370	30	250
15	15	154	154	6	80	100	100	350	430	40	300
20	20	160	159	8	100	125	125	430	500	45	355
25	25	180	173	10	120	150	150	500	586	50	400
32	40	220	201	13	140	200	200	560	635	60	500
40	40	220	201	13	140	250	250	660	761	75	630
50	50	240	232	16	160	300	300	750	954	90	780
65	65	280	370	30	250						

图名	MT-880B 型截止阀	图号	MQ5—6

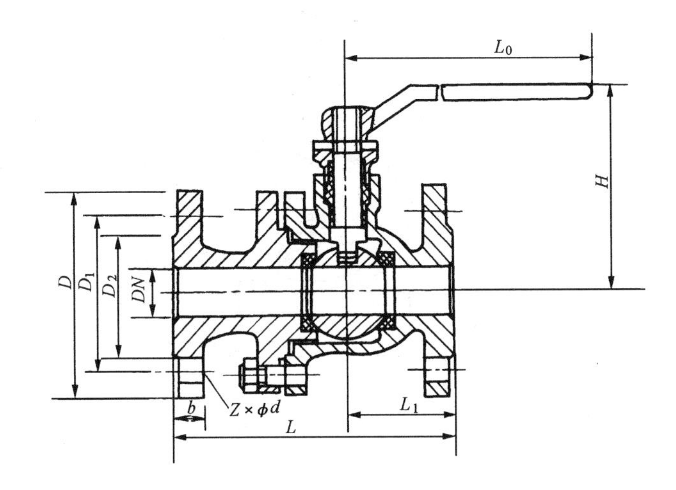

(a)Q41F-40(Q43F-40)型球阀示意图

(b) Q11F-25(Q13F-25)
Q11F-40(Q13F-40) 型球阀示意图

Q41F-40 型球阀主要尺寸

公称直径 DN (mm)	尺寸 (mm)									重量 (kg)
	L	L_1	D	D_1	D_2	b	$Z\times\phi d$	H	L_0	
15	130	57	95	65	45	16	4×14	82	100	3
20	140	62	105	75	55	16	4×14	100	160	4
25	150	69	115	85	65	16	4×14	104	160	5
32	180	66	135	100	78	18	4×18	134	250	10
40	200	73	145	110	85	18	4×18	140	250	14
50	220	85	160	125	100	20	4×18	155	300	20

Q11F-25(Q13F-25)、Q11F-40(Q13F-40)型球阀外形和连接尺寸

公称直径 DN (mm)	尺寸 (mm)						
	L	L_1	D_1	H	D	S	L_0
15	90	46	54	80	34.6	30	140
20	100	50	62	85	41.6	36	160
25	115	57	72	92	53.1	46	160
32	130	66	86	118	63.5	55	250
40	150	77	100	126	75	65	250
50	180	96	120	145	86.6	75	350

注:D 为六角对角线长,S 为对边长。

图名	球阀、截止阀安装(一)	图号	MQ5—7(一)

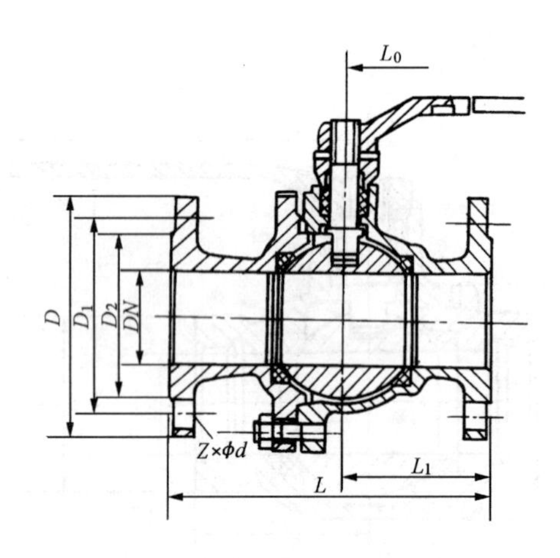

(a)Q41F-25(Q43F-25)型球阀示意图

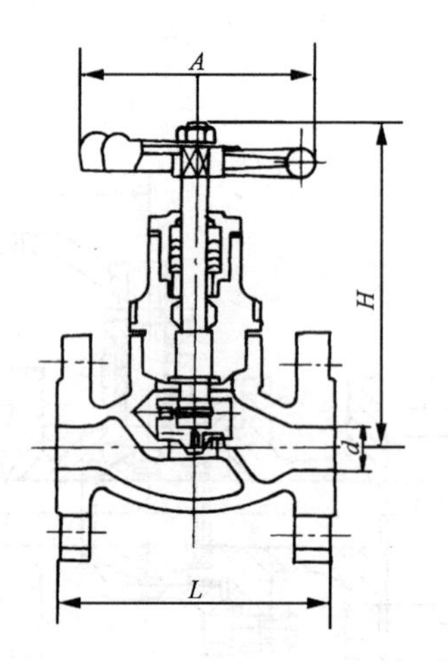

(b)MT-770 型截止阀外形

Q41F-25（Q43F-25）型球阀主要尺寸

公称直径 DN (mm)	尺寸 (mm)							重量 (kg)
	L	L_1	D	D_1	D_2	$Z \times \phi d$	L_0	
15	130	57	95	65	45	4×14	100	3
20	140	62	105	75	55	4×14	160	4
25	150	71	115	85	65	4×14	160	5
32	165	65	135	100	78	4×18	250	10
40	180	71	145	110	85	4×18	250	14
50	200	85	160	125	100	4×18	350	20
65	220	100	180	145	120	8×18	350	25
80	250	114	195	160	135	8×18	150	30
100	320	130	230	190	160	8×23	450	40
125	400	190	270	220	188	8×25	600	65
150	400	190	300	250	218	8×25	800	85

注：Q43F-25 型球阀的左右阀体为锻件，除连接尺寸外，其外形及外形尺寸、重量等不尽相同。

MT-770 型截止阀外形尺寸（mm）

公称直径 DN	d	L	H	提升高度	A
10	15	110	133	6	80
15	15	110	133	6	80
20	20	120	142	8	100
25	25	130	159	10	125
32	40	180	186	13	140
40	40	180	186	13	140
50	50	230	218	16	160

图名	球阀、截止阀安装(二)	图号	MQ5—7(二)

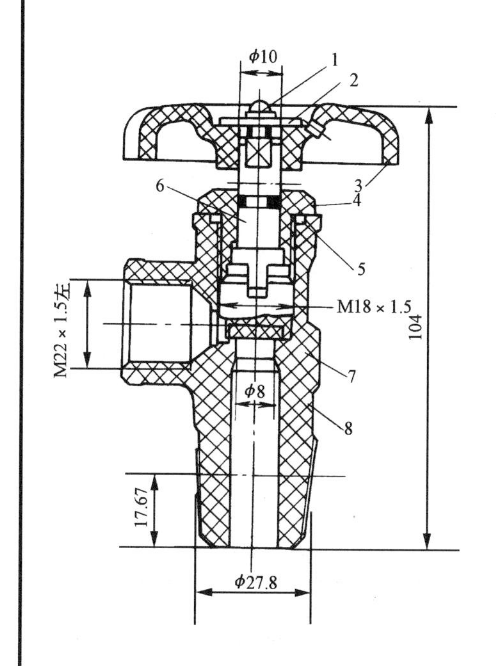

（a）YSF-2型钢瓶角阀

1—螺帽；2—铭牌；3—手轮；
4—压紧母；5—密封垫；6—阀杆；
7—活门；8—阀体

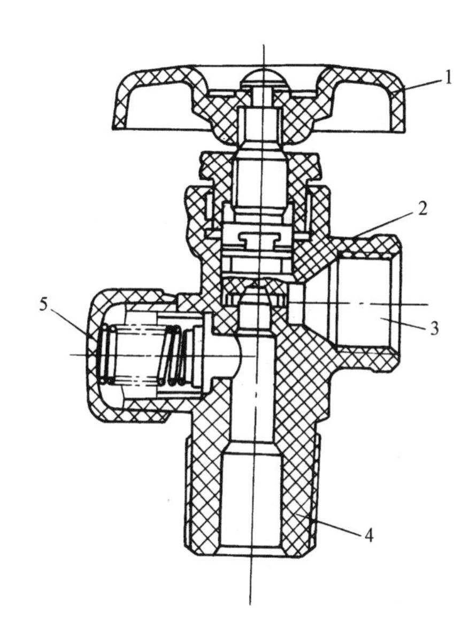

（b）带安全阀的钢瓶角阀

1—手轮；2—阀体；3—出口；
4—进口；5—安全阀

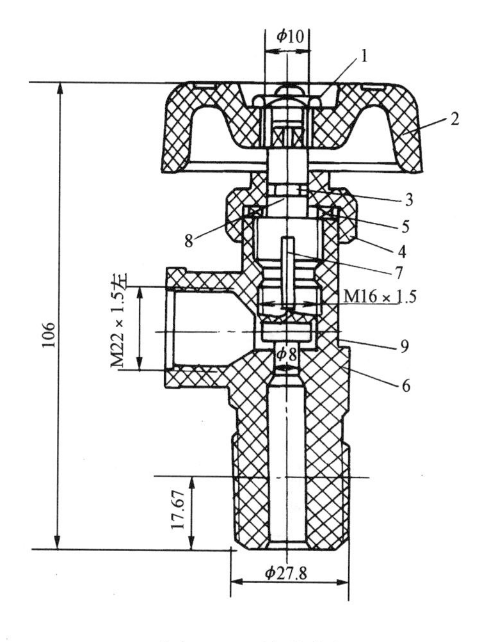

（c）YSF-1型钢瓶角阀

1—螺帽；2—手轮；3—O形密封圈；
4—压紧帽；5—上密封垫；6—阀体；
7—连接片；8—阀杆；9—活门

图名	钢瓶角阀	图号	MQ5—8

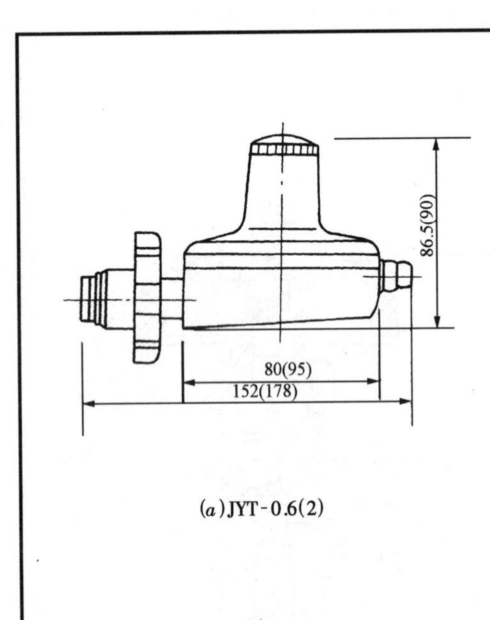

(a)JYT-0.6(2)

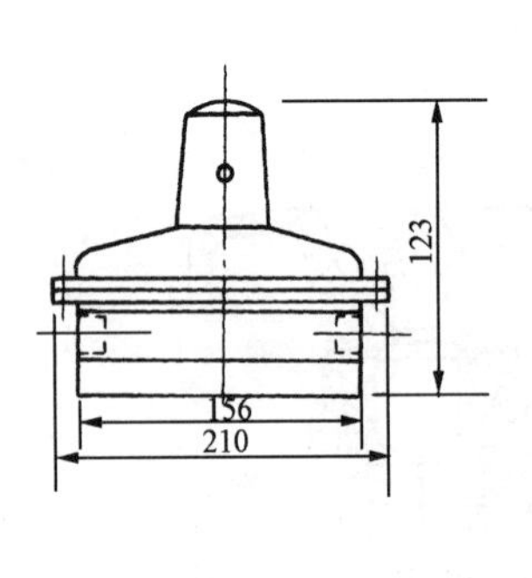

(b)YSJ-5

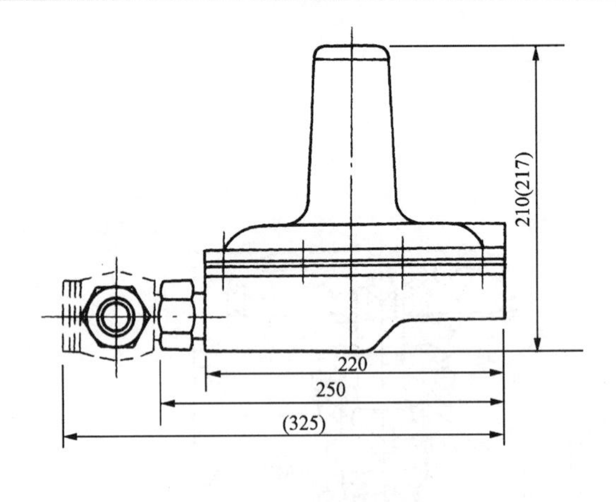

(c)YSJ-10(25)

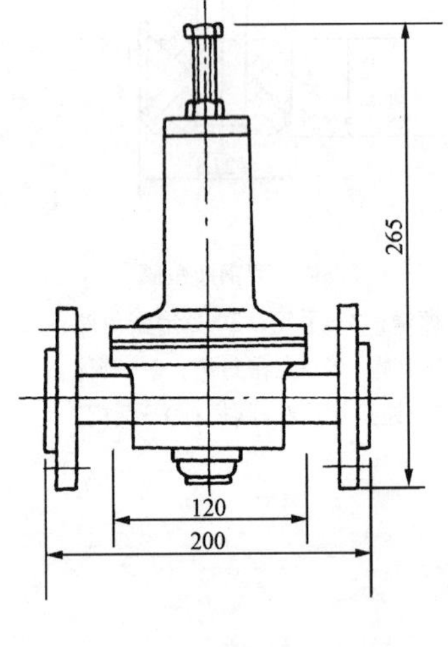

(d)YSJ-40

技 术 参 数

型 号	JYT-0.6	JYT-2	YSJ-5	YSJ-10	YSJ-25	YSJ-40
适用介质	液 化 石 油 气					
进口压力（kPa）	30～1530	30～1530	68～980	68～980	68～980	196～980
出口压力（kPa）	2.79±0.49	2.79±0.49	3.92±0.19	4.9±0.49	4.9±0.98	68.6±6.86
额定流量（m^3/h）	0.6	2	5	10	25	40
工作温度（℃）	－19±45					
外形尺寸 (长×宽×高)(mm)	152×80×86.5	178×95×90	210×156×123	250×220×210	325×220×217	200×120×265
进出口管尺寸	M22×1.5 φ9×2 橡胶管	M22×1.5 φ9×2 橡胶管	*DN*20	*DN*25	*DN*20 *DN*25	*DN*20 法兰
重 量（kg）	0.3	0.5	1.2	5	6	45

图名	液化石油气减压阀	图号	MQ5—9

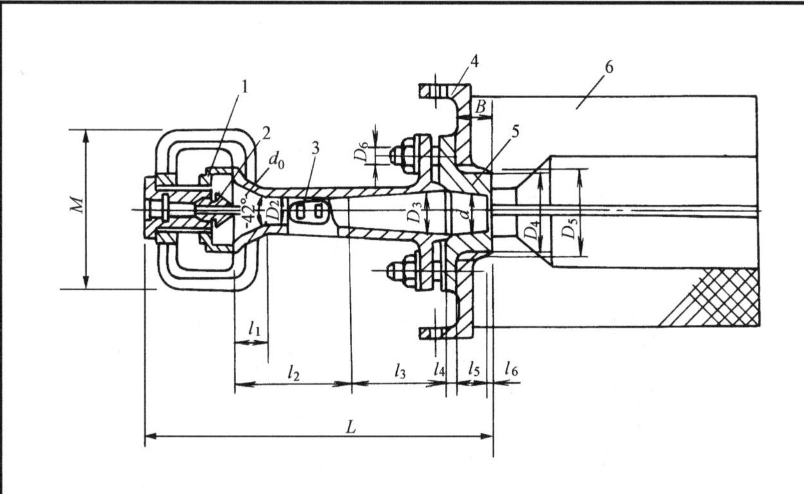

A 型

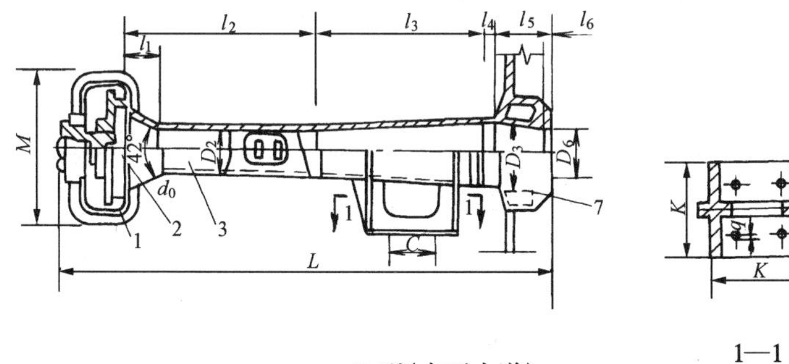

1—1

B 型（未画火道）

天然气引射型火道式无焰燃烧器

1—调风板；2—喷嘴；3—混合器；4—炉前固定板；

5—头部；6—火道；7—水冷装置

天然气引射型火道式无焰燃烧器结构尺寸（mm）

火道直径（代型号）d_0	D_2	D_3	D_4	D_5	D_6	l_1	l_2	l_3	l_4	l_5	l_6	B	q	E	F	K	C	M	L	形式
15	12	20	45	50	M12	15	54	58	5	15	3	20	–	–	–	–	–	100	190	A
18	14	23	45	50	M12	18	62	65	5	18	3	20	–	–	–	–	–	100	208	A
21	17	27	45	50	M12	21	75	74	5	21	3	20	–	–	–	–	–	100	223	A
24	19	31	60	70	M14	24	89	77	5	24	3	25	–	–	–	–	–	120	243	A
28	23	36	60	70	M14	28	101	88	5	28	3	25	–	–	–	–	–	120	270	A
32	26	41	70	80	M14	32	119	102	5	32	3	34	–	–	–	–	–	140	306	A
37	30	48	70	80	M14	37	142	119	5	37	3	34	–	–	–	–	–	160	351	A
42	34	54	95	110	M16	42	154	133	8	42	5	48	–	–	–	–	–	174	397	A
48	39	62	95	110	M16	48	181	154	8	48	5	48	–	–	–	–	–	220	501	A
56	45	72	110	125	M16	56	218	178	8	56	5	65	–	–	–	–	–	220	564	A
65	53	84	110	125	M16	65	247	206	8	65	6	65	–	–	–	–	–	245	636	A
75	60	97	125	145	M16	75	294	230	8	75	5	75	–	–	–	–	–	258	717	A

图名	天然气引射型火道式无焰燃烧器	图号	MQ5—10

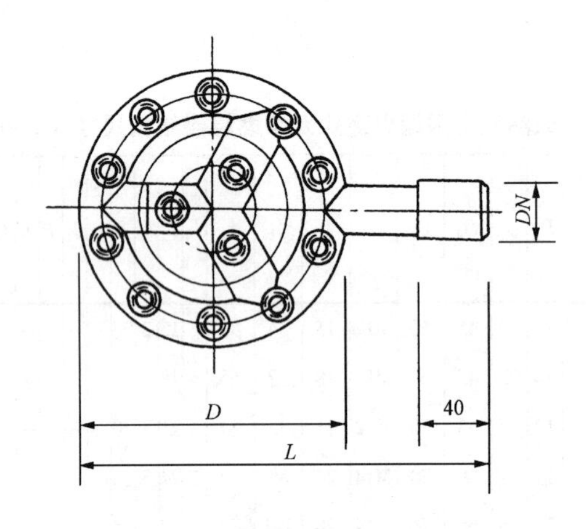

(a) $\frac{\text{JR}}{\text{TR}}$-13 型

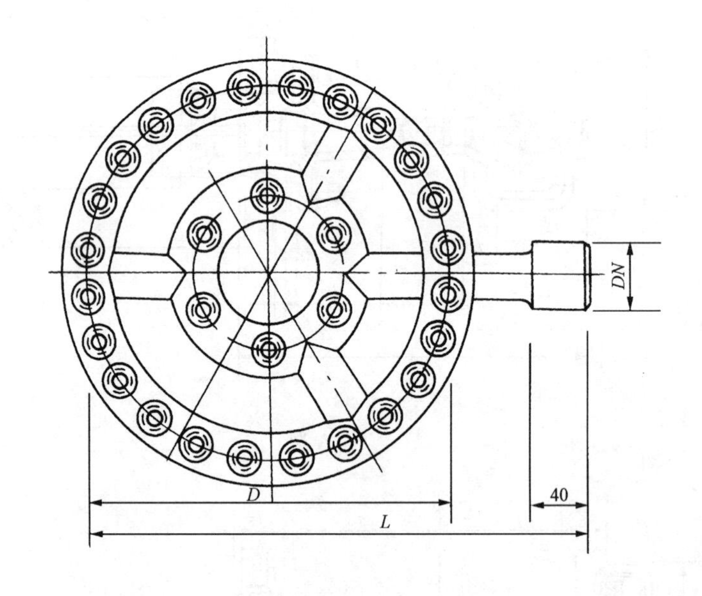

(b) $\frac{\text{JR}}{\text{TR}}$-30 型

技 术 参 数

型 号		$\frac{\text{JR}}{\text{TR}}$-8	$\frac{\text{JR}}{\text{TR}}$-13	$\frac{\text{JR}}{\text{TR}}$-30	$\frac{\text{JR}}{\text{TR}}$-33
适用介质		人工煤气 天然气			
额定工作压力（Pa）		1000 2000			
额定热负荷（kW）		18 16	30 27	70 62	76 70
额定耗气量（m^3/h）		3.8 1.7	6.2 2.7	14.3 6.4	15.7 7.1
联结管尺寸		*DN*20	*DN*20	*DN*25	*DN*25
外形尺寸（mm）	*D*	130	130	250	400
	L	225	225	345	400
重 量（kg）		2.0	2.5	8.2	9.6

安 装 说 明

JR 型适用于人工煤气，TR 型适用于天然气。

图名	$\frac{\text{JR}}{\text{TR}}$型燃烧器	图号	MQ5—11

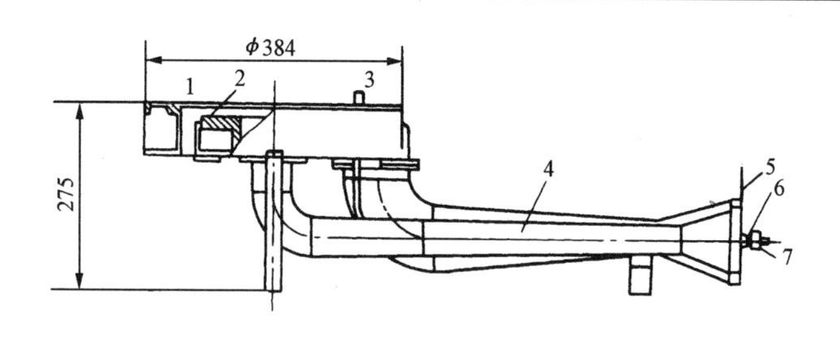

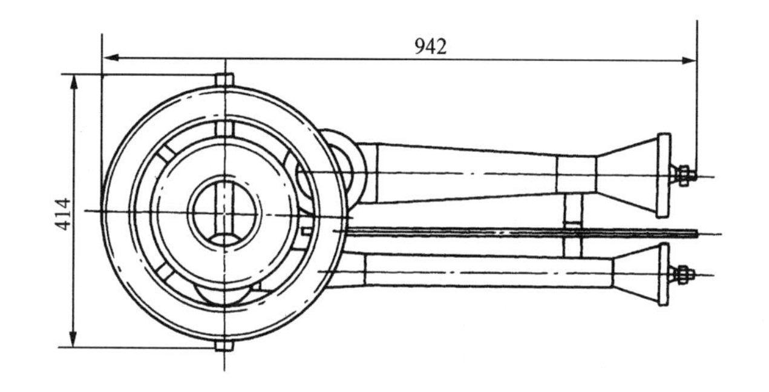

1—燃烧器外圈头部；
2—燃烧器内圈头部；
3—长明小火；
4—混合器；
5—调风板；
6—煤气喷嘴；
7—连接螺母

YR 型燃烧器的技术性能

规　　格		YR-2	YR-2.5	YR-4	YR-6
适用介质		液化石油气			
额定工作压力（Pa）		2800 ± 500			
额定热负荷（kW）		23.3	29	46.5	69.78
额定耗气量（m^3/h）		0.7	1.05	1.65	2.2
内圈煤气喷嘴孔径（mm）		1.3	1.8	2.1	2.5
外圈煤气喷嘴孔径（mm）		1.9	2.1	3.0	3.5
进气连接管直径（mm）		$\phi 8 \times 1$			
外　形　尺　寸（mm）	长	464	498	797	942
	宽	237	254	324	414
	高	179	218	230	275
重　　量（kg）		9.5	14.5	21	30

图名	YR 型燃烧器(一)	图号	MQ5—12(一)

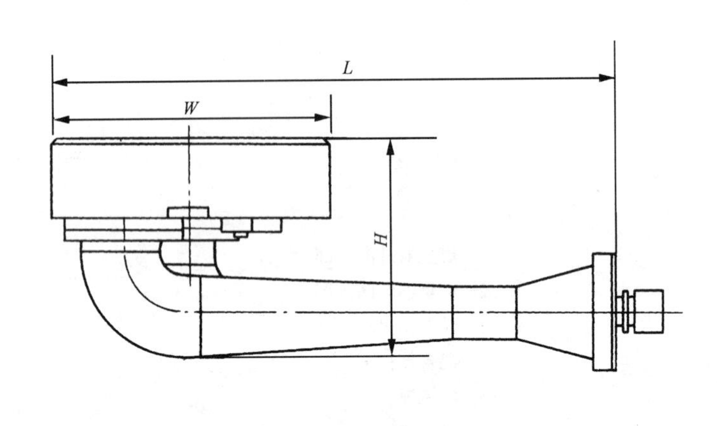

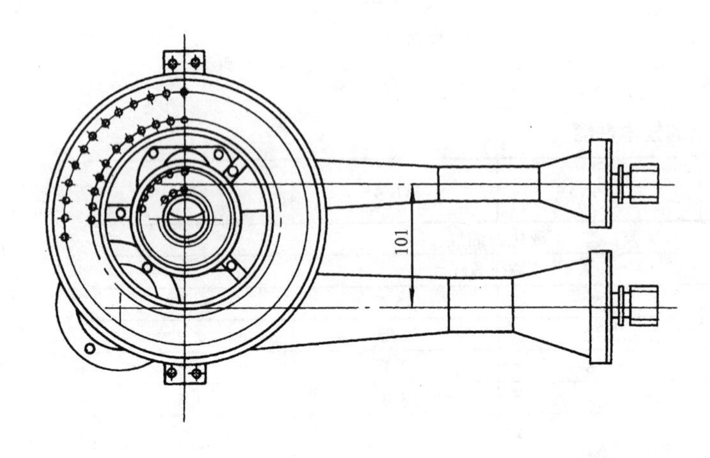

YR-2 型

技 术 参 数

型号		YR-1.2	YR-2
适用介质		液化石油气	
额定工作压力(Pa)		3000	
额定热负荷(kW)		14	23
额定耗气量(m^3/h)		0.44	0.74
连接管尺寸		*DN*15	*DN*15
外形尺寸(mm)	*L*	464	464
	W	237	237
	H	179	179
重　量(kg)		9.5	9.5

图名	YR 型燃烧器(二)	图号	MQ5—12(二)

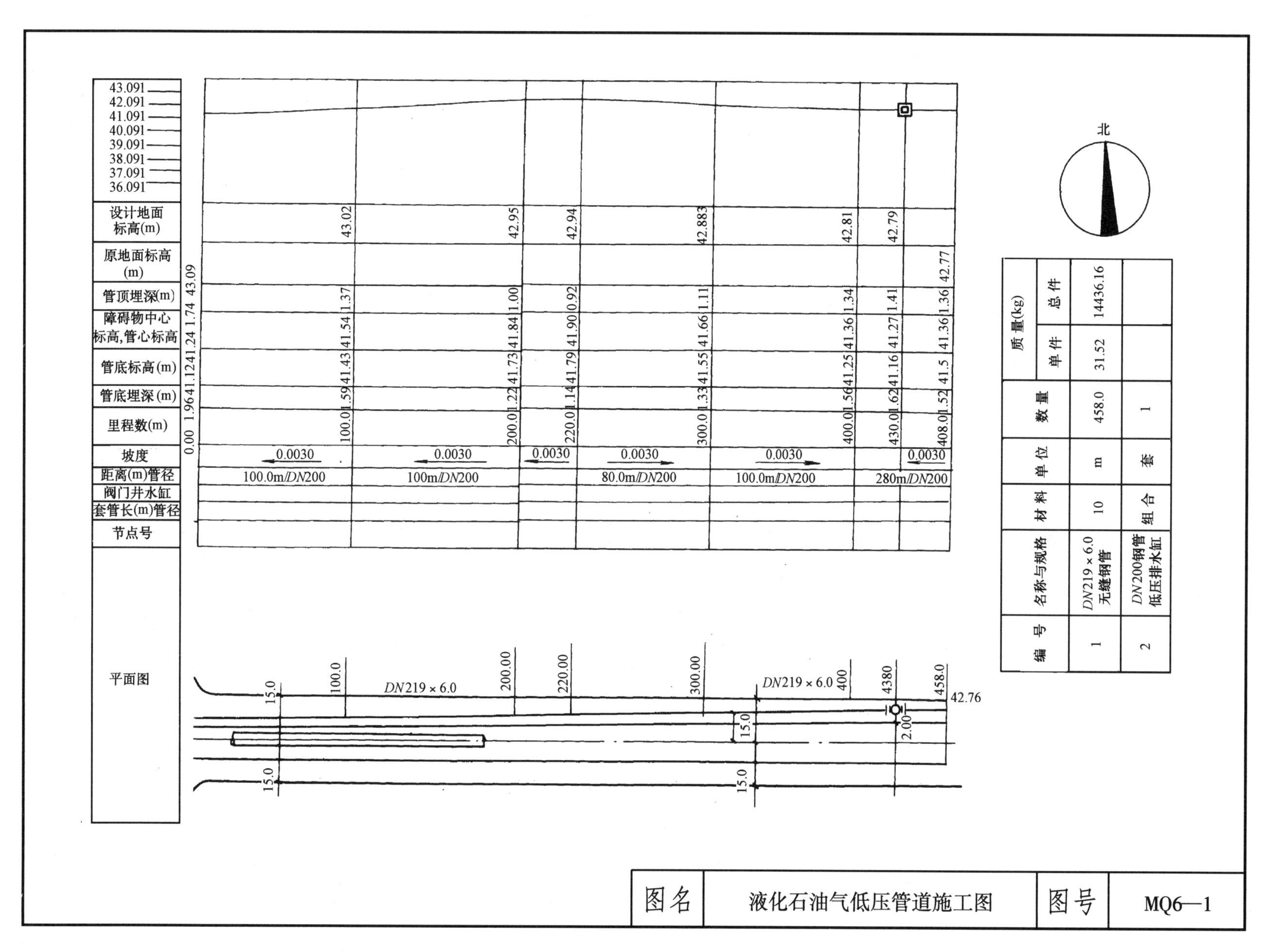

编号	名称与规格	材料	单位	数量	质量(kg) 单件	质量(kg) 总件
1	DN219 × 6.0 无缝钢管	10	m	458.0	31.52	14436.16
2	DN200钢管低压排水缸	组合	套	1		

图名	液化石油气低压管道施工图	图号	MQ6—1

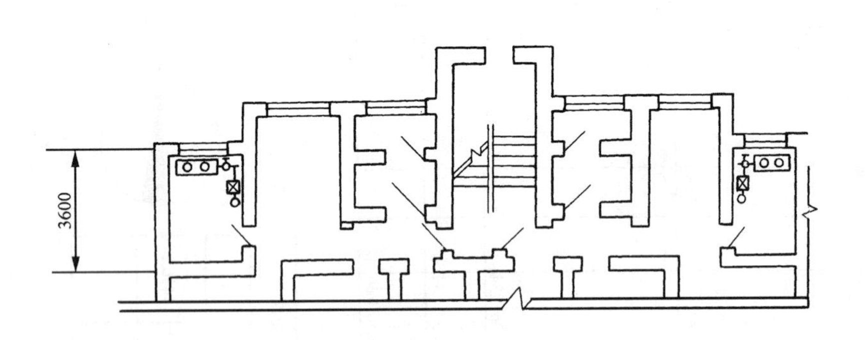

首层燃气管道平面图

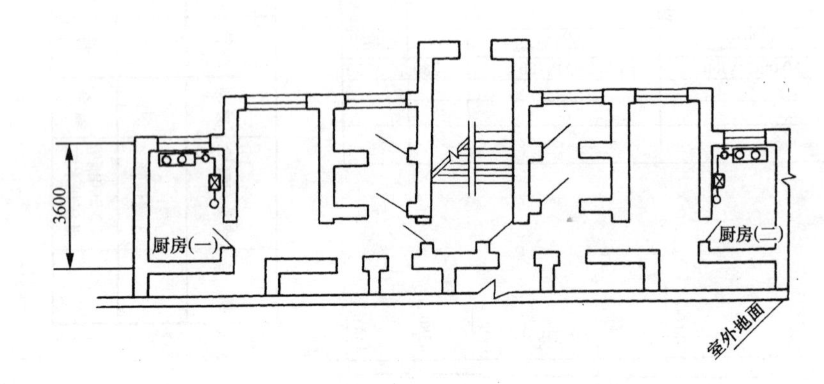

2~5层燃气管道平面图

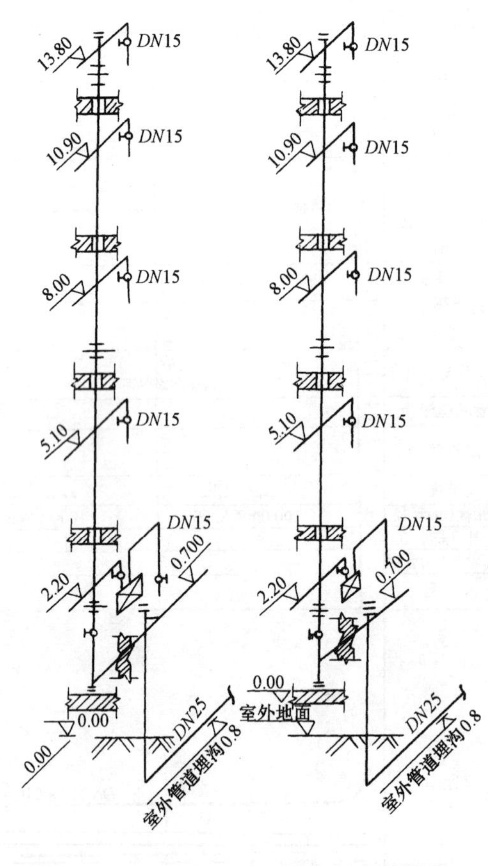

厨房(二)系统图　　厨房(一)系统图

注:

1. 与厨房(一)平面位置相同,按厨房(一)系统图施工。
2. 与厨房(二)平面位置相同,按厨房(二)系统图施工。

图名	庭院及户内煤气管道系统图	图号	MQ6—2

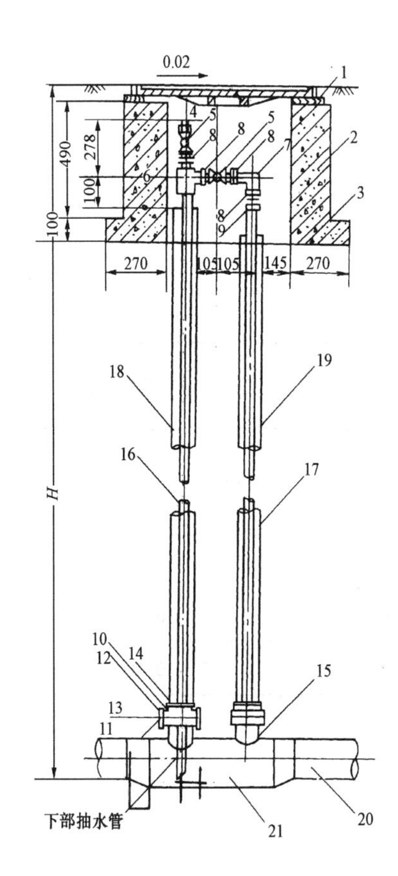

数据 排水缸规格	上部抽水带		下部抽水管		回水管		抽水管套管		回水管套管		钢　管		偏心异径管		装配总重(kg)
	长度(m)	重量(kg)	长度(m)	重量(kg)	长度(m)	重量(kg)	长度(m)	重量(kg)	长度(m)	重量(kg)	规格	重量(kg)	规格	重量(kg)	
*DN*100	1.43	2.33	0.268	0.44	1.46	2.38	1.31	5.03	1.21	4.65	*D*159×4.5	7.89	*DN*150×100	1.37	95.84
*DN*150	1.379	2.25	0.326	0.53	1.409	2.30	1.259	4.83	1.159	4.45	*D*219×60	14.49	*DN*200×150	2.43	103.06
*DN*200	1.319	2.15	0.38	0.62	1.349	2.20	1.199	4.60	1.099	4.22	*D*273×60	18.40	*DN*250×200	3.87	107.84
*DN*250	1.265	2.06	0.432	0.70	1.295	2.11	1.145	4.40	1.045	4.01	*D*325×60	21.94	*DN*300×250	5.42	112.42
*DN*300	1.213	1.98	0.484	0.79	1.243	2.03	1.093	4.20	0.993	3.81	*D*377×60	25.48	*DN*350×300	7.56	117.72

有 关 数 据 表

序号	名　称	规　格	材　质	单位	数量	单重 重量(kg)	共重 重量(kg)	备　注
1	井　　盖			个	1	60.80		17-回水管; 18-抽水管套管; 19-回水管套管; 20-偏心异径管; 21-钢管
2	井　　图			个	1		60.80	
3	基　　座			个	1			
4	丝　堵	*DN*20	Q235-A	个	1	0.069		
5	旋塞阀	*DN*20		个	2	1.11	0.069	
6	三　通	*DN*20	可锻铸铁	个	1	0.248	2.22	
7	弯　头	*DN*20	可锻铸铁	个	1	0.18	0.248	
8	内接头	*DN*20	可锻铸铁	个	4	0.083	0.18	
9	活接头	*DN*20	可锻铸铁	个	1	0.313	0.332	
10	凸面带颈螺纹钢法兰	*DN*40	Q235-A	个	2	1.96	0.313	
11	法　兰	*DN*40	Q235-A	个	2	1.77	2.92	
12	带帽螺栓	M16×60	Q235-A	个	8		3.54	
13	垫　片	*DN*40	石棉橡胶	个	2			
14	内外螺纹接头	*DN*40×20	可锻铸铁	个	2	0.27	0.54	
15	无缝钢管	*DN*45×3.0	可锻铸铁	个	0.2	0.311	0.622	
16	抽水管	*DN*20	镀锌钢管	m	见上表	见上表		

说　明

1. 抽水缸及抽水回管的施工及验收按 GB/T50028 执行。
2. 排水缸钢管及渐缩管的涂漆及防腐按特加强级防腐。
3. 排水缸头部丝堵(管箍)连接处应涂黄油，以便拆卸。
4. *H* 值为燃气管道底部(液化气管道)埋深，施工时，可根据实际埋深，每增加(或减少 1m)抽、回水管重增加(或减少)3.26kg，套管重增加(或减少)7.68kg 计算。
5. 当 *H* 长度变化时，其重量 = 数据表中装配总量 + 10.94(*H*2)kg，式中，*H*—液化气管道底埋深。
6. 工作压力适用范围：0～0.4MPa，工作压力与两侧燃气管道压力相同。
7. 管道螺纹标准为 GB7306—87。
8. 电焊条型号采用 E4303。

图名	液化石油气管道钢制中压排水缸装配图	图号	MQ6—3

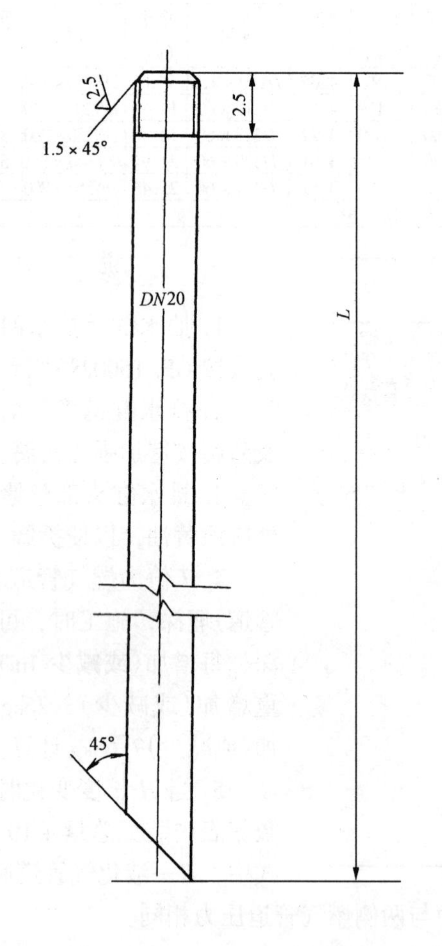

排水缸规格	抽水管长度(mm)	抽水管重量(kg)
DN300	484	0.79
DN250	432	0.70
DN200	380	0.62
DN150	326	0.53
DN100	268	0.44

图名	下部抽水管	图号	MQ6—4

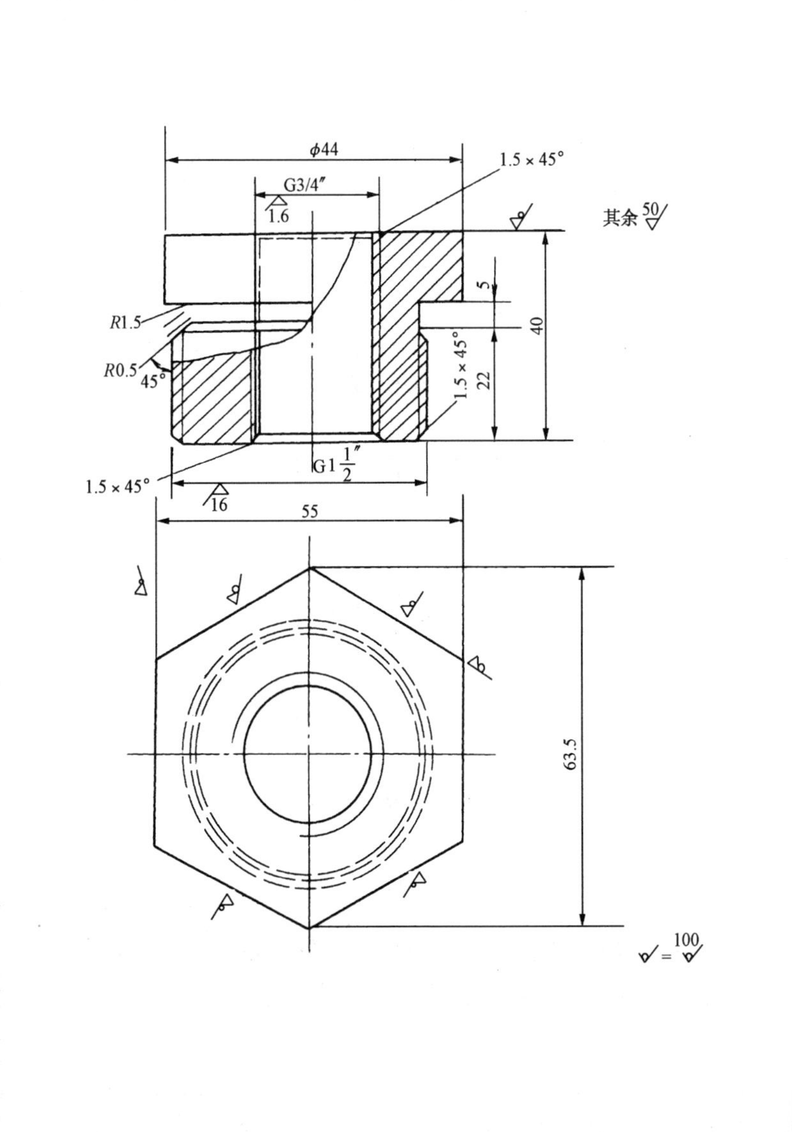

说　　明

1. 可锻铁件技术条件按 GB9440—88 执行。
2. 加工面尺寸公差按 GB1804—79 第 IT14 级精度要求。
3. 材料为 KTH300—06,重量为 0.27kg。

图名	内外螺丝管接头	图号	MQ6—5

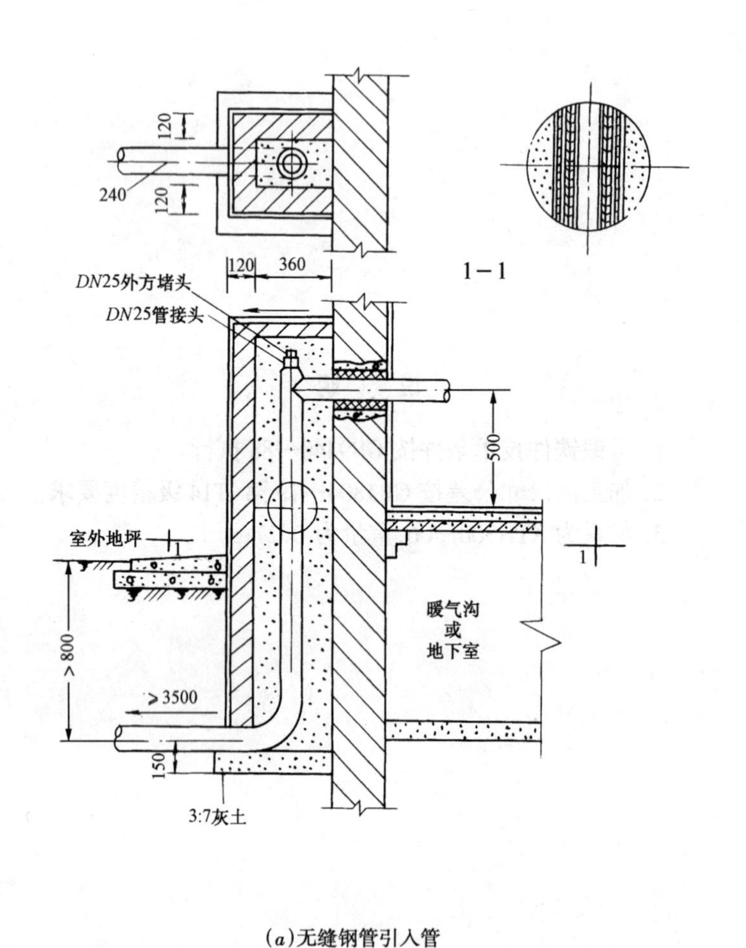

(a)无缝钢管引入管

(b)镀锌钢管引入管

引入管类型的选用应根据使用管材不同，输送燃气干(湿)不同，采暖或非采暖地区不同而选用。

图名	引入管类型的选用	图号	MQ6—6

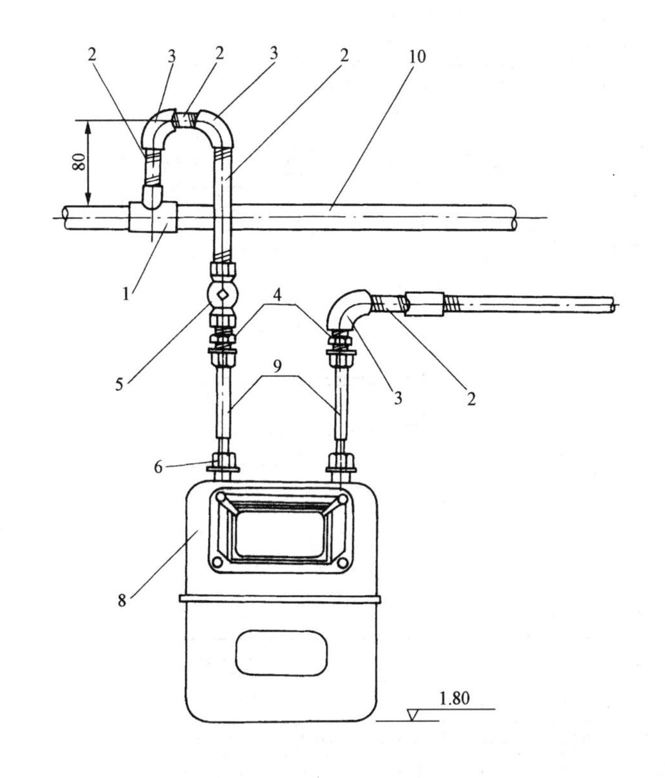

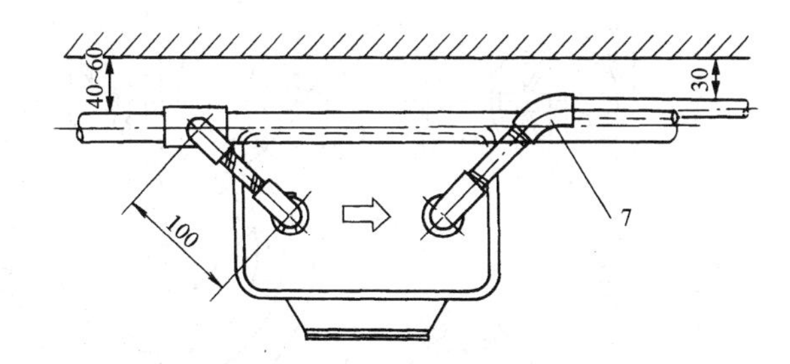

1—三通；2—水煤气钢管；3—*DN*2090°弯头；4—外接头；5—表旋塞阀；6—表立管接头；7—*DN*20～45°弯头；8—表；9—立管；10—水平管

干式皮膜煤气表与下列设备的最小水平投影净距要求如下：

1. 与砖砌烟囱 0.3m；
2. 与金属烟囱 0.6m；
3. 与低压电器 1.0m；
4. 与家庭灶 0.3m；
5. 与食堂灶 0.7m；
6. 与开水炉 1.5m；
7. 流量在 $130m^3/h$ 以下的煤气表背距墙不小于 0.01～0.02m，流量≥$130m^3/h$ 以上的煤气表背距墙 0.3m。

图名	干式皮膜煤气表的安装	图号	MQ6—7

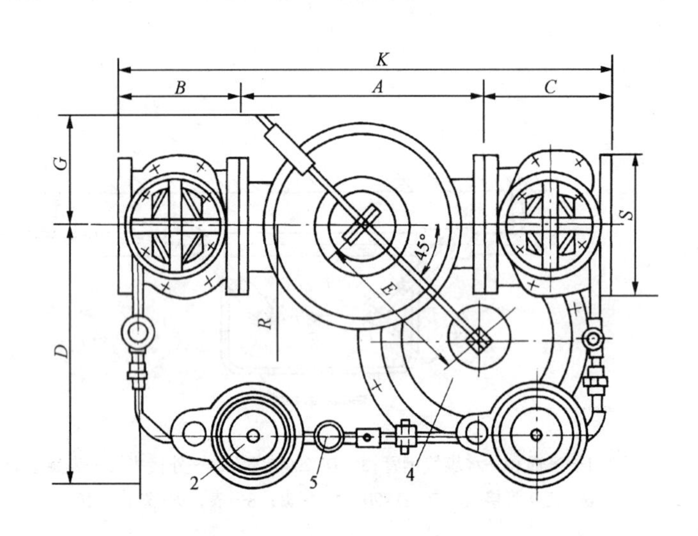

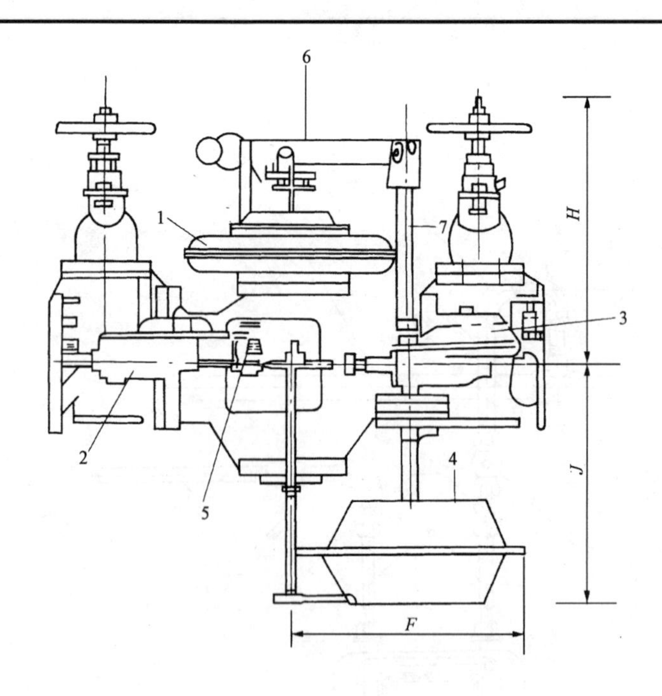

雷诺式调压器安装图

1—主调压器；2—中压辅助调压器；3—低压辅助调压器；
4—压力平衡器；5—针形阀；6—杠杆；7—连杆

雷诺式调压器安装尺寸（mm）

调压器公称直径	安装尺寸												螺孔直径×数量
	A	*B*	*C*	*D*	*E*	*F*	*G*	*H*	*J*	*K*	*R*	*S*	
φ75	457	190.5	196.9	508	304.8	393.2	393.3	322.3	520.7	838.2	406.4	190.5	φ16×4
φ100	457	215.9	196.9	508	304.8	393.7	393.7	365.1	520.7	889	406.4	215.9	φ16×4
φ150	120.7	254	228.6	514.4	330.2	457.2	457.2	498.5	520.7	1028.7	412.8	279.4	φ16×8
φ200	571.5	342.9	304.8	635	419.1	533.4	609.6	609.6	609.6	1257.3	508	342.9	φ16×8
φ250	660.4	371	342.9	660.4	457.2	635	685.8	692.2	711.2	1422.4	533.4	406.4	φ19×8
φ300	812.8	406.4	368.3	736.6	533.4	635	736.6	806.5	838.2	1625.6	609.6	457.2	φ19×8

图名	雷诺式调压器安装尺寸图	图号	MQ6—8

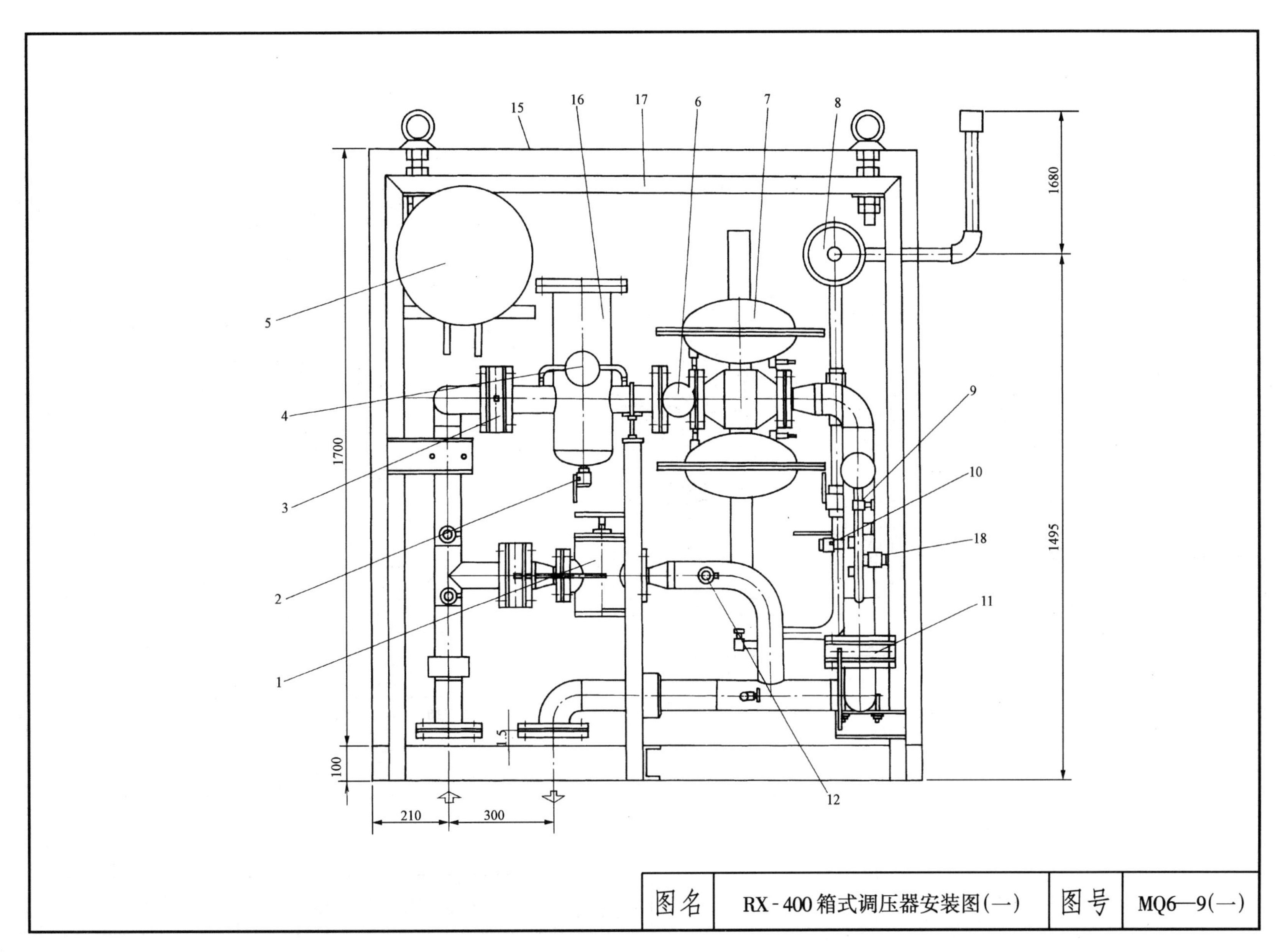

图名	RX-400箱式调压器安装图(一)	图号	MQ6—9(一)

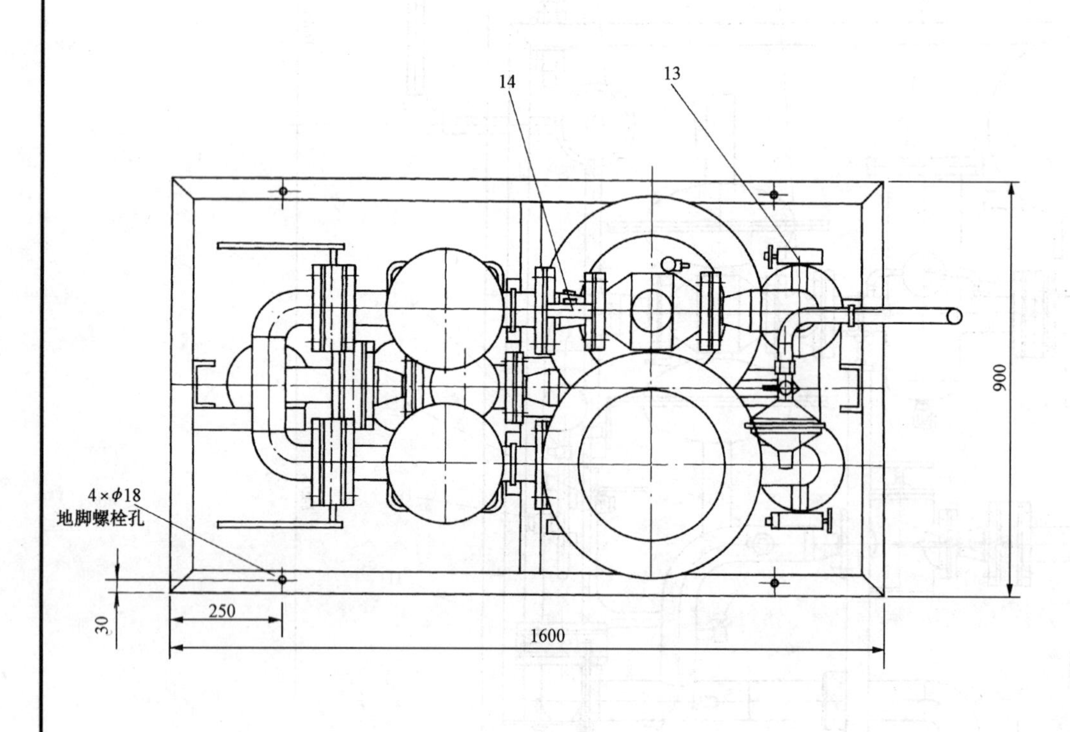

序号	代　　号	名　　称	数量
1		手动阀 VF/SA	1
2		球阀 Rc3/4	2
3		蝶阀 BF32-VITON	3
4		压差表 DP5 + 五通测试阀	2
5	YS-100-3	双压记录仪	1
6	Y-103B	压力表 1.5 级 0～0.6MPa	1
7		调压器 NORVAL/G	2
8		安全阀 VS/AM55-BP	1
9		针　　阀	7
10		球阀 Rc1/2	3
11		蝶阀 BF32-VITON	2
12		球　　阀 Rc1	3
13	YE-100B	压力表 2.5 级 0～10kPa	2
14	Y-100B	压力表 1.5 级 0～0.6MPa	1
15	XT300-00-00	箱　　体	1
16	GL1.5-00-00	过 滤 器	2
17	AZ300-00-00	安 装 架	1
18		三通测试阀 Push-BP	2

图名	RX-400箱式调压器安装图(二)	图号	MQ6—9(二)

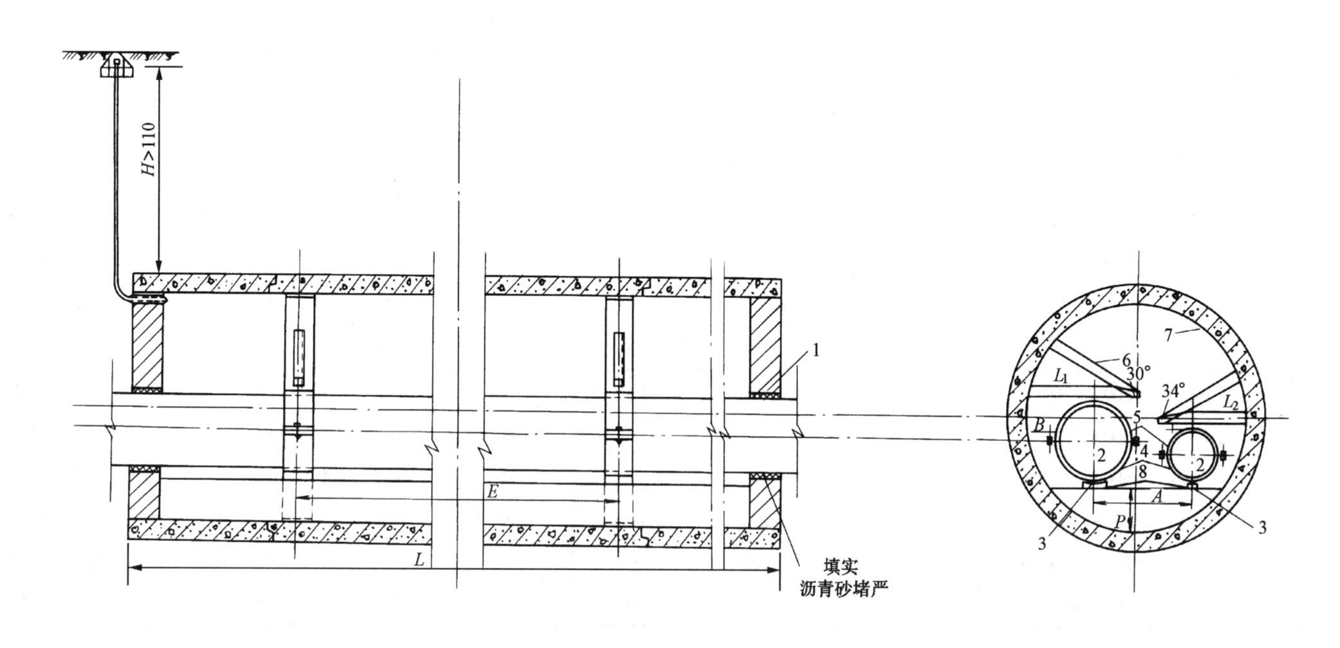

套管内双燃气管道安装

1—钢筋混凝土套管；2—燃气管道；3—滑动支架；4—夹环；5—橡胶垫；6—抗浮架；7—钢胀圈；8—ϕ12 钢筋导轨

安装在套管内的燃气管道要采用特加强防腐层，为了防止燃气管道被曳引入套管内时损坏绝缘层，燃气管道要置于滑动支座上，曳引时仅使支座底面与套管内平基面接触。

套管两端用砖砌体或其他方法封闭。重要地段为了运行时检查套管中有无燃气，在套管较高的一端还应设置检漏管。钢筋混凝土套管内安装单管燃气管道时，应考虑燃气管道安装方便，顶管时人工挖土方便，合理选择钢筋混凝土套管的直径。

图名	套管内的燃气管道安装图(一)	图号	MQ6—10(一)

套管内安装双管燃气管道时其各部安装尺寸要求表(mm)

混凝土 \ 燃气管 \ 距离		钢板内胀圈规格		B	A	E	P	$L_1 \times L_2$
		壁厚 t	环宽 W					
ϕ2450	$\phi300 \times \phi300$	8	200	190	660	8000	300	1300×1300
	$\phi400 \times \phi200$	8	200	190	660	8000	300	1350×1100
ϕ1600	$\phi400 \times \phi300$	8	200	190	720	8000	300	1500×1300
	$\phi400 \times \phi400$	8	200	190	720	8000	300	1500×1500
	$\phi500 \times \phi300$	8	200	190	720	8000	300	1500×1300
	$\phi600 \times \phi200$	8	200	190	720	8000	300	1550×1150
ϕ1800	$\phi500 \times \phi400$	10	220	190	820	8000	350	1500×1450
	$\phi600 \times \phi300$	10	220	190	820	8000	350	1650×1350
	$\phi500 \times \phi500$	10	220	190	820	8000	400	1500×1500
	$\phi600 \times \phi400$	10	220	190	820	8000	400	1650×1450

图名	套管内的燃气管道安装图(二)	图号	MQ6—10(二)

1. 交叉管	7. 波形补偿器	13. 管道固定支架	19. 防护套管	25. 清扫口
2. 三通连接	8. 弧形补偿器	14. 管道滑动支架	20. 管道立管 XL XL	26. 通气帽
3. 四通连接	9. 方形补偿器	15. 保温管	21. 排水明沟	27. 雨水斗
4. 流向	10. 防水套管	16. 多孔管	22. 排水暗沟	28. 排水漏斗
5. 坡向	11. 软管	17. 拆除管	23. 存水弯	29. 地漏 圆形 方形
6. 套管补偿器	12. 可挠曲橡胶接头	18. 地沟管	24. 检查口	30. 自动冲洗水箱

图名	常用图例(一)	图号	附—1(一)

31. 阀门套筒	37. 截止阀	43. 底阀	49. 消声止回阀	55. 延时自闭冲洗阀
32. 挡墩	38. 电动阀	44. 球阀	50. 蝶阀	56. 放水龙头
33. 角阀	39. 液动阀	45. 气开隔膜阀	51. 弹簧安全阀	57. 皮带龙头
34. 三通阀	40. 气动阀	46. 气闭隔膜阀	52. 平衡锤安全阀	58. 洒水龙头
35. 四通阀	41. 减压阀	47. 温度调节阀	53. 自动排风阀	59. 脚踏开头
36. 闸阀	42. 旋塞阀	48. 止回阀	54. 浮球阀	60. 肘式开关

图名	常用图例(二)	图号	附—1(二)

61. 室外消火栓	67. 消防报警器	73. 带箅洗涤盆	79. 蹲式大便器	85. 圆形化粪池 HC
62. 室内消火栓(单口)	68. 水盆水池	74. 盥洗槽	80. 坐式大便器	86. 除油池 YC
63. 室内消火栓(双口)	69. 洗脸盆	75. 污水池	81. 小便槽	87. 沉淀池 CC
64. 水泵接合器	70. 立式洗脸盆	76. 妇女卫生盆	82. 饮水器	88. 降温池 JC
65. 消防喷头(开式)	71. 浴盆	77. 立式小便器	83. 淋浴喷头	89. 中和池 ZC
66. 消防喷头(闭式)	72. 化验盆洗涤盆	78. 挂式小便器	84. 矩形化粪池 HC	90. 雨水口

图名	常用图例(三)	图号	附—1(三)

91. 阀门井检查井	97. 泵(一张图内只有一种泵时用)	103. 热交换器	109. 水锤消除器	115. 自动记录压力表
92. 放气井	98. 真空泵	104. 水—水热交换器	110. 浮球液位器	116. 电接点压力表
93. 泄水井	99. 离心水泵	105. 喷射器	111. 搅拌器	117. 流量计
94. 水封井	100. 手摇泵	106. 开水器	112. 温度计	118. 自动记录流量计
95. 跌水井	101. 定量泵	107. 磁水器	113. 水流指示器	119. 转子流量计
96. 水表井	102. 管道泵	108. 过滤器	114. 压力表	120. 减压孔板

图名	常用图例(四)	图号	附—1(四)

参 考 文 献

1. 中国建筑标准设计研究所．给水排水标准图集（S_2）·合订本·上、下，1996
2. 中国建筑标准设计研究所．给水排水标准图集（S_2）·合订本·上、下，1996
3. 中国建筑标准设计研究所．给水排水标准图集（S_3）·合订本·上、下，1997
4. 中国建筑标准设计研究所．建筑排水用硬聚氯乙烯（PVC-U）管道安装，1996
5. 华北地区建筑设计标准化办公室．建筑设备施工安装图集．给水工程，1992
6. 华北地区建筑设计标准化办公室．建筑设备施工安装图集．排水工程，1993
7. 华北地区建筑设计标准化办公室．建筑设备施工安装图集．卫生工程，1992
8. 华北地区建筑设计标准化办公室．建筑设备施工安装图集．燃气工程，1993
9. 华北地区建筑设计标准化办公室．建筑设备施工安装通用图集（2000年版），2000
10. 中国建筑标准设计研究所．小型潜水排污泵选用及安装，2001
11. 国家建筑标准设计图集 04S520．埋地塑料排水管道施工
12. 国家建筑标准设计图集 04S301．建筑排水设备附件选用安装
13. 国家建筑标准设计图集 S（一）、（二）．给水排水标准图集
14. 国家建筑标准设计图集 04S407－2．建筑给水金属管道安装——薄壁不锈钢管
15. 中国建筑标准设计研究所 03S407－1．建筑给水金属管道安装——铜管
16. 国家建筑标准设计图集 01SS105．常用小型仪表及特种阀门选用安装
17. 《煤气设计手册》编写组．煤气设计手册．北京：中国建筑工业出版社，1983
18. 卢永昌、朱富荣．燃气设备与燃气用具手册．北京：中国建筑工业出版社，1996
19. 北京市建筑设计研究院．建筑设备设计安装图册（1）采暖 卫生 给水 排水工程．北京：中国建筑工业出版社，1982